Umweltbetriebsprüfung und Öko-Auditing

Springer

Berlin
Heidelberg
New York
Barcelona
Budapest
Honkong
London
Mailand
Paris
Santa Clara
Singapur
Tokio

Manfred Sietz (Hrsg.)

Umweltbetriebsprüfung und Öko-Auditing

Anwendungen und Praxisbeispiele
2., überarbeitete und wesentlich erweiterte Auflage

Mit 158 Abbildungen

Springer

Prof. Dr. Manfred Sietz
Universität-Gesamthochschule Paderborn
Abteilung Höxter
Fachbereich 8
An der Wilhelmshöhe 44
37671 Höxter

ISBN-13:978-3-642-80097-9   e-ISBN-13:978-3-642-80096-2
DOI: 10.1007/978-3-642-80096-2

Die Deutsche Bibliothek – CIP-Einheitsaufnahme

Umweltbetriebsprüfung und Öko-Auditing : Anwendungen und
Praxisbeispiele / Manfred Sietz (Hrsg.). – 2., überarb. und
wesentlich erw. Aufl. – Berlin ; Heidelberg ; New York ;
Barcelona ; Budapest ; Hongkong ; London ; Mailand ; Paris ;
Santa Clara ; Singapur ; Tokio : Springer, 1996
  ISBN-13:978-3-642-80097-9
NE: Sietz, Manfred [Hrsg.]

Herstellung: PRODUserv Springer Produktionsgesellschaft, Berlin
Satz: Fotosatz-Service Köhler OHG, Würzburg
SPIN: 10501943   52/3020 – 5 4 3 2 1 0 – Gedruckt auf säurefreiem Papier

Vorwort

Die nachfolgenden Öko-Audits wurden von Absolventen/innen des interdisziplinären Ingenieurstudiengangs „Technischer Umweltschutz" der Universität GH Paderborn, Abteilung Höxter erstellt. Die wissenschaftliche Projektbetreuung oblag jeweils mir, bei der fachlichen Mitbetreuung danke ich meinen Kollegen Prof. Tuminski (Abfall), Prof. Fettig und Prof. Miethe (Abwasser).

Die Hauptarbeit, nämlich die Projektarbeit vor Ort, oblag den nachfolgend aufgeführten Diplom-Ingenieuren „Umweltschutztechnik" (FH):

G. Biller
J. Firck
M. Guder
T. Konerding
D. Külker
H. Piepenbrock
M. Praschan.

Für die geduldige und erfolgreiche Projektbetreuung vor Ort danke ich folgenden Herren:

H. Barth
B. Haeuser †
Prof. Dr. W.D. Hartmann
W. Hillebrand
G. Larisch.

Den beteiligten Unternehmen

Dr. August Oetker, Bielefeld	(Beispielaudit aus der Lebensmittelindustrie)
Franz Schneider, Brakel	(Beispielaudit aus der metallverarbeitenden Industrie)
Hettich Umformtechnik, Berlin	(2. Beispielaudit aus der metallverarbeitenden Industrie)
Klaus Steilmann, Bochum-Wattenscheid	(Beispielaudit aus der Bekleidungsindustrie)
Zenker Fenster, Höxter	(Beispielaudit aus der kunststoffverarbeitenden Industrie)

danke ich sehr für die mutige Veröffentlichung ihrer Audits als Anregung zur Selbsthilfe für andere Industrieunternehmen vergleichbarer Branchen.

Die Hochschule sitzt nicht im Elfenbeinturm elitärer Forschung, wie ihr manchesmal vorgeworfen wird. Die nachfolgend vorgelegten Beispiele belegen den lebendigen Auftrag zu regionalem Technologietransfer und laden, insbesondere im Sinne praxisgerecht auszubildender Studierender zu Wiederholungen ein.

Die folgenden 5 Audits sollen zu einer Fachdiskussion einladen, zu der der Fachbereich „Technischer Umweltschutz" in Höxter gerne zur Verfügung steht.

Prof. Dr. Manfred Sietz

Inhalt

Öko-Audit der Klaus Steilmann GMBH & Co. KG am Standort
Bochum-Wattenscheid
W. D. Hartmann, D. Külker und K. Schmidt 405

Herausgeber und Autoren

Herausgeber

Prof. Dr. Manfred Sietz

Universität Gesamthochschule Paderborn
Abteilung Höxter, Fachbereich 18
An der Wilhelmshöhe 44, 37671 Höxter

Jahrgang 1958

1977–82	Studium der Chemie an der J.W. Goethe-Universität, Frankfurt/M.
1982	Diplom
1984	Promotion im Bereich analytische Chemie an der J.W. Goethe-Universität, Frankfurt/M.
1985–89	Institut Fresenius, Taunusstein
1989–91	technische Geschäftsführung des italienischen Fresenius-Tochterlaboratoriums in Bologna, Italien
seit 1991	C3-Professur für Chemie im interdisziplinären Fachbereich „Technischer Umweltschutz" der Universität GH Paderborn
1995	Oce-van der Grinten-Preis für praxisgerechtes Öko-Auditing
1995	B.A.U.M Preis für besondere wissenschaftliche Leistungen im Umweltmanagement

einige Buch-Veröffentlichungen:

1992	Umweltbewußtes Management (Hrsg.), E. Blottner Verlag, Taunusstein
1993	Umweltschutz-Management und Öko-Auditing (Mit-Hrsg.), Springer Verlag, Heidelberg
1994	Umweltsbetriebsprüfung und Öko-Auditing (Hrsg.), Springer Verlag, Heidelberg
1995	Leitfaden für Umwelthandbücher mit Praxisbeispielen (Hrsg.), Springer Verlag, Heidelberg
1995	Chemie für Ingenieure, Verlag Harri Deutsch, Frankfurt
1995	Umwelthandbuch/Öko-Audit (Hrsg.), E. Blottner Verlag, Taunusstein

Autoren

Hans Barth

c/o Franz Schneider Brakel GmbH + Co
Nieheimer Straße 38, 33034 Brakel

Jahrgang 1934. Dipl.-Ing. (FH). Technischer Leiter des Unternehmens Franz Schneider, Brakel.

Jürgen Werner Braun

c/o Franz Schneider Brakel GMBH + Co
Nieheimer Straße 38, 33034 Brakel

Jahrgang 1938. Assessor jur., Geschäftsführer des Unternehmens Franz Schneider, Brakel.

Günter Dören

c/o Fa. ZENKER-Fenster
Braunschweiger Straße, 37671 Höxter-Lüchtringen

Jahrgang 1949. Beruflicher Werdegang: Bauschlosserausbildung in der Stahl-Leichtmetall-Kunststoffbranche. 2. Bildungsweg. Studium an der Gesamthochschule Paderborn, Fachrichtung Maschinenbau, Produktions- und Verfahrenstechnik. Berufliche Tätigkeiten: 6jährige Tätigkeit in Forschung und Entwicklung eines chem. Großkonzerns, Schwerpunkt: PVC. Heute techn. Geschäftsführer im Unternehmen ZENKER-Fenster Höxter (ein Tochterunternehmen der Ph. Holzmann AG in Frankfurt). Die Gesellschaft produziert und vertreibt Fenster, Türen, Fassaden und Wintergärten aus Kunststoff, Aluminium und Holz.

Hans-Jürgen Geschke

c/o Hettich Umformtechnik GmbH & Co. KG
Motzener Straße 20, 12277 Berlin

Jahrgang 1943. Beruflicher Werdegang: Nach Mittlerer Reife Ausbildung als Werkzeugmacher. Maschinenbautechniker-Studium mit Abschluß 1964, bis 1968 Facharbeitertätigkeit als Werkzeugmacher. Seit Ende 1968 bei der Firma Paul Hettich GmbH (jetzt Hettich Umformtechnik) in Berlin tätig: bis 1972 als Abteilungsleiter Werkzeugbau und Kunststoffspritzerei, ab 1973 Fertigungsleiter für das gesamte Berliner Werk, nebenamtlich bis 1984 Fachkraft für Arbeitssicherheit, 1987 Erteilung von Prokura, seit 1992 technischer Werkleiter, seit Verselbständigung (Hettich Umformtechnik) 01.04.1995 technischer Geschäftsführer.

Prof. Dr. oec. Wolf D. Hartmann

c/o Klaus Steilmann Institut für Innovation GmbH
Feldstraße 4, 44867 Bochum-Wattenscheid

Jahrgang 1946. Nach Studium an der Technischen Universität Dresden, Promotion und Habilitation zur Prognose und Bewertung wissenschaftlich-technischer Neuerungen.

Hochschuldozent und ordentlicher Professor an der Hochschule für Ökonomie in Berlin bis 1986. Ab 1987 Direktor des Modeinstituts der DDR mit über 350 Designern, Konstrukteuren und Forschungsmitarbeitern zur Umstellung auf computergestützte Produktion. Seit 1991 Aufbau und Leitung des Klaus Steilmann Instituts für Innovation und Umwelt (KSI) sowie wissenschaftliche Beratung der ökologischen, industriepolitischen und osteuropäischen Initiativen der Steilmann-Gruppe. Seit 1993 Nebenberuflicher Professor an der Privaten Universität Witten/Herdecke, im Lehrstuhl Umwelttechnik und Umweltmanagement. Seit 1995 Mitglied im Arbeitskreis Umweltmanagement der Schmalenbach-Gesellschaft, Deutsche Gesellschaft für Betriebswirtschaft e.V. und Leiter des Umweltausschusses der Steilmann-Gruppe.

Willi Hillebrand

c/o Franz Schneider Brakel GMBH + Co
Nieheimer Straße 38, 33034 Brakel

Jahrgang 1952. Staatlich geprüfter Maschinenbautechniker. Umweltbeauftragter des Unternehmens Franz Schneider, Brakel.

Dieter Külker

c/o Klaus Steilmann Institut für Innnovation GmbH
Feldstraße 4, 44867 Bochum-Wattenscheid

Jahrgang 1969. Dipl.-Ing.. Studium an der Universität – Gesamthochschule Paderborn, Abteilung Höxter, Fachbereich „Technischer Umweltschutz". 1994 Praktikant im Klaus Steilmann Institut für Innovation und Umwelt, seit 1995 im Umweltressort der Steilmann-Gruppe als Beauftragter für technischen und betrieblichen Umweltschutz, Öko-Audit und Know-how Transfer sowie Verpackungsoptimierung tätig.

Günter Larisch

c/o Dr. August Oetker Nahrungsmittel KG
Lutterstraße 14, 33617 Bielefeld

Jahrgang 1933. Beruflicher Werdegang: nach kaufmännischer Lehre mit Abschluß als Industriekaufmann zwei Jahre Tätigkeit in der Buchhaltung. Anschließend Einkäufer bei der Reese Gesellschaft, Hameln, für die Bereiche Verpackung und Rohstoffe. Aufstieg zum Einkaufsleiter. Wechsel zur Zentrale Dr. August Oetker, Bielefeld, zunächst Abteilungsleiter Verpackung und Handelswaren, später Hauptabteilungsleiter Einkauf. Ab 1987 nebenberufliche Tätigkeit als Umweltbeauftragter. 1990 Ernennung zum hauptberuflichen Umweltbeauftragten bei der Dr. August Oetker Nahrungsmittel KG.

Karen Schmidt

c/o Klaus Steilmann Institut für Innovation GmbH
Feldstraße 4, 44867 Bochum-Wattenscheid

Jahrgang 1963. Dipl.-Chem.. Studium der Chemie an der Ruhr-Universität Bochum, anschließend Tätigkeit im Klaus Steilmann Institut für Innovation und Umwelt, seit 1992 Leitung des Arbeitskreises Ökologie und Umweltbeauftragte der Steilmann-Gruppe, seit 1994 Leitung des Umweltressorts der Steilmann-Gruppe in enger Zusammenarbeit mit Frau Britta Steilmann. Verantwortlich für die Entwicklung und Durchsetzung der ökologischen Qualitätsstandards der Steilmann-Gruppe und weltweite Schulungen für Ein- und Verkäufer.

Dr. Ing. h.c. Klaus Steilmann

c/o Klaus Steilmann Institut für Innovation GmbH
Feldstraße 4, 44867 Bochum-Wattenscheid

Jahrgang 1929. Gründer und geschäftsführender Gesellschafter der Klaus Steilmann GmbH & Co. KG und der Steilmann Gruppe.

Einleitung

Öko-Auditing

Umweltschutz soll und muß stärker in die Firmenphilosophie der Unternehmen einbezogen werden, denn Umweltschutz bedeutet u. a. den alltäglichen Umgang mit Umweltbestimmungen, die auch für kleinere und mittlere Unternehmen gelten.
Dies betrifft z. B.:

- den Umgang mit brennbaren und umweltgefährdenden Stoffen,
- Gefahrstoffen am Arbeitsplatz
- Abfälle, Reststoffe, Abfallwirtschaftskonzepte
- Haftung für Umweltschäden sowie
- Aufbau einer „gerichtsfesten" Umweltorganisation.

Auf nationaler Ebene spiegeln sich die Umweltanforderungen in den aktuellen und immer unüberschaubarer werdenden Umweltgesetzen wider (Umwelthaftungsgesetz, Umweltinformationsgesetz sowie das 1996 in Kraft tretende Kreislaufwirtschaftsgesetz), auf europäischer Ebene z. B. in der Verordnung 1836/93 (über die freiwillige Beteiligung gewerblicher Unternehmen an einem Gemeinschaftssystem für das Umweltmanagement und die Umweltbetriebsprüfung) sowie der EU-Verordnung 880/92 (betreffend Gemeinschaftliches System zur Vergabe eines Umweltzeichens).

Allen genannten Gesetzen, Gesetzesvorhaben bzw. EU-Verordnungen liegt der **Umweltvorsorgegedanke** zugrunde, er sollte im vorausschauenden Handeln umgesetzt werden, denn letztlich haftet die Geschäftsführung (siehe: Lederspray-Urteil des BGH vom 6.7.1990 sowie das noch nicht rechtskräftige Holzschutzmittel-Urteil des Landgerichts Frankfurt vom 25.5.93, in denen die Begriffe „Generalverantwortung" und „Allzuständigkeit der Geschäftsführung" in Bezug auf die Unternehmensverantwortung eindeutig beschrieben werden).

Ob der Umweltschutz in einem Unternehmen erfolgreich ist, sollte man nicht erst nach einer Umweltbetriebsstörung oder gar einem Störfall (z. B. einer Leckage oder einem Brandfall) erkennen. Hierzu dient die Vorsorge und Teil der Vorsorge ist sicherlich eine umfassende Umweltsicherheitsanalyse, die man auch Öko-Audit (Umweltbetriebsprüfung) nennen kann.

Ein **Öko-Audit** ist ein Umweltspiegel, also eine Momentaufnahme eines Unternehmens.

Es dient der Abschätzung von Umweltrisiken und hat das Ziel, diese auf ein Mindestmaß zu reduzieren. Das Öko-Audit vergleicht die momentane Umweltsituation eines Unternehmens mit den umweltrechtlichen Anforderungen. Das Audit betrachtet alle Unternehmensbereiche, so auch den organisatorischen Umweltbereich.

Die **Ziele des Ökoaudits** sind zum einen, für das Unternehmen sicherzustellen, daß Umweltschutzbestimmungen eingehalten und damit Risiken minimiert werden. Zum anderen, daß für die Umweltschutzverantwortlichen eine profunde Datengrundlage zur Verfügung steht, die Ihnen bei der Umsetzung Ihrer Umweltziele als Hilfestellung dienen kann und sich die bestehende betrieblicheUmweltorganisation als funktionsfähig und belastbar erweist.

Die **Erfahrungen** aus einer Reihe von Öko-Audits hat gezeigt:

1. technische Pannen im Umweltschutz decken meistens auch organisatorische Schwächen auf
2. wenn sich in einem Unternehmen jeder für einen definierten Teil des Umweltschutzes verantwortlich fühlt, so ist das Risiko einer Umweltbetriebsstörung oder gar eines Störfalls deutlich geringer.

Der betriebliche Umweltschutz muß hierarchisch als Vision vorgedacht und vorgelebt werden. Nur wenn die Geschäftsführung in Sachen Umwelt sich eindeutig (z.B. auf Betriebsversammlungen und innerbetrieblichen Plakaten, Mitarbeiterzeitungen etc.) zu konkretem Umweltschutz bekennt, kann die Belegschaft ein **Umwelt-Wir-Gefühl** aufbauen und leben. Nichts dient der Umweltvorsorge mehr, als ein hohes Maß an Umweltmotivation, das alle Unternehmensebenen mit einschließt.

Dies bedarf der steten Pflege durch Information, z.B. innerbetriebliches Umweltvorschlagswesen und geregelter Umweltkommunikation.

In logischer Folge leiten sich aus den Umweltschutzvisionen die konkreten Umweltziele ab.

Diese sollten personenbezogen bzw. gruppenbezogen definiert sein. Es ist wichtig, daß der Umweltschutzgedanke auf breiten Schultern ruht und jeder im Unternehmen **Umwelt-Mit-Verantwortung** hat.

Der Umweltausschuß stellt hierzu eine notwendige kommunikative und operative Basis dar, seine Besetzung erfordert unbedingt die Anwesenheit von Entscheidungsträgern/-trägerinnen.

Aufgabe des Umweltausschusses könnte z.B. sein, unter der Koordination des/der Umweltbeauftragten das Umweltprogramm zu erarbeiten und zu realisieren.

Der Umweltausschuß und die Funktion des Umweltbeauftragten sind einzubinden in eine funktionsfähige Umweltorganisation. Dies spiegelt sich wider in einem Umweltorganigramm, aus dem alle Umweltbeteiligte eines Betriebes ihre Verantwortlichkeiten ersehen können.

Ergänzend sollte noch eine Verankerung des Organigramms in Form funktionsbezogener Stellenbeschreibungen erfolgen und z.B. in Form einer Betriebsvereinbarung festgelegt werden.

Das Instrument des **Umweltcontrollings** ist in vielen Betrieben bislang nur in Ansätzen vorhanden. Es ist daher empfehlenswert, nach der personenbezogenen bzw. auch gruppenbezogenen Formulierung der **Umweltziele** im Rahmen des Umweltprogramms den Umsetzungserfolg der einzelnen Umweltaktivitäten in den anstehenden Management-Jahresgesprächen seitens der Geschäftsführung abzufragen. Hierbei lernt das Management, nicht nur monetäre Ziele zu erreichen, sondern auch den Umweltschutz als Bestandteil von **Unternehmenskultur und Produktqualität** im gebotenen Maße ernst zu nehmen.

Umwelt-Audit für das Werk Bielefeld-Brackwede Dr. August Oetker Nahrungsmittel KG 2.11.1994 bis 31.12.1994

G. Larisch, H. Piepenbrock und M. Guder

1 Einleitung

Das Umwelt-Audit bei der Dr. August Oetker Nahrungsmittel KG, Betrieb Bielefeld-Brackwede, wurde im Zeitraum vom 1.11.1994–31.12.1994 durchgeführt. (Bereits 1993 wurde das Umwelt-Audit bei der unternehmenseigenen Verpackungsdruckerei – Papierverarbeitung – abgeschlossen).

Ein Umwelt-Audit ist eine standortbezogene Kontroll- und Bewertungsmethode für den betrieblichen Umweltschutz. Die Beteiligung der Unternehmen an dieser Überprüfung erfolgt freiwillig, wie schon im Titel der Verordnung Nr. 1836/93 des Rates der Europäischen Gemeinschaften „Verordnung über die freiwillige Beteiligung gewerblicher Unternehmen an einem Gemeinschaftssystem für das Umweltmanagement und die Umweltbetriebsprüfung" betont wird. Ziel dieser Verordnung ist „…die Verhütung, die Verringerung und, soweit möglich, die Beseitigung der Umweltbelastungen…" Weiter heißt es: „Die Industrie trägt Eigenverantwortung für die Bewältigung der Umweltfolgen ihrer Tätigkeiten und sollte daher in diesem Bereich zu einem aktiven Konzept kommen." Daher sollte die festzulegende Umweltpolitik der Unternehmen nicht nur die Einhaltung der Umweltgesetze vorsehen, sondern auch Verpflichtungen zu einer Verbesserung über diesen Standard hinaus vorsehen. Es soll also von Seiten der Industrie auch präventiv gehandelt werden, um umweltbezogene Risiken zu minimieren und Folgen wie die heutigen Altlasten zu vermeiden.

Ein wichtiger Gesichtspunkt des Öko-Audits ist die Minimierung von Haftungsrisiken, die durch die umweltorientierte Gesetzgebung (Umwelthaftungsgesetz, BImSchG § 52a: Mitteilungspflichten zur Betriebsorganisation) für das Management bestehen.

Weiterhin kann die Kostensituation eines Unternehmens durch die Aufdeckung von Einsparungspotentialen im Fertigungsablauf in vielen Fällen entlastet werden.

Durch das Technische Audit waren sämtliche Betriebsteile (ausgenommen Unternehmensdruckerei) auf dem Werksgelände Bielefeld-Brackwede der Dr. August Oetker Nahrungsmittel KG unter folgenden Gesichtspunkten zu erfassen:

- Abfall: Vermeidung, Recycling, Wiederverwendung, Transport und Entsorgung von Abfällen,

– Gefahrstoffe: Lagerung, Umgang, Ersatz sowie Entsorgung von Gefahrstoffen,
– Wasser: Verbrauch, Einsparung, Belastung und Gefährdung von Wasser,
– Emissionen: Vermeidung, Verminderung von Lärmemissionen,
– Energie. Vermeidung und Verringerung von Energieverlusten.

Die Untersuchung erhebt keinen Anspruch auf Vollständigkeit und entbindet nicht von der Einhaltung gesetzlicher und/oder behördlicher Bestimmungen.

Abfall

Grundsätzlich ist zu erkennen, daß der Abfallvermeidung und der Abfallverwertung Vorrang vor sonstiger Entsorgung gegeben wird.

Als Problem stellt sich die innerbetriebliche Organisation der Abfallsammlung dar. Es gibt kein einheitliches Sammelsystem. Fehlwürfe sind sehr häufig zu beobachten.

Gefahrstoffe

Es liegen noch nicht in allen Arbeitsbereichen die Betriebsanweisungen für den Umgang mit Gefahrstoffen vor.

Die beim Schweißen freiwerdenden Rauchgase (gesundheitsgefährdend) werden nur unzureichend über Raumlüftungen abgeführt. Die Einhaltung der MAK-Werte muß durch regelmäßige Mesungen sichergestellt werden. Das gleiche gilt für die Konzentration der produktionsbedingten Stäube (Pulverabfüllung).

Das Lösungsmittellager der Abteilung Forschung und Entwicklung fällt nach der VbF (Verordnung für brennbare Flüssigkeiten) aufgrund der zum Zeitpunkt gelagerten Mengen unter die Anzeigenbedürftigkeit, die nicht erfolgt ist.

Wasser

Die Lagerung wassergefährdender Stoffe ohne Auffangwanne oder ähnlichen Schutzvorrichtungen ist in einigen Fällen zu beanstanden.

Trotz Nutzung eines betriebseigenen Brunnens und der Möglichkeit der Kühlwasserinfiltration in einem Schluckbrunnen, sollte aufgrund der im WHG verankerten Sorgfaltspflicht zur sparsamen Verwendung des Wassers eine generelle Kreislaufführung des Kühlwassers mit der Zeit eingerichtet werden.

Lärm

Der Lärmpegel in den Abfüllsäälen befindet sich im Grenzbereich von 85 dB, teils 1–2 dB darüber.

Energie

Aufgrund einer nur geringen Anzahl von Stromzählern ist eine aussagekräftige Auswertung der Stromverbrauchsdaten bezogen auf einzelne Betriebsbereiche nicht möglich.

Brandschutz

In einem Schaltraum befinden sich noch quecksilberhaltige Relais, die unverzüglich auszuwechseln sind.

2 Vorstellung des auditierten Unternehmens

2.1 Tätigkeitsfeld

In dem Dr. Oetker Werk in Bielefeld-Brackwede werden ausschließlich pulver-förmige Lebensmittel hergestellt. Ökologisch relevant sind die in den Werkstät-ten eingesetzten Hilfs- und Betriebsstoffe und die gelagerten Gefahrstoffe im Gebäude Forschung und Entwicklung. Beachtenswert sind außerdem die Aspek-te Arbeitsschutz und Arbeitssicherheit und hierbei insbesondere der Staub-, Lärm- und Explosionsschutz.

Durch Sorgfalt bei der Planung der Anlagen und ausreichende Sicherheits-vorkehrungen konnten bisher Umweltbetriebsstörungen vermieden werden, dennoch ist es wichtig, durch ein gut funktionierendes Umweltmanagement-system einen reibungslosen Ablauf der Produktion mit möglichst geringen Aus-wirkungen für die Umwelt auch in Zukunft zu gewährleisten.

2.2 Standort, Umfeld, Geologie, Hydrogeologie

2.2.1 Standort, Umfeld

Das Betriebsgelände befindet sich im Süd-Westen Bielefelds. Es handelt sich dabei um die Gemarkung Brackwede, Flur 3, Flurstück 274. Zu dem zu auditie-renden Bereich gehören die Gebäude 25 (Produktion), Gebäude 29 (Schuppen), Gebäude 30/32 (Hochregallager/Blocklager) und Gebäude 41 (Forschung und Entwicklung) (s. Abb. 1). Aus dem Audit ausgenommen ist der Bereich der Papierverarbeitung, Gebäude 23/24. Für die Papierverarbeitung ist bereits ein Audit durchgeführt worden.

Das Betriebsgelände wird in Nord-Osten durch die Blücher Straße und im Süd-Westen durch die Arthur-Ladebeck-Straße begrenzt. Die nordwestliche Begrenzung bilden die Bundesbahnlinie und die B 61, der sogenannte Ostwest-falen-Damm. Das Betriebsgrundstück ist über eine Zufahrt von der Blücher Straße und über eine Zufahrt von der Arthur-Ladebeck-Straße aus zu erreichen. Während der Betriebszeiten werden die Zufahrten zum Betriebsgelände durch Pförtner überwacht.

Das Betriebsgelände befindet sich in einem schmalen Streifen, der als Gewer-begebiet ausgeschrieben ist. Es grenzt aber sowohl im Norden als auch im Süden an Wohngbiete. Dadurch wird deutlich, daß die Firma Dr. August Oetker Nah-rungsmittel KG in Brackwede dem unmittelbaren Interesse der Öffentlichkeit ausgesetzt ist. Daher ist ein einwandfreier Betrieb unter Einhaltung aller umweltrelevanten Gesetze sehr wichtig.

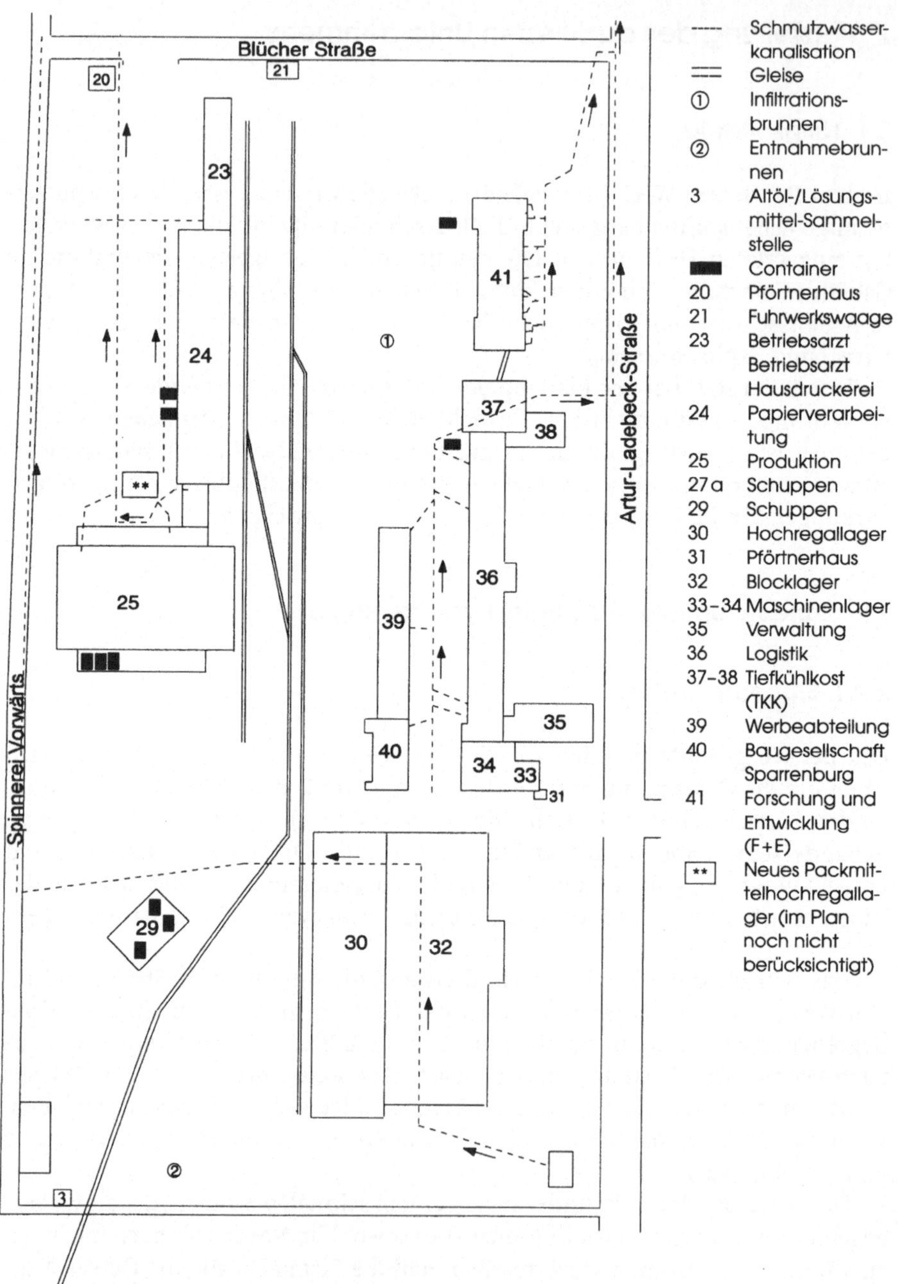

Abb. 1. Übersichtsplan Werk Brackwede (nicht maßstabsgetreu)

2.2.2 Geologische und hydrogeologische Bedingungen

Die Geländeoberfläche des Betriebsgeländes ist flach und höhenmäßig in zwei Ebenen aufgeteilt. Die niedriger gelegene Ebene verläuft zwischen 129,59 m üNN und 131,27 m üNN. Die höher gelegene Ebene bewegt sich höhenmäßig zwischen 134,30 m üNN und 139,90 m üNN. Die Grenze zwischen diesen Ebenen verläuft quer über das Betriebsgelände Zwischen den Gebäuden 34 bis 40 und den Gebäuden 23 bis 29 (siehe Abb. 1).

Das Betriebsgelände des Werkes Brackwede liegt großräumig betrachtet in einer in nordöstlichen Richtung verlaufenden Eintalung des Lutterbaches. Der Lutterbach ist mittlerweile verrohrt.

Der generelle Bodenaufbau im Werksgelände wird bestimmt durch die beschriebene Lage im Niederungsbereich der Lutter mit anthropogener Überprägung und durch die Lage auf der Hochfläche des Osning.

Nahezu der gesamte Werksbereich ist dadurch gekennzeichnet, daß über der gewachsenen Bodenstruktur eine Schicht anthropogener Auffüllungen aufgebracht wurde. Die anthropogene Auffüllung ist in Zusammensetzung, Struktur und Dichte als inhomogen zu klassifzieren. Abgesehen von einer obersten Schicht aus Beton bzw. Bitumbeton bzw. lokal aus Mutterboden wird die Auffüllung überwiegend gebildet von Feinsanden und Fein- Mittelsanden. Weitere Bestandteile sind Kies, Stein Ziegel, Mörtelreste, Holzreste und Ascheanteile.

Die natürliche Untergrundschichtung ist geprägt durch holozäne Auffüllungen über holozänen Talablagerungen des Lutterbaches, Geschiebemergel Fließmoränen und dunklen Tonen.

Der Untergrund ist über den Sedimenten des Jura ständig wasserführend. Der Lutterbach bildet den Vorfluter für die benachbarten Hangbereiche.

Die Grundwasserfließrichtung für den Werksbereich konnte nicht eindeutig ermittelt werden, da sich aus den Messungen des Grundwasserruhespiegels Differenzen von – 0,40 m ergaben. Der Grundwasserspiegel schwankt zwischen 2,60 m u GOK und 4,60 m u GOK (Baugrundgutachten vom 9.1.1990). Wahrscheinlich ist die natürliche Situation durch die Lutterbachverrohrung und durch die Grundwasserentnahme und die Infiltration des in Geb. 25 anfallenden Kühlwassers (Schluckbrunnen) auf dem Werksgelände künstlich beeinflußt. Bei dem Grundwasser handelt es sich nach Aussagen der Baugrunduntersuchung vom 1.9.1990 um mittelhartes Wasser mit leicht kalklösender Tendenz. Diese Parameter werden durch die letzte Untersuchung des Brunnenwassers vom 31.3.1994, die durch das Hygienisch Bakteriologische Institut Bielefeld (HBI) durchgeführt wurde, bestätigt.

Da sich das Werksgelände nach Informationen aus dem Flächennutzungsplan in einem Gewerbegebiet befindet, brauchen Anforderungen aus dem § 19 des Wasserhaushaltsgesetz (WHG) nicht beachtet zu werden.

Aufgrund der gewonnenen Erkenntnisse über die Struktur des Bodens, kann nicht davon ausgegangen werden, daß der Untergrund undurchlässig gegenüber wassergefährdenden Stoffen ist. Es muß im Gegenteil davon ausgegangen werden, daß es bei einem Unfall mit wassergefährdenden Stoffen relativ schnell zu einer Kontamination des Grundwassers kommen kann. Unter diesem Aspekt ist es besonders wichtig, daß auf einen ordnungsgemäßen Umgang und eine ordnungsgemäße Lagerung der gefährlichen Stoffe geachtet wird.

2.3 Produktionsablauf und Nebenbetriebe, umweltrelevante Aspekte

2.3.2 Produktionsablauf und Nebenbetriebe, Gebäude 25, Umweltrelevante Aspekte

Im Gebäude 25 werden im wesentlichen die pulverförmigen Produkte des Hauses Oetker produziert, das heißt, hier wird nach den Rezept-Vorgaben gemischt und abgefüllt. Wie dies im einzelnen abläuft, wird in den folgenden Abschnitten kurz beschrieben.

Das Gebäude 25 ist ca. 4000 m² groß und besteht aus fünf oberirdischen Stockwerken und einem Kellergeschoß. Die in den einzelnen Stockwerken untergebrachten Bereiche werden in folgender Übersicht aufgelistet:

Kellergeschoß : Rohstofflager, Aromen- u. Farblager, Schlosserei, Magazine, Heizung.
Erdgeschoß   : Unterer Abfüllsaal (Instantprodukte), Mischerei Sahnesteif u. Vanillezucker, Packmittellager.
1. Obergeschoß : Luftraum für das Erdgeschoß, Sozialräume für die Mitarbeiter.
2. Obergeschoß : Oberer Abfüllsaal, Labor, Schlosserei, Elektrowerkstatt, Büro.
3. Obergeschoß : Luftraum für das 2. Obergeschoß, Küche, Speisesaal.
4. Obergeschoß : Binderraum.

Daneben gibt es noch zehn Silos innerhalb des Gebäudes, die sich über die gesamten fünf Stockwerke erstrecken, und in denen die Rohstoffe für einige Produkte gelagert werden. Außerdem wird in weiteren fünf Silos ausschließlich Kakao gelagert.

Direkt neben dem Gebäude 25 stehen drei Silos zur Lagerung von Zucker.

2.3.1.1 Produktion

Beschreibung des Produktionsganges der Siloware (Abb. 2)

Die Rohstoffe werden entweder als Siloware in Tanklastzügen oder als Sackware in Lkw angeliefert. Die Siloware wird von den Tanklastzügen pneumatisch in die Silozellen gefördert, wobei die Luft getrocknet wird, um ein Verbacken der Rohstoffe mit dem Wasser der Luft zu vermeiden. Das Trocknen der Luft erfolgt über Absorptionstrockner mit hohem Energieaufwand. In den Silos werden je nach Rohstoff unterschiedliche Mengen gelagert.

Von den Silos werden die Rohstoffe pneumatisch in die Tagesbehälter gefördert, die sich im 4. Stockwerk befinden. Dabei wird die Luft in einem Zyklon von

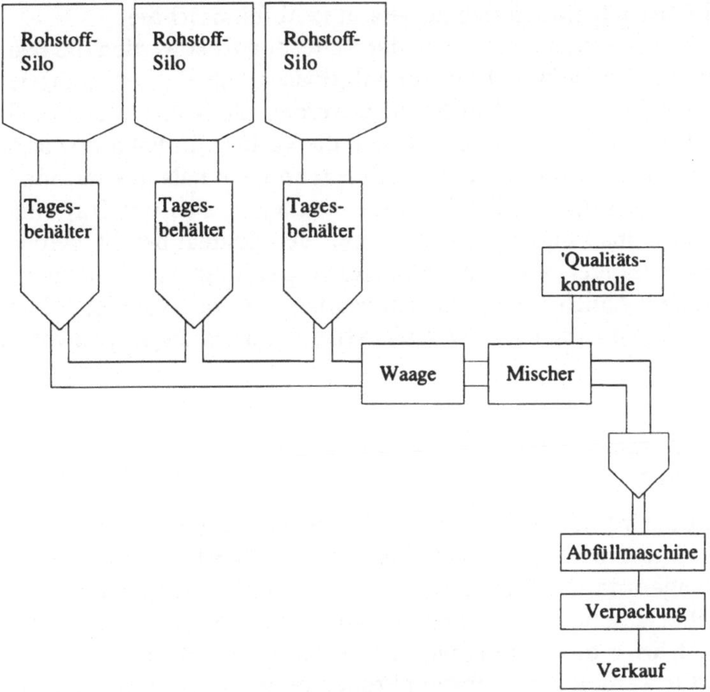

Abb. 2. Schematische Darstellung des Abfüllvorganges der Siloware

dem Produkt getrennt, welches dann über Siebe in die Tagesbehälter gelangt. Die Siebe werden täglich kontrolliert, um Störungen vorzugreifen.

Mit Hilfe von Dosierschnecken werden die Produkte aus den jeweiligen Tagesbehältern zu den Waagen gefördet. Die Komponenten werden einzeln abgerufen und verwogen. Zum Teil werden auch mehrere Komponenten in den Waagen zusammen dosiert, wenn das Volumen der Waage für die Rezeptur ausreichend ist. Von den Waagen gelangen die Komponenten in freiem Fall zu den Mischern, wo sie entsprechend einer vorgegebenen Laufzeit gemischt werden. Nach Beendigung des Mischvorgangs gelangt die fertige Mischung in einen von vier Behältern, die sich unterhalb jedes Mischers befinden. Es handelt sich um vier Behälter, um ein kontinuierliches Beschicken und Entleeren in die Abfüllmaschinen zu gewährleisten. Da jeder Behälter von dem Labor so lange gesperrt wird, bis eine Qualitätskontrolle durchgeführt wurde, ist die einwandfreie Beschaffenheit und die ordnungsgemäße Rezeptur der Mischung bestätigt. Ist dies der Fall, so wird der Behälter vom Labor aus für die Abfüllung freigegeben.

Von diesen Behältern werden die fertigen Mischungen dann pneumatisch in Speicherbehälter oberhalb der Abfüllmaschinen gefördert, von wo sie anschließend in freiem Fall in die entsprechenden Verpackungen abgefüllt werden können.

Im oberen Abfüllsaal befinden sich insgesamt 17 Abfüllmaschinen.

Das Material für die Beutel kommt von der Rolle. Zunächst werden die Beutel geformt, dann werden sie mit Druckluft aufgeblasen, um ein einwandfreies Befüllen zu gewährleisten. Nach dem Befüllen werden die Beutel verschweißt und anschließend in einer bestimmten Anzahl, die variiert, in Folie verpackt. Diese in Folie verpackten Beutel werden anschließend nochmals in eine ladengerechte Verpackung zusammengepackt. Dabei handelt es sich um Trays und Deckel aus Pappe, die maschinell gefaltet und mit den Beuteln befüllt werden. Ziel ist es, ein für den Handel möglichst optimales Verpackungssystem zu bieten. Das heißt, es soll dem Abnehmer ermöglicht werden, die Ware von der Palette mit einem Griff ins Regal zu stellen. Aus diesem Grund dürfen die Trays nicht zu groß sein.

*Beschreibung des Produktionsvorganges der Sackware
bzw. der Instantprodukte*

Neben der Siloware wird im Gebäude 25 des Betriebes Brackwede auch Sackware verarbeitet. Diese wird bei der Anlieferung zunächst einer optischen Kontrolle auf Menge und Qualität unterzogen. Werden bei dieser Kontrolle Mängel festgestellt, lassen sich die Kontrolleure diese von den Lieferanten bestätigen. Danach wird die Ware einer weiteren Kontrolle durch das Labor unterzogen. Hierfür werden der Lieferung Proben entnommen und ins Labor gegeben. Erst nach Prüfung und Freigabe durch das Labor kann mit der Verarbeitung der Ware begonnen werden. Die Zusammenstellung der Rezepte für die Instantprodukte findet in dem Kellergeschoß des Gebäudes 25 statt, wo auch die Sackware gelagert wird. Hierzu werden die erforderlichen Mengen von den Mitarbeitern an einer Waage zusammengestellt und dann auf Paletten zusammen gelagert. Die fertigen Rezepturen werden dann auf den Paletten zu den Einfüllmaschinen transportiert, wo die Säcke von den Mitarbeitern aufgeschnitten und von Hand in den Einfüllstutzen gefüllt werden. Die Dosierung des Zuckers erfolgt automatisch aus den Silos nach vorhergehendem Mahlen, Sieben und Wiegen. Die Aromen und Farben, die ebenfalls zum Rezept gehören, werden im Kellerlabor abgewogen und ebenfalls manuell zugegeben. Das Vermischen erfolgt in den sich im Erdgeschoß befindenden Mischern in einer vorgegebenen Zeit. Von den Mischern gelangt die fertige Mischung in Druckbehälter, die sich im Kellergeschoß befinden und von dort in die Vorratsbehälter, die sich über den Abfüllmaschinen befinden. Danach kann mit dem Abfüllen begonnen werden.

Umweltrelevante Aspekte

- sortenreine Abfalltrennung,
- Lagerung und Umgang mit Gefahrstoffen,
- Lärm,
- Staubexposition/Staubexplosion.

2.3.1.2 Rohstofflager

Im Rohstofflager wird die gesamte Sackware für die Instantprodukte auf Paletten gelagert.

Weiterhin befindet sich noch neben den Waagen und Abfüllstellen der Sackware die Zuckermühle und die Kakaoabfüllmaschine im Kellergeschoß (Beschreibung s. Kap. 2.3.1.1).

Umweltrelevante Aspekte:

- Lagerung von Gefahrstoffen (Betriebsanweisung, Sicherheitsdatenblatt),
- Undichtigkeiten bei Kompressoren für Zuckerförderung,
- Staubexposition (Abwiegen und Abfüllen der Sackware).

2.3.1.3 Werkstätten/Magazine, Gebäude 25

Schlossereien

Im Produktionsgebäude 25 befinden sich 3 Schlossereien.

Eine Schlosserei liegt direkt neben dem oberen, eine weitere neben dem unteren Abfüllsaal. Beide Schlossereien sind für die Wartung der jeweils in den Abfüllsäälen stehenden Maschinen zuständig.

Die Schlosserei im Keller ist für die Instandhaltung der Fördertechnik zuständig.

Schweißarbeiten werden in den Schlossereien neben dem oberen Abfüllsaal und im Keller verrichtet.

Die Lagerung der notwendigen Hilfs- und Betriebsmittel erfolgt zum Teil in der Werkstatt selbst, zum Teil in Magazinen, die sich im Keller befinden.

Umweltrelevante Aspekte:

- Lagerung von wassergefährdenden Stoffen,
- Lagerung von Betriebsmitteln und Altölen über den Tagesbedarf bzw. -anfall hinaus,
- Schweißarbeiten,
- keine sortenreine Abfalltrennung.

Magazine

Den Schlossereien stehen 3 Magazine, die sich im Kellergeschoß befinden, zur Verfügung. Zwei dieser Magazine dienen als Material und Ersatzteillager.

In dem dritten Magazin werden verschiedene Öle für die Wartung der Produktionsmaschinen etc. teilweise in 16 kg – 20 kg-Gebinden, teilweise in Fässern mit einem Fassungsvermögen von ca. 180 kg (200 l) gelagert.

Direkt neben zwei Ölgroßbehältern befindet sich ein Behälter (200 l) Ethoxy-Propanol.

Die Großbehälter sind vorschriftsmäßig auf einer entsprechenden Auffangwanne gelagert. Die weiteren Gebinde stehen in Regalen, die keinen Auslaufschutz haben.

Desweiteren befindet sich in diesem Magazin ein Sicherheitsschrank nach DIN 12925 zur Lagerung folgender feuergefährlicher Stoffe:

- Verbrauchsstoffe für Tintenstrahler (Haltbarkeitsdatum), 1 l-Kunststoffgebinde, Tinte, Make up, Cleaning solution,
- Ersatzprodukt für Cleaning solution (zusammengestellt von der Abteilung Forschung und Entwicklung),
- nicht mehr verwendeter Klebstoff (für Kunststoffe).

Umweltrelevante Aspekte:

- Beschriftung nach Gefahrstoffverordnung (Ersatzprodukt, s. o.),
- Lagerung von wassergefährdenden Stoffen in Regalen,
- Lagerung von feuergefährlichen Stoffen (Klebstoff),
- geringe Bodenverunreinigungen (Öl) durch Lagerung ölverschmutzter Teile (Ketten, Motoren).

Elektrowerkstatt

Die Elektrowerkstatt ist für die gesamten elektrischen Belange im Produktionsgebäude 25 zuständig. Ein Magazin für die Elektrowerkstatt befindet sich im Kellergeschoß.

Umweltrelevante Aspekte:

- Trennung von Abfällen.

2.3.1.4 Labor (oberer Abfüllsaal)

Das Labor im oberen Abfüllsaal dient der Qualitätskontrolle eines jeden Mischvorganges.

Umweltrelevante Aspekte

- keine.

2.3.1.5 Packmittellager

Das Packmittellager ist ein neu errichtetes Hochregallager, das zur Zwischenlagerung der für die Produktion in Gebäude 25 benötigten Packmittel dient.

2.3.1.6 Aromen- und Farblager

Im Aromen- und Farblager lagern die Zusätze für die Instantprodukte. Direkt neben diesem Lager erfolgt auch die Zusammenstellung für die jeweiligen Rezepturen.

2.3.1.7 Kantine

Das Essen wird aus der Hauptküche im Werk Bielefeld angeliefert und in der Kantine lediglich verteilt.

2.3.2 Lager und Werkstätten, Gebäude 30/32

2.3.2.1 Hochregallager/Blocklager

Das Hochregallager für Fertigware ist voll automatisiert. Ein Zutritt ist nicht möglich.

Das Blocklager mit einer Grundfläche von etwa 4500 m² besitzt drei Stockwerke. Im Erdgeschoß befindet sich die Kommissionierungsstelle und die Exportabteilung, in der zweiten Ebene der Wareneingang und das Blocklager. Hier werden Paletten mit besonderen Formaten gelagert, die nicht in dem Hochregallager untergebracht werden können. In der dritten Etage liegt die Display-Fertigung und das Blocklager. In einem Sperrlager wird original verpackte, vom Verfall bedrohte Ware, die nicht mehr regulär verkauft werden kann, gesammelt und verwertet, gespendet oder an Sonderkunden verkauft.

In der Displaypackerei wird Ware für den Sonderverkauf (z. B. Einmachzeit, Weihnachten) abgepackt. Mittlerweile wird etwa ein Drittel des Sortiments als Display verkauft. Überzählige Verpackung wird vom Vorlieferanten zurückgenommen.

Umweltrelevante Aspekte

- Korrekte Stapelung der Ware,
- Kennzeichnung der Verkehrsflächen und Lagerflächen,
- Anfall von Stretchfolie.

2.3.2.2 Werkstatt/Magazin

Die Schlosserei im Erdgeschoß ist für die im Hochregallager/Blocklager anfallenden Reparatur- und Wartungsarbeiten zuständig. Der Werkstatt steht ein kleines Magazin als Material- und Ersatzteillager zur Verfügung.

2.3.3 Forschung und Entwicklung, Gebäude 41

Der Bereich Forschung und Entwicklung ist in erster Linie für die Entwicklung neuer und die Optimierung bestehender Produkte für die gesamte Dr. August Oetker Nahrungsmittel KG zuständig. Er ist unterteilt in die zwei Hauptabteilungen Nährmittel (Desserts, Backen) und Tiefkühlkost/Eiskrem/Frische. Zum Nährmittelbereich gehört auch die Zentrale Analytik, in der hauptsächlich mit Chemikalien gearbeitet wird. Neben den Laborbereichen gibt es im Keller ein Lösemittellager und ein Feststoffchemikalienlager (Gebäude 41). Das Lösemittellager ist mit einer Raumlüftung versehen, durch die auch die Bodenluft abgesaugt wird. Die Lüftung erfolgt mehrmals täglich und springt automatisch mit dem Einschalten des Lichts an. Ein Säurelager befindet sich im Gebäude 37.

Es erscheint nicht sinnvoll, die angewendeten Arbeitsverfahren einzeln aufzuführen und näher zu erläutern. Schwerpunkte in diesem Audit sind die Lagerung von Gefahrstoffen im Lagerraum und im Laborbereich (Menge, Art der Lagerung) sowie die sachgerechte Aufstellung von Apparaturen mit den entsprechend notwendigen Sicherheitsvorkehrungen und die korrekte Sammlung und Entsorgung von anfallenden Abfällen.

Umweltrelevante Aspekte

– Gefahrstofflager, -verwendung,
– Aufstellung von Versuchsapparaten,
– Asbestdichtung und -isolierung (Trockenschrank).

2.3.4 Schuppen, Gebäude 29

In dem offenen Holzschuppen stehen Container zur getrennten Erfassung von Elektronikschrott, Schrott und BASA-Säcken (Kunststoffe). Holzabfälle werden hinter dem Schuppen gesammelt. Es erfolgt weiterhin eine Sammlung von Aromen- und Farbstoffässern (stammen aus den Werken Oerlinghausen und Bielefeld).

3 Soll/Ist-Abgleich
(Analyse und Bewertung umweltrelevanter Bereiche)

Die Maßnahmen sind numeriert und sind danach in Tabelle 16 (Kap. 4) zu finden.

3.1 Abfall

3.1.1 Gesetzliche Grundlagen

Im Bereich der Abfallwirtschaft sind für die Fa. Dr. August Oetker Nahrungsmittel KG, Betrieb Brackwede, eine Fülle gesetzlicher Vorschriften zu beachten:

– AbfG   Gesetz über die Vermeidung und Entsorgung von Abfällen
                     (Abfallgesetz),
– LAbfG   Abfallgesetz für das Land NRW (Landesabfallgesetz),
– AbfBestV   Abfallbestimmungs-Verordnung,
– RestBestV   Reststoffbestimmungs-Verordnung,
– AbfRestÜberwV   Abfall-und Reststoffüberwachungs-Verordnung,
– AltölV   Altölverordnung,
– VerpV   Verpackungsverordnung,
– Satzung über die Vermeidung und Entsorgung von Abfällen in der Stadt
  Bielefeld.

3.1.2 Vorhandenes Abfallwirtschaftskonzept

Bei der Dr. August Oetker Nahrungsmittel KG, Betrieb Brackwede, wird seit dem Anfalljahr 1992 fortlaufend ein Abfallwirtschaftskonzept und eine Abfallbilanz gemäß dem Nordrhein-Westfälischen Landesabfallgesetz erstellt (Tabellen 1–3).

Tabelle 1. Erfassungsliste Abfälle 1993: Betrieb Brackwede

Abfallbezeichnung	Abfall-Schlüssel Nr.	Aufkommen (t/a)	Entsorgungsweg	Entsorgungs- aufträge/ -nachweise
Überlagerte Nahrungsmittel[a]	11102	8400	HMV Bi/Hf	ohne EN
Schnitt- u. Stanz- abfälle	18701	1,960	HMV Bi/Hf	VEN
Verpackungsabfälle teilweise PE-beschichtet	18716	1,740	HMV Bi/Hf	VEN
Verbrennungsmotoren Getriebeöl[b]	54112	1,2	Aufbereitung	SEN
Feste fett- u. ölver- schmutzte Bindemittel[b]	54209	nicht genau erfaßbar	CPB Fa. Scheele in Lennestadt	SEN
Hausmüllähnliche Gewerbeabfälle (Hygieneabfälle)[c]	91200	0,180	Zentrale Deponie Hannover	SEN
Hausmüllähnliche Gewerbeabfälle	91200	92,610	HMV Bi/Hf	VEN

[a] I.d.R. werden die überlagerten Nahrungsmittel als Futtermittel verwertet, im Jahr 1993 war jedoch ein geringer Teil so verdorben, daß er über die HMV Bielefeld entsorgt werden mußte,
[b] gemäß Sonderregelung § 5a, 5b AbfG,
[c] hierbei handelt es sich ausschließlich um Abfälle aus Damentoiletten.

Abkürzungen:

HMV Bi/Hf: Hausmüllverbrennungsanlage Bielefeld/Herford,
CPB: Chemisch-physikalische Behandlung,
EN: Entsorgungsnachweis,
VEN: Vereinfachter Entsorgungsnachweis,
SEN: Sammelentsorgungsnachweis.

Neben der Angaben über Art, Menge und Verbleib der zu entsorgenden Abfälle enthält das Abfallwirtschaftskonzept auch eine Darstellung der getroffenen und geplanten Abfallvermeidungs- und Verwertungsmaßnahmen sowie eine Auflistung der vorhandenen Entsorgungsnachweise.

Zusätzlich werden vorgenommene Maßnahmen zur Verringerung des Abfallaufkommens erläutert, z. B. Reduzierung der Sackware und der Transportverpackungen, Einsatz von wiederaufladbaren Akkus, Vermeidung von Kakaolieferungen in Säcken, Versuch der Lieferung von Aromen in Mehrwegbehältnissen, Einsatz von wiederverwendbaren Stoffputztüchern etc.

Bei der Einsicht in das Abfallwirtschaftskonzept zeigt sich, daß die Dr. Oetker Nahrungsmittel KG, Betrieb Brackwede, Vermeidung vor Verwertung und vor sonstiger Entsorgung stellt (§ 3 Abs. 2 AbfG).

Die „Erfassungsliste Abfälle 1993: Werkstätten, Werbelager, Verwaltung, Logistik" ist in Tabelle 1 (Werk Brackwede) zusammengefaßt.

Tabelle 2. Erfassungsliste Abfälle 1993: Hochregallager

Abfallbezeichnung	Abfall-Schlüssel Nr.	Aufkommen (t/a)	Entsorgungsweg	Entsorgungsaufträge/ -nachweise
Verbrennungsmotoren u. Getriebeöl[b]	54112	1,98	Aufbereitung	SEN
feste fett- u. ölverschmutzte Bindemittel[b]	54209	0,12	CPB Fa. Scheele in Lennestadt	SEN
Ethylenglykole[b]	55303	0,06	Wiederaufbereitung, Fa. Becker	SEN
Glykolether[b]	55356	0,03	Wiederaufbereitung, Fa. Becker	SEN
Lösungsmittelgemische ohne Halogene	55370	0,66	SAV	SEN
Hausmüllähnliche Gewerbeabfälle (Hygieneabfälle)[c]	91200	0,036	Zentrale Deponie Hannover „Altwarmbüchen"	SEN
Hausmüllähnliche Gewerbeabfälle	91200	nicht genau erfaßbar	HMV Bi/Hf	VEN

[b] gemäß Sonderregelung § 5a, 5b AbfG,
[c] hierbei handelt es sich ausschließlich um Abfälle aus Damentoiletten.

Abkürzungen:

HMV Bi/Hf: Hausmüllverbrennungsanlage Bielefeld/Herford,
CPB: Chemisch-physikalische Behandlung,
EN: Entsorgungsnachweis,
VEN: Vereinfachter Entsorgungsnachweis,
SEN: Sammelentsorgungsnachweis.

Für die Abfälle, die über eine Sammelentsorgung entsorgt werden, liegen die entsprechenden Übernahmescheine vor. Die Gültigkeit der Sammelentsorgungsnachweise wurde im Rahmen der Erstellung des Abfallwirtschaftskonzepts überprüft. Für die Entsorgung der Fettabscheiderinhalte und der überlagerten Nahrungsmittel werden keine Entsorgungsnachweise benötigt.

Neben den Abfällen (Abb. 4) werden von der Dr. August Oetker Nahrungsmittel KG, Betrieb Brackwede, Wertstoffe (Abb. 3) getrennt erfaßt und der Verwertung zugeführt (§ 1a Abs. 1 AbfG, Abfälle sind durch den Einsatz reststoffarmer Verfahren oder durch Verwertung von Reststoffen zu vermeiden). Es erfolgt eine Aufstellung der Wertstoffe und der jeweiligen Entsorgungswege:

3.1.3 Abfallsammlung

Nach § 3 Abs. 2 AbfG hat die Abfallverwertung Vorrang vor der sonstigen Entsorgung, weiterhin sind Abfälle so einzusammeln, daß die Möglichkeiten zur

Tabelle 3. Erfassungsliste Abfälle 1993: Forschung und Entwicklung

Abfallbezeichnung	Abfall-Schlüssel Nr.	Aufkommen (t/a)	Entsorgungsweg	Entsorgungs- aufträge/ -nachweise
Inhalte von Fett- abscheidern	12 501	nicht genau erfaßbar	Kläranlage Bi/ Heepen	ohne EN
Anorganische Säuren	52 102	0,36	CPB, Fa. Zimmer- mann	SEN
Laugen	52 400	0,001	CPB, Fa. Zimmer- mann	SEN
Laugengemische	52 402	0,36	CPB, Fa. Zimmer- mann	SEN
Motoren- und Kältemaschinenöle	54 114	0,009	Aufbereitung	SEN
Lösungsmittelgemische, halogenhaltig	55 220	0,6[d]	SAV	SEN
Hausmüllähnliche Gewerbeabfälle (Hygieneabfälle)[c]	91 200	0,09	Zentrale Deponie Hannover „Altwarmbüchen"	SEN
Hausmüllähnliche Gewerbeabfälle	91 200	18,16	HMV Bi/Hf	VEN

[c] Tatsächlich fallen nur ca. 40 kg halogenhaltige Lösungsmittel an. Aus Kostengründen werden sie mit den halogenfreien Lösungsmitteln vermischt entsorgt.

Abkürzungen:

HMV Bi/Hf:	Hausmüllverbrennungsanlage Bielefeld/Herford,
CPB:	Chemisch-physikalische Behandlung,
EN:	Entsorgungsnachweis,
VEN:	Vereinfachter Entsorgungsnachweis,
SEN:	Sammelentsorgungsnachweis.

Abfallverwertung genutzt werden können. Das im Jahre 1996 in Kraft tretende Kreislaufwirtschaftsgesetz wird noch erhöhte Ansprüche an die getrennte Sammlung von Abfällen stellen.

Bei der Dr. August Oetker Nahrungsmittel KG, Betrieb Brackwede, werden die Abfälle und Wertstoffe entsprechend den in Kap. 3.1.2 aufgeführten Fraktionen getrennt erfaßt.

An den Abfallanfallstellen sind in den meisten Fällen ausreichend Behältnisse zur getrennten Sammlung bereitgestellt. Es ist aber festzustellen, daß die Behältnisse uneinheitlich und teilweise schlecht gekennzeichnet sind. Zur eindeutigeren Kennzeichnung wird zur Zeit ein Farbbleitsystem für die getrennte Sammlung von Abfällen durch ein Auszubildendenprojekt entwickelt.

Die Behälter an den Anfallstellen werden von den Mitarbeitern je nach Bedarf in bereitgestellten Behältern zur Zwischenlagerung (z.B. Gitterboxen) geleert. Diese werden auf dem gesamten Betriebsgelände Brackwede von dazu abgestell-

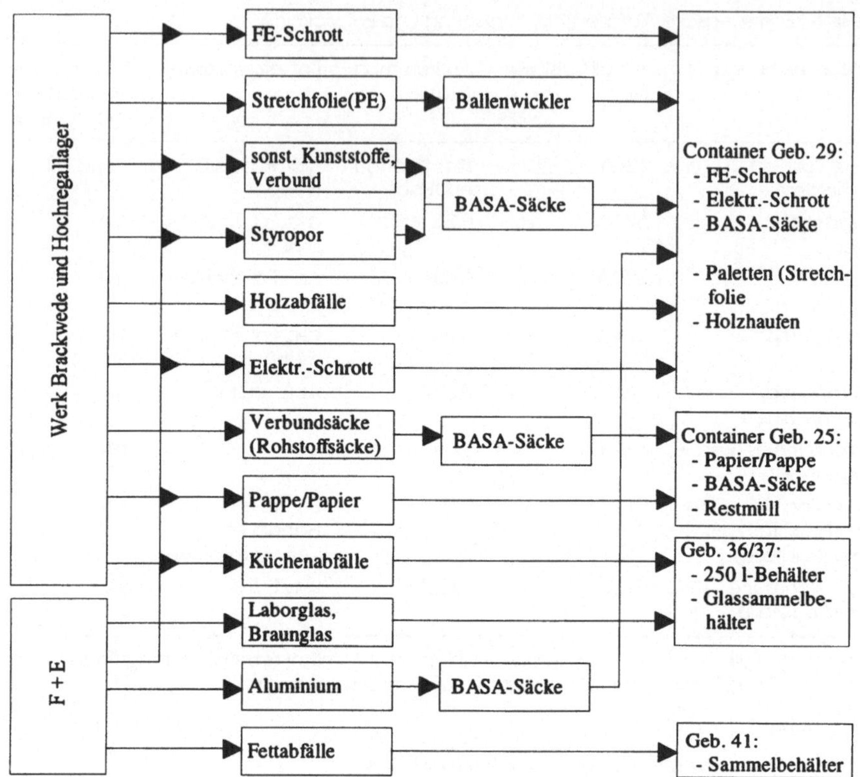

Abb. 3. Erfassung der anfallenden Wertstoffe (F+E: Forschung und Entwicklung)

ten Mitarbeitern in die jeweiligen Großsammelbehältern (zentrale Sammelstellen Gebäude 24/25, Schuppen) geleert.

Die Betriebs- und Hilfsmittel aus den Werkstätten, die in einigen Fällen unter die Gruppe der Gefahrstoffe fallen, werden vom Werkstattpersonal an die Rampe gebracht und von dort durch Mitarbeiter des Hochregallagers zu den entsprechenden Sammelstellen gebracht.

In den folgenden Tabellen 4–8 werden die Sammelcontainer, die an den einzelnen Gebäuden stehen aufgelistet. Abbildung 5 zeigt einen dieser Sammelcontainer.

Zur Verdeutlichung sind die Sammelsstellen in Abb. 1 im Übersichtsplan des Betriebsgeländes Brackwede eingezeichnet.

Ist-Zustand

Bei den Betriebsbegehungen wird immer wieder beobachtet, daß die anfallenden Abfälle nicht sortenrein getrennt werden, obwohl genügend Sammelbehälter zur Verfügung stehen.

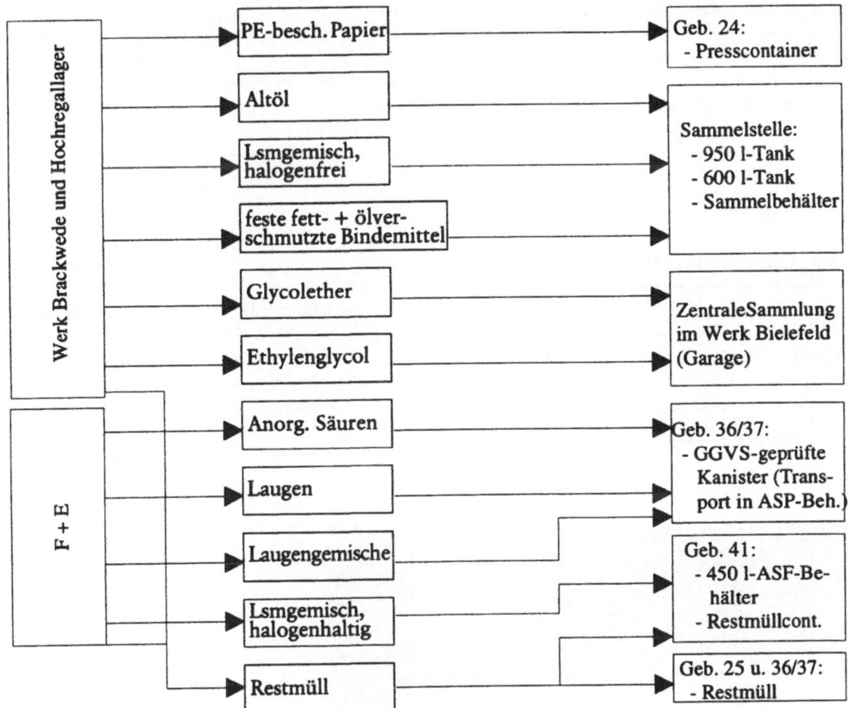

Abb. 4. Erfassung der anfallenden Abfälle (F+E: Forschung und Entwicklung)

Tabelle 4. Sammelbehälter an Gebäude 25

Abfallart	Restmüll	Papier/Pappe	Repa-Säcke
Behälterform und -größe	12 m³ Preßcontainer	30 m³ Container	40 m³ Container

Tabelle 5. Sammelbehälter an Gebäude 24

Abfallart	beschichtetes Papier	Papier
Behälterform und -größe	15 m³ Preßcontainer	20 m³ Preßcontainer

Tabelle 6. Sammelbehälter an Gebäude 41

Abfallart	Restmüll	ASF-Behälter
Behälterform und -größe	6 m³ (eigener Behälter)	0,445 m³

Tabelle 7. Sammelbehälter vor den Gebäuden 36/37

Abfallart	Restmüll	Papier	Speisereste
Behälterform und -größe	8 m³ Container	1,5 m³ Gitterbox	spezieller Sammelbehälter

Tabelle 8. Sammelbehälter im Gebäude 29 (Schuppen)

Abfallart	Elektro-Schrott	Fe-Mischschrott	BASA-Säcke
Behälterform und -größe	2 m³ Container	7,5 m³ Container	40 m³ Container

Abb. 5. Restmüllbehälter

Soll-Zustand

Nach § 3 Abs. 2 AbfG hat die Abfallverwertung Vorrang vor sonstiger Entsorgung. Somit sind Abfälle so einzusammeln, daß die Möglichkeiten zur Abfallverwertung genutzt werden können.

Maßnahme (1)

Es sind Maßnahmen einzuleiten, die Trennmotivation durch z. B. Informationsveranstaltungen und Verteilung von Verantwortung zu verbessern. Ein einheitliches Behältersammelsystem wird bereits durch ein Auszubildendenprojekt erstellt. Des weiteren sind unter anderem einige Firmen beauftragt worden, einen Vorschlag für ein verbessertes innerbetriebliches Entsorgungskonzept zu machen.

3.1.4 Abfallsituation in der Produktion, Gebäude 25

3.1.4.1 Oberer Abfüllsaal / Unterer Abfüllsaal / Rohstofflager

In der Produktion Gebäude 25 (Oberer und Unterer Abfüllsaal) werden die anfallenden Reststoffe an den Maschinen und sonstigen Anfallstellen getrennt in kleinen Sammelbehältern erfaßt. An den Maschinen stehen jeweils Sammelbehälter für Papier/Pappe, Folien, Verbundmaterial und Restmüll. Diese Sammelbehälter werden von den zuständigen Mitarbeitern in größere Sammelbehälter entleert. Von dort werden die Abfälle dann zu den im Erdgeschoß stehenden Containern transportiert.

Aussortierte gefüllte Beutel (z.B. falsches Gewicht) werden ebenfalls getrennt erfaßt und entleert (Für die kleinen Backpulvertüten etc. steht im Keller eine entsprechende Maschine zur Verfügung). Das so gesammelte Pulver wird nach Absiebung erneut dem Abfüllprozeß zugeführt. Die aufgeschnittenen Beutel (PE-beschichtet) werden dem Restmüll zugeordnet, da sie für die Papieraufbereitung durch anhaftendes Pulver zu stark verschmutzt sind. Nach Angaben eines Entsorgungsunternehmens gibt es aber bereits Aufbereitungsverfahren (Waschverfahren), die eine Aufbereitung auch der verschmutzten Beutel ermöglicht.

Rollenkerne werden wiederverwendet.

Mit Stretchfolie oder teilweise auch Kunststoffbändern (Umreifungsbänder) sind die benötigten palettierten Packmittel vor Beschädigung geschützt und fallen somit als Abfall bzw. Wertstoff an. Der eingesetzte Kantenschutz wird mehrmals wiederverwendet.

Im Rohstofflager, in dem auch die Mischungen für die Instantprodukte erstellt werden, fallen zusätzlich Verbundsäcke von der Sackware an, die in BASA-Säcken gesammelt werden, für die auch ein Container zur Verfügung steht.

Anfallende Abfallarten:

– Pappe/Papier (Trays, Deckel)	Papieraufbereitung
– Stretchfolie (PE)	stoffliche Verwertung
– Verbund (PE-beschichtetes Papier, sauber)	
Schnittreste (Rollenbeutel)	z.Z. thermische Verwertung
– Verbundsäcke (Sackware)	stoffliche Verwertung (REPA)
– Hartkunststoff	stoffliche Verwertung
– Kantenschutz	Wiederverwendung
– Folie (Verpackungstüten, PP)	Restmüll
– Verbund (PE-beschichtetes Papier, anhaftendes Pulver)	Restmüll
– beschichtetes Aluminium (sehr geringe Mengen)	Restmüll

Ist-Zustand

PP-Folie der Verkaufsverpackungstüten werden getrennt gesammelt, aber der Restmüllfraktion zugeordnet.

Soll-Zustand

§ 3 Abs. 2 AbfG, Verwertung hat Vorrang vor sonstiger Entsorgung.

Maßnahme (2)

Da es sich in diesem Fall um eine sauber trennbare Abfallart handelt, sollte der Versuch unternommen werden, die PP-Folie einer stofflichen Verwertung zuzuführen.

Ist-Zustand

Zum Schutz vor Beschädigung der Packmittel beim innerbetrieblichen Transport für die Abfüllung werden diese mit Kantenschutz und Stretchfolie gesichert. Der Kantenschutz aus Pappe wird gesammelt und wiederverwendet. Die Folie wird einer stofflichen Verwertung zugeführt.

Soll-Zustand

Nach § 1a Abs. 1 AbfG sind Abfälle zu vermeiden.

Maßnahme (3)

Auch wenn die Stretchfolie sortenrein und kostenlos der stofflichen Verwertung zugeführt werden kann, sollte doch noch einmal überprüft werden, ob zumindest für den innerbetrieblichen Transport Folie eingespart oder sogar ganz darauf verzichtet werden kann (Einsatz von Mehrweghüllen und Gurte). Zu berücksichtigen ist der Energieverbrauch (Energierohstoff) bei der Herstellung der Folie und der Weiterverarbeitung.

3.1.4.2 Werkstätten/Magazine

In den *Schlossereien* erfolgt eine Erfassung von Metallschrott. Sammelbehälter für Papier/Pappe, Verbundstoffe etc. sind nicht vorhanden, es gibt lediglich einen Behälter für Restmüll (Abb. 6). Entsprechend stark vermischt mit Wertstoffen ist die Restmüllfraktion.

Abb. 6. Restmüllbehälter, Schlosserei, Oberer Abfüllsaal

Bei Wartungsarbeiten anfallende Schmieröle werden in dafür bereitgestellte Metallfässer (20 l) und Kühlmittel in den Verdünnungen 1:10 (Sägen) und 1:40 in Kunststoffkanistern gesammelt. Ein halogenfreies Lösungsmittelgemisch, welches bei der Reinigung der Tintenstrahldrucker (Haltbarkeitsdatum) anfällt, wird in einem gekennzeichneten (Gefahrensymbole) 5-l-Metallgefäß gesammelt. Diese Abfallstoffe werden entsprechend der AltölV bzw. der GefStoffV entsorgt.

Die für die Tintenstrahler benötigten Lösungen werden in 1-Liter-Kunststoffflaschen angeliefert, die von der Herstellerfirma zurückgenommen werden.

Teilweise werden Schmieröle und Waschbenzin (Bielefeld) aus Großbehältern in wiederverwendbare Kanister abgefüllt.

Ein Großteil der Öl- und Schmierstoffe wird allerdings in Kleingebinden von 15–20 kg angeliefert mit der Begründung, daß weitere Werke zentral mitversorgt werden und Kleingebinde besser zu handhaben sind.

Ein Großteil der leeren Ölgebinde wird von den Herstellern zurückgenommen. Darüber hinaus anfallende Blechgebinde werden als Schrott entsorgt. Kunststoffkanister gehen zu einer Abfallsortieranlage in Bielefeld.

Seit geraumer Zeit wird der Ersatz von Papierhandtüchern durch Stoffputzlappen getestet. Die verschmutzten Lappen werden in einem geschlossenen Behälter gesammelt und zum Waschen abgeholt. Nach anfänglicher Abneigung scheint sich dieses Mehrwegsystem durchzusetzen.

Ist-Zustand

Neben den Fe-Schrottsammelbehältnissen befindet sich nur eine Restmülltonne in den Werkstätten. Die Restmüllfraktion ist daher ständig mit verwertbaren Stoffen wie Papier/Pappe, Kunststoffen und kompostierbaren Material durchsetzt.

Soll-Zustand

Nach § 3 Abs. 2 AbfG hat die Abfallverwertung Vorrang vor sonstiger Entsorgung. Somit sind Abfälle so einzusammeln, daß die Möglichkeiten zur Abfallverwertung genutzt werden können.

Maßnahme

Trotz eines geringen Abfallaufkommens sollte auch in den Werkstätten die Möglichkeit einer getrennten Sammlung von Wertstoffen wie Papier und Folien geschaffen werden.

Ist-Zustand

Die Lösungen für die Tintenstrahldrucker werden in 1-l-Kunststoffflaschen geliefert.

Soll-Zustand

Nach § 1 Abs. 1 AbfG hat Abfallvermeidung Vorrang vor der Abfallverwertung.

Maßnahme (5)

Nach Aussagen eines verantwortlichen Mitarbeiters ist eine Lieferung dieser Lösungen, die nur aus den USA bezogen werden können, in größeren Gebinden nicht möglich. Aufgrund der erheblichen Kosten versucht die Abteilung Forschung und Entwicklung ein Ersatzprodukt zu finden. Falls dieses Ersatzprodukt nicht einsatzfähig ist, sollte nach einer anderen Bezugsmöglichkeit gesucht werden.

Ist-Zustand

Ein Teil der Blechgebinde wird als Schrott entsorgt.

Soll-Zustand

Abfallvermeidung hat Vorrang vor der Abfallverwertung.

Maßnahme (6)

Es sollte auch mit den weiteren Lieferanten für Mineralölprodukte darüber verhandelt werden, ob die Blechgebinde zurückgenommen werden können.

In der *Elektrowerkstatt* werden Styroporfüllmaterial, Elektronikschrott, Kabelabfälle, Altbatterien und Leuchtstoffröhren getrennt erfaßt.

Die Leuchtstoffröhren, Kabelabfälle wie auch die Batterien werden über die Werkstättenzentrale in Bielefeld der Verwertung zugeführt.

Styropor geht zusammen mit anderen Kunststoffabfällen zur Bielefelder Abfallsortieranlage (BASA).

Der Restmüll und weitere anfallende Wertstoffe werden in der benachbarten Schlosserei bzw. im Produktionsbereich des Gebäude 25 entsorgt.

Ist-Zustand

Fehlwürfe im Restmüllbehälter: Problematik s. Schlosserei

In dem *Magazin* zur Öllagerung und zur Lagerung der feuergefährlichen Stoffe werden die 1-l-Kunststofflaschen (Lösungen für die Tintenstrahldrucker) gesammelt. Die Sammlung in dem Magazin ist zulässig, da die feuergefährlichen Stoffe in einem Sicherheitsschrank nach DIN 12 925 gelagert sind.

3.1.4.3 Labor

Die Abfallmengen im Labor sind als sehr gering zu bezeichnen. Die Wertstofferfassung erfolgt in den üblichen Fraktionen, die zu den jeweiligen Sammelbehältern transportiert werden. Chemikalienabfälle fallen in der Regel nicht an, ansonsten werden diese über die Abteilung Forschung und Entwicklung mitentsorgt.

3.1.4.4 Packmittellager

Im Packmittellager fallen keine Abfallstoffe an. Die Paletten werden so, wie sie eingelagert werden, in der Produkion gebraucht. Erst dort fallen die Stretchfolie und der eingesetzte Kantenschutz, die zur Sicherung des palettierten Materials dienen, als Abfall bzw. Wertstoff an.

3.1.4.5 Aromen- und Farblager

Die Aromen und Farbstoffe, die in Brackwede verwendet werden, werden in der Regel in Pappkartons mit Innenfolien angeliefert. Es wird geprüft (Werk Bielefeld), inwieweit ein Mehrwegsystem durchführbar ist.

3.1.4.6 Kantine

In der Küche werden die Fraktionen Papier/Pappe, Kunststoffe, Nahrungsmittelabfälle und Kaffeefilter (Kompost) getrennt erfaßt. Altglas wird in Altglascontainer gebracht.

3.1.5 Abfallsituation in Lager und Werkstätten, Gebäude 30/32

3.1.5.1 Hochregallager/Blocklager

Im Blocklager fallen Abfälle bei der Kommissionierung der Ware an. Die Abfälle werden nach den Fraktionen Papier/Pappe, Folien (PE-Stretchfolien), Buntfolien, Holz, Kantenschutz und Hartkunststoff getrennt erfaßt.

Große Mengen fallen vor allem von der PE-Stretchfolie an, da alle Paletten selbst für den innerbetrieblichen Transport mit dieser gesichert werden. Die Stretchfolie wird an einer Ballenmaschine zu Ballen aufgerollt und wird einer stofflichen Verwertung zugeführt (Problematik Stretchfolie s.Kap. 3.1.4.1).

Das System der getrennten Erfassung von Abfällen ist bei den Mitarbeitern im Hochregallager sehr gut angenommen worden. Bei mehrmaliger Begehung wurden kaum Fehlwürfe festgestellt.

Die gesammelten Abfälle werden von dazu abgestellten Mitarbeitern zu den entsprechenden Großcontainern bzw. Sammelstellen gebracht (Abb. 7).

3.1.5.2 Werkstatt/Magazin, Gebäude 30/32

In der *Schlosserei* im Hochregallager fallen Abfälle entsprechend der in Kap. 3.1.4.2 beschriebenen Schlossereien an (außer halogenfreies Lösungsmittelgemisch). Anfallende Wertstoffe wie Papier und Folie etc. werden zu den Sammelstellen im Blocklager gebracht. Restmüll wird direkt in der Schlosserei gesammelt.

Im *Magazin* fallen keine Abfälle an.

Abb. 7. Abfallsammlung im Blocklager

3.1.6 Forschung und Entwicklung, Gebäude 41

In der Abteilung Forschung und Entwicklung werden neben den anfallenden Reststoffen wie

- Anorganische Säuren,
- Laugen, Laugengemische,
- halogenhaltiges Lösungsmittelgemisch

auch die Werststofffraktionen

- Papier/Pappe,
- Aluminium (rein),
- Folie,
- Weißglas (Laborglas), Braunglas,
- Fe-Schrott,
- Styropor (Stückware, Chips),
- Hartkunststoffe,
- Küchenabfälle erfaßt.

Die Abfälle und Wertstoffe werden in jedem Labor getrennt gesammelt und je nach Bedarf zu den Sammelstellen in der Abteilung Forschung und Entwicklung gebracht. Von dort werden die Wertsofffraktionen zu den zentralen Sammelstellen des Betriebs Brackwede transportiert. Es besteht kein einheitliches Behältersammelsystem. Die Trennung ist aber von den Mitarbeitern sehr gut angenommen und funktioniert deshalb sehr gut.

Das halogenhaltige Lösungsmittelgemisch wird in einem 450 l ASF-Behälter vor dem Gebäude 41 gesammelt. Die Jahresgesamtmenge beträgt ca. 300–400 l dieses Lösungsmittelgemisches, wie schon in Kap. 3.1.2 erwähnt, wobei der Anteil des halogenhaltigen Lösungsmittels nur 40 l beträgt. Diese geringe Menge kann nach Rücksprache mit dem Entsorger mit dem halogenfreien Lösungsmittel vermischt und entsorgt werden.

Die Laugen, Laugengemische und anorganische Säuren werden in GGVS-zugelassenen 30-l-Behältern gesammelt und in ASP-Behältern abtransportiert.

Geringe Mengen an Motoren- und Kältemaschinenöle fallen bei der Wartung der Kältemaschinen an, die entsprechend über den Betrieb Brackwede mitentsorgt werden.

Altlaborgeräte mit Quecksilberinhalten wurden vor kurzer Zeit aussortiert und einer fachgerechten Entsorgung zugeführt.

Zum Nachweis der ordnugsgemäßen Entsorgung der Reststoffe nach § 2 Abs. 3 AbfG liegen die entsprechenden Übernahmescheine nach Anlage 7 der AbfRestÜberwV vor (Sammelentsorgung).

3.2 Gefahrstoffe

3.2.1 Was sind Gefahrstoffe?

Gefahrstoffe sind Stoffe oder Chemikalien, von denen besondere Gefährdungen für Mensch und Umwelt ausgehen oder ausgehen können. In § 2 des zweiten Abschnitts der Gefahrstoffverordnung, der sich mit dem Inverkehrbringen gefährlicher Stoffe und Zubereitungen beschäftigt, wird auf § 3 Nr. 3 des Chemikaliengesetzes hingewiesen. Danach sind Gefahrstoffe „Stoffe oder Zubereitungen", die

1. explosionsgefährlich,
2. brandfördernd,
3. hochentzündlich,
4. leichtentzündlich,
5. entzündlich,
6. sehr giftig,
7. giftig,
8. mindergiftig,
9. ätzend,
10. reizend,
11. sensibilisierend,
12. krebserzeugend,
13. fruchtschädigend oder
14. erbgutverändernd sind oder
15. sonstige schädigende Eigenschaften besitzen oder
16. umweltgefährdend sind.

Die genaueren Definitionen der einzelnen Eigenschaften werden in der Gefährlichkeitsmerkmaleverordnung (ChemGefMerkV) bestimmt. In § 19 Abs. 2 des Chemilkaliengesetzes wird der Gefahrstoffbegriff noch erweitert: Unter 3. werden „Stoffe, Zubereitungen und Erzeugnisse, aus denen bei der Herstellung oder Verwendung gefährliche oder explosionsfähige Stoffe oder Zubereitungen entstehen oder freigesetzt werden können" genannt.

3.2.2 Gesetzliche Grundlagen

Das Rahmengesetz für Gefahrstoffe ist das

– ChemG   Gesetz zum Schutz vor gefährlichen Stoffen (Chemikaliengesetz).

Den Umgang mit Gefahrstoffen regeln die

– GefStoffV Verordnung über gefährliche Stoffe (Gefahrstoffverordnung),

und die Technischen Regeln für Gefahrstoffe (TRGS).
   Relevant sind:

– TRGS 514,
– TRGS 515,
– TRGS 900 „MAK-Werte".

Zu berücksichtigen ist auch die Verordnung für brennbare Flüssigkeiten (VbF) mit den entsprechenden Technischen Regeln (TRbF)
   Sehr wichtig im Zusammenhang mit Gefahrstoffen ist die ab 1.5.1994 gültige EU-Richtlinie 91/155/EWG über das Sicherheitsdatenblatt, die die DIN 52900 ablöst und von den Herstellern unter 16 Punkten genauere Angaben zu Produkt, Inhaltsstoffen und Risiken beim Umgang verlangt.

3.2.3 Gefahrstoffsituation in der Produktion, Gebäude 25

Im Gebäude 25 befindet sich eine Klimaanlage. Im April 1993 wurde das Kältemittel mit dem Chlorfluorkohlenstoff R12 (Verbot durch die FCKW-Halon-Verordnung, 1991) durch ein Kältemittel mit dem teilhalogenierten H-FCKW Chlordifluormethan R22 ersetzt.

3.2.3.1 Oberer Abfüllsaal/Unterer Abfüllsaal/Rohstofflager

Während des Abfüllprozesses kommt es an den Maschinen im oberen wie im unteren Abfüllsaal und den Abfüllstellen im Rohstofflager zu einer stetigen Staubentwicklung.
   An einigen Stellen ist ein Niederschlag von sehr feinem Staub zu erkennen. Die Mitarbeiter sind dem Staub täglich 8 Stunden ausgesetzt. Zusätzlich besteht eine geringe Gefahr der Staubexplosion.
   Die Mitarbeiter sind dazu angehalten, die Staubniederschläge am Boden regelmäßig mit einem feuchten Wischer zu entfernen, um die Staubanreicherung in der Luft zu begrenzen. Eine zusätzliche Maßnahme ist die Anfeuchtung der durch die Lüftung zugeführten Luft.

Staub gehört zu der Gruppe der Schwebstoffe und ist eine disperse Verteilung fester Stoffe in Luft, entstanden durch mechanische Prozesse oder durch Aufwirbelung.

Zur Beurteilung der toxischen Wirkung von lungengängigen Feinstäuben sind eine Reihe verschiedener chemischer und physikalischer Parameter wichtig, die aber – je nach Art der Einwirkung und der physiologischen Wirkung – eine unterschiedlich große Bedeutung besitzen. So ist gesichert, daß neben der chemischen Zusammensetzung vor allem das Teilchengrößenspektrum, die Oberflächenbeschaffenheit und die geometrische Form der Teilchen wichtige Faktoren zur Einschätzung der biologischen Wirksamkeit von Stäuben darstellen (DANNECKER 1982).

Schwebstäube als die kleinsten luftgetragenen Partikel, die gemeinsam mit den Rauchen und Nebeln zu den Aerosolen zählen, werden vom Menschen überwiegend über die Atmung aufgenommmem. Wegen der speziellen Beschaffenheit der menschlichen Atmungsorgane ergeben sich durch besondere Abscheide- und Elutionsprozesse im menschlichen Organismus unterschiedlich große Aufnahmeraten für Partikel bzw. deren Inhaltsstoffe

Grobe Stäube (> 3,5 µm) werden vom Nasen- und Rachenraum überwiegend zurüchgehalten und dort relativ schnell über den Magen-Darm-Trakt abtransportiert (biologische Halbwertszeit von 4 min), so daß der Alveolarbereich weitgehend geschützt ist vor den möglicherweise toxischen Grobstäuben.

Ähnliches geschieht im Bereich von Luftröhre und Bronchien, wo die sog. Flimmerhäärchen zusammen mit einer Schicht von Bronchialschleim für den raschen Abtransport abgelagerter Teilchen sorgen (biologische Halbwertszeit 20 – 60 min).

Feine Stäube (< 3,5 µm) können bis in den Alveolarbereich der Lunge vordringen und werden daher als „lungengängiger Staub" bezeichnet. Über Diffusions- und Sedimentationsvorgänge werden, abhängig vom Durchmesser der Teilchen, bis zu 60 % des Aerosols abgeschieden. Die hier definierten Massenteilchen werden allmählich von sog. Phagozytosen eliminiert, wobei aber eine wesentlich längere biologische Halbwertszeit von einem Tag bis zu einem Jahr anzunehmen ist (DANNECKER 1982).

Der alveolengängige Teil des einatembaren Anteils wird auch nach der TRGS 900 als Feinstaub bezeichnet (es erfolgt keine Größeneingrenzung).

In der Produktion werden u. a. Stoffe mit folgenden Teilchengrößen eingesetzt:

- Maisstärke   99,8 % < 200 µm,
- Weizenstärke   99,8 % < 250 µm,
- Zucker   75 %   < 63 µm.

Es ist nicht bekannt, wie groß der Anteil der Stäube im Feinstaubbereich und somit als kritisch zu beurteilen ist.

In der TRGS 900 wird ein allgemeiner Staubgrenzwert von 6 mg/m³ als Feinstaubkonzentration festgesetzt. Dieser Wert soll die Beeinträchtigung der Funktion der Atmungsorgane infolge einer allgemeinen Staubwirkung verhindern.

Ist-Zustand

Kontinuierliche Staubexposition der Mitarbeiter.

Soll-Zustand

Nach § 19 Abs. 2 ChemG sind Stoffe, aus denen bei der Verwendung gefährliche oder explosionsfähige Stoffe oder Zubereitungen entstehen oder freigesetzt werden können, den Gefahrstoffen zuzuordnen. Ist das Auftreten eines oder verschiedener gefährlicher Stoffe in der Luft am Arbeitsplatz nicht sicher auszuschließen, so ist zu ermitteln, ob die Maximale Arbeitsplatzkonzentration unterschritten oder die Auslöseschwelle überschritten sind. In der TRGS 900 wird ein allgemeiner Staubgrenzwert von 6 mg/m³ als Feinstaubkonzentration festgesetzt. Um die Einhaltung des allgemeinen Staubgrenzwertes sicherzustellen, sind in regelmäßigen Abständen Staubmessungen durchzuführen.

Maßnahme (7)

Es sollten Staubkonzentrationsmessungen durchgeführt werden. Bei Überschreitung des Konzentrationswertes von 6 mg/m³ sind Maßnahmen zur Verminderung der Staubemission zu treffen. Zusätzliche Schadstoffe im Staub, auf die die oben genannten Eigenschaften zutreffen würden, sind in diesem Fall nicht zu erwarten.

Bei der Staubkonzentrationsmessung sollten besonders auch die Abwiege- und Abfüllstellen im Kellergeschoß berücksichtigt werden. Trotz einer vorhandenen Absaugung ist die Staubentwicklung teilweise erheblich. Aus diesem Grunde ist es erforderlich, daß von den Arbeitern ein Atemschutz getragen wird.

Im Rohstofflager werden die Rohstoffe manuell abgewogen und schließlich abgefüllt. Zur Abfüllung steht ein Atemschutz (Halbmaske) zur Verfügung, der nach Angaben der Mitarbeiter auch regelmäßig genutzt wird.

Ist-Zustand

Für einige dieser Rohstoffe liegen noch keine EU-Sicherheitsdatenblätter vor.

Soll-Zustand

Nach § 14 Abs. 1 sind dem Abnehmer spätestens bei der ersten Lieferung Sicherheitsdatenblätter zu überbringen. Sicherheitsdatenblätter müssen nicht geliefert werden, wenn gefährliche Stoffe oder Zubereitungen, die für jedermann erhältlich sind, mit ausreichenden Informationen versehen sind, die es dem Benutzer ermöglichen, die erforderlichen Maßnahmen für den Gesundheitsschutz und die Sicherheit zu ergreifen.

Maßnahme (8)

Es sollten vom Hersteller Sicherheitsdatenblätter angefordert werden.

Ist-Zustand

Für die Stoffe Sorbinsäure und Zitronensäure liegen keine Betriebsanweisungen vor.

Soll-Zustand

Der Arbeitgeber hat nach § 20 Abs. 1 eine arbeitsbereich- und stoffbezogene Betriebsanweisung zu erstellen, in der auf die mit dem Umgang mit Gefahrstoffen verbundenen Gefahren für Mensch und Umwelt hingewiesen wird sowie die erforderlichen Schutzmaßnahmen und Verhaltensregeln festgelegt werden.

Maßnahme (9)

Es sind nach Vorgaben der GefStoffV Betriebsanweisungen zu erstellen und an den Arbeitsstätten zur Einsicht eines jeden Mitarbeiters zur Verfügung zu stellen.

3.2.3.2 Werkstätten/Magazine

Allgemeines

In den Werkstätten wird mit verschiedenen Hilfs- und Betriebsstoffen gearbeitet. Darunter sind einige Stoffe den Gefahrstoffen zuzuordnen (s. Tabelle 9). Es besteht eine Zusammenstellung aller benötigten Hilfs- und Betriebsstoffe. Die Sicherheitsdatenblätter werden zentral gesammelt.

Ist-Zustand

Für die in den Werkstätten verwendeten und in den Magazinen gelagerten Gefahrstoffe liegen keine Betriebsanweisungen vor.

Soll-Zustand

Nach § 20 Abs. 1 GefStoffV hat der Arbeitgeber eine arbeitsbereichs- und stoffbezogenen Betriebsanweisung zu erstellen, in der auf die beim Umgang mit Gefahrstoffen verbundenen Gefahren für Mensch und Umwelt hingewiesen wird. Weiterhin hat ein Hinweis auf Schutzmaßnahmen und eine sachgerechte Entsorgung zu erfolgen.

Maßnahme (10)

Es sind nach Vorgaben der GefStoffV Betriebsanweisungen zu erstellen und an den Arbeitsstätten zur Einsicht eines jeden Mitarbeiters zur Verfügung zu stellen.

An der Erstellung der Betriebsanweisungen für Hilfs- und Betriebsmittel wird gearbeitet.

In der Schlosserei neben dem Oberen Abfüllsaal und in der Schlosserei im Kellergeschoß werden Schweißarbeiten (Abb. 8) durchgeführt. Es werden die Schweißverfahren Autogenes Schweißen, Elektroden-Schweißen und Schutzgasschweißen durchgeführt. Geschweißt wird nach Angaben der Mitarbeiter auch hochlegierter Stahl, der üblicherweise als Legierungsbestandteile Chrom und/oder Nickel enthält. Beim Schweißen können sich dadurch Rauche oder Stäube mit gesundheitsschädlichen Gasen bilden.

Tabelle 9. Zusammenstellung der Hilfs- und Betriebsstoffe, die in den Werkstätten (Gebäude 25) gebraucht werden.

Bezeichnung	Hersteller	Gefahrsymbol	Verwendung
Tunpro K	Tunap	–	Korrosionsschutzwachs f. Maschinenteile
Rivolta G.W.F.	Bremer-Leguil	–	Anti-Verschleiß u. Schmiermittel
Optimol Obeen FD2 Fett	Optimol	–	Wälz- u. Gleitlager, Schmierung
Oel EM 150	BP	–	Maschinenschmierung
DRI-SLIDE	DRI-SLIDE	–	Schrauben, Bolzen
Öl Energol HLP 46	BP	–	Schmierung Pneumatik
Öl Energol CS 320	BP	–	Schmierung Vacuumpumpen
Öl Getriebeöl GP 90	ESSO	–	Schmierung Getriebe
Öl-Ketsan, Synt. Schmierstoff	Chemco Chemie	–	Schmierung Ketten
Metaflux	Techno Service	–	Lösen v. festsitzenden Verschraubungen
Öl Tellos 68	Shell	–	Schmierung Drehmaschine
Öl ESSO Spartan EP 220	ESSO	–	Schmierung SIG
Öl Nuto H46	ESSO	–	Schmierung Hydraulik-Getriebe
Öl-Nuto H32	ESSO	–	Schmierung Schraubenkompressor
Fett ESSO-CAZRK 1	ESSO	–	Schmierung Wasserpumpen
Schmiermittel LM 250	Hebro Chemie	–	Schmierung SIG Maschinen
Spiritus	Deutsche Monopol Ver.	l. entzündlich	Reinigung Transportbänder
Öl-Zuckerlöseöl	Epple GmbH	–	Reinigung v. Maschinen + Behältern
Verdünner Pattex	Henkel	l. entzündlich	Reinigung v. Klebestellen
Öl-Schneideöl Jokisch	Jokisch Oerlinghausen	–	Schmierung b. Bohren + Gewindeschneiden
Teflon	Norton-Pampus	–	Gleitmittel
Löser-Bio Rostl. 266	Tunap	–	Lösen v. Rost
Ölzusatz-Antiverschleiß	Molykote	–	Schmierfettzusatz
Paste PVC Aktivator	Siegling	l. entzündlich	Schweißen v. Transportbändern
Klebstoff TKS + Härter	Siegling	l. entzündlich	Kleben von Bändern
Rauchharzentf Sootaway	Chemsearch	ätzend	Auswaschen von Heißleimern
Pflegemittel f. Treibriemen	DEPAC	–	Pflegen v. Keil-Treibriemen
Fett Hoch-Temp. 615	Chesterton	–	Schmierung Heißleimer
Fett-Varilub	Hebro-Chemie	–	Schmierstoff f. Maschinen
Öl Rivolta S.K.D. 55	Bremer & Leguil	–	Schmierung v. Ketten u. Drahtseilen
Waschbenzin	div.	l. entzündlich	Säubern v. Maschinenteilen
Trennmittel Nat Sil	National Chemsearch	–	Trennmittel

Tabelle 9 (Fortsetzung)

Bezeichnung	Hersteller	Gefahrsymbol	Verwendung
Kleber Patex	Henkel	l. entzündlich	Kleben v. div. Dichtungen
Kleber Loctite CA 495	Loctite	–	Kleben v. div. Teilen
Kleber Loctite 601	Loctite	–	Kleben von Kugellagern
Reiniger P 3	Henkel	ätzend	Reinigung v. div. Maschinenteilen
Reiniger Lardin-Handwaschpaste	Lardin	–	Händewaschen
Reiniger Pantarol	Richter	–	Metallschutz
Öl Verdichter 3022	ESSO	–	Schmierung Boge-Kolbenkompressoren
Silikonkautschuk	Wacker Chemie	l. entzündlich	Kleben Silikongummi-Metall
Grundierung-Silikon	Wacker Chemie	l. entzündlich	Grundierung v. Verklebung
Kleber Acrifix	Röhm	l. entzündlich	Kleben von Plexiglas
Dichtmasse – Curil	Elring	gesundheits-schädlich	Abdichtung
Dichtmasse – Hylomar	Marston Ölchemie	–	Abdichtung
Molykote	DOW Corning	–	Lager-Passungen
Verdichter Bostik	Bostik	l. entzündlich	Kleben Metall-Gummi
Verdünner Bostik	Bostik	l. entzündlich	Verdünnung v. Dichtungsmassen
Pflegemittel f. Treibriemen	DEPAC	–	Maschinen Einlaufbänder
Lebensmittelfett	Molub Alloy	–	Einbau der Dosierschnecke
Getriebeöl SAE 90	ESSO	–	Schmierung Getriebekästen
Getriebeöl Spirax 90	Shell	–	Schmierung von Getriebe
Energol GR-XP 150	BP	–	Getriebeöl
Fließfett Ossagol V	Shell	–	Zentralschmierung Hesser-Maschinen
Longlife OIL	Heymann	–	H-Triebe
Voltol Gleitöl 2	Shell	–	Hesser-Verpackungsmaschinen
Turbo T 32	Shell	–	Hesser-Verpackungsmaschinen
Cleaning 3505	IMS	l. entzündlich	Druck MHD bei Gelierzucker
Make up 9206	IMS	l. entzündlich	Druck MHD bei Gelierzucker
Ink 9200	IMS	l. entzündlich	Druck MHD bei Gelierzucker
Schmierfett, weiß	Chesterton	–	Schmierung von Lagern

Abb. 8. Schweißarbeiten

Im oberen Abfüllsaal ist ein Schweißplatz eingerichtet, der mit einem Schweißvorhang abtrennbar ist. Zur Absaugung der Rauchgase ist eine Raumlüftung installiert. Die abgesaugte Luft wird nach außen geführt.

In der Schlosserei im Kellergeschoß gibt es drei Schweißplätze. Ein Platz ist durch einen Schweißvorhang abtrennbar. Die beiden weiteren Plätze sind nicht abteilbar, einer davon ist mitten in der Schlosserei. Es ist ebenfalls eine Raumlüftung installiert, die die abgesaugte Luft unterhalb einer Rampe (Arbeitsbereich) abführt. Bei mehrmaliger Schlossereibegehung wurde immer wieder ein stechender Schweißrauchgeruch festgestellt. Nach Angaben der Mitarbeiter ist die Raumlüftung viel zu schwach, um die Rauchgase gänzlich zu entfernen.

Ist-Zustand

Die Raumlüftung zur Absaugung der bei Schweißarbeiten entstehenden Rauchgase ist nicht ausreichend.

Soll-Zustand

Nach § 18 Abs. 1 GefStoffV ist zu ermitteln, ob die Maximale Arbeitsplatzkonzentration, die Technische Richtkonzentration oder der Biologische Arbeitsplatztoleranzwert unterschritten oder die Auslöseschwelle überschritten sind, wenn das Auftreten eines oder verschiedener gefährlicher Stoffe in der Luft am Arbeitsplatz nicht sicher auszuschließen sind.

Nach der Unfallverhütungsvorschrift „Schweißen, Schneiden und verwandte Verfahren" (VBG 15) § 4 Abs. 1 müssen Arbeitsplätze unter Berücksichtigung von Verfahren, Werkstoffen und Einsatzbedingungen so eingerichtet sein, daß die Atemluft der Versicherten von gesundheitsgefährlichen Stoffen freigehalten wird durch:

1. Absaugung im Entstehungsbereich,
2. technische Lüftung,
3. freie Lüftung,
4. andere geeignete Einrichtungen oder
5. eine Kombination aus vorgenannten Einrichtungen.

Nach § 4 Abs. 2 der UVV VBG 15 darf die abgesaugte Luft nur nach ausreichender Abscheidung der gesundheitsgefährlichen Stoffe Arbeits- und Verkehrsbereichen zugeführt werden. Eine Abscheidung gilt als ausreichend, wenn die Konzentration der Stoffe in der rückgeführten Luft 1/4 des jeweiligen MAK-Wertes nicht überschreitet.

Geräte und Anlagen zum Absaugen von Schweißrauch, bei denen die Abluft ins Freie geführt wird, sind nach dem BImschG nicht genehmigungsbedürftig. Doch gemäß § 22 BImschG sind jedoch die nach dem Stand der Technik vermeidbaren schädlichen Umwelteinwirkungen zu verhindern oder, falls unvermeidbar, auf ein Mindestmaß zu beschränken.

Maßnahme (11)

Um der Überwachungspflicht nachzukommen, sollten Arbeitsplatzkonzentrationsmessungen durchgeführt werden. Werden die MAK-Werte der TRGS 900 überschritten, ist z.B. eine verbesserte Lüftung gemäß TRGS 402 zu installieren.

Es ist zu prüfen, ob die abgesaugte Luft ungereinigt in den Arbeitsbereich der Rampe abgeführt werden darf.

Ist-Zustand

Aufbewahrung von Lebensmitteln im unmittelbaren Schweißbereich (Schlosserei im Kellergeschoß).

Soll-Zustand

Nach §22 GefStoffV dürfen für den Verbrauch durch Arbeitnehmer im Betrieb bestimmte Nahrungs- und Genußmittel nur so aufbewahrt werden, daß sie mit Gefahrstoffen nicht in Berührung kommen.

Maßnahme (12)

Die Arbeitnehmer sollten grundsätzlich darauf hingewiesen werden, daß der Verzehr und die Aufbewahrung am unmittelbaren Arbeitsplatz zu unterlassen ist.

Schlosserei oberer Abfüllsaal

In der Schlosserei neben dem oberen Abfüllsaal werden bei Wartungsarbeiten anfallende Schmieröle in dafür bereitgestellten Metallfässern (20 l) und Kühlmittel in den Verdünnungen 1:10 (Sägen) und 1:40 in Kunststoffkanistern gesammelt. Ein halogenfreies Lösungsmittelgemisch, welches bei der Reinigung der Tintenstrahldrucker (Haltbarkeitsdatum) anfällt, wird in einem gekennzeichneten (Gefahrensymbole) 5-l-Metallgefäß gesammelt. Diese Abfallstoffe werden vorschriftsmäßig auf einer Auffangwanne mit Rost gelagert und entsprechend der AltölV bzw. der GefStoffV entsorgt.

Ist-Zustand

Die Betriebsmittel für die Tintenstrahldrucker, die als leicht entzündlich einzustufen sind, werden in größeren Mengen in Kartons (1-l-Flaschen) ohne Auslaufschutz gelagert. Es handelt sich dabei um Lösungen mit hohen Anteilen an Ethanol/Ethylacetat bzw. Ethanol. Die Lagerung in der Schosserei erfolgt über den Tagesbedarf hinaus.

Soll-Zustand

Nach § 24 Abs. 1 GefStoffV sind Gefahrstoffe so aufzubewahren oder zu lagern, daß sie die menschliche Gesundheit und die Umwelt nicht gefährden. Es sind dabei geeignete und zumutbare Vorkehrungen zu treffen, um den Mißbrauch oder einen Fehlgebrauch nach Möglichkeit zu verhindern.

Nach der Unfallverhütungsvorschrift, Allgemeine Vorschriften (UVV 1) § 43 dürfen an oder in der Nähe von Arbeitsplätzen leichtentzündliche Stoffe nur in einer Menge gelagert werden, die für den Fortgang der Arbeit erforderlich ist.

Maßnahme (13)

Die Betriebsmittel für den Tintenstrahldrucker sind auf Auslaufwannen und in Mengen zu lagern, die über den Tagesbedarf nicht hinausgehen.

Elektrowerkstatt

Es erfolgt kein Umgang mit Gefahrstoffen.

Magazine

Gefahrstoffe werden in dem sogenannten Öllager (Lager im Treppenhaus) gelagert. Leicht entzündliche Hilfs- und Betriebsstoffe werden in einem Sicherheitsschrank nach DIN 12925 gelagert. Das Lager hat keine feuerbeständigen Wände etc. Dies ist nicht erforderlich, da feuergefährliche Stoffe ausschließlich im Sicherheitsschrank gelagert werden. Hilfs- und Betriebsstoffe, die im Magazin umgefüllt werden, lagern auf einer Auffangwanne, die mit einem Rost versehen ist.

3.2.3.3 Labor (oberer Abfüllsaal)

Für die Versuchsmethoden zur Qualitätskontrolle werden verdünnte NaOH, verdünnte HCL, Alkohol und in sehr geringen Mengen Silbernitrat verwendet. Der Umgang mit diesen Gefahrstoffen erfolgt nach den Vorschriften.

Ist-Zustand

Aufbewahrung von Lebensmitteln im Labor.

Soll-Zustand

Nach § 22 GefStoffV dürfen für den Verbrauch durch Arbeitnehmer im Betrieb bestimmte Nahrungs- und Genußmittel nur so aufbewahrt werden, daß sie mit Gefahrstoffen nicht in Berührung kommen.

Maßnahme (14)

Die Tagesverpflegung (Lebensmittel) ist aus dem unmittelbaren Laborbereich zu entfernen.

3.2.3.4 Packmittellager

Im Packmittellager erfolgt kein Umgang mit Gefahrstoffen.

3.2.3.5 Aromen- und Farbstofflager

Es erfolgt kein Umgang mit Gefahrstoffen.

3.2.4 Gefahrstoffsituation in Lager und Werkstätten, Gebäude 30/32

3.2.4.1 Hochregallager/Blocklager

Im Hochregallager/Blocklager erfolgt kein Umgang mit Gefahrstoffen.

3.2.4.2 Werkstatt/Magazin

In der *Schlosserei* werden Gefahrstoffe bzw. auch wassergefährdende Stoffe auf Auslaufwannen gelagert. Feuergefährliche Stoffe werden in geringen Mengen in einem Schrank gelagert, der mit dem Feuergefahrensymbol gekennzeichnet ist.

Im *Magazin* werden neben Ersatzteilen die Ölbehälter in Auslaufwannen gelagert.

3.2.5 Forschung und Entwicklung, Gebäude 41

In dem Bereich Forschung und Entwicklung erfolgt insbesondere in der Zentralen Analytik ein ständiger Umgang mit Gefahrstoffen.

Lager

In zwei Räumen im Kellergeschoß, die durch einen Durchgang miteinander verbunden sind, werden feste Chemikalien und Lösungsmittel gelagert. Ein weiterer Lagerraum dient der Lagerung von anorganischen Säuren und Laugen (Gebäude 37).

Im Lösungsmittellager werden leicht entzündliche Stoffe mit giftigen und gleichzeitig leicht entzündlichen Stoffen (Methanol, Acetonitril) zusammengelagert. Die Zusammenlagerung ist nach TRGS 515 erlaubt, es gelten zusätzlich die Bestimmungen der TRGS 514.

Das Lösungsmittellager ist mit einer Boden- und Deckenlüftung ausgestattet, die den Raum 4-mal täglich für eine halbe Stunde lüftet und zusätzlich bei Einschalten des Lichts anspringt.

Die Lagerung erfolgt in Regalen, die mit Auffangwannen versehen sind. Neben Braunglasflaschen dienen größere Metallbehältnisse (25 l), aus denen auch abgefüllt wird, der Aufbewahrung. Die Abfüllung erfolgt mittels einer Abfüllvorrichtung auf einer Auffangwanne. Zur punktuellen Luftabsaugung bei Abfüllungen wird eine selbstkonstruierte Absaugvorrichtung eingesetzt, die an die Raumlüftung angeschlossen ist (Wasserstrahlprinzip).

Das Lösungsmittellager ist durch feuerhemmende Wände (Feuerwiderstandsklasse F 90) und Türen (T 30) zu angrenzenden Räumen abgetrennt. Einläufe in die öffentliche Kanalisation sind verschlossen worden.

Anorganische Säuren und Laugen werden im Keller des Gebäude 37 gelagert. Das Lager ist als Wanne ausgebildet und somit mit einer Auslaufsperre versehen.

Für die Beseitigung von verschütteten Flüssigkeiten ist in den Lägern ein Bindemittel bereitgestellt.

Ist-Zustand

Für das Lösungsmittellager, Chemikalienlager wie auch für das Säurelager gibt es über Art und Menge der gelagerten Stoffe keine Aufstellung. Bei der Begehung stellte es sich heraus, daß alte Chemikalien gelagert werden, die keine Verwendung mehr finden.

Soll-Zustand

Nach TRGS 514 (4.3) und TRGS 515 (5.3) ist ein Einlagerungsplan anzulegen, der Angaben über die höchstzulässige Lagermenge, die Aufteilung der Lagerfläche und über die Art und Menge des gelagerten Gutes enthält. Der Plan ist bei wesentlichen Änderungen fortzuschreiben und außerhalb des Lagers an einer jederzeit erreichbaren Stelle aufzubewahren. Der Plan ist nachweisbar einmal monatlich zu überprüfen.

Maßnahme (15)

Zur allgemeinen Übersicht ist ein Lagerkataster zu erstellen. Die Chemikalien, die für die jetzt angewendeten Versuchsverfahren nicht mehr benötigt werden, sind entsprechend zu entsorgen oder können alternativ z. B. den Hochschulen angeboten werden, um die Entsorgungskosten gering zu halten.

Im Lösungsmittellager werden Lösungsmittel der Gefahrenklassen AI, AII und B gelagert. Bei grober Übersicht wurde festgestellt, daß brennbare Flüssigkeiten der Gefahrenklasse AI bereits in einer Menge von über 60 l in zerbrechlichen Gefäßen gelagert werden und das Lager somit nach VbF anzeigenpflichtig ist.

Ist-Zustand

Es werden brennbare Flüssigkeiten der Gefahrenklasse AI in einer Menge von über 60 l in zerbrechlichen Gefäßen gelagert.

Soll-Zustand

Nach § 8 Abs. 1 VbF sind Anlagen zur Lagerung brennbarer Flüssigkeiten der Gefahrenklassen AI, AII und B in zerbrechlichen Gefäßen in Lagerräumen unter Erdgleiche anzeigebedürftig, wenn die Lagermenge der Gefahrenklasse AI 60 l bzw. der Gefahrenklassen AII oder B 200 l überschreiten.

Werden brennbare Flüssigkeiten der Gefahrenklasse AII oder B zusammen mit brennbaren Flüssigkeiten der Gefahrenklasse AI gelagert, so sind zur Ermittlung der Gesamtlagermenge 5 l brennbare Flüssigkeit der Gefahrenklasse AII oder B einem Liter brennbare Flüssikgkeit der Gefahrklasse AI gleichzusetzen (§ 8 Abs. 2 VbF).

Maßnahme (16)

Werden die Lagermengen nicht verringert, muß das Lager nach VbF bei den entsprechenden Behörden angezeigt werden.

Ist-Zustand

Im Chemikalienlager standen weiterhin geringe Mengen flüssiger Chemikalien in Kanistern auf dem Boden.

Maßnahme (17)

Aus Sicherheitsgründen sind diese Chemikalien auf Auffangwannen zu lagern.

Ist-Zustand

Der Betonfußboden des Lösungsmittellagers und des Chemikalienlagers ist nur unzureichend mit einer deckenden Schutzschicht versehen, so daß bei Störfällen ein Eindringen von Stoffen nicht ausgeschlossen werden kann.

Soll-Zustand

Nach TRGS 514 und TRGS 515 muß der Lagerboden für Lagergut undurchlässig sein.

Maßnahme (18)

Die Schutzschicht des Lagerfußbodens ist zu erneuern.

Ist-Zustand

Das Lösungsmitellager wird 4-mal pro Tag für eine 1/2 Stunde gelüftet.

Bei Abfüllvorgängen werden die entstehenden Gase mit einer selbstkonstruierten Absaugung abgesaugt.

Soll-Zustand

Nach TRGS 514 sind Läger in Gebäuden abhängig von Menge und Art der gelagerten Stoffe so zu belüften, daß die Schadstoffgrenzwerte für den Arbeitsplatz unterschritten sind und es ist dafür zu sorgen, daß beim Umfüllen entstehende Dämpfe an ihrer Austrittsstelle vollständig erfaßt und beseitigt werden.

Nach § 18 Abs. 1 GefStoffV hat der Arbeitgeber die Überwachung der maximalen Arbeitsplatzkonzentration (MAK-Werte) zu gewährleisten.

Nach § 19 Abs. 2 und Abs. 3 GefStoffV sind dem Stand der Technik entsprechende Lüftungsmaßnahmen zu treffen.

Maßnahme (19)

Es ist zu prüfen, ob die Raumlüftung und die punktuelle Abluftabsaugung ausreichend sind. Ist dies nicht der Fall, muß eine effektivere Absaugung vorgesehen werden.

Zutritt zu den Lägern hat nur eine begrenzte Anzahl von befugten Personen.

Fluchtwege sind im Keller wie auch im gesamten Gebäude gekennzeichnet. Vom Lösungsmittellager ist eine direkte Meldung bei der „Feuermeldestelle" des Gebäude 41 durch das Ziehen einer Schnur möglich. Brandschutzübungen werden 1-mal jährlich durchgeführt.

Ist-Zustand

In den Lagerräumen selbst hängen keine Alarmpläne aus.

Soll-Zustand

Nach der TRGS 515 ist ein Alarmplan mit Kurzanweisungen im Lager auszuhängen (genaueres s. TRGS 515, Pkt. 5.5.2).

Maßnahme (20)

Es ist ein Alarmplan zu erstellen und an gut zugänglichen Stellen im Lager auszuhängen.

Ist-Zustand

Es liegen keine Betriebsanweisungen vor.

Soll-Zustand

Nach der TRGS 515 (Pkt. 5.5.) sind Betriebsanweisungen zu erstellen.
    Siehe auch § 20 GefStoffV, Betriebsanweisungen.

Maßnahme (21)

Es sind Betriebsanweisungen zu erstellen.

Ist-Zustand

Es gibt keine Löschwasserrückhalteanlage, die das bei einem Brand anfallende verunreinigte Löschwasser bis zur Entsorgung aufnehmen kann.

Soll-Zustand

Nach TRGS 514/515 ist zu prüfen, ob eine Löschwasserrückhalteanlage erforderlich ist (geregelt durch die Richtlinie zur Bemessung von Löschwasserrückhalteanlagen beim Lagern wassergefährdender Stoffe, LöRüRL).

Maßnahme (22)

Es ist zu prüfen, ob eine Löschwasserrückhalteanlage erforderlich ist.
    Im Laborbereich wird in erster Linie auf die sachgerechte Lagerung von Gefahrstoffen (Menge, Art) sowie die Aufstellung von Apparaturen mit den entsprechend notwendigen Sicherheitsvorkehrungen und die korrekte Sammlung und Entsorgung von anfallenden Abfällen bzw. Reststoffen eingegangen.
    Im Bereich der Zentralen Analytik steht ein Gaschromatograph mit einem ECD-Detektor (Elektroneneinfangdetektor). Der Detektor läuft mit Ni^{63}-Folien (radioaktiv). Eventuelle geringe Emissionen werden über einen Abluftschlauch

abgeführt. Es sind 2 Strahlenschutzbeauftragte und 1 Strahlenschutzbevollmächtigter benannt.

Zentrale Analytik

Ist-Zustand

Eines der durchgeführten chromatographischen Verfahren ist das HPLC-Verfahren. Als Trägersubstanz werden Methanol und Acetonitril verwendet, daß heißt Lösungsmittel, die als toxisch einzustufen sind. Die HPLC-Apparatur steht in einem belüfteten Raum.

Soll-Zustand

Nach § 26 GefStoffV hat der Arbeitgeber Maßnahmen und Vorkehrungen nach dem fortentwickelten Stand der Technik zu treffen, wenn Herstellungs- oder Verwendungsverfahren eingesetzt werden, bei denen mit Gefahrstoffen in technischen Anlagen umgegangen wird, damit die Arbeitnehmer nicht gefährdet und die Grenzwerte oder Richtwerte über die Konzentration gefährlicher Stoffe oder Zubereitungen am Arbeitsplatz nach dem Stand der Technik unterschritten werden.

§ 14 ArbStättV besagt, daß soweit in Arbeitsräumen das Auftreten von Gasen, Dämpfen, Nebeln oder Stäuben in unzuträglicher Menge oder Konzentration nicht verhindert werden kann, sind diese an ihrer Entstehungsstelle abzusaugen und zu beseitigen.

Maßnahme (23)

Es ist zu prüfen, ob die Raumlüftung ausreichend ist. Ist die Lüftung nicht ausreichend, ist die gesamte Apparatur unter einem Abzug zu stellen.

Ist-Zustand

In Raum 117 steht ein alter Trockenschrank mit Asbestdichtung und -isolierung.

Soll-Zustand

Nach § 15a GefStoffV Abs. 1 dürfen Arbeitnehmer besonders gefährlichen krebserzeugenden Gefahrstoffen, zu denen auch Asbest gehört, nicht ausgesetzt sein.

Maßnahme (24)

Der Trockenschrank ist unverzüglichst zu ersetzen.

Ist-Zustand

In Raum 115 stehen mehrer Rotationsverdampfer ohne Plexiglasschutz zum Schutz der Mitarbeiter vor möglicher Implosion.

Soll-Zustand

UVV, Arbeitssicherheit, Richtlinien für Laboratorien vom Hauptverband der gewerblichen Berufgenossenschaften.

Maßnahme (25)

Die Rotameter sind mit Plexiglasscheiben auszustatten.

Ist-Zustand

In Raum 113 steht eine GPC-Apparatur (Gel-Permeations-Chromatographie), die der Abtrennung von hochmolekularen Molekülen dient, nicht unter einem Abzug. Als Trägersubstanz wird das Lösungsmittelgemisch Cyclohexan/Ethylacetat (1:1) eingesetzt.

Soll-Zustand

§ 26 GefStoffV und § 14 ArbStättV (s.o.)

Maßnahme (26)

Nach Angaben des verantwortlichen Mitarbeiters ist ein Abzug geplant. Es sollte auf eine baldige Durchführung hingewirkt werden.

Ist-Zustand

Bei der Begehung war ein Sicherheitsschrank zur Aufbewahrung von feuergefährlichen Stoffen nicht geschlossen.

Soll-Zustand

Nach § 24 GefStoffV Abs. 1 sind Gefahrstoffe so aufzubewahren, daß sie die menschliche Gesundheit und die Umwelt nicht gefährden.

Maßnahme (27)

Es ist darauf zu achten, daß die Sicherheitsschränke stets geschlossen sind. Die Mitarbeiter sind darauf hinzuweisen.

Rohstoffkontrolle

Ist-Zustand

In Labor 10 stand ein Lösungsmittelbehältnis unverschlossen und vor Umstoßen ungeschützt auf dem Boden. Dadurch besteht eine erhöhte Brandgefahr und die Möglichkeit der Lösungsmittelexposition.

Soll-Zustand

Nach § 24 GefStoffV Abs. 1 sind Gefahrstoffe so aufzubewahren, daß sie die menschliche Gesundheit und die Umwelt nicht gefährden.

Nach den Richtlinien für Laboratorien ZH1/119 ist für Laboratorien, in denen ständig größere Mengen brennbarer Flüssigkeiten nach der VbF benötigt werden, das Abstellen in nicht bruchsicheren Behältern bis zu 5 l bzw. in bruchsicheren Behältern bis zu 10 l Fassungsvermögen an geschützter Stelle zulässig. Es empfiehlt sich, mit einer Absaugung und Auffangwanne versehene Schränke oder Räume zu benutzen. Die Anzahl und das

Fassungsvermögen der Behälter ist auf das unbedingt nötige Maß zu beschränken.

Maßnahme (28)

Im Laborbereich sind Behältnisse mit Lösungsmitteln aus Sicherheitsgründen stets verschlossen und auf Auffangwannen zu lagern. Günstiger wäre es, diese im Abzug aufzubewahren. Die Aufbewahrungsmenge darf die für den Versuch notwendige Menge nicht überschreiten.

Ist-Zustand

In Raum 10 steht ein Muffelofen nicht unter einem Abzug. Die Abluft wird abgeführt.

Soll-Zustand

§ 26 GefStoffV und § 14 ArbStättV (s. o.)

Maßnahme (29)

Der Muffelofen ist unter einen Abzug zu stellen.

Qualitätskontrolle Tiefkühlkost, Chemisches Labor

Ist-Zustand

Für die Buttersäurebestimmung wird zur Erwärmung ein Sandbad verwendet. Die Bestimmung erfolgt mit Alkohol und KOH. Beim Überkochen kann es bei der Verwendung von KOH zur Funkenbildung kommen.

Soll-Zustand

UVV, Arbeitssicherheit, Richtlinien für Laboratorien vom Hauptverband der gewerblichen Berufgenossenschaften.

Maßnahme (30)

Aus Brandschutzgründen sollte darauf geachtet werden, daß auf dem Sandbad keine brennbaren Flüssigkeiten erhitzt werden.

3.2.6 Gebäude 36

Der Dachboden des Gebäudes 36 ist mit Asbestzementplatten gedeckt. Gelagert werden dort alte Akten, die in größeren Zeitabständen von den Mitarbeitern auf den neuesten Stand gebracht werden oder zur Vernichtung transportiert werden müssen.

Asbest ist eine Fasermaterial natürlichen Ursprungs, das in der Vergangenheit in einer Vielzahl von Produkten (Asbestzement-Produkte, feuerhemmende Materialien, Brems- und Kupplungsbeläge u. a.) Verwendung fand. Asbest-Staub ist ein stark gesundheitsgefährdender Stoff, dessen feine Bestandteile Asbestose oder Krebs der Atemwege hervorrufen können. Die Latenzzeiten zwischen Immission und Krankheitsausbruch betragen zwischen 10 und 50 Jahren. Die Verwendung von Spritzasbest ist in Deutschland seit 1979 verboten. Aufgrund der Gefahrstoffverordnung sind in Deutschland Herstellung und Verwendung einer Vielzahl asbesthaltiger Produkte wie z.B. Asbestzementleichtbauplatten, Anstrichstoffe, Isoliermaterialien, Boden- und Straßenbeläge und bestimmte Hitzeschutzbekleidungen verboten.

Umwelt- und Gesundheitsprobleme haben ihre Ursache heute vor allem in den Altlasten. Man schätzt, daß durch die Verwitterung von Asbestzement im Hochbau allein in den alten Bundesländern jährlich 400 bis 900 t Asbestfasern pro Jahr freigesetzt werden.

Ein Grenzwert für Asbestfasern gibt es nicht. Diskutiert wird ein Wert von ca. 50 kritischen Fasern pro m³ Luft (Ökobase 1994).

Asbestzement ist ein Baustoff in Platten- oder Tafelformat, bei dem etwa 10 % Asbest fest in eine Matrix aus Zement eingeschlossen sind. Asbestzement-Produkte, die als Dach- und Fassadenbekleidung Verwendung fanden, unterliegen wie alle anderen natürlichen Baustoffe für die Außenanwendung im Laufe der Jahrzehnte der Korrosion und Verwitterung. Um Informationen der Hersteller über das Materialverhalten zu kontrollieren, wurden über einen Zeitraum von 10 Jahren von verschiedenen neutralen Institutionen für Umwelt- und Emissionsfragen umfangreiche Schadstoffmessungen in Orten mit und ohne Asbestzement-Bedachungen in In- und Ausland vorgenommen. Alle diese Messungen ergaben keinen merkbar erhöhten Anteil von Asbestfasern in der Luft (Verband der Faserzement-Industrie e. V., 1993).

Nach den Angaben des Instituts für Bautechnik (IfBt), Berlin gehen von genormten oder allgemein bauaufsichtlich zugelassenen Asbestzementprodukten im eingebauten Zustand keine konkreten Gesundheitsgefahren im Sinne der Landesbauordnungen aus, wenn die Produkte bestimmungsgemäß hergestellt, verarbeitet und verwendet worden sind. Somit ist ein generelles bauaufsichtliches Sanierungsgebot – vergleichbar dem für schwach gebundene Asbestprodukte – nicht erforderlich (Verband der Faserzement-Industrie e. V., 1993).

Ist-Zustand

Asbestzementplatten auf dem Gebäude 36.

Soll-Zustand

Nach § 15 a GefStoffV dürfen Arbeitnehmer besonders gefährlichen krebserzeugenden Gefahrstoffen wie Asbest nicht ausgesetzt werden.

Maßnahme (31)

Es sollten Asbeststaubkonzentrationsmessungen durchgeführt werden. Auch wenn die Meßergebnisse unbedenklich sind, sollte eine schriftliche Unbedenklichkeitserklärung eines Experten eingeholt werden.

3.3 Wasser/Abwasser/Wassergefährdung

3.3.1 Gesetzliche Grundlagen

Das Rahmengesetz für den Umgang und die Benutzung von Wasser ist das

- WHG Wasserhaushaltsgesetz.

Weiterhin wichtig sind folgende Verwaltungsvorschriften und Verordnungen:

- VwVwS   Allgemeine Verwaltungsvorschrift über die nähere Bestimmung wassergefährdender Stoffe und die Einstufung ihrer Gefährlichkeit,
- VAwS   Verordnung über Anlagen zum Umgang mit wassergefährdenden Stoffen,
- VbF   Verordnung über brennbare Flüssigkeiten.

3.3.2 Wasserbezug/Wasserableitung/Wasserbilanz

In dem Betrieb Brackwede der Dr. August Oetker Nahrungsmittel KG wird der Wasserbedarf zum Teil aus der städtischen Wasserversorgung und zum Teil aus einem betriebseigenen Brunnen gedeckt (Tabellen 10, 11). Der Betrieb hat eine Erlaubnis für die Grundwasserentnahme bis zum 30.10.2010 für eine Fördermenge von 39100 m³/a. Es besteht darüber hinaus eine Erlaubnis, einen zweiten Brunnen zu bohren (Fördermenge von 41700 m³/a). Von dem Brunnenwasser

Tabelle 10. Wasserbezug und Abwasserabgabe

Gebäude	Produktion (Gebäude 25)							
Jahr	1990		1991		1992		1993	
Wasserherkunft	Brunnen	Stadt	Brunnen	Stadt	Brunnen	Stadt	Brunnen	Stadt
Wasserbezug (m³)	32687	–	32139	527	34642	1746	40602	1225
Brunnen-infiltration (m³)	21500[a]	–	21000[a]	–	21000[a]	–	25000[a]	–
Kanaleinleitung (m³)	–	7873	–	8451	–	11749	–	12948

[a] Berechneter Wert. Die Menge infiltrierten Wassers wird über keinen eigenen Zähler erfaßt. Es wird angenommen, daß von der Gesamtverbrauchsmenge im Gebäude 25 etwa ein Anteil von 10% verdunstet.

Tabelle 11. Wasserbezug und Abwasserabgabe

Gebäude	Hochregallager (HRL)				Forschung und Entwicklung			
Jahr	1990	1991	1992	1993	1990	1991	1992	1993
Wasserbezug (m³)[a]	1007	892	795	689	239	918	3401	3538

[a] Der Wasserbezug entspricht der Kanaleinleitung.

werden jährlich 2 Proben zur Eigenüberwachung vom Hygiene-Institut Bielefeld untersucht, da es auch als Trinkwasser genutzt wird.

Das Brunnenwasser wird zum Produktionsgebäude 25 gepumpt, wo zunächst eine Phosphatdosierung zur Kalkstabilisierung und zum Korrosionsschutz erfolgt.

Der Großteil des Wassers wird als Durchlaufkühlwasser für Druckluftkompressoren und Kapselgebläse verwendet. Das Kompressorenkühlwasser wird direkt der öffentlichen Kanalisation zugeführt. Das Gebläsekühlwasser wird bei einer Temperatur < 28 °C (Temperatursteuerung) einem alten Brunnen zugeführt, der als Schluckbrunnen dient. Das Schluckbrunnenwasser wird regelmäßig vom staatlichen Amt für Wasser- und Abfallwirtschaft Minden überwacht. Die Phosphatkonzentration liegt nach diesjährigen Messungen bei einer Konzentration < 0,1 mg/l.

Der Dr. August Oetker Nahrungsmittel KG, Betrieb Brackwede, wurde im August 1983 die Abwasserbeseitigungspflicht für das anfallende Kühlwasser übertragen (befristet bis 1.7.1998).

In den anderen Gebäuden des Betriebsgeländes Brackwede wird nur Stadtwasser verwendet. Auch diesem Wasser wird zum Schutz der Leitungen vor Korrosion in geringen Mengen Phosphat zugesetzt.

Im Bereich Forschung und Entwicklung wird für den Laborbedarf Wasser über eine Umkehrosmose entmineralisiert.

Der Wasserverbrauch im Produktionsgebäude 25 liegt im Jahr 1993 im Vergleich zu den anderen Jahren sehr hoch (Abb. 9). Nach Angaben eines verantwortlichen Mitarbeiters liegt der gestiegene Wasserverbrauch an dem im Jahr 1993 auch in den Sommermonaten störungsfreien Betrieb der Klimaanlage. Das Kühlsystem wird mit Wasser gekühlt.

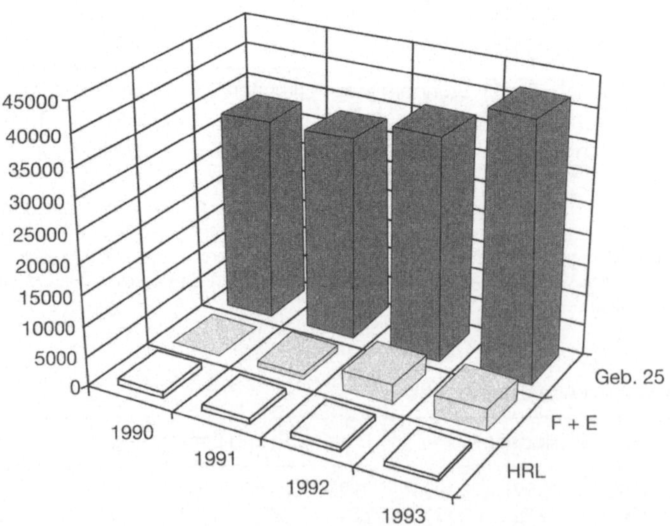

Abb. 9. Wasserverbrauch in m³ (HRL: Hochregallager, F + E: Forschung und Entwicklung)

Es stellte sich heraus, daß in den Jahren 1990 und 1991 im Bereich Forschung und Entwicklung die Wasseruhr defekt war und somit der deutliche Anstieg im Jahr 1992 zu erklären ist.

Die Abwasserableitung erfolgt über ein Trennsystem. Das Regenwasser der Dach- und Verkehrsflächen wird über einen Regenwasserkanal in den Vorfluter Lutter eingeleitet.

Das Stadtwasser und ein Teil des Brunnenwassers wird der öffentlichen Kanalisation zugeführt. Es gibt 4 Stellen, an denen eingeleitet wird (Abb. 1). Stichprobenartige Abwasseranalysen sind bisher in größeren Abständen durchgeführt worden. Zur Zeit wird gerade eine weitere Analyse der 4 Einleitungsstellen durchgeführt (die Analysenergebnisse liegen noch nicht vor).

Grundsätzlich ist das Abwasser von der Stadt Bielefeld als haushaltsähnliches Abwasser eingestuft worden, es erfolgt somit keine Abwasserabgabe.

Das Schmutzwasserkanalsystem (ungefähr 100 Jahre alt) wurde in den Jahren 1991 und 1992 einer Kamerainspektion unterworfen. Es stellte sich heraus, daß die gemauerten Tonsteinkanäle insbesondere an den Muffen Risse aufwiesen. Im Mai 1994 wurde die Sanierung des Kanalsystem durch Einziehen eines Kunststoffinnenschlauches fertiggestellt.

Es besteht keine Möglichkeit, das Kanalsystem abzuschiebern. Für den Bedarfsfall sind „Gullykissen" auf dem Betriebsgelände verteilt, mit denen das Eindringen von verunreinigtem Löschwasser in die Kanalisation verhindert werden kann.

Auf dem gesamten Betriebsgelände gibt es keine Abwasserbehandlungsanlage.

Ist-Zustand

Die erlaubte Brunnenwasserfördermenge von 39 100 m³/a ist im Jahr 1993 um 1005 m³ überschritten worden.

Soll-Zustand

Nach § 4 Abs. 1 WHG ist die Erlaubnis mit der Auflage einer Fördermengenbegrenzung auf 39 100 m³/a erteilt worden.

Nach § 41 WHG handelt derjenige ordnungswidrig, der einer vollziehbaren Auflage (§ 4 Abs. 1 WHG) zuwiderhandelt.

Maßnahme (32)

Die Brunnenwasserfördermengen sind laufend zu erfassen, um die erlaubte Höchstfördermenge nicht zu überschreiten.

3.3.3 Produktion, Gebäude 25

3.3.3.1 Oberer Abfüllsaal/Unterer Abfüllsaal/Rohstofflager

Neben dem schon in Kap. 3.4.2 erwähnten Kühlwasser wird im Bereich der Produktion Wasser zur Reinigung der Walzen an den Abfüllmaschinen genutzt. Diese müssen zu Beginn der Pausen und bei Betriebsschluß von Kaltleim gereinigt werden, um ein Zukleben der Maschinen zu verhindern. Laut Sicherheitsdatenblatt handelt es sich bei dem Leim um einen Stoff mit der Wasssergefährdungsklasse 0 und kann somit der öffentlichen Kanalisation zugeführt werden.

Ist-Zustand

Es werden sehr große Wassermengen für die Kühlung eines Kompressors und der Gebläse verbraucht, es erfolgt keine Kühlwasserkreislaufführung.

Soll-Zustand

Nach § 1a Abs. 2 WHG ist jerdermann verpflichtet, bei Maßnahmen, mit denen Einwirkungen auf ein Gewässer verbunden sein können, die nach den Umständen erforderliche Sorgfalt anzuwenden, … und um eine mit Rücksicht auf den Wasserhaushalt gebotene sparsame Verwendung des Wassers zu erzielen.

Maßnahme (33)

Für das Jahr 1995 (bis Mitte 1996) ist ein Ersatz des jetzigen Kompressors und eine Anschaffung neuer Kompressoren geplant, die eine Kühlwasserkreislaufführung haben. Für die Gebläsekühlung ist keine Kreislaufführung vorgesehen.

Es sollte geprüft werden, ob eine Kühlwasserkreislaufführung auch beim Gebläse sinnvoll ist, mit dem Gedanken, daß das eingesparte Wasser eventuell in der Papierverarbeitung genutzt werden kann, so daß dort nicht mehr soviel Stadtwasser bezogen werden muß und somit laufende Kosten eingespart werden können.

Der Zucker wird im Kellergeschoß gemahlen und mittels Druckluft zu den Abnahmestellen befördert.

Ist-Zustand

Die dazu erforderlichen Kompressoren zeigen Undichtigkeiten auf. Es wurden bei der Begehung mehrere Ölflecke auf dem Betonboden gesehen (Abb. 10, 11).

Soll-Zustand

Nach § 19 g des WHG müssen „ Anlagen zum Lagern … wassergefährdender Stoffe im Bereich der gewerblichen Wirtschaft … so beschaffen sein, daß eine Verunreinigung der Gewässer … nicht zu *besorgen* ist". Laut PAHL 1992 ist der „hier formulierte Besorgnisgrundsatz … nach der Rechtssprechung des Bundesverwaltungsgerichts dahingehend zu verstehen, daß keine noch so wenig naheliegende Wahrscheinlichkeit der Verunreinigung des Wassers … bestehen darf."

Ein Hinweis sei gegeben auf das StGB § 324 Gewässerverunreinigung und § 324 a Bodenverunreinigung.

Maßnahme (34)

Die Undichtigkeiten sind zu beheben.

Abb. 10. Undichtigkeiten Zuckermühle

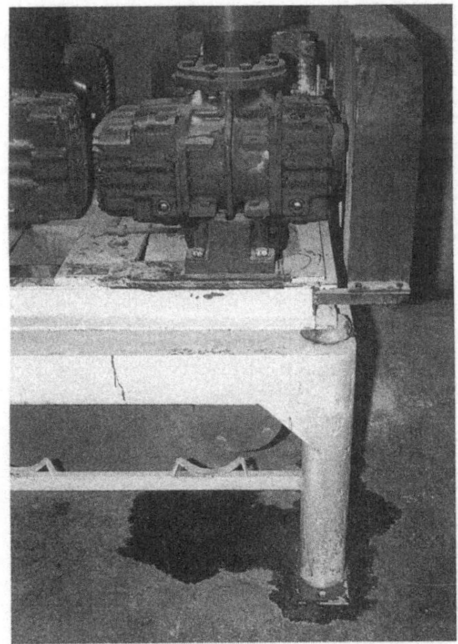

Abb. 11. Undichtigkeiten Zuckermühle

3.3.3.2 Werkstätten

In den Werkstätten im Produktionsgebäude 25 und im Hochregallager erfolgt nur ein mengenmäßig relativ geringer Umgang mit wassergefährdenden Stoffen. Hauptsächlich handelt es sich hier um Mineralölprodukte der WGK 2, Metallreiniger (Waschbenzin, Verdünner, Ethoxypropanol) WGK 1 und Tintenstrahlerverbrauchsmittel (halogenfreies Lösungsmittelgemisch), die im Sicherheitsdatenblatt als allgemein nicht wassergefährdend bezeichnet werden.

Es folgt eine kurze Aufzählung von Punkten, bei denen der Umgang mit wassergefährdenden Stoffen nicht sachgemäß ist.

Schlosserei oberer Abfüllsaal

Altöl und ein halogenfreies Lösungsmittelgemisch werden (wie schon mehrmals beschrieben) vorschriftmäßig auf einer Auffangwanne mit Rost gesammelt (Abb. 12).

Ist-Zustand

Es wird noch Maschinenöl ohne Auffangwanne in einem Regal gelagert (Abb. 13).

Abb. 12. Ordnungsgemäße Lagerung wassergefährdender Stoffe

Abb. 13. Unsachgemäße Lagerung von Öl

Soll-Zustand

§ 19 g WHG Anlagen zum Umgang mit wassergefährdenden Stoffen, § 324 STGB Gewässerverunreinigung und § 324 a StGB Bodenverunreinigung.

Maßnahme (35)

Die Menge des gelagerten Öls liegt über den Tagesbedarf (ca. 1 – 1,5 l). Die Lagermenge sollte aus diesem Grund verringert werden und die Regale sind zusätzlich mit einer Auffangwanne zu versehen. In Planung ist eine Auffangwanne mit Rost in der Art, wie sie zur Altstoffsammlung genutzt wird. Die Umsetzung dieser Maßnahme sollte möglichst kurzfristig erfolgen.

Schlosserei unterer Abfüllsaal

Unsachgemäße Lagerung von Altöl, einem halogenfreien Lösungsmittelgemisch sowie einem Kanister Waschbenzin in einem Schrank ohne Auffangwanne (Abb. 14, 15).

Die Abfüllung der Altstoffe in die dafür vorgesehenen Behälter kann folglich nur auf dem Boden ohne Auslaufschutz geschehen.

Soll-Zustand

§ 19 g WHG (s. o.)

Maßnahme (36)

Die wassergefährdenden Stoffe sind in Auffangwannen zu lagern. Außerdem ist eine Auslaufwanne für Umfüllarbeiten vorzusehen.

Abb. 14. Unsachgemäße Lagerung wassergefährdender Stoffe

Abb. 15. Unsachgemäße Lagerung wassergefährdender Stoffe

Schlosserei Kellergeschoß

Ist-Zustand

Unsachgemäße Lagerung von wassergefährdenden Stoffen in einem Spind.

Soll-Zustand

§ 19 g WHG (s. o.)

Maßnahme (37)

Die wassergefährdenden Stoffe sind in Auslaufwannen zu lagern.

Magazine

Ist-Zustand

- Lagerung von Öl (15 – 18 kg-Behälter) in Regalen ohne Auffangwannen (Abb. 16).
- Das Magazin hat ein Gefälle zur Tür hin, die mit keiner Auslaufschwelle versehen ist.

Soll-Zustand

§ 19 g WHG (s. o.)

Maßnahme (38)

Es ist die Errichtung eines neuen Magazins geplant. Es sind somit zunächst keine
bauliche Maßnahmen zu treffen (Auslaufschwelle). Der Umgang mit Öl muß in
der Zwischenzeit mit einer besonderen Sorgfalt geschehen.

3.3.4 Forschung und Entwicklung, Gebäude 41

Im Bereich Forschung und Entwicklung erfolgt ein Wasserverbrauch in den
Laboratorien und für die Herstellung von entmineralisiertem Wasser. Das Lei-

Abb. 16. Unsachgemäße Lagerung von Öl

tungswasser wird über eine Umkehrosmose entmineralisiert. Bis Anfang 1994 wurde es über einen Zweibettionenaustauscher entionisiert. Der Wasserverbrauch ist bei der Umkehrosmose relativ gesehen höher, da 25 % als Konzentrat dem Abwasser zugeführt wird.

Im Gebäude 37 gibt es einen Fettabscheider, ansonsten erfolgt keine weitere Abwasserbehandlung.

Ist-Zustand

Auch im Wasserablauf der Abteilung Forschung und Entwicklung werden keine regelmäßigen stichprobenartigen Analysen gemacht, obwohl mit wassergefährdenden Stoffen umgegangen wird.

Maßnahme (39)

Da ein regelmäßiger Umgang mit wassergefährdenden Stoffen erfolgt, z. T. WGK 2 oder 3, ist regelmäßig eine Abwasseranalyse durchzuführen.

3.3.5 Außenflächen

Auf den Außenflächen des Betriebsgeländes Brackwede erfolgt die Sammlung und Lagerung von Altöl und halogenfreien Lösungsmitteln. Das Altöl wird in einem 950 l-Behälter und das Lösungsmittelgemisch in einem 600 l-Behälter gesammelt. Nach der VAwS handelt es sich um Lagerbehälter einfacher oder herkömmlicher Art.

Die Behälter sind nach DIN 6623 doppelwandig gebaut und mit einem Leckanzeiger ausgerüstet. Nach den Angaben der Physikalisch-Technischen Bundesanstalt (PTB) entsprechen die Behälter den Bedingungen der TRbF 120.

Der Deckel für den Trichter zum Einfüllen des Altöls ist mit einer in der Rohrleitung des Fülltrichters angeordenten Absperreinrichtung so verriegelt, daß beide Einrichtungen entweder gleichzeitig geschlossen oder geöffnet sind.

Die Lüftungsleitung der Behälter mündet 2,5 m über Erdgleiche. Auf den Einbau einer Überfüllsicherung ist verzichtet worden, da durch geeignete Bauweise des Trichters der Einfüllöffnung die Standhöhe in Höhe des zulässigen Füllungsgrades ausreichend sichtbar ist (bestätigt durch die PTB).

Die Behälter ist aufgrund eines schützendes Daches nicht der dauernden Sonneneinstrahlung ausgesetzt.

Trotz doppelwandiger Ausführung sind die Behälter in einer Auffangwanne aufgestellt.

Auf dem gesamten Betriebsgelände befinden sich 5 Tanks. Freistehend ist ein 30 m³-Heizöltank vor dem Gebäude 40. Er ist doppelwandig ausgebildet und mit einer Leckanzeige ausgerüstet, eine Auslaufwanne ist nicht vorgeschrieben.

Im Gebäude 25 befinden sich zwei 50 m³-Heizöltanks (DIN 6608). Es handelt sich hierbei um einwandige Behälter, in die eine Innenhülle eingezogen ist und mit Leckwarnanlagen ausgerüstet sind. In Gebäude 24 befinden sich noch zwei einwandige 22,5 m³ und 21,5 m³-Heizöltanks, die in Auffangwannen aufgestellt sind.

Der Zustand der Tanks wird regelmäßig durch den TÜV Hannover/Sachsen Anhalt e. V. geprüft.

Die Heizölrohre sind in einem Schutzrohr verlegt und somit kontrollierbar.

3.4 Lärmemissionen

Lärm ist eine vom Menschen als störend empfundene Schall-Immission, die je nach Art, Intensität und Einwirkdauer vorübergehend oder dauerhaft das körperliche, seelische und soziale Wohlbefinden beeinträchtigt. Lärm ist kein physikalischer sondern ein sozialpsychologischer Begriff. Alle Schallereignisse beinhalten Informationen, die vom menschlichen Gehirn verarbeitet werden müssen. Je nachdem, wie wichtig oder angenehm eine Information ist, werden Geräusche unterschiedlich empfunden. Ein permanenter Geräuschpegel ist erheblich belastender als kurze, sehr laute Schallereignisse mit entsprechenden Ruhezeiten dazwischen. Es wird zwischen gesundheitlichen Folgen (Schädigung der Hörorgane, Bluthochdruck, Magengeschwüre, Depression etc.) und der Belästigung (Schlafstörungen, Nervosität, Unwohlsein etc.) unterschieden (Katalyse e. V. 1993).

Lärmprobleme bestehen im Produktionsbereich von Gebäude 25. Es sind Lärmpegelmessungen im oberen und unteren Abfüllsaal im April 1994 durchgeführt worden. Die Messungen wurden bei verschiedenen Bedingungen und an verschiedenen Standorten durchgeführt (Betrieb aller Maschinen, teilweiser

Betrieb). Die Pegel liegen durchgehend im Grenzbereich zwischen 82 db und 85 db. An zwei Maschinen wurden Lärmpegel von 86 db bzw. 87 db gemessen.

An die Mitarbeiter wurde ein Gehörschutz verteilt (und ist auch jederzeit in den Abfüllsälen erhältlich), der allerdings von kaum jemanden getragen wird.

Bei Maschinenneuanschaffungen wird bereits seit langer Zeit darauf geachtet, daß die Lärmemission im akzeptablen Bereich liegt.

Im oberen Abfüllsaal ist im November diesen Jahres eine neue Decke aus OWAcoustic-Mineralwolleplatten (Sicherheitsdatenblatt liegt vor) eingezogen worden, die schalldämpfende Eigenschaften hat. In diesem Fall handelt es sich um eine glatte Decke, denn bei einem Einsatz von wirkungsvolleren Schall-absorberelementen bestehen in der Nahrungsmittelproduktion hygienische Bedenken. Ein großes Problem stellt in diesem Fall sicherlich die produktionsbedingte Staubemission dar.

Ist-Zustand

Die Lärmemissionen im oberen und unteren Abfüllsaal des Gebäudes 25 liegen im Grenzbereich von 85 db und z. T. sogar geringfügig höher.

Soll-Zustand

Nach § 15 ArbStättV ist der Schallpegel in Arbeitsräumen so gering zu halten, wie es nach Art des Betriebes möglich ist. Der Lärmpegel darf bei allen sonstigen Tätigkeiten (außer geistigen Tätigkeiten und Bürotätigkeiten) höchstens 85 db betragen. Soweit dieser Beurteilungspegel nach der betrieblich möglichen Lärm-minderung zumutbarerweise nicht einzuhalten ist, darf er bis zu 5 db über-schritten werden.

Die UVV-Lärm schreibt ab 85 dB(A) das Zurverfügungstellen stellen von Gehörschutz, ab 90 dB(A) das Tragen desselben vor.

Maßnahme (40)

Die Lärmpegelmessungen sollten wiederholt werden, um die Wirksamkeit der neu eingezogenen Decke bewerten zu können.

Werden 85 dB auch in Einzelfällen überschritten, sind die Mitarbeiter über den Betriebsrat zu informieren. Es sind sofortige schalldämmende Maßnahmen einzuleiten (z. B. Gerätekapselung, Maschinenaustausch).

3.5 Energie

Auf dem Betriebsgelände Brackwede werden die Energiequellen Heizöl EL, Gas und Strom eingesetzt.

Heizöl

Heizöl wird zu 90 % zur Wärmeerzeugung und zur Warmwasseraufbereitung genutzt. Eine Außnahme bildet die Zucker-Agglomerieranlage, die auch mit Heizöl betrieben wird.

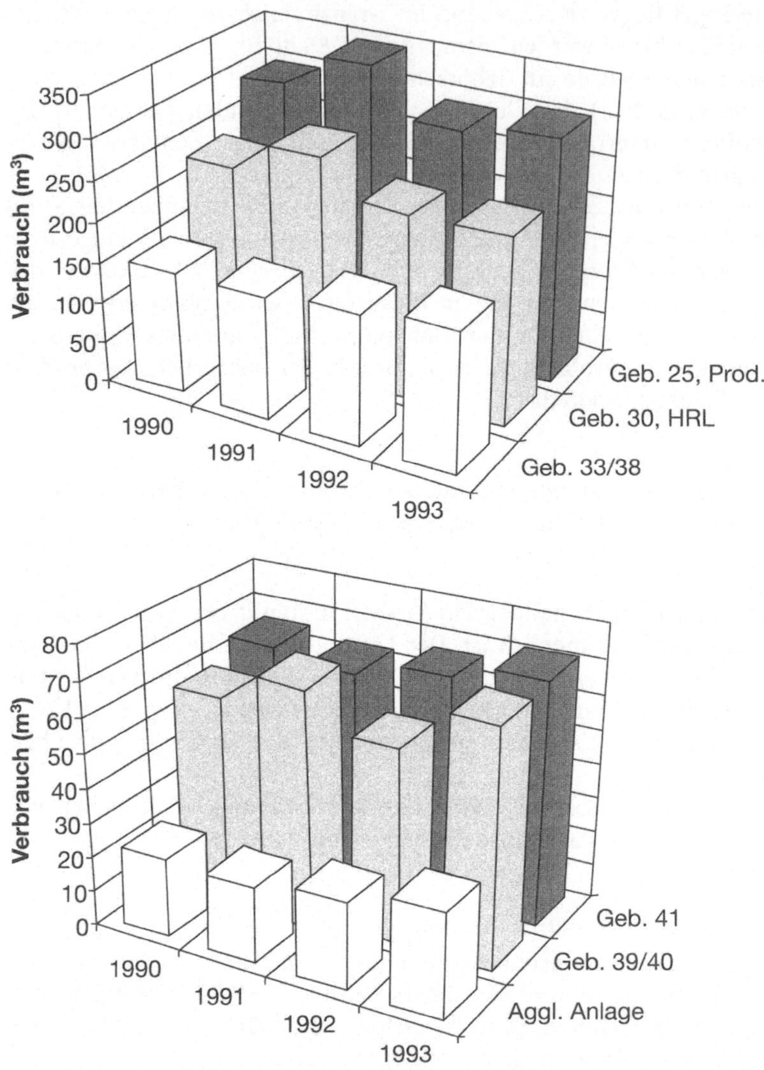

Abb. 17. Heizölverbrauch in m³ (Aggl. Anlage: Zucker-Agglomerieranlage. HRL: Hochregallager)

Eine Heizungsanlage befindet sich im Gebäude 25 und eine im Gebäude 40. Letztere wird nur im Bedarfsfall genutzt (lange Kälteperiode). Alle in der Tabelle 12 und Abb. 17 aufgeführten Gebäude werden zentral versorgt. Die Heizungsanlage hat zwei Kessel (Buderus Omnical) mit einer Nennleistung von 1,71 MW (Baujahr 1986) und 2,09 MW (Baujahr 1980) mit Vorlauftemperaturen bis 105 °C. Der Wirkungsgrad liegt bei 0,8. Die Regelung erfolgt außentemperaturabhängig. An Wochenenden/Feiertagen und über Nacht wird die Anlage über programmierte Steuerung heruntergeregelt.

Tabelle 12. Heizöl EL-Verbrauch (1) (Aggl. Anlage: Zucker-Agglomerieranlage, HRL: Hochregallager)

Jahr	1990	1991	1992	1993
Geb. 25 (Heizung)	295098	341683	287288	300057
Geb. 25, Aggl. Anlage	22638	22400	25137	30290
Geb. 30, HRL	236076	273344	229828	231481
Geb. 33/38	151100	150725	161950	173712
Geb. 39/40	59022	68336	57460	68576
Geb. 41	64841	62924	65961	71375

Der Produktionsbereich des Gebäudes 25 wird über die Lüftungsanlage geheizt. Im oberen Abfüllsaal erfolgt eine Wärmerückgewinnung über einen Wärmetauscher, im unteren Abfüllsaal und im Kellergeschoß über Wärmeregister. Die anderen Bereiche werden über konventionelle Heizkörper beheizt.

Die Fenster der Gebäude sind doppelverglast.

Da das Heizöl in erster Linie zum Heizen genutzt wird, unterliegt der Verbrauch wetterbedingten Schwankungen, womit auch die Jahresschwankungen zu erklären sind.

Gas

Gas wird nur im Laborbereich (Bunsenbrenner) und zur Aufheizung des Pförtnerhäuschens (Gebäude 20) genutzt (Tabelle 13).

Strom

Die Produktionsmaschinen werden zu einem Großteil mit elektrischer Energie betrieben. Einen großen Energiebedarf hat auch der Gabelstaplerfuhrpark, der ausschließlich aus batteriebetriebenen Fahrzeugen besteht (Tabelle 14, Abb. 18).

Tabelle 13. Gasverbrauch (m³)

	1990	1991	1992	1993
Geb. 36–41	427	436	433	401
Geb. 20–25	3672	3899	3931	4108

Tabelle 14. Stromverbrauch (kWh) (HRL: Hochregallager)

	1990	1991	1992	1993
HRL	780520	966620	934020	935180
Gesamtverbrauch	5988087	5938286	6159671	6759808

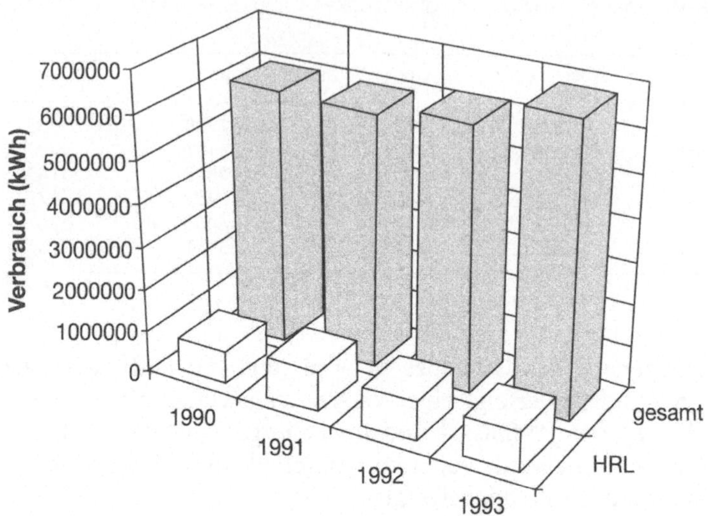

Abb. 18. Stromverbrauch in kWh (HRL: Hochregallager)

Produktionszahlen liegen nur zusammengefaßt für die Betriebe Bielefeld und Brackwede vor. Wird der Stromverbrauch auf die Produktionsmenge bezogen, liegt dieser für das Jahr 1992 bei 0,39 kWh/kg und für das Jahr 1993 bei 0,40 kWh/kg produzierter Menge.

Ist-Zustand

Stromverbrauchsdaten werden nur für das Hochregallager und die Papierverarbeitung getrennt erfaßt.

Maßnahme (41)

Stromzähler sollten in allen Gebäuden installiert werden, um die Möglichkeit zu geben, einen erhöhten Verbrauch bestimmten Bereichen zuordnen zu können und entsprechende Maßnahmen zu treffen.

3.6 Brandschutz

Der Brandschutz im Werk Brakwede erfolgt durch

- technische Hilfsmittel und
- Aufklärung und Schulung der Mitarbeiter.

Die technischen Hilfsmittel, die in den jeweiligen Gebäuden angewendet werden und die Aufklärungsarbeit der Mitarbeiter unterscheiden sich. Die Übungen und Probealarme werden nicht in allen Gebäuden gleichmäßig häufig durchgeführt. Etwa alle zwei Jahre werden alle Mitarbeiter bei einer praktischen Löschvorführung darauf hingewiesen, wie mit einem Feuerlöscher umzugehen ist und worauf im besonderen zu achten ist. Die Mitarbeiter sind in Übungen darüber informiert worden, wo sich an ihrem Arbeitsplatz der jeweils nächste Feuerlöscher befindet und welches der günstigste Fluchtweg für den Brandfall ist.

Die in den Betrieben vorhandenen Feuerlöscher werden nach einem festen Raster vom Leiter der Betriebsfeuerwehr überprüft. Bei Rundgängen ist kein Feuerlöscher aufgefallen, der das erlaubte Prüfdatum überschritten hatte. Die Feuerlöscher hängen alle an gut zugänglichen Stellen.

Ist-Zustand

Zum Teil hängen noch alte Leuchtstoffröhren, die PCB-haltige Kondensatoren haben. Bei einem Defekt, bei dem sich die Lampe im Dauerstartvorgang befindet, kann es zu einer Überhitzung von Drosselspule und Kondensator kommen. Brennende Isolierflüssigkeit kann heruntertropfen und stellt somit eine Brandgefahr dar. Diese Gefahr ist besonders groß im Gebäude 39 (Werbemittellager), wo brennbares Material gelagert wird.

Soll-Zustand

Nach GefStoffV § 54 Abs. 4 müssen diese PCB-haltigen Erzeugnisse bis zum 31.12.1999 außer Betrieb genommen sein.

Maßnahme (42)

Defekte Leuchtstoffröhren mit PCB-haltigen Kondensatoren werden bereits jetzt laufend durch neue ersetzt.

Für Gebäude 39 ist wegen der erhöhten Brandgefahr ein sofortiger Austausch der alten Leuchtstoffröhren durchzuführen.

3.6.1 Produktion, Gebäude 25

Um die Rohstoffe und Produkte nicht der Vernichtung auszusetzen, war es nicht möglich, im Produktionsgebäude eine Sprinkler-Anlage zu installieren.

Aus diesem Grund sind an allen strategisch wichtigen Stellen ABC-Pulverlöscher, die für alle drei Brandklassen geeignet sind, angebracht. Außerdem sind Feuermelder, mit Direktmeldung zur freiwilligen Feuerwehr, im gesamten Gebäude verteilt. Auch Brandschutztüren sind an den dafür vorgesehenen Stellen eingebaut. Alle Einrichtungen zum Brandschutz sind in den Etagenplänen eingezeichnet. Ereignet sich während der normalen Betriebszeit ein Brandalarm, so wird dieser an die Pförtnerstellen und von dort zur freiwilligen Feuerwehr, nach 17.00 Uhr direkt zur freiwilligen Feuerwehr geleitet.

Regelmäßig wiederkehrende Brandübungen finden im Gebäude 25 nicht statt.

In den Schaltschränken sind ölhaltige (PCB) Transformatoren durch Trockenkondensatoren (luftgekühlt) ersetzt.

Ist-Zustand

In einem Schaltraum im Gebäude 25 zwischen dem oberen und unteren Abfüll-saal gibt es Relais mit Quecksilber.

Soll-Zustand

Nach GefStoffV § 15 Abs. 1 ist die Verwendung von Quecksilber und seiner Ver-bindungen verboten.

Maßnahme (43)

Aufgrund der Gefahr der im Brandfall freiwerdenden toxischen Quecksilber-dämpfe sind die quecksilberhaltigen Relais unverzüglich zu ersetzen.

Ist-Zustand

Die Schaltschränke und -räume im Gebäude 25 sind mit keiner automatischen Brandschutzanlage (Rauchmelder, CO_2-Anlage) versehen.

Maßnahme (44)

Bei elektrischen Anlagen (Schaltschränke, -räume) können trotz des Einsatzes von Trockenkondensatoren technische Defekte und somit Entstehungsbrände nicht ausgeschlossen werden.

Bei einem Brand entstehen Chlorwasserstoff und Dioxine, die eine unmittel-bare Gesundheidsgefährdung darstellen. Bei Kondensation des Chlorwasser-stoffdampfes (Salzsäure) werden zusätzlich die Maschinen in Mitleidenschaft gezogen, so daß sich der Betriebsausfall erheblich verlängern kann.

Es wird vorgeschlagen, auch die elektrischen Anlagen im Gebäude 25 mit einer automatischen Brandschutzanlage zu versehen.

3.6.2 Hochregallager, Gebäude 30

Das Hochregallager wird insbesondere durch zwei technische Anlagen vor Brandschäden geschützt:

- Sprinkleranlage,
- CO_2-Anlage.

Die Sprinkler-Anlage ist in einem Anbau am Gebäude 30 untergebracht und in allen Lagerräumen des Hochregallagers installiert (Tabelle 15). Sie ist

Tabelle 15. Übersicht über die Löschbereiche, Volumina und CO_2-Bedarf der Sprinkler-Anlage

Löschbereich	Volumen	CO_2-Bedarf	Flaschenbedarf
Schaltzentrale + NS-Verteiler[a]	280 m³	300 kg	10
EDV Steuerzentrale	119 m³	246 kg	10
NS-Raum[a]	110 m³	110 kg	5

[a] NS: Niederspannungsverteiler.

über eine Leitung DN 300 an das öffentliche Netz der Stadt Bielefeld angeschlossen. Die Firma ist allerdings einer der ersten Abnehmer an dieser Leitung. Wird die Sprinkler-Anlage ausgelöst, so wird das erforderliche Wasser zunächst aus einem 30 m³ großen Druckwindkessel, der zur Hälfte mit Wasser gefüllt ist, geliefert. Danach wird der erforderliche Druck durch eine Pumpe, die an die Stadtwasserleitung angeschlossen ist, aufrecht erhalten.

Für die elektrischen Anlagen (Schaltschränke, Schaltzentrale) ist eine CO_2-Anlage installiert.

Die Anlage wird durch Rauchmelder automatisch angesteuert und ausgelöst. Für das kommende Geschäftsjahr ist die Installation einer Überbrückung geplant, die den Ausfall der Anlage infolge eines Blitzeinschlages verhindern soll.

Brandübungen finden im Hochregallager nicht statt, da die Mitarbeiter informiert sind und die Warnschilder in Verbindung mit dem durchdringenden Warnton ausreichend erscheinen.

3.6.3 Forschung und Entwicklung, Gebäude 41

In dem Gebäude 41 hängen zum Brandschutz Feuerlöscher aus.

Mit den Mitarbeitern werden die intensivsten Übungen durchgeführt. Etwa einmal pro Jahr erfolgt ein Probealarm, bei dem die Mitarbeiter zu ordnungsgemäßem Verhalten im Brandfall angeleitet werden.

3.6.4 Außenflächen

Im Hofbereich befinden sich mehrere Schächte und Gullis zu den Regen- und Schmutzwasserkanälen. Im Falle eines Brandes ist es nicht möglich, die Kanäle abzuschiebern, um zu verhindern, daß das abfließende Löschwasser in die öffentliche Kanalisation gelangt. Zur Verhinderung des Löschwassereintritts in die Kanalisation stehen Sandsäcke zur Verfügung, die im Bedarfsfall auf die Gullideckel gelegt werden können.

3.7 Explosionsschutz

Im Betrieb Brackwede werden pulverförmige Lebensmittel vermischt und abgefüllt. Es ist daher unvermeidbar, daß es in sämtlichen Produktionsbereichen zu Staubemissionen kommt. Die Frage des Explosionsschutzes, also die Verhütung von Staubexplosionen nimmt daher eine zentrale Rolle bei der Beurteilung des Sicherheitsstandards im Betrieb Brackwede ein.

Durch Anfeuchtung der zugeführten Luft und durch ständiges feuchtes Aufwischen des Bodens soll der Staubanteil in der Luft möglichst gering gehalten werden.

Um Staubexplosionen zu vermeiden ist es wichtig, das Entstehen von Zündfunken in Bereichen, in denen mit einer explosionsfähigen Atmosphäre dauerhaft oder nur kurzfristig zu rechnen ist, zu vermeiden. Um dies im Betrieb Brackwede zu gewährleisten, werden die relevanten Bestimmungen, die sich auf die Errichtung, den Betrieb und die Wartung von elektrischen Betriebsmitteln beziehen, eingehalten. In regelmäßigen Betriebsbegehungen, die durch den TÜV, das Gewerbeaufsichtsamt und die Berufsgenossenschaft durchgeführt werden, wird ein Protokoll erstellt, in dem die gefundenen Mängel erläutert werden. Die elektrischen Betriebsmittel sind alle so angeordnet worden, daß sie sich nicht in Bereichen befinden, in denen dauerhaft mit einer explosionsfähigen Atmosphäre zu rechnen ist. Zu diesen Bereichen sind das Innere der Silozellen und das Innere der Förderleitungen von den Silozellen bis zu den Abfüllmaschinen zu zählen. Die elektrischen Betriebsmittel (Motoren, Gebläse etc.) sind immer außerhalb der staubführenden Bereiche angeordnet, so daß es nicht zu einem Kontakt zwischen dem Zündfunken und Staub kommen kann. Die gesamte Installation entspricht der Schutzprüfung IP 54 oder IP 44 (bei Motoren mit Käfigläufer). Neben den Betriebsbegehungen, die durch die BG und den TÜV durchgeführt werden, macht der Leiter der Betriebselektriker Betriebsrundgänge, bei denen er zerstörte elektrische Betriebsmittel wie abgefahrene Steckdosen oder flackernde Leuchtstoffröhren, die ein erhöhtes Risikopotential darstellen, erfaßt und repariert. Jeden vierten Monat werden alle ortsveränderlichen und ortsfesten Betriebsmittel überprüft inklusive der erforderlichen Kontrollmessungen. Die geprüften Geräte werden mit einer Prüfplakette versehen. In einem Protokoll wird festgehalten, wieviele Geräte überprüft wurden, ob es sich um ortsveränderliche oder ortsfeste Geräte handelte und welche Mängel zu verzeichnen waren.

4 Maßnahmenkatalog

Der Maßnahmenkatalog (Tabelle 16) zeigt den Ist-Zustand und die erforderlichen Maßnahmen zur Erreichung des Soll-Zustandes an. Die ausführliche Begründung ist in Kap. 3 unter dem jeweils aufgeführten Kapitel zu finden.

Tabelle 16. Maßnahmenkatalog Bereich Abfall (Kap. 3.1)

	Ist-Zustand	Maßnahme	Nr. der Maßn.	Bewertung A	B	C	D
Produktion	Abfälle werden nicht sortenrein getrennt.	Erhöhung der Trennmotivation, Schulung.	1	•		e	1
	PP-Folien werden trotz möglicher getrennter Erfassung dem Restmüll zugeordnet.	Stoffliche Verwertung der PP-Folie durch tatsächliche Durchführung der Trennung.	2	•		n	3
	Einsatz von Stretchfolie zum Schutz der Paletten bei innerbetrieblichem Transport.	Verringerung des Stretchfolieneinsatzes durch Einsatz fester Transportsysteme.	3	•		e	2
Werkstätten	In den Werkstätten befindet sich nur eine Restmülltonne, keine Möglichkeit der weiteren Trennung.	Auch in den Werkstätten sollte die Möglichkeit gegeben werden, Wertstoffe getrennt zu erfassen.	4	•		n	1
	Die Lösungen für die Tintenstrahldrucker werden in 1-l-Kunststoffbehältern geliefert.	Nutzung eines Ersatzproduktes (intern von F+E) oder Suche nach einer anderen Bezugsmöglichkeit.	5	•		n	3
	Ein Teil der Blechgebinde wird als Schrott entsorgt.	Es sollte mit weiteren Lieferanten für Mineralölprodukte darüber verhandelt werden, ob die Blechgebinde zurückgenommen werden können.	6	•		e	2
Produktion	Bereich Gefahrstoffe (Kap. 3.2)		7	•	•		1
	Kontinuierliche Staubexposition der Mitarbeiter.	Durchführung von Staubkonzentrationsmessungen. Bei Überschreitung des MAK-Wertes sind Maßnahmen zur Verminderung der Staubemission zu treffen.	8	•	•	n	2
	Für Rohstoffe (Sorbin-/Zitronensäure etc.) liegen keine Sicherheitsdatenblätter vor.	Anforderung von Sicherheitsdatenblättern	9	•	•	n	2
	Für Rohstoffe (Sorbin-/Zitronensäure etc.) liegen keine Betriebsanweisungen vor.	Erstellung von Betriebsanweisungen	10	•	•	n	3
Werkstätten	Für die in den Werkstätten verwendeten und in den Magazinen gelagerten Gefahrstoffe liegen keine Betriebsanweisungen vor.	Erstellung von Betriebsanweisungen	11	•	•	i	1
	Die Raumlüftung zur Absaugung der bei Schweißarbeiten entstehenden Rauchgase ist nicht ausreichend.	Durchführung von Arbeitsplatzkonzentrationsmessungen. Bei Überschreitung des MAK-Wertes ist eine verbesserte Lüftung zu installieren.	12		•	n	2
	Aufbewahrung von Lebensmitteln (Tagesproviant) im unmittelbaren Schweißbereich (Schlosserei im Kellergeschoß)	Hinweis an die Arbeitnehmer, daß der Verzehr und die Aufbewahrung von Lebensmitteln am Arbeitsplatz zu unterlassen ist.	13		•	n	3
	Lagerung von Betriebsmitteln (leicht entzündlich) für Tintenstrahldrucker in Pappkartons und über den Tagesbedarf hinaus.	Lagerung auf Auslaufwannen und lediglich in Mengen für den Tagesbedarf.					

Tabelle 16 (Fortsetzung)

	Ist-Zustand	Maßnahme	Nr. der Maßn.	Bewertung A	B	C	D
Labor	Aufbewahrung von Lebensmitteln (Tagesproviant) im Labor	Die Lebensmittel (Tagesproviant) sind aus dem unmittelbaren Laborbereich zu entfernen.	14	•	•	n	1
F+E	Es ist kein Lagerkataster vorhanden	Erstellung eines Lagerkatasters und sachgerechte Entsorgung der nicht mehr benötigten Chemikalien.	15	•	•	n	1
	Lagerung brennbarer Flüssigkeiten (AI) in Mengen > 60 l auch in zerbrechlichen Gefäßen, Anzeige nicht erfolgt.	Verringerung der Lagermengen oder Anzeige des Lagers bei den entsprechenden Behörden.	16	•	•	n	1
	Lagerung relativ geringer Mengen flüssiger Chemikalien auf dem Boden.	Es ist eine Lagerung in Auffangwannen zu empfehlen.	17		•	n	2
	Schutzschicht auf Betonboden zum Schutz vor eindringenden Stoffen unzureichend.	Die Schutzschicht des Lagerfußbodens ist zu erneuern.	18	•	•	n	3
	Das Lösungsmittellager wird 4-mal pro Tag für eine 1/2 Stunde gelüftet. Bei Abfüllvorgängen werden die entstehenden Gase mit einer selbstkonstruierten Absaugung abgesaugt.	Es ist zu prüfen ob die Raumlüftung und die punktuelle Abluftabsaugung ausreichend sind. Ist dies nicht der Fall, muß eine effektivere Absaugung vorgesehen werden.	19		•	n	3
	In den Lagerräumen hängen keine Alarmpläne aus.	Es ist ein Alarmplan zu erstellen und an gut zugänglichen Stellen im Lager auszuhängen.	20	•	•	n	1
	Im Lager liegen keine Betriebsanweisungen vor.	Betriebsanweisungen sind zu erstellen.	21	•	•	n	1
	Es gibt keine Löschwasserrückhalteanlage, die das bei einem Brand anfallende verunreinigte Löschwasser bis zur Entsorgung aufnehmen kann.	Es ist zu prüfen, ob eine Löschwasserrückhalteanlage erforderlich ist (s. LöRüRl).	22	•	•	i	1
	Die HPLC-Anlagen (Methanol/Aceto-nitril) stehen nicht unter einem Abzug.	Effektivität der Raumlüftung ist zu überprüfen, evtl. Aufstellung unter Abzug.	23		•		1
	Trockenschrank mit Asbestdichtung und -isolierung (Raum 117).	Der Trockenschrank ist unverzüglichst zu ersetzen.	24		•		1
	Rotationsverdampfer ohne Plexiglasschutz (Raum 115).	Die Rotationsverdampfer sind mit Plexiglasscheiben auszustatten.	25		•		1
	GPC-Apparatur steht nicht unter einem Abzug.	Aufstellung der Apparatur unter einem Abzug (ist geplant).	26		•		2
	Sicherheitsschrank nicht geschlossen.	Von Verantwortlichen ist darauf zu achten, daß Sicherheitsschränke stets geschlossen sind.	27		•	n	2
	Lösungsmittelbehältnis stand unverschlossen und vor Umstoßen ungeschützt auf dem Boden (Raum 10).	Lösungsmittelbehältnisse sind stets verschlossen zu halten, es wird empfohlen, sie im Abzug aufzubewahren.	28		•	n	2

Tabelle 16 (Fortsetzung)

	Ist-Zustand	Maßnahme	Nr. der Maßn.	A	B	C	D
F+E	Muffelofen steht nicht unter einem Abzug (Raum 10).	Der Muffelofen ist unter einen Abzug zu stellen.	29		•	n	1
F+E	Für die Buttersäurebestimmung wird zur Erwärmung ein Sandbad verwendet. Die Bestimmung erfolgt mit Alkohol und KOH. Beim Überkochen kann es bei der Verwendung von Sandbädern zur Funkenbildung kommen.	Aus Brandschutzgründen sollte darauf geachtet werden, daß auf dem Sandbad keine brennbaren Flüssigkeiten erhitzt werden.	30		•	n	1
Geb. 36	Asbestzementplatten auf dem Gebäude 36.	Durchführung von Asbeststaubkonzentrationsmessungen und Einholung einer schriftlichen Unbedenklichkeitserklärung.	31		•	n	1/2
Produktion	Bereich Wasser (Kap. 3.3) Die erlaubte Brunnenwasserfördermenge von 39 100 m³/a ist im Jahr 1993 um 1005 m³ überschritten worden.	Die Brunnenwasserfördermengen sind laufend zu erfassen, um die erlaubte Höchstfördermenge nicht zu überschreiben.	32		•	n	1
Produktion	Es werden große Wassermengen für die Kühlung eines Kompressors und der Gebläse verbraucht, es erfolgt keine Kühlwasserkreislaufführung.	Kühlwasserkreislaufführung für Kompressoren und Gebläse (Austausch mit Abteilung PPV).	33		•	e	2
Produktion	Kompressoren für Zuckermühle weisen Undichtigkeiten auf.	Die Undichtigkeiten sind zu beheben.	34		•		3
Werkstätten	Es werden größere Mengen Öl ohne Auffangwanne in einem Regal gelagert.	Lagerung auf Auffangwannen und lediglich für den Tagesbedarf.	35		•	n	1
Werkstätten	Unsachgemäße Lagerung und Abfüllung von Altöl, einem halogenfreien Lösungsmittelgemisch sowie einem Kanister Waschbenzin in einem Schrank ohne Auffangwanne (unterer Abfüllsaal).	Die wassergefährdenden Stoffe sind unverzüglich in Auffangwannen zu lagern. Desweiteren ist eine Ausfangwanne für Umfüllarbeiten vorzusehen.	36		•	n	1
Werkstätten	Unsachgemäße Lagerung von wassergefährdenden Stoffen in einem Spind.	Die wassergefährdenden Stoffe sind in Auffangwannen zu lagern.	37		•	n	1
Werkstätten	Lagerung von Öl (15 – 18 kg-Behälter) im Magazin in Regalen ohne Auffangwannen. Das Magazin hat ein Gefälle zur Tür hin, die mit keiner Auslaufschwelle versehen ist.	Es ist die Errichtung eines neuen Magazins geplant.	38		•	i	1

Tabelle 16 (Fortsetzung)

	Ist-Zustand	Maßnahme	Nr. der Maßn.	A	B	C	D
F+E	Im Wasserablauf der Abteilung Forschung und Entwicklung werden keine regelmäßigen stichprobenartigen Analysen gemacht, obwohl mit wassergefährdenden Stoffen umgegangen wird.	Da ein regelmäßiger Umgang mit wassergefährdenden Stoffen erfolgt, z.T. WGK 2 oder 3, sollte regelmäßig eine Abwasseranalyse durchgeführt werden.	39		•	n	2
Produktion	**Bereich Lärm (Kap. 3.4)** Die Lärmemissionen im oberen und unteren Abfüllsaal des Geb. 25 liegen im Grenzbereich von 85 dB und z.T. sogar geringfügig höher.	Die Lärmpegelmessungen sollten wiederholt werden, um die Wirksamkeit der neu eingezogenen Decke bewerten zu können. Werden 85 dB auch in Einzelfällen überschritten, sind die Mitarbeiter über den Betriebsrat zu informieren. Es sind sofortige schalldämmende Maßnahmen einzuleiten (z.B. Gerätekapselung, Maschinenaustausch etc.).	40	•	•	i	1
	Bereich Energie (Kap. 3.5) Stromverbrauchsdaten werden nur für das Hochregallager und die Papierverarbeitung getrennt erfaßt.	Installation von Stromzählern an zumindest allen Gebäuden.	41				1
	Bereich Brandschutz (Kap. 3.6) In Geb. 39 (Werbemittellager) befinden sich noch Leuchtstoffröhren mit PCB-haltigen Kondensatoren (Brandgefahr)	Sofortiges Auswechseln der alten Leuchtstoffröhren.	42				1
	In Geb. 25 werden in einem Schaltraum (zwischen oberen und unteren Abfüllsaal) noch quecksilberhaltige Relais eingesetzt.	Die quecksilberhaltigen Relais sind unverzüglich zu ersetzen.	43	•			1
	In Geb. 25 sind Schalträume und -schränke mit keiner automatischen Brandschutzanlage versehen (CO_2-Anlage, Rauchmelder).	Es wird empfohlen eine automatische Brandschutzanlage zu installieren.	44				

In der Spalte Bewertung bedeuten:

A: Gesetzliche Vorgaben   B: Haftungsrisiko   C: Kosten   D: Priorität (1, 2, 3)
                                                                         e: -ersparnis
                                                                             n: -neutral
                                                                             i: -intensiv

F+E: Forschung und Entwicklung

Literaturverzeichnis

Arbeitsgruppe Schweißrauchabsaugung (Hrsg) (1993) Schweißen ohne Rauch, Absaugung Entsorgung. Ein Leitfaden (erweiterte Auflage) 60498 Frankfurt, Postfach 71 08 64

Bilitewski B, Härdtle G, Marek K, (1994) Abfallwirtschaft, Eine Einführung, (2. Aufl). Springer, Berlin Heidelberg New York Tokyo

Bundesgesundheitsamt (Hrsg) (1994) Vom Umgang mit Mineralfasern. BGA Pressestelle, Berlin

Gefahrstoffverordnung, Novelle vom 26.10.1993

KATALYSE e.V. Institut für angewandte Umweltforschung (1993) Das Umweltlexikon (3. Aufl). Kiepenheuer und Witsch, Köln

Landesgewerbeamt Baden-Württemberg Informationzentrum für betrieblichen Umweltschutz (Hrsg) (1993) Betrieblicher Umweltschutz, Metallbe- und -verarbeitung, (1. Aufl)

Ökobase Windows V 2. Ob. Migros Genossenschaftsbund, Zürich

Pahl M H (Hrsg) (1992) Lagern und Entsorgen flüssiger Einsatzstoffe. Universität-GH Paderborn

Sietz M, Saldern A, (1993) Umweltschutz- und Öko-Auditing. Springer, Berlin Heidelberg New York Tokyo

Sietz M, Sondermann W D, (1990) Umwelt-Audit und Umwelthaftung. Blottner, Taunusstein

Umwelt-Recht, Wichtige Gesetze und Verordnungen zum Schutz der Umwelt (1992) (7. Aufl). Beck Texte im dtv, München

Verband der Automobilindustrie (VDA) (Hrsg) (1992) Umweltschutzhandbuch für Kfz-Reparaturbetriebe, Westendstr. 61, Frankfurt/M

Ökoaudit in einem mittelständischen Unternehmen der metallverarbeitenden Industrie (Franz Schneider Brakel GmbH + Co, Brakel)

J. W. Braun, H. Barth und W. Hillebrand, Brakel
Unter Mitarbeit von G. Biller, M. Guder, M. Praschan und K. P. Henn

1 Auditzusammenfassung

Umwelt-Erklärung des Unternehmens FSB Franz Schneider Brakel GmbH + Co. (FSB) gemäß Art. 5 der Verordnung (EG) Nr. 6865/93 des Rates vom 7. Juni 1993 über die freiwillige Beteiligung gewerblicher Unternehmen an einem Gemeinschaftssystem für das Umweltmanagement und die Umweltbetriebsprüfung.

1.1 Vorbemerkung

FSB beauftragte im Frühjahr 1993 des Fachbereiches Technischer Umweltschutz der Gesamthochschule Paderborn/Höxter, in Anlehnung an die Empfehlungen der EG bei FSB von April bis September 1993 ein umfassendes Umwelt-Audit durchzuführen.

Das Umwelt-Audit betraf alle FSB-Standorte in Brakel: von der Organisationsprüfung über Produkte und Gefahrenstoffe, Zu- und Abwasser, Abfall und Bodenkontaminationen bis hin zu Emissionen.

Die Audit-Arbeit des Professoren-Teams wurde durch die Ingenieur-Studenten Guder, Praschan und Biller unterstützt, die fünf Monate lang Praxissemesterstudenten bei FSB waren.

Ziel des Umwelt-Audits war, einerseits am Praxisfall FSB zu prüfen, ob die erst ab April 1995 europaweit umzusetzende EG-Verordnung praktikabel ist, und andererseits für FSB eine aussagefähige umweltpolitische Standortbeschreibung zu erarbeiten. Beide Teilziele wurden erreicht.

1.2 Beschreibung der Tätigkeiten des Unternehmens FSB, Art. 5, Abs. 3a der Verordnung

FSB fertigt in Brakel, Kreis Höxter, an zwei Standorten Baubeschläge aus Metallen. Bei den Baubeschlägen handelt es sich in erster Linie um Tür-, Fenster-, Möbel- und Lüftungsbeschläge. Eingesetzt werden die Metalle Aluminium, Edelstahl, Messing, Bronze und Aluminium farbig beschichtet. Am Standort Nieheimer Straße übernahm FSB im Jahre 1909 eine Dampfschlachterei, die Ende der 80er Jahre des vergangenen Jahrhunderts gebaut worden war. Die Gesamtfläche des Areals beträgt ca. 18 000 Quadratmeter. Davon sind etwa 50 % bebaut.

Mitte der 60er Jahre kaufte FSB in 2 km Entfernung an der Industriestraße ein Areal von ca. 50 000 Quadratmetern. Es handelte sich um ehemals landwirtschaftlich genutzte Flächen. Hier sind inzwischen ca. 20 000 Quadratmeter bebaut. Das Unternehmen FSB beschäftigte zur Zeit des Audits im Schnitt 720 Personen.

1.3 Aufzählung und Beurteilung der wichtigsten Umweltfragen, Art. 5, Abs. 3b der Verordnung

1.3.1 Bodenuntersuchungen auf Altlasten

Da nicht auszuschließen war, daß FSB als metallverarbeitender Betrieb in den zurückliegenden Jahrzehnten bei der Entfettung von Metallen Hilfsstoffe eingesetzt hat, die inzwischen als umweltschädigend eingestuft werden, hatte das Unternehmen bereits vor dem Umwelt-Audit, aber auch zur eigenen Bestätigung noch während des Umwelt-Audits Bodenuntersuchungen an allen Standorten veranlaßt, in deren Verlauf alle notwendigen bodenphysikalischen Daten geprüft und festgehalten wurden.

So konnte bereits während des Audits von FSB gezeigt werden, daß am Standort Nieheimer Straße die vor Jahren eingeleitete Bodensanierung durch Belüftung des Bodens und Wassers weitgehend abgeschlossen ist.

Am Standort Industriestraße wurde die vor dem Audit eingeleitete Sanierung nach erneuter Ortung der Schadstellen intensiviert. Es werden dort die bewährten Belüftungsmethoden eingesetzt, die bereits am Standort Nieheimer Straße kurzfristig zum Erfolg führten.

1.3.2 Emissionen

Obwohl nur sehr geringfügige Emissionen mit der Fertigung bei FSB verbunden sind, wurde im Verlauf des Umwelt-Audits beschlossen, in den kommenden Jahren in Zusammenarbeit mit Wissenschaftlern zu ermitteln, welche eventuellen Dämpfe bei der Reinigung, beim Schleifen und dem Eloxieren von Aluminium oder beim Schleifen von Edelstahl fertigungsbedingt auftreten. Eventuelle Emissionen sollen gemessen, gewichtet und bewertet werden.

1.3.3 Trennung von Metallresten aus Wasser und Abfall

Rein theoretisch wurde während des Umwelt-Audits rechnerisch ermittelt, wie hoch der Metallanteil trotz aller Vorsorge in Abwässern und Abfallschlämmen sein könnte. Durch Anregungen aus dem betrieblichen Vorschlagswesen war der Gedanke vorgetragen worden, diese eventuellen Restmetalle ebenfalls zu recyceln.

Auch dieses Problem soll in den nächsten Geschäftsjahren in enger Zusammenarbeit mit interessierten Universitäten einer praktikablen und wirtschaftlichen Lösung zugeführt werden.

1.4 Zusammenfassung von Zahlenangaben, Art. 5, Abs. 3c der Verordnung

Die nachstehend aufgezählten Bilanzen, betrieblichen Abfallwirtschaftskonzepte und Statistiken wurden seit einigen Jahren bei FSB vorbereitet oder ergänzend während des Umwelt-Audits neu erstellt:

1.4.1 Abfallbilanz

Seit dem Geschäftsjahr 1990/91 stellt FSB alljährlich eine Abfallbilanz auf, die gemäß den einschlägigen Bestimmungen den Behörden zugeleitet wird.

In dieser Abfallbilanz wurde zum Beispiel für das Geschäftsjahr 1991/92 aufgezeigt, wie sich die Gesamttonnage der Abfälle von 1,61 kt auf einzelne Abfallarten aufteilt und über welche Entsorger auf welche Deponien verteilt werden.

1.4.2 Wasserverbrauch

Seit dem gleichen Geschäftsjahr wird der Wasserverbrauch bei FSB bilanziert und durch Kreislaufwirtschaft trotz steigender Umsätze und Auslastung drastisch heruntergefahren:

– Verbrauch Geschäftsjahr 90/91: ca. 185 000 m³
– Verbrauch Geschäftsjahr 91/92: ca. 146 000 m³
– Verbrauch Geschäftsjahr 92/93: ca. 107 000 m³

1.4.3 Energiebilanz

Die Energiebilanz weist aus, daß pro Jahr im Durchschnitt der vergangenen fünf Jahre bei FSB ca. 7 000 Gwh verbraucht werden. Trotz steigender Auslastung stieg der Energieverbrauch nur unmerklich. Diese Sparmaßnahmen wurden durch folgende Schritte erreicht:

Gezielt wird seit einigen Jahren bei allen Investitionsentscheidungen darauf geachtet, daß alte und überholungsbedürftige Anlagen durch energiesparende neue Anlagen oder Fertigungsmethoden ersetzt werden.

Im Rahmen einer Crash-Maßnahme wurden im Geschäftsjahr 1991/92 veraltete Beleuchtungsanlagen durch energiesparende Beleuchtungskörper ersetzt.

Nach Stillegung der eigenen Reststoffverbrennungsanlage, deren freiwerdende Energie zum Heizen der Eloxalbäder verwandt wurde, wird erneut geprüft, inwieweit in anderen Prozessen freiwerdende Wärme (zum Beispiel in der Aluminiumgießerei) konserviert und umgeleitet werden kann.

1.5 Sonstige Faktoren des betrieblichen Umweltschutzes, Art. 5, Abs 3d der Verordnung

Während des Umwelt-Audits wurde geprüft, ob die bei FSB im Geschäftsjahr 1991/92 zusammen mit einem Unternehmensberater eingeführte Umweltorganisation und die in diesem Zusammenhang ebenfalls abgeschlossene erste bundesdeutsche Betriebsvereinbarung zu Fragen des Umweltschutzes (IG Metall/ FSB) praktiziert und umgesetzt worden sind.

Die Umwelt-Auditer prüften und bestätigten, daß FSB die Umweltorganisation (Geschäftsführer, Geschäftsleitung, Gesamtverantwortung Umweltschutz, freigestellter Betriebsbeauftragter für Umweltschutz, Beauftragung von Einzelverantwortlichen vor Ort, etc.) durch konkrete Aufgabenbeschreibungen, Betriebsanweisungen, Betriebsbegehungen sowie Abteilungsversammlungen vorbildlich umgesetzt hat.

Desgleichen prüften und bestätigten die Auditer, daß auch die auf freiwilliger Basis abgeschlossene Betriebsvereinbarung, in der jeder FSB-Mitarbeiter zum eigenen Umweltminister ernannt worden war, ebenfalls in allen Details umgesetzt worden ist und die bei der Umsetzung gewonnenen Erkenntnisse in monatlichen Sitzungen des Umweltausschusses (Geschäftsführer, Technischer Leiter, Umweltbeauftragter, Leiter des Personalwesens, Leiter Einkauf, Betriebsrat und sonstige geladene Fachabteilungen) zu unmittelbaren aktiven Reaktionen führen, die dem verbesserten Umweltschutz dienen.

1.6 Darstellung der Umweltpolitik, des Umweltprogrammes und des Umweltmanagements des Unternehmens, Art. 5, Abs. 3e der Verordnung

Aufgrund der Ergebnisse der ersten Umwelt-Audits beim Unternehmen FSB wurden die Schwerpunkte der zukünftigen Umweltpolitik wie folgt gelegt:

Kurzfristig soll in den nächsten 12 Monaten ein Umwelthandbuch erstellt werden, in dem jeder Interessierte – intern und extern – verläßlich und überprüfbar nachlesen kann, wie bei FSB Umweltschutz im betrieblichen Alltag praktiziert wird.

Sodann wurde unter Beteiligung der Gesellschafter und des Beirates des Unternehmens beschlossen, daß in den kommenden fünf Geschäftsjahren nach einem genau definierten Investitions- und Zeitplan dafür gesorgt wird, daß alle umweltrelevanten Tätigkeiten des Unternehmens so schnell wie möglich auf einen einzigen Standort verlagert werden, so daß an diesem Standort ein maxi-

maler und vorbildlicher Umweltschutz aufgebaut und für die Zukunft sichergestellt werden kann. Die wichtigsten Etappen sind:

Im Geschäftsjahr 1993/94 wird am Standort Industriestraße ein neues Logi-
stikzentrum gebaut, in das alle Warenvorräte aus den beiden anderen Standorten verlagert werden. Durch diese Zentralisierung der Warenvorräte entstehen
in den übrigen Standorten Freiflächen. Diese Freiflächen sind Voraussetzung für
die in den Folgejahren geplanten Zusammenlegungen der umweltrelevanten
Tätigkeiten (Eloxal- und Oberflächenbearbeitung) an der Industriestraße.

Im Geschäftsjahr 1994/95 werden die frei gewordenen Flächen im Werk II
(Industriestraße) zunächst durch eine Zusammenlegung aller Montagen belegt.

Im Geschäftsjahr 1995/96 wird es hierdurch möglich, alle Eloxalanstalten
ebenfalls im Werk II (Industriestraße) in einer nach neuester Technik gebauten
umweltgerechten Anlage zusammenzufassen.

Im Geschäftsjahr 1996/97 werden in einer weiteren Umzugszwischenetappe
alle Rohmaterialien sowie Hilfs- und Betriebsstoffe an einem neuen Standort
zusammengefaßt.

Im Geschäftsjahr 1997/98 werden schließlich die im Vorjahr gewonnenen
Freiflächen dafür eingesetzt, die umweltrelevanten Fertigungstechniken der
Teilefertigung und Oberflächenbearbeitung mit den damit verbundenen Wasser-
kreisläufen und Entsorgungseinrichtungen nach neuesten Erkenntnissen ferti-
gungstechnisch neu zu durchdenken und an einem Standort zusammenzuziehen.

Ohne jede behördliche Auflage und dem Bewußtsein, daß schon heute an
allen Standorten umweltgerecht gearbeitet wird, werden im beschriebenen
Sinne für den Umweltschutz in den kommenden Geschäftsjahren ca. DM 25 Millionen investiert. Dies wird allerdings nur möglich sein, wenn sich die wirtschaftlichen Gesamtdaten nicht weiter verschlechtern und eine ausgesprochene
Firmensonderkonjunktur bei FSB anhält. Umweltschutz kostet Geld. Der Markt
muß aber bereit sein, diesen Umweltschutz zu finanzieren.

1.7 Umweltprüfer und nächster Prüftermin

Da die Bundesrepublik Deutschland die einschlägige EG-Verordnung bis April
1995 umzusetzen hat, wurde mit den beauftragten Professoren der Gesamthochschule Paderborn/Höxter, Fachbereich Umweltschutz, abgesprochen, daß der
Fachbereich bis zu diesem Zeirpunkt FSB weiterhin in Fragen des Audits betreut.

Das nächste Umwelt-Audit ist für das vierte Quartal 1995 vorgesehen. Im Mittelpunkt des nächsten Umwelt-Audits werden folgende Aspekte stehen:

1. Erstellung und Umsetzung des Umwelthandbuches.
2. Überprüfung des Fortgangs beziehungsweise Abschlusses der Bodensanierung an der Industriestraße.
3. Durchsprache der wissenschaftlichen Versuche in den Angelegenheiten Gase
   (Aluminium, Edelstahl, Wasser) beziehungsweise Metallreststoffe (Wasser/
   Schlamm).

1.8 Nachbemerkung

Schriftliche Anfragen zum Audit sind an den Betriebsbeauftragten für Umweltschutz zu richten: Herr Willi Hillebrand, FSB, Postfach 14 40, 33029 Brakel.

2 Audit des Umweltmanagementsystems von FSB

2.1 Stellenwert einer umweltorientierten Management- und Unternehmensorganisation

Markt- und ordnungspolitisch bedingte Erfordernisse des Umweltschutzes
betreffen mittlerweile jeden Funktionsbereich eines Unternehmens vom Einkauf
bis zur Entsorgung. Die umfassenden Anforderungen des Umweltschutzes in
Unternehmen des produzierenden Gewerbes erfordern folglich eine vollständige
Integration in das Managementsystem und die Organisation eines modernen
Unternehmens, um dessen Funktionsfähigkeit insgesamt sicherzustellen. Schon
bald wird es sich kein Unternehmensmanagement mehr leisten können, Entscheidungen hinsichtlich der Umweltrisiken aller seiner Wirtschaftsaktivitäten
auf ungesicherter Basis zu treffen. Das Öko-Audit wird nach der nunmehr erfolgten Verabschiedung durch die EG das zentrale Managementinstrument, um eine
bedeutend verbesserte Grundlage für Entscheidungen, Organisation, Planung
und Kontrolle zu eröffnen. Für die Nutzung des Öko-Audits in einem systematisch
angelegten Umweltmanagementsystem sprechen vor allem folgende Argumente:

- die Begrenzung von Umweltrisiken und Erhöhung der Sicherheit,
- die Reduzierung des Haftungsrisikos nach UHG
- die mögliche Begrenzung von Versicherungsprämien,
- die häufig gegebenen Kosteneinsparungspotentiale (z.B.: Energie, Wasser,
  Transport, Rohstoffe),
- Einbeziehung jedes Mitarbeiters in die Umweltproblematik,
- die Identifikation von umweltbezogenen Innovationspotentialen,
- die Optimierung einer ökologieorientierten Informationspolitik
- die Verbesserung der Organisation und des Managementsystems
- die Steigerung des Unternehmensimages
- die Erweiterung des Marketingpotentials,
- die Sicherung von Wettbewerbsvorteilen.

Umweltmanagement ist sowohl eine strategische als auch eine operative Aufgabe. Der strategische Aspekt des Umweltmanagements zielt auf die langfristige
Erhaltung bzw. den Ausbau der Erfolgsposition ihres Unternehmens in einem
vom Wettbewerb geprägten Markt. Ergänzend dazu muß die organisatorische
Verankerung im Betriebsgeschehen die Umsetzung von Unternehmenszielen
gewährleisten.

Vor diesem Hintergrund ist die Entwicklung bzw. die Wirksamkeit eines
funktionierenden Umweltmanagementsystems einschließlich seiner aufbau-

und ablauforganisatorischen Einbindung in zunehmendem Maße Grundbedingung des Unternehmenserfolges und begründet zur Standortbestimmung eine regelmäßige wie systematische Überprüfung seiner Leistungsfähigkeit durch die Durchführung eines Öko-Audits.

2.2 Ziel und Geltungsbereich des Teilaudits

Die vorgehensweise orientiert sich an den Verfahrensregeln der EG-Verordnung zum Umweltmanagement und Öko-Audit auf dem Stand vom März 1993. Dementsprechend wurden im wesentlichen die Existenz und die Grundzüge der in der Verordnung vorgesehenen (Norm)Elemente des Umweltmanagementsystems gemäß Anhang I.B des Verordnungsentwurfs überprüft. Im einzelnen wurden folgende Fragestellungen erfaßt:

- die Umweltpolitik (Umweltgrundsätze/-leitlinien) des Betriebes,
- die Umweltziele (Soll-Normen) des Unternehmens,
- das Umweltprogramm (Durchführungsmechanismen),
- die umeltschutzbezogene Personal- und Organisationsstruktur,
- das Informationssystem zu den Umweltwirkungen der Unternehmensaktivitäten,
- die Betriebskontrollmechanismen (Überwachung des laufenden Betriebes),
- die Umweltmanagement-Dokumentation,
- die Etablierung eines regelmäßigen Auditprogramms.

Da die Mitgliedstaaten der EG den Auftrag erhalten haben, weitergehende Normierungen in Teilbereichen der Verordnung zu erarbeiten, werden diese erst im Anschluß an diesen Prozeß berücksichtigt werden können.

Die *Ziele des Teilaudits* zum Umweltmanagementsystem der Firma FSB waren:

a. Die Bestandsaufnahme der bei FSB bestehenden Elemente eines Umweltmanagementsystems wie es die EG zukünftig vorsieht und die Darstellung der Feststellungen zu den oben aufgeführten Bestandteilen des umweltrelevanten Managementinstrumentariums.
b. Die orientierende Bewertung des bestehenden Umweltmanagementsystems auf Grundlage der gemachten Feststellungen.
c. Die Formulierung von Schlußfolgerungen und Empfehlungen in einem schriftlichen Bericht.

2.3 Auditorganisation und Verfahrensweise

Die Vorbereitung und die Informationsgewinnung dieses Teilaudits verlief in folgenden Schritten:

- Versand einer Checkliste und eines Arbeitsprogramms zum Umweltmanagementsystem an den Personalleiter und den Umweltschutzbeauftragten mit der Bitte um Vorbereitung.

- Durchführung eines Ortstermins am 25.3.93 mit den genannten Unternehmensvertretern im Rahmen dessen
  - die Checkliste abgearbeitet wurde und
  - eine Betriebsbegehung in Werk I und II erfolgte.

- Zur weiterführenden Information wurden dem Auditor schriftliche Dokumente zur Verfügung gestellt.

Auf dieser Grundlage wurde der Teilauditbericht zum Umweltmanagement angefertigt. Die Feststellungen zu den Elementen des umweltrelevanten Managementsystems werden im nachfolgenden Kapitel in zwei getrennten Schritten (a) dargestellt und (b) bewertet.

2.4 Feststellungen und Bewertungen der Komponenten des Umweltmanagementsystems

2.4.1 Eingangsinformationen: Basisdaten zum Unternehmen

Untersuchter Standort: Der Stammsitz Brakel/Westfalen (112 Jahre) mit 3 Werken:

- Werk I: 10 725 qm,
- Werk II: 12 410 qm,
- Werk III: 2 855 qm.

Anzahl der Beschäftigten zum Erhebungszeitpunkt: 732.

Der Jahresumsatz im Wirtschaftsjahr 1991/92 betrug 109 Mio. DM (Stichtag 30.6.).

Branche: Metallverarbeitung mit dem Produktionsschwerpunkt Zubehörteile für die Möbel- und Baubeschlagindustrie, vor allem Tür- und Fensterbeschläge aus den Werkstoffen

- Aluminium,
- Aluminium farbig beschichtet,
- Edelstahl,
- Messing,
- Bronze.

Einordnung des Standorts:

Produktionsstätten
- Hauptwerke in Brakel/Westf.,
- in Jakarta/Indonesien (im Aufbau).

Vertriebsgesellschaften in einer Reihe von Ländern (u.a. London, Paris).

Bekannte Marktvorteile des Unternehmens:

- Eigenständige, kundenindividuelle Problemlösungen.
- Flexible, kurzfristige Reaktionen auf Marktanforderungen.

- Hochwertige Qualität auch nach ISO 9002, entspr. CEN 29002.
- Langlebigkeit der Produkte.
- Weitgehende Recyclingfähigkeit der Produkte.
- Absolute Design-Orientierung (Stifter im Rat für Formgebung).
  Absatzmärkte im Inland: 70 – 75 %,
                  im Ausland: 25 – 30 % (Schwerpunkt EG).

2.4.2 Umweltpolitik des Unternehmens

Unter der Umweltpolitik werden laut EG-Verordnung die umweltorientierten Aktionsgrundsätze eines Betriebes verstanden.

a) Bestandsaufnahme: Feststellungen

Die Geschäftsleitung von FSB betrachtet eine aktive Umweltpolitik des Unternehmens als wichtigen Bestandteil der bestehenden Managementaufgaben. Mit Hilfe der bereits 1991 eingesetzten Umweltkommission erfolgt eine kontinuierliche Überprüfung, Beratung und Fortentwicklung betrieblicher Umweltaspekte. Bestehend aus dem Geschäftsführer, dem Personalleiter, dem technischen Leiter und dem Umweltschutzbeauftragten, 2 Betriebsratsmitgliedern und fallweise hinzugezogenen Vertretern aus umweltrelevanten Unternehmensbereichen (ohne Stimmrecht) werden im Kreis der Umweltkommission Entscheidungsgrundlagen für die Gestaltung der internen Umweltgrundsätze. der strategischen und operativen Zielsetzung und Maßnahmenplanung erarbeitet.

FSB weist im Rahmen seiner schriftlich dokumentierten Unternehmensphilosophie vom 21. 12. 92 auf die Bedeutung des Umweltschutzes im Interessenausgleich mit anderen Unternehmensanforderungen hin. Unter Punkt 5 und 6 der Unternehmensphilosophie ist der Umweltschutz als integrative Managementaufgabe zwecks Bereinigung vorhandener Umweltlasten und Realisierung einer „sauberen Fertigung" in Abstimmung mit der Produktqualität verankert.

In einer freiwilligen Betriebsvereinbarung wurden eine Reihe von Umweltgrundsätzen formuliert, die kontinuierlich fortentwickelt werden sollen. Folgende Aspekte eines Umweltinstrumentariums fanden darin bis dato Berücksichtigung:

- Eine umweltschutzorientierte Informationspolitik und Ausbildungspolitik innerhalb des Unternehmens.
- Die Einsetzung einer richtungsweisenden Umweltschutzkommission.
- Die Einrichtung eines betrieblichen Vorschlagswesens mit einem Prämiensystem als Anreizinstrument.
- Eine dokumentierte Bestandsaufnahme genehmigungspflichtiger Anlagen als besonderes Gefährdungspotential.
- Umweltschutzgrundsätze für einzelne Umweltbereiche:

- Abfallentsorgung,
- Energieeinsparung,

- Papierreduktion und Einsatz von Recyclingpapier,
- mehr Kommunikationseffizienz bei Begrenzung eingesetzter Mittel,
- ökonomischer, energiebewußter Personentransport (Reiseplanung, Fahrge-
  meinschaften etc.),
- umweltgerechte(r) Verpackung/Versand,
- Materialauswahl unter Gesichtspunkten der Wirtschaftlichkeit und der Recyclingfähigkeit bei gleichwertiger Qualität (bereits im Entwicklungsstadium),
- zweckmäßige Losgrößen und Reduzierung des Materialverschnitts,
- Ausschußverringerung,
- sorgfältiger Umgang mit Zubehörmaterial,
- vorsichtiger Umgang mit umweltschädigenden Materialien und Vorgabe eines
  Handlungsrahmens im Falle von Unfällen,
- keine Verschmutzung des Firmengeländes.

Die Entscheidungskompetenz in Fragen der Umweltpolitik obliegt der Geschäftsleitung, die sich von der eingesetzten *Umweltschutzkommission* intensiv
beraten läßt.

Eine regelmäßige *Überprüfung und Abstimmung der Umweltpolitik* mit den
übrigen Unternehmensgrundsätzen ist im Umweltausschuß institutionalisiert.

Die *Vermittlung der Umweltleitlinien* gegenüber den Mitarbeitern des Unternehmens erfolgt im Rahmen einer Betriebsvereinbarung, von Abteilungsversammlungen, in Schulungen und Gesprächen mit dem Umweltschutz- bzw.
Betriebsbeauftragten sowie externen Beratern.

b) Bewertung

Umweltleitlinien (Umweltgrundsätze) sind Grundpfeiler einer ökologieorientierten Unternehmenspolitik. Sie fungieren als Verhaltensrichtlinie gegenüber
den Mitarbeitern und Signal gegenüber dem Kunden/der Öffentlichkeit/Be-
hörden, daß Umweltschutz zuverlässig und verantwortlich betrieben wird. Der
Weg zu Umweltleitlinien führt über die allgemeinen Unternehmensgrundsätze,
um eine Integration in das Gesamtunternehmen zu ermöglichen. Dies ist im
Zuge einer Reformulierung der Unternehmensphilosophie von FSB erkannt
worden.

Das Unternehmen hat den Umweltschutz grundsätzlich in seine Unterneh-
menspolitik aufgenommen und im Rahmen einer Betriebsvereinbarung eine
Reihe von Umweltgrundsätzen formuliert. Während der Gesichtspunkt der
Umweltprävention in den Umweltgrundsätzen der Betriebsvereinbarung zum
Ausdruck kommt, wird die der EG-Verordnung zugrundeliegende Vorsorge- und
Vermeidungsorientierung des Betrieblichen Umweltschutzes in dem vorliegen-
den Dokument zur Unternehmensphilosophie noch nicht ausreichend verdeut-
licht.

Eine Schwachstelle in der noch jungen Entwicklungsphase der umweltbezogenen Unternehmenspolitik ist angesichts des einheitlich geregelten Öko-Audit-
verfahrens der EG ihre abweichende Systematik. Da die EG-Verordnung zum Öko-
Audit erst kürzlich verabschiedet wurde, konnten die Umweltgrundsätze noch

nicht systematisch mit den gewünschten Handlungsgrundsätzen der EG (vgl. Anhang I.D der Verordnung) abgestimmt werden. Dies sollte im Hinblick auf eine Anerkennung zukünftig geschehen, wobei der Aufwand aufgrund der bereits gemachten Vorarbeiten begrenzt ist.

Für die Vermittlung der Umweltgrundsätze unter den Mitarbeitern existieren die oben geschilderten Kommunikationskanäle. Die Frage, inwieweit die Rezeption erfolgreich verlaufen ist, wurde in einer stichprobenartigen Überprüfung (Einkauf, Produkten/Werk II, Gefahrstofflager) überwiegend positiv beantwortet.

Das Potential für eine imagesteigernde Kommunikationspolitik mit Hilfe von Umweltleitlinien gegenüber der Öffentlichkeit ist nach Vorlage der Auditergebnisse und einiger Korrekturmaßnahmen noch nicht ausgeschöpft.

2.4.3 Umweltziele

Bei den Umweltzielen im Sinne der EG-Verordnung handelt es sich um konkrete Zielvorgaben des Unternehmensmanagements mit nachvollziehbarem Realisierungserfolg (vgl. Anhang I.A, 4. der EG-V.). Dies beinhaltet die Festlegung von bestimmten Quantitäten bzw. Qualitäten, die innerhalb eines bestimmten Zeitrahmens erreicht werden sollen (Sollwerte).

Beispiel: Verringerung des Energieverbrauchs/des Abfallaufkommens zwischen dem 1.4.1993 und dem 1.4.1994 um 5%.

a) Bestandsaufnahme: Feststellungen

Das Unternehmen Franz Schneider Brakel hat im Rahmen seiner Planung sowohl strategische als auch operative Ziele für eine Reihe von Umweltaspekten festgelegt. Die Zielvorstellungen sind verschiedenen Quellen zu entnehmen:

- Dem Investitionsplan 2000
- Dokumenten der Kostenrechnung
- Der Betriebsvereinbarung
- Den Protokollen der Umweltkommission.

Der *Investitionsplan 2000* enthält Projektionen bis ins Jahr 1999. Kernelement ist die Auslagerung umweltrelevanter Unternehmensteile aus bestehenden Werken und die *Konzentration besonders umwelterheblicher Betriebsvorgänge in einem Werk.*

Die Planungen werden die Umweltsituation des Unternehmens nach Ansicht des verantwortlichen Managements deutlich verbessern. Schriftliche Zielprojektionen über die im einzelnen zu erwartenden, umweltrelevanten Effekte der Innovationsvorhaben sind im Investitionsplan und der Kostenrechnung dokumentiert.

Neben strategischen Zielstellungen werden zu Jahresbeginn im Umweltausschuß operative Umweltziele festgelegt, für deren Realisierung eine vierteljährliche Fortschrittskontrolle stattfindet. Am Jahresende wird die Umsetzung der

Ziele resümiert und ausgewertet. Im Rahmen der *FSB-Betriebsvereinbarung* werden unter dem Stichwort „Umweltschutzgrundsätze" eine Reihe von Zielen bekannt, die das Unternehmen zukünftig umzusetzen beabsichtigt.

Die Konkretisierung und Erstellung neuer Ziele mit definierten Mengen und/oder Qualitäten als Grundlage eines periodisch wiederholten Ist-/Soll-Abgleichs ist als fortlaufender Prozeß angelegt, der initiiert und in *Protokollen der Umweltschutzkommission* dokumentiert ist. Zu dem bis dato formulierten Ziel- und Arbeitsprogramm gehören u. a.:

- die Minimierung chemischer Produkte und die Substitution bestimmter Kritikmaterialien wie PVC, Styropor, PUR-Schaum,
- die Wiederverwertung von Produktionsinputs (z. B. Gleitschliffmaterial, Metallschrott),
- die Getrenntsammlung nach den Anforderungen des „Dualen Systems",
- Sachgerechte Sicherung der Entsorgungswege nach Abfallrecht (Verträge mit Unternehmen der Entsorgungswirtschaft),
- Schulung der Mitarbeiter zur Behandlung von Abfällen,
- Reduzierung der Transport- und Verkaufspackungen,
- Vereinbarungen mit Zulieferbetrieben zwecks Minimierung bzw. Verwertbarkeit und Wirtschaftlichkeit von Verpackungen (Verp. VO konforme Materialien, Optimierung der Verpackung, Mehrweg).

Die Entwicklung umwelterheblicher Zielvorgaben soll im Rahmen der Umweltschutzkommission fortgesetzt werden. Es wurde betont, daß dabei, neben den gesetzlichen Mindestvorschriften, auch weiterreichende Schutzvorstellungen als Zielorientierung dienen sollen. Diese Aussage wird durch die vorliegenden Investitionspläne und Sanierungsprogramme unterstrichen.

Als grundlegende Informationsquelle zur Sicherstellung gesetzlicher Mindestanforderungen und Zielformulierung führt das Unternehmen ein Verzeichnis umweltrelevanter Gesetze zur Rechts- und Verwaltungsvorschriften.

b) Bewertung

Die umweltbezogenen Zielsetzungen von FSB zeichnen sich durch die Existenz langfristiger wie kurzfristiger Vorgaben aus, die in operativer Hinsicht zwecks entsprechender Umsetzung aufeinander abgestimmt und in der Unternehmenspraxis mit funktionsfähigen Umsetzungsmaßnahmen verbunden werden.

Die vorgesehene Zentralisierung einer Reihe der umweltrelevanten Aktivitäten in dem Werk stellt einen sinnvollen Ansatz zur Verringerung der Umweltbelastungen dar. Vor dem Hintergrund des Anhangs I. D., Punkt 2 wäre es in diesem Zusammenhang wünschenswert, wenn die schriftliche Zielbestimmung, d. h. die zu erwartende Reduktion negativer Umweltwirkungen bzw. betriebswirtschaftliche Optimierungen des Ressourcenverbrauchs anhand der Kategorien des Anhang I.C der EG-V festgehalten würden.
Die von der EG geforderte schriftliche Dokumentation des umweltbezogenen Zielsystems mit quantitativ umrissenen Vorgaben ließe sich gegenüber der vorherrschenden Praxis rationeller gestalten. Eine Zusammenfassung der bisher

eingesetzten Dokumente zur Darstellung unternehmenseigener Umweltziele (Investitionsplan, Betriebsvereinbarung, Protokolle der Umweltkommission, Kostenrechnung) in einem zusammenhängenden Schriftstück (z.B. Umwelthandbuch) würde die Arbeit erleichtern helfen und eine verbesserte Planungsgrundlage für das Management bilden.

Die bisherigen Bemühungen der Zielbestimmung bei FSB verdeutlich bereits die richtungsweisende Tendenz betrieblicher Umweltplanung. Sollte das Unternehmen den in der EG-Verordnung vorgesehenen Umwelt-Managementstandard anstreben, ist in nächster Zeit die Fortsetzung des Prozesses zur *Festlegung detaillierter Zielquantitäten und Zielqualitäten inkl. ihrer Realisierungszeiträume für alle Unternehmensebenen* anhand der EG-Vorgaben – insbesondere Anhang I.C. – zu empfehlen.

2.4.4 Umweltprogramm

Zur Umsetzung seiner zuvor konkret umrissenen Umweltziele sollen gewerbliche Unternehmen laut EG-Verordnung ein schriftlich dokumentiertes Durchführungsprogramm (Umweltprogramm vgl. Anhang I.A, 5 EG-V) erstellen. Es umfaßt neben den oben bereits dargestellten Umweltzielen:

- einen Maßnahmenkatalog,
- die Zuweisung der Verantwortung für die Ziele in jedem Aufgabenbereich und auf allen Unternehmensebenen,
- die Mittel (Maßnahmen, Personal, Finanzmittel), mit denen die Umweltziele zu erreichen sind.

a) Bestandsaufnahme: Feststellungen

Eine zusammenhängende Dokumentation umweltrelevanter Maßnahmen existierte bei FSB bisher nicht. Vielmehr werden Umweltmaßnahmen im Rahmen des Sanierungsprogramms (kurzfristige Maßnahmen), der Protokolle der Umweltkommission, des jährlichen Investitionsbudgets und des Investitionsplan 2000 (mittel- und langfristige Maßnahmen) ausgewiesen.

Tabelle 1. Dokumentation umweltrelevanter Maßnahmen bei FSB

Maßnahmen nach Umweltbereich	Fundstelle
• Energiemanagement:	
– Sanierung der Heizung in Werk II	Sanierungsprogramm 92/93
– Energieeinsparung durch Zusammenlegung bzw. Neuordnung von Montagen, Fertigungslager, Vorfertigung	Investitionsplan 2000
• (Ab)Wassermanagement:	
Werk I:	
– Wassereinsparung bei der Tankreinigung	Sanierungsprogramm 92/93
– Verringerung belasteter Abwässer durch Stillegung der Galvanik	Sanierungsprogramm 92/93

Tabelle 1 (Fortsetzung)

Maßnahmen nach Umweltbereich	Fundstelle
– Belastungsminderung des Oberflächenwassers: Einbau eines Koalizenzabscheiders	Sanierungsprogramm 92/93
Werk II: – Sanierung der Kanalisation	Sanierungsprogramm 92/93
– Filteranlage: Wasserversorgung Werk II	Sanierungsprogramm 92/93
– Schleiferei: Umstellung auf Kreislaufprozeßwasser Systemanlage Z 300 Turbo	Investitionsbudget 92/93
– Wasseraufbereitung (Gleitschleiferei)	Investitionsbudget 92/93
– Instandhaltung: Meßkoffer für Kesselspeisewasser	Investitionsbudget 92/93
– Werkzeugbau: Wasseraufbereitung (Drahterodierung)	Investitionsbudget 92/93
– Abwassermaßnahmen: Neutralisation, Mehrfachnutzung des Abwassers mit Lagertank, Druckpumpe, Filter	Investitionsbudget 92/93
– Wassereinsparung: Kistenreinigung	Investitionsbudget 92/93
– Eloxierung: Wassereinsparung durch Leitfähigkeitssteuerung	Investitionsbudget 92/93
– Entfettung: Zweikammer-Ultraschall-Reinigungsanlage (Belastungsminderung)	Investitionsbudget 92/93
• Luft/Abluft: Emissionen/Immissionen:	
– Absaugung: Roboterpolieranlage	Sanierungsprogramm 92/93
– Absaugvorrichtung für Sägestaub	Investitionsbudget 92/93
– Immissions-Meßkoffer (Heizung)	Investitionsbudget 92/93
– Schweißabzugseinrichtung	Investitionsbudget 92/93
• Rohstoffmanagement, Betriebs- und Kritikstoffe:	
Ein Leitziel des Unternehmens ist das Bestreben, belastende Stoffe und Produkte durch Alternativen auf dem gegebenen Stand der Wissenschaft zu ersetzen.	
– Ersatz von Kritikstoffen: PE/PP statt PVC	Protokoll UWK Umwelt- schutzkommission
– PE-Schaum statt PUR-Schaum	Protokoll UWK
– Metallschrott für die Umarbeitung	Protokoll UWK
– Entlastung von Perchlor durch alkalische Entfettung (Schleiferei)	Investitionsbudget 92/93
– längerer Ölgebrauch/Öltester	Investitionsbudget 92/93
– Kühlmittelaufbereitung (Fettalkohol)	Investitionsbudget 92/93
• Gebrauchsgüter in Büro und Verwaltung:	Protokoll UWK
– Einführung chlorfrei gebleichten Papiers	
– papiergepolsterte Versandtaschen/Musterverpackungen	
– lösungsmittelfreies Tip-Ex	
– Akkubetrieb von E-Geräten statt Batterie	
– Einführung eines „Office-Management-Konzepts" für eine weitgehend papierlose Kommunikation und Datenarchivierung bis 1997/98 (dialoggestütze EDV)	

Tabelle 1 (Fortsetzung)

Maßnahmen nach Umweltbereich	Fundstelle
• Transport:	
– Reduzierung interner Transportwege durch die zukünftige Zusammenlegung der Montagen bzw. des Fertigwarenlagers	Investitionsplan 2000
• Entsorgungs- und Recyclingpraxis:	
– Vereinbarung mit Entsorgungunternehmen für eine sachgerechte Entsorgung nach Abfallrecht	Protokoll UWK
– externe Wiederverwertung: Gleitschliffmaterial	Protokoll UWK
– Die Umstellung von Kühlschmiermitteln auf Fettalkohol und Einsatz von Fettalkoholsprühanlagen (mechanische Werkstatt, Montage) reduziert Emulsionsabfälle	Investitionsbudget 92/93
– Altpapierpresse	Investitionsbudget 92/93
• Auswahl der Produktionsverfahren	
– Einstellung des Galvanikbetriebs: Ersatz durch Zulieferer	Sanierungsprogramm 92/93
• Produktmanagement (Entwurf, Verpackung, Transport, Verwendung, Entsorgung):	
– Ziele: zur Verpackungsoptimierung, Minimierung von Verpackungsmaterial, Wirtschaftlichkeitsaspekte der Verpackung	
– Vereinbarungen mit Zulieferbetrieben zur Lieferung ausschließlich Verp. V-konformer Materialien und verstärkte Nutzung von Mehrwegsystemen	Protokoll UWK
– Transportverpackung (Anschluß: RESY-System)	
– Verkaufsverpackung (Lizenznehmer des „grünen Punktes" bei entsprechender Getrenntsammlung	Protokoll UWK
– Wellpappe statt Styroporverpackung	Protokoll UWK
• Sicherheit, Verhütung/Verringerung von Unfällen	
– Werkzeugbau: Feuerlöschanlage	Investitionsbudget 92/93
– Brandschutz (Türe/Wandnischen): Werk I	Sanierungsprogramm 92/93
– Wandhydrant: Werk I	Sanierungsprogramm 92/93
– Brandschutz (Werkzeuglager)	Sanierungsprogramm 92/93
• Mitarbeiterinformation/Weiterbildung	
Im Rahmen der FSB-Umweltorganisation ist für die bisher avisierten Funktionsbereiche und Maßnehmeverwirklichung eine entsprechende Verantwortungszuweisung unter Angabe der erwarteten Ausführungszeiträume erfolgt. Die notwendigen Mittel zur Umsetzung geplanter Umweltaktivitäten sind nach Aussagen der Interviewpartner gegeben.	

b) Bewertung

Die dargestellten Schritte des Unternehmens zur Bestimmung von Umweltzielen und einem darauf aufbauenden Maßnahmeprogramm weisen in die anzustrebende Richtung (vgl. Tabelle 1). Der begonnene Entwicklungsprozeß wäre zukünftig jedoch sinnvollerweise an der EG-Systematik (vgl. Anhang I.C der EG-VO) zu orientieren und möglichst systematisch auf alle Unternehmensbereiche vom Einkauf bis zur Entsorgung auszurichten.

2.4.5 Umweltschutzorientierte Personal- und Organisationsstrukturen

a) Bestandsaufnahme: Feststellungen (vgl. Abb. 1)

(1) Geschäftsleitung und Umweltkommission

Die Verantwortlichkeit für die Festlegung der Umweltpolitik, der strategischen und übergreifenden operativen Umweltziele und -maßnahmen (Umweltprogramm) sowie die Entscheidungskompetenz über zentrale Fragen des Umweltmanagements liegt letztendlich bei der *Geschäftsleitung,* die sich jedoch am Votum der *Umweltkommission* des Unternehmens orientiert. Vorbereitet durch den Umweltschutzbeauftragten erfolgen im Rahmen der Umweltkommisssion – neben der Festlegung strategischer Vorgaben – Beschlußfassungen über operative Ziele (Jahresziele), deren Realisierung mit Hilfe einer monatlichen Fortschrittskontrolle überwacht werden.

Umweltrelevante Schlüsselpositionen werden bei FSB von folgenden Personen bekleidet:

(2) Gesamtverantwortlicher für den Umweltschutz

- Technische Leitung mit Entscheidungsbefugnis für den Umweltschutz im Unternehmen auf der Grundlage der Zielvorgaben aus Umweltkommission und Geschäftsleitung.

(3) Umweltschutz- und Betriebsbeauftragter

- Der Umwelt- und Betriebsbeauftragter für den Umweltschutz ist hauptverantwortlich für die Bereiche:
  - Abfall und Rohstoffe, Abfallverwertung, Abfalltransport, Abfallentsorgung Abfallnachweis und Reststoffe (Betriebsbeauftragter laut AbfG).
  - Wasserversorgung und Abwasser (Betriebsbeauftragter für Gewässerschutz lt. WHG).
  - Anlagen mit wassergefährdeten Stoffen.
  - Emissionen und Immissionen (lt. BImSchG) sowie die Mitteilungspflicht (§ 16 BImSchG).
  - Altlasten.
  - Genehmigungsverfahren und Behördenkooperation.
- Bei FSB werden keine Anlagen im Sinne der Störfall-Verordnung betrieben, daher entfallen entsprechende Verantwortlichkeiten für derartige Fälle. Allerdings gilt es festzuhalten, daß bis dato kein Korrekturverfahren über den bestimmungsgemäßen Betrieb hinaus (Abweichungen vom Normalbetrieb) vorliegt.

(4) Sicherheitsfachkraft

- Die Sicherheitsfachkraft ist für den Umgang mit Gefahrstoffen verantwortlich.

(5) Betriebsleiter

- Die jeweiligen Betriebsleiter der Werke I – III tragen die Verantwortung für:
  - Abfallvermeidung,

- Fremdwasser- und Eigenwasserversorgung,
- Abwassereinleitungen und deren Dokumentation,
- Betrieb der Anlagen,
- Luftverunreinigung (Gesamtbetrieb),
- Lärm,
- den Betrieb nicht genehmigungsbedürftiger Anlagen.

(6) Zuständigkeit auf der Abteilungs- und Meisterebene

- Die Durchführungsverantwortung für die Abfallvermeidung haben
  - die Meister,
  - der Abteilungsleiter: Entwicklung,
  - der Einkaufsleiter,
  - der Leiter: Marketing und Versand.
- Verantwortung spezieller Abwasseranlagen:
  - W 1: Neutralisationsanlagen: Zuständige Meister
  - W 2: Neutralisationsanlagen: Zuständige Meister
- Beförderung wassergefährdender Stoffe in Rohrleitungen: verantwortlich die Instandhaltung
- Verantwortlichkeiten mit Durchführungsbefugnis für weitere Funktionsbereiche:
  - Beschaffung, Materialwirtschaft und Lagerhaltung: Abteilungsleiter Einkauf
  - Entwicklung/Design: Betriebsleiter/technischer Leiter/Umweltbeauftragter
  - Produktion: Betriebsleiter
  - Transport: Sicherheitsfachkraft
  - Personalwesen und Finanzen: Personalleiter
  - Umweltrecht: Umweltbeauftragter
  - Öffentlichkeitsarbeit/Marketing: Abteilungsleiter Marketing.

Die aufgeführten Institutionen, Schlüsselpositionen und Verantwortungsbereiche sind im *Umweltorganigramm* der Firma FSB ausführlich dokumentiert und diesem zu entnehmen.

Als *Managementsvertreter* wurde der Technische Leiter und der Umweltschutzbeauftragte bestellt, um über die Anwendung und Aufrechterhaltung der genannten Umweltschutzinstitutionen zu wachen.

Richtlinien bzw. Handlungsanweisungen werden mündlich und weitgehend auch schriftlich gemäß der dokumentierten Personalorganisation an die Arbeitnehmer an den einzelnen Arbeitsplätzen weitergegeben. An einigen Orten – vor allem in Werk 1 – fehlen schriftlich einsehbare Handlungsanweisungen. An andere Stellen sind die Umweltanweisungen wenig übersichtlich ausgehängt.

Mit gesonderten Betriebsinternen Projekten wird zusätzlich versucht, bestimmte Erfordernisse des Umweltschutzes und der Arbeitssicherheit in Schwerpunktaktionen zu vermitteln. In diesem Zusammenhang zu nennen ist beispielsweise das Projekt „Ordnung, Sauberkeit und Abfall", mit dem die Umsetzung von Zielvorgaben in diesen Bereichen vorangetrieben und turnusmäßig durch den Umweltschutzbeauftragten und den Personalleiter überprüft werden.

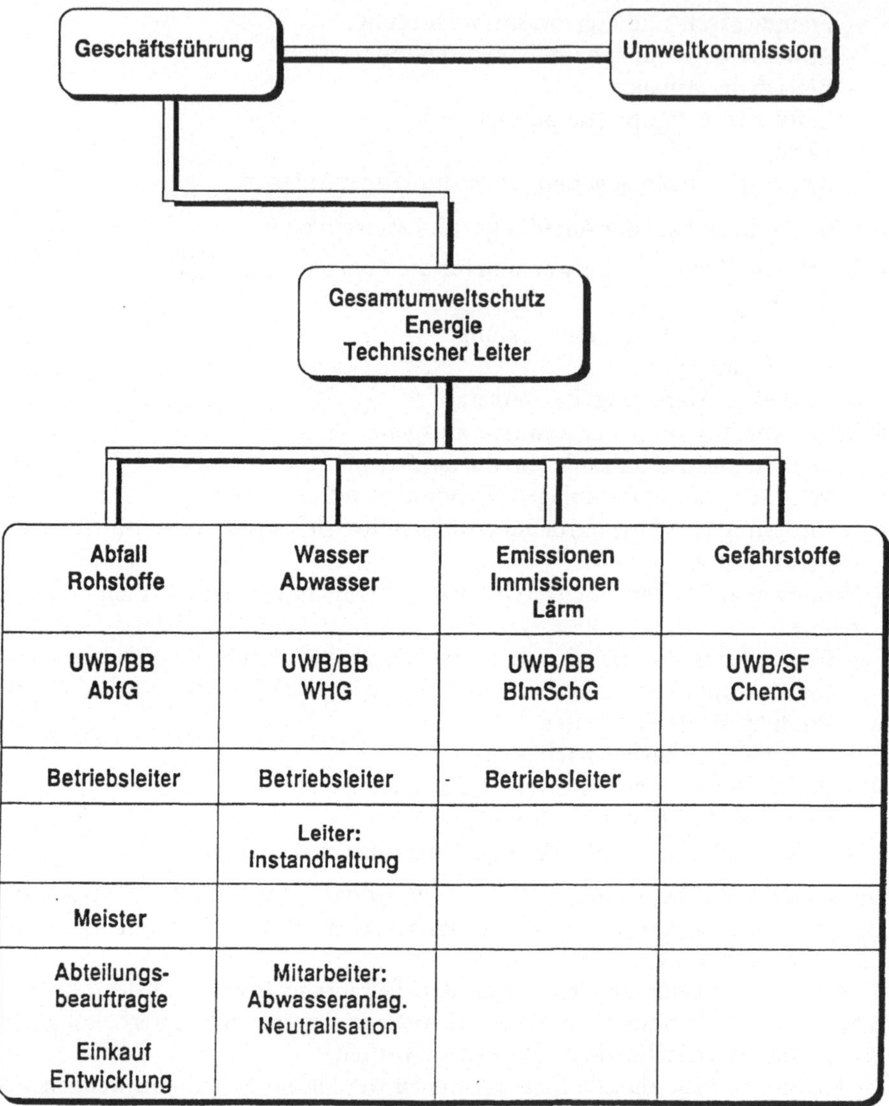

Abkürzungen: UWB = Umweltbeauftragter BB = Betriebsbeauftragter
SF = Sicherheitsfachkraft

Abb.1. Umweltorganisation FSB (Stand Juli 1993)

Ein aufwendiges Umweltorganigramm liegt schriftlich vor und hat weitgehend Eingang in die Betriebspraxis gefunden. Ein Umweltschutzhandbuch existiert bis dato als erster Entwurf und soll zukünftig – angepaßt an die Betriebsspezifischen Gegebenheiten – in das Umweltorganigramm eingearbeitet werden. Damit wird eine verbesserte Dokumentation von Zielvorgaben, Richtlinien und Handlungsanweisungen auf allen Unternehmensebenen und für jeden umwelterheblichen Arbeitsplatz angestrebt.

Umweltschutzorientierte Personalintegration

Die Mitarbeiter des Unternehmens werden über die Bedeutung der Umweltgrundsätze, umweltspezifischen Ziele, Vorschrift und die potentiellen Umweltauswirkungen ihres Arbeitsplatzes durch Abteilungsversammlungen, Sicherheitsbelehrungen, Schulungen, mündliche Vermittlung und teilweise schriftlich vorliegenden Anweisungen informiert. Die Rezeption von Umweltinformationen und Handlungsanweisungen wurde durch Interviews von Mitarbeitern verschiedener Unternehmensbereiche (Einkauf, Produktion/Werk II) stichprobenartig überprüft. Dabei zeigten sich die Mitarbeiter des Unternehmens im wesentlichen gut informiert.

Geeignete *Qualifikationsvoraussetzungen* des Personals für die umweltgerechte Ausführung der Arbeit werden im Unternehmen geprüft und durch ein Ausbildungsprogramm und entsprechende Weiterbildungen besonders gefördert. In Kooperation mit dem Fachbereich 8 der Gesamthochschule Paderborn, Abteilung Höxter finden bspw. Weiterbildungslehrgänge für Auszubildende statt, um die umweltschutzbezogene Qualifikation auf ein möglichst hohes Niveau zu heben.

Das *betriebliche Vorschlagswesen* im Hinblick auf Verbesserung des Umweltschutzes ist in der Betriebsvereinbarung verankert und mit Hilfe eines motivationsfördernden Prämiensystems erfolgversprechend angelegt.

b) Bewertung

Die bestehende Umweltschutzorganisation von FSB verdeutlicht, daß der hohe Stellenwert einer funktionierenden Organisationsstruktur und Personaleinbindung als Grundvoraussetzung einer erfolgreichen Integration des Umweltschutzes in das Unternehmensmanagement erkannt worden ist.

Auf der *Managementebene* werden die bereits definierten Umweltaufgaben, Positionen und Kompetenzen im Rahmen der Aufbau- und Ablauforganisation klar verteilt. Im Normalbetrieb dürfte die Umweltschutzorganisation im Bereich des oberen und unteren Managements unter den gegebenen Voraussetzungen funktionsfähig sein. Für die Zukunft wäre im Sinne der EG-V die vorbeugende Erstellung von schriftlichen Korrekturverfahren für das – über den bestimmungsgemäßen Betrieb hinausgehende – Vorgehen empfehlenswert.

Die Wirtschaftlichkeit vorausgesetzt, ließe sich zukünftig eine Optimierung der Umweltschutzorganisation durch die Trennung von Aufgaben der Betriebsbeauftragten (lt. WHG, BImSchG, AbfG etc.) und denen des Umweltschutzbeauftragten erzielen. Dies hat im wesentlichen zwei Gründe:

Der Umweltschutzbeauftragte sollte in seiner Position nicht zu sehr mit dem Tagesgeschäft eines sicheren Betriebes befaßt sein müssen, um – neben den wachsenden Kontrolltätigkeiten auch weitreicherenden konzeptionellen Optimierungsarbeiten nachgehen zu können. Eine derartige Position des Umweltschutzbeauftragten darf wiederum nicht ohne den wichtigen und notwendigen Bezug zu der Arbeit des Betriebs- und Sicherheitsbeauftragten verankert werden, der in der Regel jedoch durch Koordinations- und Kontrollfunktionen gegenüber den Beauftragten für Immissionsschutz, Störfälle, Gewässerschutz, Abfall usw. vorliegt.

Die personelle Identität von Betriebsbeauftragtem und Umweltschutzbeauftragtem birgt eine vergleichsweise hohe Wahrscheinlichkeit von Interessenkollisionen in sich. Zusammengefaßt kann sich, zumindest bei einem weiteren Anstieg der Schutzanforderungen, auch für ein mittleres Unternehmen zukünftig eine Aufgabentrennung anbieten.

Die *Ablauforganisation auf der Ebene der ausführenden Mitarbeiterschaft* scheint hinsichtlich der Qualifikationsvoraussetzungen und mündlichen Informationsmechanismen angemessen. Bezogen auf schriftlich verfügbare Dokumente am Arbeitsplatz bestehen noch einige Defizite in begrenztem Umfang.

Die *Mitarbeiterintegration* in das Umweltmanagementsystem ist von der Anlage her im Hinblick auf die bestehende Vereinbarung mit dem Betriebsrat, dessen Einbindung in den Umweltausschuß, die Ausbildung, Weiterbildung, den mündlichen Kommunikationsfluß und das prämiengestützte Vorschlagswesen vorbildlich strukturiert. Die Lücken in der Dokumentation werden voraussichtlich mit der Einarbeitung eines Umwelthandbuchs in die Dokumentation des Umweltorganigramms beseitigt.

2.4.6 Umweltinformationssystem: Registrierung und Bewertung von Umweltwirkungen

Industrieunternehmen sind aufgrund der nationalen und internationalen Gesetzgebung in zunehmenden Maße verpflichtet, die von ihnen ausgehenden Umweltauswirkungen systematisch zu registrieren. Dieser Entwicklung trägt die EG-V Rechnung (Anh. I. B, 3), indem Verfahren zur Ermittlung, Überprüfung und Bewertung der betrieblichen Umweltauswirkungen bezogen auf alle Wirtschaftsaktivitäten eines Standorts institutionslisiert werden müssen. Zusammengefaßt: Die EG-V macht die Einrichtung von betrieblichen Umweltkatastern bzw. Umweltinformationssystemen einschließlich der Vorlage von Bewertungskriterien zur Abschätzung von Umweltbelastungen zu einer Standardanforderung. In diesem Kontext können DV-gestützte Informationssysteme in einer Reihe von Fällen eine beträchtliche Hilfe darstellen, ohne jedoch unabdingbare Voraussetzung zu sein. Ihr Einsatz ist fallweise zu entscheiden. Hinsichtlich der Umweltwirkungen widmet die EG-V folgenden Fragenstellungen besondere Aufmerksamkeit:

Aspekte des Informations- und Bewertungssystems
- Emissionen in die Luft
- Ableitungen in Gewässer und Kanalisation
- Abfälle, besonders gefährliche Abfälle
- Umwelteinwirkungen und Kontaminierung von Böden
- Ressourcennutzung: Boden, Wasser, Energie, Brennstoffe und andere natürliche Ressourcen
- Freisetzung von thermischer Energie, Lärm, Geruch, Staub, Erschütterungen und optische Belästigung
- ökosystemare Auswirkungen

a) Feststellungen

FSB registriert wichtige Umweltwirkungen, wobei eine Reihe der oben genannten Umweltaspekte berücksichtigt werden. Auswirkungen mit besonderer Bedeutung werden schriftlich festgehalten. Die Erfassung der Gesamtchargen einzelner Stoffe für den Betrieb wird laut Prüfung des technischen Auditteams regelmäßig und durchgängig vorgenommen. Nur eingeschränkt ermittelt werden jedoch anlagen- und prozeßstufenbezogene Daten, aus denen weiterreichende Rückschlüsse für eine gezielte Steuerung umweltrelevanter Einzelkomponenten des Betriebs (z.B. Produktionsstufen, Anlagen) möglich würden.

Bewertungskriterien für die vorfindbaren Umweltauswirkungen liegen in dem Maße vor, in dem der Gesetzgeber Normen vorgibt bzw. bereits einzelne genauere Umweltzielvorgaben im Rahmen des Umweltausschusses, des Investitionsplans oder der Kostenrechnung von FSB verabschiedet wurden (s.o.). Da die Zielformulierung noch nicht abschließend erfolgt ist, wird im Folgeprozeß die Festlegung von weiteren Bewertungskriterien (Soll-Werte) angestrebt.

b) Bewertung

Bisher werden die erfaßten Informationen über die Umweltwirkungen der FSB-Tätigkeiten noch nicht in ein systematisch angelegtes Umweltinformationssystem integriert. Unter dem Gesichtspunkt einer gezielten Prozeßsteuerung sind die avisierten Bemühungen um die Integration eines Umweltinformationssystems in das EDV-gestützte System der Betriebsdatenerfassung positiv zu bewerten.

Gemessen an den EG-Anforderungen soll die Registrierung von Umweltdaten folgende Aspekte berücksichtigen:

- Tätigkeitserfassung und Ermittlung der Umweltwirkungen in allen Unternehmensbereichen.
- Die Erstellung eines Verzeichnisses umweltrelevanter Auswirkungen für unterschiedliche Betriebszustände (Normal-/Störfälle) mit einer Prioritätenliste.
- Die Einführung geregelter Verfahren zur Registrierung relevanter Umweltbestimmungen des Gesetzgebers, vor allem auch neuer Umweltnormen und rechtlicher Entwicklungen.

– Die Sicherstellung betriebseigener Umweltnormen für relevante Tätigkeiten
und Umweltwirkungen.

2.4.7 Betriebskontrolle

Dieser Gesichtspunkt der EG-V bezieht sich auf die Festlegung von Kontrollver-
fahren des laufenden Betriebs, die Überwachung des Betriebsgeschehens und
die Sicherstellung von evtl. erforderlichen Korrekturmaßnahmen.

a) Feststellungen

Umweltvorschriften für Mitarbeiter sind an den stichprobenartig besichtigten
Arbeitsplätzen in den Werken I und II weitgehend bekannt, sofern bereits
definierte Verhaltensnormen vorliegen. Schulungen haben bei den Mitarbeitern entsprechende Einsichten in Begründungszusammenhänge ermöglicht.
Die Definition von Umweltnormen ist bei FSB ein fortlaufender Prozeß, in
dem korrespondierende Arbeitsvorschirften entsprechend zu berücksichtigen
sind.

Maßnahmen für eine umweltorientierte Beschaffung (Lieferantenpolitik)
werden bereits in Teilbereichen ergriffen. In einem Gespräch mit dem zuständigen Mitarbeiter aus dem Einkauf wurde folgendes festgehalten: Umgesetzt werden bspw. bereits eine Reihe umweltbezogener Maßnahmen in den Bereichen
der Verpackung, Dispositionsgrößen, der Hilfs- und Betriebsstoffe und bei der
Beschaffung von Büroartikeln sowie von Reinigungsmitteln (HARA-System). Die
umweltrelevanten Stoffe und Produkte aus einem Beschaffungsspektrum von ca.
3500 Artikeln sind den verantwortlichen Einkäufern weitgehend bekannt, wie
anhand der Einkaufliste festgestellt wurde. Die ordnungsgemäße Vorlage von
Sicherheitsdatenblättern wird im Rahmen der Beschaffung regelmäßig kontrolliert und bereits im Zuge des Einkaufsgesprächs mit dem Lieferanten themati-
siert. Der Umweltschutzbeauftragte zeichnet für die Beurteilung der Quantität
mitgelieferter Sicherheitsdatenblätter verantwortlich.

Potentielle neue Lieferanten werden hinsichtlich der Umweltschutzstandards
befragt. Gegebenenfalls wird auch eine Ortsbegehung vorgenommen.

Die umweltorientierten Aktivitäten in der Beschaffung sind bis dato überwiegend einzelmaßnahmebezogen. *Richtlinien und Verfahren zur Regelung
einer umweltorientierten Einkaufs- und Lieferantenpolitik* (vgl. Anhang I. B, 4
der EG-V) liegen ansatzweise vor.

Eine *verfahrenstechnische Überwachung* wird durchgeführt. Hinsichtlich
einer vertiefenden Darstellung dieses Aspekts verweise ich auf das technische
Teilaudit.

Sofern Stichproben in Werk II Rückschlüsse auf die übrigen Unternehmensbereiche zulassen, liegen den verantwortlichen Mitarbeitern *umweltrechtliche
Normen zur Kontrolle der Umweltleistung* im laufenden Betrieb vor.

Vorbeugend definierte Korrekturmaßnahmen bei unbefriedigenden Ergebnissen im Rahmen der Überwachung konnten nicht ermittelt werden.

b) Bewertung

Umweltvorschriften sind in der Regel am Arbeitsplatz bekannt. Sowohl der Informationsfluß als auch die Schulung der Mitarbeiter zeigen sich somit funktionsfähig. Anzumerken ist, daß der übersichtliche Aushang schriftlicher Arbeitsvorschriften insbesondere in Werk I verbesserungsbedürftig ist.

Das Unternehmen bemüht sich, seine Einkaufskriterien auf neusten Stand umweltwissenschaftlicher Erkenntnisse auszurichten und Alternativprodukte in das DV-gestützte Bestellwesen einzubeziehen. Die guten Ansätze zu einer ökologiebezogenen Gestaltung von Lieferantenbeziehungen wäre im Sinne von Anhang I. B, 4 der EG-V durch die Erarbeitung durchgängiger *Richtlinien und Verfahren zur Regelung einer umweltorientierten Einkaufs- und Lieferantenpolitik* zu ergänzen.

Umweltrechtliche Normen zur Kontrolle der Umweltleistung liegen in Form eines schriftlichen Verzeichnisses vor. Stichproben ergaben, die Verfügbarkeit der Normen am Arbeitsplatz. Legt man die Anforderungen der EG-V zugrunde, sind zukünftig Akzeptanzkriterien für die jeweiligen Betriebsvorgänge zu formulieren, deren Einhaltung der verantwortliche Mitarbeiter regelmäßig zu überwachen hat. Auf Grundlage dieser Informationen über die Umweltwirkungen des laufenden Betriebes muß der beauftragte Mitarbeiter gegebenenfalls korrigierend eingreifen.

Für Korrekturmaßnahmen sollte die Anwendung eines Verfahrens sichergestellt sein, daß folgende Schritte berücksichtigt:

- Ursachenermittlung für nicht eingehaltene Umweltnormen.
- Erstellung eines Akzeptanzplans.
- Etablierung von Vorbeugemaßnahmen und deren Kontrolle.
- Festhalten der Verfahrensänderungen.

2.4.8 Dokumentation des Umweltmanagementsystems

Laut EG-V sind folgende Elemente des Umweltmanagementsystems zu dokumentieren:

- Darstellung von Umweltpolitik, Umweltzielen, Umweltprogramm.
- Beschreibung der umweltrelevanten Schlüsselfunktionen, Verantwortungsbereiche und Befugnisse.
- Darlegung der Kommunikation zwischen Systemelementen.
- Laufende Aufzeichnungen über die Einhaltung der Umweltanforderungen.

a) Feststellungen

Die bisher gültige Umweltpolitik bzw. Ziel- und Maßnahmenformulierung ist insbesondere im Investitionsplan 2000, den Sanierungsprogrammen, der FSB-Betriebsvereinbarung, Dokumenten der Kostenrechnung, in Protokollen des Umweltausschusses und des Umweltbeauftragten festgehalten.

Schlüsselfunktionen und Verantwortlichkeiten in Fragen des Umweltschutzes sind im Umweltorganigramm von FSB gut dokumentiert. Die Kommu-
nikationsstruktur zwischen einzelnen Unternehmensbereichen und umweltrelevanten Schlüsselpersonen ist meiner Kenntnis nach nicht schriftlich
festgehalten.

Aufzeichnungen über die Umweltwirkungen und die Einhaltung von Umweltnormen des laufenden Betriebes werden in prioritären Bereichen vorgenommen.

b) Bewertung

Der Investitionsplan, die Sanierungsprogramme, Unterlagen der Kostenrechnung, die FSB-Betriebsvereinbarung, die Protokolle des Umweltausschusses, das
Umweltorganigramm und die Aufzeichnungen im Rahmen des laufenden
Betriebs bilden eine gute Grundlage zur Erstellung einer kohärenten Dokumentation des Umweltmanagementsystems von FSB, das den Anforderungen der EG-
V entspräche. Um eine zusammenhängende und in allen Unternehmensbereichen anwendbare Dokumentation zu erhalten, empfiehlt sich die Erstellung
eines Umweltschutzhandbuches.

2.4.9 Umweltrevision: (internes Auditprogramm)

Ein wichtiger Bestandteil des Umweltmanagementsystems ist laut EG-V die regelmäßige Überprüfung des installierten Umweltinstrumentariums. Dieser Über-
prüfungsvorgang wird als internes Öko-Audit bezeichnet. Ziele der Überprüfung
sind vor allem folgende Aspekte des Umweltmanagements:

- die Übereinstimmung der Managementpraxis mit dem festgelegten Umweltprogramm, d. h. den definierten Zielvorgaben und Maßnahmen zum Umweltschutz in Unternehmen (Ist-/Soll-Abgleich);
- die Wirksamkeit des Umweltmanagementsystems bezüglich der Umsetzung
  der betrieblichen Umweltpolitik;
- die Effektivität des Umweltmanagements.

Als Strukturierungshilfe für die Ausarbeitung und Durchführung eines Auditprogramms dienen die Kriterien der EG-V in den Anhängen II, I.B und I.C.

a) Feststellungen

Die Geschäftsleitung von FSB hat mit der Beauftragung der vorliegenden Aus-
gangsuntersuchung die Grundlage für die Durchführung regelmäßiger Umwelt-
Audits eingeleitet.

b) Bewertung

Das zur Zeit durchgeführte Orientierungsaudit kann als Basis für die Entwicklung eines Umweltmanagementsystems und Auditprogramms genutzt werden.

Zur Erfüllung der Kriterien, die seitens der EG festgesetzt wurden, sind jedoch noch weitere Arbeitsschritte zu leisten.

2.5 Schlußfolgerungen und Empfehlungen

Verglichen mit einer Reihe anderer Unternehmen hat die Firma FSB bereits erhebliche Anstrengungen zur Verbesserung des Umweltschutzes durch ein aktives Umweltmanagement unternommen. Bisher folgen diese Bemühungen einer eigenen – durchaus nachvollziehbaren und sinnvollen – Logik, der zukünftig eine neue und umfassendere Systematik zum Aufbau von Systemen des Umweltmanagements gegenüberstehen wird. Es handelt sich um die EG-V für das Umweltmanagement und die Umweltbetriebsprüfung, die erst in der Abschlußphase des vorliegenden Öko-Audits verabschiedet wurde.

Berücksichtigt man diese Entwicklung, ist es nach der erfolgten Öffnung des europäischen Binnenmarktes sowohl aus umweltrechtlichen als auch aus wettbewerbsbezogenen Gründen ratsam, sich frühzeitig an den europäischen Standards zu orientieren. Daher sollten im Rahmen der Weiterentwicklung des Umweltmanagementsystems bei FSB die Anforderungen der EG-V als Richtschnur des Handels dienen.

Um die in der Einleitung aufgeführten Vorteile eines Umweltmanagementsystems nach EG-Standard nutzen zu können, bedarf es einer arbeitsintensiven Einführungsphase zum Aufbau der einzelnen Systembausteine. Dies bedeutet vorübergehend eine zusätzliche Belastung des üblichen Unternehmensbetriebs, die vor allem in kleinen und mittleren Betrieben nicht immer problemlos leistbar ist. Vor dem Hintergrund dieses Sachverhalts hat sich die Durchführung eines zeitlich begrenzten Projekts mit externer Unterstützung als praktikabler Weg zur Entwicklung eines systematisch angelegten Umweltmanagementsystems erwiesen. Ist ein solches umweltorientiertes Managementsystem erst einmal etabliert, sind Anpassungen und Aktualisierung mit verhältnismäßig wenig Aufwand integrierbar gegenüber reaktiven, ständig neu zu überdenkenden Einzelmaßnahmen erzeugt ein funktionierendes, vorsorgeorientiertes Umweltmanagementsystem nach begrenzten Einführungsinvestitionen schon allein unter dem Gesichtspunkt einer effektiven Organisationsentwicklung beträchtliche Rationalisierungseffekt, da über Jahre hinaus lediglich Aktualisierungen im Rahmen eines laufenden Systems anfallen.

Anhang 1

Tabelle 2. Zu erörternde Themen (Umweltprüfung, Audit) lt. Anhang I.C

- Tätigkeitserfassung und Auswirkungen auf Umweltmedien: Bewertung, Kontrolle, Verhütung
- Energiemanagement
- Wassermanagement; Rohstoffmanagement; Transport
- Entsorgungs- und Recyclingpraxis
- Auswahl der Produktionsverfahren
- Produktmanagement (Entwurf, Verpackung, Transport, Verwendung, Entsorgung)
- Verhütung/Verringerung von Unfällen
- Mitarbeiterinformation/Weiterbildung
- Information der Öffentlichkeit

Tabelle 3. Angestrebte Managementpraktiken lt. Anhang I.D:

- Förderung des Umweltbewußtseins unter Mitarbeitern
- Vorsorgende Bewertung der Umweltkriterien bei Innovationen
- Bewertung und Überwachung aktueller Umweltwirkungen
- Maßnahmen zur Vermeidung/Minimierung von Umweltwirkungen
- optimierte Ressourcennutzung (Stoffe, Energie etc.) und ggfls. Rückgriff auf umweltfreundliche Technologien
- unfallvorbeugende Maßnahmen zur Emmissionsvermeidung
- Festlegung/Anwendung von Verfahren zur Überwachung von Umweltwirkungen (Betriebskontrolle) inkl. aktualisierter Aufzeichnung im Sinne der Umweltpolitik
- Korrekturverfahren und -maßnahmen zur Einhaltung der Umweltpolitik und -ziele
- Ausarbeitung von Notstandsverfahren mit den Behörden
- Vermittlung relevanter Umweltinformationen an die und offener Dialog mit der Öffentlichkeit
- produktbezogene Kundenberatung (Verwendung/Entsorgung)
- Anforderungen an Vertragspartner auf dem Werksgelände zur Anwendung gleicher Umweltnormen

Tabelle 4. Anforderungen an das Öko-Auditverfahren lt. Anhang II

A. Zielbestimmung des Auditprogramms in schriftlicher Form
  - Bewertung des Managementsystems
  - Bewertung der Übereinstimmung von Feststellungen und Umweltpolitik/Umweltprogramm sowie Umweltbestimmungen

B. Festlegung des Geltungsbereichs (Scoping):
  - erfaßte Themen und Tätigkeiten
  - einzubeziehende Umweltnormen
  - geprüfter Zeitraum

C. Organisation/Ressourcen:
  - Personalplanung mit qualifizierten Prüfern für die spezifische Prüftätigkeit
  - Zeit-/Mittelansatz

Tabelle 4 (Fortsetzung)

C. Organisation/Ressourcen:

- Hilfestellung durch die Unternehmensleitung
- Unabhängigkeit der Prüfer

D. Planung und Vorbereitung:

- Bereitstellung geeigneter Mittel
- Aufgabenverteilung
- Kennenlernen der Standortaktivitäten des Managementsystems
- Revision vorangegangener Betriebsprüfungsunterlagen

E. Betriebsprüfungstätigkeit:

- Verständnis/Bewertung des Managementsystems: Stärken und Schwächen
- Sammlung signifikanter Informationen (Umweltwirkungen)
- Bewertung der Audit-Feststellungen (Ist-/Soll-Abgleich)

F. Prüfbericht mit Feststellungen und Schlußfolgerungen

- Erfaßte Bereiche
- Ergebnisse des Ist-/Soll-Vergleichs und des umweltorientierten Fortschritts
- Informationen zur Wirksamkeit/Verläßlichkeit eingesetzter Regelungen
  zur Überwachung der Umweltwirkungen
- Darlegung erforderlicher Korrekturen

G. Planung der Folge-/Korrekturmaßnahmen

H. Festlegung des Audittermins (Intervall bis max. 3 Jahren)

3 Abfallaudit

3.1 Einleitung

Ziele des Audits im Abfallbereich

Ziele des Abfall-Audits ist die Prüfung des betrieblichen Abfallwesens. Hierzu war eine dynamische Bewegungsbilanz der im Betrieb anfallenden Stoffe aufzustellen, und zwar beginnend bei der Stelle, an der der Abfall zum ersten Mal anfällt bis hin zur Entsorgung. Parallel zum Aufstellen der Bilanz waren Maßmahmen zur Abfallvermeidung zu untersuchen. Beide Schritte wurden durch eine Ist-Aufnahme, eine Erarbeitung der Soll-Vorgaben (Gesetze, Verordnungen, betriebliche Regeln) und einem anschließenden Vergleich von Soll und Ist vorbereitet.

Beschreibung des Ist-Zustandes

- In allen Betriebsbereichen wurden Abfall- und Wertstoffmengen erfaßt.
- Bei der Erfassung wurden die Wege des Abfalls bzw. der Reststoffmengen im Betrieb festgehalten.
- Anschließend wurde die Abfallentsorgung und Reststoffverwertung nach Transportarten festgehalten.

Beschreibung des Soll-Zustandes

In der Darstellung des Soll-Zustandes wurden alle abfallrelevanten Gesetze, Verordnungen und die innerbetrieblichen Vorgaben zusammengestellt.

Maßnahmenkatalog

In einem Maßnahmenkatalog wurden alle im Betrieb vorhandenen Regeln zur Vermeidung, zur Sammlung, zum Transport und zur Entsorgung der anfallenden Abfälle bzw. Reststoffmengen zusammengestellt. Aus dem Soll-Ist-Abgleich und aus der Ist-Analyse ergaben sich Maßnahmen für den Betrieb, die in der Zukunft umzusetzen sind.

Organisation

Der Bereich Abfall wurde bei FSB 1992 zusammen mit Dr. Meckel organisiert. Der Betrieb stellte Herrn Hillebrand als Umweltbeauftragten und Verantwortlichen für den Bereich Abfall frei. Organisation und Aufgaben wurden in einem Handbuch im Detail beschrieben. Die einzelnen Aufgaben beziehen sich vor allem auf Beachtung der gesetzlichen Vorschriften, sorgfältigen Transport, vorschriftsgemäße Verwertung und Entsorgung und Maßnahmen der Vermeidung.

3.2 Einsatz von Rohstoffen, Hilfsstoffen und sonstigen betriebsnotwendigen Hilfsmitteln

Um die Abfallmengen richtig gewichten zu können, ist es zunächst einmal notwendig, sich ein Bild über die im Betrieb eingesetzten Rohstoffe, Hilfsstoffe und sonstige betrieblichen Stoffe zu machen:

3.2.1 Rohstoffeinsatz

Über die bei FSB eingesetzten Rohmaterialien – Aluminium, Edelstahl, Messing, Bronze und Stahl – wurde ein Schaubild erstellt (Abb. 2).

3.2.2 Hilfsstoffeinsatz

Anschließend wurde für die unterschiedlichen Betriebsstellen ermittelt, welche Hilfsstoffe und sonstigen betrieblichen Stoffe bei der Produktion zum Einsatz kommen.

Die Ermittlung der eingesetzen Hilfsstoffe war die zeitaufwendigste Aufgabe der IST-Analyse. Basis der Ermittlung waren die Betriebskostenstellen, für die über monatliche Aufschreibungen die verbrauchten Hilfsstoffe festgehalten werden. Mit diesen Werten (DM) wurde auf die Menge (t) gerechnet.

Bei manchen Abteilungen gab es Probleme mit der Ermittlung des Gewichtes. In diesem Fall mußte von den Werten (DM) über Wiegen und Schätzen auf die

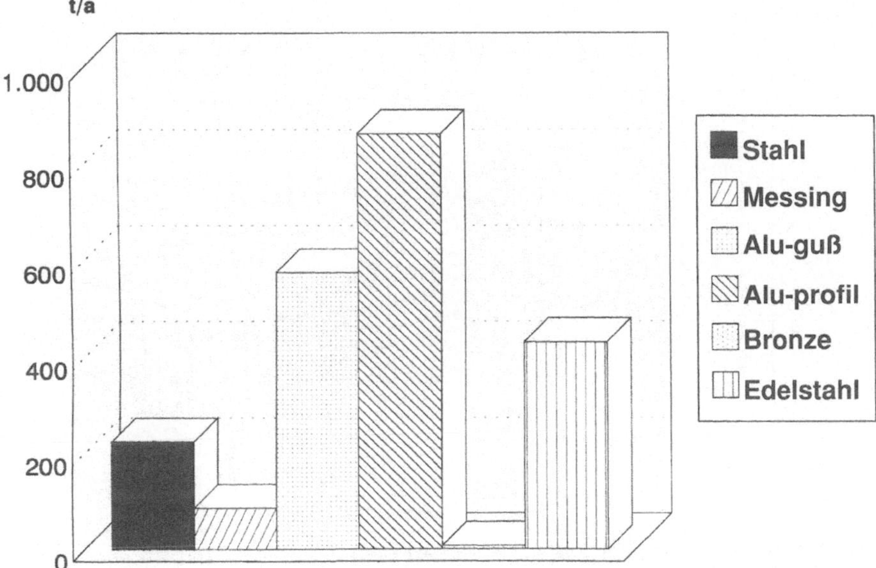

Abb. 2. Rohstoffeinsatz

Menge (t) zurückgerechnet werden. Eingesetzte Hilfsstoffe wie Putzmittel sind vernachlässigt worden, um die Übersicht nicht zu erschweren.

Weiter Schwierigkeiten machte die Vielzahl der einzelnen Hilfsstoffe, die die Datenerfassung ohne entsprechende Vereinfachung teilweise unmöglich gemacht hätten. Ein Beispiel hierfür ist die Schleiferei, in der Unmengen von verschiedenen Schleifbändern, Schleifscheiben usw. benutzt werden. Für kein Band lag das Einzelgewicht vor, so daß eine Gewichtsbestimmung pro Band viel zu aufwendig gewesen wäre. Eine Lösung war die Auswahl repräsentativer Bänder, mit anschließender Wiegung und Bestimmung des Durchschnittsgewichtes.

Auf diese Weise entstand bei FSB eine vergleichende Mengenübersicht, in der Werke und Abteilungen getrennt und in Abwägung zueinander gestellt werden können.

3.2.2.1 Hilfsstoffeinsatz in der Gießerei

Alle in der Gießerei eingesetzten Hilfsstoffe wurden in einem weiteren Schaubild erfaßt. Es handelt sich hierbei um Entgasungsmittel und sonstige Gießhilfsstoffe (Abb. 3).

3.2.2.2 Hilfsstoffeinsatz in der Teilefertigung

In der Teilefertigung werden drei unterschiedliche Hilfsstoffe eingesetzt, die in dem nachstehenden Schaubild mengenmäßig festgehalten wurden (Abb. 4).

                                       J. W. Braun, H. Barth und W. Hillebrand

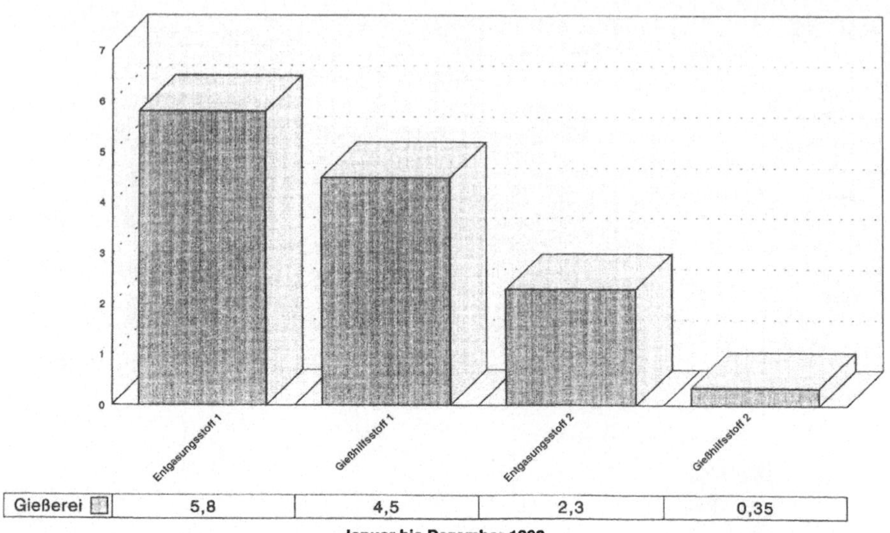

| Gießerei | 5,8 | 4,5 | 2,3 | 0,35 |

Januar bis Dezember 1992

Abb. 3. Hilfsstoffeinsatz in der Gießerei (Mengen in t/a)

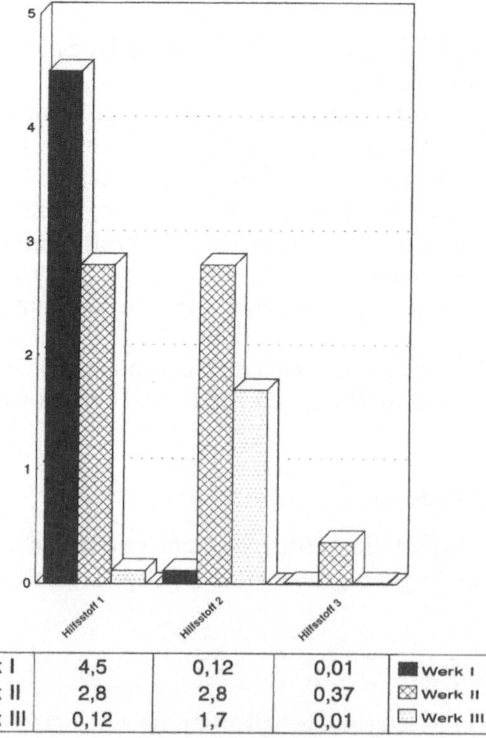

	Hilfsstoff 1	Hilfsstoff 2	Hilfsstoff 3	
Werk I	4,5	0,12	0,01	Werk I
Werk II	2,8	2,8	0,37	Werk II
Werk III	0,12	1,7	0,01	Werk III

Januar bis Dezember 1992

Abb. 4. Teilefertigung (Mengen in t/a)

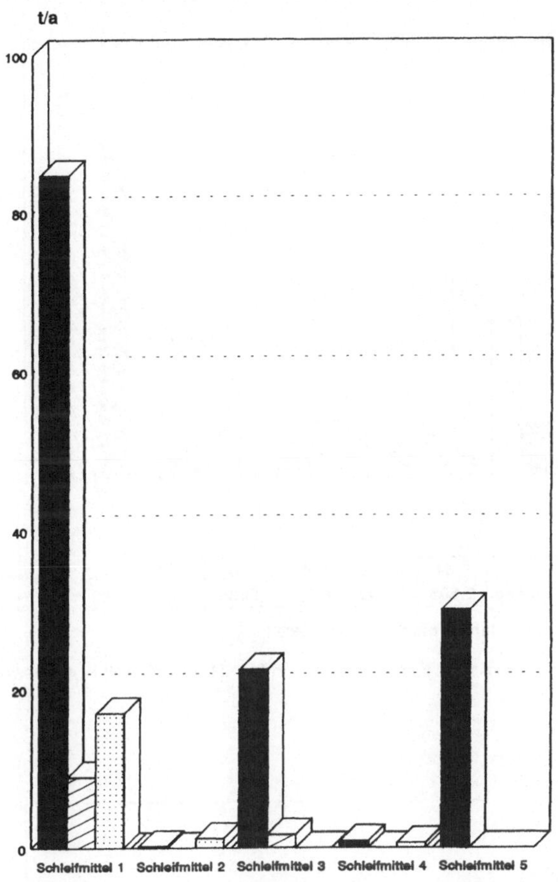

Werk I	84,7	0,21	22,48	0,85	30
Werk II	8,95		1,68		
Werk III	17	1,2		0,62	

Januar bis Dezember 1992

Abb. 5. Hilfsstoffeinsatz in der Gleitschleiferei/Tauchschleiferei (Mengen in t/a)

3.2.2.3 Hilfsstoffeinsatz in der Gleitschleiferei bzw. Tauchschleiferei

In der Gleitschleiferei bzw. Tauchschleiferei werden fünf verschiedene Schleifhilfsstoffe eingesetzt. Auch ihre Mengen wurden in einem Schaubild festgehalten (Abb. 5).

3.2.2.4 Hilfsstoffeinsatz in den Eloxalabteilungen

In der Eloxalabteilungen wurden insgesamt achtzehn unterschiedliche Hilfsstoffe eingesetzt. Auch ihre Mengen wurden in einem Schaubild festgehalten. (Abb. 6.1 und 6.2).

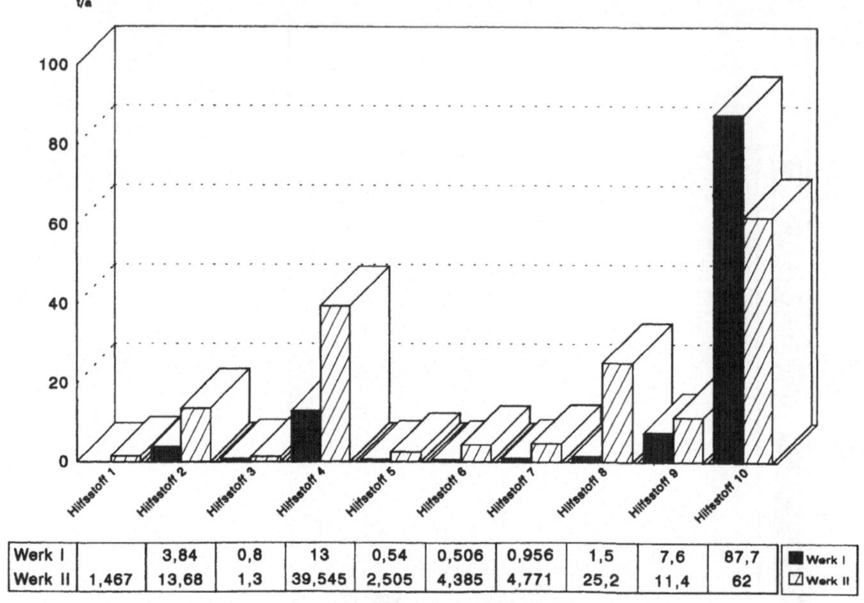

Werk I		3,84	0,8	13	0,54	0,506	0,956	1,5	7,6	87,7
Werk II	1,467	13,68	1,3	39,545	2,505	4,385	4,771	25,2	11,4	62

Januar bis Dezember 1992

Abb. 6.1 Hilfsstoffeinsatz in der Eloxalabteilung (Mengen in t/a (Hilfsstoffe mit hohen Verbräuchen))

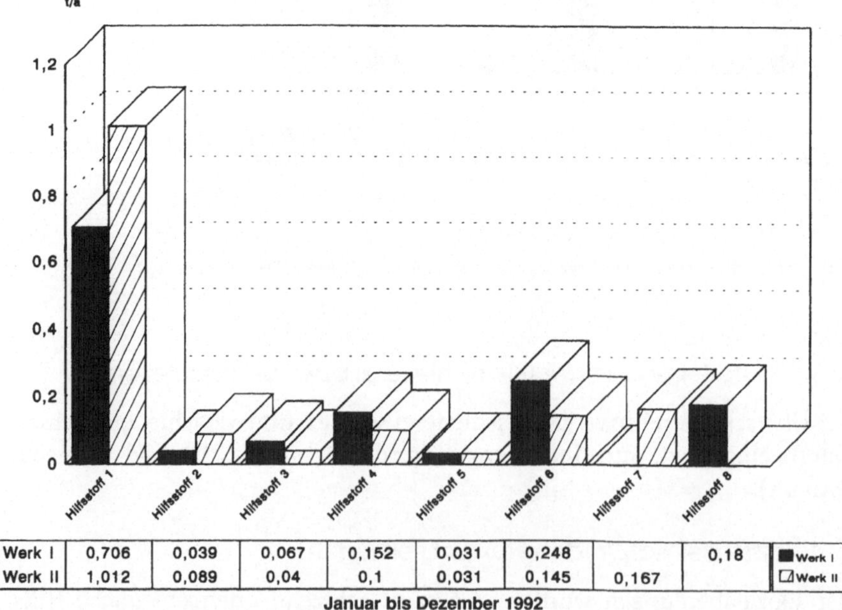

Werk I	0,706	0,039	0,067	0,152	0,031	0,248		0,18
Werk II	1,012	0,089	0,04	0,1	0,031	0,145	0,167	

Januar bis Dezember 1992

Abb. 6.2 Hilfsstoffeinsatz in der Eloxalabteilung (Mengen in t/a (Hilfsstoffe mit geringen Verbräuchen))

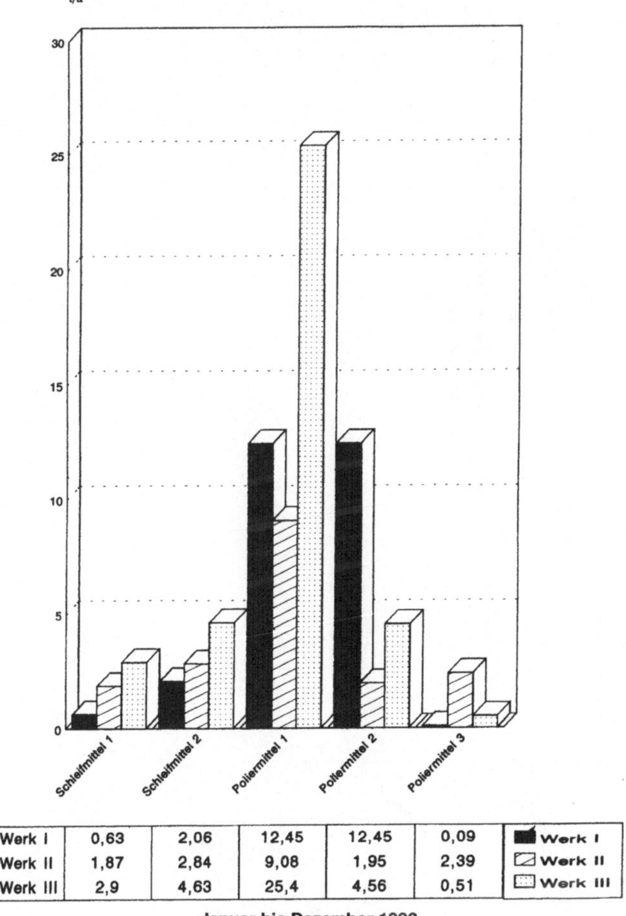

Werk I	0,63	2,06	12,45	12,45	0,09	■ Werk I
Werk II	1,87	2,84	9,08	1,95	2,39	▨ Werk II
Werk III	2,9	4,63	25,4	4,56	0,51	▦ Werk III

Januar bis Dezember 1992

Abb. 7. Hilfsstoffeinsatz in der Schleiferei (Mengen in t/a)

3.2.2.5 Hilfsstoffeinsatz in den Schleifereien

In den Schleifereien werden zwei unterschiedliche Hilfsstoffe für Schleifmittel und drei unterschiedliche Hilfsstoffe für Poliermittel eingesetzt. Für alle drei Werke des Unternehmens FSB wurde ein entsprechendes Schaubild erarbeitet (Abb. 7).

3.2.2.6 Hilfsstoffeinsatz in der Entfettung

In allen drei Werken von FSB werden Entfettungsmittel eingesetzt. Vier unterschiedliche Entfettungsmittel konnten ermittelt werden. Mengen und Einsatz wurden in einem Schaubild festgehalten (Abb. 8).

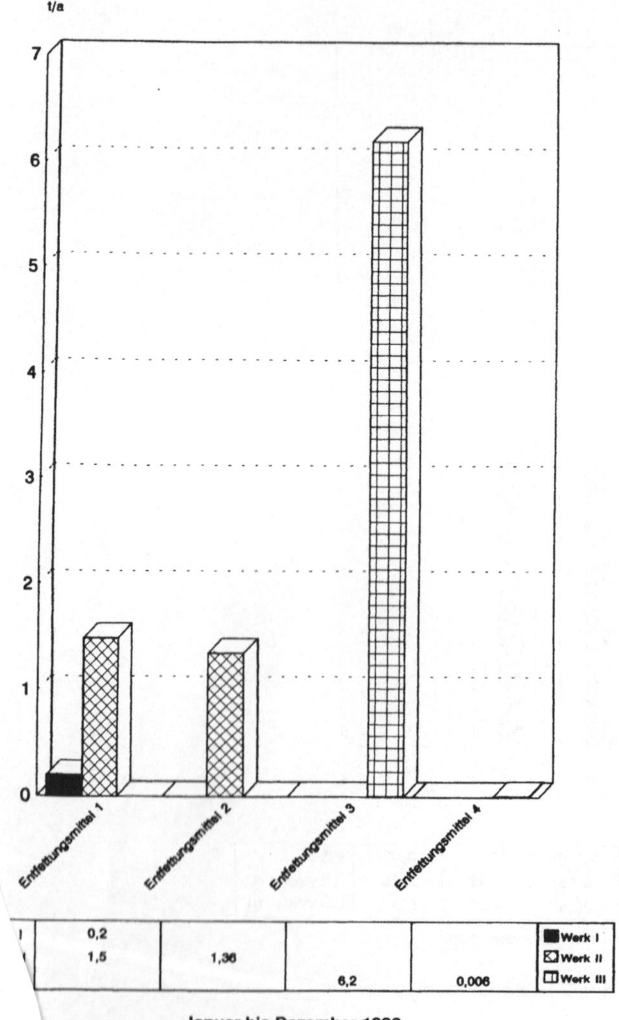

Hilfsstoffeinsatz in der Entfettung (Mengen in t/a)

lfsstoffeinsatz in den Neutralisationsanlagen

hmen besitzt zwei Neutralisationsanlagen. In diesen werden auch
iedliche Neutralisationsmittel eingesetzt. Auch hierzu wurde ein
vickelt (Abb. 9).

rt

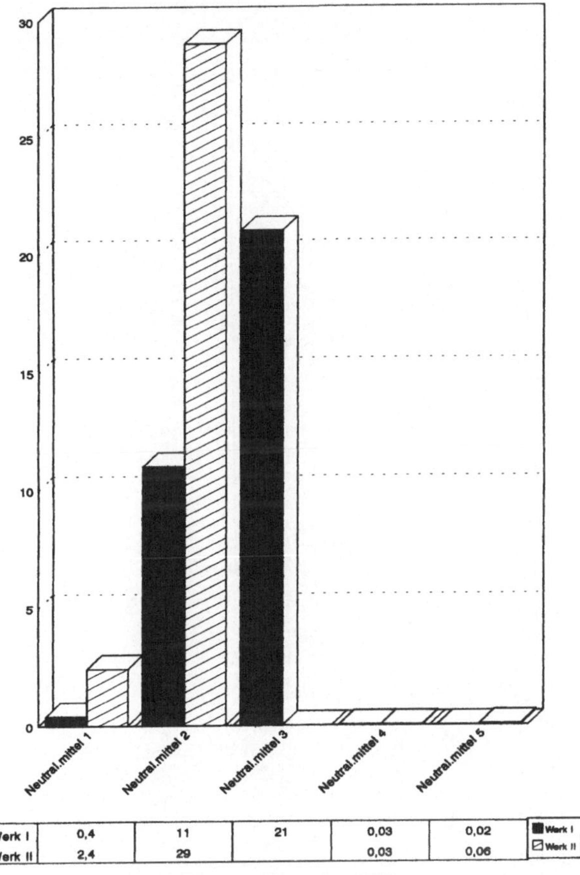

Werk I	0,4	11	21	0,03	0,02	■ Werk I
Werk II	2,4	29		0,03	0,06	▨ Werk II

Januar bis Dezember 1992

Abb. 9. Hilfsstoffeinsatz in den Neutralisationsanlagen (Mengen in t/a)

3.3 Mengen, Herkunft, Zusammensetzung des Abfalls

3.3.1 Ermittlung

Für das Kalenderjahr 1992 wurden Mengen, Zusammensetzung und Aufwand des Abfalls ermittelt. Als Basis dienten im wesentlichen die Begleitpapiere der Transporteure sowie deren Rechnungen. Aus diesen Unterlagen konnten folgende Werte ermittelt werden:

- Genaue Definition des Abfalls,
- Angaben des Abholortes (Werk I, Werk II, Werk III),
- Genaue Bezeichnung der Transportart (Kübelwagen bzw. Container).

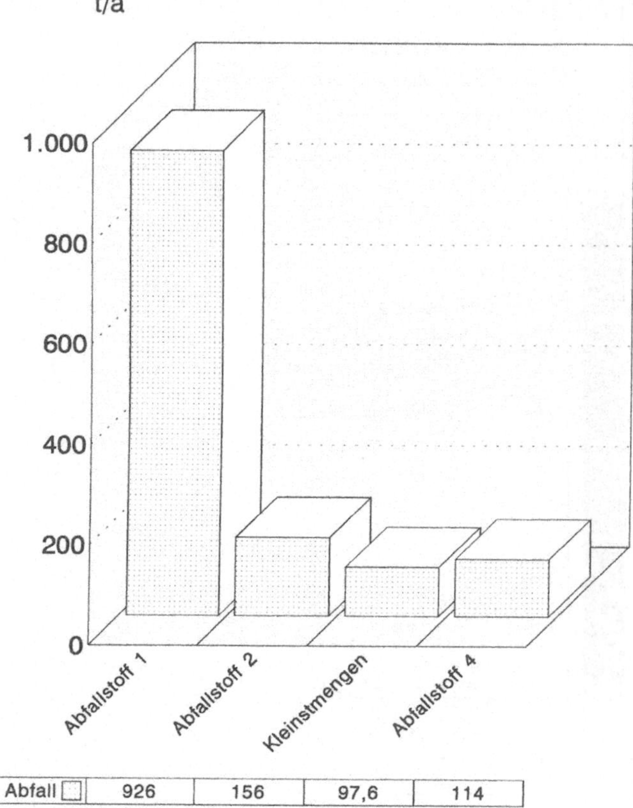

Abb. 10. Abfallanfall 1992 (Großmengen in t/a)

Anhand dieser Unterlagen konnte über die Anzahl der Container und deren
Gewicht, die Größe der Kübelwagen und deren Inhalt, die Dichte der abgefahre-
nen Mengen relativ genau pro Abfallort und Abfallmenge das Mengengerüst, der
Herkunftsort, die Mengenzusammensetzung und der Aufwand ermittelt werden.
   Die Ergebnisse wurden in Schaubildern zusammengefaßt:

- Schaubild Abfallanfall der Großmengen (Abb. 10),
- Schaubild Abfallanfall der Kleinstmengen (Abb. 11),
- Schaubild der Abfallmengen und -kosten (Abb. 12).

Anschließend wurden diese Schaubilder in einer Abfallbilanz zusammengeführt,
und zwar für Großmengen, Kleinstmengen und Aufwand:

- Schaubild Abfallbilanz 1992 (Abb. 13).

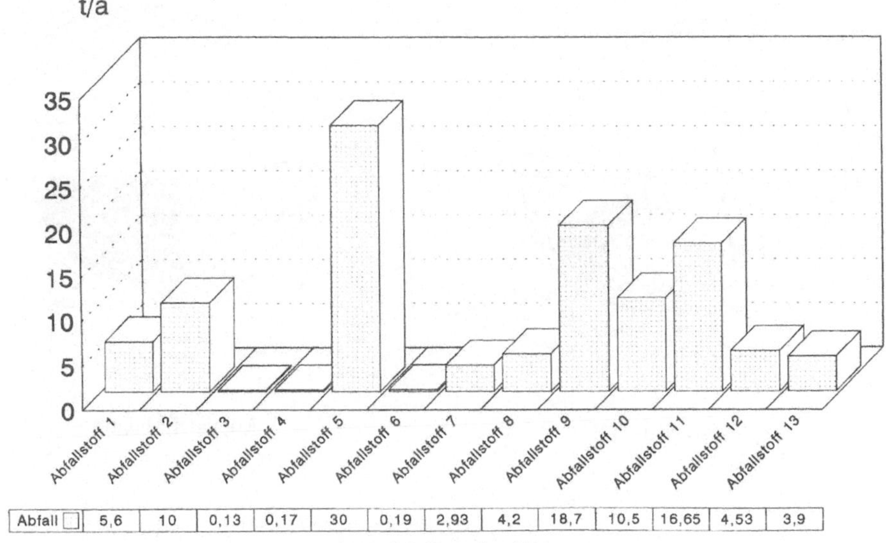

Abfall	5,6	10	0,13	0,17	30	0,19	2,93	4,2	18,7	10,5	16,65	4,53	3,9

Januar bis Dezember 1993

Abb. 11. Abfallanfall 1992 (Kleinstmengen in t/a)

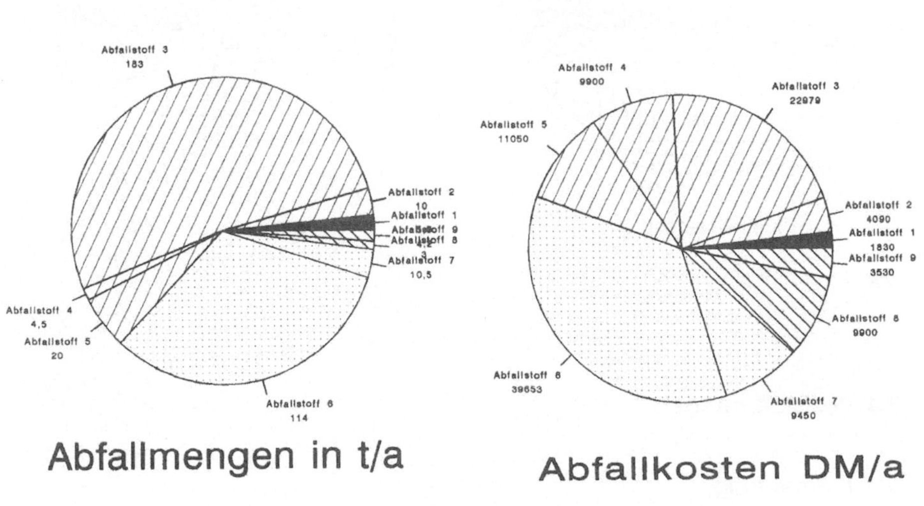

Abfallmengen in t/a

Abfallkosten DM/a

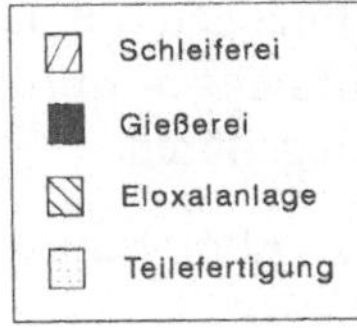

Abb. 12. Abfallmengen und -kosten

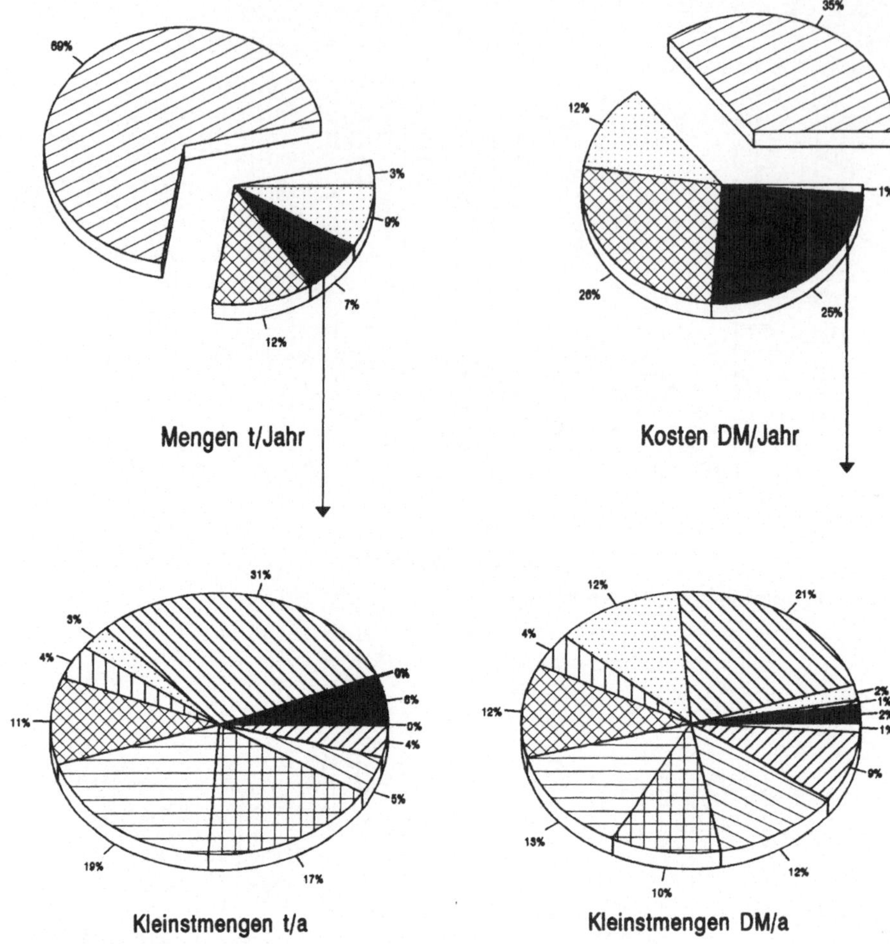

Abb. 13. Abfallbilanz 1992

3.4 Reststoffmengen

3.4.1 Ermittlung

Neben der Erfassung der Abfallmengen trat dann noch die Ermittlung der Reststoffmengen. Auch die Reststoffmengen wurden für das Jahr 1992 komplett ermittelt. Zu den Reststoffmengen gehören:

- Holzabfälle, Altpapier, Altglas, Altöl, Folien;
- Metallspäne aller Art;
- Reste von Perchlor, Polierpasten, Gleitschleifchips.

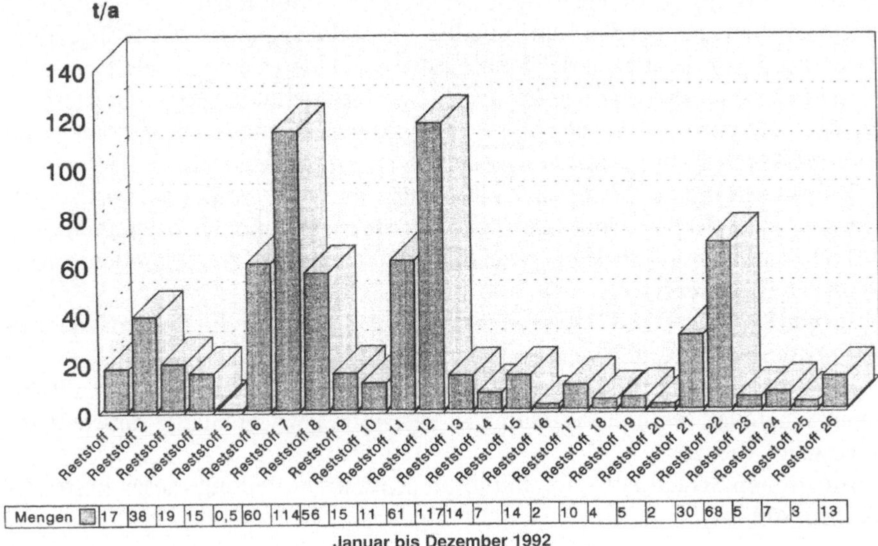

Abb. 14. Reststoffmengen (alle Werke) (Mengen in t/a)

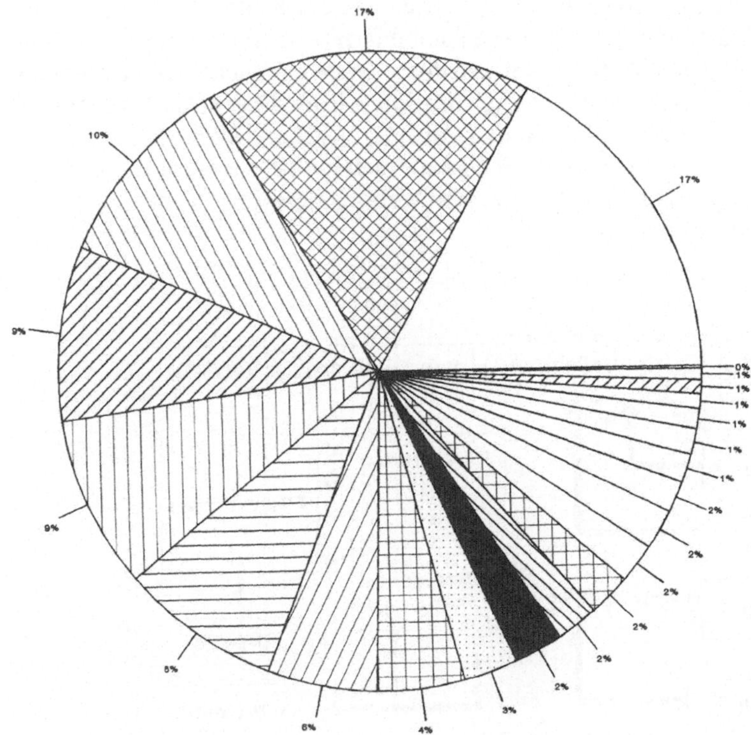

Abb. 15. Reststoffmengen (alle Werke) (Mengen in %/a)

Bei der Ermittlung der ersten Gruppe der Reststoffe – Holzabfälle usw. – wurde die gleiche Methode wie bei den Hilfs- und Betriebsstoffen angewandt. Die abgefahrenen Mengen und dafür ausgestellten Rechnungen bildeten eine sichere Basis.

Bei den Metallspänen aller Art achtet das Unternehmen sehr auf Resterlöse. Vor dem Abfahren der Metallspäne wird das Material genauestens gewogen und ein Preis definiert. Die Ermittlung dieser Werte war daher relativ einfach.

Die Ermittlung der letzteren Werte – Perchlor usw. – erfolgte über die Aufschreibung der Bestandsveränderungen bzw. über einen Abgleich anhand der an die Lieferanten zurückgegebenen Restmengen. Auch diese Werte konnten relativ genau ermittelt werden.

Durch Befragung der Mitarbeiter des Hauses konnten die Reststoffmengen auf die drei Werke verteilt werden.

Über die ermittelten Reststoffmengen wurden zwei Schaublätter erstellt. Im ersten Schaublatt werden insgesamt 26 Reststoffe gewichtsmäßig nebeneinandergestellt (Abb. 14).

Im zweiten Schaublatt erfolgt eine prozentuale Aufteilung dieser Reststoffmengen (Abb. 15).

3.5 Abfallverfolgung

Die Methode der Abfallverfolgung im Betrieb von der Stelle des Anfalls bis hin zur Deponie wurde anhand von zwei Schaubildern (Abb. 16, 17) festgehalten. Sie zeigen auf, in welchen Abteilungen aufzubereitende Schleifschlämme anfallen, wie diese Schleifschlämme über Neutralisation/Schrägklärer so aufbereitet werden, daß das gereinigte Wasser in den Vorfluter gegeben werden kann und die Abfälle über Filterpressen anschließend auf eine Deponie gelangen. Hierbei wurde im Detail geprüft, ob bei den einzelnen Stationen die gesetzlichen Vorschriften eingehalten worden sind.

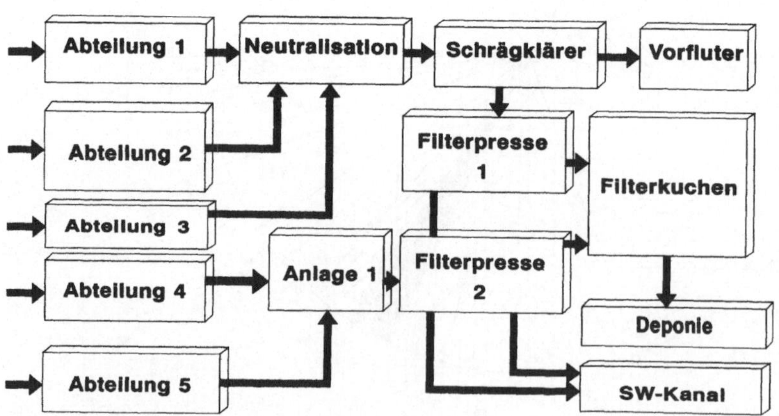

Abb. 16. Schlammbehandlung Werk I

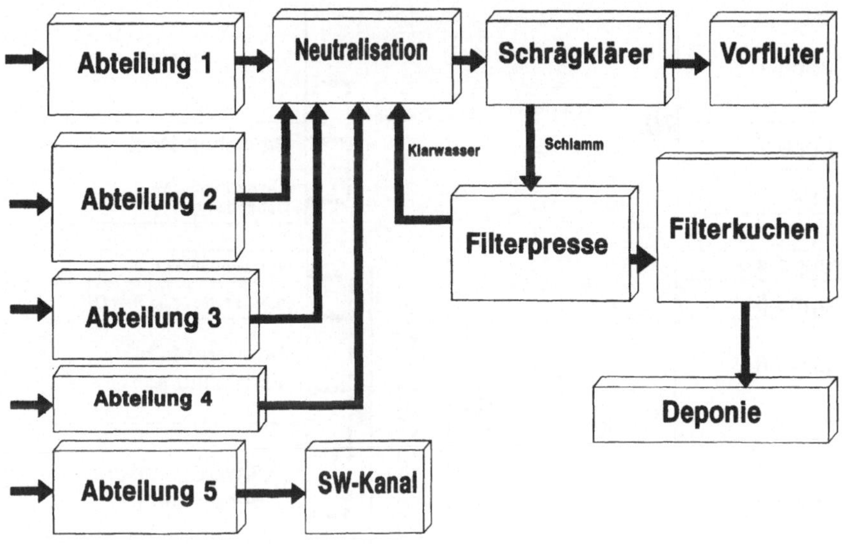

Abb. 17. Schlammbehandlung Werk II/III

3.6 Erarbeitung der Soll-Vorschriften

Bei der Erarbeitung der Soll-Vorschriften stützte ich mich vorwiegend auf das Umwelt-Organisationshandbuch von Herrn Dr. Meckel, das Arbeitsbuch Umweltbewußtes Management von Herrn Prof. Dr. Sietz und alle mir zugängigen Gesetze. Bei dieser Arbeit wurde ich vorbildlich vom freigestellten Betriebsbeauftragten für Umweltschutz des Unternehmens – Herrn Hillebrand – unterstützt. FSB hat schon früh begriffen, daß nur ein freigestellter Mitarbeiter die Risiken eindämmen kann, die umweltpolitisch auf ein Unternehmen zukommen können.

Die Soll-Aufnahme ist wie folgt gegliedert:

– Aufzählung und kurze Beschreibung der gesetzlichen Vorschriften (Abfallgesetz, besonders überwachungsbedürftige Abfälle, technische Anleitung Abfall, Abfallbestimmungsverordnung, Reststoffbestimmungsverordnung, Abfall- und Reststoffüberwachungsverordnung) (s. Kap. 3.6.1).
– Hieran anschließend erfolgt ein Vergleich der betrieblichen Praxis mit den Soll-Anforderungen (Soll-/Ist-Abgleich) (s. Kap. 4.4).
– Anschließend wurde beispielhaft die Entsorgung der inzwischen stillgelegten Galvanik im Detail geprüft (s. Kap. 3.6.3.1).
– Abschließend wurden dann der Transport von Abfall und Reststoffen bzw. die Entsorgung und Verwertung von Abfall und Reststoffen im Unternehmen kommentiert und anhand von drei Schaubildern dargestellt (Abb. 18–20).

                                           J. W. Braun, H. Barth und W. Hillebrand

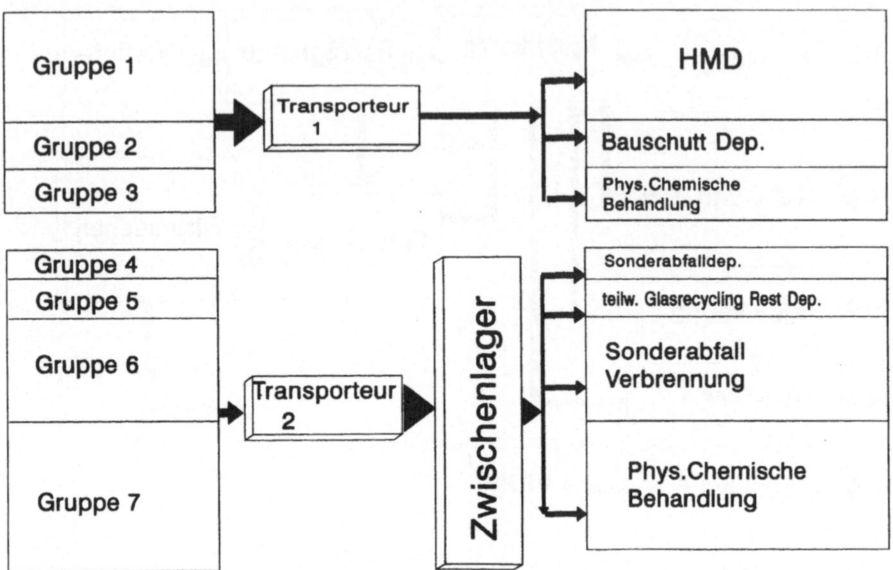

Abb. 18. Abfalltransporteure/Entsorger

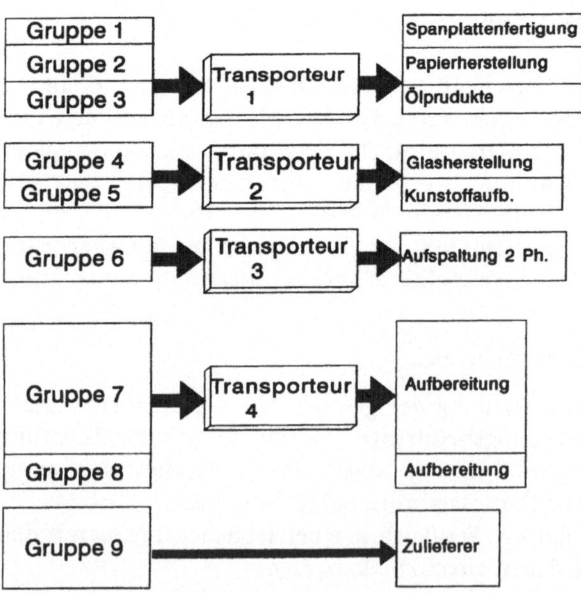

Abb. 19. Abfalltransporteure/Entsorger

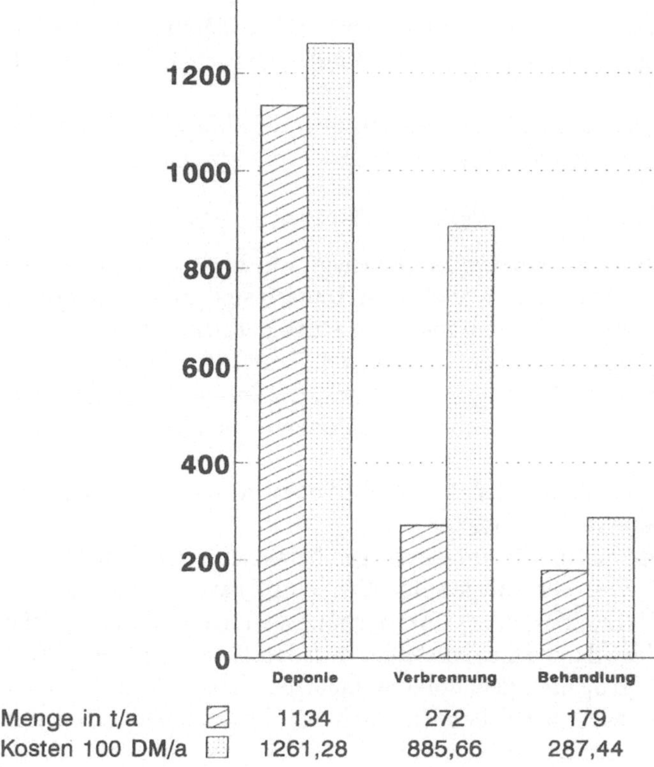

Abb. 20. Abfallbehandlung – Deponierung – Verbrennung

3.6.1 Erstellung der gesetzlichen Vorschriften

Abfall- und Reststoffbestimmung

Um kostspielige Fehler und Risiken zu vermeiden, ist es heute für jeden Betrieb erforderlich, daß sich ein Mitarbeiter um Abfälle und Reststoffe kümmert. Bei FSB ist dies Herr Hillebrand, als Betriebsbeauftragter für Abfall.

Zutreffende gesetzliche Anforderungen

Abfallgesetz

Mit dem Abfallgesetz ist durch die Einführung des Abfallvermeidungs/-verwertungsgebotes ein Maßstab gesetzt.

§1 Abs 1.1, Halbsatz AbfG:
„Abfälle im Sinne dieses Gesetzes sind bewegliche Sachen, deren sich der Besitzer entledigen will."

Der Wille des Besitzers ist entscheidend für die Abfalleigenschaft:

§1 Abs. 1.2, Halbsatz AbfG:
„Abfälle im Sinne dieses Gesetzes sind bewegliche Sachen, deren geordnete Entsorgung zur Wahrung der Allgemeinheit, insbesondere des Schutzes der Umwelt, geboten ist."

Hier entscheidet nicht der Wille des Besitzers über die Abfalleigenschaft, sondern die Gefährdung, die von der Sache ausgeht.

Besonders überwachungsbedürftige Abfälle

In §2 Abs. 2, Satz 1 des Abfallgesetzes ist festgelegt, was unter besonders überwachungsbedürftigen Abfällen zu verstehen ist. Danach sind an die Entsorgung von Abfällen aus gewerblichen oder sonstigen wirtschaftlichen Unternehmen zusätzliche Anforderungen zu stellen, die nach Art, Beschaffenheit oder Menge in besonderen Maße gesundheits-, luft- oder wassergefährdend, explosiv oder brennbar sind oder Erreger übertragbarer Krankheiten enthalten oder hervorbringen können.

Welche Abfälle das sind, hat der Gesetzgeber neu geregelt in der Abfallbestimmungs-Verordnung in der Anlage zu §1.

Eine Ausnahme gilt nur für die Abfallerzeuger, bei denen jährlich nicht mehr als insgesamt 500 kg der in der Anlage aufgeführten Abfallarten anfallen.

Nach §1 AbfBestV sind besonders überwachungsbedürftige Abfälle solche, die in Spalte 1 der Anlage durch eine fünfstellige Abfallschlüsselnummer gekennzeichnet sind und die in Spalte 2 genannten Abfallarten, „soweit sie aus gewerblichen oder sonstigen wirtschaftlichen Unternehmen, insbesondere aus den in Spalte 3 aufgeführten Betriebe stammen".

Technische Anleitung Abfall

Die TA Abfall enthält im engeren Sinne:

- allg. Vorschriften zur Zulassung von Abfallentsorgungsanlagen, Zuordnung von Abfällen getrennt nach Abfallarten zu einzelnen Entsorgungsverfahren und -anlagen,
- Katalog der besonders überwachungsbedürftigen Abfälle,
- Zuordnungskriterien für Deponien.

TA Abfall Teil I:
TA für besonders überwachungsbedürftige Abfälle.

Zu diesem Regelwerk gehören:

- Die Technische Anleitung, chemisch-physikalischen und biologischen Behandlungen und Verbrennung von besonders überwachungsbedürftigen Abfällen.
- Die Abfallbestimmungsverordnung.
- Die Reststoffbestimmungsverordnung.
- Die Abfall- und Reststoffüberwachungsverordnung.

Die TA für besonders überwachungsbedürftige Abfälle gilt ausschließlich für die Abfälle, die in dem Anhang C zur TA im einzelnen aufgeführt sind. Die bei FSB anfallenden Abfälle müssen nach diesem Katalog alle eine getrennte Abfallschlüsselnummer bekommen und sind daher besonders überwachungsbedürftige Abfälle.

Abfallbestimmungsverordnung

In einer Anlage sind die einzelnen Abfallarten mit einer fünfstelligen Abfallschlüsselnummer, ihrer Bezeichnung und der Herkunft aufgeführt. Derartige Abfälle wurden bisher als Sonderabfälle bezeichnet. Nun heißen sie „besonders überwachungsbedürftige Abfälle". Es handelt sich gemäß § 2 Abs. 2, AbfG um Abfälle aus gewerblichen oder sonstigen gewerblichen Unternehmen, an deren Entsorgung zusätzlich Anforderungen zu stellen sind und die nach Art, Beschaffenheit oder Menge in besonderem Maße gesundheits-, luft- oder wassergefährdend explosiv oder brennbar sind und/oder Erreger übertragbarer Krankheiten enthalten oder hervorbringen können.

Reststoffbestimmungsverordnung

In Anlehnung an die Abfallbestimmungsverordnung erließ der Gesetzgeber eine Reststoffbestimmungsverordnung für besonders überwachungsbedürftige Reststoffe. Für Stoffe, die nicht unter den Abfallbegriff fallen können, finden die Vorschriften dieses Gesetzes keine Anwendung. Dies sind bei FSB alle anfallenden Metallabfälle. Hierzu zählt sicher der in der Schleiferei anfallende Alu-Abrieb. Dieser müßte eine Schlüsselnummer bekommen, da er aufgrund der Inhaltsstoffe besonders überwachungsbedürftig ist. Aufgrund der Ermächtigung von § 2 Abs. 3, der Abfallgesetzes sind die Reststoffe zu bestimmen. Es werden hier die entsprechenden Bestimmungen des Abfallgesetzes gebraucht. Die Vorschrift des in § 12 Abfallgesetz wurde nicht durchgängig für entsprechend anwendbar erklärt, weil zum einen bei „funktionierender Reststoffverwertung" eine Vorabkontrolle in jedem Fall erforderlich erscheint. Es muß allerdings dann eine Verbleibskontrolle gewährleistet sein.

Dies trifft auf den Per-Chlor-Reststoff, Gleitschleifchips und Polierpasten zu, der durch Rückgabe an die Anlieferfirma, im Verwertungsweg gesichert ist. Nach dem neuen noch zu verabschiedenden Abfallkatalog der EG sind alle Reststoffe die bei FSB anfallen, mit einer Schlüsselnummer zu kennzeichnen und diese dann auch zu überwachen. Es ist zu prüfen, ob dieses bei entsprechender Verordnung auch sinnvoll ist.

Abfall-/Reststoffüberwachungsverordnung

Die Abfall-/Reststoffbestimmungsverordnung knüpft an die Bestimmungen der Abfallnachweisverordnung und Abfallbeförderungsverordnung an. Diese Verordnung führt neben der Beibehaltung der Transportgenehmigung und der Begleitscheine als Kernstück den Entsorgungsnachweis ein.

Entsorgungsnachweis:
Der Entsorgungsnachweis enthält als Maßnahme der präventiven Entsorgungs-
kontrolle drei Erklärungen der abfallwirtschaftlichen Prüfung des Abfallerzeugers, Abfallentsorgers und der zuständigen Behörde.
Es handelt sich um:

- verantwortliche Erklärung des Abfallerzeugers,
- Annahmeerklärung des Abfallentsorgers und
- Bestätigung durch die für die Anlage zuständige Behörde.

Der Abfallerzeuger der überwachungsbedürftigen, nachweißpflichtigen Abfälle
hat den Nachweis aller Möglichkeiten zur Vermeidung oder zur Verwertung der
anstehenden Abfälle zu führen.
Er hat Angaben anzugeben über: Art, Menge, Herkunft und Analytik sowie der
durchgeführten und vorgesehenen Behandlungsschritte. Der Abfallentsorger
übernimmt die Verantwortung für die ordnungsgemäße Zulassung.

Transportgenehmigung:
Die Transportgenehmigung muß vom Beförderer in Form einer Konzession vorliegen. Die Begleitscheine dienen der tatsächlichen Entsorgung.

Abfallvermeidung – Abfallverwertung

Nach §1a Abs. 1, AbfG sind Abfälle zu vermeiden. Soweit dieses nicht möglich ist,
sind Abfälle nach §1a Abs. 2 zu verwerten. Nach §3 Abs. 2, Satz 3, AbfG hat die
Abfallverwertung Vorrang vor der sonstigen Entsorgung, wenn sie

- technisch möglich ist,
- die hierbei entstehenden Mehrkosten zumutbar sind,
- für die gewonnenen Stoffe ein Markt vorhanden ist oder durch Dritte geschaffen werden kann.

Soweit es sich um Erzeugnisse handelt, die zu schädlichen Stoffen in Abfällen
führen, kann die Bundesregierung gemäß §14 Abs. 1 folgende Maßnahmen zur
Vermeidung oder Verringerung schädlicher Stoffe in Abfällen schaffen:

- Kennzeichnung,
- Getrennte Sammlung,
- Verpflichtung zur Rücknahme
- usw.

Zur Vermeidung von Abfallmengen gilt im wesentlichen der Grundsatz des
Abfallvermeidungsgebotes.

Abfallentsorgung

Sammlung
Die getrennte Sammlung von Abfällen ist heute keine freiwillige Maßnahme
mehr, sondern ein gesetzliches Gebot. Dieser Grundsatz ergibt sich aus §3 Abs.
2, letzter Satz des Abfallgesetzes. Dort heißt es: „Abfälle sind so einzusammeln,

zu befördern, zu behandeln und zu lagern, daß die Möglichkeiten zur Abfallverwertung genutzt werden können. Für Abfälle mit besonderem Schadstoffgehalt, deren ordnungsgemäße Verwertung oder sonstige Entsorgung eine besondere Behandlung erfordert, gilt die Pflicht zur Getrenntsammlung in besonderem Maße. Hier sind Nachweise zu erbringen, die von den zuständigen Behörden überwacht werden. Abfälle die verwertet oder entsorgt werden, dürfen grundsätzlich nicht vermischt werden, auch wenn sie dieselbe Abfallschlüsselnummer haben.

Entsorgung
Die Überwachung der Entsorgung ist Aufgabe der zuständigen Behörde. Fallen Abfälle im Sinne § 2 Abs. 2 Abfallgesetz an, so muß der Betrieb von sich aus tätig werden. Er muß der Behörde Meldung machen und unaufgefordert die Entsorgungsnachweise führen und vorlegen.

Abfalltransport
Ordnung der Entsorgung:
Abfälle dürfen nach § 4 Abs. 1, AbfG nur in den dafür zugelassenen Anlagen oder Einrichtungen behandelt, gelagert oder abgelagert werden. Überwachungsbedürftige Abfälle dürfen nur dann dem Beförderer überlassen werden, wenn eine Bescheinigung des Betreibers einer Abfallentsorgungsanlage vorliegt, aus der dessen Bereitschaft zur Annahme derartiger Abfälle hervorgeht.

Einsammlung
Der Auftraggeber hat die einschlägigen Genehmigungen des Beförderers zu prüfen (Gewerbeanmeldung, Beförderungsgenehmigung usw.).

3.6.2 Vergleich der betrieblichen Praxis mit den Soll-Anforderungen (Soll-/Ist-Abgleich)

Abgleich der Gesetzesforderungen

Bei der Firma sind die Gesetze im Abfallbereich eingehalten. FSB hat mit Herrn Hillebrand einen Betriebsbeauftragten für Abfall bestellt. Die Bestellung mußte nach dem Abfallgesetz erfolgen, da bei FSB besonders überwachungsbedürftige Abfälle anfallen. Alle besonders überwachungsbedürftigen Abfälle sind als solche deklariert und mit einer fünfstelligen Abfallschlüsselnummer versehen. Die anfallenden überwachungsbedürftigen Reststoffe sind auch mit einer Schlüsselnummer versehen, bis auf den entstehenden Aluminiumabrieb, der vom Transporteur übernommen wird. Jeder überwachungsbedürftige Abfall wird mit einem Begleitschein versehen. Die Transportgenehmigung liegt in Form einer Konzession vom Transporteur vor. Der Entsorgungsnachweis wird bei allen Abfällen geführt. Nach Abfallvermeidungsmaßnahmen wird, allein schon aus Kostengründen, in jedem Falle intensiv gesucht. Alle Abfälle werden getrennt gesammelt und getrennt entsorgt. Die Nachweise zur getrennten Sammlung sind erbracht worden. Es werden keine Abfälle mit verschiedener Schlüsselnummer miteinander vermischt. Alle Abfälle werden nur in den zugelassenen Einrich-

tungen entsorgt oder es ist schon eine Verwertung gefunden worden. Im
Rahmen des Audits ist eine Kontrolle des bei dem Transporteur Schreiber be-
triebenen Zwischenlagers durchgeführt worden. Es stellte sich heraus, daß
das Zwischenlager den einschlägigen Gesetzen entsprach. Der Eindruck ist
gut. Die Maßnahmen von FSB zum getrennten Sammeln sind im Betrieb umgesetzt worden. Dadurch ergibt sich eine Verbesserung der Reststoffe/Abfall
Qualität.

3.6.3 Beispielhafte Abwicklung einer Entsorgung von Abfällen

3.6.3.1 Entsorgung der Galvanik

a) Anfrage beim Abfallentsorger/-transporteur

Anfrage durch den Einkauf bei der Entsorgungsfirma, ob sie die Abfälle
übernehmen und sich um Entsorgungsmöglichkeiten kümmern.

b) Anfrage vom Transporteur

Angaben über die Abfallart bzw. Abfallschlüsselnummer
Abfallarten:

Nickelbad
Kupferbad
Zinkbad
Chromatierungsbad
Passivieren

Angaben über die Menge:

Nickelbad:	0,42 m³
Kupferbad:	0,35 m³
Zinkbad:	0,46 m³
Chromatierungsbad:	0,42 m³
Passivieren:	0,34 m³

→ Bestellung von Abfuhrcontainern.

Analyse über die Konzentrationen des jeweiligen Bades zwecks Wiederverwertung

Nickelbad:	Analyse vergeben (Hochschule)
Kupferbad:	Analyse vergeben (Hochschule)
Zinkbad:	Analyse im Hause
Chromatierungsbad:	Analyse im Hause
Passivieren:	—

c) Angaben über die Abfallschlüsselnummer

Angabe der Schlüsselnummer durch den Auftraggeber.

d) Abgabe der Verantwortlichen-Erklärung

Durch Herrn Hillebrand, Betriebsbeauftragter für Abfall.

e) Anfrage über Entsorgungsmöglichkeiten

Beim Transporteur, Art der Entsorgung und Kosten.
Beim Händler, zwecks Möglichkeiten der Rücknahme.
Einsatz als Rohprodukte.

f) Kontrolle der Erzeugerangaben durch den Abfallentsorger/-transporteur

g) Einordnen der Abfälle durch den Entsorger/Transporteur

h) Prüfung, ob der Abfall nachweispflichtig ist

i) Prüfung, ob der Abfall der GGVS unterliegt

j) Prüfung, ob entsprechend GGVS Fahrzeuge und Behältnisse vorhanden sind

k) Analysen

l) Ermittlung des Entsorgungsweges

Beantragen einer Einverständniserklärung der Entsorgungsanlage oder des Zwischenlagers.

m) Prüfen, ob der Transporteur die erfoderliche Genehmigung hat.

n) Abwicklung der Entsorgung

- Festlegung der Termine zur Entsorgung und ggfs. zur Anlieferung im Zwischenlager bzw. der Behandlungs- oder Beseitigungsanlage.
- Zusammenstellen der Begleitpapiere bzw. Überprüfung auf Vollständigkeit.

o) Überwachung der Entsorgung und Abschlußbericht an die Umweltkommission.

3.7 Abfall-/Reststoff-Transport → Entsorgung/Verwertung

Kommentar

Transport

a) Abfall

Der Transport im Abfallbereich ist auf 2 Unternehmen aufgeteilt. Transporteur 1 ist für die Abfälle zuständig, die auf der Hausmülldeponie oder auf der Bauschuttdeponie abgelagert werden und keine speziellen Behältnisse erfordern. Transporteur 2 transportiert die Abfälle in besonderen Behältern und lagert die abgeholten Abfälle in einem Zwischenlager. In diesem Zwischenlager werden die Abfälle zu größeren Chargen zusammengestellt, um einen sich lohnenden Weitertransport zu den einzelnen Entsorgungsanlagen zu gewährleisten (Abb. 18).

b) Reststoff

Auch der Reststofftransport ist klar verteilt (Abb. 19).

Entsorgung/Verwertung

a) Abfall

Die Entsorgung ist mit den Transporteuren abgesprochen. Auch FSB selbst sucht nach geeigneten Entsorgungsmöglichkeiten. So ergänzen sich Transporteur und Auftraggeber.

b) Reststoff

Ebenso wird die Verwertung der Reststoffe auch mit dem Transporteur vereinbart. Wie beim Abfall ergänzen sich hier Auftragnehmer und Auftraggeber. Die Verwertung ist unterschiedlich. Teilweise werden die Metallreste auf dem freien Markt verkauft, oder in einem Hüttenwerk wieder eingeschmolzen.

Abfall-/Reststoffsammlung

Abfall und Reststoffe werden bei FSB in hauseigenen Müllgroßbehältern gesammelt. Es gibt getrennte Behälter für: Ölverschmutzte Betriebsmittel, hausmüllähnlicher Gewerbeabfall, Altglas, Folien und z. T. organischer Abfall. Weiter werden in Spezialbehältern Leuchtstoffröhren und Batterien an einem Ort gesammelt. Hauseigene Behälter sind für Gleitschleifchips und Polierpastenreste vorgesehen. Für anfallende Metallreststoffe werden vom Transporteur eigene Behälter gestellt, in denen die Stoffe im Betrieb gesammelt und abgefahren werden (Tabelle 5, 6).

Es gibt in jedem Werk einen Sammelplatz außerhalb der Betriebshallen. Auf diesem Platz werden die besonders überwachungsbedürftigen Abfälle und die im Betrieb anfallenden Reststoffe in Containern gesammelt. Für hausmüllähnlichen Gewerbeabfall und Altpapier ist speziell jeweils ein Presscontainer vorgesehen. Die Sammelplätze sind seit kurzer Zeit mit einem Zaun versehen und abgeschlossen. In der Betriebsvereinbarung werden die Mitarbeiter angehalten, ihre Abfälle getrennt zu sammeln und in die entsprechenden Behälter zu entsorgen. In jedem Werk ist ein Mitarbeiter dafür zuständig, in einem bestimmten Turnus die Müllgroßbehälter auf dem Sammelplatz zu entleeren.

Tabelle 5. Abfallbeseitigung. – Anweisung zur Trennung der Abfälle im Werk I

Art	Behälter	Entsorgung	wohin
Abfall			
Kehricht	graue Mülltonnen	jede einzelne	Presscontainer
Schleifbänder		Abteilung	im Innenhof
Fingerlinge			
Polier-/Bürstscheiben			
Altpapier			
Nur Papier, Kartonagen	blaue Mülltonnen	jede einzelne	Presscontainer
Zeitungen	blaue Papierkörbe	Abteilung	im Innenhof
Büroabfall			
Farbbandkassetten	Duo-Behälter	Raum-	Presscontainer
Kugelschreiber		pflegerinnen	im Innenhof
Textmarker			
Tipp-Ex-Flaschen			
Klebestifte			
Ölverschmutzte Betriebsmittel			
Putzlappen	graue Mülltonnen	jede einzelne	Entsorgungshalle
Textilien und	mit Kennzeichnung	Abteilung	
Zellstofftücher			
fett- u. ölverschmutzt			
Biologischer Abfall			
Kaffeesatz, Teereste	Edelstahlbehälter	jede einzelne	Parkplatz alte
Eierschalen, Speisereste,	Duo-Behälter (Büro)	Abteilung bzw.	Villa
Küchenabfälle, Blumen,		Raumpflegerin	
Obstschalen, Blumenerde,			
Papiertaschentücher			
Altglas			
Flaschen, Gläser	graue Behälter	jede einzelne	Montage
ohne Verschluß	mit Kennzeichnung	Abteilung bzw.	(Entsorgungs-
	„Altglas"	eigenverant-	halle)
		wortlich – privat	
Altöl			
aller Art	Spezialbehälter	jede einzelne	Fuhrpark
		Abteilung	
Batterien	rote Sammelbehälter	Werksinstandh.	Neutra W II
Styropor	weiße Mülltonnen	Montage/	Transport W II
		Schleiferei	
Leuchtstoffröhren	Box	Werksinstandh.	Neutra W II

Tabelle 6. Abfallbeseitigung. – Anweisung zur Trennung der Abfälle im Werk II/III

Art	Behälter	Entsorgung	wohin
Abfall			
Kehricht Schleifbänder Fingerlinge Polier-/Bürstscheiben	graue Mülltonnen	jede einzelne Abteilung	Presscontainer bei der Neutra
Altpapier			
Nur Papier, Kartonagen Zeitungen	blaue Mülltonnen blaue Papierkörbe	jede einzelne Abteilung	Presscontainer bei der Neutra
Büroabfall			
Farbbandkassetten Kugelschreiber Textmarker Tipp-Ex-Flaschen Klebestifte	Duo-Behälter	Raum- pflegerinnen	Presscontainer bei der Neutra
Ölverschmutzte Betriebsmittel			
Putzlappen Textilien und Zellstoff- tücher fett- und ölverschmutzt	graue Mülltonnen mit Kennzeichnung	besondere Abteilung	Neutra 1,1 cbm Klappcontainer
Biologischer Abfall			
Kaffeesatz, Teereste Eierschalen, Speisereste, Küchenabfälle, Blumen, Obstschalen, Blumenerde, Papiertaschentücher	Edelstahlbehälter Duo-Behälter (Büro)	jede einzelne Abteilung bzw. Raum- pflegerin	Thermokomposter vor der Neutra auf der Rabatte
Altglas			
Flaschen, Gläser ohne Verschluß	grau Behälter mit Kennzeichnung „Altglas"	jede einzelne Abteilung bzw. eigen- verantwortlich – privat	Neutra W II
Altöl			
aller Art	Spezialbehälter	jede einzelne Abteilung	Neutra
Batterien	rote Sammelbehälter	Neutra	Neutra W II
Styropor	weiße Mülltonnen	Abteilung Montage/ Versand	Transport- lager
Leuchtstoffröhren	Box	Werksinstand- haltung	Neutra W II

4 Auditbereich Wasser/Abwasser

4.1 Einleitung

4.1.1 Ziel

Das Audit im Bereich Wasser/Abwasser hat eine Wasserbilanz zum Ziel, die aufzeigen soll, welche Mengen an Wasser/Abwasser und wasserrelevanten Rohmaterialien sowie Betriebs- und Kühlstoffen im Unternehmen eingesetzt werden.

Zunächst erfolgt eine Aufnahme des Ist-Zustandes (vergleiche 4.2). Anschließend wird der Soll-Zustand festgehalten (vergleiche 4.3). Hieran schließt sich ein Vergleich des Ist-Zustandes mit dem Soll-Zustand an (vergleiche 4.4). Am Schluß folgen Vorschläge zur Reduzierung des Wasserverbrauchs und des Einsatzes der für die Produktion benötigten wasserrelevanten sonstigen Materialien (vergleiche 4.5).

Die Ziele des Unternehmens FSB für den Auditbereich Wasser/Abwasser lassen sich wie folgt definieren:

– Bei Aufrechterhaltung der hohen Produktqualität Reduzierung des Wasserverbrauchs durch Aufbau eines Wasserkreislaufs.
– Bei Aufrechterhaltung der hohen Produktqualität Minimierung der eingesetzten wasserrelevanten Roh-, Hilfs- und Betriebsstoffe.
– Unter Beachtung der hohen Produktqualität ständiges Suchen nach einer Substitution ökologisch bedenklicher Roh-, Hilfs- und Betriebsstoffe durch weniger wassergefährdende Mittel.

Die Ergebnisse sollen Eingang in das Produktaudit finden um die Umweltauswirkungen bei der Herstellung der unterschiedlichen Produkte zu zeigen.

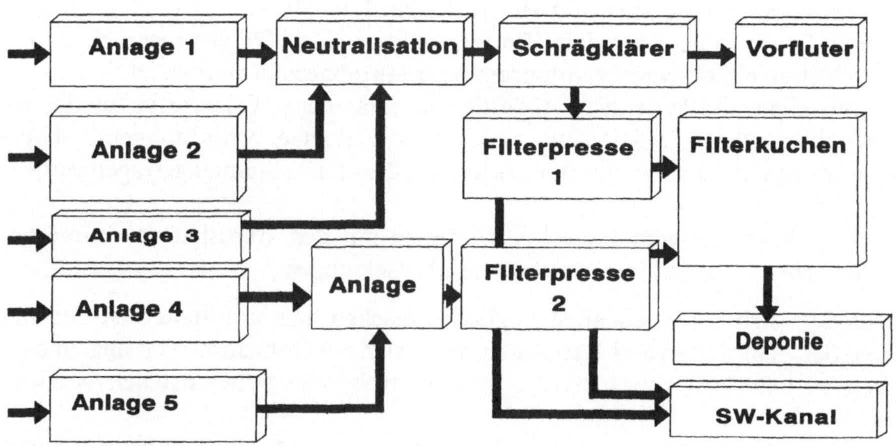

Abb. 21. Übersicht über die Wasserbehandlung in Werk I

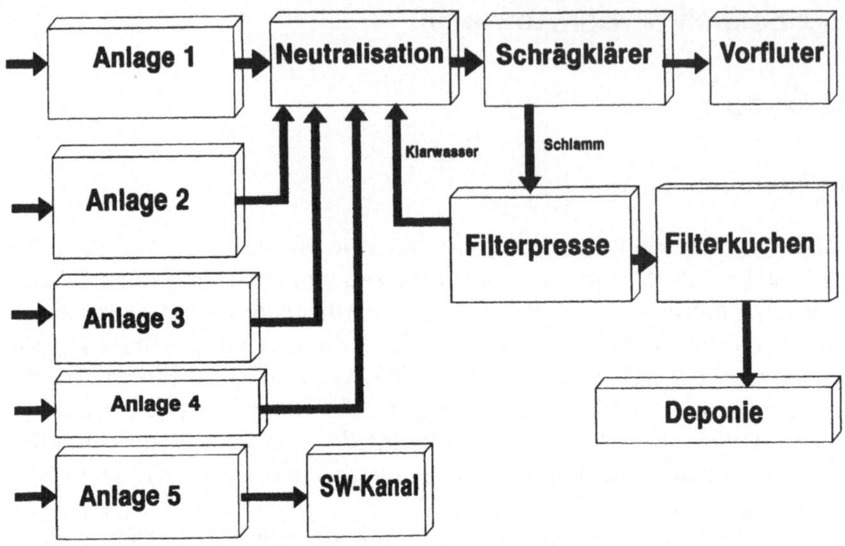

Abb. 22. Übersicht über die Wasserbehandlung in Werk II und III

4.1.2 Vorgehen

Zur Ermittlung des Ist-Zustandes werden   Wasser/Abwasser-Checklisten aus dem Buch „Umweltschutz-Management und Öko-Auditing", Springer Verlag 1993 verwendet.

Die Soll-Anforderungen wurden anhand der unterschiedlichsten Unterlagen zusammengetragen, insbesondere sind hierbei zu erwähnen:

- Das vom Unternehmen mit Herrn Dr. jur. F. H. Meckel erarbeitete Umwelthandbuch, in dem vor dem Hintergrund der einschlägigen rechtlichen Vorschriften ein Umweltorganmigramm für FSB aufgestellt worden ist.
- Verschiedene Bände des Standardwerks „Das neue Wasserrecht für die betriebliche Praxis", in dem alle einschlägigen Gesetze, Verordnungen und Verwaltungsvorschriften des Bundes und der Länder zusammengetragen worden sind.
- Schließlich alle vom Umweltbeauftragten mit den Werksleitern definierten innerbetrieblichen umweltrelevanten Zielsetzungen.

Aus dem sich anschließenden Abgleich zwischen dem ermittelten Ist-Zustand und den geforderten Soll-Zuständen ergibt sich ein Maßnahmenkatalog, in dem beschrieben wird, durch welche Schritte eventuelle Schwachstellen beseitigt werden können.

In den folgenden beiden Grafiken (Abb. 21 und 22) sind die Fließwege des Wassers, das bei FSB verbraucht und verändert wird, dargestellt.

4.2 Checklisten zum Ist-Zustand

Die verwendeten Checklisten dienen dazu, den gesamten Wasser/Abwasserbereich des Unternehmens FSB möglichst umfassend und neutral festzuhalten und zu analysieren. Die ausgefüllten Checklisten können mit einem Übersichtstableau verglichen werden, dem man auf einem Blick entnehmen kann, welche Wassermengen wo im Betrieb benötigt werden, wie sich diese Wassermengen in den einzelnen Produktionschritten mengenmäßig und qualitätsmäßig verändern und wo und in welchen Mengen aus dem eingesetzten Wasser schließlich Abwasser wird. Alle in den Checklisten zusammengetragenen Werte bilden die Grundlage für die Wasser/Abwasserbilanz des Unternehmens.

Checkliste Nr. 1 (Tabelle 7) dient dazu, die Menge und die Art des Wassereinsatzes im Gesamtbetrieb zu erfassen. Von der Bezugsquelle über die Aufbereitung bis hin zur Produktion und den sonstigen Bereichen (z. B. Sanitär).

In der Checkliste Nr. 2 (Tabelle 8) wird die Zufuhr der in der Checkliste erfaßten Wassermenge detailliert aufgeteilt nach bestimmten Wasserarten (z. B. Kühlwasser, Spülwasser, Reinigungswasser usw.) und auch noch nach den Einsatzorten (drei Werke) untergliedert.

In der Checkliste Nr. 3 (Tabelle 9) wird geprüft, wie sich das Wasser durch den Kontakt mit Roh-, Hilfs- und Betriebsstoffen im Laufe der Produktion verändert.

Die Checklisten Nr. 4 bis 6 (Tabelle 10 – 12) beschäftigen sich mit dem Bereich des Abwassers.

In den Checklisten Nr. 7 und 8 (Tabelle 13, 14) wird geprüft, welche Maßnahmen das Unternehmen FSB unternommen hat, um den Wasserbedarf und den Abwasseranfall zu reduzieren. Hier bekommt der Auditer erstmals die Möglichkeit, über die Erfassung des Ist-Zustandes hinaus Verbesserungsmöglichkeiten aufzuzeigen.

Die Checklisten Nr. 9 und 10 (Tabelle 15, 16) beschäftigen sich schließlich mit der Vorsorge für Störfälle. Auch in diesem Einzelfall werden zunächst die erforderlichen Unterlagen (Genehmigungsunterlagen, Notfallpläne, Katasterunterlagen etc.) zusammengetragen. Danach wird vor dem Hintergrung der rechtlichen Bestimmungen ermittelt, für welche Abwassermengen FSB eventuell bei Störfällen Rückhaltemöglichkeiten bereithalten muß.

Bei der Arbeit mit den beschriebenen Checklisten stellte sich heraus, daß einige wichtige Akten den Rahmen der Checklisten gesprengt hätten. Aus diesen Gründen wurde ein Anhang zu den Checklisten konzipiert. In den Checklisten wird jeweils ein Querverweis zum Checklistenanhang gegeben. So wurden zum Beispiel die unterschiedlichen Wassermengen und eingesetzten Hilfsstoffe graphisch aufbereitet und als Anlage beigefügt.

In der ersten Checkliste werden die Punkte Wasserbezug, Wasserbedarf und Wasseraufbereitung durchleuchtet. Es geht hierbei darum, zunächst einen groben Überblick darüber zu erhalten, wofür das Wasser gebraucht wird, welche Mengen von der Stadt bezogen und welche selbst gefördert werden. Die Checkliste zeigt, daß die benötigten Unterlagen vorhanden sind. Die Verweise auf den Checklistenanhang machen deutlich, daß der Platz nicht ausreichend war, um

Tabelle 7. Checkliste Nr. 1 Wasser/Abwasser

1. Wasserversorgung		
1.1 Unterlagen	**Vorhanden**	**Bemerkungen**
– Wasserbezugsverträge	ja	siehe Entnahme- bewilligung
– Wassermengenmessungen	ja	siehe A1
– Entnahmebewilligung/ -erlaubnis bei Eigenförderung	ja	siehe A2
– Pläne eigener Gewinnungsanlagen	ja	siehe A3
– Pläne eigener Aufbereitungsanlagen	ja	siehe A4
– Wasseranalysen	ja	siehe A5
– Lagepläne der Versorgungsleitungen	nein	
1.2 Wasserbezug	**Menge pro Jahr**	**Qualität**
– Fremdbezug	siehe A6	siehe A7
– Eigenförderung	siehe A8	siehe A5
– Regenwasseranfall	siehe A9	keine Werte
1.3 Wasserbedarf insgesamt	**Menge pro Jahr**	**Anforderungen**
– Kühlwasser	192 siehe A10	keine
– Dampferzeugung	siehe A11	keine
– Prozeßwasser	siehe A12	
– Reinigungswasser	siehe A13	keine
– Sanitärwasser	13 322	
– Sonstiges	–	–
1.4 Wasseraufbereitung	**Menge pro Jahr**	**Zusatzstoffe**
– Kühlwasser	–	–
– Dampferzeugung	–	
– Prozeßwasser	siehe A14	siehe A15
– Reinigungswasser		
– VE-Wasser		

bestimmte Sachverhalte, wie zum Beispiel den Fremdbezug, im Detail darzulegen.

In der zweiten Checkliste wurde der Punkt der Wasserversorgung genauer durchleuchtet. Bezogen auf die einzelnen Werke wurde ermittelt, wieviel Wasser für die unterschiedlichen Abläufe im Betrieb benötigt werden.

Zur Ermittlung der Werte war es nötig, in den einzelnen Produktionsbereichen, in denen Wasser gebraucht wird, nach Aufschreibungen über den Wasserverbrauch zu fragen und diese, wenn sie vorhanden waren, auszuwerten. Waren für bestimmte Bereiche keine Daten vorhanden, wurden in Versuchen, die sich über einen Zeitraum von ca. einem Monat hinzogen, Werte ermittelt, die dann auf ein Jahr hochgerechnet wurden. Dabei wurden eventuelle Schwankungen mit Hilfe von Erfahrungswerten der Meister ausgeglichen. Im Anhang, Kap. 4.2.2 findet sich in der Tabelle unter A12 ein Hinweis darauf, für welche Werte solche Versuche angelegt werden mußten und welchen Daten konkrete Aufschreibungen zugrunde liegen.

Um herauszufinden, ob das Wasser für bestimmte Prozesse besonderen Anforderungen genügen muß, wurden die Betriebsleiter und Meister der jeweiligen Bereiche, der Umweltschutzbeauftragte und der Beauftragte für die Wasserversorgung befragt. Alle zusammen konnten immer ausreichende Informationen liefern. Darüber hinaus konnte ich mir die Verfahrensweise der Aufbereitung bei Rundgängen von den genannten Personen erklären lassen.

Die erforderlichen Mengen an Sanitärwasser wurden aus den Kosten für das gebrauchte Stadtwasser ermittelt. Anhand des Preises pro Kubikmeter konnte dann auf die verbrauchte Menge geschlossen werden.

Zur Ermittlung der Prozeßwassermengen finden sich genaue Angaben im Anhang unter A12 (Kap. 4.2.2).

Die erforderlichen Wassermengen zur Kühlung und zum Reinigen wurden durch Befragen der Mitarbeiter, die für den Bereich bzw. die Tätigkeiten zuständig sind, ermittelt.

Einem von der Einkaufsabteilung erstellten Computerausdruck konnten die Jahresverbräuche 1992 der eingesetzten Roh-, Hilfs- und Betriebsstoffe entnommen werden. Diese wurden in der Checkliste 3 erfaßt. Dabei wurden die Unterpositionen nach Materialien zusammengefaßt und der Einkauf unter Beachtung der der Bestandsänderung dem Verbrauch gleichgesetzt.

Tabelle 8. Checkliste Nr. 2 Wasser/Abwasser

1. Wasserversorgung		
1.5 Wasserverteilung	Menge pro Jahr Angabe in m³/a	Anforderungen
Werk I		
– Kühlwasser	13	VE-Wasser*
– Dampferzeugung	–	–
– Prozeßwasser	42 216	z.T. VE-Wasser
– Reinigungswasser	20	–
– Sanitärwasser	7 984	–
– Sonstiges	–	–
Werk II		
– Kühlwasser	180	–
– Dampferzeugung	–	z.T. VE-Wasser
– Prozeßwasser	52 000	–
– Reinigungswasser	25	–
– Sanitärwasser	4 173	–
– Sonstiges	–	–
Werk III		
– Kühlwasser	1	VE-Wasser
– Dampferzeugung	–	–
– Prozeßwasser	118	–
– Reinigungswasser	5	–
– Sanitärwasser	1 368	–
– Sonstiges	–	–

* VE-Wasser: Vollentsalztes Wasser.

Tabelle 9. Checkliste Nr. 3 Wasser/Abwasser

2. Abwasserrelevante Substanzen (mit Sicherheitsdatenblättern)

Einsatzstoffe, die mit Wasser Kontakt haben	Art	Menge pro Jahr in Tonnen
– Rohstoffe	Aluminium-Guß	576
	Alu-Profile	865, 7
	Messing	86
	Bronze	7
	Edelstahl	432
	Eisen	225
– Hilfsstoffe	siehe A16 und A17 Seite 142	Mengen für einzelne Werke nicht ermittelbar
2.2 Andere Stoffe, die mit Wasser Kontakt haben	Art	Menge pro Jahr
– Zwischenprodukte	–	–
– Endprodukte	–	–
– Nebenprodukte	–	–
– Reststoffe	–	–

Tabelle 10. Checkliste Nr. 4 Wasser/Abwasser

3. Abwasseranfall und -behandlung

3.1 Unterlagen	Vorhanden	Bemerkungen
– Genehmigungsbescheid für Direkteinleitung	ja	siehe A18, Kap. 4.2.2
– Abwasserabgabenfestsetzung	ja	siehe A19, Kap. 4.2.2
– Genehmigungsbescheid für Indirekteinleitung	ja	siehe A20, Kap. 4.2.2
– Berichte von Eigenkontroll- untersuchungen * Teilströme * Gesamtabwasser	ja	siehe A21, Kap. 4.2.2
– Berichte von Fremdüberwachungen	ja	siehe A22, Kap. 4.2.2
– Lagepläne der Abwasser- entsorgungsleitungen	ja	siehe A23, Kap. 4.2.2
– Pläne eigener Behandlungsanlagen	ja	siehe A24, Kap. 4.2.2
3.2 Abwasserherkunft insgesamt	Menge pro Jahr in m^3	Verschmutzungsgrad
– Kühlung	195	kaum verschmutzt
– Kondensat	–	
– Produktion	82 677	stark verschmutzt
– Reinigung	–	
– Sanitärbereich	13 525	stark verschmutzt
– Niederschlag	–	
– Sonstiges	–	
3.3 Abwassereinleitung	Menge pro Jahr in m^3	Hauptinhaltsstoffe
– Direkteinleitung	37 150	siehe A21/22, Kap. 4.2.2
– Indirekteinleitung	41 347	siehe A21/22, Kap. 4.2.2

Die Arbeit mit der Checkliste 4 ergab, daß die Pläne und Unterlagen, die Aussagen über den Abwasseranfall, die Abwasserzusammensetzung, die Abwasserbehandlungsanlagen und über die Rechtmäßigkeit der Einleitung liefern, vollständig vorhanden sind. Genauere Informationen sind dem Anhang unter den Punkten A18 bis A24 (Kap. 4.2.2) zu entnehmen. Der überwiegende Teil des Abwassers stammt aus der Produktion und ist stark verschmutzt. Die Hauptinhaltsstoffe wurden den Untersuchungsprotokollen des STAWA Minden, das die Fremdüberwachung durchführt, und des Hygienisch bakteriologischen Institutes in Bielefeld (nachstehend HBI genannt), das im Auftrag des Unternehmens die Eigenüberwachung der Abwässer aus Werk I und Werk II durchführt, entnommen. Die Untersuchungsprotokolle sind im Anhang der unter An abgeheftet. Bei der Auswahl der Hauptinhaltsstoffe waren sowohl die Höhe der Konzentration, als auch die Gefährlichkeit der Stoffe ausschlaggebend.

In der Checkliste 5 sind die Abwasserteilströme bezogen auf die unterschiedlichen Einsatzarten wie Kühlung, Produktion, Reinigung etc. aufgeführt.

– Die Mengen der **Produktionsabwässer** ergeben sich aus den Abläufen aus der Neutralisation in denen die Abwassermengen mit einem Durchflußmesser kontinuierlich gemessen werden.

Tabelle 11. Checkliste Nr. 5 Wasser/Abwasser

3. Abwasseranfall und -behandlung

3.4 Abwasserteilströme	Menge m³/a	Inhaltsstoffe	Vorbehandlung
Werk I		siehe A25, Kap. 4.2.2	
– Kühlung	15		
– Kondensat	–		
– Produktion	40 780		
– Reinigung	20		
– Sanitärbereich	7 984		
– Niederschlag	–		
– Sonstiges			
Werk II			
– Kühlung	180		
– Kondensat	–		
– Produktion	41 347		
– Reinigung	25		
– Sanitärbereich	4 173		
– Niederschlag	–		
– Sonstiges			
Werk III			
– Kühlung	1		
– Kondensat	–		
– Produktion	*		
– Renigung	5		
– Sanitärbereich	1 368		
– Niederschlag	–		
– Sonstiges			

* Das Abwasser aus dem Werk III wird gemeinsam mit dem Abwasser aus dem Werk II in der Neutralisation behandelt. Daher ist nur ein Abwasserstrom ermittelt worden.

Tabelle 12. Checkliste Nr. 6 Wasser/Abwasser

3. Abwasseranfall und -behandlung			
3.5 Abwasserreinigung	Art und Menge	Verfahren	Wirkungsgrad
– mechanisch	siehe A26 (Kap. 4.2.2)	Anlage 1	siehe A26
– phys-chemisch	3 630	Anlage 2	CSB von 2000 auf 200 mg/l
– chemisch	siehe A27 (Kap. 4.2.2)	Anlage 3	CSB von 380 auf < 100 mg/l
– biologisch	–	–	–

- Die Abwassermenge, die bei der **Kühlung** ensteht, entspricht annähernd der eingesetzten Wassermenge, wobei die Verdunstungverluste berücksichtigt wurden.
- Das Abwasser, das sich aus den **Reinigungsprozessen** ergibt, wurde mit dem für die Reinigung eingesetzen Wasser gleichgesetzt, da hier keine nennenswerten Verluste zu erwarten sind. Das gleiche trifft auch für den Sanitärbereich zu.
- Die Inhaltsstoffe lassen sich aus den Untersuchungsprotokollen von HBI und STAWA entnehmen. Ein Verweis darüber, wo diese Protokolle abgeheftet sind, findet sich im Checklistenanhang unter A25 (s. Kap. 4.2.2).
- Eine Vorbehandlung der Abwasserteilströme findet nicht statt. Allerdings erfolgt eine Teilung. Das Wasser aus den Schleifanlagen wird in einer gesonderten Anlage behandelt. Das übrige Abwasser aus der Produktion wird in der Neutralisation auf einen für die Fällung der enthaltenen Metalle günstigen pH-Wert gebracht und nach einer sich anschließenden Flockung in den sogenannten Lamellenabscheidern vom Schlamm getrennt.

In Checkliste 6 werden die von FSB eingesetzten verschiedenen Abwassereinigungsverfahren dargestellt.

Die Checkliste 7 zeigt auf, ob über den heutigen Stand hinaus weitere Einsparungen beim Wasserverbrauch möglich sind, geprüft wurden:

- Kreislaufnutzung,
- Mehrfachnutzung,
- Spülsysteme (Kaskaden- /Standspüle),
- Austausch von wasserschädlichen Roh- und Hilfsstoffen,
- kontinuierliche Aufklärung durch den Umweltschutzbeauftragten.

Auch in der Checkliste 8 geht es um die Reduzierung des betrieblichen Wasserbedarfs und Abwasseranfalls.

Im Mittelpunkt der Betrachtung der Abwasserbehandlung stand das Prinzip der Mehrfachnutzung. Durch eine bessere Erfassung des Gesamtschmutzwassers und einer gezielten Leitung der Abwasserteilströme soll durch Mehrfachnutzung der Wasseranfall erheblich gesenkt werden.

Im Anhang zu den Checklisten wird unter A31, (s. Kap. 4.2.2), näher erläutert, welche Maßnahmen hierzu bereits getroffen sind bzw. in Zukunft noch getroffen werden sollen.

Tabelle 13. Checkliste Nr. 7 Wasser/Abwasser

4. Betriebliche Maßnahmen zur Reduzierung von Wasserbedarf und Abwasseranfall

4.1 Wasserkreisläufe	Ist-Zustand	Potential	Werk
– Kühlwasser	vorhanden in Werk I und II	siehe A30	I, II
– Reinigungswasser	nein		
– Produktionswasser	Anlage 1		

4.2 Emissionsmindernde Produktionsverfahren	Ist-Zustand	Potential	Werk
– Einsatz fester statt flüssiger Rohstoffe	–		
– Substitution gefährlicher Stoffe im Sinne des WHG	siehe A28 (Kap. 4.2.2)	siehe A31 (Kap. 4.2.2)	
– Mehrfachnutzung von Prozeßwasser	findet nicht statt		
– Verwendung von Kaskadenspülsystemen	siehe A29 (Kap. 4.2.2)		
– Mehrfachnutzung von Reinigungswasser	findet nicht statt	–	–
– Einsatz von Dampf- bzw. HD-Reinigungsgeräten*	5 HD WI 3 HD WII 1 HD WIII		

* HD: Hochdruckreinigungsgeräte.

Tabelle 14. Checkliste Nr. 8 Wasser/Abwasser

4. Betriebliche Maßnahmen zur Reduzierung von Wasserbedarf und Abwasseranfall

4.3 Verbesserung der Abwasserbehandlung	Ist-Zustand	Potential	Werk
– Teilströme	siehe A32 (Kap. 4.2.2)	siehe A32 (Kap. 4.2.2)	
– Gesamtschmutzwasser	–	–	

4.4 Umgang mit Regenwasser	Ist-Zustand	Potential	Werk
– Versickerung	s. A33 (Kap. 4.2.2)		
– Verminderung von Schmutzstoffeinträgen	siehe A34 (Kap. 4.2.2)		
– Behandlung	s. A34 (Kap. 4.2.2)		

4.5 Einbeziehung der Mitarbeiter	Ist-Zustand	Potential	Werk
– Sparsame Wasserverwendung im Sanitärbereich	siehe A35 (Kap. 4.2.2)	siehe A36 (Kap. 4.2.2)	
– Betriebsbeauftragter Wasser/Abwasser mit Eingriffsmöglichkeiten	ja		
– Schulungsmaßnahmen zur betrieblichen Abwasserproblematik	siehe A37 (Kap. 4.2.2)		
– Prämierung von Vorschlägen zur Wassereinsparung und Emissionsminderung	siehe A38		

Auch beim Umgang mit Regenwasser gibt es Möglichkeiten, die Menge des anfallenden Abwassers zu reduzieren. Hierbei war zu ermitteln, inwieweit Maßnahmen zur Versickerung getroffen wurden und wie der Schmutzstoffeintrag in das anfallende Regenwasser verhindert wird. Die von FSB getroffenen Maßnahmen bezüglich eines verminderten Schmutzstoffeintrages sind im Checklistenanhang unter A33 beschrieben (Kap. 4.2.2).

Darüber hinaus war auch zu ergründen, wie durch die Einbeziehung der Mitarbeiter Wasser eingespart werden kann. Hierbei ist an Schulung und Aufklärung der Mitarbeiter zu denken. Ebenfalls von Bedeutung ist, ob es dem Betriebsbeauftragten für Wasser und Abwasser möglich gemacht wird, in Produktionsprozesse und Entscheidungsfindungen einzugreifen, um auf diesem Weg Wassersparmaßnahmen durchzusetzen.

Wie sich die Situation bei FSB gestaltet, wird im Checklistenanhang unter den Punkten A34 bis A37 beschrieben (Kap. 4.2.2).

Die Checklisten 9 und 10 beschäftigen sich mit der Störfallvorsorge.

Geprüft wird, was der Betrieb tut, um einerseits die Wahrscheinlichkeit eines Störfalls möglichst gering zu halten und um andererseits eine Verschmutzung des Vorfluters auszuschließen bzw. möglichst gering zu halten, falls es zu einem Störfall kommen sollte.

Dabei ist es zunächst wichtig, ob Informationen darüber bestehen, wo und in welchen Mengen gefährliche Stoffe gelagert werden; desweiteren, ob es konkrete Notfallpläne gibt und in welchen Maße die örtliche Feurwehr sich auf dem Betriebsgelände auskennt.

Es ist weiterhin wichtig, mit welchen Wassermengen im Störfall zu rechnen ist, und welche Inhaltsstoffe sich im Abwasser befinden können.

Man muß auch wissen, welche Wassermengen auf dem Betriebsgelände zurückgehalten werden können, damit im Störfall der Vorfluter nicht mit dem Abwasser belastet wird.

Tabelle 15. Checkliste Nr. 9 Wasser/Abwasser

5. Störfallvorsorge		
5.1 Unterlagen	Vorhanden	Bemerkungen
– Lagerkataster von gefährlichen Stoffen im Betrieb	nein	siehe A39, Kap. 4.2.2
– Genehmigungsunterlagen und Sicherheitsanalysen für Anlagen, in denen gefährliche Stoffe im Sinne des WHG eingesetzt werden	ja	
– Notfallpläne für Brand-, Explosions- und Hochwasserfälle	nein	bei der Feuerwehr sind Pläne hinterlegt, auf denen wichtige Details wie der Standort der Hydranten eingezeichnet ist

Tabelle 15 (Fortsetzung)

5. Störfallvorsorge

5.1 Unterlagen	Vorhanden	Bemerkungen
– Lagepläne von Rückhaltebecken für Löschwasser und Leckagen	ja	als Rückhaltebecken sind die Schlammvorratsbecken vorgesehen das Anlegen von gesonderten Becken zum Rückhalten des Löschwassers ist laut LöRüRL nicht erforderlich
– Sofortmaßnahmenkatalog bei Grundwasserverunreinigungen	nein	
– Störfallberichte	nein	

Tabelle 16. Checkliste Nr. 10 Wasser/Abwasser

5. Störfallvorsorge

5.2 Abwasseranfall bei Störfällen	Bereich/Werk	Max. Menge	Inhaltsstoffe
– Produktionsstörung	Elox W I/II* Neutra W I/II*	10 m³	siehe Liste der Einsatzstoffe
– Brand, Explosion	Schleiferei W II		
– Hochwasser	–	–	

5.3 Abwasserrückhaltung bei Störfällen	Bereich/Werk	speicherb. Menge	Inhaltsstoffe
– Produktionsstörung	siehe A40 (Kap. 4.2.2)	siehe A40 (Kap. 4.2.2)	siehe A40 (Kap. 4.2.2)
– Brand, Explosion	–	–	–
– Hochwasser	–	–	–

5.4 Betriebliche Kontrolle	Bereich/Werk	Parameter	Bemerkung
– Grundwasserüberwachung im Betriebsbereich	im Zuge der Bodensanierung in Werk I und II	LHKW	–
– Vorfluterüberwachung bei Störung der Abwasserbehandlung	findet nicht statt		
– Überwachung von Überläufen aus Rückhaltebecken	findet nicht statt		

* W: Werk.

4.2.1 Anhang zu den Checklisten

Erläuterung

Im Checklisten-Anhang sind die Anmerkungen aufgeführt, die aus Platzgründen nicht direkt in den Checklisten untergebracht werden konnten, die aber die aber zum Verständnis der Checklisten erforderlich sind. Die Anmerkungen sind mit fortlaufenden Nummern gekennzeichnet, denen ein A vorangestellt wurde. In den Checklisten wird jeweils auf die betreffende Stelle im Checklisten-Anhang verwiesen.

4.2.2 Inhaltsverzeichnis des Checklisten-Anhangs

A   Wasserbezugsverträge
A 1 Wassermengenmessung
A 2 Entnahmebewilligung
A 3 Pläne eigener Gewinnungsanlagen
A 4 Pläne eigener Aufbereitungsanlagen
A 5 Wasseranlysen
A 6 Menge des Fremdbezuges
A 7 Qualität des Stadtwassers
A 8 Menge der Eigenförderung
A 9 Menge des Regenwasseranfalls
A10 Menge des Kühlwassers
A11 Wasserbedarf zur Heißwassererzeugung
A12 Bedarf an Prozeßwasser
A13 Menge des Reinigungswassers
A14 Menge des aufbereiteten Prozeßwassers
A15 Zusatzstoffe für die Vollentsalzungsanlage
A16 Hilfsstoffe
A17 Sicherheitsdatenblätter
A18 Genehmigungsbescheid für die Direkteinleitung
A19 Abwasserabgabenfestsetzung
A20 Genehmigungsbescheid für die Indirekteinleitung
A21 Berichte über Eigenkontrolluntersuchungen
A22 Berichte von Fremdüberwachungen
A23 Lagepläne der Abwasserentsorgungsleitungen
A24 Pläne eigener Behandlungsanlagen
A25 Inhaltsstoffe der Abwasserteilströme
A26 Art und Menge des in der Rasch-Anlage behandelten Wassers sowie deren Wirkungsgrad
A27 Art und Menge des in der Neutralisation behandelten Abwassers
A28 Substitution gefährlicher Stoffe im Sinne des WHG
A29 Verwendung von Kaskadenspülsystemen
A30 Potential bei Kühlwasserkreisläufen

A31 Mehrfachnutzung von Prozeßwasser
A32 Reduzierung des Wasserbedarfs und des Abwasseranfalls
A33 Versickerung
A34 Verhinderung von Schmutzstoffeintrag in den Regenwasserkanal
A35 Wassereinsparungen im Sanitärbereich
A36 Potential bei Sparmaßnahmen im Sanitärbereich
A37 Schulungsmaßnahmen zur betrieblichen Abwasserproblematik
A38 Prämierung von Vorschlägen zur Wassereinsparung und Emissionsminderung
A39 Lagerkataster von gefährlichen Stoffen im Betrieb
A40 Abwasseranfall bei Störungen

A Wasserbezugsverträge

siehe Entnahmebewilligung.

A1 Wassermengenmessungen

Wassermengenmessungen wurden im Rahmen der Eigenüberwachung durch das HBI und der Fremdüberwachung durch das STAWA Minden durchgeführt. Die Unterlagen für das Jahr 1992 sind im Auditordner, der in der Umweltabteilung steht, unter der Randzeichnung An 1 – 5 abgeheftet.

A2 Entnahmebewilligung/-erlaubnis

Für das Werk I besteht eine Entnahmeerlaubnis bis zum 31. Dezember 1993. Für das Werk II ist die Erlaubnis befristet bis zum 01. Oktober 1996. Die jeweilige Erlaubnis liegt als Kopie im Auditordner, der sich bei den Unterlagen des Umweltbeauftragten befindet, unter der Randzeichnung Gen 1 und 2 vor.

A3 Pläne eigener Gewinnungsanlagen

Für die Brunnen W I und W II sind die Unterlagen vorhanden. Der Plan des Brunnens W I liegt als Kopie im Auditordner unter P 8.

A4 Pläne eigener Aufbereitungsanlagen

Sowohl für die Vollentsalzungsanlage, die baugleich in den Werken I und II steht, als auch für die Luftwäscher, die Raschanlagen, die Rösler-Anlage von Werk I und die jeweiligen Neutralisationsanlagen liegen entsprechende Pläne vor. Siehe hierzu im Auditordner unter P 1 – 7.

A5 Wasseranalysen

Es liegen Wasseranalysen für die Abläufe der Werke I und II vor. Es handelt sich hierbei jeweils um die kompletten Untersuchungsreihen des STAWA Minden, das die Fremdüberwachung vornimmt, und des HBI Bielefeld, das die Eigenüberwachung für FSB durchführt, für das Jahr 92. Die Untersuchungsergebnisse sind als Kopie im Auditordner unter An 1 – 5 vorhanden.

A6 Menge des Fremdbezuges

Unter Fremdbezug ist das Wasser erfragt, das nicht aus den betriebseigenen Brunnen gefördert wird, sondern aus den Trinkwasserleitungen der Stadt bezogen wird. Die Menge des im Untersuchungszeitraum bezogenen Stadtwassers kann der Tabelle 17 entnommen werden.

A7 Qualität des Stadtwassers

Letzte Untersuchungen bezüglich des Stadtwassers wurden durch das HBI am 10.09.90 durchgeführt. Die Ergebnisse der Untersuchung sind im Ordner als Kopie unter An 9 beigefügt.

A8 Menge der Eigenförderung

Über die Eigenförderung für das Jahr 1992 können nur für das Werk I direkte Aussagen getroffen werden, da nur hierfür der Brunnenwasserverbrauch vorliegt. Für den Brunnenwasserverbrauch in Werk II sind nur Unterlagen für den Zeitraum vom 19. Oktober bis 21. Dezember 1992 vorhanden. Von diesem Zeitraum wurde auf das gesamte Jahr hochgerechnet. Eine Übersicht über die Wasserverbräuche befindet sich in Tabelle 17.

A9 Regenwasseranfall

Das Regenwasser wird nicht aufgefangen, sondern direkt in die Regenwasserkanäle eingeleitet. Messungen bezüglich der abgeleiteten Regenwassermengen werden nicht durchgeführt.

A10 Menge des Kühlwasserbedarfs

Der Kühlwasserbedarf beträgt ca. 195 m³/a. Er setzt sich zusammen aus etwa 180 m³/a für die Maschinen in Werk II und etwa 15 m³/a voll entsalztes Wasser für die Erodiermaschine im Werkzeugbau von Werk I. Das gesamte Kühlwasser für das Werk III ist an die Kühlanlage des Werkes II angeschlossen, d.h. es läuft über einen Kühlwasserkreislauf. Der Gießofen in Werk I ist an die Kühlanlage von Werk I angeschlossen. Das Kühlwasser wird also ebenfalls im Kreislauf geführt.

A11 Wasserbedarf zur Heißwassererzeugung

Da es sich bei der Heißwassererzeugung um ein geschlossenes System handelt, muß nur in sehr geringen Mengen Wasser nachgefüllt werden.

A12 Bedarf an Prozeßwasser

Der Prozeßwasserbedarf der einzelnen Werke wird in der folgenden Tabelle 17 dargestellt.

Tabelle 17. Wasserverbräuche von Werk I, II und III im Jahr 1992. Angaben in m^3

	Werk I	Werk II	Werk III
Brunnenwasser	42 216	52 338[a]	–
Stadtwasser	7 984	4 173	1 368

[a] Der Brunnenwasserverbrauch des Werkes II mußte Mangels langfristiger Aufschreibungen durch kurzfristige Beobachtungen und Schätzungen hochgerechnet werden.

A13 Menge des Reinigungswassers

Über den Verbrauch von Reinigungswasser liegen nur Schätzungen vor.

A14 Menge des aufbereiteten Prozeßwassers

Alle Mengen, für die das geförderte Wasser aufbereitet werden muß, sind in der folgenden Tabelle 18 aufgeführt.

Tabelle 18. Menge des aufbereiteten Prozeßwassers

Werk I	Werk II	Werk III
265 m^3/a	5909 m^3/a	660 m^3/a

A15 Zusatzstoffe für die Vollentsalzungsanlage

Für die Wasseraufbereitung in der Vollentsalzungsanlage werden technisch reine Salzsäure und 50 %-ige Natronlauge benötigt. Der Bedarf an diesen Chemikalien ist der folgenden Tabelle 19 zu entnehmen.

Tabelle 19. Bedarf an Zusatzstoffen für die Vollentsalzungsanlage, Angaben in kg/a

Chemikalie	Werk I	Werk II
Natronlauge	3 600	12 000
Salzsäure	4 095	13 455

Das zu enthärtende Wasser für Werk III wird mit Hilfe von Tablettensalz aufbereitet. Der Bedarf liegt etwa bei 25 kg/a.

A16 Hilfstoffe, die mit Wasser Kontakt haben

Alle Hilfsstoffe, die mit Wasser Kontakt haben sind auf den Grafiken im Auditordner unter A16 und unter Punkt 4.1.5 zu finden. Aus den Grafiken läßt sich der Jahresverbrauch in kg zugeordnet zu den einzelnen Werken entnehmen.

A17 Sicherheitsdatenblätter

Eine Übersicht über die Hilfsstoffe, für die Sicherheitdatenblätter vorliegen, ist im Auditordner unter Si zu finden.

A18 Genehmigungsbescheid für Direkteinleitung

Der Genehmigungsbescheid für die Direkteinleitung aus dem Werk I in die Brucht befindet sich im Ordner mit der Aufschrift „Genehmigungen". Der Bescheid ist gültig bis Ende März 1994. Die Genehmigung erlaubt eine Abwassermenge einzuleiten, die im Höchstfall 30 m³/2h neutralisiertes Betriebsabwasser bzw. 50,25 m³/2h neutralisiertes Betriebsabwasser und Niederschlagswasser nicht überschreiten darf.

A19 Abwasserabgabenfestsetzung

Die Abwasserabgabenfestsetzung der Stadt Brakel befindet sich als Kopie im Auditordner unter der Randzeichnung Au 1.

A20 Genehmigungsbescheid für Indirekteinleitung

Der Genehmigungsbescheid für die Indirekteinleitung des Werkes II über den städtischen Kanal in die Nethe befindet sich im Ordner „Genehmigungen". Er ist gültig bis Ende Mai 93 und enthält die Genehmigung, bis zu 75 m³/2 h in den Vorfluter einzuleiten. Inzwischen läuft ein Verlängerungsantrag.

A21 Berichte über Eigenkontrolluntersuchungen

Die Untersuchungsprotokolle des mit der Eigenkontrolle beauftragten HBI Bielefeld sind als Kopie dem Auditordner unter der Randzeichnung An beigefügt. Desweiteren liegen Meßergebnisse aus dem eigenen Labor von den Bädern der Elox-Abteilungen und den Neutralisationanlagen vor. Diese sind ebenfalls unter An im Auditordner abgeheftet.

A22 Berichte von Fremdüberwachungen

Die Untersuchungsergebnisse des STAWA Minden sind für den Zeitraum Januar bis Dezember 1992 als Kopie dem Auditordner unter An 1, 2 und 4 beigefügt.

A23 Lagepläne der Abwasserentsorgungsleitungen

Die Lagepläne der Abwasserentsorgungsleitungen werden zur Zeit auf den neuesten Stand gebracht.

A24 Pläne eigener Behandlungsanlagen

Es existieren Pläne folgender Wasserbehandlungsanlagen:

- Aufbereitungsanlage für Schleifabwässer,
- VE-Anlagen,
- Strip-Anlage,
- Neutralisation.

Die Pläne sind im Auditordner als Kopie unter P abgeheftet.

A25 Inhaltsstoffe der Abwasserteilströme

Die Inhaltsstoffe der einzelnen Abwasserteilströme können aus den unter An aufgelisteten Untersuchungsberichten entnommen werden.

A26 Art und Menge des in der Behandlungsanlage behandelten Wassers, sowie deren Wirkungsgrad

In der Anlage wird das Prozeßwasser aus den Absaugungen der Handschleiferei im Werk I durch Filter geleitet und im Kreislauf geführt.

A27 Art und Menge des in der Neutralisation behandelten Abwassers

Die Mengen des in der Neutralisation behandelten Abwassers lassen sich aus der Tabelle unter A12 entnehmen. In der Neutralisation Werk I werden folgende Abwässer behandelt:

– Elox.

In der Neutralisation Werk II werden folgende Abwässer behandelt:

– aus Eloxieranlage,
– aus Staubschlucker (Schleifabrieb aus Maschinen),
– aus Entfettungen,
– aus Lackiererei (koaguliertes Abwasser).

Die Belastungsstoffe dieser Abwässer sind unter A16 aufgeführt.

A28 Substitution gefährlicher Stoffe im Sinne des WHG

Im Vergleich zu früheren Jahren wurde der CKW-Einsatz in den letzten Jahren durch neue Einsatzstoffe auf 5% verringert. Desweiteren wird durch den Umweltschutzbeauftragten ständig versucht, Ersatz für wassergefährdende Stoffe zu finden.

A29 Verwendung von Kaskadenspülsystemen

In der Elox Werk I werden einige Spülen mit dem Wasser der anderen gefüllt. Die Elox in Werk II hat nur einen Einlauf, d.h. das Wasser durchläuft alle Fließspülen. Siehe hierzu auch im Auditordner unter der Randzeichnung P2. Die Standspülen in Werk I und II können auf Kaskadenspülen umgestellt werden. Dies würde einen geringeren Bedarf an Spülwasser und an Hilfs-/Einsatzstoffen zur Folge haben.

A30 Potential bei Kühlwasserkreisläufen

Der Kühlwasserbedarf für die Maschine im Werk I und die Maschinen im Werk II kann dadurch gesenkt werden, daß die Maschinen an den Kühlwasserkreislauf der Werke angeschlossen werden. Die erforderlichen Investitionen betragen für das Werk I ca. 2500,– DM und für das Werk II etwa 4500,– DM.

A31 Mehrfachnutzung von Prozeßwasser

Im Investitionsplan für das Geschäftsjahr 93/94 ist für die Werke II und III der Einbau einer Anlage zur Rückführung und Mehrfachnutzung des Schleifabwassers geplant. Es soll so jeweils 40% des beim Gleitschleifen verbrauchten Wassers zurückgeführt werden. Das Abwasser aus der Neutra und der Entwässerungsanlage kann später zum Auffüllen der Filteranlage benutzt werden.

A32 Reduzierung des Wasserbedarfs und des Abwasseranfalls

Im Werk I wird durch eine Anlage das Gleitschleifabwasser aufbereitet und soll zu 40 % wieder zurückgeführt werden. Eine Retardationsanlage für das Anodisierbad in Werk I ist bereits bestellt und wird zu einer Reduzierung des Schwefelsäurebedarfs führen. Im Werk II steht bereits eine Retardationsanlage. Durch die im Investitionsplan für das GJ 93/94 vorgesehene Anlage zur Aufbereitung des Gleitschleifabwassers wird spätestens ab Anfang 1994 auch im Werk II der Abwasseranfall erheblich reduziert. Ein gleiches soll auch bei der Entfettung durch den Einsatz einer neuen geschlossenen Anlage geschehen.

A33 Versickerung

Auf den Parkplätzen sämtlicher Werke sind Rasengittersteine verlegt worden, um auf diese Weise den Anteil versiegelter Fläche zu verringern. Die Investitionen betrugen 300 000 DM.

A34 Verhinderung von Schmutzstoffeintrag in den Regenwasserkanal

In den Höfen von Werk I und II ist jeweils ein Ölabscheider zur Verhinderung von Schmutzstoffeinträgen, Fetten und Ölen in den RW-Kanal vorhanden. Die Höfe werden nicht abgespritzt, sondern gefegt.

A35 Wassereinsparungen im Sanitärbereich

Es existieren Dosiereinrichtungen an den Toilettenspülungen, an denen Spülkästen angebracht sind. Bei Druckspülen ist dies technisch nicht möglich.

A36 Potential bei Sparmaßnahmen im Sanitärbereich

Anbringen von Dosierhilfen und Perlatoren an Duschen und Wasserhähnen.

A37 Schulungsmaßnahmen zur betrieblichen Abwasserproblematik

Eine Schulung erfolgt innerbetrieblich durch den Umweltbeauftragten. Es sind keine festen Schulungstermine vorgesehen, sondern immer dann, wenn es dem Umweltschutzbeauftragten erforderlich erscheint, werden die zuständigen Mitarbeiter in einer Besprechung mit den geänderten Erfordernissen vertraut gemacht (z. B. Änderung des Anhang 40 der Rahmen-Abwasser VwV).

A38 Prämierung von Vorschlägen zur Wassereinsparung und Emissionsminderung/Verbesserungsvorschlagswesen

FSB besitzt ein innerbetriebliches Prämiensystem für Verbesserungsvorschläge. Die Vorschläge der Mitarbeiter werden von einer Kommission bewertet, der unter anderem der Geschäftsführer und der technische Leiter anghören. Die Kommission tagt etwa alle zwei Monate. Werden die Vorschläge in die betriebliche Praxis umgesetzt, so erhalten die Mitarbeiter eine Prämie, die in ihrer Höhe der Bedeutung des Vorschlags für den Betrieb entspricht. Wenn die Vorschläge umweltrelevant sind, werden sie durch eine doppelte Prämie belohnt.

A39 Lagerkataster von gefährlichen Stoffen im Betrieb

Die gefährlichen Stoffe werden ausschließlich im Gefahrstofflager W II und in den Säuretanks in der Abwasserbehandlungsanlage W I gelagert. Außerdem wird an den Produktionsstätten nur der jeweilige Tagesbedarf in nach WHG und GGVS zugelassenen Boxen gelagert.

A40 Abwasseranfall bei Störungen

Über den Abwasseranfall bei Störungen und die Rückhaltung im Störfall sind keine Werte vorhanden.

4.2.3 Beschreibung der Ermittlung der eingesetzten Hilfsstoffe

Die Ermittlung der Hilfsstoffe erfolgte aufgrund einer Reihe von Listen, die uns von der Kostenrechnung zur Verfügung gestellt wurden. Aus diesen Listen konnten die Stück- bzw. Kilopreise der einzelnen Hilfsstoffe entnommen werden. Es wurden dabei nur die Kostenstellen betrachtet, die für die Wasserbilanz von Bedeutung sind.

Bei der Ermittlung der Verbräuche einiger Hilfsstoffe, z. B. der Schleifbänder ergaben sich Schwierigkeiten aufgrund der übergroßen Vielfalt unterschiedlicher Schleifbänder mit ganz unterschiedlichen Preisen und Gewichten. Hier wurden mit Hilfe eines Durchschnittspreises die eingesetzten Mengen ermittelt. Bei den Durchschnittspreisen wurden die Unterschiede bei den Verbräuchen der einzelnen Schleifbänder berücksichtigt. Wenn für bestimmte Hilfsstoffe das Gewicht nicht bekannt war, wurde dies durch Wägen bestimmt.

Eingesetzte Putzmittel wurden vernachlässigt, da sie im Vergleich zu den Hilfsstoffen in unbedeutenden Mengen verbraucht werden und mit der Produktion nicht in unmittelbarem Zusammenhang stehen.

4.2.4 Graphische Darstellungen der Hilfsstoffmengen

Auf den folgenden Seiten ist der Verbrauch der Hilfsstoffe, die in Zusammenhang mit Wasser zum Einsatz kommen, graphisch dargestellt (Abb. 23 – 30).

4.2.5 Übersicht der im Gefahrstofflager gelagerten Stoffe unter Hinweis auf die Wassergefährdungsklassen

Das Unternehmen FSB unterhält in den Werken I und II Gefahrstoffläger.

Im Rahmen des Audits wurden die beiden Gefahrstoffläger überprüft, alle Gefahrstoffe aufgenommen, mengenmäßig definiert und in Wassergefährdungsklassen aufgeteilt.

Anschließend wurde anhand der gesetzlichen Vorschriften – insbesondere der Löschwasserrückhalterichlinie – überprüft, ob FSB die einschlägigen Vorschriften einhält. Es gab keinen Grund für Beanstandungen.

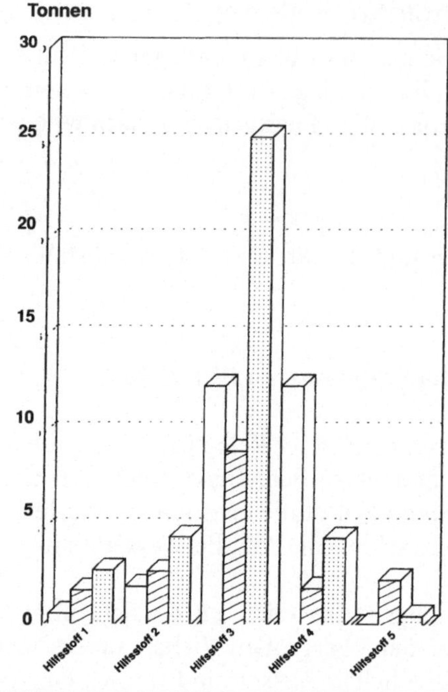

	Hilfsstoff 1	Hilfsstoff 2	Hilfsstoff 3	Hilfsstoff 4	Hilfsstoff 5
Werk I	0,63	2,06	12,45	12,45	0,09
Werk II	1,87	2,84	9,08	1,95	2,39
Werk III	2,9	4,63	25,4	4,56	0,51

Abb. 23. Hilfsstoffeinsatz in der Schleiferei (Mengen in Tonnen pro Jahr)

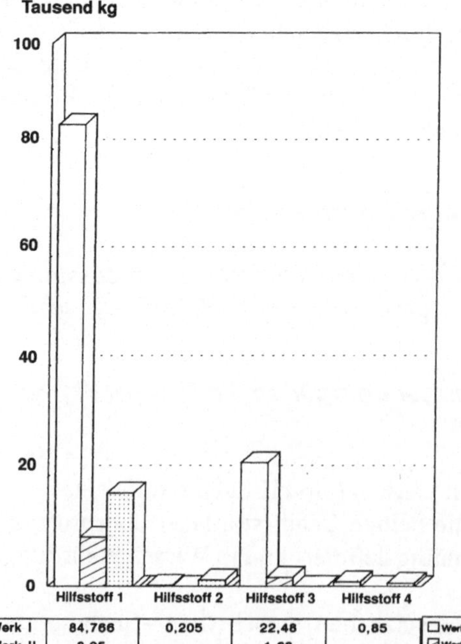

	Hilfsstoff 1	Hilfsstoff 2	Hilfsstoff 3	Hilfsstoff 4
Werk I	84,766	0,205	22,48	0,85
Werk II	8,95		1,68	
Werk III	17	1,2		0,615

Abb. 24. Hilfsstoffeinsatz in der Gleitschleiferei (Mengen in Tonnen pro Jahr)

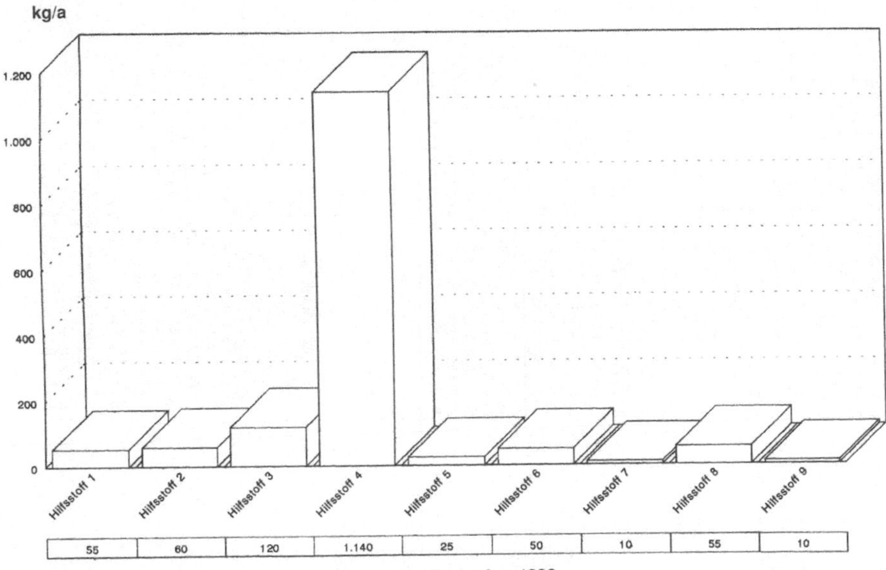

Abb. 25. Hilfsstoffeinsatz in der Galvanik (Mengen in kg/a)

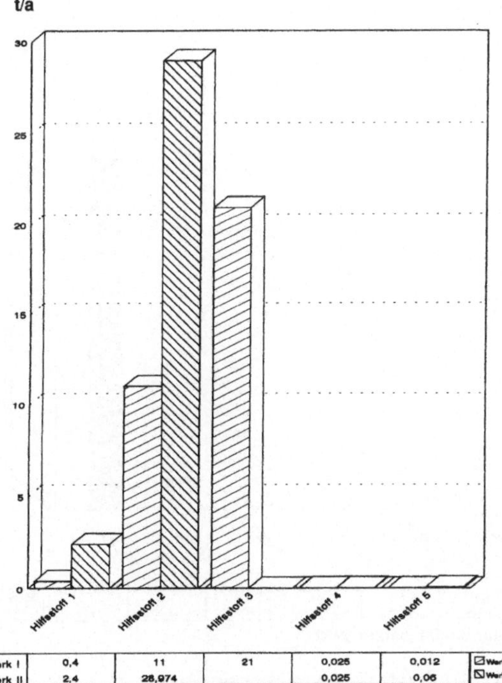

Abb. 26. Hilfsstoffeinsatz in den Neutralisationsanlagen (Mengen in t/a)

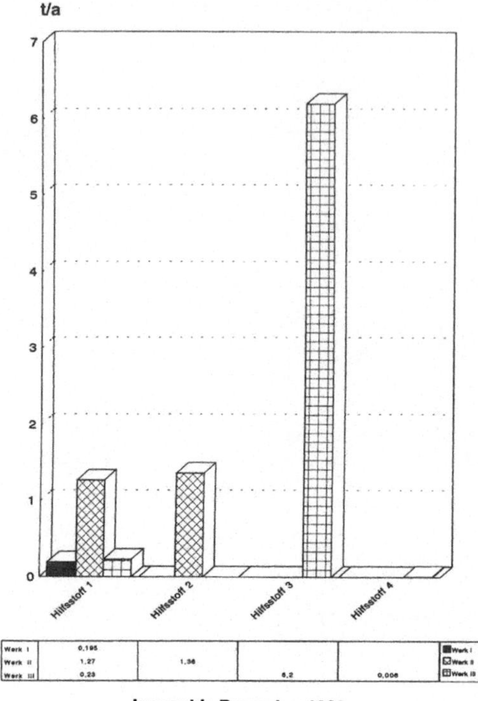

	Hilfsstoff 1	Hilfsstoff 2	Hilfsstoff 3	Hilfsstoff 4
Werk I	0,195			
Werk II	1,27	1,36		
Werk III	0,23		6,2	0,006

Januar bis Dezember 1992

Abb. 27. Hilfsstoffeinsatz in den Entfettungen (Menge in t/a)

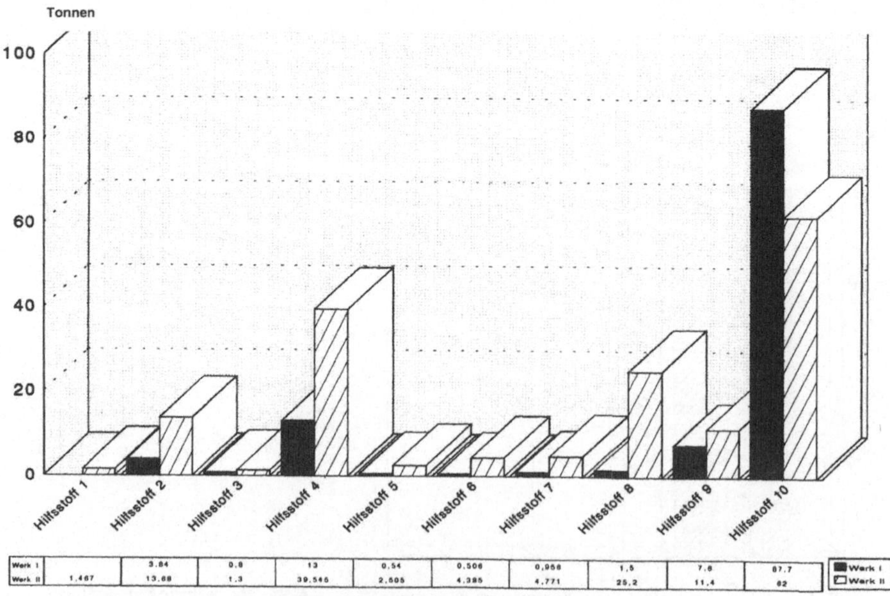

	Hilfsstoff 1	Hilfsstoff 2	Hilfsstoff 3	Hilfsstoff 4	Hilfsstoff 5	Hilfsstoff 6	Hilfsstoff 7	Hilfsstoff 8	Hilfsstoff 9	Hilfsstoff 10
Werk I		3,84	0,8	13	0,54	0,506	0,958	1,5	7,6	87,7
Werk II	1,467	13,68	1,3	39,545	2,505	4,385	4,771	25,2	11,4	82

Januar bis Dezember 1992

Abb. 28. Hilfsstoffeinsatz in der Eloxalabteilung (Hilfsstoffe mit hohen Verbräuchen, Mengen in t/a)

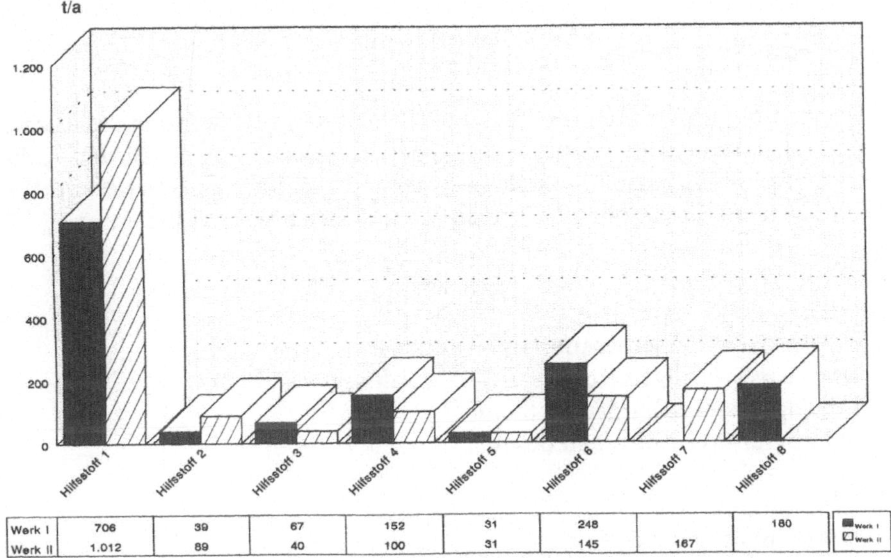

	Hilfsstoff 1	Hilfsstoff 2	Hilfsstoff 3	Hilfsstoff 4	Hilfsstoff 5	Hilfsstoff 6	Hilfsstoff 7	Hilfsstoff 8
Werk I	706	39	67	152	31	248		180
Werk II	1.012	89	40	100	31	145	167	

Januar bis Dezember 1992

Abb. 29. Hilfsstoffeinsatz in der Eloxalabteilung (Hilfsstoffe mit geringem Verbrauch, Mengen in t/a)

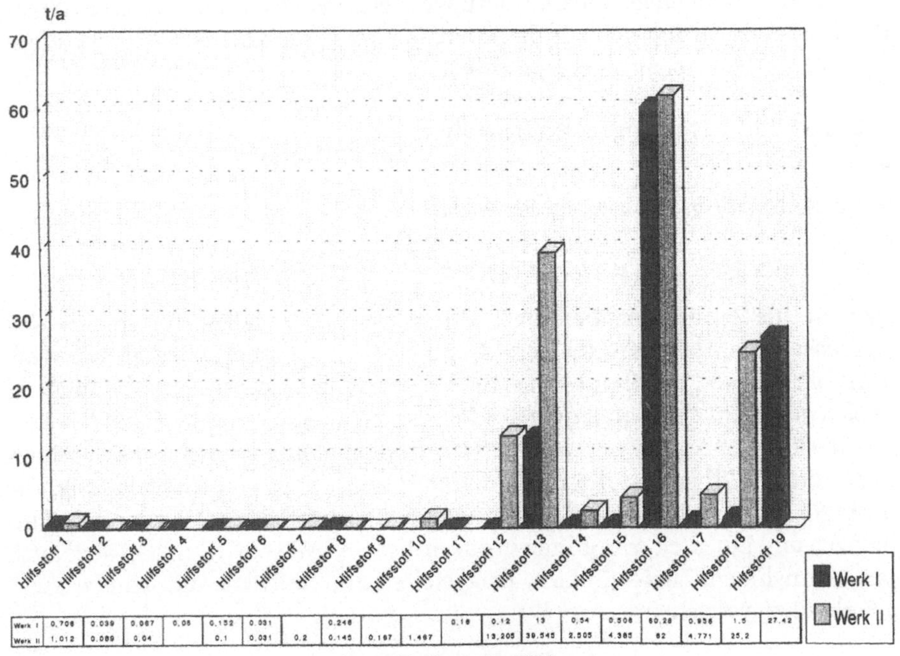

	Hilfsstoff 1	Hilfsstoff 2	Hilfsstoff 3	Hilfsstoff 4	Hilfsstoff 5	Hilfsstoff 6	Hilfsstoff 7	Hilfsstoff 8	Hilfsstoff 9	Hilfsstoff 10	Hilfsstoff 11	Hilfsstoff 12	Hilfsstoff 13	Hilfsstoff 14	Hilfsstoff 15	Hilfsstoff 16	Hilfsstoff 17	Hilfsstoff 18	Hilfsstoff 19
Werk I	0,706	0,039	0,067	0,06	0,152	0,031		0,246			0,16	0,12	13	0,54	0,506	60,28	0,936	1,5	27,42
Werk II	1,012	0,089	0,04		0,1	0,031	0,2	0,145	0,167	1,467		13,205	39,545	2,505	4,385	62	4,771	25,2	

Januar bis Dezember 1992

Abb. 30. Hilfsstoffeinsatz in der Eloxalabteilung (Mengen in t/a)

4.3 Soll-Zustand

4.3.1 Einleitung

Die Sollanforderungen für den Wasserbereich richten sich nach den rechtlichen Bestimmungen und den innerbetrieblichen FSB-Zielsetzungen. Zu den rechtlichen Bestimmungen gehören die nachstehend aufgelisteten Gesetze und Verordnungen der Bundesrepublik und des Landes Nordrhein-Westfalen.

Bund

- WHG,
- ABWHERKV (Abwasserherkunftsverordnung),
- Allg. ABWVWV (Allgemeine Abwasserverwaltungsvorschrift),
- Katalog wassergefährdender Stoffe,
- ABWAG (Abwasser Abgaben Gesetz).

Land

- LWG (Landeswassergesetz),
- VAWS (Verordnung über Anlagen zum Lagern, Abfüllen und Umschlagen wassergefährdender Stoffe),
- VGS (Verordnung über die Genehmigungspflicht für die Einleitung von Abwasser mit gefährlichen Stoffen in öffentliche Anlagen).

Die innerbetrieblichen Sollanforderungen ergeben sich aus der freiwilligen Betriebsvereinbarung und aus den ebenfalls frei vorgegebenen Überwachungswerten, die dem LWA angegeben wurden.

Da FSB sowohl Direkteinleiter als auch Indirekteinleiter ist, sind unterschiedliche rechtliche Regelungen von Bedeutung.

4.3.2 Anforderungen an die Direkteinleitung

4.3.2.1 Erlaubnis bzw. Bewilligung zum Fördern von Grundwasser

Das für die Produktion benötigte Wasser wird zum größten Teil aus den betriebseigenen Brunnen in Werk I und Werk II gefördert. Gemäß den Vorschriften des WHG benötigt FSB hierfür eine Erlaubnis bzw. eine Bewilligung, da es sich dabei um eine Benutzung des Gewässers handelt.

Gemäß § 2 Absatz 1 des WHG bedarf die Benutzung eines Gewässers einer behördlichen Erlaubnis, die in § 7 definiert wird, oder einer Bewilligung, die unter § 8 näher erläutert wird. Unter Benutzung ist gemäß § 3 Absatz 1 das „Einbringen und Einleiten von Stoffen in oberirdische Gewässer" (Punkt 4) aber auch das „Entnehmen, Zutagefördern, Zutageleiten und Ableiten von Grundwasser" (Punkt 6) zu verstehen.

4.3.2.2 Erlaubnis bzw. Bewilligung für die Direkteinleitung

Da FSB das gereinigte Abwasser aus der Neutralisation im Werk I direkt einleitet, ist gemäß den vorher angeführten rechtlichen Vorschriften eine Erlaubnis bzw. eine Bewilligung der zuständigen Behörde erforderlich. Eine Erlaubnis für das Einleiten von Abwasser darf allerdings nur erteilt werden, wenn die Schadstofffracht des Abwassers so gering gehalten wird, wie dies nach den anerkannten Regeln der Technik möglich ist. Dabei sind Grenzwerte einzuhalten.

Einzuhaltende Grenzwerte

Die einzuhaltenden Grenzwerte sind im Erlaubnisbescheid festgelegt. Sie entsprechen den in der Allgemeinen Abwasserverwaltungsvorschrift (Allg. ABWVWV) angeführten Grenzwerten. Die Allg. ABWVWV setzt sich zusammen aus der Rahmen Abwasserverwaltungsvorschrift (Rahmen ABWVWV) und ihren Anhängen, die nach Betriebszweigen geordnet sind, und aus den Abwasserverwaltungsvorschriften, die ebenfalls nach Betriebszweigen geordnet sind.

4.3.2.3 Selbstüberwachung der Abwassereinleitungen

FSB ist gemäß § 60 des LWG verplichtet, das eingeleitete Abwasser entweder durch geeignetes, eigenes Personal zu untersuchen oder durch eine von ihm beauftragte geeignete Stelle auf eigene Kosten untersuchen zu lassen. Es müssen pro Jahr vier Selbstüberwachungen durchgeführt werden. Bei einer Überschreitung eines Parameters wird die Anzahl der Untersuchungen für diesen Parameter auf 8 erhöht.

4.3.2.4 Fremdüberwachung der Abwassereinleitung

Laut § 21 des WHG ist FSB außerdem verplichtet eine behördliche Überwachung der Anlagen, Einrichtungen und Vorgänge zu dulden, die für die Gewässerbenutzung von Bedeutung sind. Es wird hierbei keinerlei Unterschied zwischen Direkt- und Indirekteinleitung gemacht.

4.3.3 Anforderungen an die Indirekteinleitung

4.3.3.1 Erlaubnis bzw. Bewilligung zum Fördern von Grundwasser

Wie bereits unter 2.2.1.1 erläutert wurde, benötigt FSB auch für die Grundwasserförderung mit dem Brunnen im Werk II eine Erlaubnis oder eine Bewilligung.

4.3.3.2 Erlaubnisbescheid für die Indirekteinleitung

Für FSB bindend sind die Grenzwerte, die im erforderlichen Erlaubnisbescheid gemäß der Indirekteinleiterverordnung zur Indirekteinleitung angegeben werden. Die Indirekteinleiterverordnungen sind Landesrecht. Sie bestimmen, daß wassergefährdende Stoffe aus bestimmten Herkunftsbereichen, für die nach den Allgemeinen Verwaltungsvorschriften nach § 7a Abs. 1, Satz 3 des Wasserhaushaltsgesetzes Anforderungen nach dem Stand der Technik gestellt werden, nur mit Genehmigung der zuständigen Behörde in öffentliche Abwasseranlagen eingeleitet werden dürfen. FSB benötigt dazu eine Genehmigung der zuständigen Behörde. Das ist in diesem Fall die untere Wasserbehörde, zur Einleitung in das städtische Kanalnetz. Wenngleich die Abwasserverwaltungsvorschriften in erster Linie für die Direkteinleitung in Gewässer gelten, sind sie auch auf die Einleitung in öffentliche Abwasseranlagen (indirekte Einleitung) anzuwenden. Für den Bereich der Metallverarbeitung gilt der Anhang 40 der Allgemeinen Rahmen-Verwaltungsvorschrift. Der allgemeine Rahmen für die Abwasserverwaltungsvorschriften der Stand der Technik für gefährliche Stoffe wird in der Abwasserherkunftsverordnung des Bundes abgesteckt.

4.3.3.3 Selbstüberwachung indirekter Einleitungen

Gemäß § 60a kann FSB als Indirekteinleiter von der unteren Wasserbehörde zur Selbstüberwachung verpflichtet werden und insbesondere dazu, Betriebseinrichtungen und Abwasserbehandlungsanlagen nachzuweisen, Aufzeichnungen über Betriebsvorgänge und eingesetzte Stoffe zu fertigen und das Abwasser durch eine von der oberen Wasserbehörde zugelassenen Stelle untersuchen zu lassen. Außerdem muß FSB die Nachweise, Aufzeichnungen und Untersuchungsergebnisse der unteren Wasserbehörde in den von der unteren Wasserbehörde bestimmten Zeitabständen ohne besondere Aufforderung regelmäßig vorzulegen. Eine Selbstüberwachung muß laut Erlaubnisbescheid 4mal pro Jahr erfolgen und wird bei einer Grenzwertüberschreitung eines Parameters für diesen Parameter auf 8mal pro Jahr erhöht.

4.3.3.4 Amtliche Überwachung indirekter Einleitungen

Laut § 21 des WHG ist FSB verplichtet, eine behördliche Überwachung der Anlagen, Einrichtungen und Vorgänge zu dulden, die für die Gewässerbenutzung von Bedeutung sind. Es werden dabei keinerlei Unterschiede zwischen Direkt- und Indirekteinleitung gemacht.

4.3.4 Anforderungen an die Anlagen zum Lagern, Abfüllen und Umschlagen von wassergefährlichen Stoffen

Die wesentlichen Anforderungen an die Anlagen zum Lagern, Abfüllen und Umschlagen von wassergefährdenden Stoffen sind in den § 19a bis 19l des WHG aufgeführt. Diese werden inhaltlich im Landeswassergesetz und in der Verordnung über Anlagen zum Umgang mit wassergefährdenden Stoffen und über Fachbetriebe (VAWS) noch genauer beschrieben. Die Anforderungen beziehen sich im wesentlichen auf den Bau, den Betrieb und die Überwachung der betreffenden Anlagen. Dabei unterscheiden sich die Anforderungen danach, ob es sich um Anlagen einfacher und herkömmlicher Art handelt, oder ob die Anlagen aufgrund ihrer Größe und Bauweise nicht hierunter einzuordnen sind. Darüber hinaus entscheidet das in § 6 der VAWS beschriebene Gefährdungspotential über die unterschiedlich hohen Anforderungen. Das Gefährdungspotential ist abhängig von der Menge der Stoffe mit denen in der Anlage umgegangen wird und ihrer Wassergefährdungsklasse.

4.4 Soll-/Ist-Abgleich

4.4.1 Abgleich für die Direkteinleitung

4.4.1.1 Erlaubnisbescheid für die Grundwasserförderung in Werk I

Der Erlaubnisbescheid für die Grundwasserförderung liegt in Kopie des Audit-Anhangs vor. Die Erlaubnis ist befristet bis zum 31.12.93 und sieht eine mengenmäßige Beschränkung von 120 m³/Tag vor. Diese Fördermengen werden von FSB nicht in vollem Umfang genutzt und in keinem Fall überschritten.

4.4.1.2 Erlaubnisbescheid für die Direkteinleitung

Der Erlaubnisbescheid für die Direkteinleitung kann als Kopie im Audit-Anhang eingesehen werden. Die Erlaubnis ist befristet bis zum 31.03.1994 und ist mit der Einhaltung bestimmter Grenzwerte. Die im Bescheid gestellten Anforderungen an die Behandlungsanlage , die Meßeinrichtungen etc. werden eingehalten. So wird zum Beispiel der Abfluß kontinuierlich gemessen und mit einem Schreiber aufgezeichnet. Die Aufschreibungen werden drei Jahre bei der für die Neutra verantwortlichen Person aufbewahrt.

Grenzwerte für die Direkteinleitung

Die im Erlaubnisbescheid festgelegten Grenzwerte, wurden bei den Untersuchungen durch das STAWA Minden (Fremdüberwachung) und durch das HBI Bielefeld (Eigenüberwachung) nicht überschritten. Die Ausnahme bildet lediglich eine einmalige Überschreitung bei dem Parameter Summe der LHKW[1], die bei der Untersuchung durch das STAWA am 26.05.92 festgestellt wurde. Der Grenzwert für diesen Parameter liegt bei 0,1 mg/l, der Meßwert vom 26.05.92 betrug 0,2 mg/l. Die in den Untersuchungsergebnissen angeführten Überschreitungen liegen im Rahmen des Erlaubnisbescheides, jedoch erhöhen sie die Kosten für die Abwasserabgabengebühr.

4.4.1.3 Selbstüberwachung direkter Einleitungen

Mit der Selbstüberwachung der Direkteinleitungen hat FSB das Hygienisch Bakteriologische Institut in Bielefeld beauftragt. Es wurden keine festen Untersuchungstermine vereinbart, sondern wie im Falle der amtlichen Überwachung

---

[1] LKHW: Leichtflüchtige Halogen-Kohlenwasserstoffe.

werden die Untersuchungstermine ohne Wissen und Beeinflussung von FSB von dem Institut selbst festgelegt. Die zu untersuchenden Parameter richten sich ebenfalls nach dem Erlaubnisbescheid und werden durch die von FSB für die Abwasserabgabenfestsetzung angegebenen Parameter ergänzt. Die gesetzlichen Anforderungen werden in diesem Punkt voll erfüllt.

4.4.1.4 Amtliche Überwachung direkter Einleitungen

Die Amtliche Überwachung der Direkteinleitungen in Werk I werden durch das STAWA Minden durchgeführt, das mehrere Male im Jahr zu Untersuchungen erscheint. Die Termine sind mit FSB nicht abgesprochen. Untersucht werden die im Erlaubnisbescheid geregelten Parameter und die von FSB für die Abwasserabgabenfestsetzung angegebenen Parameter. Die von den Gesetzen und im Erlaubnisbeschescheid gestellten Anforderungen an die amtliche Überwachung werden erfüllt.

4.4.2 Abgleich für die Indirekteinleitung

4.4.2.1 Erlaubnisbescheid für die Grundwasserförderung in Werk II

Der Erlaubnisbescheid für die Grundwasserentnahme durch den Brunnen auf dem Gelände von Werk II kann als Kopie im Audit-Anhang eingesehen werden. Die Erlaubnis ist befristet bis zum 01.10.1996 und ist mit bestimmten Förderhöchstmengen verbunden, die von FSB aber nicht erreicht werden.

4.4.2.2 Erlaubnisbescheid für die Indirekteinleitung

Die Erlaubnis für die Indirekteinleitung ist befristet bis zum 31.05.1992. Für die nachfolgende Zeit ist noch keine Erlaubnis vorhanden. Die in der Erlaubnis festgelegten Nebenbestimmungen bezüglich der Anlage, Meßvorrichtungen und Verhaltenweisen werden eingehalten.

Grenzwerte für die Indirekteinleitung

Die im Erlaubnisbescheid festgelegten Grenzwerte für die Indirekteinleitung, siehe Gen 4 im Auditordner, wurden bei den Untersuchungen durch das STAWA Minden und durch das HBI in Bielefeld in zwei Fällen nicht eingehalten. Bei der Untersuchung am 13.04.1992 stellte das STAWA zu hohe Konzentrationen bei den Parametern CSB und Ammonium-Stickstoff fest.

4.4.2.3 Selbstüberwachung indirekter Einleitungen

Mit der Selbstüberwachung wurde das Hygienisch bakteriologische Institut in Bielefeld beauftragt. Dieses Institut ist von staatlicher Seite für Untersuchungen dieser Art zugelassen. Gemäß dem Erlaubnisbescheid finden pro Jahr 4 Untersuchungen statt, wobei die Termine nicht abgesprochen werden. Die gesetzlichen Anforderungen werden also erfüllt.

4.4.2.4 Amtliche Überwachung indirekter Einleitungen

Die amtliche Überwachung der Indirekteinleitungen aus Werk II und III werden durch das STAWA Minden durchgeführt, das mehrere Male im Jahr zu Untersuchungen erscheint. Die Termine sind mit FSB nicht abgesprochen. Untersucht werden die im Erlaubnisbescheid geregelten Parameter und die von FSB für die Abwasserabgabenfestsetzung angegebenen Parameter. Die von den Gesetzen und im Erlaubnisbescheid gestellten Anforderungen an die amtliche Überwachung werden erfüllt.

4.4.3 Abgleich mit den Anforderungen an die Anlagen zum Lagern, Abfüllen und Umschlagen von wassergefährdenden Stoffen

Bei FSB sind mehrere Anlagen zum Umgang mit wassergefährdenden Stoffen in Betrieb. Hierbei sind zu nennen:

- die Säuretanks in der Entsorgungshalle in Werk I mit den zugehörigen Rohrleitungen.
- der Schwefelsäuretank im Werk II mit den zugehörigen Rohrleitungen.
- das Gefahrstofflager auf dem Gelände von Werk II neben der Neutralisation.

Bei den Säuretanks in Werk I und II handelt es sich um Anlagen einfacher und herkömmmlicher Art, da es sich um doppelwandige Behälter handelt, die oberirdisch aufgestellt sind. Sie sind mit einem automatischen Leckanzeigegerät ausgestattet, das Undichtheiten der Behälterwände anzeigt. Die Eignung dieser Anlagen muß daher nicht von einer Behörde überprüft werden.

Die Forderung aus dem § 19i des WHG nach ständiger Überprüfung von Dichtheit und Funktionsfähigkeit der Anlagen ist durch die zuvor genannten Leckanzeigegeräte erfüllt.

Die Rohrleitungsanlagen, die zum Befördern der Säure in die jeweiligen Eloxalabteilungen dienen, bedürfen ebenfalls keiner behördlichen Genehmigung und Eignungsprüfung, da sie das Werksgelände nicht verlassen. Die Säuretanks und die Rohrleitungsanlagen sind von Mitarbeitern des Unternehmens eingebaut worden. Die Forderung des Gesetzes, daß solche Tätigkeiten nur durch Fachbetriebe durchgeführt werden dürfen, kann als erfüllt angesehen werden, da die Mitarbeiter durch externe Schulungen mit den erforderlichen Techniken und Geräten vertraut gemacht wurden und so die nötigen Kenntnisse erwerben konnten. Die nötigen Montagegeräte sind ebenfalls angeschafft worden, so daß die Einhaltung der Anforderungen nach § 19g Abs. 3 gewährleistet sind. Außerdem hat der Betrieb einen Überwachungsvertrag mit dem TÜV Hannover abgeschlossen, in dem als Ergebnis der Prüfung bestätigt wird, daß keine Bedenken gegen die Tätigkeit des Betriebes als Fachbetrieb nach § 19 des WHG bestehen.

Für das Gefahrstofflager in Werk II liegt eine Genehmigung der unteren Baubehörde vor, die mit besonderen brandschutzrechtlichen Auflagen verbunden ist. Da davon auszugehen ist, daß die zuständige Wasserbehörde im Zuge der

Verfahrenskonzentration in das Genehmigungsverfahren einbezogen wurde, kann es als gesichert angesehen werden, daß die Anforderungen, die sich aus dem Wasserrecht ergeben, durch die Genehmigung mit ihren besonderen Anforderungen abgedeckt sind. Darüber hinausgehende Anforderungen müssen nicht beachtet werden.

4.4.4 Löschwasserrückhalterichtlinie

Es war zu prüfen, ob FSB verpflichtet ist, Vorratsbecken für das Rückhalten von Löschwasser vorzusehen.

Gemäß dem Ministerialblatt für das Land Nordrhein-Westfalen vom 20.11.1992 Abschnitt 2.1 gilt die Löschwasserrückhalterichtlinie (LÖRÜRL) für bauliche Anlagen in oder auf denen wassergefährdende Stoffe gelagert werden.

Es sind in dieser Richtlinie bestimmte Mengen festgelegt, die den Geltungsbereich dieser Richtlinie abstecken. Hieraus ergibt sich z.B., daß für Lager, in denen mehr als 100 t wassergefährdende Stoffe der WGK I gelagert werden, entsprechend dimensionierte Löschwasserrückhalteeinrichtungen vorhanden sein müssen. Für den Fall, das Stoffe unterschiedlicher Gefährdungsklassen in einem Raum gelagert werden, ist dies entsprechend zu berücksichtigen.

Die wassergefährdenden Stoffe werden bei FSB an unterschiedlichen Orten gelagert. Der größte Teil wird im Gefahrstofflager des Werkes II gelagert. Ein weiterer Teil wird im Bereich der Vollentsalzungsanlage von Werk II aufbewahrt. Die Salzsäure, sowie das Säuregemisch werden in der Entsorgungshalle im Werk I gelagert. Desweiteren werden unterschiedliche Stoffe, die ständig in kleineren Mengen für die Produktion benötigt werden, in den Werkshallen gelagert. Hierfür sind Lagerbehälter gemäß WHG aufgestellt. In den einzelnen Lagerhallen werden die in der LÖRÜRL festgelegten Mengen nicht erreicht. Deshalb müssen die Anforderungen dieser Richlinie, die Vorrichtungen zum Rückhalt von Löschwasser vorsehen, von der Firma FSB nicht erfüllt werden.

4.5 Maßnahmen

Bei den Maßnahmen, die der Betrieb durchführen sollte, muß zunächst unterschieden werden zwischen denen, die durchgeführt werden müssen, um den Soll-Zustand zu erreichen und denen, die unter ökologischen und ökonomischen Gesichtspunkten vorteilhaft für das Unternehmen sind. Unabhängig davon sollen die Vorschläge dazu dienen, Schwachstellen, die bei der Erstellung des Audits festgestellt wurden, zu beseitigen.

4.5.1 Maßnahmen zum Erreichen des Soll-Zustandes

Verlängerung der Erlaubnis zur Indirekteinleitung beantragen

Die Erlaubnis für die Indirekteinleitung des Abwassers in Werk II ist befristet bis zum 31. Mai 1992. Danach erfolgt ein Anschluß an die Kläranlage der Stadt. Auch wenn sich hierdurch Veränderungen ergeben haben, sollte ein Antrag auf Verlängerung der Erlaubnis gestellt werden. Hierbei muß jedoch beachtet werden, daß die zuständigen Behörden über alle Vorgänge informiert sind und ihr Einverständnis zu der Verfahrensweise gegeben haben.

Vermeidung der Überschreitung der für die Abwasserabgabe angegebenen Werte

Die für die Abwasserabgabe angegebenen Werte, die von den Untersuchungsämtern als Überwachungswerte festgelegt wurden, haben keine rechtliche Relevanz, da die Behörde für die Festsetzung der Abwasserabgabe die Grenzwerte aus den Erlaubnisbescheid angenommen hat. Diese Werte können aber gleichwohl als innerbetriebliche Zielsetzungen übernommen werden. Der Soll-/Ist-Abgleich (Kap. 4.4) hat ergeben, daß diese relativ niedrigen Werte nicht immer eingehalten werden können. Auffällig dabei ist die häufige Überschreitung des CSB-Wertes im Abfluß beider Werke. Um hier die innerbetriebliche Zielsetzung zu erreichen, ist es wichtig, zunächst die Quelle der CSB-Belastung einzugrenzen und dann nach Ersatzmöglichkeiten für diesen Einsatzstoff zu suchen. Einige Vorschläge dazu sind unter den im nächsten Abschnitt aufgeführten Maßnahmen zu finden.

Vermeidung von Grenzwertüberschreitungen

Die in den Erlaubnisbescheiden festgelegten Grenzwerte werden nur in wenigen Fällen und zudem nur äußerst selten überschritten (siehe dazu die Punkte 4.4.1.2 und 4.4.2.2). Man kann also davon ausgehen, daß es sich hierbei um Ausnahmefälle handelt und nicht um Erscheinungen der alltäglichen Produktion. Dennoch ist es wichtig, die Ursachen für die Störungen, die der Grund für diese Überschreitungen sind, zu erforschen, um in Zukunft zu verhindern, das es zu nochmaligen Grenzwertüberschreitungen kommt.

4.5.2 Weitere Maßnahmen und Verbesserungsvorschläge

Zunächst kann gesagt werden, daß das Unternehmen in der ersten Hälfte des Jahres 1993 erhebliche Maßnahmen durchgeführt hat, die unter ökologischen Gesichtpunkten sehr positiv zu bewerten sind.

Dazu gehört zum einen die Stillegung der Galvanik, da dadurch einige problematische Chemikalien, wie zum Beispiel die Schwertmetalle Chrom, Nickel und Cadmium aus der Produktion herausfallen und deshalb nicht mehr im Abwasser vorliegen werden.

Ein weiterer Punkt ist, daß durch intensive Wassersparmaßnahmen im Produktionsbereich erhebliche Einsparungen bei der Menge an gefördertem Brunnenwasser erreicht wurden. So wurden im Zeitraum Januar bis April 1993 aus der Neutralisation in Werk II 5788 m³ Abwasser abgeleitet. Bezogen auf das gesamte Jahr '93 ergibt dies eine abgeleitete Menge von 17 464 m³. Dies sind annähernd 24 000 m³ weniger als im Vorjahr.

Mit den Einsparungen beim Wasserverbrauch laufen auch die Einsparungen bei einigen Hilfsstoffen parallel. So konnte z. B. der Einsatz von Schwefelsäure im Werk I im Geschäftsjahr 92/93 um 44 % gesenkt werden. Durch die Einführung einer Retardationsanlage und verbesserter und häufiger durchgeführter Badanalysen konnte der Verbrauch im Werk II um 56 % gesenkt werden.

Aus diesen Beispielen wird deutlich, daß das Unternehmen bestrebt ist ständig neue Wege zu finden, um Einsparungen beim Wasserverbrauch und bei den Einsatz- und Hilfsstoffmengen zu erzielen.

Verzicht auf Nickel beim Verdichten

Es sollte versucht werden, Nickel vollständig aus den Produktionsprozessen fernzuhalten, da es sich hierbei um ein Schwermetall handelt, das auch in der öffentlichen Diskussion eine gewisse Rolle spielt und das die Ursache für allergische Reaktionen sein kann. Dabei ist es weniger relevant, in welchen Konzentrationen sich dieses Schwermetall im Abwasser befindet, als vielmehr die Tatsache, daß FSB noch Schwermetalle im Abwasser hat. Unter diesen Gesichtspunkten sollte versucht werden, beim Verdichten auf das Nickelsalz zu verzichten. Die Überlegungen, das Nickelsalz durch den Einsatz von Belagverhinderer in Kombination mit erhöhter Badtemperatur zu ersetzen, gehen in die richtige Richtung. Das Problem besteht hierbei darin, daß der Belagverhinderer schon bei geringen Konzentrationen an SO_4^{2-}, PO_4^{3-} und Silikat gesättigt ist und dann nicht mehr funktioniert.

Anschluß des Abflusses der Neutralisation in Werk I an die Kanalisation

Eigentlich wäre es sinnvoll, auch in Werk I den Anschluß der Neutralisation an die Kanalisation der Stadt Brakel zu beantragen. Hierdurch würde das Risiko des Einleitens wassergefährdender Stoffe in den Vorfluter beseitigt. Da das Unternehmen aber mittelfristig plant, die umweltrelevanten Fertigungsteile des Werkes I in das Industriegebiet zum Werk II zu verlagern, ist es wohl akzeptabel, daß man in der Übergangszeit mit der bisherigen Lösung weiterlebt.

Behandlung von anfallendem Löschwasser

Die Möglichkeit von Bränden auf dem Betriebsgelände kann nicht vollständig ausgeschlossen werden. Es sollte sichergestellt sein, daß anfallendes Löschwasser über Sammelleitungen in die Neutralisationsanlagen geleitet wird, wo es behandelt werden kann. Diese Maßnahme ist insbesondere für den Bereich der Preßcontainer im Werk I sinnvoll, da es hier während der Erstellung des Audits zu zwei Brandfällen kam. Es ist aber auf jeden Fall zu vermeiden, daß unbehandeltes Löschwasser in den Vorfluter gelangen kann. Außerdem sollte versucht werden, die Entzündungsprozesse in den Preßcontainern durch getrenntes Sammeln der Inhaltsstoffe, z. B. der Polierfasern zu verhindern.

Durch die Mitteilung des Umweltschutzbeauftragten Herrn Hillebrand vom 24. 08. 1993 wurde unseren Vorschlägen bereits Rechnung getragen. Künftig wird der Gewerbemüll nach Materialien sortiert gesammelt. Insbesondere die für den Entzündungsprozeß verantwortlichen Gewebe werden gesondert gelagert. Sollte es trotzdem zu einem Brand kommen, so liegen für das Löschen genaue Handlungsvorschriften vor.

Wassereinsparungen

Wie bereits erläutert wurde, ist FSB ständig bemüht, Wasser einzusparen und hat bereits deutliche Reduzierungen beim Verbrauch erreicht. Dennoch sind an einigen Stellen noch Verbesserungen möglich.

So kann z.B. durch den Anschluß der Maschinen in Werk II an den Kühlwasserkreislauf der Kühlwasserbedarf noch einmal gesenkt werden. Wasserverluste, die durch Verdunstung an den beheizten Entfettungsbädern entstehen, können durch die Verwendung von geschlossenen Anlagen vermindert werden. Verschleppungsverluste in den Spülen lassen sich durch eine Optimierung der Abtropfzeiten minimieren. Dies bewirkt eine Verminderung des Spülwasserbedarfs bei gleichbleibender Spülleistung. Die Versuche, die dazu bereits gemacht wurden, sollten fortgesetzt werden. Durch den Einbau von Wasseruhren, ließen sich die Wasserverbräuche der einzelnen Anlagen noch genauer dokumentieren. Die sich ergebenden Erkenntnisse lassen dann noch weitere Verbesserungen in Punkto Wassereinsparung zu. Die Anlage in Werk I sollte durch letzte Baumaßnahmen so ausgerüstet werden, daß das anfallende Abwasser zurückgeführt und wieder eingesetz werden kann. Hierzu muß noch eine Druckerhöhungsstation eingebaut werden.

Betriebstagebuch in den Neutralisationsanlagen

In der Neutralisation des Werkes I sollte ein Betriebstagebuch geführt werden, so wie dies in der Neutralisation des Werkes II bereits geschieht. Hier werden die wichtigsten Vorkommnisse und Parameter aufgeschrieben und auf diese Weise kann man die Abläufe in den Anlagen jederzeit nachvollziehen. Das Führen eines Betriebstagebuches empfiehlt sich auch für die Anlage in Werk I.

Überprüfen der Leckwarnanzeigen

Während des Audits wurde bei Betriebsbegehungen häufiger festgestellt, daß die Leckwarnanzeigen an den Säuretanks in der Entsorgungshalle des Werkes I eine Alarmmeldung gaben. Der Grund für die Alarmmeldung an den Leckwarnanzeigen I sollte ermittelt werden. Auch wenn bei einem Leck noch ein zusätzliches akustisches Signal ertönt, muß versucht werden die Ursache für das Aufleuchten der roten Alarmleuchte zu beheben. Es sollte dabei ermittelt werden, ob es sich um einen Fehler bei der Anzeige handelt, oder ob die Ursache für das Aufleuchten nicht doch in einem Leck zu suchen ist. Die Behebung des Fehlers ist in jedem Falle dringend zu empfehlen.

4.6 Bodensanierung

Im Rahmen des Umweltaudits wurde anhand von Unterlagen und Untersuchungen auch eine Datensichtung bezüglich Altlasten an den beiden Standorten des Unternehmens vorgenommen. Hierbei konnten folgende Sachverhalte geklärt und zusammengetragen werden:

Standort Werk I:

Zu Beginn des Jahres 1987 war dem Unternehmen bei Untersuchungen des Abwassers aus der Neutralisation eine erhöhte Konzentration an leicht flüchtigen Halogenkohlenwasserstoffen – künftig AOX genannt – aufgefallen. Diese Konzentrationen wurde durch Überprüfungen des HBI und des STAWA bestätigt.

Nach sorgfältigen Untersuchungen im Produktionsbereich und umfangreichen Tiefenbohrungen konnte noch im gleichen Jahr festgestellt werden, daß die Schadstoffe nicht aus der aktuellen laufenden Produktion kamen, sondern im geförderten Brunnenwasser enthalten waren. Aus der Historie konnte in etwa rückkonstruiert werden, daß Halogenkohlenwasserstoffe in das Erdreich gelangt sein konnten.

Mitte 1987 entschloß sich das Unternehmen, ohne behördliche Auflagen umgehend mit der Sanierung zu beginnen. Es wurde eine sogenannte Stripp-Anlage angeschafft, über die das Betriebswasser systematisch gereinigt wurde.

Im Jahre 1989 wurde außerdem eine Bodenentlüftungsanlage installiert.

Anhand von zwei Diagrammen (Abb. 31 und 32) soll aufgezeigt werden, welche Auswirkungen die Sanierungsmaßnahmen auf die Konzentration der AOX gehabt haben.

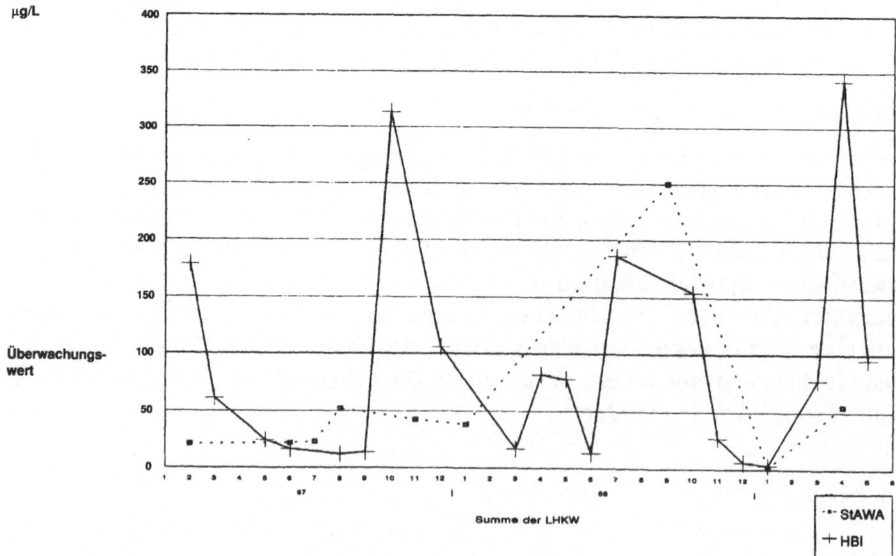

Abb. 31. Analysenergebnisse des STAWA und des HBI (Abwasser Werk I vor Beginn der Sanierung, Angaben in µg/L)

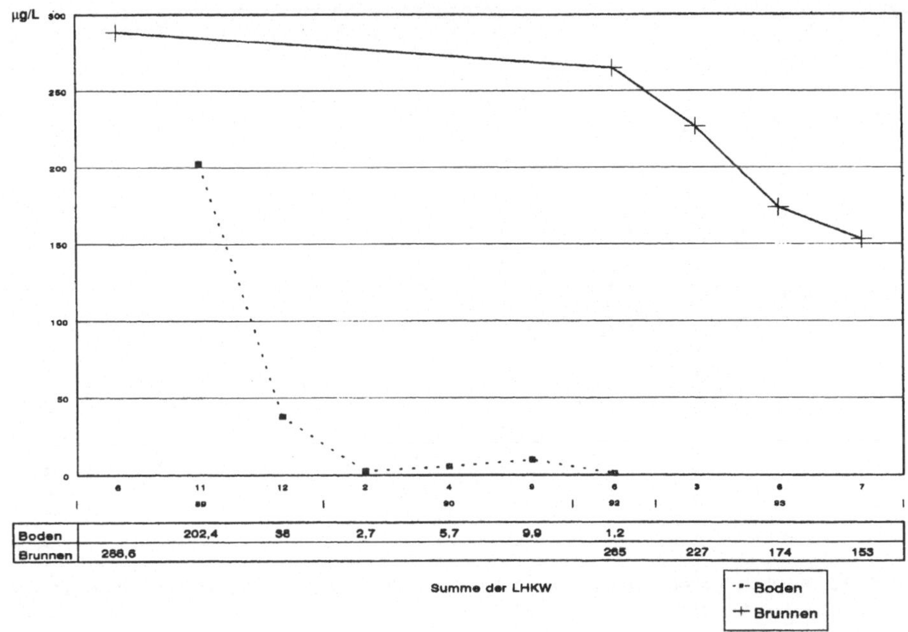

Boden		202,4	38	2,7	5,7	9,9	1,2		
Brunnen	288,6						265	227	174	153

Abb. 32. Analysenergebnisse von HPC und Z-Design (Gehalte im Boden und im Brunnenwasser Werk I, Angaben in µg/L)

Das erste Diagramm (Abb. 31) wurde anhand von Werten erstellt, die vor dem Zeitraum der Inbetriebnahme der Strippanlage gesammelt wurden. Das Diagramm zeigt deutliche Schwankungen der Konzentration. Die sogenannten Überwachungswerte, gemessen am Abwasserabgabepunkt in den Vorfluter, wurden mehrfach deutlich überschritten.

Im zweiten Diagramm (Abb. 32) wurden die Werte nach Einleitung der Sanierung aufgezeichnet.

Bei der Betrachtung des Diagramms müssen die erhöhten Werte der Monate Mai und September 1992 außer acht bleiben. In diesen Monaten kam es zu Ausfällen der Stripp- bzw. Entlüftungsanlagen.

Zusammenfassend kann aus diesem Diagramm entnommen werden, daß die Konzentrationen von AOX im Abwasser stark abgenommen hat. Alle Werte liegen unterhalb der Überwachungswerte.

In der dritten Graphik (Abb. 33) wird das Ergebnis der Sanierung noch deutlicher.

In diesem Schaubild wurden die Konzentrationswerte aus Boden- und Brunnenwasser zusammengefaßt. Alle Meßwerte beruhen auf Daten, die von der Bodensanierungsfirma Z-Design ermittelt wurden. Es zeigt sich deutlich, daß die Konzentrationen der Schadstoffe im Boden- und Brunnenwasser kontinuierlich abgenommen haben. Diese Entwicklung wird sich in der Zukunft fortsetzen. Bei der Bodenuntersuchung bewegen sich die letzten Werte deutlich unterhalb der Bestimmungsgrenzen. Insoweit ist bereits eine klare Sanierung erreicht.

Die Sanierung des Brunnenwassers wird kontinuierlich fortgesetzt.

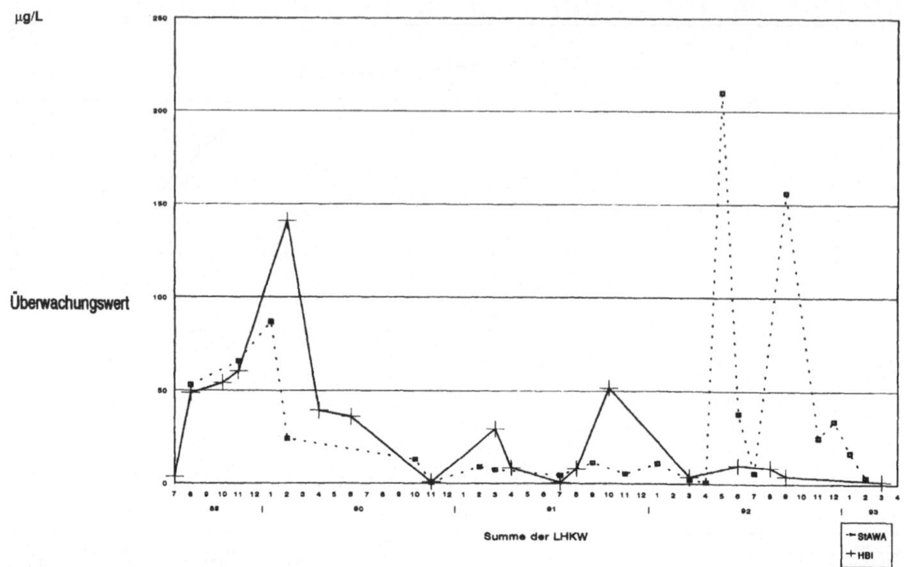

Abb. 33. Analysenergebnisse des StAWA und des HBI (Abwasser Werk I nach Beginn der Sanierung, Angaben in µg/L)

Standort Werk II:

Während des Umwelt-Audits führte das Unternehmen im Industriegebiet des Werkes II erstmals gründliche Bodenuntersuchungen durch. Innerhalb der Fertigungsstätten wurden bei allen „verdächtigen" Maschinenstandorten Tiefenbohrungen durchgeführt. Außerdem wurde an den Werksgrenzen sondiert.

Als Ergebnis der Untersuchungen wurde festgestellt, daß innerhalb der bebauten Fläche eine nicht unerhebliche Verunreinigung des Untergrundes mit leichtflüchtigen Halogenkohlenwasserstoffen vorliegt, die auf den früheren Einsatz von Perchloräthylen zu Reinigungszwecken von Metallen zurückzuführen ist.

In Zusammenarbeit mit dem Beratungsunternehmen Z-Design wurde umgehend beschlossen, bei der Sanierung die bewährten Verfahren aus dem Werk I einzusetzen. Umgehend wurden 24 Absaugpegel erstellt und entsprechende Anlagen installiert. Seit Mitte 1993 läuft die Sanierung. Über vier programmgesteuerte Anlagen wird das Erdreich durchlüftet und die abgesaugte Luft über Aktivkohle gereinigt. Alle in der Aktivkohle ausgetragenen Lösemittel werden umweltfreundlich entsorgt.

In 24 Monaten soll bei einem zweiten Umwelt-Audit das Ergebnis der Sanierung überprüft werden. Mit dieser Maßnahme übernimmt das Unternehmen FSB auch im Werk II eine Vorreiterfunktion für freiwillig praktizierten Umweltschutz, der Belastungen beseitigt, die in früheren Generationen aufgrund von Unwissen eingetreten sind.

5 Emissionen

5.1 Einleitung

5.1.1 Ziel des Umwelt-Audits im Bereich der Emissionen

Ziel des Umwelt-Audits im Bereich der Emissionen war, mögliche Emissionen im Unternehmen FSB zu lokalisieren, die Einhaltung eventueller bestehender gesetzlicher Vorschriften zu überprüfen und – wenn möglich – Verbesserungsvorschläge zu unterbreiten.

5.1.2 Verantwortlichkeiten

Durch die für das Unternehmen ausgearbeitete und umgesetzte Umweltorganisation ergeben sich auch für eventuelle Emissionen genau definierte Zuständigkeiten, die im Rahmen des Umwelt-Audits in einem Organigramm festgehalten wurden (s. Umweltorganigramm, Abb. 34).

5.2 Auflistung der möglichen Emissionsquellen

Im Verlauf einer ganzen Reihe von Betriebsdurchgängen wurden zusammen mit dem Umweltbeauftragten und den zuständigen Bereichs- und Abteilungsleitern folgende mögliche Emissionsquellen im Unternehmen lokalisiert:

- Gießerei,
- Entfettungen,
- Mechanische Werkstatt,

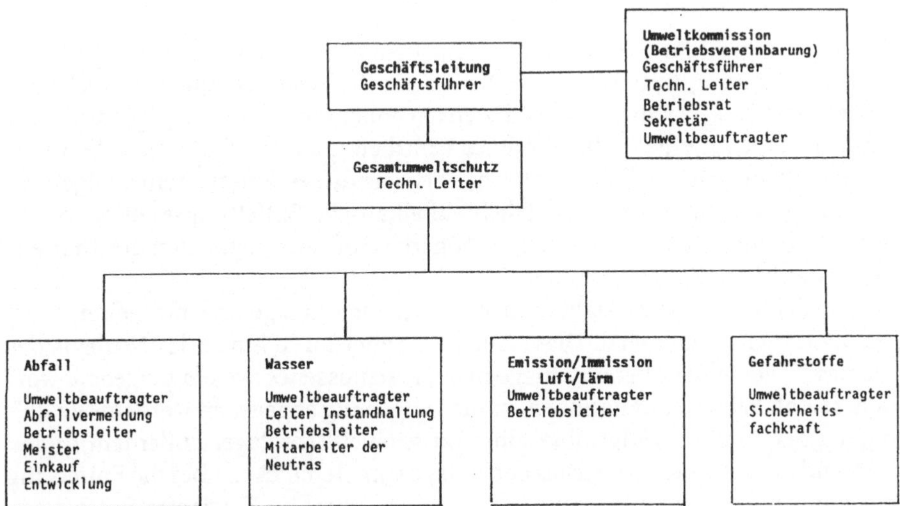

Abb. 34. Umweltorganisation FSB

- Schleifereien,
- Eloxalanstalten,
- Heizungsanlagen.

Nach den Betriebsbegehungen wurden für die möglichen Emissionsquellen gesetzliche Vorschriften geprüft. Dabei ergab sich, daß im Grunde genommen nur für die Gießerei, die Entfettung und die Heizungsanlagen Vorschriften ermittelt werden konnten.

5.2.1 Emissionen in der Gießerei

In der Gießerei wird Aluminium vorgeschmolzen, anschließend auf Warmhalteöfen verteilt und vergossen.

Beim Vorschmelzen werden Original-Aluminiumbarren zusammen mit Aluminiumrücklaufmaterial aus dem Betriebe eingeschmolzen. Das Rücklaufmaterial ist geringfügig mit Fettrückständen beladen. Das eingeschmolzene Aluminium wird vor dem Einsatz in Kokillen gesäubert. Hierzu wird die Schmelze mit Einsatzstoffen entgast und gereinigt.

Sowohl beim Einschmelzen wie auch beim Reinigen des Aluminiums treten, schon für das Auge erkenntlich, schwache Dämpfe auf. Auf der Oberfläche des Aluminiums bildet sich nach dem Reinigungsvorgang „Aluminiumkrätze", die mit Schöpfkellen entfernt wird.

Die hier beschriebenen Vorgänge wurden von der Gewerbeaufsicht und im Rahmen einer Eigenüberwachung vom TÜV überprüft und gemessen. Es gab keinerlei Beanstandungen. Auszüge aus dem Prüfprotokoll liegen in Kopie diesem Bericht bei (Anhang 2, nach Kap. 5.3).

5.2.2 Emissionen bei Entfettungen

Bis vor wenigen Jahren setzte FSB bei der Reinigung von Metallteilen das anerkannte Entfettungsmittel Perchloräthylen ein. Bis heute ist allgemein bekannt, daß nur mit Einsatz von Perchloräthylen ein hoher Porenreinigungsgrad erreicht werden kann, der eine saubere weitere Verarbeitung ermöglicht. Nachdem aber in den letzten Jahren die Umweltschädlichkeit dieses Einsatzstoffes allgemein bekannt wurde, hat FSB grundsätzlich auf alkalische Entfettungsmethoden umgestellt und den damit verbundenen höheren Aufwand zugunsten der Umweltpflege bewußt in Kauf genommen.

Zur Zeit des Umwelt-Audits war nur noch eine Anlage im Unternehmen mit Perchloräthylen eingesetzt. Diese Anlage ist aber im Rahmen des Neubaus des Werkes III von einer offenen Anlage in ein geschlossenes System umgebaut worden, so daß keinerlei Emissionen an die Umgebung abgegeben werden. Die Reinigung der Umluft erfolgt über eine Aktivkohlefilteranlage. Außerdem finden während des gesamten Betriebes der Anlage vom Beschicken über die Entfettung bis zum Entleeren kontinuierliche Messungen über die Konzentrationen statt. Diese Messungen werden protokolliert.

5.2.3 Emissionen der Heizungsanlage

Bis vor einigen Jahren betrieb das Unternehmen eine eigene Verbrennungsanlage, in der der im Betrieb anfallende Papierabfall und sägemehlähnliche Schleifmittel unter Überwachung des TÜV kontinuierlich verbrannt wurde, wobei die entstandene Prozeßwärme zum Heizen der Eloxalbäder benutzt wurde. Nachdem in den vergangenen Jahren die Anforderungen an privat betriebene Verbrennungsanlagen immer weiter in die Höhe geschraubt wurden, entschloß sich FSB, die eigene Verbrennungsanlage stillzulegen. Für ein Unternehmen mittlerer Größe sicher ein richtiger Schritt. Außerdem wurde damit eine mögliche Emissionsquelle geschlossen.

5.2.4 Hinweise auf weitere mögliche Emissionsquellen

Im Rahmen des Umwelt-Audits war es nicht möglich, im Rahmen der Emissionen Grundlagenforschung zu treiben und bei möglichen weiteren Emissionsquellen Messungen durchzuführen. Es wurde jedoch mit dem Unternehmen vereinbart, daß einige mögliche Emissionsquellen innerhalb der nächsten zwei Jahre kontinuierlich überprüft werden, so daß beim nächsten Umwelt-Audit klare Stellungnahmen vorliegen. Hierbei handelt es sich um folgende Standorte:

Mechanische Werkstätten

Bei der mechanischen Oberflächenbearbeitung von Gießlingen werden Fette und andere Emulsionen eingesetzt. Seit wenigen Monaten wird für die Bearbeitungsvorgänge Fettalkohol eingesetzt. Beim Sägen und Drehen entsteht Wärme. Fette und Emulsionen verdampfen. Späne und Metallstaub fallen an. Dämpfe und Späne werden abgesaugt. Es wird empfohlen, an den wichtigsten Maschinen genaue Messungen vorzunehmen.

Eloxalanlagen

Beim Eloxieren entstehen über Wärmeverluste Dämpfe. Es ist nicht auszuschließen, daß über diese Dämpfe Farbpigmente, Salze und sonstige Teile ausgetragen werden. Es bestehen in den Eloxalanlagen Absaugungen. Trotzdem wird empfohlen, an den Eloxalanlagen diese Dämpfe einmal wissenschaftlich zu analysieren und zu überprüfen.

Schleifereien

Sowohl bei den Handschleifvorgängen wie bei den über Roboter laufenden Schleif- und Poliervorgängen wird unter Einsatz von Schleifpaste Material abgetragen. Es besteht der Verdacht, daß bei der entstehenden Schleifwärme auch Dämpfe auftreten, und daß mit diesen Dämpfen Metall, Fett und Schleifscheibenteile als Emission auftreten. Es wird empfohlen, auch diese Arbeitsplätze in den nächsten Jahren einmal wissenschaftlich überprüfen zu lassen und die Meßprotokolle auszuwerten.

Lackierereien

Sowohl beim Naßlackieren, wie beim Pulverbeschichten entstehen inerte Abfall-
teilchen, die sich in der Abluft befinden. Eine Untersuchung der geringen Restmengen an Emissionen wird angeraten.

5.3 Maßnahmen

Dem geprüften Unternehmen wird empfohlen, alle von den Behörden vorgesehenen Messungen regelmäßig durchzuführen. Insbesondere ist zu beachten,
daß Ende März 1994 die geschlossene Entfettungsanlage erneut geprüft werden
muß und außerdem bis zum nächsten Umwelt-Audit den gemeinsam definierten
eventuellen Emissionsquellen nachzugehen sei. Es sei abschließend jedoch
nochmals betont, daß FSB kein typischer Betrieb mit hoher Emissionsbelastung
ist.

Anhang 2

Technischer Überwachungs-Verein Hannover/Sachsen-Anhalt e. V.

Bielefeld, den 16.11.1992
ry-pe

Bericht über die Durchführung von Emissionsmessungen

Betreiber:	FSB Franz Schneider Brakel GmbH & Co. Nieheimer Straße 38 3492 Brakel	
Standort:	Gemarkung: Brakel	Flur: 10 Flurstück: 128
Art der Messung:	Emissionsmessung	
Auftragsnummer:	987 263	
Auftragsdatum:	02.09.1992	
Tag der Messung:	17.09.1992	
Berichtsumfang:	12 Seiten 8 Anlagen	

Aufgabenstellung: Ermittlung der Schadstoffemission beim Einschmelzen von Aluminium.

Anhang 2 (Fortsetzung)

Inhaltsverzeichnis

Anhang 2 (Fortsetzung)

1　　　　Formulierung der Meßaufgabe

1.1　　Auftraggeber:　FSB Franz Schneider
　　　　　　　　　　　Brakel GmbH & Co. KG
　　　　　　　　　　　Nieheimer Straße 38
　　　　　　　　　　　3492 Brakel

1.1.1　Betreber:　　FSB Franz Schneider
　　　　　　　　　　Brakel GmbH & Co. KG
　　　　　　　　　　Nieheimer Straße 38
　　　　　　　　　　3492 Brakel

1.1.2　Standort der Emissionsquelle:　Al-Schmelztiegel
　　　　Gemarkung:　　　　　　　Brakel
　　　　Flur:　　　　　　　　　　10
　　　　Flurstück:　　　　　　　128
　　　　Ort im Betriebsgelände:　Kokillengießerei

1.2　　Anlagenart:
　　　　elektrisch beheizter Widerstandsschmelz- und Warmhalteofen

1.3　　Meßzeit (Datum):　Meßtag:　　　　　17.09.1992
　　　　　　　　　　　　letzte Messung:　　–
　　　　　　　　　　　　nächste Messung:　–

1.4　　Anlaß der Messung:　Emissionsmessung nach TA-Luft 86

1.4.1　Aufgabenstellung:　Ermittlung des Staub- und Ges. C-Gehaltes während der Schmelz-
　　　　　　　　　　　　und Reinigungsphase

　　　　　　　　　　　　Schmelzgut:　Al-Blockmaterial

Anhang 2 (Fortsetzung)

6 Zusammenstellung der Meßergebnisse

6.1 Meßergebnisse und Grenzwerte
elektrisch beheizter Widerstandsschmelz- und Warmhalteofen

Abgasvolumen im Normzustand trocken (m³/h)	von Beschickung bis Reinigungsende
	402

Gehalt	Grenzwert TA-Luft 86 in mg/m³	ermittelter Wert in mg/m³
Staub	20	2,01 – 28,29
Ges. C	50	0,54 – 2,81

Da der Anteil an organischen Bestandteilen im Gesamtstaub relativ hoch anzunehmen ist, wurden die Staubproben einer schrittweisen Wärmebehandlung unterzogen. Durch Blindproben wurde der Gewichtsverlust des Filtermaterials ermittelt und bei der Auswertung berücksichtigt.

Folgende Werte wurden nach Beseitigung der organischen Bestandteile ermittelt:

Gehalt	Grenzwert TA-Luft 86 in mg/m³	ermittelter Wert in mg/m³
Staub	20	1,55 – 15,68

6 Gefahrstoffe

6.1 Einleitung

Nach dem Chemikaliengesetz unterscheidet man drei unterschiedliche Gefahrstoffe, nämlich gefährliche Stoffe, umweltgefährliche Stoffe und mindergiftige Stoffe. Die Einzeldefinitionen lauten wie folgt:

Gefährliche Stoffe oder gefährliche Zubereitungen sind Stoffe oder Zubereitungen, die explosionsgefährlich, brandfördernd, hochentzündlich, leichtentzündlich, entzündlich, sehr giftig, giftig, mindergiftig, ätzend, reizend, sensibilisierend, krebserzeugend, fruchtschädigend oder erbgutverändernd sind oder sonstige chronisch schädigende Eigenschaften besitzen oder umweltgefährlich sind; ausgenommen sind gefährliche Eigenschaften ionisierender Strahlen.

Umweltgefährlich sind Stoffe oder Zubereitungen, die selbst oder deren Umwandlungsprodukte geeignet sind, die Beschaffenheit des Naturhaushalts von Wasser, Boden, oder Luft, Klima, Tieren, Pflanzen oder Mikroorganismen derartig zu verändern, daß dadurch sofort oder später Gefahren für die Umwelt herbeigeführt werden können.

Als mindergiftig gelten auch Stoffe oder Zubereitungen, bei denen Anhaltspunkte, insbesondere ein nach dem Stand der wissenschaftlichen Erkenntnisse begründeter Verdacht dafür besteht, daß sie krebserzeugend, fruchtschädigend oder ergbutverändernd sind.

6.1.1 Allgemeines

Bei FSB werden in den unterschiedlichsten Produktionsbereichen auch verschiedene Gefahrstoffe zur Herstellung der Produkte eingesetzt.

6.1.2 Ziel

Das Ziel des Umwelt-Audits im Bereich Gefahrstoffe ist, die Einhaltung der Bestimmung zur Lagerung, Handhabung und Verwendung der gefährlichen Stoffe in den drei Werken zu prüfen und die Erarbeitung eines Maßnahmenkataloges zur weiteren Verbesserung des Ist-Zustandes. Einbezogen wurde in diesem Falle auch die Lärmsituation in allen Produktionsbereichen und auch weitere Aspekte des Arbeitsschutzes. Die Möglichkeiten der Verringerung der eingesetzten Mengen oder der vollständigen Substitution von bestimmten Gefahrstoffen durch als ungefährlich eingestufte Stoffe wird an dieser Stelle nicht untersucht und sollte zu einem späteren Zeitpunkt in einem gesonderten Projekt behandelt werden.

6.1.3 Vorgehensweise

Durch Betriebsbegehungen in allen Produktionsbereichen und durch Sammlung und Auswertung von Daten zu Lagerkatastern, Genehmigungen, Messungen, Betriebsanweisungen usw. wurde der im Betrieb vorhandene Ist-Zustand festgestellt. Die bereits durchgeführten Messungen werden zur besseren Vergleichsmöglichkeit erst im Ist-/Soll-Abgleich aufgeführt.

Der Soll-Zustand ergibt sich für die Gefahrstoffe aus den Genehmigungen und den Regelungen der Gefahrstoffverordnung, vor allem den MAK- und TRK-Grenzwerten. Für den Bereich des Lärmschutzes am Arbeitsplatz sind die Vorschriften der Berufsgenossenschaften mit den entsprechenden Gehörschutzmaßnahmen maßgeblich.

Der Abgleich des Ist-Zustandes mit den jeweiligen Regelungen bzw. Grenzwerten erfolgte durch Vergleich der bereits erwähnten vorhandenen Messungen mit den vorgeschriebenen Grenzwerten bzw. durch Abgleich der vorhandenen Situation mit den zutreffenden Regelungen. War ein Abgleich wegen fehlender Meßzahlen nicht möglich, so wurde dies festgehalten.

An folgenden ausgewählten Beispielen wird dies erläutert.

6.2 Ausgewählte Beispiele (Ist-Zustand)

Werkzeugbau
Im Kokillenbau wird bei neuen oder reparierten Kokillen ein Probeguß mit Blei vorgenommen. Dabei ist eine Bleiexposition möglich. Außerdem werden die Kokillen aufgepanzert (flammgespritzt). Die Anlage ist mit einer Absaugung ausgestattet. Die Arbeiter tragen beim Probegießen Atemschutzmasken. Die Gießkokillen werden aus Grauguß hergestellt bzw. repariert. Dabei kommen keine Lösemittel zur Entfettung und Reinigung zum Einsatz.

Mechanische Werkstatt
In der mechanischen Werkstatt beginnt die Oberflächenbearbeitung der Aluminiumteile. Dabei entsteht neben Spänen auch Feinstaub, u. a. an den hier stehenden Schleifrobotern. Starken Lärm verursachende Maschinen sind durch eine Schallschutzkabine von den restlichen Bearbeitungseinheiten getrennt.

Schleiferei
In der Schleiferei wird die Gußkante der Aluminiumteile mittels Hand- und Maschinenschleifens abgetragen. Dabei tritt eine Lärm- und Staubentwicklung auf, wobei auf dem Boden und auf den Maschinen, außer bei den Gleitschleifern, ein deutlicher Staubbelag sichtbar ist. Der Staub wird durch Wasser- und Luftabsaugungen gebunden. Die Mitarbeiter tragen in der Regel Gehörschutz und sind hierzu nach Betriebsanweisung besonders aufgefordert.

Neutralisation
An den Schrägklärern ist nur teilweise ein Schutzgeländer angebracht, das ein Hineinfallen verhindert könnte.

Entfettung
An der alkalischen Entfettung wird beim Ansetzen des Behandlungsbades nicht immer mit säurefesten Handschuhen gearbeitet.

Automatendreherei
In der Automatendreherei werden Teile für die Produktion an automatischen Drehbänken abgerollt und gedreht. Der Lärmpegel ist zu kontrollieren.

Teilefertigung
In der Teilefertigung werden Bleche gelocht und gewinkelt, Profile geschnitten und Rohre getrennt, wobei der Lärmpegel zu messen ist. Desweiteren werden hier Zwischenprodukte weiterverarbeitet. An den u. a. dabei benötigten Lötarbeitsplätzen ist ein leichter Gasgeruch feststellbar.

Spritzmaschinen
Zubehörteile, Führungen und Passungen werden an den Spritzmaschinen aus geschmolzenem Granulat hergestellt. Der vorhandene Geruch läßt auf organische Verbindungen schließen.

Instandhaltung

Der Maschinenpark der Instandhaltung dient zur Reparatur und Instandhaltung der Produktionsmaschinen. Bei manchen Arbeiten entsteht ein hoher Lärmpegel und fällt Feinstaub an (z. B. beim Schleifen und Schärfen).

Entfettung

Die Perchlorentfettung ist gekapselt und mit einem nachgeschalteten Aktivkohlefilter zur Abluftreinigung versehen. Eine kontinuierliche Meßeinrichtung ist installiert. Die Entfettung ist der Oberflächenbeschichtung vorgeschaltet.

Zu allen aufgezählten Beispielen bzw. aufgedeckten Nachlässigkeiten wurden Verbesserungsvorschläge unterbreitet, die Eingang in einen Maßnahmenplan gefunden haben.

Als Anlage sind ausgewählte Arbeitschutzmessungen im Lärm- und Beleuchtungsbereich beigefügt.

6.3 Ausgewählte, beispielhafte Meßprotokolle zum Soll-/Ist-Abgleich

Meßergebnisse zum Geräuschmeßbericht

Maschinenbau- und Metall-Berufsgenossenschaft

Anlage 3

Firma: Franz Schneider GmbH

Tag der Messung: 25.08.92

Halle/Abteilung: Werk II

Bearbeiter: Schaerk   614.2/256/077

Mitglieds-Nr.
11 60483 Schae/Ja

Meß-punkt lfd. Nr.	Meßort/Lärmquelle	Hinter-grundpegel L_{Aeq} dB (A)	Mittelungs-pegel $L_{Aeq} = L_{AFm}$ dB (A)	Mittelungs-pegel $L_{Aleq} = L_{AIm}$ dB (A)	Höchstwert L_{peak} / L_{AImax} dB dB (A)	Beurteilungs-pegel L_{Ar} in dB (A)	Bemerkung
1	Automatendreherei (5 Einspindel-Drehautomaten, Fabr. Traub)	–	94	95	97	97	Rattergeräusche an einer Stangenführung bei der Verarbeitung von 8 mm-Vierkant-Stahl
2	Möbelleistenfertigung	–	86	92	99	95	Trennjäger
3	Nibbelmaschine (teilgekapselt)	–	82	–	–	–	s. Meßbericht vom 14.02.90
4	Tafelschere	–	88	92	101	91	1,5 mm-Stahlblech
5	Exzenterpresse Inv.-Nr. 449 017	–	91	100	103	94	Lüftungsgitter stanzen
6	Profil-Senk-Maschine	–	93	100	105	96	Blasgeräusche
7	Presserei zwischen den Kurbelpressen Inv.-Nr. 449 022 u. 449 035	–	89	96	100	92	Sockelblech aus 1 mm Edelstahl Halterungen für Eloxalanlage 1,5 mm Alu
8	Bandschleiferei	–	88	92	100	91	

Meßergebnisse zum Geräuschmeßbericht

Anlage 8

Maschinenbau- und Metall-Berufsgenossenschaft

Firma: Franz Schneider GmbH

Halle/Abteilung: Werk I

Tag der Messung: 24.08.92

Bearbeiter: Schaerk　　614.2/256/077

Mitglieds-Nr. Ja
11 60483 Schae

Meß-punkt lfd. Nr.	Meßort/Lärmquelle	Hinter-grundpegel L_{Aeq} dB (A)	Mittelungs-pegel $L_{Aeq} = L_{AFm}$ dB (A)	Mittelungs-pegel $L_{Aleq} = L_{Alm}$ dB (A)	Höchstwert L_{peak} / L_{Almax} dB　dB (A)	Beurteilungs-pegel L_{Ar} in dB (A)	Bemerkung
1	Kokillengießerei (Alu)	–	81	87	103	90	Aufprallgeräusche d. Gußstücke auf die Rutschen
2	Sägerei						
2.1	in der Schallschutzkabine	–	90	91	103	93	Alu-Kreissägen, Transportgeräusche
2.2	Bandsägen	–	86	90	97	93	Bandsägen, Transportgeräusche
2.3	Bohrmaschinen	–	84	97	99	90	Bohren, Gewindeformen, Blasgeräusche
2.4	Roboterschleifplatz	–	83	88	106	91	Bandschleifmaschinen
2.5	Weiler CNC-Drehmaschine mit Kaltenbach-Alu-Kreissäge	–	83	89	104	92	Sägegeräusch
3	Werkzeugbau						
3.1	Fräsmaschine Fabr. MARO MH 700 C	–	76	79	94	79	Blasgeräusche
3.2	Erodiermaschine AGIECUT 100 D	–	76	76	–	79	Pumpen- u. Filteranlage
3.3	Handarbeitsbereich	–	73	83	103	76	Hammerschläge, Schleifmaschinen

Tabellarische Aufstellung der Meßwerte

erforderliche Werte nach DIN 5035 bzw. Arbeitsstättenrichtlinie ASR 7/3

Sp. 1	Sp. 2	Sp. 3	Sp. 4	Sp. 5	Sp. 6	Sp. 7	Sp. 8					
Meß-punkt-Nr.	Ort der Messung	Istwert der Beleuchtungs-stärke in lx	Sollwert d. Nennbeleuch-tungsstärke in lx	erf. Licht-farbe	Mindest-stufe der Farbwieder-gabeeigen-schaften	Mindest-güteklasse d. Begren-zung d. Di-rektblendung	LpH = Lichtpunkt-höhe　Dh = Deckenhöhe　LpH	Dh	Maßnahmen (siehe Fußnote) 1 2 3 4			Bemerkungen
	Gießerei											
1	Gieß-Rundtisch	364	300	ww.nw	3	2	5,5 m	7,5 m					HQL
2	Ofen neben Gieß-Rundtisch	333	300	ww.nw	3	2	"	"					"
3	vorletzter Ofen hinten links	372	300	ww.nw	3	2	"	"					"
4	letzter Ofen hinten links	347	300	ww.nw	3	2	"	"					"
5	1. Ofen vorne rechts	324	300	ww.nw	3	2	"	"					"
6	2. Ofen rechts Mitte	389	300	ww.nw	3	2	"	"					"

Erläuterungen zu Sp. 8:
1) Wartung erforderlich, 2) Nachrüstung erforderlich, evtl. Neuinstallation, 3) Blendung begrenzen 4) Die Leuchten sind höher aufzuhängen

Anlage 3 zum Meßbericht Nr.   K 165/92/B/11/60483   Blatt 11

Tabellarische Aufstellung der Meßwerte | erforderliche Werte nach DIN 5035 bzw. Arbeitsstättenrichtlinie ASR 7/3

Sp. 1	Sp. 2	Sp. 3	Sp. 4	Sp. 5	Sp. 6	Sp. 7	Sp. 8							Bemerkungen
Meß-punkt-Nr.	Ort der Messung	Istwert der Beleuchtungs-stärke in lx	Sollwert d. Nennbeleuch-tungsstärke in lx	erf. Licht-farbe	Mindest-stufe der Farbwieder-gabeeigen-schaften	Mindest-güteklasse d. Begren-zung d. Di-rektblendung	LpH = Lichtpunkt-höhe / Dh = Deckenhöhe		Maßnahmen (siehe Fußnote)					
							LpH	Dh	1	2	3	4		
	Lohn-Buchhaltung													
47	Bildschirm Raummitte	770	500	ww. nw	2A	A	2,7 m	2,7 m		x	x			Rastersystem
48	Bildschirm hinten links	788	500	ww. nw	2A	A	"	"		x	x			" Ca. 1500 cd/m²
49	Bildschirm hinten rechts	918	500	ww. nw	2A	A	"	"		x	x			"

Erläuterungen zu Sp. 8:
1) Wartung erforderlich,   2) Nachrüstung erforderlich, evtl. Neuinstallation,   3) Blendung begrenzen   4) Die Leuchten sind höher aufzuhängen

7 Produkte

7.1 Einleitung

7.1.1 Allgemeines

BeimProdukt-Auditing wird die Umweltrelevanz des Produktionsprogramms überprüft. Stellt ein Unternehmen aus einem bestimmten Material und in einem genau festgelegten Prozeß nur ein einziges Produkt her, so kann sich das Produkt-Auditing auf diesen Einzelgegenstand konzentrieren. Bietet dagegen ein Unternehmen – wie dies bei FSB der Fall ist – eine sehr breite Produktpalette an, die aus den unterschiedlichsten Materialien und in den verschiedensten Produktionsprozessen hergestellt wird, so muß das Produkt-Auditing sehr breit angelegt werden. In letzterem Falle sind betriebsinterne Material-, Produktions- und Produktvergleiche möglich.

7.1.2 Ziel

Das Produkt-Auditing beim Unternehmen FSB hat im wesentlichen drei Ziele:

- Erstmalige umweltrelevante Überprüfung der gesamten FSB-Produktpalette.
- Herstellung eines betriebsinternen umweltrelevanten Material- und Produktionsvergleichs.
- Erarbeitung von produktbezogenen Umweltaussagen, auf deren Basis die Geschäftsleitung umweltrelevante Ziele definieren kann, die bei einem späteren Audit dann als Maßstab herangezogen werden könnten.

7.1.3 Vorgehensweise

Da mit dem Produkt-Auditing Neuland beschritten wurde, war zunächst eine geeignete Vorgehensweise zu definieren:

- Zunächst wurden sieben Bewertungsfaktoren definiert.
- Anschließend wurde ein Gewichtungsfaktor für die einzelnen Bewertungsaspekte festgelegt.
- Über eine Multiplikation von Bewertungsfaktor mit der Gewichtung ergab sich anschließend eine erste Abschätzung der Produkte bezüglich deren Umweltauswirkung.
- Diese Werte wurden nun mit den betriebsinternen Umweltproduktanforderungen verglichen.
- Auf der Basis dieser Ergebnisse war anschließend ein Maßnahmenkatalog zu erstellen.
- Die Umsetzung dieses theoretischen Ansatzes erfolgte anhand von ProduktChecklisten, aus „Umweltschutz-Management und Öko-Auditing", Springer-Verlag (1993) für die Sektoren Verbrauch von natürlichen Ressourcen, Auswirkungen auf Ökosysteme, Energieverbrauch und Abfallaufkommen, Wasser-, Luftverschmutzung, Lärm entwickelt hat.

7.1.4 Bewertungsfaktoren

Die Bewertungsfaktoren wurden wie folgt definiert:

$-1{,}0 < F < -0{,}5$ der Betrieb setzt diesen Aspekt nicht um und plant auch keine Umsetzung;

$-0{,}5 < F < 0$ der Betrieb setzt diesen Aspekt nicht um, plant aber kurzfristig eine Umsetzung;

$-1{,}0 < F < 0$ der Betrieb betreibt eine „nicht akzeptable" Alternative;

o   der Betrieb verhält sich umweltneutral in Bezug auf diesen
                         Aspekt;
$o < F < +1,0$ der Betrieb betreibt eine „akzeptable" Alternative;
$o < F < +0,5$ der Betrieb setzt diesen Aspekt bereits in Ansätzen um;
$+0,5 < F < +1,0$ der Betrieb setzt diesen Aspekt konsequent um.

7.1.5 Gewichtungsfaktor

Diese Bewertungsfaktore können für jeden Aspekt über einen Gewichtungsfaktor (G), der zwischen o und 1 festgesetzt wird, bewertet bzw. gewichtet werden. Durch das Zusammenspiel von Bewertungs- und Gewichtungsfaktor soll
für das eingesetzte Material, den verwandten Produktionsprozeß oder das
entstandene Produkt die Umweltrelevanz besonders deutlich herausgestellt
werden.

7.1.6 Ergebnis

Durch die Multiplikation von Bewertung und Gewichtung erhält man das Ergebnis P_{ist}, das eine erste Abschätzung der produktbezogenen Umweltauswirkungen bzw. des umweltrelevanten Umweltpotentials des Betriebes erlaubt. Diesem
rechnerischen Ergebnis wird anschließend ein betriebsinternes Umweltanforde-
rungsprofil entgegengestellt (P_{soll}). Durch den Vergleich von P_{ist} und P_{soll} erhält
man für das Unternehmen eine Stärken- und Schwächenanalyse, die Basis für
einen Maßnahmenkatalog sein kann.

7.2 Ist- und Soll-Zustand

Nachstehend wird die theoretisch entwickelte Vorgehensweise anhand der
genannten Produktchecklisten in der Praxis überprüft:

– Insgesamt liegen Produktchecklisten für vier Sektoren vor (Verbrauch von
  natürlichen Ressourcen (s. Tabellen 20–23); Auswirkungen auf Ökosysteme
  (s. Tabellen 24–27); Energieverbrauch (s. Tabellen 28–31); Abfallaufkommen,
  Wasser-, Luftverschmutzung, Lärm (s. Tabellen 32–35)).
– Diese Checklisten wurden für die bei FSB eingesetzten Materialien Aluminium,
  Bronze, Messing und Edelstahl ausgefüllt.
– Jede Checkliste enthält eine Spalte für die Bewertungsfaktoren, eine Spalte für die Gewichtungsfaktoren, eine Spalte für den ermittelten Ist-Zustand
  (P_{ist}) und eine Spalte für die betriebsinternen Vorgaben (P_{soll}). Die Werte
  der Spalte P_{soll} wurden duch Befragungen des Geschäftsführers, der
  Technischen Leitung des Unternehmens und des Umweltbeauftragten
  ermittelt.
– Die ausgefüllten Checklisten werden im Detail kommentiert.

7.2.1 Sektor I: Verbrauch von natürlichen Ressourcen

Tabelle 20. Aluminium

	$-1 < F < 1$	$0 < G < 1$	P_{ist}	P_{soll}
1. Verwendung nachwachsender Rohstoffe unter Vermeidung von Monokulturen	−1,0	0,1	−0,1	−0,1
2. Minimierung/Vermeidung der Zerstörung natürlicher Stoffkreisläufe und Gleichgewichte durch Rohstoffaufbau/-gewinnung direkt vor Ort	−0,5	0,6	−0,3	−0,3
3. Minimierung/Vermeidung gesundheitlicher Risiken in Zusammenhang mit der Rohstoffgewinnung	−0,5	0,1	−0,05	−0,05
4. Sozialverträglichkeit der Rohstoffgewinnung bzw. des Rohstoffabbaus direkt vor Ort	−0,5	0,1	−0,05	−0,05
5. Prüfung/Optimierung des Umweltimages der verwendeten Rohstoffe	−0,8	0,9	−0,72	−0,2
6. Minimierung/Vermeidung a) Rohstoffmenge pro Produkt, b) Rohstoffverunreinigungen, c) Rohstoffvorbehandlung	−0,5 +0,5 +1,0	1,0 0,6 0,4	−0,5 +0,3 +0,4	−0,1 +0,4 +0,4
7. Minimierung des Verbrauches fossiler Energiequellen durch Minimierung der Transportwege	−0,7	0,6	−0,42	0
8. Minimierung/Vermeidung von Grundwasserentnahmen/Luftverbrauch für Produktionsprozesse	+1,0	1,0	+1,0	+1,0
9. Minimierung/Vermeidung von Bodenverbrauch durch Deponierung nach Produktgebrauch wegen Ein-Weg-Konzipierung des Produktes	0	0,8	0	+0,3
10. Minimierung/Vermeidung des Bodenverbrauches in Zusammenhang mit der Rohstoffherstellung	−0,5	0,2	−0,1	−0,1
11. Rohstoffkontrollen und Lieferantenverpflichtungen bzgl. betrieblicher Umweltvorgaben	−0,5	0,8	−0,4	+0,3

Tabelle 21. Bronze

	$-1 < F < 1$	$0 < G < 1$	P_{ist}	P_{soll}
1. Verwendung nachwachsender Rohstoffe unter Vermeidung von Monokulturen	$-1,0$	$0,1$	$-0,1$	$-0,1$
2. Minimierung/Vermeidung der Zerstörung natürlicher Stoffkreisläufe und Gleichgewichte durch Rohstoffabbau/-gewinnung direkt vor Ort	$-0,5$	$0,4$	$-0,2$	$-0,2$
3. Minimierung/Vermeidung gesundheitlicher Risiken in Zusammenhang mit der Rohstoffgewinnung	$-0,5$	$0,1$	$-0,05$	$-0,05$
4. Sozialverträglichkeit der Rohstoffgewinnung bzw. des Rohstoffabbaus direkt vor Ort	$-0,5$	$0,1$	$-0,05$	$-0,05$
5. Prüfung/Optimierung des Umweltimages der verwendeten Rohstoffe	$-0,8$	$0,4$	$-0,32$	$-0,1$
6. Minimierung/Vermeidung a) Rohstoffmenge pro Produkt, b) Rohstoffverunreinigungen, c) Rohstoffvorbehandlung	$-0,5$ $+0,5$ $+1,0$	$1,0$ $0,4$ $0,4$	$-0,5$ $+0,2$ $+0,4$	$-0,1$ $+0,2$ $+0,4$
7. Minimierung des Verbrauches fossiler Energiequellen durch Minimierung der Transportwege	$-0,7$	$0,6$	$-0,42$	0
8. Minimierung/Vermeidung von Grundwasserentnahmen/Luftverbrauch für Produktionsprozesse	$+1,0$	$1,0$	$+1,0$	$+1,0$
9. Minimierung/Vermeidung von Bodenverbrauch durch Deponierung nach Produktgebrauch wegen Ein-Weg-Konzipierung des Produktes	0	$0,8$	0	$+0,3$
10. Minimierung/Vermeidung des Bodenverbrauches in Zusammenhang mit der Rohstoffherstellung	$-0,5$	$0,2$	$-0,1$	$-0,1$
11. Rohstoffkontrollen und Lieferantenverpflichtungen bzgl. betrieblicher Umweltvorgaben	$-0,5$	$0,8$	$-0,4$	$+0,3$

Tabelle 22. Messing

	$-1 < F < 1$	$0 < G < 1$	P_{ist}	P_{soll}
1. Verwendung nachwachsender Rohstoffe unter Vermeidung von Monokulturen	−1,0	0,1	−0,1	−0,1
2. Minimierung/Vermeidung der Zerstörung natürlicher Stoffkreisläufe und Gleichgewichte durch Rohstoffabbau/-gewinnung direkt vor Ort	−0,5	0,4	−0,2	−0,2
3. Minimierung/Vermeidung gesundheitlicher Risiken in Zusammenhang mit der Rohstoffgewinnung	−0,5	0,1	−0,05	−0,05
4. Sozialverträglichkeit der Rohstoffgewinnung bzw. des Rohstoffabbaus direkt vor Ort	−0,5	0,1	−0,05	−0,05
5. Prüfung/Optimierung des Umweltimages der verwendeten Rohstoffe	−0,8	0,4	−0,32	−0,1
6. Minimierung/Vermeidung a) Rohstoffmenge pro Produkt, b) Rohstoffverunreinigungen, c) Rohstoffvorbehandlung	−0,5 +0,5 +1,0	1,0 0,4 0,4	−0,5 +0,2 +0,4	−0,1 +0,2 +0,4
7. Minimierung des Verbrauches fossiler Energiequellen durch Minimierung der Transportwege	−0,7	0,6	−0,42	0
8. Minimierung/Vermeidung von Grundwasserentnahmen/Luftverbrauch für Produktiosnprozesse	+1,0	1,0	+1,0	+1,0
9. Minimierung/Vermeidung von Bodenverbrauch durch Deponierung nach Produktgebrauch wegen Ein-Weg-Konzipierung des Produktes	0	0,8	0	+0,3
10. Minimierung/Vermeidung des Bodenverbrauches in Zusammenhang mit der Rohstoffherstellung	−0,5	0,2	−0,1	−0,1
11. Rohstoffkontrollen und Lieferantenverpflichtungen bzgl. betrieblicher Umweltvorgaben	−0,5	0,8	−0,4	+0,3

Tabelle 23. Edelstahl

	$-1 < F < 1$	$0 < G < 1$	P_{ist}	P_{soll}
1. Verwendung nachwachsender Rohstoffe unter Vermeidung von Monokulturen	$-1,0$	$0,1$	$-0,1$	$-0,1$
2. Minimierung/Vermeidung der Zerstörung natürlicher Stoffkreisläufe und Gleichgewichte durch Rohstoffabbau/-gewinnung direkt vor Ort	$-0,5$	$0,5$	$-0,25$	$-0,25$
3. Minimierung/Vermeidung gesundheitlicher Risiken in Zusammenhang mit der Rohstoffgewinnung	$-0,5$	$0,1$	$-0,05$	$-0,05$
4. Sozialverträglichlichkeit der Rohstoffgewinnung bzw. des Rohstoffabbaus direkt vor Ort	$-0,5$	$0,1$	$-0,05$	$-0,05$
5. Prüfung/Optimierung des Umweltimages der verwendeten Rohstoffe	$-0,8$	$0,9$	$-0,72$	$-0,2$
6. Minimierung/Vermeidung a) Rohstoffmenge pro Produkt, b) Rohstoffverunreinigungen, c) Rohstoffvorbehandlung	$-0,5$ $+0,5$ $+1,0$	$1,0$ $0,6$ $0,4$	$-0,5$ $+0,3$ $+0,4$	$-0,1$ $+0,4$ $+0,4$
7. Minimierung des Verbrauches fossiler Energiequellen durch Minimierung der Transportwege	$-0,7$	$0,6$	$-0,42$	0
8. Minimierung/Vermeidung von Grundwasserentnahmen/Luftverbrauch für Produktionsprozesse	$+1,0$	$1,0$	$+1,0$	$+1,0$
9. Minimierung/Vermeidung von Bodenverbrauch durch Deponierung nach Produktgebrauch wegen Ein-Weg-Konzipierung des Produktes	0	$0,8$	0	$+0,3$
10. Minimierung/Vermeidung des Bodenverbrauches in Zusammenhang mit der Rohstoffherstellung	$-0,5$	$0,2$	$-0,1$	$-0,1$
11. Rohstoffkontrollen und Lieferantenverpflichtungen bzgl. betrieblicher Umweltvorgaben	$-0,5$	$0,8$	$-0,4$	$+0,3$

7.2.1.1 Erklärung der Bewertungen in Sektor I

1. Aluminium, Bronze, Messing und Edelstahl sind keine nachwachsenden Rohstoffe. Auch langfristig ist kein Ersatz in Sicht bzw. vorgesehen. Aufgrund des Produktcharakters gibt es keine Möglichkeit auf einen nachwachsenden Rohstoff umzusteigen.

2.–4. Initiative hinsichtlich der ökologischen Auswirkungen des Rohstoffabbaus aller eingesetzten Rohstoffe erfolgt durch Teilnahme an jährlichen Treffen der Branche mit den Rohstoffherstellern, bei dem diese u. a. über Umweltauswirkungen berichten. Dabei können auch Anstöße in Richtung Umweltschutz gegeben werden. Der Betrieb sieht sich aufgrund seiner Größe aber nicht in der Lage, darüber hinaus auf die rohstoffabbauenden Firmen in entscheidendem Maße einzuwirken und dadurch eine ökologische Verbesserung zu bewirken. Die unterschiedliche Gewichtungen entsprechen den Relationen der verarbeiteten Mengen.

5. Mit diesem Audit überprüft FSB erstmalig das Umweltimage der eingesetzten Materialien. Noch keine erkennbare Optimierung dieses Punktes durch den Betrieb. Die Gewichtung bei Aluminium und Edelstahl wurde hoch festgesetzt, da diese Materialien wesentlich mehr im Blickpunkt des öffentlichen Interesses liegen als Bronze oder Messing.

6a. Rohstoffeinsparung durch materialsparende Konstruktion findet nicht bewußt statt. Der Rohstoffbedarf für ein Produkt wird momentan nur vom Design und den Kosten bestimmt. Eine Verringerung des Rohstoffeinsatzes wird zur Zeit durch Wertstoffrecycling erreicht. Bei Aluminium wird eine Wiederverwertung von Angüssen und Fehlchargen durchgeführt. Nicht verwertbare Reststoffe von Aluminium, Bronze, Messing und Edelstahl werden der Verwertung durch qualifizierte Unternehmen zugeführt.

6b. Es wird darauf geachtet, daß nur saubere Materialien in die Produktion einfließen, um Produktionsstörungen zu verhindern. Daraus ergibt sich eine bessere Wiederverwertungsmöglichkeit im bei zu recyclierenden Altprodukten.

6c. Aluminium wird nach Anlieferung nicht vorbehandelt, sondern direkt verarbeitet. Rohre und Profile aus Aluminium, Bronze, Messing und Edelstahl werden ebenfalls direkt der Produktion zugeführt und durchlaufen keine Vorbehandlung. Die Gewichtung bei Aluminium und Edelstahl ist wegen möglicher „gefährlicher" Inhaltsstoffe höher.

7. Die Auswahl der Rohstofflieferanten erfolgt nach Kostengesichtspunkten und nicht nach dem Kriterium der möglichst kurzen Transportwege. Bei einer solchen Auswahl würde die Umweltbelastung durch geringeren Verbrauch und die Verminderung der Verbrennungsprodukte der Transportfahrzeuge gesenkt werden. Eine weitere Senkung könnte durch eine Verlagerung des Transportes von der Straße auf die Schiene realisiert werden.

Es wäre eventuell auch zu prüfen, ob der Rohstofflieferant sein Bauxit, bzw. seine Erze über möglichst kurze Transportwege bezieht oder ebenfalls nach rein wirtschaftlichen Gesichtspunkten vorgeht.

8. Der produktionsbedingte Wasserverbrauch wurde bereits so weit wie möglich eingeschränkt, v.a. durch Kreislaufführung und Wassersparmaßnahmen. Durch kleine Detaillösungen sind nur noch minimale Einsparungen möglich. Eine Förderung von Vorschlägen geschieht durch ein betriebliches Vorschlagswesen mit einer Prämierung brauchbarer Vorschläge und einer Zusatzprämie bei einer sichtbaren Verbesserung eines Umweltkriteriums. Das Brauchwasser wird aus dem firmeneigenem Brunnen entnommen und durchläuft eine Vorreinigung. Luftverbrauch bzw. -verschmutzung sind minimal, da so gut wie keine luftverbrauchenden Profuktionsschritte erfolgen.

9. Ein Recyclingkonzept bzw. die Kreislaufwirtschaft der Produkte wird angedacht bzw. erste Bemühungen laufen bereits. Die Vorlaufdauer ist in diesem Falle länger als bei anderen Produkten, da die Lebensdauer der Produkte sehr hoch ist. Eine prinzipielle Wiederverwertbarkeit ist bei Aluminiumprodukten gegeben, da ein problemloses Wiedereinschmelzen möglich ist. Jedoch geht in die Planung eines neuen Produktes dieser Aspekt wegen der langen Lebensdauer nicht vorrangig mit ein. Bronze, Messing und Edelstahl können ohne Oberflächenbeschichtung der Wiederverwertung zugeführt werden. Sind die Produkte oberflächenbeschichtet, werden sie zuerst vorbehandelt um die Beschichtung zu entfernen.
    Bei einer eventuellen Deponierung nehmen Drücker nur ein geringes Volumen in Anspruch und verhalten sich grundwasserneutral.

10. Bei diesem Aspekt ist aus vorher bereits genannten Gründen (siehe 2.–4.) bis jetzt kein weitreichendes Engagement des Betriebes erfolgt.

11. Lieferantenverpflichtungen zur Einhaltung genau definierter betrieblicher Umweltvorgaben seitens des Betriebes existieren nicht, sind aber in Vorbereitung.

7.2.2 Sektor II: Auswirkungen auf Ökosysteme

Tabelle 24. Aluminium

	$-1 < F < 1$	$0 < G < 1$	P_{ist}	P_{soll}
1. Verminderung/Vermeidung der Störung natürlicher Stoffkreisläufe und Gleichgewichte durch				
a) Produktanwendung	0	0,2	0	0
b) Produktentsorgung	0	0,6	0	+0,3
c) Transportvorgänge	-0,7	0,5	-0,35	-0,2
d) Einführung von Rücknahmepflichten durch den Hersteller	+1,0	0,7	+0,7	+0,7
2. Verminderung/Vermeidung der biologischen Verarmung von Ökosystemen und Vernichtung von Lebensgrundlagen durch				
a) Rohstoffgewinnung	-0,5	0,6	-0,3	-0,3
b) Produktanwendung	0	0,2	0	0
c) Produktentsorgung	0	0,6	0	0
d) Transportvorgänge	-0,7	0,5	-0,35	-0,2
e) Einführung von Rücknahmepflichten durch den Hersteller	+1,0	0,7	+0,7	+0,7

Tabelle 25. Bronze

	$-1 < F < 1$	$0 < G < 1$	P_{ist}	P_{soll}
1. Verminderung/Vermeidung der Störung natürlicher Stoffkreisläufe und Gleichgewichte durch				
a) Produktanwendung	0	0,2	0	0
b) Produktentsorgung	0	0,4	0	+0,2
c) Transportvorgänge	-0,7	0,5	-0,35	-0,2
d) Einführung von Rücknahmepflichten durch den Hersteller	+1,0	0,7	+0,7	+0,7
2. Verminderung/Vermeidung der biologischen Verarmung von Ökosystemen und Vernichtung von Lebensgrundlagen durch				
a) Rohstoffgewinnung	-0,5	0,2	-0,1	-0,1
b) Produktanwendung	0	0,2	0	0
c) Produktentsorgung	0	0,4	0	0
d) Transportvorgänge	-0,7	0,5	-0,35	-0,2
e) Einführung von Rücknahmepflichten durch den Hersteller	+1,0	0,7	+0,7	+0,7

Tabelle 26. Messing

	$-1 < F < 1$	$0 < G < 1$	P_{ist}	P_{soll}
1. Verminderung/Vermeidung der Störung natürlicher Stoffkreisläufe und Gleichgewichte durch				
a) Produktanwendung	0	0,2	0	0
b) Produktentsorgung	0	0,4	0	+0,2
c) Transportvorgänge	−0,7	0,5	−0,35	−0,2
d) Einführung von Rücknahmepflichten durch den Hersteller	+1,0	0,7	+0,7	+0,7
2. Verminderung/Vermeidung der biologischen Verarmung von Ökosystemen und Vernichtung von Lebensgrundlagen durch				
a) Rohstoffgewinnung	−0,5	0,2	−0,1	−0,1
b) Produktanwendung	0	0,2	0	0
c) Produktentsorgung	0	0,4	0	0
d) Transportvorgänge	−0,7	0,5	−0,35	−0,2
e) Einführung von Rücknahmepflichten durch den Hersteller	+1,0	0,7	+0,7	+0,7

Tabelle 27. Edelstahl

	$-1 < F < 1$	$0 < G < 1$	P_{ist}	P_{soll}
1. Verminderung/Vermeidung der Störung natürlicher Stoffkreisläufe und Gleichgewichte durch				
a) Produktanwendung	0	0,2	0	0
b) Produktentsorgung	0	0,5	0	+0,2
c) Transportvorgänge	−0,7	0,5	−0,35	−0,2
d) Einführung von Rücknahmepflichten durch den Hersteller	+1,0	0,7	+0,7	+0,7
2. Verminderung/Vermeidung der biologischen Verarmung von Ökosystemen und Vernichtung von Lebensgrundlagen durch				
a) Rohstoffgewinnung	−0,5	0,4	−0,2	−0,2
b) Produktanwendung	0	0,2	0	0
c) Produktentsorgung	0	0,5	0	0
d) Transportvorgänge	−0,7	0,5	−0,35	−0,2
e) Einführung von Rücknahmepflichten durch den Hersteller	+1,0	0,7	+0,7	+0,7

7.2.2.1 Erklärung der Bewertungen in Sektor II:

1a. Die Produktanwendung ist nicht umweltrelevant. Beim Gebrauch des Drückers werden keine Schadstoffe frei. Das Umweltverhalten ist somit neutral.

1b. Eine Wiederverwertung der Produkte ist prinzipiell möglich, da Aluminium wiedereingeschmolzen werden kann und die restlichen Produkte nach Entfernung einer eventuell vorhandenen Oberflächenbeschichtung wieder in den Wiederverwertungskreislauf zurücklaufen können. Die Produktentsorgung durch Deponierung würde die Rohstoffe den natürlichen Stoffkreisläufen entziehen und die Gleichgewichte stören. Wichtig ist daher ein funktionierendes Recyclingkonzept. Die Gewichtungsunterschiede werden wiederum durch die verschiedenen innerbetrieblichen Mengeneinsätze verursacht.

1c. Der Transport von Erzen und Rohstoffen erfolgt über lange Strecken, zum größten Teil aus Übersee. Dabei wird eine große Menge an fossilen Brennstoffen verbraucht, welche damit den Stoffkreisläufen entzogen sind und außerdem noch durch ihre Verbrennungsprodukte die Umwelt belasten.

1d. Eine Rücknahmeverpflichtung wurde in vollem Umfang bereits eingegangen und wird auch konsequent praktiziert.

2a. Eine Einflußnahme auf diesen Aspekt erfolgt wie bei den Punkten 2. – 4. im I. Sektor (s. 7.2.1.1) näher erläutert.

2b. Die Produktanwendung ist bei den Produkten der verschiedenen Materialien umweltneutral und hat keinerlei Auswirkungen auf die Ökosysteme.

2c. Keine Auswirkungen bei Wiederverwertung der Produkte. Produktentsorgung durch Deponierung verbraucht wenig Deponieraum und die Produkte verhalten sich grundwasserneutral. Die Entsorgung ist somit in Bezug auf Ökosysteme umweltneutral. Eine Beeinflussung erfolgt nur durch den Platzbedarf der Drücker auf der Deponie.

2d. Der Transport der Erze und Rohstoffe über lange Strecken verursacht eine nicht unerhebliche Beeinflussung in Bezug auf diesen Aspekt. Eine Verminderung der Belastung der Ökosysteme durch möglichst kurze Transportwege und Benutzung von Massentransportmittel wie der Eisenbahn ist wünschenswert.

2e. Eine Rücknahmeverpflichtung durch den Betrieb wurde bereits eingegangen und wird auch praktiziert.

7.2.3 Sektor III: Energieverbrauch

Tabelle 28. Aluminium

	$-1 < F < 1$	$0 < G < 1$	P_{ist}	P_{soll}
1. Minimierung bei der Rohstoff-gewinnung	-0,5	0,8	-0,4	-0,4
2. Minimierung bei der Produkt-herstellung	-0,5	0,5	-0,25	+0,2
3. Minimierung/Vermeidung beim Produktverbrauch	0	0,6	0	0
4. Minimierung/Vermeidung/Energie-gewinn bei der Produktentsorgung ohne Recyclierung	0	0,7	0	0
5. Minimierung durch Rycyclierung in Verbindung mit dem Recycling-grad sowie Rücknahmeverpflichtungen	-0,5	0,7	-0,35	+0,5
6. Minimierung beim Transport	-0,5	0,5	-0,25	0
7. Minimierung durch möglichst sparsamen Produktgebrauch	0	0,4	0	+0,2

Tabelle 29. Bronze

	$-1 < F < 1$	$0 < G < 1$	P_{ist}	P_{soll}
1. Minimierung bei der Rohstoff-gewinnung	-0,5	0,4	-0,2	-0,2
2. Minimierung bei der Produkt-herstellung	-0,2	0,3	-0,06	+0,1
3. Minimierung/Vermeidung beim Produktverbrauch	0	0,6	0	0
4. Minimierung/Vermeidung/Energie-gewinn bei der Produktentsorgung ohne Recyclierung	0	0,7	0	0
5. Minimierung durch Recyclierung in Verbindung mit dem Recycling-grad sowie Rücknahmeverpflichtungen	-0,5	0,7	-0,35	+0,5
6. Minimierung beim Transport	-0,5	0,5	-0,25	0
7. Minimierung durch möglichst sparsamen Produktgebrauch	0	0,4	0	+0,1

Tabelle 30. Messing

	$-1 < F < 1$	$0 < G < 1$	P_{ist}	P_{soll}
1. Minimierung bei der Rohstoff-gewinnung	-0,5	0,4	-0,2	-0,2
2. Minimierun bei der Produkt-herstellung	-0,2	0,3	-0,06	+0,1
3. Minimierung/Vermeidung beim Produktverbrauch	0	0,7	0	0
4. Minimierung/Vermeidung/Energie-gewinn bei der Produktentsorgung ohne Recyclierung	0	0,7	0	0
5. Minimierung durch Recyclierung in Verbindung mit dem Recycling-grad sowie Rücknahmeverpflichtungen	-0,5	0,7	-0,35	+0,5
6. Minimierung beim Transport	-0,5	0,5	-0,25	0
7. Minimierung durch möglichst sparsamen Produktgebrauch	0	0,4	0	+0,1

Tabelle 31. Edelstahl

	$-1 < F < 1$	$0 < G < 1$	P_{ist}	P_{soll}
1. Minimierung bei der Rohstoff-gewinnung	-0,5	0,6	-0,3	-0,3
2. Minimierung bei der Produkt-herstellung	-0,2	0,4	-0,08	+0,1
3. Minimierung/Vermeidung beim Produktverbrauch	0	0,6	0	0
4. Minimierung/Vermeidung/Energie-gewinn bei der Produktentsorgung ohne Recyclierung	0	0,7	0	0
5. Minimierung durch Recyclierung in Verbindung mit dem Recycling-grad sowie Rücknahmeverpflichtungen	-0,5	0,7	-0,35	+0,5
6. Minimierung beim Transport	-0,5	0,5	-0,25	0
7. Minimierung durch möglichst sparsamen Produktgebrauch	0	0,4	0	+0,1

7.2.3.1 Erklärung der Bewertungen in Sektor III:

1. Eine Einflußnahme auf den Energieverbrauch bei der Rohstoffherstellung ist FSB aus bereits genannten Gründen (s. auch 7.2.1.1 2.–4.) nur schwer möglich. Der Energieverbrauch bei der Aluminiumherstellung ist trotz Anstrengungen zur Minimierung seitens der Rohstoffhersteller immer noch sehr hoch. Die Gewichtungsunterschiede ergeben sich wiederum durch die unterschiedlichen Einsatzmengen und die sich daraus ergebenden Relevanz.

2. Bei Produkten aus Aluminium verläuft die Herstellung bereits „auf verkürztem Weg". Jedoch sollte beim Vorschmelzen die Abwärme genutzt werden. Bei der Herstellung der Produkte aus den anderen Materialien könnten sich noch mögliche Einsparungen durch stromsparendere Methoden ergeben. Eine Verkürzung der Arbeitsschritte bzw. eine mögliche Einsparung ganzer Arbeitsschritte ist noch zu prüfen. Die Gewichtungsunterschiede sind wiederum mengenmäßig verteilt.

3. Der Verbrauch an Energie bei Produkten aller untersuchten Materialien ist relativ umweltneutral. Es wird keine Energie beim Gebrauch des Produktes benötigt.

4. Ohne Recycling ergibt sich kein Energiegewinn (z.B. hoher Heizwert bei der Verbrennung), aber eine Minimierung des Energieverbrauches ist bei der Entsorgung der Altprodukte auch nicht möglich, d.h. die Produkte verhalten sich in diesem Fall umweltneutral und können sich auch in diesem Aspekt nicht verbessern.

5. Produktrecycling wird zur Zeit fast nur innerbetrieblich durchgeführt, da kaum Recyclat von außen angeliefert wird. Ein Recycling ist jedoch möglich. Ein hoher Recyclinggrad ist wünschenswert, denn beim Recycling des Aluminiums ist nur 5 % des Energiebedarfes zum Einschmelzen gegenüber der Rohstoffherstellung nötig. Bei den anderen Produkten ergibt sich ebenfalls eine Verminderung, jedoch geringer als beim Aluminium. Eine Rücknahmeverpflichtung wurde bereits eingegangen (s. 7.2.2.1 1d/2e).

6. Produkte aus Aluminium sind sehr leicht. Daher ergibt sich ein geringerer Energieverbrauch beim Transport gegenüber den anderen Produkten. Es ist jedoch eine vermehrte Verlagerung des Produkttransportes auf die Schiene wünschenswert.

7. Es ist keine Energie beim Produktgebrauch nötig. Die Produkte verhalten sich aus diesem Grunde umweltneutral.

7.2.4 Sektor IV: Abfallaufkommen, Wasser-, Luftverschmutzung, Lärm

Tabelle 32. Aluminium

	$-1 < F < 1$	$0 < G < 1$	P_{ist}	P_{soll}
1. Erhebung ökotoxikologischer Daten und sonstiger Daten zum Umweltverhalten				
a) des Produktes	−0,5	0,8	−0,4	+0,1
b) sonstiger Produktroh- und -hilfsstoffe	0	0,5	0	+0,2
2. Kontrolle und Dokumentation von betrieblichen Umweltprodukt- anforderungen in den Bereichen				
a) Abfallaufkommen	+0,6	0,7	+0,42	+0,7
b) Wasserverschmutzung	+0,6	1,0	+0,6	+0,9
c) Luftverschmutzung	+0,4	0,5	+0,2	+0,5
d) Lärm	+0,4	1,0	+0,4	+0,9
e) Arbeitsschutz	0	0,7	0	+0,6
3. Versuche zur Verminderung/ Vermeidung in den Bereichen				
a) Abfall	+0,5	1,0	+0,5	+0,7
b) Abwasser	+0,5	1,0	+0,5	+0,7
c) Abluft	−0,5	1,0	−0,5	+0,6
4. Ersatz von umweltbelastenden Stoffen durch umweltfreundlichere Alternativen				
a) Hilfsstoffe	+0,8	0,8	+0,64	+0,8
b) Produkte	−0,5	0,8	−0,4	0
c) Verpackungen	+0,5	0,4	+0,2	+0,4
5. Kontinuierliche Erarbeitung neuer Umweltanforderungen für				
a) Rohstoffe	−0,5	0,6	−0,3	+0,5
b) Produkte	−0,5	0,6	−0,3	+0,6
6. Kontinuierliche Produktneuentwicklung unter Umweltgesichtspunkten	−0,5	0,8	−0,4	+0,3

Tabelle 33. Bronze

	$-1 < F < 1$	$0 < G < 1$	P_{ist}	P_{soll}
1. Erhebung ökotoxikologischer Daten und sonstiger Daten zum Umweltverhalten				
a) des Produktes	−0,5	0,8	−0,4	+0,1
b) sonstiger Produktroh- und -hilfsstoffe	0	0,5	0	+0,2

Tabelle 33 (Fortsetzung)

	$-1 < F < 1$	$0 < G < 1$	P_{ist}	P_{soll}
2. Kontrolle und Dokumentation von betrieblichen Umweltprodukt- anforderungen in den Bereichen				
a) Abfallaufkommen	+0,6	0,7	+0,42	+0,7
b) Wasserverschmutzung	+0,6	1,0	+0,6	+0,9
c) Luftverschmutzung	+0,4	0,5	+0,2	+0,5
d) Lärm	+0,4	1,0	+0,4	+0,9
e) Arbeitsschutz	0	0,7	0	+0,6
3. Versuche zur Verminderung/ Vermeidung in den Bereichen				
a) Abfall	+0,5	1,0	+0,5	+0,7
b) Abwasser	+0,5	1,0	+0,5	+0,7
c) Abluft	+1,0	1,0	+1,0	+1,0
4. Ersatz von umweltbelastenden Stoffen durch umweltfreundlichere Alternativen				
a) Hilfsstoffe	+0,8	0,8	+0,64	+0,8
b) Produkte	−0,5	0,8	−0,4	0
c) Verpackungwn	+0,5	0,4	+0,2	+0,4
5. Kontinuierliche Erarbeitung neuer Umweltanforderungen für				
a) Rohstoffe	−0,5	0,6	−0,3	+0,5
b) Produkte	−0,5	0,6	−0,3	+0,6
6. Kontinuierliche Produktneuentwick- lung unter Umweltgesichtspunkten	−0,5	0,8	−0,4	+0,3

Tabelle 34. Messing

	$-1 < F < 1$	$0 < G < 1$	P_{ist}	P_{soll}
1. Erhebung ökotoxikologischer Daten und sonstiger Daten zum Umweltverhalten				
a) des Produktes	−0,5	0,8	−0,4	+0,1
b) sonstiger Produktroh- und -hilfsstoffe	0	0,5	0	+0,2
2. Kontrolle und Dokumentation von betrieblichen Umweltprodukt- anforderungen in den Bereichen				
a) Abfallaufkommen	+0,6	0,7	+0,42	+0,7
b) Wasserverschmutzung	+0,6	1,0	+0,6	+0,9
c) Luftverschmutzung	+0,4	0,5	+0,2	+0,5
d) Lärm	+0,4	1,0	+0,4	+0,9
e) Arbeitsschutz	0	0,7	0	+0,6

Tabelle 34 (Fortsetzung)

	$-1 < F < 1$	$0 < G < 1$	P_{ist}	P_{soll}
3. Versuche zur Verminderung/ Vermeidung in den Bereichen				
a) Abfall	+0,5	1,0	+0,5	+0,7
b) Abwasser	+0,5	1,0	+0,5	+0,7
c) Luft	+1,0	1,0	+1,0	+1,0
4. Ersatz von umweltbelastenden Stoffen durch umweltfreund- lichere Alternativen				
a) Hilfsstoffe	+0,8	0,8	+0,64	+0,8
b) Produkte	−0,5	0,8	−0,4	0
c) Verpackungen	+0,5	0,4	+0,2	+0,4
5. Kontinuierliche Erarbeitung neuer Umweltanforderungen für				
a) Rohstoffe	−0,5	0,6	−0,3	+0,5
b) Produkte	−0,5	0,6	−0,3	+0,6
6. Kontinuierliche Produktneuentwick- lung unter Umweltgesichtspunkten	−0,5	0,8	−0,4	+0,3

Tabelle 35. Edelstahl

	$-1 < F < 1$	$0 < G < 1$	P_{ist}	P_{soll}
1. Erhebung ökotoxikologischer Daten und sonstiger Daten zum Umweltverhalten				
a) des Produktes	−0,5	0,8	−0,4	+0,1
b) sonstiger Produktroh- und -hilfsstoffe	0	0,5	0	+0,2
2. Kontrolle und Dokumentation von betrieblichen Umweltprodukt- anforderungen in den Bereichen				
a) Abfallaufkommen	+06	0,7	+0,42	+0,7
b) Wasserverschmutzung	+0,6	1,0	+0,6	+0,9
c) Luftverschmutzung	+0,4	0,5	+0,2	+0,5
d) Lärm	+0,4	1,0	+0,4	+0,9
e) Arbeitsschutz	0	0,7	0	+0,6
3. Versuche zur Verminderung/ Vermeidung in den Bereichen				
a) Abfall	+0,5	1,0	+0,5	+0,7
b) Abwasser	+0,5	1,0	+0,5	+0,7
c) Abluft	+1,0	1,0	+1,0	+1,0

                                            J. W. Braun, H. Barth und W. Hillebrand

Tabelle 35 (Fortsetzung)

	$-1 < F < 1$	$0 < G < 1$	P_{ist}	P_{soll}
4. Ersatz von umweltbelastenden Stoffen durch umweltfreundlichere Alternativen				
a) Hilfsstoffe	+0,8	0,8	+0,64	+0,8
b) Produkte	−0,5	0,8	−0,4	0
c) Verpackungen	+0,5	0,4	+0,2	+0,4
5. Kontinuierliche Erarbeitung neuer Umweltanforderungen für				
a) Rohstoffe	−0,5	0,6	−0,3	+0,5
b) Produkte	−0,5	0,6	−0,3	+0,6
6. Kontinuierliche Produktneuentwicklung unter Umweltgesichtspunkten	−0,5	0,8	−0,4	+0,3

7.2.4.1 Erklärung der Bewertungen in Sektor IV:

1a+1b. Durch Erstellung von Datenblättern und Betriebsanweisungen für bestimmte Stoffe erfolgt eine Erhebung von Daten bzgl. der Einhaltung der gesetzlichen Bestimmungen. In Einzelfällen wird auch genau nach bestimmten Inhaltsstoffen gefragt, um Produktion und Entsorgung nicht zu gefährden.

2a–2d. Kontrolle und Dokumentation ist bereits erfolgt. Im Rahmen der EN 29002 ist eine genauere Kontrolle und Chagenverfolgung gegeben. Die Dokumentation der erhobenen Daten sollte noch zentraler erfolgen und sich in einer Datenbank oder in einem Umwelthandbuch niederschlagen. Bis jetzt erfolgt die Dokumentation nur durch themengeordnete Sammelordner.

2e. Der Arbeitsschutz wird gemäß den gesetzlichen Bestimmungen durchgeführt. Alle den Verordnungen zu entnehmenden Maßnahmen wurden eingeleitet. Dennoch sollte das Ziel immer der höchstmögliche Schutz der Arbeitnehmer sein. In diesem Aspekt verhält sich der Betrieb bis jetzt gesetzestreu.

3a+3b. Viele Versuche sind bereits erfolgt. Einige Detaillösungen sind noch möglich und werden im Rahmen dieses Audits vorgeschlagen.

3c. Bei der Herstellung von Aluminiumprodukten besteht noch Nachholbedarf in der Gießerei (s. Kap. 6, Gefahrstoffe).

4a. Hilfsstoffe werden weitgehend auf ihr Umweltgefährdungspotential hin überprüft. Ein zentrales Zusammenfassen der Ergebnisse wäre sinnvoll.

4b. Ein Ersatz der Produkte ist nicht geplant. Nur die Produktverarbeitung bzw. -behandlung wird auf Umweltauswirkungen geprüft.

4c.   Die Verpackungen wurden bereits auf umweltgerechte Gestaltung hin überprüft und optimiert. Eine weitergehende Optimierung ist noch zu prüfen.

5a+5b. Umweltanforderungen für Rohstoffe und Produkte sind nicht exakt definiert.

6.   Bei der Entwicklung neuer Produkte wird der Umweltschutz nicht konsequent genug mit einbezogen. Eine Intensivierung dieser Bemühungen ist nötig.

7.3 Ist-/Soll-Abgleich der Checklisten

Beim Ist-/Soll-Abgleich der Checklisten wird dargestellt inwieweit der im Unternehmen aufgenommene Ist-Zustand von dem durch die Geschäftsleitung des Unternehmens vorgegebenen Soll-Zustand zur Zeit abweicht. Der Umsetzungsgrad des betriebsinternen Umweltstandards hinsichtlich der Produkte und der Produktion wird am selbst festgesetzten Maßstab gemessen.

Durch diesen rechnerischen Vergleich ergibt sich der jeweilige Handlungsbedarf:

- Beträgt der Wert Null, dann hat das Unternehmen im angesprochenen Punkt das gewünschte Ziel bereits erreicht.
- Weichen die Werte von Null ab, so besteht Handlungsbedarf. Es müssen Maßnahmen beschlossen werden, die den Ist-Zustand verbessern. Je größer die Abweichung von Null ist, um so bedeutender wird der Handlungsbedarf.

Die hiermit vorgestellte Differenzrechnung wurde für das ausgewählte Produkt und die beim Unternehmen verarbeiteten Materialien durchgeführt (Tabelle 36). Auf diese Weise kann das Aktionspotential zwischen den verschiedenen Materialien vergleichend betrachtet werden. Im Falle des Unternehmens FSB zeigt sich, daß beim Einsatz des Werkstoffs Aluminium noch ein etwas höherer Handlungsbedarf vorhanden ist, um den eigenen umweltpolitischen Vorstellungen gerecht zu werden.

     AL: Aluminium,
     BR: Bronze,
     MS: Messing,
     ER: Edelstahl.

Tabelle 36. Umsetzungsgrad des betriebsinternen Umweltstandards

Sektoren	AL	BR	MS	ER
I. Verbrauch von natürlichen Ressourcen				
1. Nachwachsende Rohstoffe	0	0	0	0
2. Rohstoffabbau: Natürliche Gleich-gewichte und Stoffkreisläufe	0	0	0	0
3. Rohstoffgewinnung: Gesundheitsrisiken	0	0	0	0
4. Rohstoffabbau: Sozialverträglichkeit	0	0	0	0
5. Optimierung des Umweltimages	0,52	0,22	0,22	0,52
6. Minimierung/Vermeidung				
a. Rohstoffmenge pro Produkt	0,4	0,4	0,4	0,4
b. Rohstoffverunreinigungen	0,1	0	0	0,1
c. Rohstoffvorbehandlung	0	0	0	0
7. Minimierung der Transportwege	0,42	0,42	0,42	0,42
8. Grundwasser- und Luftverbrauch	0	0	0	0
9. Bodenverbrauch durch Deponierung	0,3	0,3	0,3	0,3
10. Bodenverbrauch bei Rohstoffherstellung	0	0	0	0
11. Rohstoffkontrollen, Lieferanten-verpflichtungen	0,7	0,7	0,7	0,7
II. Auswirkungen auf Ökosysteme				
1. Verminderung der Zerstörung natürlicher Stoffkreisläufe				
a. Produktanwendung	0	0	0	0
b. Produktentsorgung	0,3	0,2	0,2	0,2
c. Transportvorgänge	0,15	0,15	0,15	0,15
d. Rücknahmeverpflichtung	0	0	0	0
2. Verarmung von Ökosystemen und Vernichtung von Lebensgrundlagen				
a. Rohstoffgewinnung	0	0	0	0
b. Produktanwendung	0	0	0	0
c. Produktentsorgung	0	0	0	0
d. Transportvorgänge	0,15	0,15	0,15	0,15
e. Rücknahmeverpflichtung	0	0	0	0
III. Energieverbrauch				
1. Rohstoffgewinnung	0	0	0	0
2. Produktherstellung	0,45	0,16	0,16	0,18
3. Produktverbrauch	0	0	0	0
4. Produktentsorgung	0	0	0	0
5. Recycling mit Recyclinggrad	0,85	0,85	0,85	0,85
6. Transport	0,25	0,25	0,25	0,25
7. Sparsamer Produktgebrauch	0,2	0,1	0,1	0,1
IV. Abfallaufkommen, Wasser-, Luftver-schmutzung, Lärm				
1. Erhebung umweltrelevanter Daten				
a. Produkt	0,5	0,5	0,5	0,5
b. Roh- und Hilfsstoffe	0,2	0,2	0,2	0,2

Tabelle 36 (Fortsetzung)

Sektoren	AL	BR	MS	ER
IV. Abfallaufkommen, Wasser-, Luftver- schmutzung, Lärm				
2. Kontrolle und Dokumentation von Umweltproduktanforderungen				
a. Abfallaufkommen	0,28	0,28	0,28	0,28
b. Wasserverschmutzung	0,3	0,3	0,3	0,3
c. Luftverschmutzung	0,3	0,3	0,3	0,3
d. Lärm	0,5	0,5	0,5	0,5
e. Arbeitsschutz	0,6	0,6	0,6	0,6
3. Versuche in den Bereichen				
a. Abfall	0,2	0,2	0,2	0,2
b. Abwasser	0,2	0,2	0,2	0,2
c. Abluft	1,1	0	0	0
4. Ersatz umweltbelastender Stoffe				
a. Hilfsstoffe	0,16	0,16	0,16	0,16
b. Produkt	0,4	0,4	0,4	0,4
c. Verpackungen	0,2	0,2	0,2	0,2
5. Kontinuierliche Erarbeitung neuer Umweltanforderungen				
a. Rohstoffe	0,8	0,8	0,8	0,8
b. Produkte	0,9	0,9	0,9	0,9
6. Produktneuentwicklung	0,7	0,7	0,7	0,7
Aktionspotential	12,13	10,14	10,14	10,56

7.4 Maßnahmen zum Erreichen des selbstdefinierten Soll-Zustandes

Um den betriebsintern gewünschten Zustand zu erreichen, sind einige Maßnahmen nötig. Diese werden im folgenden aus den Aktionspotentialen abgeleitet, die in den Checklisten (Tabellen 20 – 35) erfaßt wurden. Bei nicht aufgezählten Kriterien ist der Soll-Zustand bereits erreicht.

7.4.1 Sektor I: Verbrauch von natürlichen Ressourcen

5. Die Überprüfung des Umweltimages ist zum einen ein marketingorientierter Gesichtspunkt, zum anderen aber vor allem ein Mittel zur Risikoabschätzung bezüglich der eingesetzten Rohstoffe. Es muß darauf geachtet werden, daß man schnellstmöglich Konsequenzen zieht, sobald ein Rohstoff in der Öffentlichkeit unter Beschuß gerät. Dies kann sowohl in einer verbesserten Aufklärung der Öffentlichkeit in Bezug auf das betreffende Material als auch in einem Ausstieg aus der Verarbeitung eines Rohstoffes erfolgen.

Maßnahme:
Ständige Überwachung der öffentlichen Meinung bzw. von Wissenschaft und Forschung in Bezug auf das umweltrelevante Image der eingesetzten Roh-

stoffe durch regelmäßiges Studium entsprechender „Pflichtlektüre" (z. B.
Ökotest, Greenpeace) und Information des Umweltausschusses über die
Ergebnisse.

6a. Bereits bei der Planung sollte darauf geachtet werden, daß so wenig Rohstoff
wie möglich eingesetzt wird. Wandstärken sollten nicht dicker als nötig
gewählt werden und bei Produkten, die einen unnötig hohen Rohstoffauf-
wand benötigen, sollte unter Umständen die Konstruktion überdacht werden. Will man die ökologischen Gesichtspunkten möglichst ernst nehmen,
dann sollte man Produkte mit einem übermäßig hohen Rohstoffverbrauch
neu durchdenken.

Maßnahme:

Begleitende Überprüfung der Neukonstruktionen auf möglichst geringen
Rohstoffverbrauch durch Sensibilisierung der Konstrukteure und Designer
in Hinblick auf den Umweltschutz und durch Versuche zur Einsparung an
Material an neuen und bereits eingeführten Türdrückern. Eine Überprüfung
von Neu- und Altkonstruktionen durch den Umweltausschuß ist ratsam.

6b. Je reiner der Rohstoff bei der Verarbeitung ist, um so unbedenklicher ist der
Gebrauch eines Produktes und um so leichter fällt das Recycling der zurück-
geführten Altprodukte.

Maßnahme:

Abschließen von Vereinbarungen mit den Rohstofflieferanten, in denen sich
diese verpflichten, nicht nur eine nach DIN vorgeschriebene Qualität zu liefern, sondern auch bestimmte umweltbezogene Parameter einzuhalten. Einrichtung eines Kontrollorganes zur Überprüfung dieser Lieferantenver-
pflichtung. (s. auch Punkt 11.)

7. Der Transport der Produkte und die Anlieferung der Roh- und Hilfsstoffe
sollte aus ökologischen Gründen wesentlich mehr per Eisenbahn erfolgen.
Denn dabei werden, bezogen auf die transportierte Menge, wesentlich weniger fossile Brennstoffe verbraucht und weniger Luftschadstoffe freigesetzt als
beim Transport per LKW auf der Straße.

Maßnahme:

Überprüfung der Rohstofflieferanten bzgl. der räumlichen Entfernung zum
Betrieb und ggf. Suche nach Alternativen.

8. Bei der Planung eines neuen Produktes muß an die Kreislaufwirtschaft ge-
dacht werden. Dabei sollte man von vorherein bedenken, daß jede Oberflächenbeschichtung einen relativ hohen Aufwand beim späteren Recycling
erfordert.

Maßnahme:

Einrichtung einer Schnittstelle zwischen Konstruktion, Design und Umweltschutz unter besonderer Berücksichtigung der Herstellung von leicht recyc-
lierbaren Produkten, d. h. Vorlage der Neukonstruktionen vor dem Umweltbeauftragten und dem Umweltausschuß und darauffolgende Überprüfung
des neuen Produktes auf leichte und umweltschonende Recyclierbarkeit.

9. Bezüglich der Lieferanten sollten genaue Anforderungen definiert werden denen die zugelieferten Teile und Hilfsstoffe entsprechen müssen. Dabei könnten bestimmte schädliche Stoffe bestimmt werden, die in den Waren der Zulieferer nicht enthalten sein dürfen. Es sollte auch definiert werden, welche Konsequenzen bei einer Nichteinhaltung der Anforderungen ergriffen werden.

Maßnahme:
Festlegung von genau definierten Lieferantenverpflichtungen und Einrichtung eines eigenen Kontrollsystems zur Feststellung von Roh- und Hilfsstoffinhaltsstoffen.

7.4.2 Sektor II: Auswirkungen auf Ökosysteme

1b. Um die natürlichen Stoffkreisläufe und Gleichgewichte weniger zu belasten oder zu stören, muß darauf hingearbeitet werden, der Natur so wenig Material wie möglich zu entnehmen. Deshalb ist es wichtig ein funktionierendes Recyclingsystem zu installieren.

Maßnahme:
Einrichtung eines Rückführungssystems für Altprodukte zur direkten innerbetrieblichen Wiederverwertung oder zur Wiederaufarbeitung durch entsprechende Unternehmen.

1c. Durch die Transportvorgänge wird eine große Menge an fossilen Brennstoffen verbraucht. Der Entzug dieser Stoffe verändert natürliche Zustände. Eine Verbesserung würde durch Verringerung der Transportwege zu erreichen sein.

Maßnahme:
Nach Möglichkeit Verwendung von Rohstoffen, deren Erze in den nächstgelegenen Abbaugebieten gefördert werden.

2d. Zusätzlich zu den für Kriterium 1c genannten Punkten muß hier noch die Umweltbeeinrächtigung durch die Förderung der Grundstoffe für die Brennstoffherstellung angeführt werden.

Maßnahme:
Als Verbesserung wäre hier der Einsatz von Rohstoffen zu nennen, deren Erz auf möglichst kurzen Transportwegen und mit energiearmen Massentransportmitteln befördert wird.

7.4.3 Sektor III: Energieverbrauch

2. Ältere Maschinen sollten im Rahmen der ökonomischen Möglichkeiten durch modernere, effizientere und stromsparendere ersetzt werden. Dadurch sollte sich ein Teil des Stromverbrauches einsparen lassen. Unter Umständen sollte man die Arbeitsabläufe zur Herstellung der verschiedenen Produkte auf die

Einsparung von Teilarbeitsschritten hin überprüfen. Beim Aluminium wäre eine Abwärmenutzung des Schmelzofens bzw. der Gießtische zu überlegen.

Maßnahme:
Einholung von Angeboten für modernere Maschinen unter besonderer Beachtung des Stromverbrauchs pro hergestelltem Teil und der dafür benötigten Einsatzstoffe. Überprüfung der Möglichkeit der Abwärmenutzung in der Gießerei und der Rentablität eines Blockheizkraftwerkes zur Kraft-Wärme-Kopplung für das ganze Werk II/III.

5. Ein besserer Recyclinggrad der Produkte kann durch erhöhte Rückführung der Altprodukte erreicht werden. Um dies zu gewährleisten, muß ein funktionierendes Rückführungssystem installiert werden. Da der Betrieb an den weiterverkaufenden Großhandel liefert, muß zusammen mit den Großhändlern überlegt werden, wie ein solches System aussehen könnte.
Dabei sollte auch überlegt werden, ob nur betriebseigene Altprodukte wiederaufgearbeitet werden können oder auch Fremdprodukte.
Es muß dabei darauf geachtet werden, daß die Wiederaufarbeitung dieser Fremdprodukte keine übermäßige Umweltbelastung mit sich bringt.

Maßnahme:
Entwicklung eines Rücknahmesystems zusammen mit den Großhändlern, um den Recyclinggrad zu erhöhen. Überprüfung von Fremdprodukten auf die Recyclierbarkeit im eigenen Betrieb.

6. Der Energieverbrauch kann beim Transport durch eine Verlagerung von der Straße auf die Schiene erfolgen. Deshalb muß untersucht werden, inwieweit eine Umstellung sowohl beim Produktversand als auch bei der Anlieferung von Teilen, Rohstoffen, Einsatzstoffen usw. realisiert werden kann. Da Werk II über einen direkten Anschluß an das Bahnnetz verfügt und große Teile von Werk I nach Werk II verlegt werden sollen, würde sich eine solche Lösung anbieten. Auch der innerbetriebliche Transport sollte so energiesparend wie möglich erfolgen. Dies betrifft auch Punkt 2 in diesem Sektor, da der interne Transport auch zur Produktion gezählt werden kann.

Maßnahme:
Überprüfung der Verlagerungsmöglichkeiten von Zulieferung und Versand auf die Schiene.
Prüfung der Umstellung der Gabelstapler und anderer betriebseigener Fahrzeuge auf Strom und gleichzeitige Gewinnung des Stromes durch Solarenergie.

7. Der Gebrauch der Türdrücker an sich verbraucht keine Energie, aber durch eine weitere Erhöhung der Gebrauchszeit kann man den Energieverbrauch über die Vermeidung von Energie zur Herstellung neuer Drücker verringern.

Maßnahme:
Versuche zur Verlängerung der Gebrauchszeit der Produkte, soweit dies angesichts der Standzeiten eines Drückers (zwischen 30 und 50 Jahren) überhaupt noch möglich ist.

7.4.4 Sektor IV: Abfallaufkommen, Wasser-, Luftverschmutzung, Lärm

1a. Eine Erhebung von Daten, Berichten, Untersuchungen usw. zum Umweltverhalten der Produkte sollte regelmäßig z.B. anhand ausgewählter Umweltjournale durchgeführt werden, um eine genaue Aussage zur Umweltrelevanz des Produktes unter normalen und unter besonderen Bedingungen zu erhalten.

Maßnahme:
Einrichtung eines Datenpools zur Visualisierung des Umweltverhaltens des Produktes und zur möglichen Gefahrenabschätzung. Dabei sollten nach Möglichkeit auch artverwandte Produkte aus den gleichen Rohstoffen mit einbezogen werden um eine größtmögliche Datenmenge zu gewährleisten.

1b. Falsche oder gefährliche Inhaltsstoffe der Roh- und Hilfsmaterialien können zu einer unerwünschten Verunreinigung der Produkte führen, welche umweltrelevante Folgen nach sich ziehen würde.

Maßnahme:
Genauere Überwachung der Roh-, Hilfs- und Betriebsstoffe durch Zusicherungen der Hersteller über Zusammensetzungen und Inhaltsstoffe und Eigenüberwachung im Zweifelsfall mit eigenen Analysen.

2a–2d. Zunächst müssen innerbetriebliche Umweltproduktanforderungen definiert werden. Es muß z.B. festgelegt werden wie hoch das Abfallaufkommen maximal sein darf und welche Abfälle in welchen Mengen anfallen dürfen. Gleiches sollte für die Bereiche Wasserversorung/Abwasser, Luft und Lärm durchgeführt werden. Die Kontrolle dieser ökologischen Anforderungen an das Produkt sollte zentral dokumentiert werden und sich z.B. in einer Datenbank niederschlagen.

Maßnahme:
Definierung von innerbetrieblichen kontrollierbaren Umweltanforderungen an die Produkte des Betriebes. Einrichtung einer zentralen Dokumentation und eines Kontrollorgans zur ständigen Überprüfung der Einhaltung dieser internen Anforderungen.

2e. Der Schutz der Arbeitnehmer sollte auf der Prioritätenliste eines Unternehmens ganz oben stehen. Die gesetzlichen Vorschriften den Arbeitsschutz betreffend sind im Betrieb verwirklicht, können aber teilweise noch verbessert werden.

Maßnahme:
Wirksamerer Schutz gegen Sturz in die Schrägklärer der Neutralisation; Verbesserung der Sicherheitseinrichtungen und Ausgabe von säurefesten Arbeitshandschuhen in der Eloxalanlage; Kontrolle des Lebensmittelverbotes an Arbeitsplätzen mit gefährlichen Einsatzstoffen; Verbesserung der Lichtverhältnisse in Arbeitsvorbereitung (Werk II) (s. Kap. 6, Gefahrstoffe).

3a–3b. Um die Umwelteinwirkungen der Produktion weiter zu verringern, sollten die Versuche zur Einsparung in den Bereichen Abwasser und Abfall noch intensiviert werden.

Maßnahmen:
Die entsprechenden Maßnahmen sind den Audit-Teilbereichen Abwasser und Abfall zu entnehmen.

3c. Bei diesem Kriterium besteht nur in der Aluminium-Gießerei ein Nachholbedarf. Es sollte eine Abgaserfassungsanlage installiert werden, um die beim Entgasen der Aluminiumschmelze entstehenden Stäube zentral zu erfassen und von den Mitarbeitern fernzuhalten.

Maßnahme:
Errichtung einer Anlage zur zentralen Erfassung der Abgase und Überprüfung der Wirksamkeit durch Messungen.

4a. Ein Ersatz von Hilfs- und Einsatzstoffen ist nur noch in wenigen Fällen möglich. Versuche in dieser Richtung laufen bereits. Dabei ist es notwendig sich immer so gut als möglich über Neuentwicklungen auf dem Markt auf dem laufenden zu halten um die Produkte so umweltfreundlich wie möglich herstellen zu können. Generell sollten die Hilfs- und Einsatzstoffe dahingehend überprüft werden, ob sie sinnvoll sind und effektiv arbeiten bzw. eingesetzt werden.

Maßnahme:
Kontinuierliche Informationsbeschaffung über Neuentwicklungen auf dem Markt und Überprüfung dieser neuen Produkte auf ihre Einsatzmöglichkeit im Betrieb durch Kontaktaufnahme mit den Herstellern und ggf. interne Versuche. Kontrolle der Stoffe bzgl. Effektivität und Sinnigkeit des Einsatzes unter Umweltgesichtspunkten.

4b. Bei den Produkten ist kein Ersatz geplant, da die verwendeten Rohstoffe nicht als umweltschädlich angesehen werden. Über einen Ersatz sollte in einigen Bereichen vielleicht trotzdem nachgedacht werden. Zum Beispiel sollte über eine Neukonstruktion der Drücker überlegt werden, bei der man das Produkt weitgehend aus einem nachwachsenden Rohstoff fertigt.

Maßnahme:
Ständige Kontrolle des Umweltimages der eingesetzten Rohstoffe und Überprüfung des Herstellungsweges der Produkte auf seine Umweltbelastungen.

4c. Die Verpackungen wurden bereits einer ökologischen Optimierung unterzogen. Eine weitergehende Verbesserung könnte durch den Ersatz der Plastikfolie erfolgen, in der die Drückerpaare werden. Auch das eingesetzte Kunststoffklebeband könnte durch ein Papierklebeband, u. U. mit Firmen logo bedruckt, ersetzt werden.

Maßnahme:
Kontinuierliche Suche nach Ersatzstoffen bei den Verpackungsmateriali-
en zur Vereinfachung der Recyclierbarkeit und der Entsorgung beim
Endverbraucher.

5a–5b. Umweltanforderungen für die Produkte sollten erarbeitet und genau
definiert werden. Weiterhin müssen diese in regelmäßigen Abständen
oder im Bedarfsfall überarbeitet und verbessert werden. (Dies betrifft
auch den Aspekt 11. s. Kap. 7.2.1).

Maßnahme:
Festlegung von genau definierten Lieferantenverpflichtungen und Einrichtung eines eigenen Kontrollsystems zur Feststellung von Rohstoff-
inhaltsstoffen. (s. Kap. 7.2.1 Punkt 11).

6. Bei der Produktneuentwicklung muß der Umweltschutz von Anfang an
mit einbezogen werden. Dabei sollte darauf geachtet werden, wie viele
und welche Bearbeitungsschritte zur Fertigstellung des Produktes nötig
sind und welche Umweltbelastungen daraus entstehen bzw. entstehen
können. Dieser Prozeß sollte auch nicht mit der Fertigstellung eines neu-
en Produktes beendet sein, sondern es sollten immer die neuesten
Erkenntnisse mit in die Konstruktion einfließen und unter Umständen
sollte der Herstellungsweg eines Produkes aus umweltrelevanten Gründen verändert werden.

Maßnahme:
Einrichtung einer Schnittstelle zwischen Entwicklung und Umweltschutz
und Schulung und Sensibilisierung der Konstrukteure hinsichtlich der
Umweltauswirkungen der Produktion.

7.5 Produktbilanzierung

7.5.1 Einleitung

7.5.1.1 Allgemeines

Eigentlich gehört die hier vorgestellte Produktbilanz nicht zu einem ausge-
sprochenen Umweltaudit. Produktbilanzen sind eigentlich ein Teil einer Pro-
duktlinienanalyse. Da beim Unternehmen FSB mit dem Umweltaudit Neuland
beschritten wurde, hielten wir es aber für gerechtfertigt, zur Ergänzung und zum
besseren Verständnis des Umweltaudits auch erstmalig eine Produktbilanz
durchzuführen.

7.5.1.2 Ziel

Bei der Produktbilanz wird für ein ganz bestimmtes Produkt, das möglichst in
den verschiedensten Materialien hergestellt wird, ein Input- und Outputver-

gleich durchgeführt. Dabei muß sehr sorgfältig vorgegangen werden, da schon geringe Mengen eines umweltrelevanten Stoffes bei äußerlich gleichem Produktdesign in den verschiedenen Materialbilanzen zu konträren Ergebnissen führen können.

7.5.1.3 Vorgehensweise

Als Input sind Energie, Materialeinsatz, Zuführung von Hilfs- und Betriebsstoffen und Wasserverbrauch in die Vergleichsrechnung eingegangen. Als Output wurden dem Input Restmaterialien, Abfall, Abwasser und Abluft gegenübergestellt.

Als Arbeitsgrundlage wurde für das ausgesuchte Produktdesign und die unterschiedlichen Materialien der jeweilige Arbeitsplan und seine Stückliste herangezogen.

Anschließend wurde in der Fertigung und in Zusammenarbeit mit Betriebsbuchhaltung, Einkauf und Umweltbeauftragten überprüft, ob Arbeitspläne und Stücklisten so wie theoretisch niedergelegt auch eingehalten werden. Praktisch wurde eine Art umweltrelevante Nachkalkulation durchgeführt.

Bei der Produktbilanz konnte auf die komplette Kostenstellen- und Kostenträgerrechnung des Unternehmens zurückgegriffen werden. Allerdings wurde die in der Kostenträgerrechnung an vielen Stellen eingesetzte pauschale Umlagenrechnung durch detailliertes Nachfassen verfeinert. Hierbei konnte wiederum auf die Arbeit der beiden Mitstudenten zurückgegriffen werden.

7.5.2 Bilanzierung der Einzelrohstoffe

Um eine möglichst große Vergleichbarkeit der Materialien untereinander zu erreichen, wurde ein Produkt ausgesucht, das aus allen vier Rohstoffen hergestellt wird, nämlich der Türdrücker Modell 1147. Anhand dieses Produktes, das aus Aluminium, Bronze, Messing und Edelstahl hergestellt wird, wurden folgende Input- und Outputwerte ermittelt und anschließend in einer Benefitliste zusammengestellt (Tabellen 37, 38). Die Werte beziehen sich jeweils auf einen einzelnen Türdrücker mit den zugehörigen Anbauteilen, aber ohne Schild oder Rosette.

Tabelle 37. Zusammenfassung von Input und Output der verschiedenen Produkte

	Aluminium F1	Bronze	Messing	Edelstahl
INPUT				
Energie: Strom	720,8 Wh	1918,6 Wh	1933,5 Wh	1805,6 Wh
Gas	+276,0 Wh			
Einsatzstoffe	127,58 g	113,40 g	115,24 g	108,43 g
Wasser	8,14 l	0,07 l	0,07 l	0,52 l
OUTPUT				
Abfall	93,56 g	69,14 g	69,14 g	58,58 g
Reststoffe	46,39 g	50,11 g	50,86 g	60,78 g
Abwasser	8,44 l	0,06 l	0,06 l	1,06 l
Abluft	0,11 g	–	–	–

Tabelle 38. Benefitliste der verschiedenen Produkte

	Aluminium F1	Bronze	Messing	Edelstahl
INPUT				
Energie:	+	–	–	–
Einsatzstoffe	–	0	0	+
Wasserverbrauch	–	+	+	0
OUTPUT				
Abfall	–	0	0	+
Reststoffe	+	0	0	–
Abwasser	–	+	+	0
Abluft	–	+	+	+

+ = günstigerer Wert.
0 = neutraler Wert.
– = schlechterer Wert.

Die Bewertung wurde nur im Vergleich der verschiedenen Materialien durchgeführt und stellt keine allgemeingültige Beurteilung dar.

7.5.2.1 Kommentierung der Vergleichstabellen

Input

– **Energie:**
  Der bei Aluminiumdrückern im Vergleich zu anderen Materialien niedrigere Energieverbrauch für den Aluminiumdrücker ergibt sich aus der kleineren Anzahl an Bearbeitungsschritten. Bei den anderen Materialien werden dagegen mehr Produktionsstationen benötigt. In diesem Punkt schneidet das Aluminium klar am besten ab, vor allem wenn man noch den Energieaufwand zur Fertigung der Vierkanteinsätze einbezieht.

– Einsatzstoffe:
Bei den Einsatzstoffmengen sind die Unterschiede zwischen den einzelnen
Materialien nicht allzu groß. Nur das Edelstahl kann bei diesem Kiterium
einen leichten Vorteil verbuchen, während sich beim Aluminium in diesem
Bereich ein etwas höherer Verbrauch zeigt.

– Wasserverbrauch:
Den größten Anteil am Wasserverbrauch bei der Produktion des Aluminium-
produktes fällt auf die Eloxalanlage, d.h. diese Art der Oberflächenbeschichtung ist wesentlich wasserintensiver als das Lackieren von Bronze- und
Messingdrückern. Beim Edelstahl macht das Gleitschleifen den entscheiden-
den Verbrauch an Frischwasser aus.

Output

– Abfall:
Den Unterschied vom Aluminium zu den anderen Werkstoffen beruht vor
allem im Abfallanfall durch die Abwasserbehandlung der Eloxalanlage und
der Gleitschleifer aus.

– Reststoffe:
Aluminium verzeichnet hier einen leichten Vorteil gegenüber Bronze und
Messing, während sich beim Edelstahl der höhere Reststoffanfall negativ aus-
wirkt.

– Abwasser:
Beim Abwasser zeigt sich das gleiche Bild wie beim Wasserverbrauch.

– Abluft:
Hier ist nur eine Belastung der Luft durch die Aluminiumgießerei festzustellen. Jedoch ist eine solche Aussage für die Rohformherstellung bei den weiteren Materialien nicht zu treffen, da diese bereits als Stangen oder Rohre
angeliefert werden.

8 Anlagen

8.1 5-Jahresplan – Schwerpunktmaßnahmen

1. Gießerei
   a) Absaugung und Messung der entstehenden Gase.
   b) Systembeleuchtung der Gießerei aufgrund von Rückflußmengen; Versuch
      der Vermeidung, Verringerung und Verwertung.

2. Schleiferei
   a) Ersatz für das wassergefährdende Hilfsprodukt Essovasol.
   b) Abfallverringerung bei den Bürst- bzw. Polierscheiben.
   c) Bürstpasten vermeiden oder verringern.

3. Gleitschleifer
   a) Zudosierung der Schmierseife.

4. Glühanlage
   a) Wärmerückgewinnung bei Produktion (in Aussicht stehende Wärme-Nutzungs-Verordnung).

5. Energiequellenüberprüfung
   a) Strom,
   b) Gas.

6. Neutra W II
   a) Verringerung von Kalkeinsatz.

7. Analysen
   a) Edelstahl schweißen, schleifen,
   b) Bildschirmarbeitsplätze in Büros,
   c) Lackiervorgang,
   d) Lärmmessungen,
   e) Emulsionsmessungen.

8. Arbeitskreise
   a) Bestehende Fertigungsmethoden auf Vermeidung von Hilfsstoffen überprüfen.
   b) Ökonomisch-ökologische Fertigungsmethoden.
   c) Entwicklung anforderungsgerechter Verpackung.

9. Unternehmen und Lieferanten
   a) Erstellung von Richtlinien und Verfahren zur Regelung einer umweltorientierten Einkaufs- und Lieferantenpolitik.
   b) Vereinbarung mit Zulieferern zur Optimierung von Verpackungen und Transportleistungen sowie Konzeption eines Entsorgungssystems.

10. Schulung im Unternehmen
    a) Betrieb,
    b) Verwaltung,
    c) Entwicklung, Konstruktion, Design.

8.2 Freiwillige Betriebsvereinbarung
zwischen Geschäftsleitung und Betriebsrat des Unternehmens
FSB Franz Schneider Brakel GmbH + Co zur
Förderung des Umweltschutzgedankens

1. Präambel

Im Oktober 1991 schlossen Geschäftsleitung und Betriebsrat von FSB in
Abstimmung mit der IG Metall die erste freiwillige Betriebsvereinbarung zum
Thema Umweltschutz in einem metallverarbeitenden Betrieb der Bundes-
republik Deutschland ab.

Nachdem Geschäftsleitung und Betriebsrat in den vergangenen drei Jahren
positive Erfahrungen mit dieser Betriebsvereinbarung gesammelt haben,
schien es angebracht zu sein, die Betriebsvereinbarung in überarbeiteter
Form vorzulegen.

Nach wie vor geht es Geschäftsleitung und Betriebsrat des Unternehmens FSB
darum, gemeinsam mit der Belegschaft den Beweis anzutreten, daß
produzierende Unternehmen zu Unrecht von der Öffentlichkeit als Umwelt-
sünder Nr. 1 apostrophiert werden. An der Umwelt versündigt sich nämlich
niemals eine abstrakte juristische Person, sondern immer nur der einzeln
oder gemeinschaftlich handelnde Mensch. Hier setzt die FSB-Betriebsvereinbarung an. Im Unternehmen FSB wurde schon durch die Erstfassung jeder Mitarbeiter zu seinem eigenen Umweltminister ernannt. Umweltschutz wird in
diesem Sinne bei FSB an jedem einzelnen Arbeitsplatz „produziert", ganz
gleich, ob der Arbeitsplatz ein Gießtiegel, ein Schleifbock, ein CAD-Bildschirm,
eine Schreibmaschine, ein Lenkrad oder ein Verpackungstisch ist.

2. Umweltschutz-Kommission

Um den Gedanken des Schutzes der Umwelt im Unternehmen FSB zu fördern,
bleibt die im Oktober 1991 berufene Umweltschutz-Kommission als Bera-
tungsorgan der Geschäftsführung bestehen. Der Umweltschutz-Kommission
gehören an:

- der Geschäftsführer
- der freigestellte Umweltschutz-Betriebsbeauftragte
- zwei vom Betriebsrat benannte Mitglieder
- zwei vom Geschäftsführer benannte Mitarbeiter
- zu Sonderfragen auf Beschluß der Umweltschutz-Kommission berufene
  sachkundige Arbeitnehmer

Die Umweltschutz-Kommission tagt unter der Leitung des Umweltschutz-
Betriebsbeauftragten. In der Regel soll jeden zweiten Monat eine Sitzung der
Umweltschutz-Kommission stattfinden. Der Umweltschutz-Betriebsbeauftragte
lädt unter Beifügung einer Tagesordnung rechtzeitig ein. Der Umweltschutz-
Betriebsbeauftragte erstellt anschließend ein Protokoll und überwacht die Erle-
digung der weitergegebenen Empfehlungen.

Zu den regelmäßigen Themenkreisen, mit denen sich die Umweltschutz-Kommission beschäftigt, gehören:

- Abstimmung von Umweltzielen, d.h. Arbeits- und Projektziele für den Umweltbeauftragten samt dessen Kostenstellen und Investitionsbudget vor Beginn eines jeden Geschäftsjahres,
- Darlegung und Erörterung der gesetzlichen und behördlichen Auflagen bzw. Überwachungsergebnisse, insbesondere Stand von Genehmigungsverfahren, Inhalt von Genehmigungsbescheiden und von Sicherheitsanalysen nach der Störfallverordnung, Ausarbeitung von Notfallplänen und Planspielen, sowie Vorlage und Erörterung der Jahresberichte für Gewässerschutz, Immissionsschutz und Abfallbehandlung,
- Erarbeitung von zukunftsbezogenen Umweltprogrammen für die langfristige Unternehmensplanung hinsichtlich Umweltverträglichkeit (Standorte, Investitionen, Produkte, Produktionsverfahren, Vermeidung, Wiederverwertung, Recycling, Energiekonzepte, etc.),
- Definition von Arbeits- und Terminaufträgen für die Erstellung, Überwachung und Aktualisierung von Umwelt-Organisationshandbüchern, regelmäßigen Öko-Audits, prophylaktischen Organisationskontrollen, Überprüfung der Einhaltung von Umweltschutzvorschriften bei Vorlieferanten und Entsorgern,
- Entgegennahme der Berichte des Beauftragten für das betriebliche Vorschlagswesen über umweltrelevante Verbesserungsvorschläge,
- Mitwirkung bei den regionalen und überregionalen Umweltinitiativen,
- Förderung des Gedankens der Information und Weiterbildung auf dem Gebiet des Umweltschutzes,
- Gewährleistung des Gleichgewichtes von Ökologie und Ökonomie, da nur eine gesunde Ökonomie die Ökologie finanzieren kann.

3. Umwelt und betriebliches Vorschlagswesen

Obwohl in den ersten drei Jahren dieser freiwilligen Betriebsvereinbarung in Sachen Umweltschutz über das betriebliche Vorschlagswesen keine „bahnbrechenden Vorschläge" gekommen sind, bleibt es bei der bisherigen Regelung, daß betriebliche Vorschläge mit der Zielrichtung „Förderung des Umweltschutzes" vom Betriebsbeauftragten für das betriebliche Vorschlagswesen im Schnellverfahren geprüft (maximal eine Woche nach Einreichung) und nach positiver Beurteilung mit dem doppelten Vergütungssatz honoriert werden.
Im übrigen gelten zu diesem Punkt die sonstigen Regeln des betrieblichen Vorschlagswesens.

4. Umwelt und Ordnung/Sauberkeit

Voraussetzung für den Schutz der Umwelt sind unter anderem Ordnung und Sauberkeit auf dem betrieblichen Gelände: von den Eingangsbereichen über die Büros, die Werkhallen, die Garagen bis hin zu den sanitären Anlagen.

Alle Mitarbeiterinnen und Mitarbeiter werden durch diese Betriebsvereinbarung verpflichtet, ihre Wege auf dem betrieblichen Gelände, ihre Arbeitsplätze und die Inanspruchnahme der Gemeinschaftsräume so zu handhaben,
wie sie es pfleglich im eigenen Hause tun würden. Es zeugt nicht nur von
schlechter Erziehung, sondern ist auch eine Zumutung für die Kolleginnen
und Kollegen, wenn der Gedanke des Schutzes der Umwelt durch Nichtbeachtung selbstverständlicher Grundregeln einfach delegiert wird.
Insbesondere werden alle Mitarbeiterinnen und Mitarbeiter verpflichtet, den
anfallenden Müll eigenverantwortlich getrennt und sauber abzulegen. Hierzu
wurden auf dem Betriebsgelände und an den Arbeitsplätzen ausreichende
nach Müllarten getrennte Abfallablagemöglichkeiten geschaffen.
Um den Zusammenhang zwischen Umwelt und Ordnung/Sauberkeit zu unterstreichen, schreibt der Umweltausschuß für das Kalenderjahr 1995 drei energiesparende und umweltschonende Fahrräder als Preise aus, die unter den
Mitarbeitern der Abteilungen verlost werden, die nach Ansicht des Umweltausschusses im Kalenderjahr 1995 konstant ein hohes Niveau an Ordnung und
Sauberkeit gezeigt haben.

5. Umwelt und Qualität

Qualitätsgestützte langlebige Produkte mit hoher Design-Anmutung sind ein
wichtiger Beitrag zum Umweltschutz, da sie der Überschwemmung des Marktes mit nutzlosen kurzlebigen Gebrauchsgütern entgegenwirken und damit
indirekt für die Einsparung wichtiger Ressourcen (Material, Energie, Arbeitskraft, usw.) sorgen.
Sorgfältige Planung, gewissenhafte Konstruktion, ausschußminimierte
Produktion, gezielte Beratung und sorgsame Handhabung sind Grundpfeiler einer umweltschonenden Qualität. Diese Parameter zählen seit der
Firmengründung im Jahre 1881 zu den obersten Unternehmenszielen von
FSB.
Um allen Mitarbeiterinnen und Mitarbeitern diese Zusammenhänge deutlich
vor Augen zu führen, ruft der Umweltausschuß das Kalenderjahr 1995 zu
einem Qualitätsjahr aus. In diesem Zeitraum werden alle qualitätsbezogenen
Verbesserungsvorschläge entsprechend den Regeln des betrieblichen Vorschlagswesens bei positiver Bewertung mit dem dreifachen Basisvergütungssatz honoriert.

6. Orte mit besonderem Umweltgefährdungspotential

Es wird im Rahmen dieser Betriebsvereinbarung ausdrücklich darauf hingewiesen, daß es im Unternehmen FSB genehmigungspflichtige Anlagen und
Räumlichkeiten gibt, die nur von den eingewiesenen Mitarbeitern betreten
und bedient werden dürfen. Hierzu zählen insbesondere:

– in der Gießerei Induktions- und Schmelzöfen,
– in allen Werken die Reinigungs-, Entfettungs-, Eloxal- und Neutralisationsanlagen,

- alle Tanks und Behälter, die der TÜV-Überwachung unterliegen,
- technische Anlagen wie Aufzüge, Kräne, Strahlanlagen,
- alle Lagerplätze für Chemikalien, Öle, Fette, Abfall und Müll.

7. Grundsätze zum Schutze der Umwelt

Es hat sich nach unserer ersten Betriebsvereinbarung zum Schutze der Umwelt gezeigt, daß es sehr schwer ist, bestimmte Empfehlungen als Gewohnheit für sich selbst zu übernehmen. Aus diesem Grunde werden nachstehend nochmals die allgemeingültigen Umweltgrundsätze unseres Unternehmens aufgelistet, die in Anlehnung an die Handlungsgrundsätze der EU-Öko-Audit-Verordnung erstellt worden sind:

- Auf allen Ebenen des Unternehmens achten die Vorgesetzten darauf, daß das Verantwortungsbewußtsein für die Umwelt entwickelt und gefördert wird.
- Der Umweltausschuß des Unternehmens verabschiedet ein Verfahren, das sicherstellt, daß regelmäßig FSB-Grundsätze mit der praktizierten Realität verglichen werden.
- Der Umweltausschuß des Unternehmens verabschiedete einen Kontrollmechanismus, der gewährleistet, daß akute Verstöße gegen die FSB-Umweltpolitik automatisch auffallen und zur Diskussion gestellt werden.
- Der Umweltausschuß des Unternehmens stellt sicher, daß permanent ein offener Dialog mit der Öffentlichkeit in allen Fragen der FSB-Umweltpolitik geführt wird.
- Alle Ebenen des Unternehmens setzen sich dafür ein, daß auch die auf das Betriebsgelände eingeladenen Geschäftspartner bzw. tätigen Vertragspartner die FSB-Umweltgrundsätze beachten und respektieren.
- Umweltschutz beginnt beim Sparen von Ressourcen (z.B. Rohmaterialien, Hilfs- und Betriebsstoffen, Kopierpapier, Wasser, Energie).
- Alle Mitarbeiterinnen und Mitarbeiter des Unternehmens sind angehalten, bei Reisen und bei der Kommunikation stets den günstigsten Weg zu wählen.
- Allen Mitarbeiterinnen und Mitarbeitern des Unternehmens wird empfohlen, nicht nur bei privaten Fahrten, sondern auch bei Geschäftsfahrten auf eine freiwillige Geschwindigkeitsbeschränkung (Tempo 130 km/h) zu achten.
- Allen Mitarbeiterinnen und Mitarbeitern des Unternehmens wird empfohlen, öffentliche Verkehrsmittel zu benutzen, soweit es ökologisch und ökonomisch sinnvoll ist.
- Auch die Sauberkeit ist ein wichtiger Bestandteil der Umweltpflege. Mit der Sauberkeit der Arbeitsplätze und des Firmengeländes signalisiert FSB den hohen Umweltstandard nach draußen.
- Die gesamte Belegschaft des Unternehmens wird aufgefordert, in Sachen Umweltschutz mit offenen Augen durch die Welt zu gehen und jede vernünftige Anregung über das betriebliche Vorschlagswesen zur Förderung

des weiteren Ausbaues des Umweltschutzes an das Unternehmen heran-
zutragen.

8. Kündigung

Die überarbeitete Betriebsvereinbarung zum Schutze der Umwelt ist auf
freiwilliger Grundlage abgeschlossen worden und kann ohne Nachwirkung
jederzeit mit einer Frist von drei Monaten gekündigt werden.

Brakel, 1. Oktober 1994

Franz Schneider Brakel GmbH + Co

Geschäftsleitung   Betriebsrat

Dieser Standort verfügt über ein Umweltmanagementsystem. Die Öffentlichkeit
wird im Einklang mit dem Gemeinschaftssystem für das Umweltmanagement und
die Umweltbetriebsprüfung über den
betrieblichen Umweltschutz dieses Standorts unterrichtet (Register-Nr. bei der IHK
Duisburg).

Die Umweltpolitik, das Umweltprogramm,
das Umweltmanagementsystem und das
Umweltprüfverfahren des Unternehmens
FSB am Standort Brakel entspricht den
Anforderungen der Verordnung der EWG
Nr. 1836/93 (EG-Öko-Audit-Verordnung).

Die Zertifizierung nach diesem Öko-Audit-
System ist ein weiterer Beleg für unsere
langjährigen Bemühungen, qualitativ
hochwertige Leistungen unter ebenso
hohen Umweltschutzanforderungen zu
erbringen.

Brakel, Januar 1996

Jürgen Werner Braun

Auf der Basis des hier erstmals 1993 veröffentlichten Audits beantragte das
Unternehmen FSB Ende 1995 die Zertifizierung. Die Registrierung erfolgte im
Januar 1996.

und Umwelthaftung"; Manfred Sietz/Wolf Dieter Sondermann; Eberhard-Blottner-Verlag, Taunusstein, 1990.

ZENKER-Fenster GMBH & Co. KG in Zahlen (1992)

Ursprungsjahr	1972
Umsatz	45 Mio. DM
Mitarbeiter/-innen	180
Betriebsgelände Standort Höxter	15 500 m²
Betriebsgelände Standort Rostock	2000 m²

1 Orientierende Umwelt-Bilanz

1.1 Analyse IST-Zustand

1.1.1 Betriebsvorstellung – Einteilung der Untersuchungsbereiche

ZENKER-Fenster, ein Tochterunternehmen der Philipp-Holzmann AG in Frankfurt, ist ein mittelständischer Betrieb mit ca. 180 Mitarbeitern, die sich etwa im Verhältnis 1:10 auf die Standorte Höxter und Rostock verteilen.

In ökologischer Hinsicht von besonderer Bedeutung ist die außerstädtische Lage des Stammwerks Höxter im Gewerbegebiet Lüchtringen, das sich noch in der Erschließungsphase befindet. Ca. sechs Kilometer von der Kreisstadt Höxter entfernt gelegen, grenzt das Betriebsgelände unmittelbar an ein östlich gelegenes Feuchtbiotop an. Die Entfernung zur westlich verlaufenden Weser beträgt ca. 1,5 Kilometer.

Das Unternehmen am untersuchten Standort Höxter gliedert sich in folgende Geschäftsbereiche:

1. Extrusion von Fensterprofilen aus PVC-hart,
2. Produktion von Kunststoffenstern,
3. Herstellung von Aluminiumbauelementen, -fassaden und -wintergärten,
4. Herstellung von Wintergärten aus Kunststoff,
5. Vertrieb von Holzfenstern,
6. Vertrieb, Montage und Service der unter 1. – 5. genannten Produkte.

Mit dem Hauptgeschäftszweig, der Fensterproduktion, ist der Betrieb eines der führenden Unternehmen in diesem Marktsegment. Die im oberen Qualitätsniveau angesiedelten Produktlinien (System FM) genügen sehr hohen Anforderungen und genießen daher entsprechende Akzeptanz am Markt. Mit dem Produkt A 2000 steht dem Zenker-Fenster-Kunden ein marktübliches Fenstersystem zur Verfügung.

Der Verkauf ist dezentral organisiert; der größte Teil der Produktion wird durch externe Handelsvertretungen, angestellte Außendienstmitarbeiter und Händler vertrieben.

ZENKER-Fenster – Umweltbericht

G. Dören

Vorwort

Der innerbetriebliche Umweltschutz hat sich in den letzten Jahren von einem eher nebensächlichen Kostenfaktor zu einer zentralen Aufgabe des Managements entwickelt. Seine steigende Bedeutung für die Steuerung aller Abteilungen vom Einkauf bis zur Entsorgung machte die Einbindung in das Gesamtkonzept der Unternehmensführung erforderlich.

Um hier einheitliche Strukturen und Regelungen zu schaffen, wurde vom EG-Ministerrat am 29. Juni 1993 die EWG-Verordnung Nr. 93 „über die freiwillige Beteiligung gewerblicher Unternehmen an einem Gemeinschaftssystem für das Umweltmanagement und die Umweltbetriebsprüfung" verabschiedet. Ähnliche Ziele verfolgt die bereits 1992 vorgelegte britische Norm BS 7750 des British Standard Institute, wobei hier die Forderung von Umweltbetriebsprüfungen, sog. Audits, die Rolle eines Teilbausteins innerhalb der Beschreibung eines umfassenden Umweltmanagements samt Erstellung eines Umwelthandbuchs übernimmt.

Ähnlich einer betriebswirtschaftlichen Bilanzprüfung soll das Umwelt-Audit eine managementgerechte, periodisch zu wiederholende Übersicht über die Umweltleistung des Unternehmens im Sinne eines Vorsorgeinstruments gewährleisten.

Vorgesehen ist die Prüfung aller umweltrelevanten Teilbereiche durch unabhängige Umweltprüfer, deren Akkreditierung der EG-Verordnung durch ein eigenes Zulassungssystem regelt.

Weitere Komponenten bestehen in der Forderung eines Abschlußberichts, sowie einer öffentlichen Umwelterklärung, die die umweltpolitischen Ziele des Unternehmens als Sollvorgaben und den erhobenen Istzustand des Betriebs wiedergibt.

Nach erfolgreicher Teilnahme ist das Unternehmen berechtigt, die Teilnahmeerklärung mit dem zugehörigen EG-Emblem in der Kommunikation mit der Öffentlichkeit zu nutzen, wobei sich diese Attestierung nur auf den auditierten Standort bezieht und nicht im Zusammenhang mit der Produktwerbung verwendet werden darf.

Der bei ZENKER-Fenster in der Zeit **vom 1. März bis 31. Juli 1993 durchgeführte Umweltcheck** orientiert sich an den Checklisten des Handbuchs „Umwelt-Audit

Abb. 1. Betriebsstandort Höxter

Zu den erklärten Zielen der Unternehmensführung gehören Umweltschutzstrategien, die in der Definition von Produktqualitätszielen sichtbar werden. Gestiegene Anforderungen im Umweltschutzbereich, aber auch ein verändertes Verbraucherverhalten führten zur Entwicklung umweltfreundlicher Produkttechnologien.

Die Angebotspalette umfaßt spezielle Wärme- und Schallschutzverglasungen, einbruchhemmende Fenster und Türen, sowie Wintergärten und Solarkonstruktionen aus Kunststoff und Aluminium. Je nach Anforderungskriterien können die Produkteigenschaften unterschiedlich kombiniert werden. Auf den Gebieten der Einbruchhemmung (Produktbezeichnung: safe-plus) und des Schallschutzes (Produktbezeichnung: 3plus) steht Zenker-Fenster in marktführender Position. Durch besondere Rahmenkonstruktionen in Verbindung mit speziellem Wärmefunktionsglas werden Dämmwerte bis herab zu 0,9 W/m²K erreicht. Bei üblichen Vergleichswerten von ca. 3,0 W/m²K kommt dem Unternehmen auch hier eine Sonderstellung zu.

Der Betrieb am Standort Höxter (s. Abb. 1) gliedert sich in folgende Bereiche:

- Verwaltung (Altbau: Geschäftsleitung, Kostenrechnung, Controlling, Verkauf; Neubau: Einkauf, Außendienstbetreuung, Technisches Büro),
- Extrusionsabteilung (Fensterprofilfertigung),
- Konfektionsabteilung (Elementezuschnitt und -bearbeitung),
- Montageabteilung (mit Lager),
- Betriebsschlosserei,

- Wintergartenfertigung,
- Aluminiumfertigung,
- überdachtes Fertigteillager,
- Außengelände (Altfensterlager, Müllsammelcontainer).

Hinzu kommt ein separates Kleingebäude für Empfangs- und Ausstellungszwecke.

Die umweltrelevanten Bereiche und Arbeitsabläufe des Betriebes wurden anhand der Checklisten nach Prof. Dr. M. Sietz [1] und deren Angleichungen an die innerbetrieblichen Gegebenheiten des Betriebes wie in der Gliederung angegeben eingeteilt und untersucht.

1.1.1.1 Technische Abläufe

Der untersuchte Betrieb fertigt vorwiegend manuell. Teilautomatisiert arbeitet die Extrusionsabteilung, wo auf vier voneinander unabhängigen Anlagen parallel Profile gezogen werden können. Die vier Doppelschneckenextruder werden per Unterdruck direkt aus dem Transportcontainer beschickt. Das angesaugte Granulat (s. Abb. 2) wird aus dem Vorratsgefäß mittels einer Dosiereinrichtung auf die Schnecken gegeben und durch Friktionswärme und eine spezielle Zylinderbeheizung auf die Verarbeitungstemperatur von 195 °C gebracht.

Die Temperatur dieser elektrisch beheizten Anlagen wird durch Anschluß an den Kühlwasserkreislauf geregelt.

Abb. 2. Granulat

Die aufgeschmolzene und verdichtete Rohmasse verläßt den Extruder durch beheizte Profildüsen, die dem Rohling seine endgültige Form verleihen (s. Abb. 3).

Zur Rückstandsentfernung werden diese Werkzeuge ca. einmal pro Monat im Ultraschallbad gereinigt. Da das bisher verwendete Reinigungsmittel WBC 419 (DIN-Sicherheitsdatenblatt liegt vor) auf NAOH-Basis stark alkalisch, ätzend und wassergefährdend ist, wurde es bereits während der Untersuchung gegen den Tensidreiniger RFX-20 (DIN-Sicherheitsdatenblatt liegt vor) ausgetauscht. Die Kühlung der fertigen Profilstränge erfolgt produktabhängig entweder durch Trocken- oder durch Naßkalibrierung. Das Kühlwasser wird im Kreislauf geführt, um die enthaltene Wärmeenergie per Wärmepumpe für die Gebäudeheizung nutzen zu können. In der warmen Jahreszeit wird die Energie über einen thermostatgesteuerten Dachwärmetauscher abgeführt. Bei der Trockenkalibrierung hat das Kühlwasser keinen unmittelbaren Kontakt mit dem Werkstoff; der Wärmetausch erfolgt indirekt. Beim Naßkalibrierverfahren wird das ablaufende Profil direkt vom Kühlwasser umspült. Um eine Vermehrung von Mikroorganismen im Kühlwasserkreislauf zu verhindern, wurden verschiedentlich unbefriedigende Versuche mit Filteranlagen und Bioziden gemacht. Zu Untersuchungsende lag ein offener Kreislauf ohne Filterung vor, bei dem ein kontinuierlicher Austausch erfolgte (vgl. 1.1.1.6), um auf Biozide verzichten zu können, bzw. Leistungsverluste durch zusetzende Filter zu vermeiden. Nach grober Schätzung wird das Wasser etwa einmal monatlich ausgetauscht.

Abb. 3. Extrusion von Kunststoffprofilen

Die fertigen Profilstränge werden mit Kettenabzügen abgezogen, auf Lager-
länge (6,4 m) geschnitten und in Einheiten zu 1,4 Mg ins Profillager am Ostende
der Fertigungshalle verbracht.

Die sich anschließende Konfektion der Einzelteile arbeitet parallel auf zwei
Fertigungsstraßen. Per Hand werden PVC- und Stahl-Halbzeuge dem Magazin
entnommen und auf Maß geschnitten. Die Aussteifungsprofile aus Stahl werden
in den Kunststoffprofilen fixiert, und die Rahmenteile verschweißt. In der Montageabteilung werden Dichtungs- und Beschlagteile, sowie die fertig angelieferten Glasscheiben eingesetzt. Mit Ausnahme der stationären Schweißautomaten
und Ablängsägen im vorderen Teil der Fertigungsstraßen kommen lediglich
kleine Handwerkzeuge für Elektro- oder Druckluftbetrieb zum Einsatz. Die
empfindlichen Produkte erhalten schließlich eine relativ aufwendige Verpackung, um während des Transports ausreichenden Schutz gegen Beschädi-
gungen gewährleisten zu können. Die verwendeten Materialien – Kartonagen,
Folien, Papierklebebänder und Styroporpolster – werden nach der Montage wieder ins Werk zurückgebracht und teilweise wiederverwendet (z.B. Styropor-
formteile).

1.1.1.2 Stoff-Fluß

Um den Aufwand auch seitens der zuständigen Mitarbeiter in einem adäqua-
ten Rahmen zu halten, wurde auf Wunsch der Geschäftsführung eine vereinfachte Input-Output-Analyse vereinbart, die sich lediglich auf den hauptsächlich umgesetzten Rohstoff PVC beziehen sollte. Dies scheint vertretbar, da
die genaue Analyse des übrigen Warenumschlags aufgrund vieler kleiner Ein-
zelposten einen unverhältnismäßig hohen Aufwand erfordern würde, die
repräsentativ betrachtete Fraktion einen großen Anteil am Gesamthaushalt
hat und auch die meisten Probleme aufwirft. Zusätzlich sollte auf genaue Zahlen bez. des Einkaufs von Halbzeugen verzichtet werden; als einzusetzender
Wert wurden 40 Mg genannt. Über die Problematik einer solchen Vereinfachung in bezug auf das Untersuchungsergebnis wurde die Betriebsleitung auf-
geklärt.

Als repräsentative Zahlen wurden die Unterlagen des Geschäftsjahres 1991
ausgewertet. Danach wurden in der Extrusion ca. 1000 Mg PVC-Rohgranulat
eines bekannten Herstellers, sowie 40 Mg Regenerat aus eingemahlenen, betriebsinternen PVC-Abfällen eingesetzt. Außerdem wurden ca. 40 Mg PVC-Halb-
zeuge seltener verwendeter Profilformen zugekauft, deren Eigenfertigung un-
wirtschaftlich wäre. Der Gesamteinsatz von PVC-Materialien betrug somit ca.
1080 Mg. Nicht benötigtes hochwertiges Abfallmaterial aus Verschnitt und
Extruderanlauf wurde als Wertstoff vermarktet (s. Abb. 4).

Die übrigen Einsatzstoffe in der Fertigung, sowie Material für Verwaltung, Fuhrpark, etc. wurden aus den erwähnten Gründen mengenmäßig nicht
erfaßt.

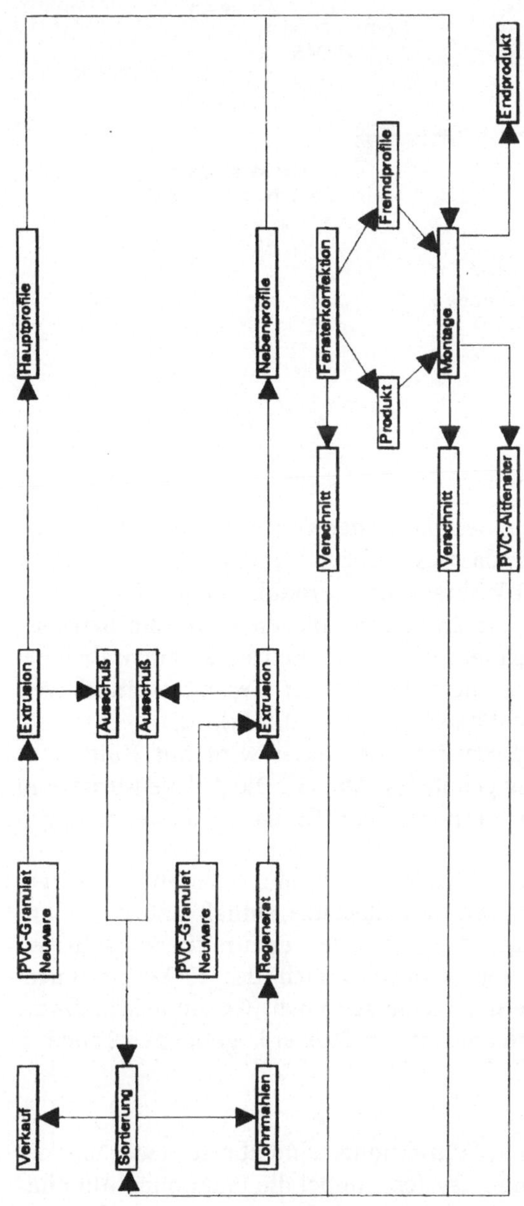

Abb. 4. Flußdiagramm PVC-Verarbeitung

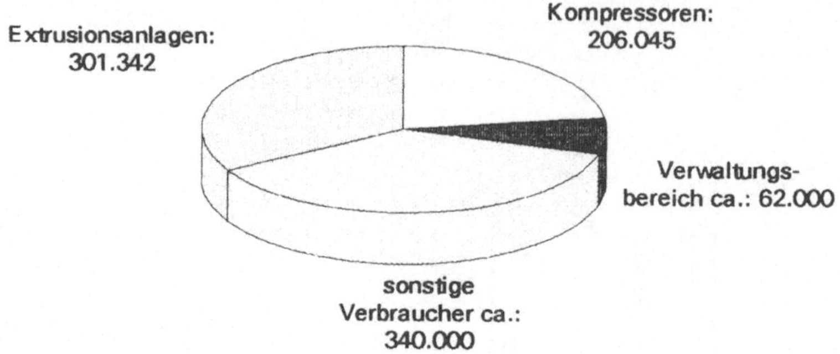

Abb. 5. Energieverbrauch 1992 (kWh)

1.1.1.3 Energiefluß

Das zugrundegelegte Datenmaterial bestand in der Verbrauchsabrechnung des ortsansässigen Stromlieferanten für das Geschäftsjahr 1992, sowie einer Aufstellung der Anschlußwerte sämtlicher Verbraucher in Produktion und Verwaltung. Die höchsten Einzelwerte liefern die Extrusionsanlagen sowie die betriebsinterne Druckluftversorgung. Aufgrund vorhandener Betriebsstundenzähler bei den beiden letztgenannten Verbrauchern konnte der Gesamtverbrauch von 909 145 kWh relativ einfach aufgeschlüsselt werden (s. Abb. 5).

Die Wärmeenergie aus dem Extrusionskühlwasser wird mit Hilfe einer Wärmepumpe zur Gebäudeheizung genutzt (s. Abb. 6). Die Anlage wurde vom Technischen Überwachungsverein Hannover geprüft; die Abnahmeunterlagen sind vollständig.

Als weiterer Einzelverbraucher fällt der dem Produktionsgebäude vorgelagerte Empfangspavillion auf, der Büroarbeitsplätze enthält und daher angemessen temperiert werden muß. Aufgrund der unzureichend isolierten Aluminiumbauweise ist sowohl der Stromverbrauch des Elektroheizungssystems als auch der Klimaanlage unangemessen hoch (Gesamtanschlußwert 11,9 kW). Der Jahresheizölverbrauch am Standort Höxter liegt bei ca. 48 000 l.

1.1.1.4 Abfall und Recycling

Die in der Produktion anfallenden Abfallfraktionen sind überschaubar und definiert. Es existiert ein Abfalltrennungssystem, wobei die Fraktionen Aluminium, Stahl, Kartonagen/Papier, PVC, geschäumtes PVC, geschäumtes Polystyrol, Folien und Reststoffe mit Hilfe verschiedenfarbiger Loren getrennt erfaßt werden (s. Abb. 7 und 8).

Die Loren werden für ausgewählte Anfallstellen spezifisch kombiniert und bei Erreichung des Füllvolumens von ca. 1 m³ in 5 Sammelcontainer im Außenbereich entleert. Zusätzlich ist ein Container für Glas und demontierte Altfenster aus Holz vorhanden, dessen Inhalt nicht verwertet wird, s. Abb. 9 und 10 (vgl. 1.2.1.1).

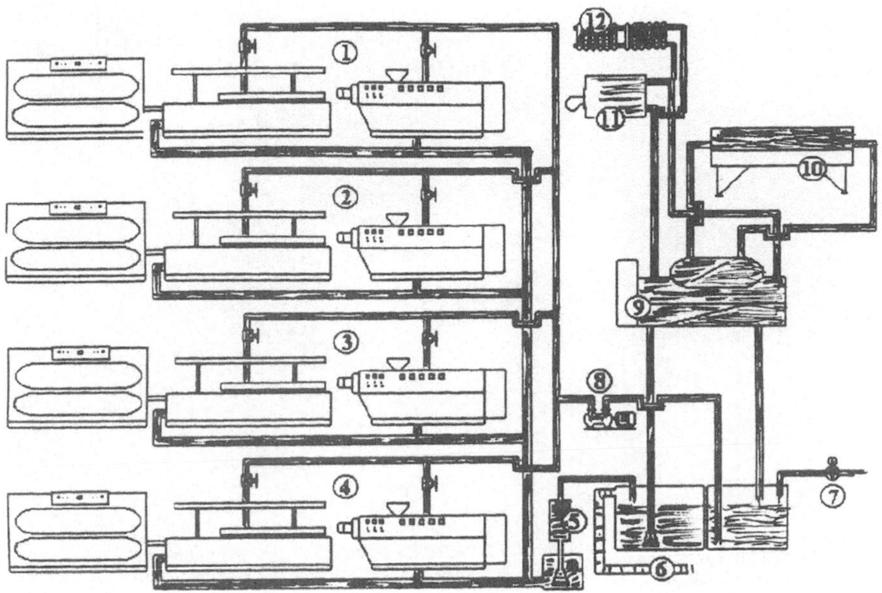

Abb. 6. Wärmerückgewinnung aus der Profilextrusion.
1–4 Extrusionsanlagen, 5 Tauchpumpe mit Filter, 6 Überlauf in Schmutzwasserkanal, 7 Automatische Nachfüllung (Stadtwassernetz), 8 Versorgungspumpe Kaltwasser, 9 Wärmepumpe bzw. Kaltwasseranlage, 10 Wärmetauscher außen, 11 Heizungsanlage, 12 Heizkörper/ Radiatoren

Abb. 7. Abfalltrennung

Abb. 8. Abfalltrennung

Abb. 9. Abfalltrennung

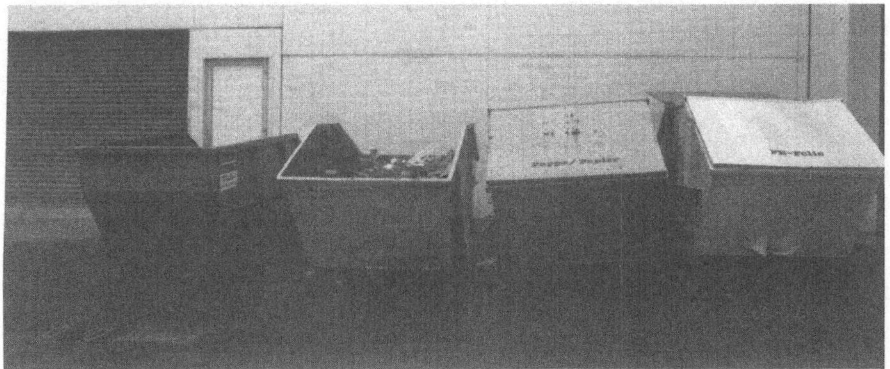

Abb. 10. Sammelcontainer für Wertstoffe

Abb. 11. Mangelhafte Abfalltrennung im Produktionsbereich zu Untersuchungsbeginn

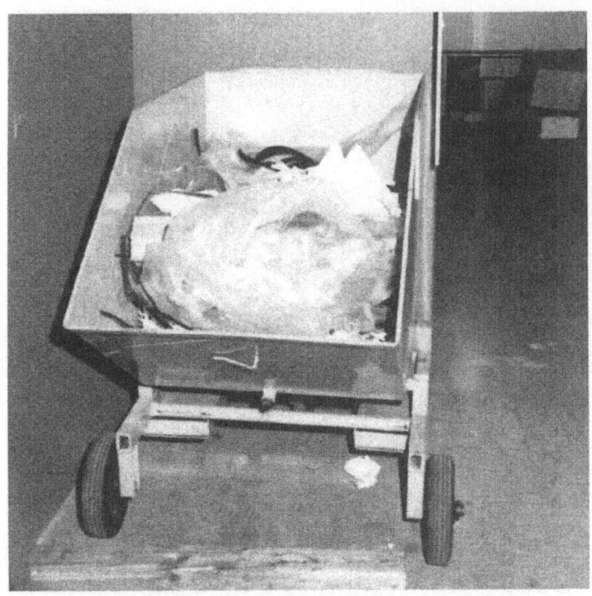

Abb. 12. Mangelhafte Abfalltrennung im Produktionsbereich zu Untersuchungsbeginn

Die betriebsinterne Akzeptanz des Abfalltrennsystems wurde zu Untersuchungsbeginn bemängelt (Fehlwürfe; Nichtbeachtung der Beschriftungen) (s. Abb. 11, 12).

Durch Basismaßnahmen der Geschäftsleitung (Mitarbeiterschulung/-aufklärung; Betriebsrundgänge; etc.) konnten bis zum Untersuchungsende erhebliche Verbesserungen erzielt werden.

Zusätzlich sind am Osteingang der Extrusionshalle Sammelbehälter für die Fraktionen ölverschmutzte Abfälle, Kunststoffleerkartuschen (Silikondichtmasse) und Elektrokabel aufgestellt. Nur in größeren Intervallen anfallende Abfälle, z.B. die Leerkanister nach dem jährlichen Ölwechsel der Extrusionsanlagen, werden ebenfalls dort zwischengelagert (Abb. 13). Bodenwannen zur Absicherung gegen Tropfreste fehlen.

Diese Fraktionen werden als Sondermüll entsorgt. Im Geschäftsjahr 1992 fielen an festen ölverschmutzten Betriebsmitteln 1,3 m³, an Ölen und Fetten aus dem Ölabscheider im Außenbereich 0,48 m³ an. 1993 wurden einmalig 0,8 m³ Altlacke aus der ehemaligen betriebseigenen Kfz-Werkstatt entsorgt. Die erforderlichen Entsorgungsnachweise liegen vollständig vor.

Die bei den einzelnen Produktionsschritten anfallenden PVC-Abfälle aus Extruderan- und -probelauf, sowie der Verschnitt aus der Konfektion werden getrennt erfaßt und durch beauftragte Unternehmen eingemahlen (s. Abb. 14). Das so gewonnene Regenerat wird zu Hilfs- und Nebenprofilen verarbeitet, da die an das Rohgranulat erster Wahl gestellten Anforderungen nicht in vollem Umfang erfüllt werden. Bei nicht ausreichendem Bedarf werden Teile dieser Fraktion am Wertstoffmarkt angeboten.

Abb. 13. Ölkanister ohne Bodenwanne

Abb. 14. PVC-Abfälle Konfektion

Ein Abfalltrennungskonzept für den Verwaltungsbereich wurde im Laufe der Untersuchung erstellt und umgesetzt. Getrennt gesammelt werden die vier Fraktionen Papier, Sondermüll, Reststoffe und Verpackungs-Abfälle nach dem Dualen System Deutschland („Grüner Punkt"), wobei kompostierbares Material aufgrund der geringfügigen Anfallmengen dem nicht verwertbaren Reststoffanteil zugeschlagen wird.

Der Betrieb ist nach der Novelle § 5 b des Abfallgesetzes für das Land Nordrhein-Westfalen verpflichtet, ein Abfallwirtschaftskonzept für alle im Betrieb anfallenden Abfallstoffe zu erstellen. Nach § 5 c ist die daraus abzuleitende Erstellung einer Abfallbilanz erforderlich.

Konzept und Bilanz waren zu Untersuchungsbeginn nicht vorhanden und wurden nach der Bemängelung dieses Sachverhalts bis zum Untersuchungsende erstellt.

Für die Zerlegung von zurückgenommenen Alt-Kunststoffenstern ist im Betrieb eine Demontagestation eingerichtet (s. Abb. 15). Hier wird das angelieferte Material nach Verschmutzungsgrad und Recyclierungsmöglichkeiten sortiert und manuell zerlegt. Die PVC-Fraktion wird von beauftragten Unternehmen eingemahlen und der Verwertung zugeführt (vgl. 1.2.1.1).

1.1.1.5 Emissionen

Zur Untersuchung der betriebsinternen Emittenten erwies sich die getrennte Betrachtung der Produktionsbereiche Extrusion – Konfektion/Montage – Schlosserei als zweckmäßig.

Abb. 15. Demontageabteilung

Abb. 16. Extrusionsanlage

Im Bereich der Extrusion sind über den Austrittsdüsen der vier Extruder Absaugungen angebracht, die aus Schläuchen bzw. Rohren der lichten Weite 11 cm ohne Fangglocken bestehen (Abb. 16). Die Abluft wird über ein Sammelrohr von einer zentralen Pumpe gefördert und durch eine Deckenluke ins Freie abgeführt. Da die Anlage in Eigenproduktion erstellt wurde, sind die Unterlagen zu technischen Daten (Durchsatz, etc.) unvollständig. Da bei der untersuchungsbegleitend durchgeführten Arbeitsplatzmessung bzw. Vinylchlorid-Monomeren keine nachweisbare Konzentration festgestellt wurde (Messung vom 12.05.93), kann davon ausgegangen werden, daß aus diesem Produktionsbereich keine umweltrelevanten Schadstoffe emittiert werden.

Im Bereich Konfektion existiert ebenfalls eine zentrale Absauganlage mit insgesamt acht Abzweigen. Bis auf zwei Standbohrmaschinen sind sämtliche spanabhebenden Anlagen (Doppelgehrungssägen, Olivenbohrmaschinen, Verputzautomaten) mit Absaugrüsseln versehen. Die mit PVC-Spänen angereicherte Abluft wird im Umluftsystem über einen zentral angeordneten schallgedämmten Abscheider geführt (Abb. 17 und 18).

Da die Anlage gebraucht erworben und der jetzigen Nutzung nachträglich angepaßt wurde, sind die Unterlagen unvollständig. Der Nennvolumenstrom des Antriebsventilators beträgt 4200 m³, der reale Durchsatz im verlegten Rohrleitungssystem soll demnächst nachgewiesen werden. Bez. des verwendeten Filtermaterials existieren für den Einsatz im Kunststoffbereich keine Auflagen; unabhängig davon ist der Einsatz der momentan eingebauten Körperfilter durch wirkungsvollere Einheiten aus Nadelfilzmaterial geplant. Als

Abb. 17. Absauganlage für Späne

Abb. 18. Absauganlage für Späne

Emittent umweltrelevanter Stoffe ist dieser Produktionsbereich nicht in Betracht zu ziehen.

In der betriebsinternen Schlosserei werden durch Schweiß- und Schleifarbeiten Staubemissionen verursacht. Die bisher vorhandene Absaugung (s. Abb. 19 a, b) arbeitet ähnlich wie die oben beschriebene. Es sind drei Saugrüssel an schwenkbaren Rohren installiert. Ein Deckenlüfter führt die Abluft durch einen Dachauslaß. Zur absichernden Kontrolle wurde im Untersuchungszeitraum eine Arbeitsplatzmessung bez. Schweißrauchen durchgeführt. Aufgrund einer Überschreitung des MAK-Werts wurde die Anlage ersetzt (vgl. 1.1.1.9).

Das nun installierte System ist mit Filtern ausgerüstet, die Staubemissionen aus diesem Produktionsbereich nahezu vollständig verhindern sollen (s. Abb. 20 a, b). Hierzu sind Kontrollmessungen erforderlich.

Die Gebäudeheizung erfolgt durch zwei voneinander unabhängige Heizungsanlagen. Der Neubautrakt wird von einem 95-kW-Kessel, der ältere Bau von je einem 244- und 350-kW-Brenner versorgt, deren Genehmigungs- und Abnahmeunterlagen gemäß 1. BImSchV vollständig sind.

1.1.1.6 Wasser/Abwasser

Der Wasserbedarf des Betriebes liegt bei ca. 1200 m³/Jahr. Davon werden ca. 100 m³ für die Ergänzung des Kühlwasserkreislaufs in der Extrusion benötigt; der übrige Anteil wird als Brauchwasser für sanitäre Zwecke verwendet.

Die Abwasserentsorgung ist als Trennsystem ausgeführt. Das Schmutzwasser wird über eine 670 m lange Druckrohrleitung in die Kanalisation Lüchtringen und von dort in die Kläranlage Holzminden geleitet. Eine Drossel begrenzt den Maximalabfluß auf 1,53 m³/h (Abb. 21).

Kühl- und Regenwasser gelangen nach Passieren eines Ölabscheiders über ein 31 m³-Absetzbecken in einen Puffertank von 120 m³ Fassungsvermögen (Abb. 22). Beide Behälter dienen der Rückhaltung absetzbarer Stoffe, sowie der definierten Abgabe von Oberflächenwasser, um die Überflutungsgefahr für die ans Betriebsgelände angrenzenden Biotope, z. B. bei starken Regenfällen, zu minimieren. Bei Erreichung eines Füllstandes von 50 m³ wird das Oberflächenwasser über eine Auslaufbegrenzung von 1,66 m³ in den Vorfluter Hechtgraben direkt eingeleitet, der in die Weser entwässert.

Als Grenzwertauflagen wurden folgende Parameter festgesetzt:

Jahresschmutzwassermenge:	865 m³
Chemischer Sauerstoffbedarf:	< 15 mg/l
Cadmium:	< 5 µg/l
Quecksilber:	< 0,1 µg/l
Fischgiftigkeit:	0.

Eine am 21.10.1988 durchgeführte Abwasseruntersuchung bestätigte die Einhaltung aller geforderten Werte. Ergänzend wurde während der Untersuchung eine CSB-Stichprobe durchgeführt, die zum selben Ergebnis kam.

Abb. 19a

Abb. 19b

Abb. 19a und 19b. Bisherige Absaugungsanlage Bereich Schlosserei

Abb. 20a

Abb. 20b

Abb. 20a und 20b. Neuinstallierte Absaugungsanlage Bereich Schlosserei

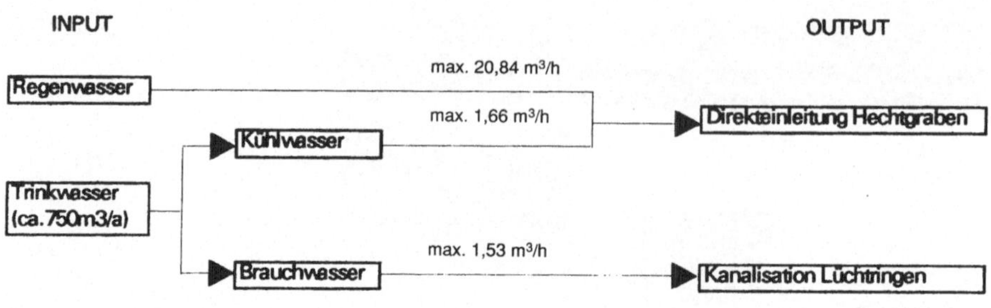

Abb. 21. Wasserhaushalt

Abb. 22. Oberflächenwasser-Puffertank im Außengelände

An Unterlagen liegen vor:

Einleitungsantrag vom 14.10.1991,
Lagepläne zum Leitungsverlauf,
Nachweisrechnung nach § 7 WHG,
Untersuchungsprotokoll vom 04.11.1988,
Gewässerbenutzungserlaubnis vom 24.10.1991 (befristet bis 31.12.2001),
Prüfzeugnisse für die Speichertanks.

Verbindliche Angaben zur Grundwasserfließrichtung können nicht gemacht werden. Als sicher kann jedoch eine Ost-West-Richtung zur Weser hin angenommen werden. Im Zuge von Bauarbeiten wurde festgestellt, daß der Grundwasserspiegel unterhalb von 2,5 m ansteht.

1.1.1.7 Tanks/Ölabscheider

Auf dem Betriebsgelände befinden sich verschiedene Tanks, sowie ein Ölabscheider zur Reinigung des Oberflächenwassers. Dessen Inhalt muß als Sondermüll entsorgt werden. Jährlich fallen etwa 1,5 m³ an. Soweit erforderlich, sind die Genehmigungsunterlagen für den Ölabscheider, sowie die Prüfzeugnisse sämtlicher Tanks (Druckluftversorgung, Kühlwasser, Wärmepumpe, Sprinkleranlage, Heizöllager) vorhanden.

1.1.1.8 Arbeitsstoffe

Im Betrieb werden Gefahrstoffe nur in geringen Mengen verwendet (s. Tabelle 1).

Das bisher in der Wärmepumpenanlage eingesetzte Kältemittel ist R502, ein azeotropes Gemisch aus 48,8 % Chlordifluormethan und 51,2 % Chlorpentafluorethan (DIN-Sicherheitsdatenblatt liegt vor). Aufgrund des hohen Schädigungspotentials gegenüber der Ozonschicht wurde der Geschäftsleitung bereits während des Untersuchungszeitraums ein sofortiger Ersatz des Stoffes vorgeschlagen. Dies soll kurzfristig realisiert werden.

1.1.1.9 Arbeitsschutz

Arbeitsschutzrelevante Betriebsbereiche sind insbesondere die Schlosserei, die Konfektionsabteilung, sowie das Chemikalienlager.

Abteilung Schlosserei

Zur absichernden Kontrolle wurde im Untersuchungszeitraum eine Arbeitsplatzmessung bez. Schweißrauchen durchgeführt. Aufgrund der Überschreitung des MAK-Werts von 6 mg/m³ wurde der sofortige Ersatz der Anlage veranlaßt (Abb. 23–25). Als flankierende Sofortmaßnahme wurde ein Handsauggerät beschafft, um Staubaufwirbelungen bei Reinigungsarbeiten zu vermeiden. Die zeitweise verwendete Rostschutzgrundierung „ultralan" wurde aufgrund hoher Lösemittelemissionen beanstandet und daraufhin durch „Brantho-Korrux" (DIN-Sicherheitsdatenblätter liegen vor) ersetzt. Ergänzend zu diesen Maßnahmen wird jeder Arbeitnehmer bei der Einstellung schriftlich über die üblichen persönlichen Arbeitsschutzmaßnahmen (Kopf-, Gesichts-, Gehör- und Fußschutz) belehrt, und bestätigt dies schriftlich.

Abteilung Konfektion

Aufgrund einer Mitte 1990 an der Kappsäge durchgeführte Schallpegelmessung mit Ergebnissen bis zu 115 dB(A) wurde für die Abteilung ein eigener schallisolierter Bereich geschaffen, um Gehörschutzmaßnahmen auf die dort beschäftigten Mitarbeiter beschränken zu können.
Ebenfalls Kappsägen werden in der Konfektionierung zum Zuschneiden von Aluminium- und Stahlrohren eingesetzt. In diesem Bereich kommen persönliche Schutzausrüstungen zum Einsatz.

Tabelle 1. Arbeitsstoffe und ihr Einsatz im Betrieb

Arbeitsstoff	Einsatz im Betrieb	MAK-Wert	Wassergefähr-dungsklasse nach 19 WHG	kennzeichnungs-pflichtig nach GGVE/GGVS	kenzeichnungs-pflichtig nach GefahrstoffVO
PVC-Granulat	Rohstoff für Rahmenprofil-fertigung	5 mg/m³	Klasse 0	nein	nein
R 502	Kältemittel Wärmepumpe	o.A.	Klasse 0	Klasse 2	nein
Spezial-Biegeflüssigkeit	Biegebad Rundbogenfertigung	o.A.	Klasse 0	nein	nein
Silikondichtpaste	Produktabdichtung bei Endmontage	200 ppm (als Methanol)	Klasse 1	nein	nein
Ethylalkohol	Reinigungsmittel	1000 ppm	Klasse 0	Klasse 3	leichtentzündlich
Essigsäure-ethylester	Reinigungsmittel	1400 mg/m³	Klasse 1	Klasse 3	leichtentzündlich
Polierpaste	Poliermittel	2400 mg/m³	Klasse 2	Klasse 3	leichtentzündlich
Gummidichtung	Glas/Rahmen-Dichtung	o.A.	Klasse 0	nein	nein
Organisches Lösemittel	Reinigungsmittel	400 ppm	Klasse 1	Klasse 3	leichtentzündlich
Sprühöl	Maschinenöl	o.A.	Klasse 2	Klasse 2	entzündlich
Mineralöldestillat	Korrosionsschutz	o.A.	Klasse 2	Klasse 3	entzündlich
Korrosionsschutz	Korrosionsschutz	50 ppm	Klasse 2	Klasse 6	gesundheitsschädlich
Nitroverdünnung	Reinigungsmittel	o.A.	Klasse 2	Klasse 3	leichtentzündlich
Tensidreiniger	Reinigungsmittel	o.A.	Klasse 0	Klasse 8	nein
Korrosionsschutz	Korrosionsschutz	100 ppm	Klasse 1	nein	nein
Reinigungsmittel	Profildüsenreiniger für Ultraschallbad	o.A.	o.A.	nein	nein

Abb. 23. Bisherige Absaugungsmaßnahmen in der Schlosserei

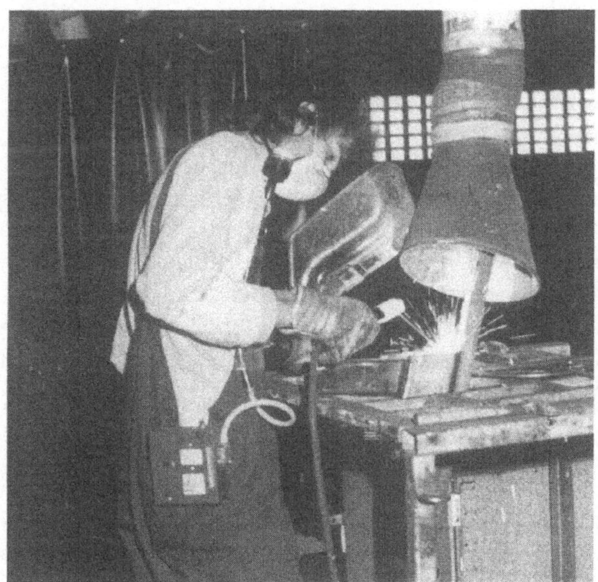

Abb. 24. Arbeitsplatzmessung bez. Gesamtstaub in der Atemluft

Abb. 25. Neuinstallierte Absaugeinheit Schlosserei

Im Bereich der Kunststoffteile-Bearbeitung fallen PVC-Späne und -stäube an
(Abb. 26). Als wirkungsvolle Maßnahme ist hier eine Absauganlage installiert,
die im Umluftbetrieb arbeitet und das Material in Rückhaltefiltern sammelt (vgl.
1.1.1.5; Abb. 27). Das herausgefilterte Material liegt hauptsächlich streifenförmig
vor, wobei die Partikelgrößen einen Bereich von ca. 4×30 mm bis herab in den
Feinstaubbereich (ca. 1 µm Durchmesser) abdecken. Die Feinstaubfraktion ist
nur in äußerst geringen Mengen nachzuweisen; eine arbeitsmedizinische Relevanz daher unwahrscheinlich. Zur Absicherung dieses Befundes ist eine Arbeitsplatzmessung vorgesehen. Die anfallende Menge liegt bei ca. 2,5 m³ wöchentlich
und wird ab Ende '93 der Verwertung zugeführt.

Chemikalienlager

Geruchsemissionen durch Korrosionsschutz- und Lösemittel treten in geringem
Umfang an verschiedenen Arbeitsplätzen auf. Zu bemängeln war hier insbesondere das zentrale, intern Farblager genannte Chemikaliendepot innerhalb
des Magazins, in dem u. a. ca. 200 l Ethanol, ca. 20 l Nitroverdünnung, sowie verschiedene Lacke und weitere Löse- und Reinigungsmittel lagern (Abb. 28). Eine
Zwangsentlüftung bestand nicht (lediglich passiv durch Kippluke). Nach bishe-
riger Praxis füllte das Magazinpersonal bei Bedarf Löse- und Reinigungsmittel

Abb. 26. PVC-Späne aus spanabhebender Bearbeitung

Abb. 27. Zentrale Spansammlung aus Aubsaugung im Konfektionsbereich

Abb. 28. Chemikalienlager: bisherige Nutzung

in Kleingebinde ab, wobei keine persönlichen Schutzmaßnahmen vorgesehen waren. Weitere umweltschutzrelevante Risiken bestanden aufgrund fehlender Auslaufsicherungen (keine Sicherheitswannen unter den Gebinden), sowie unzureichender Ex-Schutz-Maßnahmen.

Im Zuge der untersuchungsbegleitenden Diskussion wurde die Auflösung des Lagers beschlossen, da Kleingebinde am jeweiligen Arbeitsplatz den Bedarf abdecken können (Abb. 29). Der Beschluß wurde mit sofortiger Wirkung realisiert. Eine Vinylchloridmonomerenmessung im gesamten Fertigungsgebäude erbrachte Ergebnisse unterhalb der Nachweisgrenze (Messung vom 12.05.93).

Revisionen hinsichtlich des innerbetrieblichen Arbeitsschutzes wurden von der Holz-Berufsgenossenschaft (27.11.1991), sowie vom Gewerbeaufsichtsamt Paderborn (01.09.1992) durchgeführt. Protokolle darüber liegen vor; die aufgeführten Mängel wurden laut dem zuständigen Sachbearbeiter durch geeignete Maßnahmen behoben.

1.1.1.10 Brandschutz

Die innerbetrieblichen Brandschutzmaßnahmen nach DIN 14095 werden aufgrund eines aktuellen Versichererwechsels neu bewertet. Eine abschließende Beurteilung dieses Checkpunkts erscheint daher im jetzigen Stadium nicht sinnvoll.

Abb. 29. Chemikalienlager: jetzige Nutzung als Lagerraum

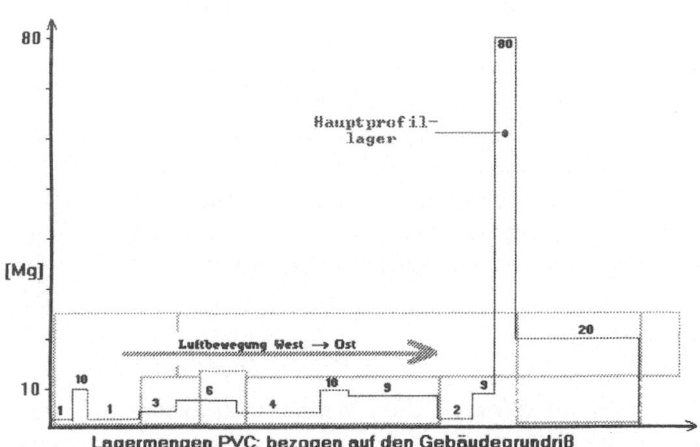

Abb. 30. Lagermengen PVC; bezogen auf den Gebäudegrundriß

Abb. 31. Hauptprofillager (ca. 80 Mg PVC)

Zu den bisher getroffenen Vorsorgemaßnahmen gehören die Installation einer Sprinkleranlage in der Fertigungshalle (1980), Rauchmeldeanlagen im Lagerbereich, sowie der behördlich vorgeschriebenen Hand- und Schlauchlöschgeräte bzw. Wandhydranten. Genehmigungs- und Wartungsunterlagen der Sprinkleranlage, liegen vollständig vor. Ein Alarmplan ist vorhanden; das verwendete Datenmaterial wird z.Z. aktualisiert.

Die örtliche Feuerwehr ist über Feuermelder direkt erreichbar. Im gesamten Produktionsbereich herrscht grundsätzliches Rauchverbot.

Im Zusammenhang mit Überlegungen zum Lärmschutz wurde die auch brandschutztechnisch sensible Schlosserei von den übrigen Produktionsbereichen durch feuersichere Mauern abgetrennt. Eine weitere Sicherheitsmaßnahme stellt der Einzug einer Brandschutzmauer an der Ostseite des Hauptprofillagers (s. Abb. 30, 31) dar, die die Abteilungen Kunststoffkonfektion und Aluminiumfertigung trennt.

1.1.1.11 Unfallberichte

Unfälle werden mit den jeweils erforderlichen Maßnahmen fortlaufend dokumentiert. Hierzu wurde eine Liste angelegt, in die Datum, Kurzbeschreibung des Unfallereignisses und getroffene Maßnahmen eingetragen werden. Die Unterlagen werden im Büro der Fertigungsleitung zur Einsichtnahme bereitgehalten. Nennenswerte Personen- oder Sachschäden sind jedoch nicht bekannt. Die Schadensfälle beschränken sich im wesentlichen auf kleinere Verletzungen, die ambulant behandelt werden konnten.

Unfälle mit umweltrelevanten Auswirkungen sind nicht bekannt.

1.2 Anforderungen SOLL – Maßnahmen zur Angleichung

Die zu erreichenden Umweltziele orientieren sich zunächst an den gesetzlichen Vorlagen. Um darüber hinaus Aussagen über umweltpolitische Ziele des Managements zu erhalten, wurden diverse Veröffentlichungen des Unternehmens, sowie internes (Unternehmensstrategie, Mitarbeiterrundschreiben, Hauszeitung) und Prospektmaterial ausgewertet. Die gewonnenen Informationen wurden auch als Sollabgleich bei der optionalen Bearbeitung der Produktchecklisten nach Prof. Dr. M. Sietz (s. 1.3) verwendet.

1.2.1 Problemschwerpunkte

1.2.1.1 Abfall und Recycling

Altfensterrecycling

Sachlage:
Der untersuchte Betrieb ist Teilnehmer der „Aktion Kunststoffenster-Recycling" des Verbandes der Fenster- und Fassadenhersteller in Frankfurt. Im Rahmen dieser Initiative wurde eine verbandseigene Verpflichtungserklärung (s. Abb. 32) unterzeichnet, in der die „ordnungsgemäße Wiederverwertung" ausgebauter PVC-Fenster gefordert wird. Dies soll durch Zerlegung in die einzelnen Materialbestandteile erfolgen. Über diese Vorgänge müssen schriftliche Dokumentationen angelegt und diese zur Einsichtnahme durch Verbandsorgane bereitgehalten werden.

Die angelieferten Kunststoffenster werden nach optischer Beurteilung in zwei Güteklassen eingeteilt, wobei die PVC-Rahmenteile durch ein beauftragtes Unternehmen eingemahlen und wiederverwertet werden. Völlig problemlos ist das geforderte Wiederverwertungsverfahren nur auf Produkte aus eigener Fertigung anwendbar, da hier ausschließlich lösbare Verbindungen eingesetzt werden. Diese haben jedoch aufgrund der langen Lebensdauer von Kunststofffenstern vorläufig nur geringen Anteil am Rücklauf.

Verwertungsmöglichkeiten für zurückgenommene Altfenster aus Holz konnten bisher nicht gefunden werden. Die Problematik besteht in der Lackbeschichtung der Rahmenbauteile, sowie in anhaftenden Dichtungsresten am Glasbruch. Hinzu kommt die Vielfalt der eingesetzten Glassorten, Beschichtungen, Drahteinlagen, Buntmetallbeschläge, etc. Daher wird diese Fraktion bislang über die Hausmülldeponie entsorgt.

Vorschläge:
Alle Materialien, auch von Fremdsystemen, müssen samt Glasbruch vollständig in den Recyclingprozeß miteinbezogen werden. Dies wird möglich durch die Nutzung einer neuen Recyclinganlage, die speziell für diesen Zweck erstellt wurde.

Übergreifend ist der Umweltschutz in die Organisationsstruktur des Betriebes zu integrieren und das Organigramm dahingehend zu erweitern.

Die vorgeschlagenen Maßnahmen wurden teilweise bereits während der Untersuchung realisiert.

Industrie und Handwerk stehen in der Pflicht, sich aktiv für den Umweltschutz zu engagieren. Für die Produktion und die Verarbeitung von PVC für Kunststoffenster gilt es, das technisch Machbare und ökologisch Sinnvolle optimal zu verbinden.

Die unterzeichnende Unternehmung verpflichtet sich, die folgenden, unten aufgeführten Punkte zu gewährleisten:

1. Die Unternehmung nimmt ausgebaute PVC-Fenster zurück und führt sie einer ordnungsgemäßen Wiederverwendung zu.
Dabei ist es unerheblich, ob diese PVC-Fenster von der Unternehmung selbst demontiert oder von Dritten angeliefert werden.

2. Die Aufarbeitung der PVC-Fenster erfolgt, indem sie in ihre verschiedenen Materialbestandteile zerlegt werden. Dies kann entweder bei den Fensterherstellern selbst, bei ihren Zulieferern oder bei einem Recycling-Betrieb erfolgen. Die Unternehmung weist durch Aufzeichnungen nach, daß sie die Fenster in der beschriebenen Weise behandelt hat. Der Verband hat das Recht, Einsicht in die Aufzeichnungen über die Recycling-Vorgänge des Betriebes zu nehmen.

3. Das PVC-Fenster-Recyclingkonzept wird nach dem Prinzip der Kostendeckung verwirklicht. Richtlinien für die Rücknahmekosten sind beim Verband Fenster und Fassade zu erfragen.

Abb. 32. Verpflichtungserklärung

Die Funktion „Umweltschutz" wurde mit einer halben Personalstelle besetzt und der Geschäftsleitungsebene zugeordnet. Der neugeschaffenen Kostenstelle wurde als Sofortmaßnahme ein weiterer Mitarbeiter zur Zerlegung von Kunststoffenstern zugeteilt.

Zur Verwertung von Kunststoffenstern wurde in Thüringen eine Recyclinganlage, die Komplettfenster zerkleinert und die Partikel nach Materialien fraktioniert, erstellt (Abb. 34). Die Anlage ging am 19.11.93 in Betrieb und steht nun der gesamten Kunststoffensterindustrie zur Verfügung. Der untersuchte Betrieb nimmt an diesem Verfahren teil.

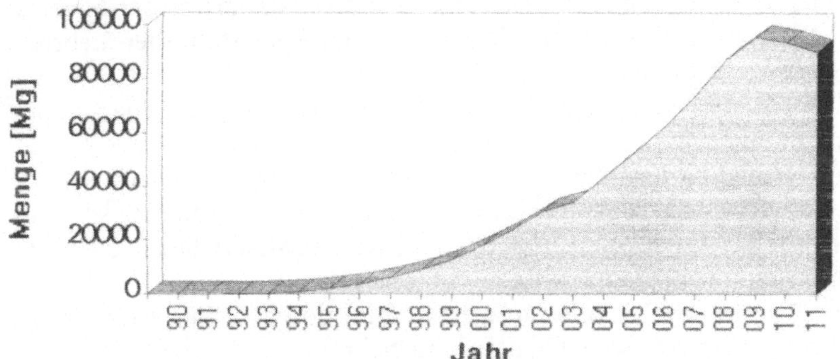

Abb. 33. Rücklaufentwicklung PVC-Altfenster (Quelle: (2))

Abb. 34. PVC-Recyclinganlage zur Verwertung von Komplett-Kunststofffenstern

Der technische Verfahrensablauf gliedert sich wie folgt:

Altfenster, Altrolladen, sowie Verleistungsmaterialien aus PVC werden in spe-ziellen Containern gesammelt und bei Erreichung vereinbarter Mindestmengen zur Recyclinganlage verbracht. Die anschließende Verwertung erfolgt in 7 Stufen:

1) Die Altfenster, Türanlagen, Rolladen und Profilabschnitte aus Kunststoff werden komplett mit Glas, Verstärkungen, Dichtungen und Beschlägen geschreddert.

2) Nach dieser Vorzerkleinerung erfolgt eine erste Separierung der Material-
sorten Glas, NE-Metalle, FE-Metalle, Gummi und Kunststoff über Siebroste,
Magnetabscheider und ballistische Separatoren.

3) Das so separierte PVC wird nochmals auf Sortenreinheit kontrolliert, erneut
entstaubt und nochmals zerkleinert.

4) Erneute Reinigung und Zerkleinerung des PVC-Materials. Danach Separierung der gewünschten Kornklasse 4–15 mm über Trommelsiebe; abschließende Reinigung und Farbsortierung. Andere Materialien werden nach
Sorten getrennt vollautomatisch in Container geleitet.

5) Das PVC-Recyclat wird in Silos gelagert und im Co-Extrusionsverfahren zur
Produktion neuer Profile und Platten verarbeitet.

6) Die anderen Materialien wie Glas, Metall, etc. werden ebenfalls zur Wiederverwertung weitergeleitet.

7) Unbrauchbare Fraktionen (lt. Anlagenbetreiber ca. 2,5 % der Einsatzmenge)
werden material- und umweltgerecht entsorgt.

Alle Luftherde im gesamten System sind an eine Zentralabsaugung angeschlossen, so daß annähernde Staubfreiheit der Abluft gewährleistet ist.

Aufgrund des Wiederverwertungsgrads von 97,5 % (lt. Angabe des
Anlagenbetreibers) stellt das beschriebene Verfahren nach dem Stand der
Technik ein Optimum dar. Die gewonnene Kunststofffraktion (Kornklasse
4–15 mm) kann zur Extrusion von Fensterprofilen eingesetzt werden, die
die Anforderungen nach RAL voll erfüllen (lt. Angabe des Anlagenbetreibers).

Daten zur Wiederverwertungsanlage:

Kapazität des Zerdirators (Shredderanlage):	36 Mg/h
Kapazität der PVC-Aufbereitung:	2 Mg/h
Wiederverwertungsgrad der Wertstoffe:	97,5 %
Restabfallmenge:	2,5 %
Reinheitsgrad des aufbereiteten PVC:	100 %
Silokapazität:	1340 Mg

Abfalltrennungskonzept Verwaltungsbereich:

Am 02.04.93 wurde ein Abfalltrennungskonzept für den Verwaltungsbereich
erstellt (vgl. 1.1.1.4).

Zur Ergänzung werden folgende Punkte vorgeschlagen:

- Wiedereinfärbung von Druckerfarbbandcassetten;
- Ersatz von Textmarkern durch Leuchtstifte aus Holz;
- Ersatz von Seifenspendern durch Aufschäumer;
- Einführung eines Entsorgungswegs für Einwegglas.

Innerhalb des Untersuchungszeitraumes wurde der Abstellplatz für leere
Ölkanister zur Absicherung mit einer Bodenwanne ausgerüstet, s. Abb. 35 (vgl.
1.1.1.4).

Abb. 35. Ölkanister mit Bodenwanne

1.2.1.2. Substitut-Einsatz

Sachlage:
Um adäquat auf die sich verschärfende Diskussion um PVC und die verschiedenen Risiken dieser Technologie reagieren zu können, wurde innerhalb des Untersuchungszeitraumes neben der begleitenden Literaturrecherche ein Kunststoffachmann hinzugezogen, um einen Überblick über den Stand der Substituierungsmöglichkeiten zu erhalten.

Die Zusammenfassung dieses Beratungstermins kann relativ knapp gehalten werden: Ein vergleichbarer Werkstoff, der ähnlich wirtschaftlich zu gewinnen wäre, existiert noch nicht. PVC kann mit Hilfe verschiedener Additive den unterschiedlichsten Einsatzzwecken angepaßt werden. Für jedes PVC-typische Einsatzgebiet gibt es ein Anforderungsprofil, das mögliche Substitute nur teilweise erfüllen.

So sind z. B. auf dem Gebiet der Fensterrahmenproduktion Parameter wie

- Steifheit,
- Schlagzähigkeit,
- Schrumpfrate,
- Lichtechtheit,
- Oberflächengüte,
- Verschweißbarkeit und
- Recyclingfähigkeit

von besonderem Interesse.

Als mögliche Ersatzkunststoffe werden vor allem untersucht:

1. Propylen (PP),
2. Polyethylen (HDPE),
3. ABS,
4. copolymerisierte Mischkunststoffe.

PP und HDPE weisen geringe Steifigkeit in der Schmelze bzw. hohe Schrumpfungsraten beim Abkühlen auf, und sind damit für die Extrusion komplizierter Hohlprofile mit Innenstegen nicht geeignet. Zudem zeigen die Werkstoffe hohe Kohäsionsneigung mit Maschinenteilen. Vielversprechende Versuche wurden mit ABS und copolymerisierten Mischkunststoffen unternommen. Bis jetzt ist es jedoch nicht gelungen, bei vergleichbaren Festigkeitswerten eine ähnliche Oberflächengüte, sowie die problemlose Einfärbung des Materials zu erreichen.

Die Akzeptanzproblematik wird sich aller Wahrscheinlichkeit nach mittelfristig weiter verschärfen. Die drei wichtigsten Untersuchungen zur Ökobilanz von Holz-, Aluminium- und Kunststoffenstern [3, 4, 5] zeigen bei den Rahmenwerkstoffen Holz und Aluminium zwar vergleichbare ökologische Kenndaten auf. Obwohl also weniger auf technisch-sachliche Argumente, als vielmehr auf ein hohes Maß an Subjektivität und Emotionalität gestützt, gewinnt die Kritik an chlorhaltigen Werkstoffen dennoch mehr und mehr an Boden. Von einigen bundesdeutschen Gemeinden und Ländern wurde die Verwendung von PVC-Materialien bei Bauprojekten der Öffentlichen Hand bereits ausgeschlossen. Obwohl hier in jüngster Vergangenheit gegenläufige Entwicklungen zu beobachten waren (z.B. Rücknahme der Verordnung in Hessen), erscheint rechtzeitiges Gegensteuern angezeigt. Als Auswertungsergebnis aktueller Pro- und Contra-Stellungnahmen bleibt festzustellen, daß der Werkstoff Polyvinylchlorid in der breiten Öffentlichkeit nach wie vor kritisch diskutiert wird.

Vorschläge:

Aufgrund der Ergebnisse der drei wichtigsten Untersuchungen zur Ökobilanz von Holz-, Aluminium- und Kunststoffenstern [3, 4, 5] im Zusammenhang mit den zu erwartenden und bereits zu beobachtenden Akzeptanzproblemen gegenüber dem Werkstoff PVC muß trotz technisch-sachlicher Pro-Argumente mittelfristig eine Erweiterung der Werkstoffpalette diskutiert werden.

Herkömmliche Alternativen sind die Werkstoffe Holz und Aluminium. Die Entscheidung für den Einsatz dieser Materialien ist ökologisch nicht ohne weiteres zu begründen und muß sich daher am Marktgeschehen orientieren. Um eine vergleichbare Lebensdauer zu erreichen, erfordern Holzfenster einen hohen Wartungsaufwand [6], der sich ungünstig auf die Gesamtbilanzen von Energie und Luftbelastung auswirkt. Hinzu kommt das Entsorgungsproblem – Holzfenster aus einheimischen Holzarten, die mit herkömmlichen Konservierungsmitteln behandelt wurden, werden teilweise bereits der Sondermüllfraktion zugeordnet. Luft- und Wasserbelastung, sowie der Energiebedarf zur Gewinnung von Aluminium liegen wesentlich höher als bei PVC und Holz [7].

Dagegen stehen jedoch hohe Nutzungszeiten bei geringem Wartungsaufwand, wie sie bei extremen Beanspruchungen durch exponierten Einbau gefordert werden.

Zum Untersuchungsende wurden Holzfenster aus einheimischen Holzarten in das Lieferprogramm aufgenommen. Damit zeigt der untersuchte Betrieb hohe Flexibilität und ist in der Lage, auf neue Marktentwicklungen schnell reagieren zu können.

1.2.2 Sonstige Punkte nach 1.1.1

1.2.2.1 Emissionen

Bereits während der Untersuchung wurde auf das ökologische Risiko des verfüllten Kältemittels R 502 hingewiesen. Das Ozonschädigungspotential nach dem Stand der Technik optimierter Alternativprodukte mit ähnlichen technischen Kennwerten liegt etwa um den Faktor 100 darunter. Vom zuständigen Lieferanten wurden die Ersatzprodukte HP 80 und HP 81 genannt. Aufgrund der bekannten Ozonproblematik wird dringend der baldige Austausch des Mittel empfohlen.

1.2.2.2 Wasser/Abwasser

Reinigung der Profildüsen:
Aufgrund der problematischen Entsorgung wurde das arbeitsmedizinisch bedenkliche Reinigungsmittel WBC 419 gegen den Tensidreiniger RFX-20 ausgetauscht. Da die ökologischen Auswirkungen der Entsorgung von Tensiden negativ zu bewerten sind, sollten Versuche mit möglichst niedrigen Konzentrationen durchgeführt werden.

Kühlwasserkreislauf Extrusion:
Da die Pufferspeicher im Abwassersystem nur absetzbare Stoffe zurückhalten können, müssen regelmäßige Kontrollen durchgeführt werden. Die innerhalb des Untersuchungszeitraums durchgeführten Abwasseranalysen bestätigten die Einhaltung der geforderten Grenzwerte. Um Überschreitungen vollständig auszuschließen, sollte mittelfristig der Einbau einer Filteranlage angestrebt werden.

1.2.2.3 Arbeitsschutz

Chemikalienlager:
Das bereits zu Beginn der Untersuchung bemängelte Chemikalienlager wurde laut Beschluß der Geschäftsleitung vom 27.05.93 aufgelöst, da früher im Werk durchgeführte Lackierarbeiten seit längerem an Fachbetriebe vergeben werden. Aufgrund dessen kann hier auf weitere Details verzichtet werden. Die Versorgung der einzelnen Arbeitsplätze mit Reinigungsmitteln etc. erfolgt künftig dezentral mittels Kleingebinden.

Abteilung Schlosserei:
Nach § 22 BImSchG, Abschn. [1] hat „der Betreiber nicht genehmigungsbedürftiger Anlagen" folgende Pflichten:

„Nicht genehmigungsbedürftige Anlagen sind so zu errichten und zu betreiben, daß
1. schädliche Umweltauswirkungen verhindert werden, die nach dem Stand der Technik vermeidbar sind,
2. nach dem Stand der Technik unvermeidbare schädliche Umweltauswirkungen auf ein Mindestmaß beschränkt werden..."

Dies betrifft die Abluft, die aufgrund von Absaugungsmaßnahmen entsteht.

Bez. der Innenraumluft, der die betreffenden Mitarbeiter ausgesetzt sind, ist der MAK-Wert für Gesamtstaub – 6 mg/m^3 – heranzuziehen, bei dessen Einhaltung davon ausgegangen werden kann, daß auch die Einzelfraktionen beteiligter Metalle, Oxide, etc. unterhalb ihrer Grenzwerte liegen. Aufgrund des Ergebnisses der unter 1.1.1.9 beschriebene Staubmessung in der Abteilung Schlosserei wurde der sofortige Austausch der Anlage beschlossen. Nach der Neuinstallation ist nach TRGS 900 die Wirksamkeit der getroffenen Maßnahmen durch eine erneute Messung nachzuweisen.

Abteilung Extrusion:
Um der Überwachungspflicht nach § 18 GSTVO Genüge zu leisten, wurde bereits während des Untersuchungszeitraumes eine Arbeitsplatzmessung bez. Vinylchlorid-Monomeren veranlaßt. Als Ergebnis wurde keine in der Raumluft des gesamten Fertigungsgebäudes nachweisbare Konzentration festgestellt (Messung vom 12.05.93). Die Kontrolle muß nach TRGS 900 im 64-Wochen-Rhythmus wiederholt werden.

Die bei der spanabhebenden Werkstückbearbeitung entstehenden PVC-Schleifstäube werden z.T. durch die Absaugung nicht erfaßt. Nach der innerhalb des Untersuchungszeitraums durchgeführten Analyse der Größenklasse nicht erfaßter Stäube ist ein geringer Anteil der Partikel der Feinstaubfraktion zuzuordnen. Ein sich daraus ergebendes arbeitsmedizinisches Risiko erscheint nach Erfahrungswerten eher unwahrscheinlich. Um hierüber verbindliche Aussagen machen zu können, sollte umgehend eine Arbeitsplatzmessung nach TRGS 900 durchgeführt werden.

Spanplattensägeraum, Fensterbankfertigung:
Um verbindliche Aussagen über die Wirksamkeit der installierten Absaugeinheiten zu erhalten, ist hier eine absichernde Arbeitsplatzmessung vorgesehen.

1.3 Produktbezogene Umweltbewertung

Die optional bearbeiteten Produktchecklisten nach Prof. Dr. M. Sietz stellen ein Bewertungsmodell dar, das von der Beurteilung der Produkte des Betriebes ausgeht. Anhand ausgewählter Umweltanforderungen werden Bewertungs-

Tabelle 2. Umsetzungsgrad von Umweltanforderungen anhand des Bewertungsfaktors F

F	Kriterium
$-1 \leq F < -0{,}5$	Der Betrieb setzt diesen Aspekt nicht um und plant auch keine Umsetzung.
$-0{,}5 \leq F < 0$	Der Betrieb setzt diesen Aspekt nicht um, plant aber kurzfristig eine Umsetzung.
$-1 \leq F < 0$	Der Betrieb betreibt eine „nicht akzeptable" Alternative.
$0 < F \leq 1$	Der Betrieb betreibt eine „akzeptable" Alternative.
0	Der Betrieb verhält sich umweltneutral in Bezug auf diesen Aspekt.
$0 < F \leq 0{,}5$	Der Betrieb setzt diesen Aspekt in Ansätzen um.
$0{,}5 < F \leq 1$	Der Betrieb setzt diesen Aspekt konsequent um.

und Gewichtungsfaktoren definiert. Der in Tabelle 2 verwendete *Bewertungsfaktor* F kennzeichnet den jeweiligen Umsetzungsgrad des betreffenden Aspekts.

Die jeweiligen Umweltanforderungen (vgl. Tabellen 3–6) werden mit *Gewichtungsfaktoren* G (zwischen 0 und 1) versehen, wobei das *Produkt* P_{ist} aus F und G Aspekt für Aspekt eine Abschätzung der produktbezogenen Umwelt-Auswirkung des Betriebes ermöglicht. Ebenso werden aus innerbetrieblichen Vorgaben (Unternehmensstrategie, Firmenphilosophie, Veröffentlichungen, Mitarbeiteranweisungen...), soweit vorhanden, Sollwerte F_{soll} entnommen und entsprechend mit dem zugehörigen Gewicht G multipliziert. Die so entstandenen Zielwerte P_{soll} können dann mit dem jeweiligen Istwert abgeglichen werden (s. Tabelle 7). Aus den Differenzen wird so der Handlungsbedarf ersichtlich.

1.3.1 Kommentar

I.1) Der hauptanteilig eingesetzte Rohstoff Polyvinylchlorid wird aus Erdöl und Steinsalz hergestellt. Diese stellen keine nachwachsenden Rohstoffe dar. Da momentan kein technisch ebenbürtiges Substitutmaterial existiert, muß das zu vergebende Gewicht begrenzt werden. Sollvorgaben und Gewichtung ergeben sich aus der Tatsache, daß die Aufnahme von Holzfenstern in die Produktpalette geplant ist.

I.2) Die Herstellung von PVC erfolgt in der BRD durch sechs Firmen an neun Standorten. Um den Rohstoff Erdöl, bzw. das Crackprodukt Naphta dorthin zu transportieren, ist ein hoher Aufwand erforderlich. Die Möglichkeiten zur Ein-flußnahme durch den untersuchten Betrieb ist jedoch gering. Hohe Sollwerte oder Gewichtungen sind daher nicht sinnvoll.

I.3) Auch hier muß negativ bewertet werden, da der Betrieb keinerlei Einfluß auf die Umstände der Rohstoffgewinnung ausübt. Da dies praktisch auch kaum möglich ist, ist ein geringes Gewicht zu wählen. Diesbezügliche Zielformulie-rungen sind dementsprechend von untergeordneter Bedeutung.

Tabelle 3. Sektor I – Verbrauch von natürlichen Ressourcen

	$-1 < F < 1$	$0 < G < 1$	$-1 < P_{ist} < 1$	P_{soll}
I.1) Verwendung nachwachsender Rohstoffe unter Vermeidung von Monokulturen	-0,50	0,60	-0,30	-0,30
I.2) Minimierung/Vermeidung der Zerstörung natürlicher Stoffkreisläufe und Gleichgewichte durch Rohstoffabbau/-gewinnung direkt vor Ort	-1,00	0,05	-0,05	-0,05
I.3) Minimierung/Vermeidung gesundheitlicher Risiken im Zusammenhang mit der Rohstoffgewinnung	-1,00	0,05	-0,50	-0,05
I.4) Sozialverträglichkeit von Rohstoffgewinnung/-abbau direkt vor Ort	-1,00	0,05	-0,05	-0,05
I.5) Prüfung/Optimierung des Umweltimages der eingesetzten Rohstoffe	0,80	0,80	0,64	0,80
I.6) Minimierung/Vermeidung des produktspezifischen Rohstoffeinsatzes; Rohstoffverunreinigungen/-vorbehandlung	0,80	0,30	0,24	0,30
I.7) Minimierung/Vermeidung des transportbedingten Verbrauchs fossiler Energiequellen	-0,50	0,50	-0,25	0,25
I.8) Minimierung/Vermeidung von Grundwasserentnahmen und Luftverbrauch für Produktion bzw. Rohstoffherstellung	0,20	0,10	0,02	0,20
I.9) Minimierung/Vermeidung des Bodenverbrauchs durch Einwegprodukte (Deponierung nach Gebrauch)	0,90	1,00	0,90	1,00
I.10) Minimierung/Vermeidung des Bodenverbrauchs in Zusammenhang mit der Rohstoffherstellung	-1,00	0,05	-0,05	-0,05
I.11) Rohstoffkontrollen/Lieferantenverpflichtungen bez. betrieblicher Umweltvorgaben	1,00	0,80	0,80	0,80

Tabelle 4. Sektor II – Auswirkungen auf Ökosysteme

	$-1 < F < 1$	$0 < G < 1$	$-1 < P_{ist} < 1$	P_{soll}
II.1) Minimierung/Vermeidung der Störung natürlicher Stoffkreisläufe und Gleichgewichte durch				
a) Produktanwendung	0,00	0,50	0,00	0,00
b) Produktentsorgung	−0,40	1,00	−0,40	1,00
c) Transportvorgänge	−0,50	0,50	−0,25	0,25
d) Einführung von Mindesteinsatzquoten für Recyclat	0,80	1,00	0,80	1,00
e) Einführung von Rücknahmepflichten	0,20	0,80	0,16	0,80
II.2) Minimierung/Vermeidung der biologischen Verarmung von Ökosystemen (Vernichtung von Lebensgrundlagen) durch				
a) Rohstoffgewinnung	−1,00	0,30	−0,30	−0,30
b) Produktanwendung	0,00	0,80	0,00	0,80
c) Produktentsorgung	0,60	1,00	0,60	1,00
d) Transportvorgänge	−0,50	0,30	−0,15	0,24
e) festgelegte Recyclingquoten	0,80	0,80	0,64	0,80
f) Einführung von Rücknahmepflichten	0,30	0,80	0,24	0,80

Tabelle 5. Sektor III – Energieverbrauch

	$-1 < F < 1$	$0 < G < 1$	$-1 < P_{ist} < 1$	P_{soll}
III.1) Minimierung bei der Rohstoffgewinnung	−1,00	0,05	−0,05	−0,05
III.2) Minimierung in der Produktion	0,60	1,00	0,60	1,00
III.3) Minimierung/Vermeidung bei Produktgebrauch	0,80	0,30	0,24	0,30
III.4) Optimierung der Energiebilanz bei der Produktentsorgung (wenn Recyclierung nicht möglich): Verbrauchsminimierung —> energieneutrale Entsorgung —> Energiegewinn	0,80	0,80	0,64	0,80
III.5) Minimierung durch Wiederverwertung in Verbindung mit dem Wiederverwertungsgrad, sowie Rücknahmeverpflichtungen	0,60	0,80	0,64	0,80
III.6) Minimierung beim Transport	0,00	0,50	0,00	0,25
III.7) Minimierung durch möglichst sparsamen Produktgebrauch	0,00	0,00	0,00	n.d.

Tabelle 6. Sektor IV – Abfallaufkommen, Wasserverschmutzung, Luftverschmutzung, Lärm

	$-1 < F < 1$	$0 < G < 1$	$-1 < P_{ist} < 1$	P_{soll}
IV.1) Erhebung ökotoxikologischer Daten zum Umweltverhalten von				
a) Rohstoff	0,50	1,00	0,50	1,00
b) Produkt	0,50	1,00	0,50	1,00
IV.2) Kontrolle und Dokumentation betrieblicher Umweltproduktanforderungen in den Bereichen				
a) Abfallaufkommen	1,00	1,00	1,00	1,00
b) Wasserverschmutzung	0,50	1,00	0,50	1,00
c) Luftverschmutzung	0,50	1,00	0,50	1,00
d) Lärm	0,30	1,00	0,30	1,00
e) Arbeitsschutz	0,60	1,00	0,60	1,00
f) Sicherheit	0,20	1,00	0,20	1,00
IV.3) Substitution umweltbelastender Inhaltsstoffe durch umweltfreundlichere Alternativen	−0,50	1,00	−0,50	0,50
IV.4) Substitution/Minimierung umweltbelastender Produkte/ Verpackungen durch umweltfreundlichere Alternativen	−0,50	1,00	−0,50	0,50
IV.5) kontinuierliche Erarbeitung neuer Umweltanforderungen für Produkte/Rohstoffe	0,80	1,00	0,80	1,00
IV.6) kontinuierliche Berücksichtigung von Umweltgesichtspunkten bei der Produktneuentwicklung	1,00	1,00	1,00	1,00

I.4) Die Bewertung ergibt sich wie bei Punkt I.3).

I.5) Der Rohstoff PVC ist in den letzten Jahren in das besondere Blickfeld der Öffentlichkeit geraten. Als Mitglied der „Umweltinitiative der Wirtschaft im Kreis Höxter", sowie als Teilnehmer der „Aktion Kunststoffenster-Recycling" des Verbandes der Fenster- und Fassadenhersteller in Frankfurt leistet das Unternehmen hier einen Beitrag zur Öffentlichkeitsinformation. Die Entscheidung, ohne gesetzliche Auflagen eine Umweltuntersuchung durchführen zu lassen, muß in diesem Zusammenhang ebenfalls gewertet werden. Innerbetriebliche Zielwerte ergeben sich aus mündlichen und schriftlichen Stellungnahmen der Geschäftsleitung, sowie einem intern erstellten Leitfaden für die Mitarbeiter.

I.6) Die für den Bereich der Fenstertechnik geltenden Qualitätsnormen (Beanspruchung: DIN 18055, Wärmeschutz: DIN 4108, Lärmschutz: DIN 4109, Gütesicherung: RAL-RG 716/1) engen den Spielraum für eigene Entscheidungen des Betriebs in diesem Bereich stark ein, woraus sich eine niedrige Gewichtung ergibt. Optimierungsmaßnahmen im Hinblick auf die Rohstoffqualität sind evtl. im Bereich

Recyclat möglich (Wechsel des Zulieferers; Überwachung der Einsatzstoffe (PVC-Reste aus der Verarbeitung).

I.7) Der Rohstofftransport erfolgt durch LKW; die Transportdistanzen sind dabei durch Lieferantenbindungen vorgegeben. Positiv sind der Einsatz moderner Fahrzeuge sowie deren Wartungsmaßnahmen zur Kraftstoffverbrauchsminimierung zu werten. Aufgrund der Bedeutung dieses Kriteriums wird eine mittlere Gewichtung gewählt. Die Zielvorstellungen ergeben sich aus den von der Unternehmensleitung formulierten allgemeinen Umweltschutzanforderungen.

I.8) Das Kühlwasser der Extrusionsanlagen wird zur Verbrauchseinsparung in einem offenen Kreislauf geführt. Durch Filteranlagen sind hier weitere Optimierungen möglich. Der Aspekt ist im Kunststoffverarbeitungsbereich jedoch von untergeordneter Bedeutung.

I.9) Verpackungsmaterialien werden überwiegend mehrfach verwendet oder wiederverwertet. Die Produkte (Kunststoffenster) sind durch lösbare Verbindungen vollständig recyclebar. Knapper Deponieraum verleiht diesem Aspekt erste Priorität. Dies drückt sich auch in den Unternehmenszielen aus.

I.10) Der Aspekt findet keine Berücksichtigung. Die geringen Möglichkeiten des Betriebes, auf den Bodenverbrauch bei der Rohstoffherstellung Einfluß zu nehmen, lassen jedoch nur eine niedrige Gewichtung zu.

I.11) Diese Möglichkeit umweltaktiven Handelns wird vom Unternehmen gut genutzt und ist auch in den Zielvorgaben verankert. Probleme mit austretenden Zusatzstoffen führten zum sofortigen Wechsel des Rohstofflieferanten, dessen Produkte strengen Qualitätsforderungen unterliegen. Da der Input eines Betriebs die Umweltauswirkungen maßgeblich mitbestimmt, muß ein Gewicht nahe 1 vergeben werden.

II.1a) Die Produktanwendung, also das Kunststoffenster im eingebauten Zustand, kann als umweltneutral betrachtet werden. Weichmacherfreies PVC stellt ein nahezu inertes Material dar, das problemlos angewendet werden kann. In der Gewichtung werden die relativ lange Lebensdauer des Produkts, sowie die Recyclingeigenschaften berücksichtigt.

II.1b) Eine vollständige Verwertung ist bislang nur bei Eigenprodukten des Betriebes gewährleistet. Den Hauptanteil des Rücklaufs stellen momentan Fremdprodukte, die noch nicht optimal verwertet werden können. Diesbezüglich besteht Optimierungsbedarf. Die Gewichtung spiegelt die Priorität der Entsorgungsproblematik wider.

II.1c) Die vorhandene Logistik kann weiter verbessert werden. Maßnahmen zur Verbrauchsoptimierung im Fuhrpark, z.B. durch den Austausch älterer Fahrzeuge, sind in der Umsetzung begriffen. Zielwerte ergeben sich indirekt aus den allgemeinen Umweltschutzleitlinien des Unternehmens.

II.1d) Recyclat wird in der Nebenprofilfertigung eingesetzt. Weitere Einsatzmöglichkeiten, wie z.B. die Entwicklung eines neuen Produkts mit geringeren Qualitätsanforderungen, werden diskutiert. Im Zuge der Entsorgungsproblematik wird die Bedeutung dieses Bereichs weiter zunehmen. Die darauf bezogenen Unternehmensziele sind dementsprechend hoch angesiedelt.

II.1e) Rücknahmevereinbarungen bestehen mit einigen Lieferanten. Hilfsmittel wie Öle und flüssige Arbeitsstoffe werden teilweise in Mehrweggebinden geliefert, oder eine diesbezügliche Umstellung ist geplant. Umgekehrt werden betriebseigene Produktverpackungen nach der Auslieferung bzw. Montage weitmöglich wiederverwendet. In beiden Bereichen sind Optimierungen möglich und anzustreben. Diesbezügliche Zielformulierungen sind den Unternehmensgrundsätzen entnehmbar.

II.2a) Die mangelnden Möglichkeiten zur Einflußnahme durch den untersuchten Betrieb bedingen eine relativ niedrige Gewichtung dieses Aspekts. Diesbezügliche Zielformulierungen sind dementsprechend von untergeordneter Bedeutung.

II.2b) Die Produktanwendung muß als umweltneutral bewertet werden. Aus den betriebsinternen Veröffentlichung, Umweltschutz sei Unternehmensziel, ergeben sich hierbei jedoch höchste Anforderungen. Die hohe Gewichtung folgt aus der hohen Lebensdauer der Produkte.

II.2c) Die aktuelle Produktpalette ist auf vollständige Recyclebarkeit hin konzipiert. Lösbare Verbindungen gewährleisten die vollständige Wertstoffwiederverwertung. Die Verwertung des momentan anstehenden Rücklaufs zeigt Optimierungsbedarf.

II.2d) Der Transport der Produkte erfolgt per LKW. Der so bedingte Beitrag zur Zunahme des Straßenverkehr muß negativ bewertet werden. Die gewählte Gewichtung muß angesichts der ökologischen Folgen des weiteren Ausbaus der Verkehrswege als relativ niedrig angesehen werden. Mangels geeigneter Alternativen sind diesbezügliche Unternehmensziele relativ niedrig angesetzt.

II.2e) Die Recyclingquoten erreichen nicht den höchstmöglichen Umfang. Demgegenüber stehen eine hohe Gewichtung und hoch angesetzte Ziele der Unternehmensleitung.

II.2f) Rücknahmesysteme zur Reststoffvermeidung können erweitert werden. Aus den Umweltzielen des Betriebes sind hierzu hohe Anforderungen ableitbar.

III.1) Auf den Energieverbrauch bei der Rohstoffherstellung hat das Unternehmen praktisch keinen Einfluß. Dies wird in der gewählten Gewichtung berücksichtigt.

III.2) Durch Austausch veralteter Maschinen und ständige Kontrolle des Energieverbrauchs nähert sich der Betrieb hier stark an eigene Sollvorgaben an. Weitere Einsparungen in Teilen der Gebäudeheizung und durch optimierten Maschineneinsatz sind möglich und werden diskutiert.

III.3) Bei der Produktkonstruktion finden Vorgaben zur Energieeinsparung besondere Beachtung. Die erreichbaren Wärmedurchlaßwerte bis herab zu 0,9 W/m²K entsprechen dem Stand der Technik. Die hohe Bewertung wird gewählt, da auch die marktüblichen Werte des Gesamtlieferprogramms bereits sehr hoch liegen.

III.4) Zu entsorgende PVC-Fenster sind recyclierbar. Zu bewerten sind daher die Aktivitäten des Betriebs bez. der PVC-Wiederverwertung.

III.5) Die Wiederverwertung von betriebsintern anfallenden Reststoffen (Kunststoffabfälle; Verpackung, etc.) wirkt sich günstig auf die Energiebilanz aus. Die Produkte sind vollständig recyclierbar. Weitere Maßnahmen, vor allem durch reduzierten Verpackungseinsatz, sind jedoch möglich und werden diskutiert.

III.6) Überlegungen zur Energieeinsparung spielen bei der Pflege des Fuhrparks eine Rolle. Der ausschließliche Verbrauch fossiler Brennstoffe rechtfertigt die relativ hohe Gewichtung dieses Aspekts.

III.7) Aussagen hierüber können nicht gemacht werden, da die Art der Produktnutzung in dieser Hinsicht nicht variabel ist.

IV.1a,b) Untersuchungen zum Umweltverhalten von Hart-PVC und daraus hergestellter Produkte liegen in großer Anzahl vor und werden vom Unternehmen genutzt. Die kontinuierliche Erweiterung dieser Datensammlung ist anzustreben. In den Unternehmensleitlinien ist dies u.a. in Form externer Audits vorgesehen.

IV.2a) Das nach §5 AbfG erstellte Abfallwirtschaftskonzept gewährleistet einen vollständigen Überblick über die betriebliche Abfallentsorgung. Die Forderungen nach Kontrolle und Dokumentation werden damit optimal erfüllt.

IV.2b) Der Betrieb ist sowohl Direkt- als auch Indirekteinleiter. Beide Abwasserströme werden überwacht; die relevanten Parameter unterschreiten die geforderten Werte. Ergänzend sind laufende Kontrollen des Systems erforderlich. Der Sollwert P ergibt sich aus der Formulierung „Umweltschutz ist Unternehmensziel".

IV.2c) Die Überwachung der Emissionen umfaßt Staubabscheidungen, sowie die Vinylchloridkonzentration in der Innenraumluft. Ergänzend sollte die Dokumentation von Stäuben in der Konfektionierung eingeführt werden.

IV.2d) Im Betrieb wurden bereits umfangreiche Lärmschutzmaßnahmen realisiert. Die bestehenden Problempunkte liegen im Bereich der Konfektionierung, wo weitere Maßnahmen (Kapselung/Ersatz von spanenden Bearbeitungsmaschinen) erforderlich sind. Eine wichtige Dokumentationshilfe bietet der vom Gewerbeaufsichtsamt geforderte Lärmquellenkataster, der momentan erstellt wird.

IV.2e) Die betrieblichen Auflagen des Arbeitsschutzes werden von der Gewerbeaufsicht kontinuierlich überwacht. Während des Untersuchungszeitraumes vor-

Tabelle 7. Übersicht über Differenzen $P_{ist} - P_{soll}$ – Handlungsbedarf

Aspekt	$P_{soll} - P_{ist}$	Aspekt	$P_{soll} - P_{ist}$
I.1)	0,00	III.1)	0,00
I.2)	0,00	III.2)	0,40
I.3)	0,00	III.3)	0,06
I.4)	0,00	III.4)	0,16
I.5)	0,16	III.5)	0,16
I.6)	0,06	III.6)	0,25
I.7)	0,50	III.7)	n.d.
I.8)	0,18	IV.1a)	0,50
I.9)	0,10	IV.1b)	0,50
I.10)	0,00	IV.2a)	0,00
I.11)	0,00	IV.2b)	0,50
II.1a)	0,00	IV.2c)	0,50
II.1b)	1,40	IV.2d)	0,70
II.1c)	0,50	IV.2e)	0,40
II.1d)	0,20	IV.2f)	0,80
II.1e)	0,64	IV.3)	1,00
II.2a)	0,00	IV.4)	1,00
II.2b)	0,80	IV.5)	0,20
II.2c)	0,40	IV.6)	0,00
II.2d)	0,39		
II.2e)	0,16		
II.2f)	0,56		

genommene Maßnahmen (Neuinstallation einer Absaugungsanlage im Schlossereibereich, Wechsel von/Verzicht auf bestimmte Reinigungsmittel) müssen hinsichtlich ihrer Effektivität kontrolliert und laufend ergänzt werden.

IV.2f) Bestrebungen, die innerbetriebliche Sicherheit zu erhöhen, müssen verstärkt werden. Die bisher nur teilweise umgesetzte Brandschutznorm DIN 14095 sollte vollständig in das Sicherheitskonzept miteinbezogen werden.

IV.3) Der Betrieb setzt cadmiumfreies PVC ein. Bleifreie Zubereitungen befinden sich in der Versuchs- und Testphase und sollten bei positiven Ergebnissen umgehend zum Einsatz kommen. Langfristig sollte die Substitution des Werkstoffes PVC selbst diskutiert werden.

IV.4) Der umfangreiche Einsatz von Verpackungsmaterialien ist aufgrund der Entsorgungsproblematik kritisch zu sehen. Einsparungsmöglichkeiten wie der Ersatz von Folienbandagen durch Abdeckklebebänder u.ä. sollten wesentlich stärker berücksichtigt werden. Die internen Zielsetzungen sollten erhöht werden.

IV.5, 6) Produktspezifische Umweltanforderungen wie Wärme- und Lärmschutzeigenschaften werden kontinuierlich höher gesetzt, um auf Veränderungen in Markt- und Gesetzeslage flexibel reagieren zu können. Vorschriften wie z.B. die ab 1994 wirksam werdende Wärmeschutzverordnung fließen frühzeitig in die Produktplanung ein. Positiv zu bewerten ist insbesondere die Trennbarkeit der aktuellen Produkte nach Ablauf der Nutzungsdauer in die einzelnen Bestandteile, um ein materialgerechtes Recycling gewährleisten zu können.

2 Polyvinylchlorid – pro und contra
Betrachtung eines umstrittenen Werkstoffes

PVC, in den zwei Jahrzehnten nach der „Wirtschaftswunderzeit" als nahezu überall einsetzbares Multitalent zum Problemlöser der verschiedensten Branchen avanciert, ist selbst zum Problem geworden. Drei deutlich abgrenzbare Kritikpunkte stehen einer Fülle von technischen Vorzügen gegenüber und bilden den Hintergrund für die kontrovers und in weiten Bereichen unsachlich geführte Diskussion über seine Zukunft.

Die sinnvolle Beurteilung von Vor- und Nachteilen wird häufig durch fehlende oder verfälschte Grundinformationen erschwert. Hieraus erklären sich die z.T. sehr widersprüchlichen Schlußfolgerungen, die aus den verschiedenen Stellungnahmen zu ziehen sind. Um sich von der momentanen Situation in der Bundesrepublik Deutschland ein klares Bild machen zu können, seien nachfolgend einige wesentliche Tatsachen genannt.

Polyvinylchlorid gehört zur Gruppe der thermoplastischen Kunststoffe und kann daher theoretisch beliebig oft aufgeschmolzen und erneut verarbeitet werden. In der Praxis ist dies jedoch so nicht möglich, da die Molekülketten bei jedem Umschmelzprozeß irreversibel beschädigt werden. Nach Erfahrungswerten kann von ca. vier Verarbeitungszyklen ausgegangen werden, innerhalb derer die Verschlechterung der Materialeigenschaften als gering zu bewerten sind.

Die Jahresproduktion in der BRD betrug 1990 1,6 mio Mg [8]. 350 000 Mg davon gingen in die Fensterproduktion ein. Nach Schätzungen liegt die jährliche Wachstumsrate bei ca. 7 – 8 % [9].

Die Einsatzgebiete der äußerst breitgefächerten Anwendungspalette werden in Tabelle 8 genannt [10] (s. a. Abb. 36).

PVC wird aus Vinylchlorid-Monomeren polymerisiert. Zu deren Herstellung ist aus Erdöl pyrolisiertes Ethylen (ca. 43 %) und durch Elektrolyse aus Steinsalz gewonnenes Chlor (ca. 57 %) erforderlich. Den letztgenannten, energie-

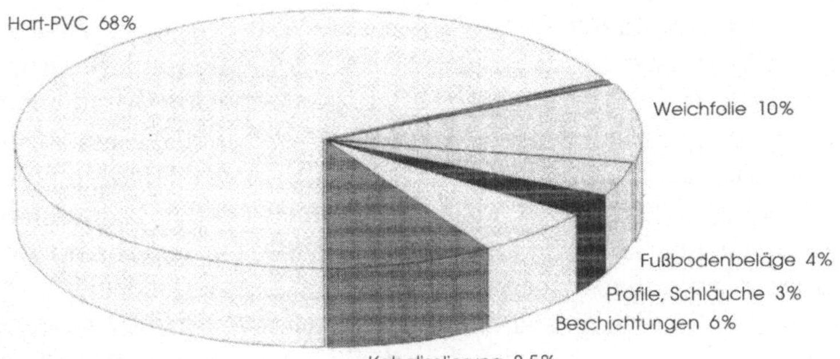

Abb. 36. Einsatzgebiete von PVC in Deutschland

Tabelle 8. Einsatzgebiete des Werkstoffes Polyvinylchlorid

Bau	Medizin	Büroartikel	Freizeiartikel
Fenster	Blutkonservenbehälter	Klarsichthüllen	Schlauchboote
Bodenbeschläge	Infusionsbeutel	Kugelschreiber	Planschbecken
Beschichtungen	Tabletten-	Klebebänder	Zeltbeschichtungen
Möbelfolien	verpackungen		Zeltdächer
Rolläden	Röntgenschürzen		Ski- und Taucher-
Traglufthallen	Sauerstoffzelte		brillen
Wellplatten	Bodenbeläge		Planen
Vorhänge			Faltdächer
Kantenschutzprofile			Regenkleidung
Dachbahnen			Schuhsohlen
Kabelisolierungen			
LKW-Planen			
Unterbodenschutz			
Konsolen			
Sitzbezüge			

Kfz-Teile	Umweltbereich	Verpackungen	Sonstiges
Autoabdeckplanen	Deponieabdeckfolien	Becher	Antirutschbeläge
Benzinschläuche	Abwasserrohre	Deckel	Kabelummantelungen
	Wasserleitungen	Flaschen	Schläuche
		Lebensmittel-	Scheck- und Kredit-
		schutz	karten
		Luftpolster-	Telefonwertkarten
		verpackungen	Schallplatten
			Schrumpfetiketten

intensivsten Teilprozeß miteingerechnet, liegt der spezifische Energiebedarf von PVC bei 51,1 MJ/kg (zum Vergleich: Polyethylen: 68,1 MJ/kg; Polypropylen: 71,0 MJ/kg) [12].

Vinylchlorid, als krebserzeugender Gefahrstoff in der Gruppe III A1 klassifiziert, wird heute großtechnisch überwiegend durch die Pyrolyse von 1,2-Dichlorethan gewonnen. 1987 wurden in der Bundesrepublik 1,4 mio Mg VC produziert. Der bei Raumtemperatur gasförmige Stoff galt jahrelang als unschädlich, bis Mitte der 70er Jahre seine kanzerogene Wirkung bei längerdauernder Exposition erkannt wurde. In der Folge wurden TRK-Werte erarbeitet, die heute bei 3 ppm für bestehende und 2 ppm für neu erstellte Produktionsanlagen liegen.

Polymerisiertes VC verhält sich dagegen nahezu inert – mit ein Grund für seine Verbreitung in den verschiedensten Anwendungssektoren bis hin in den Lebensmittelverpackungsbereich. Dies wird durch die in der Bundesrepublik Deutschland angewandte Intensiv-Entgasung erreicht, einem Produktionsschritt, der auf der einen Seite Monomeren-Restgehalte von unterhalb 1 ppm garantiert, andererseits große Mengen VC-kontaminierter Abluft erzeugt.

Die Argumente der Kritiker hinsichtlich des Rohstoffs PVC betreffen vor allem das Gesundheitsrisiko bei der VC-Verarbeitung, die Emissionen beim Abbrand von PVC, sowie die Entsorgung daraus hergestellter Produkte nach Ablauf ihrer

Gebrauchsdauer. Hierbei muß zwischen lang- und kurzlebigen Produkten unterschieden werden – die Vorzüge von PVC kommen vor allem bei Erzeugnissen, die für hohe Nutzungszeiten vorgesehen sind, zum Tragen.

Brände in Anwesenheit von chlorhaltigen Stoffen führen stets zur Bildung von polychlorierten Dibenzodioxinen und -furanen. Aufgrund der hohen Adsorptionsneigung sind die beim Brand gebildeten PCDD/F überwiegend an Ruß oder Brandrückstände gebunden [13]. Darauf bezogene Meßergebnisse sind sehr kritisch zu betrachten – selbst PVC-Gegner räumen ein, daß die Werte aufgrund breiter Analysenschwankungen der eingesetzten Meßverfahren wenig aussagekräftig sind [10], weil die bei verschiedenen Versuchs- und Schadbränden ermittelten Werte in hohem Maße von der Abgastemperatur und einer Reihe weiterer Parameter abhängen. Versuche an Müllverbrennungsanlagen ergaben keinen signifikanten Einfluß des PVC-Anteils im Einsatzstoff auf die PCDD/F-Konzentrationen im Abgas [14].

Die bei der PVC-Verbrennung entstehende Dioxinmenge kann daher nicht genauer als nach einer groben Faustregel mit etwa 0,1 bis 1,0 Promille der Einsatzmasse angegeben werden. Die jährlichen Gesamtemissionen in den alten Bundesländern liegen nach einer Untersuchung von Sheffield [15] bei etwa 1,0 kg TE. TE steht für toxicity equivalent, einem Umrechnungsfaktor, der Aussagen über die relativen Wirkungsintensitäten verschiedener Dioxin-Kongeneren mittels der Angabe der toxischen Wirkung von 2, 3, 7, 8-Dioxin ermöglicht. Die Gesamtwirkung aller emittierten Dioxinverbindungen entspricht somit der eines Kilogramms 2, 3, 7, 8-Dioxin.

Aufgrund des zivilisatorisch bedingten Chloreintrags in die Umwelt durch PVC, Benzin, etc., sind polychlorierte Dibenzodioxine und Furane aber inzwischen in den Emissionen praktisch jeden Brandes nachzuweisen (z. B. jährlicher Dioxineintrag durch Waldbrände ca. 58 kg [15]).

Quantitativ von erheblich größerer Bedeutung ist die Entstehung von Salzsäure aus dem hohen Chloranteil von 57 %. Die Sanierung insbesondere elektrischer Anlagen nach Bränden mit PVC-Beteiligung kann dadurch einen erheblichen Aufwand verursachen. Insbesondere sind Korrosionsfolgeschäden an Gebäuden und Installationen möglich [12]. Die Entsorgungsproblematik von PVC-Erzeugnissen hat erst im Zuge der allgemeinen Abfalldiskussion der letzten Jahre an Gewicht gewonnen. Von den drei Entsorgungswegen Deponierung, Verbrennung und Wiederverwertung kann nur die Letztgenannte akzeptiert werden.

Der Flächenverbrauch durch Deponierung ist auf Dauer zu hoch, da das Material nicht verrottet. Zudem befürchten Kritiker insbesondere bei weichmacherhaltigen Materialtypen Auswanderungen von Zuschlagstoffen und Restgehalten an monomerem VC. Dies bezieht sich jedoch nicht auf das in der Fensterherstellung eingesetzte Hart-PVC. Prinzipiell verhält sich PVC auf der Hausmülldeponie inert. Auswanderungen von Weichmachern können jedoch nicht ausgeschlossen werden. Ebenso ist die Elution von direkt an der Produktoberfläche befindlichen Schwermetallpartikeln möglich. Vor allem aber wird hier dem Chloreintrag in die Umwelt Vorschub geleistet. Der Beitrag von PVC zum Chlorgehalt des Hausmülls beträgt etwa 50 % [10].

Die Verbrennung kann zwar energetisch ausgewertet werden – 1 kg PVC liefert die Energiemenge von 0,5 kg Heizöl [18] –, erzeugt aber auch Sondermüll aus den erforderlichen Abgasfiltern, sowie Salzsäure, deren Weiterverwendung aufwendige Reinigungsprozesse erfordert. Prinzipiell ist jede Verbrennung kritisch zu sehen, da lediglich eine stoffliche Umwandlung stattfindet – der zu entsorgende Stoff findet sich in anderer Verbindung gasförmig, flüssig oder fest in der Umwelt wieder. Hinzu kommt das Problem der Restemissionen – kein Filter arbeitet 100%ig.

Der Ansatz, der die befriedigendsten Ergebnisse verspricht, das Recycling, erfährt in der Praxis noch keine vollständige Umsetzung. Die Schwierigkeit liegt hierbei in der Tatsache begründet, daß die Verarbeitungsprozesse die chemisch-physikalische Struktur des Materials nicht unverändert lassen. Vergleichsweise optimistische Stellungnahmen nennen ein mögliches Maximum von vier Zyklen [19]. Diese Zahl spiegelt jedoch einen sehr hohen Verbraucheranspruch wider – die technischen Kennwerte der Regenerate würden wesentlich mehr Verarbeitungskreisläufe erlauben. Veränderungen im Verbrauerverhalten (Ansprüche an Oberflächenqualität, Farbgebung etc. der Produkte) wären hier wünschenswert. Immerhin werden in der BRD von 200 000 Mg/a PVC im Hausmüll ca. 30% recyclet [10]. Die daraus hergestellten Produkte genügen jedoch nur sehr niedrigen Anforderungsprofilen. Wieder aufgeschmolzenes Granulat, auch wenn es in höchstmöglicher Reinheit gesammelt würde, ist bereits im Farbton, sowie Parametern wie Schlagzähigkeit, etc. verändert. Dazu kommt die allgemein bekannte Trennproblematik bei der Abfallerfassung – die erforderliche Sortenreinheit bei gesammeltem Alt-PVC ist nur mit unverhältnismäßig hohem Aufwand zu erzielen.

Einsatzmöglichkeiten für Recyclat im Bereich der Fenstertechnik bestehen in der Fertigung von Hilfs- und Nebenprofilen, sowie in der Coextrudierung. Dabei gestaltet sich eine Wiederverwertung vergleichsweise einfach – die Recyclate lassen sich problemlos wiederverwenden.

Das relativ junge Verfahren verwendet Recyclingmaterial bei der Herstellung von innenliegenden Profilteilen; Neu-PVC wird lediglich an der Oberfläche des Profils eingesetzt. Im Idealfall besteht das Produkt dann zu zwei Dritteln aus Regenerat. Eine diesbezügliche DIN-Normung wurde kürzlich verabschiedet – die europäische Zulassung und die Anpassung an die Güterichtlinien sind in Vorbereitung. Das untersuchte Unternehmen hat mit dieser Technik seit Anfang der 80er Jahre Erfahrungen gesammelt.

Das Kernproblem der Wiederverwertung bleibt jedoch ungelöst: Jede thermische Behandlung beschädigt das Molekül, und wirkt sich daher nachteilig auf die Qualität des Regenerats aus. Der sogenannte Recycling-Kreislauf erweist sich somit als eine absteigende, nicht zu schließende Kette mit maximal drei bis vier Gliedern: Produkte aus Erstwahlrohstoff werden nach Ablauf der Nutzungsdauer zu einem Granulat vermahlen, dessen technische Kennwerte bereits deutlich unter denen des Ausgangsmaterials liegen – das Anspruchsniveau an Erzeugnisse aus dessen späterer Wiederverwertung muß dann folgerichtig noch einmal um Stufen darunterliegen, usw. usw. Das Problem der endgültigen „End"sorgung steht dann von neuem an.

Die technischen Vorteile von Polyvinylchlorid bestehen vor allem in seiner Multifunktionalität. PVC ist beständig gegen viele Chemikalien, gegen Witterungseinflüsse, Korrosions- und Alterungserscheinungen. Es hat ein geringes spezifisches Gewicht, ist leicht zu verarbeiten, kann geschweißt, verklebt und eingefärbt werden. Außerdem ist es schwer entflammbar (Flammpunkt bei Selbstentzündung: PVC: ca. 450 °C; Holz: ca. 260 °C) und hat aufgrund seiner geringen Leitfähigkeit in Bezug auf Wärme und Schall gute Gebrauchseigenschaften. Dazu kommt die vergleichsweise sehr wirtschaftliche Anwendung. PVC-Produkte sind nahezu wartungsfrei – mit ein Grund für den verbreiteten Einsatz in der Fensterproduktion. Mit Ausnahme der Chlorelektrolyse zu Beginn des Herstellungsprozesses ist der Energieaufwand für Produktion und Verarbeitung aufgrund des niedrigen Schmelzpunktes eher gering (Energieäquivalent insgesamt: 51 MJ/kg [20].

Dabei ist reines PVC, so wie es unmittelbar nach dem Polymerisationsprozeß vorliegt, eines der instabilsten Hochpolymeren überhaupt. Erst die verschiedenen Zuschlagstoffe, die in der 158jährigen Geschichte der PVC-Entwicklung ermittelt wurden, machen das Material so vielseitig; erlauben gleichsam das Maßschneidern eines Kunststoffs für die verschiedensten Anwendungszwecke. Man unterscheidet dabei die Hauptgruppen PVC hart und PVC weich, wobei die Technologie Hart-PVC vor allem in Deutschland weiterentwickelt wurde.

Zusatzstoffe lassen sich in drei Gruppen einteilen:

- Funktionsstoffe (Stabilisatoren, Weichmacher, Gleitmittel, Farbmittel, Antistatika);
- Verstärkungsstoffe;
- Füllstoffe.

Die einzelnen Stoffe sind von unterschiedlicher Umweltrelevanz. Die Projektgruppe „Fachkraft für Umweltschutz IV" der Gesellschaft für Weiterbildung und Umweltschutz in Bonn [21] hat Umweltrisiken nach folgendem Raster bewertet (s. Tabelle 9):

A: Eine Bewertung mit „A" erfolgt dann, wenn während der Verarbeitung der jeweiligen Grund- und Zusatzstoffe und des Einsatzes von Hilfsstoffen Belastungen (z. B. Emissionen) auftreten, die Mensch und Umwelt im Hinblick auf Umweltbeeinträchtigung und Störfallrisiko stark beeinträchtigen.
B: Eine Einstufung mit „B" erfolgt bei minder schweren Belastungen.
C: Eine Bewertung mit „C" erfolgt, wenn während der Verarbeitung keine Belastungen durch die jeweiligen Grund-, Zusatz- und Hilfsstoffe auftreten.

Im Laufe der Zeit erwiesen sich einige der verschiedenen Zusätze als problematisch. So ist die Verwendung von Schwermetallen zu Recht in Verruf geraten – als Farbpigment eingesetztes Cadmium wurde daher verboten. Bestrebungen, die vor allem in Produkten für die Baubranche (z. B. Fensterrahmen) erforderlichen Stabilisatoren auf Blei-Barium-Cadmium-Basis durch Calcium-Zink-Verbindungen zu ersetzen, bestehen [19]. Aus technischen und wirtschaftlichen Gründen kommen derartige Umstellungsprozesse allerdings nur zögernd in Gang.

Tabelle 9. Bewertung von Umweltrisiken

Stoffgruppe	gesellschaftliche Anforderungen	Auswirkungen auf die Umwelt			Humantoxizität	Störfallrisiko
		Luft	Wasser	Boden		
Weichmacher						
Alkylsulfonsäureester	C	c			C	C
Polymere auf o-Phtalsäurebasis						
Di-n-butylphtalat (DBP)	B	b	A	A	B	B
Di-iso-nonylphtalat (DINP)	B	b			B	
Di-iso-decylphtalat (DIDP)	B	b			B	
Di-2-ethylhexyladipat (DOA)	B	b			B	
Triphenylphosphat	B	b	B	B	B	B
Di-2-ethylhexylphtalat (DOP)	c	b				
Stabilisatoren						
Bariumsalze von C8-C10-Säuren						
Paraffinöl	C	c	C	C	?	C
Biphenol A	C	b/c	A	A	B	C
Vernetzungs-Hilfsstoffe						
Triethylenglykoldimethacrylat	C	c	C	C	B	C
Trimethylolpropantrimethacrylat	C	c	C	C	B	C
Ethylenglygoldimethacrylat	C	c	C	C	B	C
Farbpulver						
Mischpigment Fe_2O_3 und Mn_2O_3	C	C	C	C	B	C
Pigment aus Fe_3O_4	C	C	C	C	B	C
Geruchsstoffe						
Parfümölkomposition						
Trennmittel						
Polydimethylsiloxan-Wasseremulsion	C	c	B	B	C	C

Durch den Verfasser ergänzte Bewertungen sind durch Kleinschreibung gekennzeichnet.

Zusammenfassend kann gesagt werden, daß die Kritik an dem – in verarbeiteter Form gesundheitlich unbedenklichen – Werkstoff zum Teil berechtigt ist. Aber sie läßt außer acht, daß Produkte mit bestimmten Anforderungsprofilen benötigt werden – und Alternativen bringen eventuell andere, jedenfalls aber neue Probleme mit sich. Ein Ausstieg aus der Chlorchemie würde die Verlagerung auf andere Technologien nach sich ziehen – statt der Diskussion um Chlor wäre dann die Cyano- oder Nitrochemie das Thema.

Zur Versachlichung der Diskussion tragen weder einseitige Pro-Argumente der Industrie, noch Contra-Rufe ökologischer Schwarzseher bei.

Erforderlich ist einzig die Überlegung, welche Alternative auf Dauer die insgesamt bessere Lösung darstellt: Der Ausstieg aus der PVC-Anwendung und somit eine Problemverlagerung, oder die Optimierung vorhandener Technologien unter Einsatz des bereits erarbeiteten Know-hows.

Die Entwicklung von Werkstoffen, die sämtlichen, z.T. widersprüchlichen Anforderungen genügen, stellt eine nicht zu verwirklichende Idealvorstellung dar. Bei der Definition von Eigenschaftsprofilen sind Kompromisse unvermeidbar. Vor diesem Hintergrund muß die als so zwingend logisch postulierte Forderung der Chlor-Gegner nach einem allgemeinen PVC-Verbot kritisch betrachtet werden.

3 Zusammenfassung

Der IST-Zustand des untersuchten Betriebes präsentiert sich teilweise zufriedenstellend mit klar hervortretenden Kritikpunkten, die Optimierungsmaßnahmen erforderlich machen.

Aufgrund des gewählten Zeitrahmens konnten innerhalb des Datenerhebungszeitraums bereits Verbesserungen realisiert werden, die jeweils bei der Erläuterung der SOLL-Werte beschrieben sind (s. Tabelle 10).

Als wesentliche Ergebnisse des bei ZENKER-Fenster durchgeführten Umweltprojekts lassen sich zwei grundlegende Schlußfolgerungen ableiten.

I. Die begleitende Literaturrecherche hat die Sensibilität gegenüber dem hauptsächlich eingesetzten Werkstoff PVC aufgezeigt

Entgegen den Folgerungen, die sich aus den technischen Eigenschaften dieses Materials ableiten lassen, lassen marktwirtschaftliche Überlegungen die Diskussion eines Rohstoffwechsels empfehlenswert erscheinen. Der wachsende Druck aus Öffentlichkeit und Politik hat die Akzeptanz von Produkten aus PVC bereits gesenkt. Da sich eine mittelfristige Verstärkung dieser Tendenz abzeichnet, erscheinen rechtzeitige Gegenmaßnahmen im Produktplanungsbereich grundsätzlich angezeigt.

Tabelle 10. Übersicht über erforderliche Maßnahmen

IST-Zustand	SOLL-Zustand	erforderliche Maßnahme	bereits realisiert:
Abwasser:			
Extruderprofilköpfe: Einsatz des Profildüsenreinigers WBC 419	Minimierung der ökologischen und Arbeitnehmer-belastungen	Einsatz eines Mittels mit verringertem Belastungspotential	Austausch gegen Tensidreiniger RFX-20
Emissionen:			
ozonzerstörendes Kältemittel in der Wärmepumpe	Minimierung von Umweltrisiken in Anlehnung an das UHG	Austausch des Kältemittels gegen Alternative mit geringstmöglichem Schädigungs-potential	geplant
Energie:			
hoher Energie-verbrauch für Heizung/ Kühlung des Empfangs-pavillions	Minimierung des Energieverbrauchs	Auslagerung der Büroarbeitsplätze; Absenkung der Heiztemperatur/ Verzicht auf Klimatisierung	
Abfall:			
mangelhafte Abfall-trennung im Produktions-bereich	vollständige Trennung der vorgesehenen Fraktionen	Mitarbeiterschulung/ Überwachungs-maßnahmen	ja
keine Abfalltrennung im Verwaltungsbereich	Trennung in die Fraktionen Papier, Sonder-, Restmüll	Einführung eines Abfalltrennungs-konzepts	ja
Sondermüllzwischen-lagerung (leere Öl-behälter) ohne geeig-nete Tropfsicherungen	Ausschluß der Wassergefährdung nach § 1a WHG und § 22 Abs. 1 WHG	Lagerung auf Bodenwannen	ja
Deponieentsorgung von stark verunreinigten Kunststoff-Altfenstern	vollständige Verwertung von Kunststoff-Altfenstern nach § 3 Abs. 2 AbfG	Realisierung der Maßnahmen nach 1.2.1.1	ja
Deponieentsorgung der Glasfraktion aus zurückgenommenen Holz-Altfenstern	Verwertung der Glasfraktion nach § 3 Abs. 2 AbfG	Angebot der anfallenden Mischgläser an Wertstoffbörsen	ja
Abfallkonzept nach § 5b AbfG nicht vorhanden	Betrieb ist nach § 5b AbfG zur Erstellung verpflichtet	Erstellung des Konzepts	ja

Tabelle 10. Übersicht über erforderliche Maßnahmen

IST-Zustand	SOLL-Zustand	erforderliche Maßnahme	bereits realisiert:
Arbeitsschutz:			
Schlosserei: Überschreitung des MAK-Werts für Gesamtstaub	Einhaltung des MAK-Werts von 6,0 mg/m^3 nach TRGS 900	Austausch der vorhandenen Absauganlage	ja
Konfektion: Anteil der Feinstaubfraktion an spanförmigem PVC-Abfall ist unbekannt	Einhaltung des MAK-Werts für Gesamtstaub von 6 mg/m^3	Durchführung von Arbeitsplatzmessungen	geplant
Spanplattenfertigung: vorhandene Arbeitsplatzbelastung durch Holzstäube ist unbekannt	Einhaltung des MAK-Werts für Gesamtstaub von 6 mg/m^3	Durchführung von von Arbeitsplatzmessungen	geplant
Umweltmanagement:			
Funktion „Umweltschutz" kann durch falsche Einordnung in der Betriebshierarchie nur unzureichend wahrgenommen werden	innerbetrieblicher Umweltschutz ist in der Betriebsorganisation direkt unterhalb der höchsten Führungsebene anzuordnen und mit entsprechenden Kompetenzen und Handlungsbefugnissen auszustatten	eine eigene Stabsstelle „Umweltschutz" ist einzurichten und im Organigramm direkt an die Geschäftsführung anzubinden	ja

II. Die umweltrelevanten Differenzen zwischen Soll- und Ist-Werten sind vor dem Hintergrund der bestehenden Organisationsstrukturen zu bewerten

Im Organigramm fallen wiederholt Mehrfachfunktionen auf, die so in der Praxis nicht nachvollziehbar erscheinen. Die Funktion Umweltschutz ist in verschiedenen Betriebsbereichen der mittleren Führungsebene zugeordnet, deren Trägern aufgrund des unverändert anfallenden Tagesgeschäfts nicht die für eine zufriedenstellende Wahrnehmung des Umwelt-Controllings erforderliche Arbeitszeit zur Verfügung steht. Als übergreifende und vordringliche Maßnahme wird daher die diesbezügliche Erweiterung der Unternehmensorganisation empfohlen.

Angesichts der Betriebsgröße im Zusammenhang mit der branchenspezifischen Rohstoffproblematik kann das Arbeitspotential auf etwa eine halbe bis volle Personalstelle eingeschätzt werden.

Konkret sollte die Ernennung eines Umweltbeauftragten aus dem Technischen Bereich des Betriebes angestrebt werden, der mit den erforderlichen Kompetenzen ausgestattet und direkt der Geschäftsleitungsebene unterstellt wird. Eventuell verbleibende Nebenaufgaben sind so zu wählen, daß Interessenkollisionen ausgeschlossen werden können.

Zum Untersuchungsende wurden daraufhin die Umweltschutzfunktionen des Technischen Leiters der Extrusionsabteilung wesentlich erweitert und unmittelbar an die Geschäftsleitung angebunden. Vorgesehen ist dessen Einsatz als etwa halbe Personalstelle. Definierte Bereiche der bisherigen Funktion Abteilungsleitung Extrusion wurden entsprechend delegiert.

Literatur

1. Sietz M, Sondermann W (1990) „Umwelt-Audit und Umwelthaftung"; Eberhard-Blottner-Verlag, Taunusstein
2. Der Rolladen/Jalousiebauer 7/93, Fenster und Zubehör, Entsorgung von PVC-Fenstern
3. Lindeijer E, Mekel O, Huppes G, Huele R (1990) Umweltbeeinflussung durch Fenster. Universität Leiden, Zentrum für Umweltkunde. Leiden
4. Richter K, Untersuchung zur Ökobilanz von Holz-, Holz-/Alu- und Kunststoffenstern. Eidgenössische Materialprüfungsanstalt Abteilung Holz, St. Gallen
5. Novak E, Ecker A (1991) Ökologische Betrachtung der Fensterprofil-Werkstoffe Kunststoff, Aluminium, Holz. Österreichisches Forschungsinstitut für Chemie und Technik. Wien
6. Tötsch W, Polack H, PVC und Ökobilanz, UWSF 4(2)90 – 95, Übersichtsbeiträge, economed-Verlag Landsberg – Zürich
7. Baumann H, Insam G (1989) Öko-Bilanzen von Fenstern aus verschiedenen Werkstoffen. Österreichisches Kunststoffinstitut. Wien
8. Eggers H (1992) PVC und Umwelt – aus der Sicht des Umweltbundesamtes, Berlin
9. Eurotrends Research Ltd. (1990 – 1995) Windows and Window Gaskets in West Europe
10. Greenpeace (1992) Studie: Stand des PVC-Recyclings in Deutschland und seine umweltpolitische Bedeutung, Hamburg
11. Saffert Dr R, Solvay Kunststoffe GmbH (17. 06. 92) PVC – Ein umweltfreundlicher Werkstoff, Referat IBK-Informationsveranstaltung, Bad Lauchstätt
12. Tötsch Dr W, Die ökologische Position von PVC – ein Überblick. Marl, o. J.
13. Engelmann Dr M, Skura Dr J, Hoechst AG, PVC im Brandfall. Brandschutz/DFZ 4/92, Verlag W. Kohlhammer GmbH, Stuttgart
14. Martin J, Zahlten M (1989) Betriebs- und Inputvariationsversuche an einer Müllverbrennungsanlage – Ergebnisse und Ausblick. Abfallwirtschaftsjournal 1/5
15. Sheffield A, Chemosphere 14, 811
16. API, PVC-Recycling in Österreich, o. J.
17. Brahms, Eder, Greiner (1988) Papier– Kunststoff – Verpackung. Mengen und Schadstoffbetrachtung. BMFT Forschungsbericht 1430368
18. Fa. internorm, Fensterhersteller, Österreich (2/1989) „Ökologische Betrachtung"
19. Henkel KGaA, Düsseldorf: Presseinformation vom 11. 11. 91
20. Kindler H, Nikles A (1979) Energiebedarf bei der Herstellung und Verarbeitung von Kunststoffen; Chemie-Ingenieur-Technik 51, 11
21. Gesellschaft für Weiterbildung und Umweltschutz (GW)mbH (1992) Schwachstellenanalyse und Optimierungspotentiale in der Kunststoffindustrie. Projektbericht. Bonn
22. Bundesministerium für Raumordnung, Bauwesen und Städtebau (1989) „PVC-Produkte im Bauwesen" Bonn

Beispielhafter Umweltschutz in der metallverarbeitenden Industrie (Hettich-Umformtechnik GmbH & Co. KG)

H. J. Geschke
unter Mitarbeit von B. Haeuser [†] und T. Konerding

1 Einleitung

1.1 Thema der Diplomarbeit

Die Untersuchung im *Unternehmen Hettich Umformtechnik GmbH & Co KG, Berlin* ist ein „Technisches Audit" im Sinne der EU-Verordnung 1836/93 „über die freiwillige Beteiligung gewerblicher Unternehmen an einem Gemeinschaftssystem für das Umweltmanagement und die Umweltbetriebsprüfung" [1]. Das „Management-Audit" ist in Zusammenarbeit mit Herrn Prof. Dr. M. Sietz erstellt worden.

Ein „Produkt-Audit" wurde nicht durchgeführt.

1.2 Einführung [2]

Betrieblicher Umweltschutz, dies bedeutet den alltäglichen Umgang mit umweltrelevanten Stoffen und Bestimmungen (gesetzlichen wie behördlichen).

Dies betrifft z.B.:

– den Umgang mit brennbaren und umweltgefährdenden Stoffen,
– Gefahrstoffe am Arbeitsplatz,
– Abfälle, Reststoffe, Abfallwirtschaftskonzepte,
– Haftung für Umweltschäden,
– Aufbau einer „gerichtsfesten" Umweltorganisation.

Auf nationaler Ebene spiegeln sich die Umweltanforderungen in den aktuellen und allein wegen ihrer Vielfalt immer unüberschaubarer werdenden Umweltgesetzen wider (Umwelthaftungsgesetz, Umweltinformationsgesetz, Abfallgesetz bzw. das im Oktober 1996 in Kraft tretende Kreislaufwirschafts- und Abfallgesetz, Wasserhaushaltsgesetz, Bundesimmissionsschutzgesetz, usw.), auf europäischer Ebene z.B. in der EU-Verordnung 1836/93 „über die freiwillige Beteiligung gewerblicher Unternehmen an einem Gemeinschaftssystem für das Umweltmanagement und die Umweltbetriebsprüfung", kurz EU-Öko-Audit- Verordnung sowie der EU-Verordnung 880/92 (Gemeinschaftliches System zur Vergabe eines Umweltzeichens).

Allen genannten Gesetzesvorlagen bzw. EU-Verordnungen ist der *Umweltvorsorgegedanke*, d.h. der Schutz der Umwelt vor schädlichen Umwelteinwirkungen,

Gefahren, erheblichen Nachteilen und Belästigungen gemein, denn letztendlich haftet die Geschäftsführung (siehe das „Lederspray"-Urteil des BGH vom 6.7.1991 sowie das noch nicht rechtskräftige „Holzschutzmittel"-Urteil des LG Frankfurt vom 25.5.1993, in denen die Begriffe „Generalverantwortung" und „Allzuständigkeit der Geschäftsführung" in Bezug auf die Unternehmensverantwortung eindeutig beschrieben werden).

Inwieweit der betriebliche Umweltschutz erfolgreich in einem Unternehmen „verankert" ist, ist nicht erst nach einer Umweltbetriebsstörung oder gar einem Störfall zu beantworten, da solche „Auswüchse" oftmals die Folge einer Verkettung von Schwachstellen sind. Diese zu erkennen und aufzudecken ist Aufgabe einer Umweltsicherheitsanalyse innerhalb des Betriebes, des sogenannten „Öko-Audits".

Das Ökö-Audit ist *ein* Instrument zur Erfüllung der EU-Verordnung 1863/93, deren Leitziele eine kontinuierliche Verbesserung der betrieblichen Umweltschutzleistungen und eine höhere Eigenverantwortung der Unternehmen für den Umweltschutz sind. Die *Aufgabe des Öko-Audits* ist der Vergleich der momentanen Umweltsituation aller Unternehmensbereiche eines Unternehmens, des IST-Zustands, mit den umweltrechtlichen Anforderungen, dem SOLL-Zustand und das anschließende Aufzeigen von Lösungsmöglichkeiten in Form eines Maßnahmenkatalogs bei der Behebung existierender Diskrepanzen. Das Öko-Audit läßt sich splitten in die Segmente Management-, technisches und Produkt-Audit.

Die *Ziele des Öko-Audits* sind einerseits, für das auditierte Unternehmen sicherzustellen, daß Umweltbestimmungen eingehalten und damit Risiken minimiert werden, andererseits, für die Verantwortlichen des betrieblichen Umweltschutzes einen fundierten Daten- und Informationspool zur Verfügung zu stellen, die diesen auf dem Weg zum umweltbewußten Unternehmen als Hilfestellung dienen kann.

Motivation und Vorteile für Unternehmen, sich der EU-Öko-Audit-Verordnung zu stellen, sind [3]

Wettbewerbsvorteile

Öko-Audits ermöglichen die Sicherstellung und den Nachweis der Einhaltung von Umweltvorschriften sowie eines umweltverträglichen und ordnungsgemäßen Betriebsablaufs. Wichtige Folgen können sein:

- Wettbewerbsvorteile bei der Vergabe von Aufträgen,
- vereinfachter Zugang zu öffentlichen Förderhilfen,
- Erleichterung beim Abschluß einer Umwelthaftpflichtversicherung.

Risikominimierung

Die wirkungsvolle Organisation des betrieblichen Umweltschutzes vermindert die Gefahr von Betriebsstörungen und Störfällen sowie den hiermit verbundenen Folgen wie

- strafrechtliche Konsequenzen,
- ordnungsrechtliche Konsequenzen,

- Haftungsansprüche im Umwelt- und Produktbereich,
- Altlastensanierungen.

Kosteneinsparung

Aufgrund der Optimierung der technischen und organisatorischen Umweltmaßnahmen können direkt Kosten gespart werden. Beispiele sind:

- Einsparung von Wasser durch geschlossene Kreisläufe,
- Einsparung von Energie durch Wärmerückgewinnung oder rationellere Energieverwendung,
- Verminderung der Abfallmenge und den damit verbundenen Entsorgungskosten mittels Recycling oder den Einsatz von Mehrwegsystemen,
- Abbau von organisatorischen „Overheads" durch Vermeidung von Doppelarbeiten.

Zentrale Informationsbereitstellung

Die zu leistende Bestandsaufnahme (IST-Zustand) sowie die notwendige Dokumentation der Umweltorganisation ermöglichen ein schnelle und sichere Bereitstellung von Informationen (s. o.). Dies ist vor allem wichtig für

- ein einfacheres Erkennen von Umweltgefährdungen bei Betriebsstörungen oder Störfällen und der Möglichkeit des schnellen und effektiven Eingriffs,
- eine erfolgreiche umweltbezogene Öffentlichkeitsarbeit („Öko-Marketing"),
- die Erfüllung verschiedener Informationspflichten z.B. nach § 52a BImSchG (verantwortlicher Betreiber und Betriebssicherheit), oder dem Umweltinformationsgesetz,
- die Nachweispflicht des ordnungsgemäßen Betriebes aufgrund der Gefährdungshaftung gemäß dem Umwelthaftungsgesetz,
- Qualifizierungen der Mitarbeiter, wie beispielsweise die Unterweisung gemäß der Gefahrstoffverordnung.

Strategische Unternehmensentwicklung

Öko-Audits bieten den Unternehmen die Möglichkeit, ihren betrieblichen Umweltschutz in eigener Verantwortung und eigener Kontrolle wirkungsvoll zu organisieren. Hiermit können

- bisherige, oft Kosten verursachende Insellösungen im Umweltbereich zu einem effizienten Gesamtsystem verbunden werden,
- langfristig eine Erleichterung bei behördlichen Kontrollen und eine zeitliche Verkürzung bei Genehmigungsverfahren erreicht werden,
- das Umweltmanagement-System für verwandte Bereiche wie Arbeitssicherheit oder, wenn noch nicht vorhanden, Qualitätssicherung effizient genutzt werden,
- kostenaufwendige, nachsorgende „End of pipe"-Lösungen langfristig durch integrierte Verfahren ersetzt werden,
- der betriebliche Umweltschutz mittels langfristige Investitionsentscheidungen unterstützt werden.

Unternehmensimage

Freiwillige Maßnahmen für den Umweltschutz sowie die künftige Teilnahmeerklärung zum Öko-Audit als Imagewerbung erhöhen

- die Glaubwürdigkeit und Akzeptanz des Unternehmens in der Öffentlichkeit, Nachbarschaft und im nationalen wie internationalen Wettbewerb,
- die Vertrauenswürdigkeit gegenüber Behörden, Banken und insbesondere Kunden,
- die Identifikation der Mitarbeiter mit dem Unternehmen,
- die Eigenmotivation der Mitarbeiter für Umweltmaßnahmen,
- die Effizienz der Imagewerbung eines Unternehmens.

Die *Erfahrungen* aus einer Reihe von Öko-Audits haben gezeigt [1]:

- Technische Pannen im Umweltschutz decken auch organisatorische Schwächen auf.
- Wenn in einem Unternehmen jeder für einen definierten Teil des betrieblichen Umweltschutzes verantwortlich ist, so ist das Risiko einer Umweltbetriebsstörung oder gar eines Störfalls deutlich geringer.

2 Vorstellung des Unternehmens Hettich Umformtechnik GmbH & Co. KG

2.1 Geologische und hydrogeologische Verhältnisse unterhalb des Betriebsgeländes [4]

Das Grundstück des Unternehmens Hettich Umformtechnik GmbH & Co. KG befindet sich auf der Teltow-Geschiebemergelhochfläche, die dem Brandenburger Stadium der weichselkaltzeitlichen Vereisung zugerechnet wird. Die Ablagerung des Teltows zeichnen sich durch eine Wechsellagerung von Schluff, Sand und Kies aus, deren Mächtigkeit oft mehrere 100 m aufweist. Die Basis der quartären Sedimente bilden die miozänen Sande mit eingelagerten Braunkohleflözen.

Während des Esterglazials schnitten sich in die Sande und Kiese des Miozäns und Oligozäns teilweise übertiefe Rinnen bis in den mitteloligozänen Septarienton hinein. Eine solche Rinne, die in NNE-SSW-Richtung verläuft, ist im Untergrund des Betriebsgeländes nachgewiesen. Im Bereich des Betriebsgeländes zeigt sich vereinfacht die in Tabelle 1 aufgeführte Schichtenfolge.

Die ersten grundwasserführenden Schichten sind unterhalb des saale- und weichselglazialen Geschiebemergels in einer Tiefe von etwa 15 m unter Geländeoberkante (GOK = 44,5 m ü. NN) zu erwarten.

Es sind zwei unterschiedliche Grundwasserfließrichtungen im südlichen Bereich im Bezirk Tempelhof zu verzeichnen. Im westlichen Teil ist der Grundwasserstrom nach NNE gerichtet, im östlichen Teil, also im Bereich der Hettich

Tabelle 1. Vereinfachte Darstellung der Schichtenfolge im Bereich des Betriebsgeländes (4)

Stratographie	Petrographie	Mächtigkeiten (m)	Hydraulische Eigenschaften
Holozän (qh)	Sand, Mudde, Torf	– (geräumt)	
Pleistozän (qp)	Ton bis Kies, starke Wechsellagerung		
Weichsel-Glazial (qw)	Schluff bis Kies	5 (qw + qs)	gering bis sehr gut leitend, GW-Deckschicht: $k_f = 10^{-7} - 10^{-8}$ m/s (realistische Annahme)
Eem-Interglazial (qee)	Schluff, Ton, Torf	– (n. vorhanden)	gering leitend bis stauend, GW-Deckschicht: $k_f = 10^{-7} - 10^{-8}$ m/s (realistische Annahme)
Saale-Glazial (qs)	Schluff bis Kies	15 (qs + qw)	gering bis sehr gut leitend
Holst-Interglazial (qhol)	Sand, Schluff, Ton	40	gering leitend bis stauend, oberes GW-Stockwerk (Sande qhol + qe): $k_f = 7,0 \times 10^{-4}$ m/s
Elster-Glazial (qe)	Sand, Kies	0 – > 150	gut bis sehr gut leitend, oberes GW-Stockwerk (Sande qe + qhol): $k_f = 7,0 \times 10^{-4}$ m/s bzw. unteres GW-Stockwerk: $k_f = 3,9 \times 10^{-2} - k_f = 9,4 \times 10^{-3}$ m/s
Miozän (tmi)	Sand bis Kies	0–55	sehr gut leitend
Oberoligozän (tolo)	Feinsand	10–40	gering leitend
Mitteloligozän (tolm)	Ton	> 10	stauend, unterster GW-Stauer in ca. 250 m

Umformtechnik GmbH & Co. KG, eher nach NNW. Als Vorfluter „fungiert" der in ca. 4 km nördlich gelegene Teltow-Kanal für die Grundwasserleiter der Geschiebemergelhochfläche.

2.2 Allgemeines

Das Unternehmen Hettich Umformtechnik GmbH & Co. KG, vormals Paul Hettich GmbH & Co., Werk Berlin, Motzener Straße 20 in 12277 Berlin, ist erst in diesem Jahr als Folge der Umstrukturierung der Hettich-Gruppe mit ihrem Hauptsitz im ostwestfälischen Kirchlengern gegründet worden.

Die Hettich-Gruppe gehört zur Metallverarbeitungsbranche. Die international ausgerichteten Geschäftsaktivitäten erstrecken sich auf Entwicklung, Produktion und Vermarktung von kompletten Beschlagsystemen für die Möbelindustrie vor allem für die Branchenbereiche Küche und Bad, Wohn- und Schlafraum sowie Büro und Orga. Exportiert wird in mehr als 100 Länder. Auf dem Beschlagssektor ist die Unternehmensgruppe nach eigenen Angaben weltweit marktführend.

Das Berliner Unternehmen Hettich Umformtechnik GmbH & Co KG produziert Einzelteile für Schaniere bzw. Schrauben, Nieten und Stifte sowie Fertigteile wie Schrankaufhänger und Auszugsführungen für Schubkästen. Das folgende Kap. 2.3 gibt schematisch den Produktionsablauf wieder.

Rund 300 Mitarbeiter erwirtschafteten im Geschäftsjahr 1994/95 einen Umsatz von rund 60 Mio. DM.

2.3 Schematischer Produktionsablauf

In Abb. 1 wird der Produktionsablauf schematisch dargestellt.

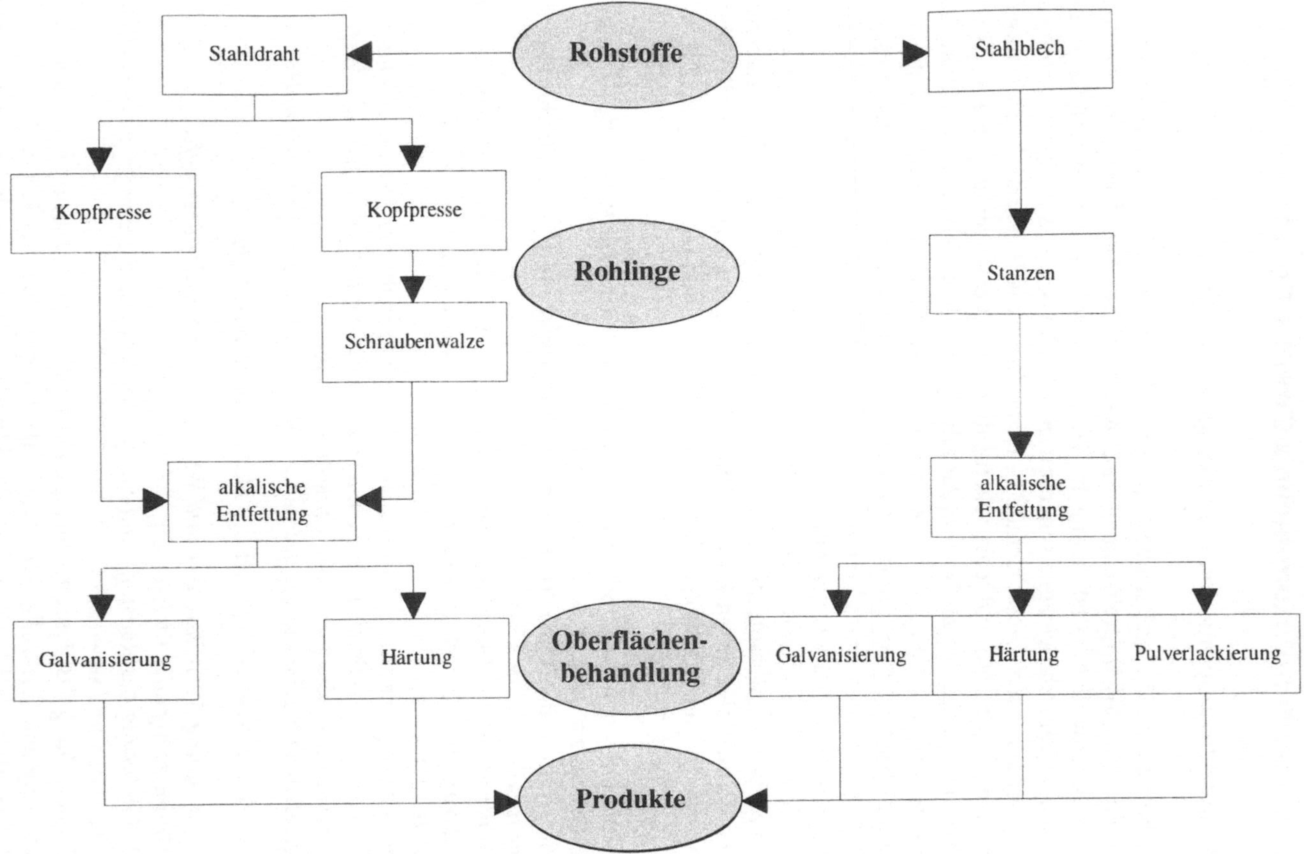

Abb. 1. Schematischer Produktionsablauf der Hettich Umformtechnik GmbH & Co. KG

3 Managementaudit
bei der Hettich-Umformtechnik GmbH & Co. KG

3.1 Umweltbezogene Unternehmensphilosophie

Der betriebliche Umweltschutz muß hierarchisch als Vision, Umweltschutzphilosophie bzw. als Umweltschutzgrundsätze vorgedacht und vorgelebt werden. Nur wenn die Geschäftsführung in Sachen Umwelt sich eindeutig (z.B. auf Betriebsversammlungen und innerbetrieblichen Plakaten, Mitarbeiterzeitungen etc.) zu konkretem Umweltschutz bekennt, kann die Belegschaft ein *Umwelt-Wir-Gefühl* aufbauen und leben. Nichts dient der Umweltvorsorge mehr, als ein hohes Maß an Umweltmotivation, das alle Unternehmensebenen miteinschließt. Dies bedarf der stetigen Pflege durch Information, z.B. innerbetriebliches Umweltvorschlagswesen und geregelter Umweltkommunikation. Hierzu tragen die nachfolgenden Umweltschutzgrundsätze der Hettich-Unternehmensgruppe vom 18.10.1994 in überzeugender Weise bei:

„Die Unternehmen der Hettich-Gruppe sehen die besondere Mitverantwortung als Wirtschaftsunternehmen für den Schutz der natürlichen Lebensgrundlagen. Demzufolge geben wir dem Umweltschutz einen besonderen Stellenwert, der sich in den nachfolgenden Anstrengungen und Zielsetzungen für die Zukunft widerspiegelt:

- *Einbeziehung des Umweltschutzes als wichtigste Unternehmensaufgabe in die Führungsgrundsätze des Unternehmens,*
- *Einsetzung eines Umweltreferenten zur Koordinierung der Umweltschutzbelange für die gesamte Unternehmensgruppe,*
- *Benennung von Umweltkoordinatoren und Betriebsverantwortlichen für die relevanten Umweltsachgebiete in allen Gruppenunternehmen/Werken/ Betriebsstätten,*
- *Einsetzung eines Umweltausschusses für jede Produktionsstätte. Jährliche Formulierung betrieblicher Umweltziele und Prüfung des Erreichens der Vorjahresziele durch den jeweiligen Umweltausschuß,*
- *gesetzliche Bestimmungen werden als Mindestanforderungen verstanden.*

Darüber hinaus werden freiwillige Maßnahmen angestrebt:

- *Vermeidung, Verminderung und Wiederverwertung der Reststoffe,*
- *Minimierung aller Emissionen,*
- *Minimierung des Rohstoff- und Energieeinsatzes zum weitergehenden Schutz von Boden und Gewässern,*
- *Einbeziehung des Umweltschutzes als eigenständiges Kriterium in die Betriebsplanung und -kontrolle, nach Möglichkeit in qualifizierter Form,*
- *Information und Einbeziehung der Mitarbeiter und Mitarbeiterinnen in den betrieblichen Umweltschutz,*
- *Regelmäßige Dokumentation des umweltrelevanten Betriebszustandes und der Umweltschutzmaßnahmen,*

– Berücksichtigung der Umweltaspekte bei der Produktentwicklung hinsichtlich Herstellung, Nutzung und Entsorgung,
– Einbeziehung der Lieferanten und Kunden in die Umweltschutzbemühungen durch Information und, soweit möglich, durch entsprechende Vereinbarungen. "

3.2 Umweltziele

In logischer Folge leiten sich aus den Umweltschutzgrundsätzen vom 18.10.1994 die Umweltziele der Hettich Umformtechnik GmbH & Co. KG für die Jahre 1995 und 1996 ab:

1. Durchgängige Realisierung des begonnenen Abfallkonzeptes.
2. Projektierung des Wasserkreislaufs Härterei:
   – Aufbereitung des Spülwassers und Wiederverwendung des Spülwassers,
   – Rückgewinnung der mit dem Spülwasser ausgeschleppten Härtesalze,
   – Einsatz eines Kaltwasserzusatzes zur Kühlung der Härteanlage mit Energierückgewinnung.
3. Reduzierung des Einsatzes von Kühlschmierstoffen auf Emulsionsbasis:
   – Umstellung der Fertigung von Stahlgehäusen auf Stufenpressen auf den Einsatz von aufbereitbaren Stanzölen,
   – Umstellung der spanenden Fertigung (Werkzeugbau) auf aufbereitbare Bearbeitungsöle.
4. Erstellung einer Dampfstrahl-Reinigungsstation mit Sammeltank zum Auffangen des Waschwassers.
5. Projektierung der Wärmerückgewinnung von Abwärme aus dem Pulvertrockner.
6. Projektierung eines BHKW-Konzeptes.
7. Reduzierung des Kopierpapiers.
8. Reduzierung des Folienverbrauchs.
9. Überdachung des Schrottplatzes.

3.3 Umweltprogramm/Umweltausschuß

Die Umsetzung der einzelnen Umweltziele sollte im Rahmen eines Umweltprogramms noch personenbezogen bzw. gruppenbezogen fixiert werden. Bislang existiert formal kein Umweltprogramm außer in der Form von Funktionsbereichszielen im allgemeinen Budget.

Eine wichtige Umsetzungsgruppe ist als ein Instrument bei der Hettich Umformtechnik GmbH & Co. KG noch zu schaffen, nämlich der Umweltausschuß, für dessen Besetzung Abb. 2 einen Vorschlag enthält. Der Umweltausschuß stellt eine notwendige kommunikative Plattform des täglichen Umweltschutzes dar, seine Besetzung erfordert unbedingt die Anwesenheit von

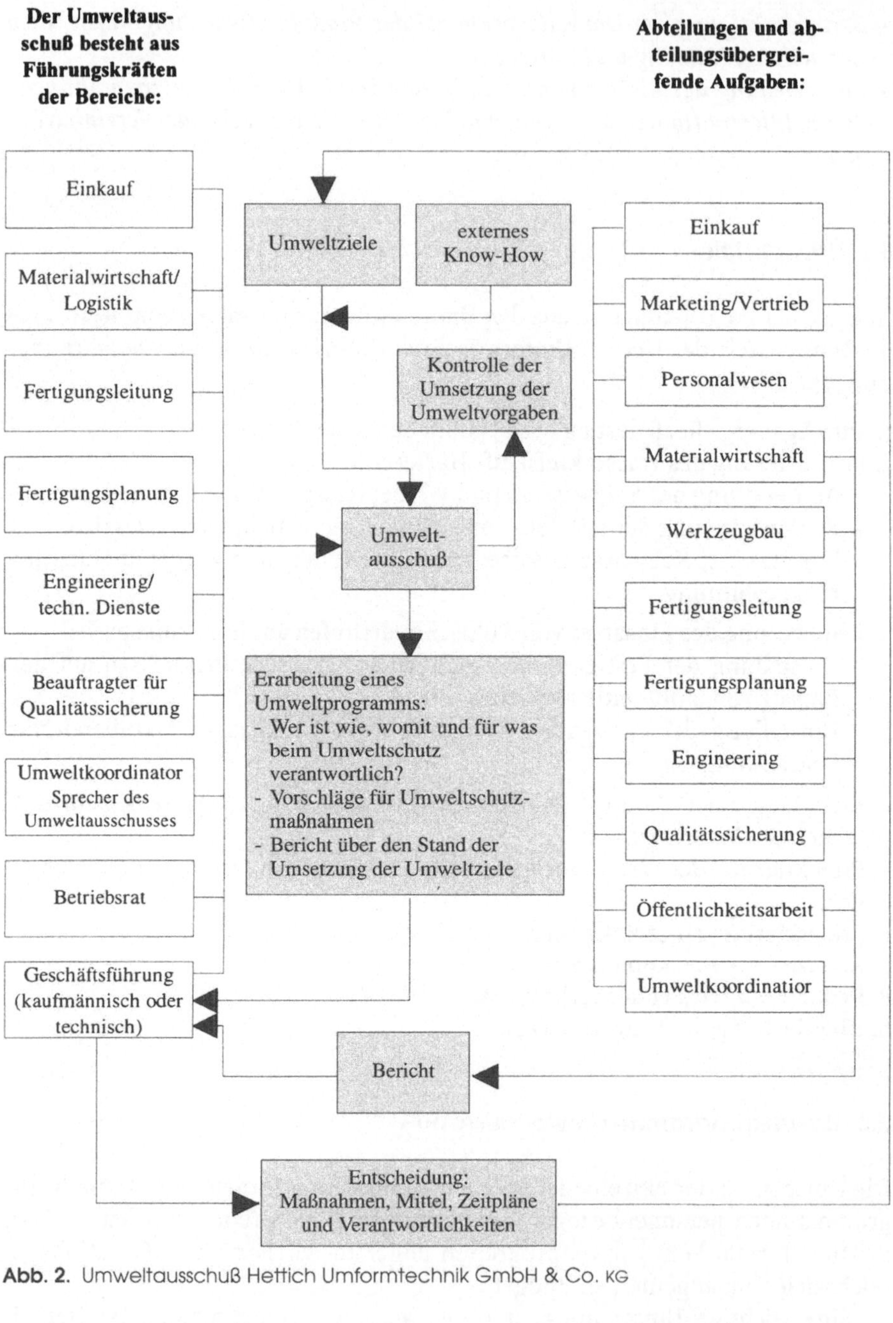

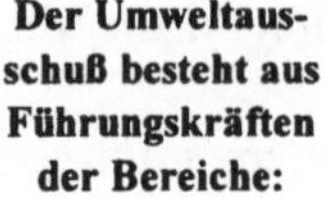

Abb. 2. Umweltausschuß Hettich Umformtechnik GmbH & Co. KG

Entscheidungsträgern/-trägerinnen, damit er nicht zum „Debattierclub" entartet. Erste Aufgabe des Umweltausschusses könnte z. B. sein, unter der Koordination des Umweltkoordinators das fehlende Umweltprogramm zu erarbeiten und die von der Geschäftsführung gesteckten Ziele abzuarbeiten.

3.4 Umweltorganigramm

Der Umweltausschuß der Hettich Umformtechnik GmbH & Co. KG ist einzubinden in eine funktionsfähige Umweltorganisation. Die bei der Firma Hettich Umformtechnik GmbH & Co. KG bestehende und als funktionsfähig vorgefundene Umweltorganisation spiegelt sich in Abb. 3 wieder. Das Organigramm in Abb. 3 zeigt, daß sich der Umweltschutzgedanke bei Hettich auf breiten Schultern stützt.

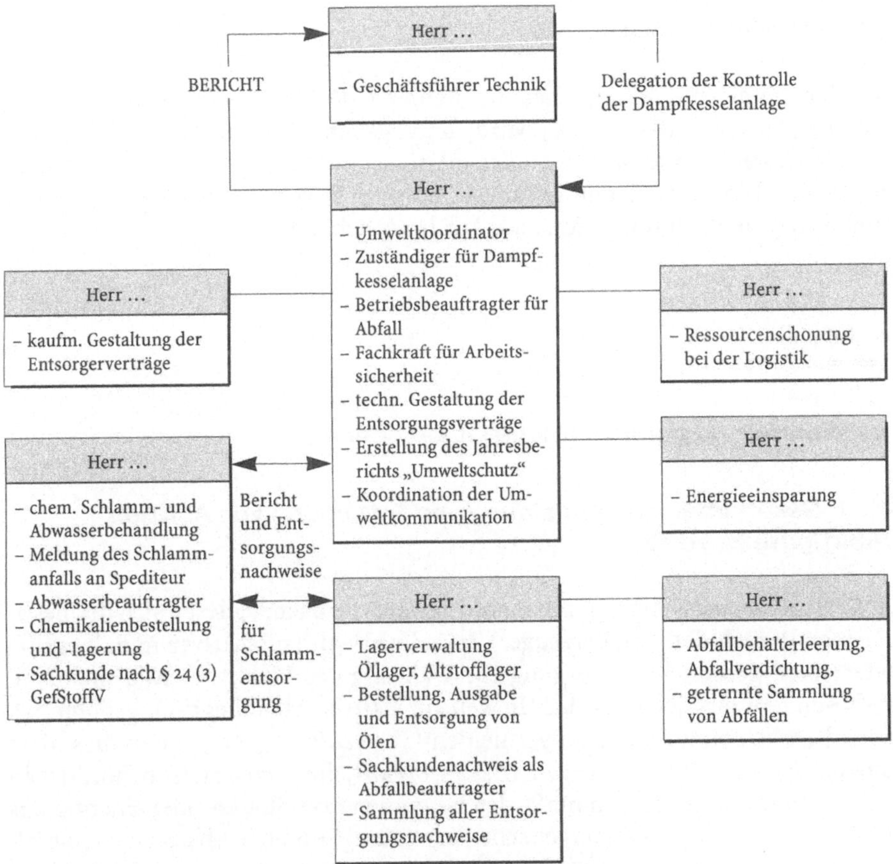

Abb. 3. Umweltorganigramm Hettich Umformtechnik GmbH & Co. KG

Hierzu sollte noch eine Verankerung des Organigramms in Form funktionsbezogener Stellenbeschreibungen erfolgen und z. B. in Form einer Betriebsvereinbarung fest verankert werden.

3.5 Umweltcontrolling

Das Instrument des Umweltcontrollings ist bislang nur in Ansätzen vorhanden. Es ist daher empfehlenswert, nach der personenbezogenen bzw. auch gruppenbezogenen Formulierung der Umweltziele im Rahmen des Umweltprogramms den Umsetzungserfolg der einzelnen Umweltaktivitäten in den anstehenden Management-Jahresgesprächen seitens der Geschäftsführung abzufragen. Hierbei lernt das Management nicht nur monetäre Ziele zu erreichen, sondern auch den Umweltschutz als Bestandteil von Unternehmenskultur und Produktqualität ernst zu nehmen.

3.6 Umweltmotivation

Bei den Mitarbeiterbefragungen im Rahmen des Managementaudits in den Monaten Januar und April 1995 wurde durchgehend eine gute Umweltmotivation erkennbar, vielfach wurde großes Interesse an Mitarbeit an dem neu einzurichtenden Umweltausschuß geäußert und so der Wunsch nach reger innerbetrieblicher Umweltinformation zum Ausdruck gebracht.

4 Abfall

4.1 Wesentliche abfallrechtliche Grundlagen [5]

4.1.1 Gesetz über die Vermeidung und Entsorgung von Abfällen (Abfallgesetz – AbfG)

Abfälle im Sinne des Abfallgesetzes sind bewegliche Sachen, deren sich der Besitzer (somit auch der Abfallerzeuger) entledigen will (subjektiver Abfallbegriff) oder deren geordnete Entsorgung zur Wahrung des Wohls der Allgemeinheit, insbesondere des Schutzes der Umwelt (objektiver Abfallbegriff), geboten ist. Grundsätzlich sind Abfälle zu vermeiden (*Vermeidungsgebot*); wenn dies nicht möglich ist, sind sie zu entsorgen. Die *Entsorgung*, die nach § 11 der behördlichen Überwachung unterliegt, umfaßt das Gewinnen von Stoffen oder Energie aus Abfällen (stoffliche oder energetische Verwertung) und das Ablagern von Abfällen sowie die hierzu erforderlichen Maßnahmen des Einsammelns, Beförderns, Behandelnds und Lagerns (§ 1 in Verbindung mit § 1 a AbfG).

Dabei hat die Abfallverwertung Vorrang vor der Ablagerung, wenn

- sie technisch möglich ist,
- die hierbei entstehenden Mehrkosten im Vergleich zu anderen Verfahren der Entsorgung nicht unzumutbar sind und
- für die gewonnenen Stoffe oder Energie ein Markt vorhanden ist oder geschaffen werden kann (§ 3 Abs. 2).

Grundsätzlich sind Abfälle so zu entsorgen, daß das Wohl der Allgemeinheit nicht beeinträchtigt wird (§ 2 Abs. 1); darüber hinaus stellt das AbfG an aus gewerblichen oder sonstigen wirtschaftlichen Unternehmen oder öffentlichen Einrichtungen kommenden Abfälle (§ 2 Abs. 2) bzw. solche Stoffe, die als Reststoffe (Wirtschaftsgut) (§ 2 Abs. 3) verwertet werden sollen, *zusätzliche Anforderungen*, wenn sie nach Art, Beschaffenheit oder Menge im besonderen Maße

- gesundheits-, luft- oder wassergefährdend,
- explosibel oder brennbar sind oder
- explosibel oder brennbar sind oder
- Erreger übertragbarer Krankheiten enthalten oder hervorbringen können.

Für das Unternehmen Hettich Umformtechnik sind folgende *zusätzliche Anforderungen* von Bedeutung:

- § 4 Abs. 3: Abfälle im Sinne von § 2 Abs. 2 dürfen nur dann einem Beförderer überlassen werden, wenn erstens dieser dazu befugt ist und zweitens eine Bescheinigung zur Annahme derartiger Abfälle seitens des Betreibers einer Entsorgungsanlage beim Abfallerzeuger vorliegt. Die Annahmebereitschaft wird in der AbfRestÜberwV (s. Kap. 4.1.1.3) erläutert.
- § 11 Abs. 2: Danach kann die zuständige Behörde für Besitzer solcher Abfälle, die nicht mit den in Haushaltungen anfallenden Abfällen entsorgt werden, Nachweis über Art, Menge und Entsorgung sowie die Führung von Nachweisbüchern verlangen (s. AbfRestÜberwV, Kapitel 4.1.1.3).
- § 11 Abs. 3: Betreiber von Anlagen, bei denen Abfälle im Sinne des § 2 Abs. 2 anfallen, sind verpflichtet, Nachweisbücher im Sinne von Abs. 2 zu führen und bestimmte Belege der zuständigen Behörde vorzulegen (s. AbfRestÜberwV, Kap. 4.1.1.3).
- § 11 a Abs. 1: Betreiber von Anlagen, bei denen Abfälle im Sinne des § 2 Abs. 2 regelmäßig anfallen, haben einen oder mehrere *Abfallbetriebsbeauftragte* schriftlich zu bestellen und der zuständigen Behörde anzuzeigen. Über Aufgaben und Befugnisse der Beauftragten sowie die Pflichten des Betreibers geben die §§ 11 b – f Auskunft. In der AbfBetrbV (Verordnung über Betriebsbeauftragte für Abfall) sind die Anlagen aufgelistet, deren Betreiber Betriebsbeauftragte für Abfall zu bestellen haben (§ 1 Abs. 2 AbfBetrbV: Anlagen zur Veredelung oder Behandlung von Metalloberflächen durch Galvanisieren, Ätzen oder Beizen).
- § 11 b Abs. 4 a: Danach ist der Betriebsbeauftragte berechtigt und verpflichtet, auf die Entwicklung und Einführung umweltfreundlicher Verfahren zur Reduzierung des Abfallaufkommens hinzuwirken.

– § 11 d: Der Betreiber hat vor Investitionsentscheidungen, die für die Abfallentsorgung relevant sein können, eine Stellungsnahme des Betriebsbeauftragten so rechtzeitig einzuholen, daß diese bei der Investitionsentscheidung noch berücksichtigt werden kann.

Die *Ordnung der Entsorgung* wird im § 4 geregelt. Besonders für das Unternehmen Hettich Umformtechnik relevant sind neben dem bereits erwähnten Abs. 3 die Absätze 1, 2 und 5.

In Abs. 1 heißt es u. a., daß Abfälle nur in den *dafür zugelassenen Abfallentsorgungsanlagen* behandelt, gelagert und abgelagert werden dürfen. Daneben ist die Verwertung und Behandlung in Anlagen zulässig, die überwiegend einem anderen Zweck als der Abfallentsorgung dienen. Derartige Anlagen bedürfen dann allerdings einer Genehmigung nach § 4 BImSchG (Bundes-Immissionsschutzgesetz). Jedoch kann nach Abs. 2 die zuständige Behörde *Ausnahmen* zulassen, wenn dadurch das Wohl der Allgemeinheit nicht beeinträchtigt wird. Abs. 5 weist schließlich auf die Verwaltungsvorschriften TA Luft und TA Siedlungsabfall (s. Kap. 4.1.1.4) hin, die die *Anforderungen an die Entsorgung von Abfällen* (vor allem solcher im Sinne des § 2 Abs. 2) nach dem Stand der Technik definieren.

Die Vorschriften des AbfG gelten nach § 5 a ebenso für *Altöle*, auch wenn sie keine Abfälle im Sinne des § 1 Abs. 1 sind ([PCB] ≤ 50 ppm). Altöle sind gebrauchte halb-/ flüssige Stoffe, die ganz oder teilweise aus Mineral- oder Synthetiköl bestehen, einschließlich ölhaltiger Rückstände aus Behältern, Emulsionen und Wasser-Öl-Gemischen. Die einzelnen *Altölarten* nebst ihrer Herkunft sind in der Anlage zur AbfBestV (s. Kap. 4.1.1.1) aufgelistet. *Innerbetriebliche Sammelstellen* sind genehmigungsfrei; zu beachten sind aber die Bestimmungen über die wasserrechtliche Eignungsfeststellung oder Bauartzulassung bzw. statt dessen über die gewerberechtliche Bauartzulassung oder das baurechtliche Prüfzeichen.

Die gewerbsmäßig oder im Rahmen wirtschaftlicher Unternehmen erfolgende *Einsammlung und Beförderung von Abfällen* bedarf nach § 12 Abs. 1 grundsätzlich der *Genehmigung* der zuständigen Behörde. Ausgenommen davon sind die nach Landesrecht bestimmten Körperschaften und die von diesen benannten Dritten gemäß § 3 Abs. 2.

4.1.1.1 Verordnungen zu § 2 AbfG

Verordnung zur Bestimmung von Abfällen nach § 2 Abs. 2
des Abfallgesetzes (Abfallbestimmungs-Verordnung – AbfBestV)

Sie beinhaltet einen Katalog, der die „besonders überwachungsbedürftigen Abfälle" im Sinne von § 2 Abs. 2 AbfG festlegt. Diese sind durch spezifische fünfstellige Abfallschlüsselnummern, Bezeichnung der Abfallart und Abfallherkunft beschrieben. Fallen gemäß § 1 Abs. 2 bei einem Erzeuger Kleinmengen von insgesamt (d. h. Summe aller anfallenden Abfälle) ≤ 500 kg/a in dem Katalog zu dieser Verordnung aufgeführten Abfallarten an, so gelten für ihn die abfallrechtlichen Vorschriften (Nachweisführung nach § 11 Abs. 2 AbfG) nicht.

*Verordnung zur Bestimmung von Reststoffen nach § 2 Abs. 3
des Abfallgesetzes (Reststoffbestimmungs-Verordnung – RestBestV)*

Sie beinhaltet einen Katalog, der analog zur AbfBestV (s. o.) die „besonders überwachungsbedürftigen Reststoffe" im Sinne von § 2 Abs. 3 AbfG festlegt. Diese
sind durch spezifische fünfstellige Reststoffschlüsselnummern, Bezeichnung der
Reststoffart und Reststoffherkunft beschrieben. Fallen nach § 1 Abs. 2 bei einem
Erzeuger Kleinmengen von insgesamt (d. h. Summe aller anfallenden Abfälle)
≤ 500 kg/a in dem Katalog zu dieser Verordnung aufgeführten Reststoffarten an,
so gelten für ihn die abfallrechtlichen Vorschriften (Nachweisführung nach § 11
Abs. 2 AbfG) nicht.

*Informationsschrift Abfallarten der Länderarbeitsgemeinschaft
Abfall (LAGA)*

Die Informationsschrift beinhaltet einen Abfallartenkatalog, in dem die einzelnen Abfallfraktionen mit fünfstelligen Abfallschlüsselnummern versehen sind.
Darüber hinaus enthält der Katalog Entsorgungshinweise nach TA Abfall für
besonders überwachungsbedürftige Abfälle.

4.1.1.2 Verordnung zu § 5 AbfG

*Verwertungsmöglichkeiten und -bedingungen für bestimmte Altöle
werden in der Altölverordnung – AltölV aufgezeichnet.*

Aufgearbeitet werden dürfen nur nach § 2 *zur Aufarbeitung geeignete Altöle,*
wie

– Verbrennungsmotoren- und Getriebeöle,
– mineralische Maschinen-, Turbinen- und Hydrauliköle.

§ 3 legt *Grenzwerte für* PCB *und Gesamthalogen* fest, die maximal für eine Aufbereitung zulässig sind. Grundsätzlich sind *synthetische Öle auf der Basis von* PCB
sowie halogenhaltige Ersatzprodukte (Einsatzbereiche: Transformatoren, Kondensatoren, Hydraulikanlagen) *getrennt zu erfassen* und *zu entsorgen.* Zudem ist
eine *Vermischung von Altölen* im Sinne von § 2 mit sonstigen Altölen oder Abfällen verboten (§ 4).

Hervorzuheben sind die §§ 6, 7 der AltölV. Im § 6 geht es um die ergänzende
Erklärung (d. h. zu § 11 Abs. 2 und 3 AbfG) zur *Nachweisführung über die Entsorgung von Altölen,* wonach vom „Altölerzeuger" und „Abfallsammler" eine
Erklärung (Mustervorlage: s. Anlage 2 AltölV) abzugeben ist, von der je eine Ausfertigung beim Erzeuger wie auch bei dem das Altöl übernehmende Unternehmen drei Jahre lang aufzubewahren ist.

§ 7 behandelt die *Kennzeichnungspflicht* für Gebinde, die Verbrennungs-
motoren- sowie Getriebeöle enthalten. Aufdruck oder Aufkleber beinhalten
folgenden Text: „Dieses Öl gehört nach Gebrauch in eine Altölannahmestelle!
Unsachgemäße Beseitigung von Altöl gefährdet die Umwelt. Jede Beimischung
von Fremdstoffen wie Lösemitteln, Brems- und Kühlflüssigkeiten ist verboten."

4.1.1.3 Verordnung zu §§ 11, 12 AbfG

*Verordnung über das Einsammeln und Befördern sowie über die
Überwachung von Abfällen und Reststoffen
(Abfall- und Reststoffüberwachungsverordnung – AbfRestÜberwV)*

Sie gilt gleichermaßen für:

- Abfallerzeuger (Betreiber gewerblicher oder sonstiger wirtschaftlicher Unternehmen oder öffentlicher Einrichtungen, in denen Abfälle anfallen),
- Abfallbeförderer (Einsammler oder Beförderer von Abfällen),
- Abfallentsorger (Betreiber von Abfallentsorgungsanlagen) (§ 1 Abs. 1).

Von besonderer Bedeutung für das Unternehmen Hettich Umformtechnik sind
die Abschnitte 3–5. Der dritte Abschnitt beschreibt u. a. den *Vorgang des Nachweises über die Zulässigkeit der vorgesehenen Entsorgung.* Kernstück für den
Abfallerzeuger ist der Entsorgungsnachweis, der immer dann zu führen ist,
wenn eine *Nachweispflicht* nach § 11 Abs. 2 oder 3 AbfG besteht. Allerdings hat
der Abfallerzeuger die Pflicht, Möglichkeiten der Abfallverwertung zu prüfen
(§ 8 Abs. 1). Der *Entsorgungsnachweis* (Gültigkeit längstens 5 Jahre) setzt sich aus
drei Erklärungen zusammen:

- die verantwortliche Erklärung des Abfallerzeugers,
- die Annahmeerklärung des Abfallentsorgers und
- die Entsorgungsbestätigung der für die Entsorgungsanlage zuständigen
  Behörde (§ 8 Abs. 2).

Die *Anzeigepflicht* nach § 11 Abs. 3 Satz 2 AbfG ist erst dann erfüllt, wenn der
zuständigen Behörde eine *Kopie des Entsorgungsnachweises* vorliegt (§ 8 Abs. 3).
Kleinerzeuger im Sinne des § 1 Abs. 2 AbfBestV unterliegen nicht der Nachweispflicht nach § 11 Abs. 3 AbfG und sind deshalb nicht anzeigepflichtig.

Für die Einsammlung kleinerer gleichartiger Abfallmengen kann gemäß § 10
Abs. 1 vom *Abfallbeförderer* ein *Sammelentsorgungsnachweis* (als Vereinfachung
des Nachweisverfahrens gemäß § 8) verwendet werden, wenn folgende Bedingungen erfüllt sind:

- die einzusammelnden Abfälle müssen jeweils denselben Abfallschlüssel,
- den gleichen Entsorgungsweg haben und
- in ihrer Zusammensetzung den im Sammelentsorgungsnachweis genannten
  Maßgaben für die Sammelcharge entsprechen,
- die bei einer Sammeltour je Abfallerzeuger und Schlüsselnummer eingesammelte Abfallmenge darf 1,1 m³; bei der Sammlung von flüssigen Abfällen unter
  Verwendung eines Saugdruckwagens 3 m³ nicht übersteigen.

Der Sammelentsorgungsnachweis (Gültigkeit maximal 5 Jahre) setzt sich aus
drei Erklärungen zusammen:

- die verantwortliche Erklärung des Abfallbeförderers,
- die Annahmeerklärung des Abfallentsorgers und

– die Entsorgungsbestätigung der für die Entsorgungsanlage zuständigen Behörde (Abs. 2).

Der *vereinfachte Entsorgungsnachweis* ist unter der Bedingung zu führen, daß keine Nachweispflicht nach § 11 Abs. 2 oder 3 AbfG existiert. Er besteht aus

– der verantwortlichen Erklärung des Abfallerzeugers und
– der Annahmeerklärung des Abfallentsorgers (§ 12 Abs. 1).

Allerdings ist der vereinfachte Entsorgungsnachweis mit der Frage der *Transportgenehmigungspflicht für Abfallbeförderer* nach § 12 AbfG gekoppelt. Bedarf es keiner Transportgenehmigung, so ist auch kein vereinfachter Entsorgungsnachweis erforderlich.

Abschnitt 4 der Verordnung befaßt sich mit der *Nachweisführung über entsorgte Abfälle.* Eine Nachweispflicht in diesem Sinne besteht nach § 11 Abs. 3 AbfG für die durchgeführte Entsorgung von „besonders überwachungsbedürftigen Abfällen", wie sie in der AbfBestV aufgelistet sind; ausgenommen sind die dort beschrieben „Kleinmengen" (§ 14 Abs. 1).

Nachweispflichtig sind nach § 11 Abs. 2 AbfG auch Besitzer solcher Abfälle, die nicht mit den in Haushaltungen anfallenden Abfällen (Hausmüll) entsorgt werden, wenn die Überwachungsbehörde dies verlangt (§ 14 Abs. 2).

Kernstücke dieser Nachweisführung sind das sogenannte *Begleitscheinverfahren* und das *Führen eines Nachweisbuchs.* Demnach ist bei der Abgabe von Abfällen aus dem Besitz des Abfallerzeugers für jede Abfallart ein gesonderter Satz von farbigen Begleitscheinen zu verwenden, der aus sechs Ausfertigungen besteht, von denen

– die Ausfertigungen 1 (weiß) und 5 (altgold) als Belege für das Nachweisbuch des Abfallerzeugers,
– die Ausfertigungen 2 (rosa) und 3 (blau) zur Vorlage an die zuständige Behörde,
– die Ausfertigung 4 (gelb) als Beleg für das Nachweisbuch des Abfallbeförderers,
– die Ausfertigung 6 (grün) als Beleg für das Nachweisbuch des Abfallentsorgers

bestimmt sind (§ 14 Abs. 3, 4).

Der Abfallerzeuger hat das Nachweisbuch aus den o.a. Ausfertigungen der Begleitscheine einzurichten und so zu führen, daß er die Ausfertigungen unverzüglich nach Erhalt, spätestens jedoch am darauffolgenden Werktag, den jeweiligen Entsorgungsnachweisen zugeordnet in zeitlicher Reihenfolge abheftet, wobei die Ausfertigung 5 der jeweiligen Ausfertigung 1 beigefügt werden muß (§ 17 Abs. 1, 2).

Die Nachweisbücher sind drei Jahre, gerechnet vom Datum der letzten Eintragung oder des letzten Beleges, aufzubewahren (§ 20 Abs. 1 Satz 1).

Die Nachweisführung bei einer *Sammelentsorgung* (s. § 10) regelt § 21. Danach wird der Nachweis über die vollzogene Entsorgung mittels *Übernahmeschein* (nach Anlage 7 dieser Verordnung) und der *Begleitscheinverfahren* (s. § 14) durchgeführt.

Der Übernahmeschein besteht aus zwei Ausfertigungen. Davon sind

– die Ausfertigung 1 (weiß) als Beleg für das Nachweisbuch des Abfallerzeugers,
– die Ausfertigung 2 (gelb) als Beleg für das Nachweisbuch des Abfallbeförderers

bestimmt.

Der fünfte Abschnitt behandelt

– den *Nachweis über die Zulässigkeit der vorgesehenen Verwertung von Reststoffen* (§ 25). Nur wenn durch die zuständige Behörde die Nachweisführung nach § 11 Abs. 2 AbfG angeordnet ist, ist ein Nachweis nach § 2 RestBestV (s. Kap. 4.1.1.1) zu erbringen. Ausgenommen von einer möglichen Nachweispflicht sind nach § 1 Abs. 2 RestBestV Kleinmengen von insgesamt ≤ 500 kg/a. Die Nachweisführung ist analog zum Abschnitt 3 dieser Verordnung zu vollziehen.
– den *Nachweis über die durchgeführte Verwertung von Reststoffen*. Nach § 26 ist die Nachweisführung auch hier analog zum Abschnitt 4 dieser Verordnung zu bewerkstelligen, allerdings muß die Einrichtung und Führung eines Nachweisbuches inklusive Begleitscheinverfahren von der zuständigen Behörde verlangt werden.

4.1.1.4 Verwaltungsvorschriften zum Abfallgesetz

Zweite allgemeine Verwaltungsvorschrift zum Abfallgesetz – TA Abfall (Teil 1: Technische Anleitung zur Lagerung, chemisch/physikalischen und biologischen Behandlung, Verbrennung und Ablagerung von besonders überwachungsbedürftigen Abfällen)

Von Bedeutung für den Abfallerzeuger sind die Kap. 4.3 TA Luft: *Verwertung* und Kap. 4.4 TA Luft: *Kriterien für die Zuordnung von Abfällen zur sonstigen Entsorgung.* Unter 4.3 werden grundsätzliche Erläuterungen zum Thema „Verwertung" im Sinne des § 3 Abs. 2 Satz 2 AbfG aufgeführt.

In 4.4 wird u. a. festgelegt, daß Abfälle, die nachweislich nicht verwertet werden können, einer Anlage zur Behandlung oder Ablagerung zuzuordnen sind. Eine Orientierungshilfe dafür stellt der *Katalog der besonders überwachungsbedürftigen Abfälle in Anhang C.* Desweiteren werden die Zuordnungskriterien für die Behandlung und Ablagerung von Abfällen beschrieben.

Dritte allgemeine Verwaltungsvorschrift zum Abfallgesetz – TA Siedlungsabfall (Technische Anleitung zur Verwertung, Behandlung und sonstigen Entsorgung von Siedlungsabfällen)

Von Bedeutung für das Unternehmen Hettich Umformtechnik ist das Kap. 5 TASI (TA Siedlungsabfall): *Allgemeine Anforderungen an die stoffliche Verwertung und Schadstoffentfrachtung.*

Die *Anforderung Getrennthaltung und -sammlung* schreibt für *hausmüllähnliche Gewerbeabfälle* vor, daß für anfallende Wertstoffe, die keiner Regelung nach § 14 Abs. 2 AbfG (z.B. DSD: „Grüner Punkt") unterliegen, insbesondere *stofflich verwertbare* oder *kompostierbare Bestandteile* geeignete Erfassungssysteme (z.B. „Biotonne") einzurichten sind. Alle *Möglichkeiten der innerbetrieblichen Verwertung* sind zu nutzen.

4.1.2 Gesetz zur Förderung der Kreislaufwirtschaft und Sicherung der umweltverträglichen Beseitigung von Abfällen (Kreislaufwirtschafts- und Abfallgesetz (KrW-/AbfG)

Es wird im folgenden nur auf die wichtigsten Neuerungen, d.h. Unterschiede bzw. Ergänzungen zum bisherigen AbfG, eingegangen.

§ 3 geht auf Begriffsbestimmungen ein. Demnach sind *Abfälle die beweglichen Sachen, die unter die im Anhang I aufgeführten Gruppen fallen.* Abfälle werden unterschieden in

– *Abfälle zur Verwertung* im Sinne des Anhangs II B oder
– *Abfälle zur Beseitigung* im Sinne des Anhangs II A.

§ 5 behandelt die *Grundpflichten der Kreislaufwirtschaft.* Für den Abfallerzeuger besteht die *Pflicht zur Abfallvermeidung bzw. zur Verwertung von Abfällen* unter den aus dem noch gültigen AbfG (§ 3 Abs. 2 AbfG) bekannten Bedingungen (Abs. 4). Der *Vorrang der Verwertung vor der Beseitigung* – ausgenommen Abfälle, die unmittelbar und üblicherweise durch Maßnahmen der Forschung und Entwicklung anfallen – wird insofern eingeschränkt, als daß immer die *umweltverträglichere Lösung den Vorzug* erhält, letzteres gilt übrigens nach § 6 (*Stoffliche und energetische Verwertung*) auch bei der Frage, Abfälle stofflich oder energetisch zu verwerten. Die *Umweltverträglichkeit* ist abhängig von

– den zu erwarteten Emissionen,
– dem Ziel der Schonung der natürlichen Ressourcen,
– der einzusetzenden oder zu gewinnenden Energie und
– der Anreicherung von Schadstoffen in Erzeugnissen, Abfällen zur Verwertung oder daraus gewonnenen Erzeugnissen.

Die Bestimmungen zum Abfallwirtschaftskonzept sowie zur Abfallbilanz, die bisher durch die Landesabfallgesetze geregelt worden sind, sind zukünftig, wenn auch in veränderter Form, im KrW-/AbfG in den §§ 19 und 20 integriert (ab 6.10.1996 in Kraft).

Nach § 19 Abs. 1 ist ein *Abfallwirtschaftskonzept über die Vermeidung, Verwertung und Beseitigung des anfallenden Abfalls* von denjenigen Abfallerzeugern zu erstellen, bei denen entweder

– insgesamt > 2 Mg/a an „besonders überwachungsbedürftigen Abfällen" nach § 41 Abs. 1 und 3 oder
– > 2000 Mg/a an überwachungsbedürftigen Abfällen nach § 41 Abs. 2 anfallen.

Das Abfallwirtschaftskonzept ist erstmalig bis zum 31.12.1999 für die nächsten fünf Jahre zu erstellen und alle fünf Jahre fortzuschreiben, *soweit die Länder bis zum Inkrafttreten dieses Gesetzes nichts anderes bestimmt haben* und auf Verlan-

gen der zuständigen Behörde zur Auswertung für die Abfallwirtschaftsplanung
(§ 29) vorzulegen. Vorgaben der Abfallwirtschaftsplanung sind bei der Erstellung des Abfallwirtschaftskonzeptes zu berücksichtigen.

Das Abfallwirtschaftskonzept hat zu enthalten:

- Angaben über Art, Menge und Verbleib der besonders überwachungsbedürftigen Abfälle, überwachungsbedürftigen Abfälle zur Verwertung sowie der
  (generell überwachungsbedürftigen) Abfälle zur Beseitigung,
- Darstellung der getroffenen und geplanten Maßnahmen zur Vermeidung, Verwertung und Beseitigung von Abfällen,
- Begründung der Notwendigkeit der Abfallbeseitigung, insbesondere Angaben
  zur mangelnden Verwertbarkeit aus den in § 5 Abs. 4 genannten Gründen,
- Darlegung der vorgesehenen Entsorgungswege für die nächsten fünf Jahre, bei
  Eigenentsorgern Angaben zur notwendigen Standort- und Anlagenplanung
  sowie ihrer zeitlichen Abfolge,
- gesonderte Darstellung des Verbleibs der im ersten Punkt genannten Abfälle bei
  der Verwertung oder Beseitigung außerhalb der Bundesrepublik Deutschland.

Abfallerzeuger im Sinne des § 19 Abs. 1 haben nach § 20 Abs. 1 jährlich, erstmalig zum 1. 4. 1998, jeweils für das vergangene Jahr eine *Abfallbilanz über Art, Menge und Verbleib der verwerteten oder beseitigten besonders überwachungsbedürftigen und überwachungsbedürftigen Abfälle* zu erstellen und auf Verlangen der
zuständigen Behörde vorzulegen.

Als eigentliche Neuerung zum herkömmlichen Abfallgesetz ist die Integration der *Produktverantwortung* im § 22 anzusehen. Danach trägt jeder, der
Erzeugnisse entwickelt, herstellt, be- und verarbeitet oder vertreibt, für das Produkt die Verantwortung, d. h. Erzeugnisse sind möglichst so zu gestalten, daß bei
deren Herstellung und Gebrauch das Entstehen von Abfällen vermindert wird
und die umweltverträgliche Verwertung und Beseitigung der nach deren
Gebrauch entstandenen Abfälle sichergestellt ist. Die Produktverantwortung
umfaßt insbesondere

- die Entwicklung, Herstellung und das Inverkehrbringen von Erzeugnissen, die
  mehrfach verwendbar, technisch langlebig und nach deren Gebrauch zur ordnungsgemäßen und schadlosen Verwertung (s. § 5 Abs. 3) und umweltverträglichen Beseitigung (s. § 5 Abs. 5) geeignet sind,
- den vorrangigen Einsatz von verwertbaren Abfällen oder sekundären Rohstoffen bei der Herstellung von Erzeugnissen,
- die Kennzeichnung von schadstoffhaltigen Erzeugnissen, um die umweltverträgliche Verwertung oder Beseitigung der nach Gebrauch verbleibenden
  Abfälle sicherzustellen,
- den Hinweis auf Rückgabe-, Wiederverwendungs- und Verwertungsmöglichkeiten oder -pflichten und Pfandregelungen durch Kennzeichnung der
  Erzeugnisse und
- die Rücknahme der Erzeugnisse und der nach Gebrauch derselben verbleibenden Abfälle sowie deren nachfolgende Verwertung oder Beseitigung.

Durch Rechtsverordnungen ist noch festzulegen, *für welche Erzeugnisse und in welcher Art und Weise die Produktverantwortung wahrzunehmen ist.*

4.1.3 Gesetz über die Vermeidung und Entsorgung von Abfällen in Berlin Landesabfallgesetz (LAbfG)

Für das Unternehmen Hettich Umformtechnik ist der § 3a des LAbfG (ab 1.1.1994 in Kraft) relevant. Nach Abs. 1 ist die Erstellung eines *betrieblichen Abfallwirtschaftskonzeptes* ein Jahr nach Inkrafttreten dieses Gesetzes erstmalig Pflicht für diejenigen Abfallerzeuger, bei denen entweder

- insgesamt > 500 kg/a an „besonders überwachungsbedürftigen Abfällen" nach § 2 Abs. 2 AbfG oder
- > 2000 Mg/a an sonstigen Abfällen anfallen.

Das betriebliche Abfallwirtschaftskonzept ist fortzuschreiben und auf Verlangen der zuständigen Behörde vorzulegen. Falls für das Gebiet, in dem sich der betriebliche Standort befindet, ein *Abfallentsorgungsplan* nach § 4 besteht, so sind dessen Festlegungen Folge zu leisten.

Abs. 2 bestimmt die *erforderlichen Mindestangaben*, die das betriebliche Abfallwirtschaftskonzept zu enthalten hat über:

- Art, Menge und Verbleib der Reststoffe und Abfälle,
- bereits umgesetzte und geplante Maßnahmen zur Vermeidung, Wiederverwendung und Weiterverwertung von Abfällen,
- geplante Verwertungs- und Entsorgungswege der erzeugten Produkte nach deren Nutzungsphase,
- Nachweis einer fünfjährigen Entsorgungssicherheit, bei Eigenentsorgern einschließlich der notwendigen Standorte und Anlagenplanung.

Abs. 3 gibt Auskunft über *mögliche Konsequenzen* für den Fall, daß das betriebliche Abfallwirtschaftskonzept

- nicht bei der zuständigen Behörde auf deren Verlangen vorgelegt wird oder
- erhebliche Mängel aufweist.

Demnach kann die zuständige Behörde auf Kosten des Abfallerzeugers *fachtechnische Sachverständigengutachten* zum erforderlichen Inhalt des betrieblichen Abfallwirtschaftskonzeptes einholen. Dem beauftragten Sachverständigen gegenüber hat der Abfallerzeuger

- das Betreten der Grundstücke, Geschäfts- und Betriebsräume,
- die Einsicht in Unterlagen und
- die Aufnahme von technischen Ermittlungen und Prüfungen

zu gestatten und

- die erforderlichen Auskünfte zu erteilen.

4.1.4 Gesetz über die Beförderung gefährlicher Güter (Gefahrgutgesetz)

Bei der Abfallbeförderung müssen neben den abfallrechtlichen Bestimmungen nach § 12 AbfG auch die *Vorschriften über die Beförderung gefährlicher Güter* beachtet werden. Laut § 2 Abs. 1 Gefahrgutgesetz sind gefährliche Güter Stoffe und Gegenstände, von denen aufgrund ihrer Natur, ihrer Eigenschaften oder ihres Zustandes im Zusammenhang mit der Beförderung Gefahren für die öffentliche Sicherheit oder Ordnung, insbesondere für die Allgemeinheit, für wichtige Gemeingüter, für Leben und Gesundheit des Menschen sowie für Tiere und andere Sachen ausgehen können. Abs. 2 erläutert den Begriff „Beförderung".

In § 9 des Gesetzes wird der *Umfang der Überwachung der Beförderung* gefährlicher Güter seitens der zuständigen Behörde beschrieben und gleichzeitig definiert, wer die *Verantwortung für die Beförderung* innehat. Es ist nach Abs. 5 u. a. derjenige, der als Unternehmer oder Inhaber eines Betriebes

– gefährliche Güter verpackt, verlädt, versendet, befördert, entlädt, empfängt oder auspackt.

Der Verantwortliche ist der zuständigen Behörde gegenüber auskunftspflichtig.

4.1.4.1 Verordnungen zum Gefahrgutgesetz

Verordnung über die innerstaatliche und grenzüberschreitende Beförderung gefährlicher Güter auf Straßen (Gefahrgutverordnung Straße – GGVS)

Die GGVS regelt die Beförderung gefährlicher Güter mit Straßenfahrzeugen (§ 1 Abs. 1). Die gefährlichen Güter werden im § 2 Abs. 1 Nr. 1 in Verbindung mit *Anlage A* dieser Verordnung durch die Randnummer *(Rn.) 2002 Abs. 2* innerhalb von gegenwärtig 13 Gefahrenklassen spezifiziert. § 3 bestimmt in Verbindung mit der Anlage A die gefährlichen Güter, die für die Beförderung auf der Straße zugelassen sind.

In der Anlage A wird auch der *Abfallbezug der GGVS* deutlich. Nach *Rn. 2000 Abs. 5* sind *Abfälle* demnach Stoffe, Lösungen, Gemische oder Gegenstände, für die keine unmittelbare Verwendung vorgesehen ist, die aber zur Aufarbeitung, zur Deponierung oder zur Beseitigung durch Verbrennung oder sonstige Entsorgungsverfahren befördert werden. Es ist meiner Meinung nach davon auszugehen, daß die „besonders überwachungsbedürftigen Abfälle" nach § 2 Abs. 2 AbfG (s. o.) Abfälle im Sinne der GGVS sind. Davon unberührt bleibt die erforderliche Maßnahme, Abfälle anhand der o. g. Gefahrenklassen zu klassifizieren.

§ 9 regelt die *Verantwortlichkeiten und die Pflichten an der Beförderung Beteiligten.* Da das Unternehmen Hettich Umformtechnik selbst nicht Abfälle transportiert, sondern lediglich zur Abholung bereitstellt, reduzieren sich die Verantwortlichkeiten auf

- den „Absender" (Abs. 1, 17). Der Abfallbesitzer ist nach § 2 Abs. 1 Nr. 3 nur dann Absender, wenn er mit dem „Beförderer", in diesem Fall der Transportunternehmer („Frachtführer"), ein Beförderungsvertrag abschließt,
- den „Verlader" (Abs. 2, 14, 16, 17). Nach § 2 Abs. 2 Nr. 4 ist dies der unmittelbarer Besitzer (s. §§ 854, 855 BGB), der den Abfall dem Beförderer zur Beförderung übergibt,
- den „Belader" (Abs. 14). Belader im Sinne der GGVS ist derjenige, der das Fahrzeug mit Abfällen belädt.

Verordnung über Ausnahmen von den Vorschriften über die Beförderung gefährlicher Güter (Gefahrgutausnahmeverordnung – GGAV)

Von Bedeutung für das Unternehmen Hettich Umformtechnik sind die Ausnahmebestimmungen

- Nr. 35: Sammelunfallmerkblätter,
- Nr. 55: Beförderungspapier,
- Nr. 59: Beförderung verpackter gefährlicher Abfälle.

Verordnung über die Bestellung von Gefahrgutbeauftragten und die Schulung der beauftragten Personen in Unternehmen und Betrieben (Gefahrgutbeauftragtenverordnung – GvB)

Eine *schriftliche Bestellung* bei der zuständigen Behörde von einem oder mehreren Gefahrgutbeauftragten ist nach § 1 u. a. immer dann grundsätzlich obligatorisch, wenn innerhalb eines Kalenderjahres insgesamt ≥ 50 Mg gefährlicher Güter befördert, versandt, zur Beförderung verpackt oder übergeben werden.

Ist kein Gefahrgutbeauftragter bestellt, ist automatisch der Unternehmer oder Inhaber des Betriebes Gefahrgutbeauftragter. § 2 regelt die Anforderungen an Gefahrgutbeauftragte und notwendige (Wiederholungs-)Schulungen. Über Aufgaben und Befugnisse der Beauftragten sowie die Pflichten des Betreibers geben die §§ 3, 4 Auskunft.

4.1.5 *Gesetz zum Schutz vor gefährlichen Stoffen (Chemikaliengesetz – ChemG)* [6]

Verordnung zum Schutz vor gefährlichen Stoffen (Gefahrstoffverordnung – GefStoffV) in Verbindung mit TRGS 201: Kennzeichnung von Abfällen beim Umgang

Wenn Abfälle gefährliche Eigenschaften aufzeigen, besteht nach § 23 Abs. 1 GefStoffV eine *Kennzeichnungspflicht*. Die Kennzeichnung solcher Abfälle haben zu enthalten:

- Bezeichnung des Abfalls,
- Gefahrensymbole und -bezeichnungen,

- Hinweise auf die besonderen Gefahren (R-Sätze),
- Sicherheitsratschläge (S-Sätze), soweit sie für die Tätigkeiten bei der Abfallverwertung, oder -entsorgung von Bedeutung sind,
- Name und Anschrift des Abfallerzeugers,
- ggf. die jeweilige Gefahrklasse der Verordnung über brennbare Flüssigkeiten
  (VbF),
- zusätzliche Angaben nach Vorgaben des Abfallverwerters oder -entsorgers.

4.2 Soll-Ist-Abgleich Abfall

4.2.1 „Besonders überwachungsbedürftige Abfälle" im Sinne des § 2 Abs. 2 AbfG (s. Kap. 4.1.1)

4.2.1.1 Abfallanfall, -entsorgung

Ist-Zustand

Innerhalb des Unternehmens Hettich Umformtechnik fallen als besonders überwachungsbedürftige Abfälle an (in Klammern die fünfstelligen Abfallschlüsselnummern (ASN) gemäß AbfBestV bzw. Reststoffschlüsselnummern (RSN) (s. a.
Kap. 4.1.1.1)):

- ölgetränktes Sägemehl und -späne (17 211), benutzt als Aufsaugmittel zur Aufnahme von „Leckagen" und Reinigung der Industriefußböden,
- vorwiegend organisch verunreinigte Papierfilter (18 710), die im Bereich Ero-
  dbererei (Bauabschnitt IV) innerhalb des Kühl- und Spülwasserkreislaufs eingesetzt werden,
- organisch verunreinigte PE-(Polyethylen)-Folien (18 714), die als Auskleidung für
  die bei der Unternehmensgruppe Hettich benutzten Gitterboxen verwendet werden, in denen mit Ölspuren behaftete Rohlinge transportiert werden, (Abb. 4),
- „verbrauchtes" Kieselgur (31 435), das als Filtermaterial für die Öl-Filterung des
  Abschreckbades der Anlage 3 der Härterei (Bauabschnitt III) zum Einsatz kommt,
- Phosphatierschlamm (31 637), der bei der beim kombinierten Prozeß Ent-
  fettung/Eisen-III-Phosphatierung der Rohlinge im Bereich Pulverbeschichtung (Bauabschnitt V) abfällt,
- ölverunreinigter Dünnschlamm (31 639), der beim kombinierten Prozeß Ent-
  fettung/Eisen-III-Phosphatierung der Rohlinge im Bereich Pulverbeschichtung (Bauabschnitt V) abfällt,
- ausgediente Bleiakkumulatoren (35 322 RSN), die in den Gabelstapler eingesetzt
  worden sind,
- ausgediente Trockenbatterien (35 325), die z. B. im Bereich Verwaltung (Bauabschnitt I, Oni* anfallen,

---

* Name eines ehemaligen Unternehmens, vom Unternehmen Hettich Umformtechnik 1980
  übernommen.

Abb. 4. PE-Folie als Auskleidung für Gitterboxen

- funktionsunfähig gewordene quecksilberhaltige Leuchtstoffröhren und Schalter (35326),
- nickelhaltiger Galvanikschlamm (51107) aus der Endreinigungsstufe der Galvanik (Bauabschnitt Oni),
- sonstiger Galvanikschlamm (51112) aus der Endreinigungsstufe der Galvanik (Bauabschnitt Oni),
- PCB-freie Altöle (54106) aus dem gesamten Produktionsbereich,
- Fettreststoffe (54202) aus den Bereichen Schlosserei und Werkzeugbau (Bauabschnitt I bzw. I, IV),
- feste öl- und fettverschmutzte Betriebsmittel (54209) wie Arbeitshandschuhe und Einwegputzlappen, die innerhalb des gesamten Produktionsbereichs anfallen und Plattenfilter, die für die Filterung des im Kreislauf geführten Petroleums (Reinigungsmedium für Maschinenteile) eingesetzt werden,
- Kühl- und Schmierstoffemulsionen, Emulsionsgemische (54402) aus den Bereichen Schraubenfertigung (Bauabschnitte II, III), Stanzerei (Bauabschnitt I; eingesetzt bei den Stanzautomaten des Herstellers „Mazoni"), Werkzeugbau (Bauabschnitt I, IV),
- Öl-Wassergemische (54408), die bei der Entfettungsanlage des Herstellers „Müller" anfallen,
- Benzinabscheiderinhalte (54702), vor allem aus dem Leichtstoffabscheider innerhalb der Bereitstellungsfläche (Außenbereich vor Bauabschnitt III) für Absetzkipper (Container für Schrott),
- Schlamm aus Tankreinigung und Faßwäsche (54704), der bei der Reinigung von KTCs (kubische Tank-Container) für Altölemulsionen anfällt,
- halogenfreie Lösemittelgemische (55370) aus dem Bereich Werkzeugbau (Bauabschnitte I, IV),
- Lackschlamm/Entlackungsmittel-Gemisch (55503), aus der Entlackungsanlage des Bereiches Pulverbeschichtung (Bauabschnitt V),

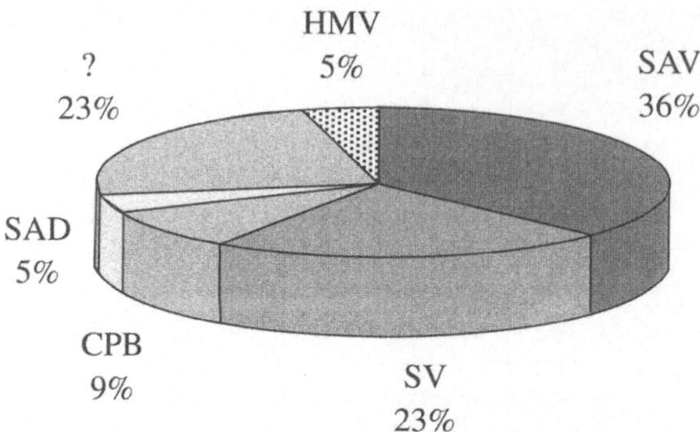

Abb. 5. Verteilung der Abfall/Reststoff-Fraktionen auf die Entsorgungswege

– Altlacke und -farben (55 512), nicht ausgehärtet,
– Ionenaustauscherharze (57 125), die zur Aufbereitung von VE-(vollentsalztes)-
Wasser innerhalb des Bereiches Erodiererei (Bauabschnitt IV) anfielen,
– hausmüllähnlicher Gewerbeabfall (91 200); kein „Sonderabfall", aber nachweispflichtig gemäß § 14 Abs. 2 AbfRestÜberwV (s. Kap. 4.1.1.3). Dieser fällt in
sämtlichen Bereichen des Unternehmens an.

Bilanz der entsorgten besonders überwachungsbedürftigen
Abfälle 1994

Abbildung 5 gibt einen Überblick über die Entsorgung überwachungsbedürftiger Abfälle im Unternehmen.

Soll-Zustand

Es gilt:

– Als „gläsernes" Unternehmen in Sachen betrieblicher Umweltschutz sollten
die Entsorgungswege (d.h. ordnungsgemäße Beseitigung oder Verwertung)
bekannt sein.

Maßnahmen

– Die Kopien der Sammelentsorgungsnachweise sollten vom Beförderer oder
der zuständigen Behörde angefordert werden
– Im Falle der Rücknahme einer Fraktion durch den Zuliefer/Hersteller sollte
von diesem eine schriftliche Erklärung über deren Verbleib eingeholt werden.

4.2.1.2 Nachweisführung

Entsorgungsnachweis

Ist-Zustand

Für die in der o.a. Tabelle 2 (s. Kap. 4.2.1.1) unterlegten Felder existieren z.Z.
noch keine Entsorgungsnachweise. Die nachstehend aufgelisteten „besonders

Tabelle 2. Bilanz der entsorgten besonders überwachungsbedürftigen Abfälle 1994

Lfd. Nr.	ASN/ RSN	Kosten inkl. Nebenkosten (DM)	Menge	Entsorgung	Nachweis
1	17211	11860,00	4,553 Mg	SAV	EN
2	18710	0,00	0	SAV	EN
3	18714	2825,00	7,0 Mg	SV	fehlt
4	31435	0,00	0	SAV	EN
5	31637	9895,04	4,0 Mg	SAD	EN
6	31639	200,00	0	SAV	EN
7	35322	0,00	0	SV	SEN
8	35323	0,00	0	SV	SEN
9	35326	150,80	58,4 kg	SV	SEN
10	51107	„Gewinn": −2931,60	30,85 Mg	SV	fehlt
11	51112	122080,80	212,56 Mg	CPB	EN
12	54106	5166,50	28,8 m^3	SV	fehlt
13	54202	374,00	30,0 kg	?	SEN
14	54209	23465,00	4,4 Mg	SAV	EN
15	54402	42459,25	95,8 m^3	SAV	EN
16	54408	6793,25	11,5 m^3	?	SEN
17	54702	6913,00	12,0 m^3	CPB	EN
18	54704	2790,00	0,8 m^3	?	SEN
19	55370	945,00	0,2 m^3	SAV	SEN
20	55503	6900,00	11,3 m^3	?ᵃ	fehlt
21	55512	0,00	0	?	SEN
22	57125	1697,00	599,0 kg	SAV	EN
23	91200	22827,58	79,88 Mg	HMV	SEN
Gesamtkosten:		262210,62			

Abkürzungen:
CPB: chemisch/physikalische und biologische Behandlung.
EN: Entsorgungsnachweis (Kap. 4.1.1.3).
HMV: Hausmüllverbrennung.
SAD: Sonderabfalldeponie.
SAV: Sonderabfallverbrennung.
SEN: Sammelentsorgungsnachweis (Kap. 4.1.1.3).
SV: Stoffliche Verwertung.
?: Entsorgungsweg ist nicht bekannt bzw. geht aus dem SEN nicht hervor.
?ᵃ: Rücknahme durch den Zulieferer/Hersteller.

überwachungsbedürftigen" Abfallfraktionen fallen im Unternehmen Hettich Umformtechnik zwar ebenfalls an, werden aber zusammen mit anderen Fraktionen gemeinsam entsorgt. Infolge dessen sind auch keine Entsorgungsnachweise vorhanden.

Es sind im einzelnen:

– Verpackungsmaterial mit schädlichen Verunreinigungen oder Reststoffen, vorwiegend anorganisch (18714) wie z.B. Papier- und PE-Säcke aus dem Gefahrstofflager des Bereichs Galvanik (Bauabschnitt Oni); Entsorgung z.Z. zusammen mit dem hausmüllähnlichen Gewerbeabfall (91200),
– Nickel-Cadmium-Akkumulatoren (35323), die z.Z. zusammen mit den Trockenbatterien (35325) entsorgt werden,

- Farbmittel wie Pigmente und Farbstoffe, vorwiegend organisch (55514). Diese fallen bei der Plattenfilterreinigung in Form im Bereich Pulverbeschichtung (Bauabschnitt V) an und werden z.Z. zusammen mit dem hausmüllähnlichen Gewerbeabfall (91200) entsorgt,
- Elektrolysezellenschrott (59907) in Form von Nickelanoden aus dem Bereich Galvanik (Bauabschnitt Oni), die z.Z. mit Eisenschrott (35100) zum Recycling entsorgt werden.

Soll-Zustand

Es gilt:

- § 11 Abs. 2, 3 AbfG (s. Kap. 4.1.1.3): „Nachweispflicht der Entsorgung" in Verbindung mit
- § 8 AbfRestÜberwV (s. Kap. 4.1.1.3): „Entsorgungsnachweis",
- § 10 AbfRestÜberwV (s. Kap. 4.1.1.3): „Sammelentsorgungsnachweis",
- § 6 AltölV Anlage 2 (s. Kap. 4.1.1.2): „Ergänzende Erklärung".

Maßnahmen

- Die aufgezählten Abfallfraktionen sind getrennt nach der jeweiligen Schlüsselnummer zu entsorgen.
- Der Nachweispflicht ist nachzukommen, d.h. es ist entweder ein Entsorgungsnachweis zu stellen bzw. es ist sicherzustellen, daß der Abfallbeförderer über einen Sammelentsorgungsnachweis verfügt (Kontrolle: Erhalt des „Übernahmescheins").

Nachweisbücher, Begleitscheinverfahren

Ist-Zustand

Nachweisbücher mit den Begleitscheinen „weiß" und „altgold" des Entsorgungsnachweises bzw. mit dem Begleitschein „weiß" des Sammelentsorgungsnachweises werden, soweit für die einzelnen Abfallfraktionen vorhanden, geführt. Die Nachweisbücher werden seit 1988 archiviert, obwohl nur eine dreijährige Aufbewahrungsdauer erforderlich ist.

Soll-Zustand

Es gilt:

- § 17 Abs. 1, 2 AbfRestÜberwV (s. Kap. 4.1.1.3): „Führen des Nachweisbuches".
- § 20 Abs. 1 Satz 1 AbfRestÜberwV (s. Kap. 4.1.1.3): „Aufbewahrungszeit für Nachweisbücher".

Maßnahmen

Da der Ist-Zustand dem Soll-Zustand entspricht, sind keine Maßnahmen erforderlich.

Abb. 6. Verschlissene ölverunreinigte PE-Folien

4.2.1.3 Abfallvermeidungspotential

Ist-Zustand

Vermeidungspotentiale ergeben sich hinsichtlich folgender Abfallfraktionen (vgl. Kap. 4.2.1.1):

- organisch verunreinigte PE-Folien (18714). Das Abfallaufkommen dieser Folien (Abb. 6) könnte aufgrund einer möglichen Umstellung von den z. Z. eingesetzten Gitterboxen auf z. B. Leichtmetallboxen drastisch reduziert werden,
- Kühl- und Schmierstoffemulsionen, Emulsionsgemische (54 402). Nach der Umsetzung der geplanten Substitution (s. a. Kap. 3.2: „Umweltziele") der Kühl- und Schmiermittel Umstellung auf aufbereitbare Stanzöle im Bereich Stanzerei (Bauabschnitt I, „Manzoni"-Stanzautomaten) und Bearbeitungsöle im Bereich Werkzeugbau (Bauabschnitte I, V) wird das Abfallaufkommen bezüglich dieser Fraktion nochmals (bereits durchgeführt: Standzeitverlängerung über Kreislaufführung und Filtereinsatz (Abb. 7) gesenkt werden können,
- Die noch 1994 angefallenen Ionenaustauscherharze (57 125) sind bereits durch Ionenaustauscher-Patronen ersetzt worden, die der Hersteller zur Wiederaufbereitung zurücknimmt,
- Das ebenfalls noch 1994 angefallene Filtermaterial Kieselgur (31 435) konnte durch den Einsatz von Plattenfiltern ersetzt werden.

Soll-Zustand

Es gilt:

- § 1a AbfG (s. Kap. 4.2.1): „Vermeidungsgebot".

Maßnahme

- Die Vermeidungspotentiale sind auszuschöpfen.

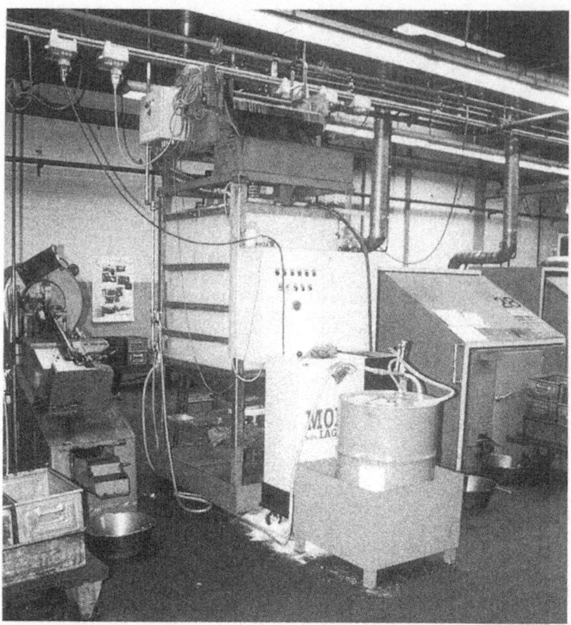

Abb. 7. Anlage zur Kreislaufführung von Kühl- und Schmierstoffemulsionen

Abb. 8. Beispiel für die Kennzeichnung von besonders überwachungsbedürftigen Abfällen

4.2.1.4 Abfallsammlung

Ist-Zustand

Die in Kap. 4.2.1.1 aufgelisteten Abfallfraktionen werden getrennt gesammelt; die dafür vorgesehenen Behältnisse sind grundsätzlich ausreichend gekennzeichnet (Abb. 8).

Ausnahme:

- Die Fässer zur Aufnahme von Kühl- und Schmierstoffemulsionen und Öl-Wassergemischen im Zuge der „Müller"-Entfettungsanlage (Bauabschnitt III) sind nicht gekennzeichnet (Abb. 9).

Zu bemängeln aus Sicht des Gewässerschutzes ist die Tatsache, daß die für Altöl- und Kühl- und Schmierstoffemulsionen verwendeten KTCs nicht auf Auffangwannen stehen (Abb. 10).

Zentrale Bereitstellungsflächen für die besonders überwachungsbedürftigen Abfälle sind zum einen das „Altstoffbereitstellungslager" (Bauabschnitt I) und die Schrottbereitstellungsfläche (Vorplatz des Bauabschnittes III) für den nickelhaltigen Galvanikschlamm. Die 1,1 m³-Großraumbehälter für den hausmüllähnlichen Gewerbeabfall werden auf dem Vorplatz des Bauabschnittes IV bereitgestellt.

Abb. 9. Fehlende Kennzeichnung an den Fässern

Abb. 10. Fehlende Auffangwannen für KTCs

Soll-Zustand

Es gilt:

– Erfordernis der Kennzeichnung zur Vermeidung von „Fehlwürfen".
– § 3 Abs. 2 VAwS (s. Kap. 6.1.2.1): „Grundsatzanforderungen".

Maßnahmen

– Kennzeichnung der o. a. Fässer.
– Aufstellen der KTCs auf möglichst bauartzugelassene Auffangwannen.

4.2.1.5 Betriebsbeauftragter für Abfall

Ist-Zustand

Der eingesetzte Umweltkoordinator innerhalb des Unternehmens Hettich Umformtechnik ist schriftlich bestellter Abfallbeauftragter. Ein weiterer Mitarbeiter verfügt über den Sachkundenachweis zum Abfallbeauftragten.

Nach seinen eigenen Angaben ist die Beteiligung des Betriebsbeauftragten für Abfall vor Investitionsentscheidungen, wie z.B. bei der z.Z. stattfindenden Neukonzeption des Bereichs Schraubenfertigung (Bauabschnitte II, III), nur unzureichend beteiligt.

Soll-Zustand

Es gilt:

- § 11a Abs. 1 AbfG in Verbindung mit
- § 1 Abs. 2 AbfBetrV (s. Kap. 4.1.1): „Bestellung eines oder mehrerer Abfallbetriebsbeauftragten".
- § 11d AbfG (s. Kap. 4.1.1): „Pflicht des Betreibers zum Einholen einer Stellungnahme des Betriebsbeauftragten vor abfallrelevanter Investitionsentscheidungen".

Maßnahme

- Der Abfallbeauftragte ist vor anstehenden abfallrelevanten Investitionsentscheidungen rechtzeitig mit einzubeziehen.

4.2.1.6 Besonders überwachungsbedürftige Abfälle: „Gefährliche Güter"

Ist-Zustand

Die Verantwortung für die Beförderung besonders überwachungsbedürftiger Abfälle, die auch die Pflichten der Tätigkeiten des Verpackens, Verladens, Versendens beinhaltet, trägt z. Z. der technische Geschäftsführer des Unternehmens Hettich Umformtechnik. Somit unterliegt auch nur der technische Geschäftsführer den Pflichten des „Absenders", des „Verladers" und des „Beladers". Diese Pflichten können z. Z. aus betriebsinternen Mangel an rechtlichen Unterlagen (Anhänge A und B der Gefahrgutverordnung Straße (GGVS)) nicht abschließend definiert werden.

Mängel sind im organisatorischen Bereich festzustellen. Eine Kennzeichnung der besonders überwachungsbedürftigen Abfälle wird z. Z. nicht durchgeführt.

Innerhalb des Unternehmens Hettich Umformtechnik fallen insgesamt ≥ 50 Mg/a (s. Tabelle 1) besonders überwachungsbedürftige Abfälle an mit der Folge, daß die Pflichten des noch zu bestellenden Gefahrgutbeauftragten z. Z. ebenfalls der technische Geschäftsführer innehat.

Soll-Zustand

Es gilt:

- § 9 Gefahrgutgesetz (s. Kap. 5.1.1): „Verantwortung für die Beförderung".
- § 2 Abs. 1 Nr. 1 in Verbindung mit Anlage A GGSV (s. Kap. 5.1.1.1): „Gefahrenklassen, Auflistung der gefährlichen Güter".
- § 9 Abs. 1, 2, 14–17 GGSVS (s. Kap. 4.1.4.1): „Verantwortlichkeiten und Pflichten an der Beförderung Beteiligten".
- § 23 Abs. 1 GGSV in Verbindung mit TRGS 201 (s. Kap. 4.1.5): „Kennzeichnungspflicht von Abfällen beim Umgang".
- § 1 GvB: „Bestellung eines oder mehrerer Gefahrgutbeauftragten" in Verbindung mit
- § 5 GvB (s. Kap. 4.1.4.1): „Beauftragte Personen".

Maßnahmen

- Beschaffung der fehlenden rechtlichen Unterlagen.
- Schriftliche Bestellung eines Gefahrgutbeauftragten.
- Einsetzen von „beauftragten Personen" mit schriftlich fixierter Aufgaben- und Verantwortlichkeitsbeschreibung, die die o.a. Pflichten des Unternehmers übernehmen.
- Kennzeichnung der besonders überwachungsbedürftigen Abfälle gemäß TRGS 201.

4.2.2 Abfallwirtschaftskonzept

Ist-Zustand

Ein betriebliches Abfallwirtschaftskonzept ist vorhanden, datiert vom 6.6.1995. Die gemachten Angaben sind meines Erachtens nicht vollständig, da in dem vorliegenden Konzept ausschließlich die im Betrieb anfallenden besonders überwachungsbedürftige Abfälle erwähnt sind. Nach dem „Leitfaden Betriebliches Abfallwirtschaftskonzept", herausgegeben von der Senatsverwaltung für Stadtentwicklung und Umweltschutz [7] sind jedoch die Abfallarten gemäß der Informationsschrift der Länderarbeitsgemeinschaft Abfall (LAGA), somit also auch sonstige Abfälle, aufzuführen.

Soll-Zustand

Es gilt:

- § 3a Abs. 1, 2 LAbfG (s. Kap. 4.2.3): „Erstellung eines betrieblichen Abfallkonzeptes".

Maßnahme

- Zukünftig ist das betriebliche Abfallwirtschaftskonzept zu vervollständigen.

4.2.3 „Nicht besonders überwachungsbedürftige Abfälle" im Sinne des § 2 Abs. 1 AbfG

4.2.3.1 Abfallanfall, -entsorgung

Innerhalb des Unternehmens Hettich Umformtechnik fallen als nicht besonders überwachungsbedürftige Abfälle an (in Klammern die fünfstelligen Abfallschlüsselnummern (ASN) gemäß Abfallartenkatalog der Länderarbeitsgemeinschaft Abfall (LAGA) (s. a. Kap. 4.1.1.1)):

- Holzembalagen, Holzabfälle (17201) wie zerbrochene Paletten. Entsorgung: Verarbeitung in der Bauholzindustrie,

- Altpapier (18718), das vorwiegend in sämtlichen Verwaltungsbereichen (also auch Meisterbüros) des Unternehmens anfällt. Entsorgung: Papierrecycling,
- Altglas (31408), in Form von Einwegflaschen, die die Mitarbeiter größtenteils von zu Hause mitbringen, grundsätzlich aber auch über die betriebseigene Kantine beziehen können. Entsorgung: Altglasrecycling,
- Eisenschrott (35103). Intern fällt sogenannter „Mischschrott" und „Kernschrott" an. Kernschrotte sind sortenreine Metalle, die als Stanzreste in den Bereichen Stanzerei kontinuierlich (Bauabschnitte I, II, IV) abfallen; Mischschrotte enthalten Ausschußmetalle, die im gesamten Produktionsbereich diskontinuierlich anfallen und
- entleerte und gereinigte Metallgebinde (35106), aus dem Bereich Galvanik (Bauabschnitt Oni) bzw. tropffrei entleerte und ausgewischte Einwegölfässer aus dem Altstoffbereitstellungslager (Bauabschnitt I). Entsorgung: Metallrecycling,
- Kabelabfälle (35312), die im Bereich Elektrotechnik (Bauabschnitt IV) abfallen. Entsorgung: Metallrecycling,
- PVC-Abfälle (57116) wie verschlissene PVC-Pendelvorhänge der Tore, ausgediente Abluftrohre, Galvaniktrommeln aus dem Bereich Galvanik (Bauabschnitt Oni). Entsorgung: (PVC-)Kunststoffaufbereitung,
- Kunststoff(-gebinde) (57118), z.B. Einwegkanister. Entsorgung: Kunststoffaufbereitung,
- Verpackungsmaterialien aus Papier, Kartonagen, nicht verunreinigt (91201), die im gesamten Unternehmen anfallen. Entsorgung: Altpapierrecycling,
- Kantinenabfälle (91202). Die Essenreste werden mit dem hausmüllähnlichen Gewerbeabfall (s. Kap. 4.2.1.1) entsorgt.

Die nachfolgend aufgelisteten Fraktionen sind nicht im Abfallartenkatalog aufgeführt und haben somit auch keine Abfallschlüsselnummer:

- Elektronikschrott, z.B. ausgediente Computer, Tastaturen usw. aus sämtlichen Verwaltungsbereichen. Entsorgung: Elektronikschrottaufbereitung,
- „Grüner Punkt"-Abfälle. Entsorgung: Duales System,
- PE-Folien, teilweise, je nach Herkunft, im Verbund mit Papier, die bei der Anlieferung von Bandstählen abfallen (Abb. 11). Entsorgung: Die unbeschichteten werden zusammen mit den verunreinigten PE-Folien (18714) (s. Kap. 4.2.1.1), die beschichteten über den hausmüllähnlichen Gewerbeabfall entsorgt. Die ebenfalls bei der Anlieferung anfallenden PE-Kantenschutzteile gehen, da sie in größeren Mengen anfallen, an den Zulieferer zurück,
- Büroabfälle, die nicht Papier und Tonerkartuschen sind. Entsorgung über den hausmüllähnlichen Gewerbeabfall,
- Tonerkartuschen von Kopierer, Laserdrucker. Entsorgung: Rückgabe an den Hersteller zum Wiederauffüllen.

Abb. 11. PE-Folien zum Abdecken von angelieferten Bandstahlrollen

4.2.3.2 Abfallvermeidungspotential

Ist-Zustand

Vermeidungspotentiale ergeben sich hinsichtlich folgender Abfallfraktionen (vgl. Kap. 4.2.3.1):

- PE-Folien. Das Abfallaufkommen dieser Folien könnte aufgrund einer Absprache mit den Herstellern der Bandstähle im Hinblick einer Rücknahme bzw. eines Verwendungsverzichtes reduziert werden,
- Altpapier (18718). Die Reduzierung des (Kopier-)Papieranfalls ist bereits als ein Umweltziel (s. a. Kap. 3.2: „Umweltziele") des Unternehmens Hettich Umformtechnik festgelegt worden. Die Umsetzung kann durch
  - Einführung eines Umlaufsystems für Mitteilungen (eine Kopie eines Originals in einer „Umlauftasche" an mehrere namentlich genannte Mitarbeiter),
  - beidseitiges Bedrucken bei Computerausdrucken, Verwendung der Fehldrucke als „Schmierpapier",
  - mittelfristige Umstellung auf Kopiersysteme mit einer Option für beidseitiges Drucken erfolgen,
- „Grüner-Punkt"-Abfälle. Innerhalb des Produktionsbereiches stehen insgesamt fünf „Klix"-Automaten (Abb. 12), über die sich die Mitarbeiter mit Instantgetränke aus Einwegbechern versorgen können. Diese Becher machen meines Erachtens einen Großteil des täglich anfallenden „Grüner-Punkt"-Ab-

Abb. 12. „Klix"-Automaten

Abb. 13. Anteil der Einwegbecher im „Grüner Punkt"-Abfall

falls aus (Abb. 13). Mögliche Alternativen, die mit dem Betriebsrat abzustimmen sind:

- genereller Verzicht auf Getränkeautomaten; dafür sollten zu den drei bereits bestehenden Warmwasserbereitern weitere eingerichtet werden,
- Substitution der bisherigen Instantgetränkeautomaten durch solche, bei denen Mehrwegbecher (z. B. Keramiktassen mit „Hettich"-Emblem) zum Einsatz kommen.

Hinsichtlich der noch vorhandenen Einweggebinde ist anzumerken, daß nach Aussagen des Abfallbeauftragten die Hersteller dieser betreffenden Betriebsmittel Mehrweggebinde nicht anbieten können.

Soll-Zustand

Es gilt:

– § 1 a AbfG (s. Kap. 4.2.1): „Vermeidungsgebot".

Maßnahme

– Die Vermeidungspotentiale sind auszuschöpfen.

4.2.3.3 Abfallsammlung

Ist-Zustand

Die in Kap. 4.2.3.1 aufgelisteten Abfallfraktionen werden grundsätzlich getrennt gesammelt; die dafür vorgesehenen Behältnisse sind ausreichend gekennzeichnet (Abb. 14).

Ausnahme:

– In den Verwaltungsbereichen erfolgt z.Z. nur eine Trennung hinsichtlich Papier und „Restmüll", letzterer enthält dann auch „Grüner Punkt"-Abfall. In dem Bereich Betriebsmittelkonstruktion (Bauabschnitt IV) erfolgt gar keine Abfalltrennung.

Zu bemängeln ist die Tatsache, daß vor allem die Sammelbehälter für hausmüllähnlichen Gewerbeabfall Fehlfraktionen (z.B. „Grüner Punkt"-Abfälle) enthalten. Die Ursachen sind meiner Ansicht nach folgende:

– 1,1 m^3-Großraumbehälter für hausmüllähnlichen Gewerbeabfall „laden" zu Fehlwürfen ein, besonders dann, wenn in unmittelbarer Nähe keine Behältnisse für Altpapier und „Grüner Punkt"-Abfall stehen (Abb. 15),
– Motivationsmangel seitens der Mitarbeiter und/oder Unwissenheit bei ausländischen Mitarbeitern. „Paradebeispiel": Kantine, wo das Behältnis für den Restmüll (Abb. 16) auch „Grüner Punkt"-Abfälle enthält, obwohl in unmittelbarer Nähe eine „Gelbe Tonne" zur Sammlung gerade dieser Fraktion aufgestellt worden ist (Abb. 17).

Zentrale Bereitstellungsflächen für die Abfälle sind:

– die Schrottbereitstellungsfläche (Vorplatz des Bauabschnittes III) für den Misch- und Kernschrott (Abb. 18),
– ein Teilbereich der Durchfahrt auf seiten des Bauabschnitts I für Altglas (nach Farben getrennt) und „Grüner Punkt"-Abfall (gelber 1,1 m^3-Großraumbehälter) (Abb. 19),
– der Presscontainer auf dem Vorplatz des Bauabschnittes IV für das innerbetrieblich gesammelte Altpapier (Abb. 20) und
– das „Altstoffbereitstellungslager" (Bauabschnitt I) für die übrigen Abfallfraktionen.

Abb. 14. Beispiel für die Kennzeichnung nicht besonders überwachungsbedürftiger Abfälle

Abb. 15. Fehlfraktionen im 1,1 m³-Großraumbehälter für hausmüllähnlichen Gewerbeabfall

Abb. 16. „Grüner Punkt"-Abfall im Restmüllbehälter der Kantine

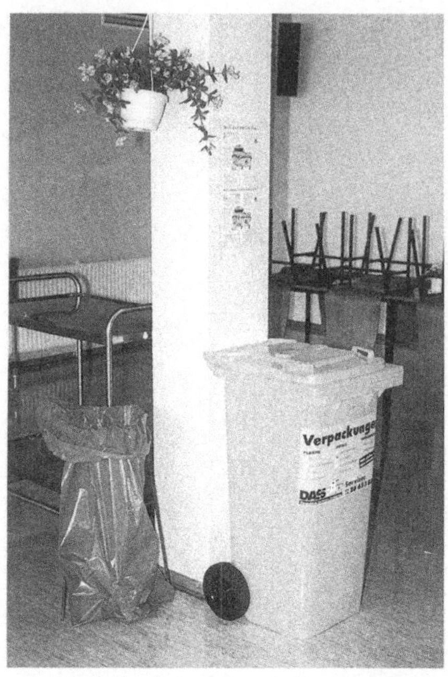

Abb. 17. Restmüllbehälter und „Gelbe Tonne" in der Kantine

Abb. 18. Schrottbereitstellungsplatz

Abb. 19. Blick in die Durchfahrt

Abb. 20. Altpapier-Presscontainer

Soll-Zustand

Es gilt:

- § 3 Abs. 2 (s. Kap. 4.1.1): „Verwertung vor Beseitigung der Abfälle" in Verbindung mit der
- Erfordernis der Vermeidung von „Fehlwürfen".

Maßnahmen

- In den Verwaltungsbereichen sind in den einzelnen Räumen 3-Behältersysteme für die Sammlung von Papier, „Grüner Punkt"-Abfall und Restmüll aufzustellen.
- Weitgehende Substitution der 1,1 m³-Großraumbehälter für hausmüllähnlichen Gewerbeabfall durch kleinere Gebinde, z. B. 240 L.
- 3-fach-Kombination Papier, „Grüner Punkt"-Abfall, hausmüllähnlicher Gewerbeabfall in den Produktionsbereichen.
- Schulung der Mitarbeiter hinsichtlich
  • Zweck und Aufgabe der innerbetrieblichen Getrenntsammlung,
  • genaue Definition „Grüner Punkt"-Abfälle.

4.2.3.4 Umweltverträgliche Büromaterialien

Ist-Zustand

Das im Verwaltungsbereich eingesetzte Schreib-, Telefax- und Kopierpapier besteht hauptsächlich aus Recycling-Papier, der übrige Teil aus chlorfrei gebleichten. Z. Z. wird im Sekretariat der Geschäftsführung „getestet", inwieweit in Holz gefaßte Trockentextmarker die herkömmlichen (lösemittelhaltigen) Textmarker hinsichtlich der Anwendungsansprüche („Leuchtkraft") ersetzen können.

Soll-Zustand

Es gilt:

- Empfehlungen der BME-Schriftenreihe „wissen und beraten" [8] (in der Abteilung „Einkauf" vorhanden): „Umweltverträgliche Büromaterialien".

Maßnahmen

- Die Empfehlungen hinsichtlich des Einsatzes umweltverträglicher Büromaterialien sollten konsequent umgesetzt werden.

5 Gefahrstoffe

5.1 Wesentliche gefahrstoffrechtliche Grundlagen

5.1.1 Gesetz über die Beförderung gefährlicher Güter (Gefahrgutgesetz) [5]

Da die gefahrstoffrechtlichen Bestimmungen bereits bei der Anlieferung von Einsatzstoffen beginnen, müssen die *Vorschriften über die Beförderung gefährlicher Güter* beachtet werden. Laut § 2 Abs. 1 Gefahrgutgesetz sind gefährliche Güter Stoffe und Gegenstände, von denen aufgrund ihrer Natur, ihrer Eigenschaften oder ihres Zustandes im Zusammenhang mit der Beförderung Gefahren für die öffentliche Sicherheit oder Ordnung, insbesondere für die Allgemeinheit, für wichtige Gemeingüter, für Leben und Gesundheit des Menschen sowie für Tiere und andere Sachen ausgehen können. Abs. 2 erläutert den Begriff „Beförderung".

In § 9 des Gesetzes wird der *Umfang der Überwachung der Beförderung* gefährlicher Güter seitens der zuständigen Behörde beschrieben und gleichzeitig definiert, wer die *Verantwortung für die Beförderung* innehat. Es ist nach Abs. 5 u. a. derjenige, der als Unternehmer oder Inhaber eines Betriebes

– gefährliche Güter verpackt, verlädt, versendet, befördert, entlädt, empfängt oder auspackt.

Der Verantwortliche ist der zuständigen Behörde gegenüber auskunftspflichtig.

5.1.1.1 Verordnungen zum Gefahrgutgesetz

Verordnung über die innerstaatliche und grenzüberschreitende Beförderung gefährlicher Güter auf Straßen (Gefahrgutverordnung Straße – GGVS)

Die GGVS regelt die Beförderung gefährlicher Güter mit Straßenfahrzeugen (§ 1 Abs. 1). Die gefährlichen Güter werden im § 2 Abs. 1 Nr. 1 in Verbindung mit Anlage A dieser Verordnung durch die Randnummer (Rn.) 2002 Abs. 2 innerhalb von gegenwärtig 13 Gefahrenklassen spezifiziert.

§ 3 bestimmt in Verbindung mit der Anlage A die gefährlichen Güter, die für die Beförderung auf der Straße zugelassen sind.

§ 9 regelt die *Verantwortlichkeiten und die Pflichten an der Beförderung Beteiligten.* Da das Unternehmen Hettich Umformtechnik selbst nicht gefährliche Güter transportiert, sondern lediglich empfängt, reduzieren sich die Verantwortlichkeiten auf

– den „Entlader" (Abs. 15). Der Entlader im Sinne der GGVS ist derjenige, der das Fahrzeug entlädt.
– den „Empfänger" (Abs. 8, 9, 15, 16, 17). Der Empfänger im Sinne der GGVS ist derjenige, in dessen unmittelbaren Besitz (s. §§ 854, 855 BGB) das gefährliche Gut nach der Ortsveränderung übergeht.

Verordnung über die Bestellung von Gefahrgutbeauftragten und die Schulung der beauftragten Personen in Unternehmen und Betrieben (Gefahrgutbeauftragtenverordnung – GvB)

Bedeutsam für das Unternehmen Hettich Umformtechnik ist im Zusammenhang mit dem § 9 Abs. 5 Gefahrgutgesetz der § 5 über *beauftragte Personen*. Diese Personen sind vom Unternehmer beauftragt, dessen Pflichten nach den Gefahrgutvorschriften in eigener Verantwortung zu übernehmen. Bedingung ist, daß die beauftragte Person wiederholend geschult wird, um ausreichende Kenntnisse bezüglich der Gefahrgutvorschriften innerhalb seines Aufgabenfeldes zu gewährleisten.

Die Schulung kann vom Gefahrgutbeauftragten (s. a. Kap. 4.1.4.1) durchgeführt werden (Abs. 1), der darüber eine Bescheinigung mit Angaben über Zeitpunkt, Dauer und Inhalt auszustellen hat. Auf Verlangen der Überwachungsbehörde sind die Bescheinigungen dieser vorzulegen.

5.1.2 Gesetz zum Schutz vor gefährlichen Stoffen (Chemikaliengesetz – ChemG) [6]

Zweck des ChemG ist es, den Menschen und die Umwelt vor schädlichen Einwirkungen gefährlicher Stoffe und Zubereitungen (z. B. Gemische) zu schützen, insbesondere sie erkennbar zu machen, sie abzuwenden und ihrem Entstehen vorzubeugen (§ 1).

Nach § 3 a Abs. 1 sind *Stoffe oder Zubereitungen gefährlich*, wenn sie

- explosionsgefährlich,
- brandfördernd,
- hochentzündlich,
- leichtentzündlich,
- entzündlich,
- sehr giftig,
- giftig,
- gesundheitsschädlich,
- ätzend,
- reizend,
- sensibilisierend,
- krebserzeugend,
- fortpflanzungsgefährdend,
- erbgutverändernd oder
- umweltgefährlich sind.

Nach Abs. 2 sind Stoffe oder Zubereitungen *umweltgefährlich*, wenn sie selbst oder ihre Umwandlungsprodukte geeignet sind, die Beschaffenheit des Naturhaushaltes von Wasser, Boden oder Luft, Klima, Tieren, Pflanzen oder Mikroorganismen so zu verändern, daß dadurch sofort oder später Gefahren für die Umwelt entstehen können.

5.1.2.1 Verordnungen zum ChemG

Verordnung zum Schutz vor gefährlichen Stoffen
(Gefahrstoffverordnung – GefStoffV)

Zweck dieser Verordnung nach § 1 ist es, (...) den Menschen vor arbeitsbedingten und sonstigen Gesundheitsgefahren und die Umwelt vor stoffbedingten Schädigungen zu schützen (...).

In § 3 Abs. 1 wird der Begriff „*Gefahrstoff*" nach § 19 Abs. 2 ChemG definiert. Gefahrstoffe sind demnach

- gefährliche Stoffe und gefährliche Zubereitungen nach § 3a Abs. 1 ChemG (s.o.) sowie Stoffe und Zubereitungen, die sonstige chronische schädigende Eigenschaften besitzen,
- Stoffe, Zubereitungen und Erzeugnisse, die explosionsfähig sind,
- Stoffe, Zubereitungen sowie Erzeugnisse, aus denen die o.g. gefährlichen Stoffe entstehen oder freigesetzt werden können sowie
- Stoffe, Zubereitungen und Erzeugnisse, die erfahrungsgemäß Krankheitserreger übertragen können.

Weitere Erläuterungen zu den o.g. Eigenschaften ergeben sich aus dem § 4.

Für das Unternehmen Hettich Umformtechnik ist besonders der fünfte Abschnitt der GefStoffV relevant. Kernaussage ist die *allgemeine Schutzpflicht* nach § 17, nach der der mit Gefahrstoffen umgehende Arbeitgeber die nachfolgend beschriebenen Aufgaben wahrnehmen muß. In § 16 wird die *Ermittlungspflicht* seitens des Arbeitgebers dargestellt. Dieser hat die Pflicht zu ermitteln,

- ob es sich bei den Stoffen, mit denen in seinem Betrieb umgegangen wird oder werden soll, um Gefahrstoffe handelt (Abs. 1),
- wenn ja, ob diese durch erhältliche Stoffe, Zubereitungen oder Erzeugnisse mit geringerem gesundheitlichen Risiko substituiert werden können. Der Arbeitgeber muß Substitute einsetzen, wenn ihre Verwendung zumutbar und zum Schutz von Leben und Gesundheit der Arbeitnehmer erforderlich ist,
- ob durch betriebliche Verfahrensänderung oder emissionsarme Verwendungsformen von Gefahrstoffen deren Auftreten am Arbeitsplatz verhindert, zumindest aber vermindert werden können. Wenn ja, müssen diesbezügliche Maßnahmen ergriffen werden, wenn sie technisch möglich und zumutbar sind (Abs. 2).

Die *Prüfergebnisse der beiden zuletzt genannten Punke sind zu dokumentieren* und ggf. der zuständigen Behörde vorzulegen.

Nach Abs. 3a ist der Arbeitgeber grundsätzlich verpflichtet, ein *Verzeichnis aller Gefahrstoffe* zu führen, die mindestens folgende Angaben beinhalten müssen (s.a. TRGS 222: Verzeichnis der Gefahrstoffe):

- Bezeichnung des Gefahrstoffes,
- Einstufung des Gefahrstoffes oder Angabe der gefährlichen Eigenschaften,
- Mengenbereiche des Gefahrstoffes im Betrieb,
- Arbeitsbereiche, in denen mit dem Gefahrstoff umgegangen wird.

Als eine Informationsquelle dient dazu das *Sicherheitsdatenblatt nach Artikel 3 der Richtlinie 91/155/EWG*. Grundsätzlich muß dem Abnehmer gefährlicher Stoffe oder Zubereitungen spätestens bei der ersten Lieferung ein o.g. Sicherheitsdatenblatt übermittelt werden, zumindest aber wegen der Ausnahmeregelung nach Abs. 4 auf Verlangen seitens des Abnehmers (§ 14). Der Aufbau und Inhalt des Sicherheitsdatenblattes erfolgt im *Anhang 1 Nr. 5 der* GefStoffV.

Die *Überwachungspflicht* des Arbeitgebers wird in § 18 geregelt. Nach Abs. 1 muß, wenn das Auftreten eines gefährlichen oder verschiedener gefährlicher Stoffe(s) in der Luft am Arbeitsplatz nicht sicher auszuschließen ist, ermittelt werden, ob die Maximale Arbeitsplatzkonzentration (MAK), die Technische Richtkonzentration (TRK), die Biologische Arbeitsplatzkonzentration (BAT) unterschritten oder die Konzentration für die stoffspezifische Auslöseschwelle (konkretisiert in *TRGS 100: Auslöseschwelle für gefährliche Stoffe*) überschritten wird. Darüber hinaus ist die Gesamtwirkung verschiedener gefährlicher Stoffe in der Luft am Arbeitsplatz zu beurteilen.

Abs. 2 bestimmt, wer Messungen durchführen darf. Die „Ermittlung und Beurteilung der Konzentrationen gefährlicher Stoffe in der Luft in Arbeitsbereichen" wird in der TRGS 402 konkretisiert. Die *Meßergebnisse sind zu dokumentieren*, mindestens 30 Jahre aufzubewahren und ggf. der zuständigen Behörde auszuhändigen (Abs. 3).

Die jeweiligen Grenzwerte sind aufgelistet in der

- *TRGS 900: Grenzwerte in der Luft am Arbeitsplatz (MAK- und TRK-Werte)*
- *TRGS 903: Biologische Arbeitsplatztoleranzwerte (BAT-Werte)*

Die *Rangfolge der Schutzmaßnahmen* legt § 19 fest. Müssen Gefahrstoffe eingesetzt werden, so hat der Arbeitgeber die *Arbeitsverfahren nach dem Stand der Technik (SdT)* so einzurichten, daß soweit wie möglich

- gefährliche Gase, Dämpfe oder Schwebstoffe nicht freigesetzt werden,
- die Arbeitnehmer mit flüssigen oder festen Gefahrstoffen nicht in Hautkontakt kommen (Abs. 1).

Reichen die Maßnahmen nach Abs. 1 nicht aus, sind die gefährlichen Gase, Dämpfe oder Schwebstoffe zusätzlich an der Quelle nach dem SdT vollständig zu erfassen und einer umweltverträglichen Entsorgung zuzuführen (Abs. 2).

Reichen die Maßnahmen nach Abs. 2 nicht aus, so sind dem SdT entsprechende Lüftungsmaßnahmen einzurichten (Abs. 3).

Werden trotz der o.a. Maßnahmen die MAK- oder BAT-Werte nicht unterschritten, hat der Arbeitgeber nach Abs. 5 u.a. den Arbeitnehmern geeignete persönliche Schutzausrüstungen zu stellen, allerdings darf das Tragen von Atemschutz und Vollschutzanzügen keine ständige Maßnahme sein. Auf seine Pflicht, § 21 *(Unterrichtung und Anhörung der Arbeitnehmer in besonderen Fällen)* zu befolgen, sei hier nur hingewiesen.

Nach § 20 hat der Arbeitgeber die Aufgabe, an geeigneter Stelle innerhalb der Arbeitsstätte eine für den Arbeitnehmer in verständlicher Weise formulierte *Betriebsanweisung* auszuhängen. Die Betriebsanweisung muß

- arbeitsbereichs und stoffbezogen sein,
- auf die beim Umgang mit Gefahrstoffen verbundenen Gefahren für Mensch und Umwelt hinweisen,
- die erforderlichen Schutzmaßnahmen und Verhaltensregeln festlegen,
- Hinweise zur sachgerechten Entsorgung entstehender gefährlicher Abfälle geben und
- Angaben über das Verhalten im Gefahrfall und über Erste-Hilfe-Maßnahmen machen (Abs. 1).

Darüber hinaus sind nach Abs. 2 anhand der Betriebsanweisungen *Unterweisungen* für die mit Gefahrstoffen umzugehenden Arbeitnehmer durchzuführen. Inhalt der Unterweisungen sind Hinweise über

- auftretende Gefahren sowie Schutzmaßnahmen,
- spezielle Gefahren und Beschäftigungsbeschränkungen für Arbeitnehmerinnen bezüglich (potentieller) Schwangerschaft.

Die Unterweisungen müssen vor der Beschäftigung und danach mindestens einmal jährlich mündlich und arbeitsplatzbezogen erfolgen. Inhalt und Zeitpunkt sind schriftlich festzuhalten, von den Unterwiesenen schriftlich zu bestätigen und vom Arbeitgeber zwei Jahre lang aufzubewahren.

Konkretisiert wird der § 20 in der *TRGS 555: Betriebsanweisung und Unterweisung nach § 20 GefStoffV.*

§ 24 befaßt sich mit der *Aufbewahrung und Lagerung von Gefahrstoffen.* Nach Abs. 1 sind grundsätzlich Gefahrstoffe so aufzubewahren oder zu lagern, daß sie die menschliche Gesundheit und die Umwelt nicht gefährden; der Mißbrauch oder Fehlgebrauch ist dabei durch geeignete und zumutbare Vorkehrungen nach Möglichkeit zu verhindern. Bei der Aufbewahrung und Lagerung müssen die bei der Verwendung der Gefahrstoffe verbundenen Gefahren erkennbar sein.

Mit T^+ *(sehr giftig)* oder T *(giftig)* gekennzeichnete Stoffe und Zubereitungen sind unter Verschluß oder so aufzubewahren oder zu lagern, daß nur fachkundige Personen Zugang haben.

Konkretisiert wird § 24 in den

- *TRGS 514: Lagern sehr giftiger und giftiger Stoffe in Verpackungen und ortsbeweglichen Behältern.*
- *TRGS 515: Lagern brandfördernder Stoffe in Verpackungen und ortsbeweglichen Behältern.*

5.1.2.2 Besonders relevante Technische Regeln für Gefahrstoffe (TRGS)

Die TRGS geben den *Stand der sicherheitstechnischen, arbeitsmedizinischen, hygienischen sowie arbeitswissenschaftlichen Anforderungen* an Gefahrstoffe hinsichtlich Inverkehrbringen und Umgang wieder.

TRGS 514: Lagern sehr giftiger und giftiger Stoffe in Verpackungen und ortsbeweglichen Behältern.

Diese Richtlinie enthält *Anforderungen* an

- sicherheitstechnische Maßnahmen, wie
  - Einrichtung von Lagern,
  - Zusammenlagerung,
  - Grundanforderungen für den Brandschutz,
  - Löschwasserrückhalteanlagen.
- Betriebsvorschriften, wie
  - Allgemeines,
  - Zugangsregelung,
  - betriebliche Aufzeichnungen,
  - Sicherung des Lagergutes,
  - schriftliche Weisungen,
  - Unterweisung der Arbeitnehmer,
  - Notfallübungen,
- persönliche Schutzausrüstung,
- hygienische Maßnahmen,
- Rettungseinrichtungen und Erste Hilfe

und weist auf *Gefahren bei Bränden* hin.

TRGS 515: Lagern brandfördernder Stoffe in Verpackungen und ortsbeweglichen Behältern.

Diese Richtlinie enthält *Anforderungen* an

- sicherheitstechnische Maßnahmen, wie
  - Einrichtung von Lagern,
  - allgemeine sicherheitstechnische Maßnahmen,
  - Zusammenlagerung,
  - Löschwasserrückhalteanlagen,
- Betriebsvorschriften, wie
  - Allgemeines,
  - Zugangsregelung,
  - betriebliche Aufzeichnungen,
  - Sicherung des Lagergutes,
  - schriftliche Weisungen,
  - Unterweisung der Arbeitnehmer,
  - Notfallübungen,
- persönliche Schutzausrüstung,
- hygienische Maßnahmen,
- Rettungseinrichtungen und Erste Hilfe

und weist auf *Gefahren bei Bränden* hin.

*TRGS 611: Verwendungsbeschränkungen
für wassermischbare bzw. wassergemischte Kühlschmierstoffe,
bei deren Einsatz N-Nitrosamine auftreten können*

N-Nitrosamine im Sinne dieser TRGS sind die im Anhang II Gefahrstoff genannten *krebserzeugenden N-Nitrosamine*. Die Erfahrung hat gezeigt, daß beim Einsatz von Kühlschmierstoffen die Bildung folgender N-Nitrosamine unter bestimmten Umständen möglich ist:

- N-Nitroso-diethanolamin zu 95 %,
- N-Nitroso-morpholin zu 5 %.

Um das Risiko einer Bildung von N-Nitrosaminen weitgehendst zu minimieren, stellt die TRGS 611 *Anforderungen* an

- *wassermischbare Kühlschmierstoffe im Anlieferungszustand.* Danach dürfen sie weder Nitrosierungsagenzien oder deren Vorstufe wie Nitrite oder nitrat-abspaltende Substanzen (z.B. organische Nitroverbindungen) noch sekundäre Amine (maximal 0,2 Massen-%, bezogen auf das Kühlschmierstoff-Konzentrat) enthalten.
- *Schutz- und Überwachungsmaßnahmen beim Einsatz wassergemischter Kühlschmierstoffe,* die da sind:
  • Vergewisserung des Arbeitgebers nach § 16 Abs. 1 GefStoffV, daß der Kühlschmierstoff den Anforderungen an den Anlieferungszustand erfüllt,
  • Vermeidung des Hautkontaktes. Der Hautkontakt mit Kühlschmierstoffen ist auf das unvermeidliche Mindestmaß zu beschränke,
  • Minimierung und Überwachung des Nitratgehaltes im Ansatz- bzw. Nachfüllwasser ($[NO^{3-}] \leq 50$ mg/L). Die Konzentration ist von Zeit zu Zeit zu kontrollieren,
  • Wöchentliche Überwachung des Nitrit- und Nitratgehalts der Gebrauchsemulsion bzw. -lösung ($[NO^{2-}] \leq 20$ mg/L, $[NO^{3-}] \leq 50$ mg/L). Bei Überschreitung eines Wertes ist ein Wechsel oder Teilaustausch vorzunehmen oder ein geeigneter Inhibitor zuzusetzen. Bei einem vollständigen Austausch ist das vorhandene Umlaufsystem mit Systemreiniger zu reinigen,
  • Überwachung des N-Nitroso-diethalolamin-(NDELA)-Gehalts in dem gebrauchten wassergemischten Kühlschmierstoff. Werden die o.g. Grenzwerte für Nitrat und Nitrit eingehalten, gilt die $[NDELA] \leq 5$ ppm als gewährleistet. Erfolgt kein Teilaustausch oder Austausch oder ein Zusatz von Inhibitoren, ist die $[NDELA]$ sowohl im wassergemischten Kühlschmierstoff, als auch in der Luft zu bestimmen,
  • Fernhalten äußerer Quellen von Nitrosierungsagenzien, z.B. Stickoxide in der Luft (Verbrennungsgase, Tabakrauch),
  • Vermeidung der Einschleppung von nitrithaltigen anorganischen und organischen Korrosionsschutz-, Reinigungsmittel, Härtesalzen sowie nitrithaltigen organischen Stoffen (z.B. Lebensmittel),
  • Unterbinden der Einschleppung von sekundären Aminen, die z.B. in zugesetzten Komponenten enthalten sind,

- Vermeidung von zu hohen Temperaturen im Emulsions- bzw. Lösungssystem; eine Temperatur von $\leq$ 40 °C bei Zerspanungsoperationen ist anzustreben,
- Vermeidung von zu niedrigen pH-Werten, da diese, wie auch zu hohe Temperaturen, die Bildung von Nitrosaminen begünstigen.

5.2 Soll-Ist-Abgleich Gefahrstoffe

5.2.1 Gefährliche Güter

Ist-Zustand

Die Verantwortung für die Beförderung gefährlicher Güter, die auch die Pflichten der Tätigkeiten des Entladens, Empfangens und Auspackens beinhaltet, trägt z. Z. der technische Geschäftsführer des Unternehmens Hettich Umformtechnik. Somit unterliegt auch nur der technische Geschäftsführer den Pflichten des „Entladers" und des „Empfängers". Diese Pflichten können z. Z. aus betriebsinternen Mangel an rechtlichen Unterlagen (Anhänge A und B der Gefahrgutverordnung Straße (GGVS)) nicht abschließend definiert werden.

Mängel sind im organisatorischen Bereich festzustellen. Es ist nur unzureichend bekannt, welche der im Betrieb verwendeten Stoffe gefährliche Güter im Sinne der Gefahrgutverordnung Straße (GGVS) in Verbindung mit dem Gefahrgutgesetz sind.

Soll-Zustand

Es gilt:

- § 9 Gefahrgutgesetz (s. Kap. 5.1.1): „Verantwortung für die Beförderung".
- § 2 Abs. 1 Nr. 1 in Verbindung mit Anlage A GGVS (s. Kap. 5.1.1.1): „Gefahrklassen, Auflistung der gefährlichen Güter".
- § 9 Abs. 8, 9, 15–17 GGVS (s. Kap. 5.1.1.1): „Verantwortlichkeiten und Pflichten an der Beförderung Beteiligten".
- § 5 GvB (s. Kap. 5.1.1): „Beauftragte Personen".

Maßnahmen

- Beschaffung der fehlenden rechtlichen Unterlagen.
- Erstellung eines Katasters „Gefährliche Güter", in dem die einzelnen Stoffe unter Mengenangabe und Zuordnung in die jeweiligen Gefahrklassen aufgeführt werden, die im Unternehmen Hettich Umformtechnik entladen, empfangen oder ausgepackt werden.
- Einsetzen von „beauftragten Personen" mit schriftlich fixierter Aufgaben- und Verantwortlichkeitsbeschreibung, die die o. a. Pflichten des Unternehmers übernehmen.

5.2.2 Anforderungen der Gefahrstoffverordnung (GefStoffV)

5.2.2.1 Ermittlungspflicht

Ist-Zustand

Innerhalb des Unternehmens Hettich Umformtechnik wird von Seiten der Fachkraft für Arbeitssicherheit schwerpunktmäßig, d.h. hinsichtlich einzelner Stoffgruppen geprüft, wie z.B. die Umstellung von lösemittelhaltigen („Tri" = Tetrachlorethen: $CHCl = CCl_2$) auf alkalische Entfettungsmittel im Bereich der Pulverbeschichtung (Bauabschnitt V), ob eingesetzte Stoffe mit gefährlichen Inhaltsstoffen durch Stoffe mit geringerem gesundheitlichen Risiko und besserer Umweltverträglichkeit substituiert werden können. Priorität hat jedoch immer die erforderliche Stoffeigenschaft bezüglich des gewünschten Anwendungsbereiches.

Es sind keine gezielten Ermittlungen bezüglich möglicher betrieblicher Verfahrensänderung oder emissionsarmer Verwendungsformen von Gefahrstoffen zwecks Verhinderung/Vermeidung des Auftretens von Gefahrstoffen am Arbeitsplatz erfolgt. Ausnahmen: Geplanter Ersatz innerhalb des lfd. Jahres des z.Z. eingesetzten Kühlschmierstoffes (KSS) durch Stanzöl für den Einsatz innerhalb der „Mazoni"-Pressen im Bereich Stanzerei (Bauabschnitt I) bzw. durch Bearbeitungsöle für den Bereich Werkzeugbau (Bauabschnitt I, IV) sowie Schlosserei (Bauabschnitt 1).

Eine Dokumentation der Prüfergebnisse hinsichtlich

- Substitutionsmöglichkeiten von Gefahrstoffen durch Stoffe mit geringerem gesundheitlichen Risiko und
- mögliche betriebliche Verfahrensänderung oder emissionsarme Verwendungsformen von Gefahrstoffen zwecks Verhinderung/Vermeidung des Auftretens von Gefahrstoffen am Arbeitsplatz

findet noch nicht statt.

Ein Verzeichnis aller Gefahrstoffe ist nur im Ansatz vorhanden (Stand 12/1992 ausschließlich der Gefahrstoffe, die im Bereich Galvanik eingesetzt werden).

Nach Angaben der Fachkraft für Arbeitssicherheit, sind für alle im Unternehmen Hettich Umformtechnik eingesetzten Betriebsmittel Sicherheitsdatenblätter vorhanden.

Soll-Zustand

Es gilt:

- § 16 Abs. 1, 2, Abs. 3a in Verbindung mit der TRGS 222 („Verzeichnis der Gefahrstoffe") GefStoffV (s. Kap. 5.1.2.1): „Ermittlungspflicht".

Maßnahmen

- Der Ermittlungspflicht inklusive begleitender Dokumentation ist nachzukommen.

- Es ist ein Verzeichnis aller Gefahrstoffe zu erstellen und zu führen.
- Es sind für diejenigen Sicherheitsdatenblätter, die nicht dem Artikel 3 der Richtlinie 91/155/EWG entsprechen, „aktuelle" anzufordern.

5.2.2.2 Überwachungspflicht

Ist-Zustand

MAK/TRK-Messungen sind erfolgt

- im Bereich Pulverbeschichtung (Bauabschnitt V): Expositionsmessung am Bedienstand (Kabinenauslauf) sowie Gangseite Pulverpistolen zwecks Ermittlung und Beurteilung der Feinstaubkonzentration in der Pulverbeschichtungsanlage. Ergebnis: Eine dauerhaft sichere Einhaltung des MAK-Wertes kann angenommen werden.
- im Bereich Erodiererei (ehemals Bauabschnitt VI): Expositionsmessung an der Erodiermaschine Charmilles Typ roboform Nr. 25366200 zwecks Feststellung und Beurteilung der Schadstoffkonzentrationen (Hexan: C_6H_{14}, Heptan: C_7H_{16}, Oktan: C_8H_{18}, Benzo(a)pyren ($C_{20}H_{12}$), Mineralöl-Aerosol, Mineralöldampf + -Aerosol).
  Ergebnis: Eine dauerhaft sichere Einhaltung der MAK-Werte für Hexan, Heptan; Oktan und Benzo(a)pyren kann eingehalten werden; die vom Berufsgenossenschaftlichen Institut für Arbeitssicherheit (BIA) empfohlenen Grenzwerte für Mineralöl-Aerosol [5 mg/m³] und Mineralöldampf + -Aerosol [20 mg/m³] werden überschritten.

Desweiteren sind von der Fachkraft für Arbeitssicherheit Orientierungsmessungen mittels „Dräger-Prüfröhrchen" (unzulässiges Prüfverfahren) für folgende Arbeitsplatzbereiche durchgeführt worden:

- Galvanik (Bauabschnitt Oni[a]: Nickelverbindungen in Form atembarer Tröpfchen an der Absaugöffnung. Ergebnis: gemessene Konzentration [< 0,25 mg/m³] (unterhalb der Nachweisgrenze)], MAK-Wert [0,05 mg/m³]. Die Probennahme an der Anlage 1 am 27.6.1995 ergab eine Nickelkonzentration von [0,62 g -Ni/kg Probe].
- Schrauben- und Nietenfertigung (Bauabschnitt II, III): Öldämpfe. Ergebnis: Kein Nachweis.

Soll-Zustand

Es gilt:

- § 18 Abs. 1, 3 GefStoffV (s. Kap. 5.1.2.1): „Überwachungspflicht des Arbeitgebers".
- TRGS 402 (s. Kap. 5.1.2.1): „Ermittlung und Beurteilung der Konzentration gefährlicher Stoffe in der Luft in Arbeitsbereichen".

---

[a] Name eines ehemaligen Unternehmens, vom Unternehmen Hettich Umformtechnik 1980 übernommen.

Maßnahmen

Da meines Erachtens bei folgenden Arbeitsplatzbereichen ein Auftreten eines gefährlichen oder verschiedener gefährlicher Stoffe(s) nicht sicher auszuschließen ist, sollten Arbeitsbereichsanlalysen zur Feststellung der Einhaltung der Grenzwerte (MAK/TRK-Messungen) gemäß TRGS 402 erstellt werden für die Bereiche:

- Gefahrstofflager (Bauabschnitt Oni): Feinstaub (cyanidhaltig),
- Galvanik (Bauabschnitt Oni): Chrom-VI-Verbindungen in Form von Stäuben/Aerosolen (krebserregend, s. TRGS 910); Nickelverbindungen in Form atembarer Tröpfchen (krebserregend, s. TRGS 910).

5.2.2.3 Rangfolge der Schutzmaßnahmen beim Einsatz von Gefahrstoffen

Ist-Zustand

Einsatz von Kühlschmierstoffen (KSS)

Als KSS wird innerhalb des Unternehmens Hettich Umformtechnik ausschließlich das Kühlschmierstoffkonzentrat „Cimperial 802 NF" (*wassermischbarer Kühlschmierstoff*) eingesetzt. Laut DIN Sicherheitsdatenblatt ist „das Produkt kein gefährlicher Stoff und keine gefährliche Zubereitung nach der GefStoffV" und „zur Herstellung werden keine giftigen Stoffe nach der GefStoffV verwendet".

Es enthält weder Nitrit (NO_2^-) noch Diethanolamin ((C_2H_4OH)$_2$NH): sekundäres Amin), Stoffe, die zur Bildung von N-Nitrosaminen führen können. Trotzdem ist die Gefahr von Hauterkrankungen durch Kontakt mit KSS nicht auszuschließen.

Verwendet wird der KSS bei spanenden Arbeitsgängen, so in

- dem Bereich Schraubenwalzerei (Bauabschnitt III). Sämtliche neun Maschinen der Schraubenwalzerei sind eingekapselt (Abb. 21), daher besteht die Möglichkeit eines Hautkontaktes mit KSS beim bestimmungsmäßigen Betrieb praktisch nicht. KSS-Dämpfe werden innerhalb der jeweiligen Einhausung („geschlossenes System") erfaßt und über ein Sammelkanalsystem zwei elektrostatischen Filtern ($\eta = 99\,\%$) zugeführt („zentrale Abscheidung").
- den Bereichen Schlosserei (Bauabschnitt I) und Werkzeugbau (Bauabschnitt I, IV). Ein konstruktiver Spritzschutz ist nicht vorhanden. Um jedoch das Problem zu entschärfen, wird im Laufe des Jahres auf Bearbeitungsöle umgestellt werden (s. a. Kap. 5.2.2.1).

Auftreten von Öldämpfen

Diese treten oftmals bei der Bearbeitung von Metallen auf, wenn zur Kühlung und Schmierung Öle eingesetzt werden. Dies gilt für die Bereiche:

- Schrauben- und Nietenfertigung (Bauabschnitt II). Die Öldämpfe werden innerhalb der jeweiligen Einhausung ("geschlossenes System") erfaßt und

Abb. 21. Eingekapselte Maschinen der Schraubenwalzerei

über ein Sammelkanalsystem elektrostatischen Filtern ($\eta = 99\,\%$) zugeführt („zentrale Abscheidung") (s. Abb. 22).

– Härterei (Bauabschnitt III). Die Absaugung („halboffenes System") ist direkt hinter dem Anlaßofen der Härteanlage 3 über dem Austrageband angeordnet. Sie dient dazu, die von den zu behandelnden Teilen abgedampfte Öle zu erfassen und über einen elektrostatischen Filter abzuscheiden („dezentrale Abscheidung") (Abb. 23).

– Erodiererei (Bauabschnitt IV). Die Absaugung („offenes System") ist als Folge des Ergebnisses der MAK-Messung (vgl. Kap. 5.2.2.2) installiert worden. Erfaßte Petroliumdämpfe werden ebenfalls einem elektrostatischen Filter zugeführt (Abb. 24).

Auftreten von Aerosolen

Aerosole sind Schwebteilchen in der Luft aus feinverteilten Flüssigkeiten (Nebel), feinverteilten Feststoffen (Rauch) oder Ionen. Arbeitsbereiche mit starker Aerosolbildung ist der

– Bereich Galvanik (Bauabschnitt Oni). Absauganlagen („offenes System") sind an sämtlichen temperierten Bädern der Anlagen 1, 2, 3 vorhanden. Eine mechanische Abscheidung über Gaze ist nur bei der Anlage 3 (Abb. 25) eingesetzt. Als gefährliche Stoffe sind die Nickel-Aerosol-Dämpfe (Anlagen 1 und 3) bzw. Chrom-VI-Aerosol-Dämpfe (Anlage 2) zu nennen.

Abb. 22. Absaugung über elektrostatische Filter

Abb. 23. Absaugung über elektrostatischen Filter

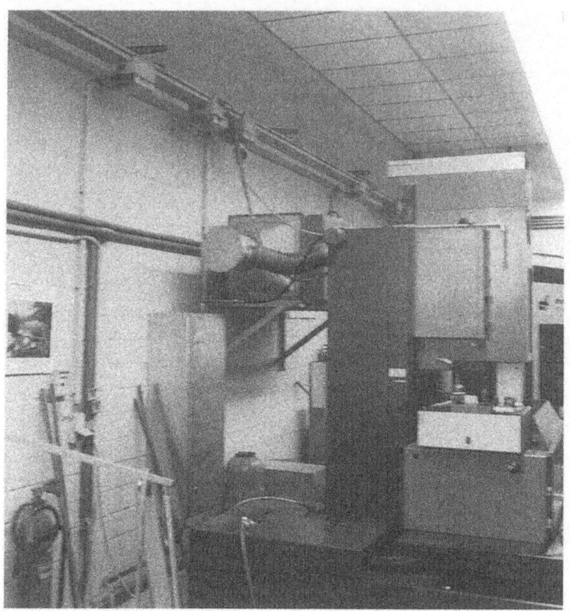

Abb. 24. Absaugung über elektrostatischen Filter

Abb. 25. Absauganlage an der Anlage 3 in der Galvanik

Auftreten von Feinstäuben

Feinstäube in Form von Pulverlacken (Epoxid/Polyester) treten im

- Bereich Pulverbeschichtung (Bauabschnitt V) auf. Die Absaugung der Pulverlacke erfolgt innerhalb der drei vorhandenen Pulverkabinen („geschlossenes System"); die Abscheidung über je acht Sinterlamellen-Plattenfilter (Pulverrückgewinnung).

Soll-Zustand

Es gilt:

- § 19 Abs. 1–3, 5 GefStoffV (s. Kap. 5.1.2.1): „Rangfolge der Schutzmaßnahmen" in Verbindung mit
- TRGS 611 (s. Kap. 5.1.2.2): „Verwendungsbeschränkung für wassermischbare bzw. wassergemischte Kühlschmierstoffe, bei deren Einsatz N-Nitrosamine auftreten können".

Maßnahmen

- Um als Arbeitgeber möglichst weit „auf der sicheren Seite" zu stehen, ist vom Hersteller des eingesetzten KSS in Erfahrung zu bringen, ob die Anforderungen der TRGS 611 an wassermischbare Kühlschmierstoffe im Anlieferungszustand erfüllt sind.
- Die Schutz- und Überwachungsmaßnahmen beim Einsatz *wassergemischter* KSS laut TRGS 611 sind auch für den Einsatz des im Betrieb eingesetzten wassermischbaren Kühlschmierstoffkonzentrats zu übernehmen.
- Überprüfung in Abhängigkeit der Ergebnisse der MAK-Messungen für Nickel- und Chrom-VI-Aerosole (vgl. Kap. 5.2.2.2), inwieweit Anforderungen an Abscheidemaßnahmen nach dem SdT (z.B. Naß-Elektro-(E)-Filter) zu stellen sind.

5.2.2.4 Betriebsanweisungen

Ist-Zustand

Im Unternehmen Hettich Umformtechnik erhält jeder Mitarbeiter, der mit Gefahrstoffen umgeht, gegen Unterschrift eine Betriebsanweisung gemäß § 20 in Verbindung mit der TRGS 555 ausgehändigt. Zusätzlich sind im Bereich der Pulverbeschichtung (Bauabschnitt V) die Betriebsanweisungen ausgehängt.

Diejenigen Meister, in deren Verantwortungsbereich mit Gefahrstoffen umgegangen wird, haben die schriftliche Anweisung, „ihre" Mitarbeiter gemäß § 20 Abs. 2 anhand der Betriebsanweisungen zu unterweisen. Stichproben ergeben:

- Bereich Schlosserei (Bauabschnitt I): Betriebsanweisungen nicht vorhanden, Unterweisungen finden dementsprechend nicht statt.
- Bereich Pulverbeschichtung (Bauabschnitt V): Betriebsanweisungen vorhanden, ausgehängt; letzter Stand durchgeführter Unterweisungen: 1993.

– Bereich Galvanik: (Bauabschnitt Oni): Es werden jährliche Unterweisungen nach den intern dokumentierten „Arbeitsschutzmaßnahmen" durchgeführt, jedoch entsprechen diese nicht den Betriebsanweisungen gemäß GefStoffV.

Soll-Zustand

Es gilt:

– § 20 Abs. 1, 2 GefStoffV in Verbindung mit TRGS 555 (s. Kap. 5.1.2.1): „Betriebsanweisung und Unterweisung".

Maßnahmen

– Es ist abzuklären, inwieweit die Anforderungen des § 20 GefStoffV dadurch erfüllt sind, daß die Betriebsanweisungen an die betreffenden Mitarbeiter verteilt sind.
– Aufgrund der Ergebnisse der Stichproben ist eine eingehende Überprüfung des Vorhandenseins der Betriebsunterweisungen und/oder des Stands der erfolgten Unterweisungen notwendig.

5.2.2.5 Aufbewahrung und Lagerung von Gefahrstoffen

Ist-Zustand

Im Unternehmen Hettich Umformtechnik existiert ein zentrales Gefahrstofflager im Bereich Galvanik (Bauabschnitt Oni) (vgl. Kap. 6.2.4.2). Der Lagerbestand, gegliedert nach Stoffbezeichnung, Kennummer und Masse, wird über EDV verwaltet.

Eine Grobunterteilung des Lagerbestandes erfolgt in Tabelle 3.

Aufgrund der eingelagerten Mengen an giftigen/sehr giftigen Stoffen fällt das Gefahrstofflager unter die Anforderungen der TRGS 514; dies gilt auch für die miteingelagerten anderen Stoffe, die diese Eigenschaften nicht haben.

Der Ist-Zustand entspricht grundsätzlich nicht den Anforderungen der TRGS 514.

Soll-Zustand

Es gilt:

– § 24 GefStoffV (s. Kap. 5.1.2.1): „Aufbewahrung und Lagerung von Gefahrstoffen" in Verbindung mit

Tabelle 3. Lagerbestand Gefahrstofflager

Gefährdung Wassergefährdend, WGK: 0–3	Max. eingelagerte Menge (kg) 12034 = Gesamtlagermenge
davon fest	8050
davon flüssig	3984
davon sehr giftig, T+ (Cyanidverbindungen)	1550
davon giftig, T (Chrom-VI- bzw. Chrom-III-Verbindungen)	434

– TRGS 514 (s. Kap. 5.1.2.2): „Lagern sehr giftiger und giftiger Stoffe in Verpackungen und ortsbeweglichen Behältern".
– wasserrechtliche Anforderungen (vgl. Kap. 6.2.4.2).

Maßnahme

Innerhalb der geplanten Neukonzeption des Gefahrstofflagers muß (und ist bereits) die TRGS 514 zugrunde gelegt werden (worden).

6 Wasser/Abwasser

6.1 Wesentliche wasserrechtliche Grundlagen [9]

6.1.1 Gesetz zur Ordnung des Wasserhaushalts (Wasserhaushaltsgesetz – WHG)

§ 1a beschreibt die *Grundsätze beim Umgang mit Gewässern* (oberirdische Gewässer, Küstengewässer, Grundwasser). Nach Abs. 2 ist demnach *jedermann verpflichtet*, bei Maßnahmen, mit denen Einwirkungen auf ein Gewässer verbunden sein können, die nach dem Umständen erforderliche Sorgfalt anzuwenden, um

– eine Verunreinigung des Wassers oder eine sonstige nachteilige Veränderung seiner Eigenschaften zu verhindern und
– eine mit Rücksicht auf den Wasserhaushalt gebotene sparsame Verwendung des Wassers zu erzielen.

§ 7a stellt Anforderungen an das Einleiten von Abwasser.

Nach der DIN 4045 *ist Abwasser das nach häuslichem oder gewerblichen - Gebrauch veränderte, insbesondere verunreinigte, abfließende und das von Niederschlägen stammende und in die Kanalisation gelangende Wasser.*

Da das Unternehmen Hettich Umformtechnik *Indirekteinleiter* ist, d.h. u.a. *Abwasser mit gefährlichen Inhaltsstoffen* über die kommunale Kläranlage in ein Gewässer einleitet, bedeutet dies, daß § 7a nur hinsichtlich der Anforderungen an *gefährlichen Stoffen* im Abwasser zur Anwendung kommt: Enthält *Abwasser bestimmter Herkunft gefährliche Stoffe oder Stoffgruppen*, müssen die Anforderungen nach den allgemeinen Verwaltungsvorschriften dem *Stand der Technik (SdT)* entsprechen. Dieser beschreibt den Entwicklungsstand fortschrittlicher Verfahren, Einrichtungen oder Betriebsweisen, der die praktische Eignung von Maßnahmen zur bestmöglichen Begrenzung von Emissionen zum Schutz der Gewässer gesichert erscheinen läßt.

Gefährliche Stoffe im Sinne des WHG haben die Eigenschaften der

– Giftigkeit,
– Langlebigkeit,
– Anreicherungsfähigkeit oder
– krebserzeugenden, fruchtschädigen oder erbgutverändernden Wirkung.

Die §§ 19 g–1 beschreiben den *Umgang mit wassergefährdenden Stoffen*. Wassergefährdende Stoffe sind feste, flüssige und gasförmige Stoffe, insbesondere

- Säuren, Laugen,
- Alkalimetalle, Siliciumlegierungen mit [Si] $\geq 30\,\%$, metallorganische Verbindungen, Halogene, Säurehalogenide, Metallcarbonyle und Beizsalze,
- Mineral- und Teeröle sowie deren Produkte,
- flüssige sowie wasserlösliche Kohlenwasserstoffe, Alkohole, Aldehyde, Ketone, Ester, halogen-, stickstoff- und schwefelhaltige organische Verbindungen,
- Gifte,

die geeignet sind, Wasser in seinen physikalischen, chemischen oder biologischen Eigenschaften nachteilig zu verändern.

Die *Anforderungen an Anlagen* erläutert der § 19 g. Nach Abs. 1 müssen Anlagen zum Lagern, Abfüllen, Herstellen, Behandeln und Verwenden wassergefährdender Stoffe und Rohrleitungen innerhalb eines Werkbereiches so beschaffen sein und so eingebaut, aufgestellt und betrieben werden, daß eine Verunreinigung eines Gewässers oder dessen nachteilige Veränderung nicht zu befürchten ist. Die in Abs. 1 beschriebenen Anlagen unterliegen den *Mindestanforderungen* nach den *allgemein anerkannten Regeln der Technik (aaRdT)*. Darunter sind *Mindestanforderungen* zu verstehen, die in der praktischen Anwendung in einer Vielzahl von Fällen erprobt sind und von der Mehrheit der auf dem Fachgebiet tätigen Personen als richtig angesehen sind.

§ 19 h regelt die *Eignungsfeststellung und Bauartzulassung der Anlagen* gemäß § 19 g Abs. 1, deren Einzelteile und technische Schutzvorkehrungen einer wasserrechtlichen Eignungsfeststellung (Einzelfallfertigung) oder Bauartzulassung (Serienfertigung) unterzogen werden müssen.

Die *besonderen Pflichten des Betreibers* werden in § 19 k behandelt. Soll eine Anlage zum Lagern wassergefährdender Stoffe befüllt oder entleert werden, hat sich der Betreiber vor dem eigentlichen Vorgang vom ordnungsgemäßen Zustand der dazu erforderlichen Sicherheitseinrichtungen zu überzeugen; den Vorgang selbst hat er zu überwachen.

Aufgrund des § 19 l in Verbindung mit dem § 19 i sind Anlagen nur von *Fachbetrieben* einzubauen, aufzustellen, instandzuhalten, instandzusetzen und zu reinigen, wenn der Betreiber selbst nicht über die notwendige Sachkunde oder über sachkundiges Personal verfügt.

6.1.1.1 Verordnungen zum Wasserhaushaltsgesetz (WHG)

Verordnung über Anlagen zur Lagerung, Abfüllung und Beförderung brennbarer Flüssigkeiten zu Lande
(Verordnung über brennbare Flüssigkeiten – VbF)

Begriff und Einteilung der brennbaren Flüssigkeiten erfolgen im § 3. Brennbare Flüssigkeiten im Sinne dieser Verordnung sind Stoffe, die bei 35 °C weder fest noch salbenförmig sind, bei 50 °C einen Dampfdruck $\leq$ 3 bar haben und zu einer der nachstehenden Gefahrklassen gehören:

– Gefahrklasse A:
  Flüssigkeiten, deren Flammpunkt $\leq$ 100 °C ist und hinsichtlich der Wasser-löslichkeit nicht die Eigenschaften der Gefahrklasse B aufweisen, wie
  - Gefahrklasse A I: Flammpunkt $<$ 21 °C
  - Gefahrklasse A II: Flammpunkt $\geq$ 21 °C $\leq$ 55 °C
  - Gefahrklasse A III: Flammpunkt $>$ 55 °C $\leq$ 100 °C

– Gefahrklasse B:
  Flüssigkeiten mit einem Flammpunkt $<$ 21 °C, die oder deren flüssige Bestand-teile sich bei 15 °C in Wasser lösen.

Brennbare Flüssigkeiten der Gefahrklasse A III, die auf ihren Flammpunkt oder darüber erwärmt sind, stehen den denjenigen der Gefahrklasse A I gleich.

§ 4 beschreibt u. a. die *allgemeinen Anforderungen an Anlagen im Sinne dieser Verordnung*. Demnach müssen Anlagen bei Flüssigkeiten

– *der Gefahrklasse A I, A II oder B den Vorschriften des Ersten und Dritten Teils des Anhangs II,*
– *der Gefahrklasse A III den Vorschriften des Zweiten und Dritten Teils des Anhangs II,*
– *der Gefahrklasse A III, die auf ihren Flammpunkt oder darüber erwärmt sind, den Vorschriften des Ersten und Dritten Teils des Anhangs II*

entsprechen; auf die Anhänge kann hier jedoch aufgrund der Vielzahl an Anfor-derungen nicht explizit eingegangen werden. Auf zusätzlich einzuhaltende Vor-schriften nach *Rechtsverordnung gemäß Gerätesicherheitsgesetz* sei hier nur hingewiesen.

Auskunft über *anzeigebedürftige Anlagen* im Sinne dieser Verordnung gibt § 8. Nach Abs. 1 sind Anlagen zur Lagerung brennbarer Flüssigkeiten anzeige-bedürftig, wenn u. a. die brennbaren Flüssigkeiten der Gefahrklassen A I, A II oder B an den nachstehend in der Tabelle 4 (für das Unternehmen Hettich Um-formtechnik relevant) angegebenen Orten in den jeweiligen Mengen gelagert werden (Anlagen zur ausschließlichen Lagerung von Flüssigkeiten der Gefahr-klasse A III sind ausgenommen):

Tabelle 4. Anzeigebedürftige Anlagen

Ort der Lagerung	Art der Behälter	Lagermenge in Litern	
		A I über … bis …	A II oder B über … bis …
Lagerräume über und unter Erdgleiche	Zerbrechliche Gefäße	60– 200	200–1000
	Sonstige Gefäße	450–1000	3000–5000
Lager für oberirdische Behälter im Freien	Zerbrechliche Gefäße	–	25– 100
	Sonstige Gefäße	450–1000	3000–5000

Tabelle 5. Erlaubnisbedürftige Anlagen

Ort der Lagerung	Art der Behälter	Lagermenge in Litern	
		A I	A II oder B
Lagerräume über und	Zerbrechliche Gefäße	> 200	> 1000
unter Erdgleiche	Sonstige Gefäße	> 1000	> 5000
Lager für oberirdische	Zerbrechliche Gefäße	–	> 100
Behälter im Freien	Sonstige Gefäße	> 1000	> 5000

Nach Abs. 4 hat der Anlagenbetreiber die anzeigebedürftige Anlage vor Inbetriebnahme unter Beifügung der erforderlichen Unterlagen der zuständigen Behörde anzuzeigen.

Auskunft über *erlaubnisbedürftige Anlagen* im Sinne dieser Verordnung gibt § 9. Nach Abs. 1 sind Anlagen zur Lagerung brennbarer Flüssigkeiten erlaubnisbedürftig, wenn sich u.a. die brennbaren Flüssigkeiten der Gefahrklassen A I, A II oder B an den nachstehend in der Tabelle 5 (für das Unternehmen Hettich Umformtechnik relevant) angegebenen Orten befinden und die jeweiligen Mengen überschritten werden (Anlagen zur ausschließlichen Lagerung von Flüssigkeiten der Gefahrklasse A III sind ausgenommen):

Nach Abs. 3 bedarf die *Errichtung und der Betrieb einer Anlage nach Abs. 1 der Erlaubnis der zuständigen Behörde. Wesentliche Änderungen* (d.h. Beeinträchtigung der Sicherheit) der Beschaffenheit oder des Betriebes einer erlaubnispflichtigen Anlage *bedürfen aufgrund* § 10 *ebenfalls einer Erlaubnis.*

Orte unzulässiger Lagerung werden in § 11 aufgeführt. Für das Unternehmen Hettich Umformtechnik bedeutet dies, daß brennbare Flüssigkeiten nicht in

- Durchgängen und Durchfahrten,
- Treppenräumen,
- in allgemein zugänglichen Fluren und
- in Arbeitsräumen

gelagert werden dürfen.

Bauartzulassungsbedürftig im Sinne dieser Verordnung sind nach § 12 Abs. 1 u.a. die nachstehend genannten Einrichtungen als technische Schutzeinrichtungen:

- Flammendurchschlagssicherungen, flammendurchschlagssichere Anlagenteile,
- Überfüllsicherungen und selbsttätig schließende Zapfventile,
- Leckanzeigegeräte,
- Tanks, deren tragende Wandungen nicht ausschließlich aus Metall bestehen, mit zugehörigen Füllsystemen,
- Rohre und Formstücke, deren Wandungen nicht ausschließlich aus Metall bestehen,
- nichtmetallische Innenbeschichtungen und -auskleidungen von Tanks sowie Art und Weise der Anbringung,

– ortsbewegliche Gefäße (z. B. Fässer, Kanister) für brennbare Flüssigkeiten der Gefahrenklassen A I, A II und B mit einem Volumen ≥ 1 L, deren tragende Wandung nicht ausschließlich aus Metall bestehen.

Der Anlagenbetreiber darf die in Abs. 1 aufgeführten Einrichtungen nur verwenden, wenn diese von der zuständigen Behörde der Bauart nach zugelassen sind (Abs. 2).

Prüfungen durch Sachverständige sind nach § 13 Abs. 1 für folgende Anlagen des Unternehmens Hettich Umformtechnik obligatorisch:

– Erlaubnisbedürftige Anlagen, ausgenommen erlaubnisbedürftige Lager für ortsbewegliche Behälter,
– erlaubnisbedürftige Lager für ortsbewegliche Behälter,
– anzeigebedürftige Lager für oberirdische Behälter im Freien.

Die in Abs. 1 bezeichneten Anlagen müssen geprüft werden,

– bevor sie *in Betrieb* genommen werden,
– bevor sie nach einer *wesentlichen Änderung* wieder in Betrieb genommen werden oder
– bevor sie nach einer *Außerbetriebnahme* von länger als einem Jahr wieder in Betrieb genommen werden.

Die in Abs. 1 im ersten Punkt bezeichneten Anlagen müssen darüber hinaus gemäß den *Prüffristen* nach § 15 *wiederkehrend* geprüft werden (Abs. 2).

Die *Anforderungen an den Betrieb der Anlagen* im Sinne dieser Verordnung sind im § 21 festgelegt. Nach Abs. 1 hat der Anlagenbetreiber die Anlagen

– im ordnungsgemäßen Zustand zu erhalten,
– ordnungsgemäß zu betreiben,
– wenn die Notwendigkeit besteht, unverzüglich instandzuhalten und instandzusetzen,

immer unter der Beachtung der den Umständen nach zu treffenden notwendigen Sicherheitsmaßnahmen.

6.1.1.2 Verwaltungsvorschriften (VwV) zum Wasserhaushaltsgesetz (WHG)

VwV wassergefährdender Stoffe (VwVwS)

In den *Anhängen dieser Verwaltungsvorschrift sind die bisher eingestuften wassergefährdenden Stoffe bzw. Stoffgruppen* aufgeführt. Die Einstufung erfolgt entsprechend ihrer Gefährlichkeit in folgende *Wassergefährdungsklassen:*

– WGK 3: stark wassergefährdend,
– WGK 2: wassergefährdend,
– WGK 1: schwach wassergefährdend,
– WGK 0: im allgemeinen nicht wassergefährdend (abhängig von Stoffmenge, örtliche Gegebenheiten.

Allgemeine Rahmenverwaltungsvorschrift über Mindestanforderungen an das Einleiten von Abwasser in Gewässer – Rahmen-AbwasserVwV – in Verbindung mit Anhang 40: Metallbearbeitung, Metallverarbeitung

Grundlegende Anforderung der Rahmen-AbwasserVwV ist das Verdünnungs- oder Vermischungsverbot von Abwässern mit dem Ziel, die im Anhang 40 aufgelisteten Einleiter-Grenzwerte zu erreichen.

Die *Anforderungen des Anhang 40 an Abwässer* (ausgenommen: Abwasser aus Kühlsystemen und der Betriebswasseraufbereitung, Niederschlagswasser) gliedern sich auf in

- *allgemeine Anforderungen nach dem Stand der Technik (SdT).* Danach darf Abwasser nur eingeleitet werden, wenn seine Schadstofffracht durch folgende Maßnahmen gering gehalten wird:
  - Behandlung von Prozeßbädern mittels geeigneter Verfahren wie Membranfiltration, Ionenaustauscher, Elektrolyse, thermische Verfahren, um eine möglichst lange Standzeit der Prozeßbäder zu erreichen,
  - Rückhalten von Badinhaltsstoffen durch geeignete Verfahren wie verschleppungsarmer Warentransport, Spritzschutz, optimierte Badzusammensetzung,
  - Mehrfachnutzung von Spülwasser mittels geeigneter Verfahren wie Kaskadenspülung, Kreislaufspültechnik mit Hilfe von Ionenaustauschern,
  - Rückgewinnen oder Rückführen von dafür geeigneten Badinhaltsstoffen aus Spülbädern in die Prozeßbäder,
  - Rückgewinnen von EDTA (Ethylendiamintetraessigsäure und ihre Salze) aus Chemisch-Kupferbädern und deren Spülbädern; Abwasser aus Entfettungs-, Entmetallisierungs- und Nickelbädern darf kein DTA enthalten,
- *Anforderungen an Teilströmen nach dem SdT.* Hinsichtlich
  - LHKW (leichtflüchtige Halogenkohlenwasserstoffe) darf das Abwasser nur diejenigen halogenierten Lösemittel enthalten, die gemäß 2. BImSchV eingesetzt werden dürfen. Anforderung gilt als eingehalten, wenn ein Nachweis über eingesetzte, zulässige Lösemittel erbracht wird,
  - Cadmium darf das Abwasser aus cadmiumhaltigen Bädern einschließlich Spülen eine Konzentration von [Cd] $\leq$ 0,2 mg/L nicht überschreiten,
- *Anforderungen an das Abwasser aus mehreren für das Unternehmen Hettich Umformtechnik relevanten Herkunftsbereichen (s. Tabelle 6):*
  Für Abwasser, dessen Schmutzfracht im wesentlichen aus zwei oder mehreren Herkunftsbereichen stammt, sind entsprechende Anforderungen abzuleiten.
  Wird Abwasser aus zwei oder mehr Herkunftsbereichen gemeinsam behandelt, muß die gleiche Verminderung der Gesamtfracht bezogen auf den jeweiligen Parameter wie bei einer getrennten Behandlung erreicht werden.
- Die *Anforderungen als produktionsspezifische Frachtwerte für Cadmium* des Herkunftsbereichs Galvanik gelten als eingehalten, wenn die
  - allgemeinen Anforderungen nach SdT (s. o.) eingehalten werden,
  - Anforderungen an Teilströmen bezüglich Cadmium nach SdT (s. o.) und

Tabelle 6. Anforderungen nach dem Stand der Technik

Herkunftsbereich:		Galvanik	Härterei	Mechanische Werkstätte	Lackiererei
Parameter:					
AOX	mg/L	1	1	1	1
Arsen	mg/L	0,1	–	–	–
Barium	mg/L	–	2	–	–
Blei	mg/L	0,5	–	0,5	0,5
Cadmium	mg/L	0,2	–	0,1	0,2
	kg/Mg	0,3			
freies Chlor	mg/L	0,5	0,5	0,5	–
Chrom	mg/L	0,5	–	0,5	0,5
Chrom VI	mg/L	0,1	–	0,1	0,1
LHKW	mg/L	0,1	0,1	0,1	0,1
Cyanid, leicht frei setzbar	mg/L	0,2	1	0,2	–
Kupfer	mg/L	0,5	–	0,5	0,5
Nickel	mg/L	0,5	–	0,5	0,5
Silber	mg/L	0,1	–	–	–
Sulfid	mg/L	1	–	–	–
Zinn	mg/L	2	–	–	–
Zink	mg/L	2	–	2	2

- Anforderungen an den Konzentrationswert für Cadmium (s. Tabelle 6: Anforderungen nach dem Stand der Technik)

erfüllt werden.

- die *Anforderungen an AOX* der Herkunftsbereiche Galvanik und Mechanische Werkstätte gilt auch als eingehalten, wenn
  - die in der Produktion eingesetzten Hydrauliköle, Befettungsmittel und Wasserverdränger keine organischen Halogenverbindungen enthalten,
  - die in der Produktion und in der Abwasserbehandlung eingesetzte Salzsäure DIN 19 610 (Ausgabe Nov. 1975) entspricht,
  - der Gehalt an Halogenverbindungen der bei der Abwasserbehandlung eingesetzten Aluminium- und Eisensalze ≤ 100 mg/kg Salz beträgt,
- nach Prüfung der Möglichkeit im Einzelfall
  - cyanidische Bäder durch cyanidfreie ersetzt sind oder
  - Cyanide ohne Einsatz von Natriumhypochlorit (NaClO) entgiftet werden,
  - nur Kühlschmierstoffe ohne organische Halogenverbindungen eingesetzt werden.
  - Nachweisführung: Betriebstagebuch und Herstellerangaben.

6.1.2 Berliner Wassergesetz

Für das Unternehmen Hettich Umformtechnik sind die §§ 23, 23a relevant. Wer im Sinne der §§ 19 g–19 l WHG mit wassergefährdenden Stoffen umgehen will, hat es der Berliner Wasserbehörde zwei Monate vorher anzuzeigen *(Anzeigepflicht nach § 23)*.

Ist bei einem Austreten wassergefährdender Stoffe in nicht unerheblicher Menge eine Verunreinigung oder Gefährdung eines Gewässers nicht auszuschließen, so ist laut § 23a Abs. 2 unverzüglich Polizei, Feuerwehr oder die Wasserbehörde zu benachrichtigen. Diese *Meldepflicht* besteht nicht nur für die Personen nach Abs. 1 (z.B. den Unternehmer), sondern auch für den Verursacher des Vorfalls.

6.1.2.1 Verordnung zum BWG

Verordnung über Anlagen zum Umgang mit wassergefährdenden Stoffen und über Fachbetrieben (VAwS) aufgrund § 23 Abs. 5 BWG

Die *Grundsatzanforderungen* an Anlagen zum Umgang mit wassergefährdenden Stoffen werden in § 3 festgelegt. Nach Abs. 2 müssen Anlagen so beschaffen sein und betrieben werden, daß

- wassergefährdende Stoffe nicht austreten können. Die Anlagen müssen dicht, standsicher und gegen die zu erwartenden mechanischen, thermischen und chemischen Einflüsse hinreichend widerstandsfähig sein, einwandige unterirdische Anlagen sind unzulässig,
- Undichtigkeiten aller Anlagenteile, die mit wassergefährdenden Stoffen in Berührung stehen, schnell und zuverlässig erkennbar sind,
- austretende wassergefährdende Stoffe schnell und zuverlässig erkannt und zurückgehalten werden; im Regelfall müssen die Anlagen mit einem dichten und beständigen Auffangraum ausgerüstet werden, sofern sie nicht doppelwandig und mit einem Leckanzeigegerät versehen sind; Auffangräume dürfen grundsätzlich keine Abläufe haben,
- im Schadensfall anfallende Stoffe, die mit ausgetretenen wassergefährdenden Stoffen verunreinigt sein können zurückgehalten und ordnungsgemäß entsorgt werden können,
- bei Faß- und Gebindelagern für flüssige wassergefährdende Stoffe ergibt sich das erforderliche Rückhaltevermögen für austretende wassergefährdende Flüssigkeiten nach Tabelle 7:

Darüber hinaus hat der Betreiber eine *Betriebsanweisung mit Überwachungs-, Instandhaltungs- und Alarmplan* aufzustellen und einzuhalten (Abs. 3).

Tabelle 7. Erforderliches Rückhaltvermögen in Abhängigkeit von der Gesamtlagermenge

Gesamtlagermenge in m³	Rauminhalt des Rückhaltevermögens
≤ 100	10% vom Gesamtvolumen, wenigstens den Rauminhalt des größten Gefäßes
> 100 ≤ 1000	3% vom Gesamtvolumen, wenigstens jedoch 10 m³
> 1000	2% vom Gesamtvolumen, wenigstens jedoch 30 m³

In § 4 werden die *Anforderungen an bestimmte Anlagen* definiert. Bestimmte Anlagen sind: *oberirdische Anlagen zum Lagern* (Lageranlagen zum Lagern wassergefährdender Stoffe in Transportbehältern und Verpackungen, Faß- und Gebindelager), *Abfüllen und Umschlagen* (Abfüll- und Umschlagsanlagen) und *Anlagen zum Herstellen, Behandeln und Verwenden wassergefährdender flüssiger Stoffe* (sog. HBV- Anlagen, Ausnahme: Anlagen zur Oberflächenbehandlung mit wassergefährdenden Stoffen) im Bereich der gewerblichen Wirtschaft und im Bereich öffentlicher Einrichtungen.

Die *einzelnen Anforderungen sind im Anhang zu § 4* aufgelistet und gliedern sich in Anforderungen an

- den Rauminhalt des Rückhaltevermögens (Faß- und Gebindelager) abhängig vom Gesamtrauminhalt,
- (bei den übrigen Anlagen) die Befestigung und Abdichtung von Bodenflächen,
- das Rückhaltevermögen für austretende wassergefährdende Flüssigkeiten,
- die infrastrukturellen Maßnahmen organisatorischer oder technischer Art, jeweils abhängig von den Wassergefährdungsklassen 0 bis 3.

Die *Anforderungen an Anlagen zum Umgang mit wassergefährdenden Stoffen* hinsichtlich ihrer Anordnung, ihres Aufbaus, ihrer Schutzvorkehrungen und ihrer Überwachung erfolgen nach ihrem *Gefährdungspotential* (§ 6). Das Volumen der Anlage und die Gefährlichkeit (Parameter zur Abschätzung des Gefährdungspotentials) werden durch die in folgender Tabelle 8 dargestellten Gefährdungsstufen berücksichtigt.

Die *Allgemeinen Betriebs- und Verhaltensvorschriften bei Schadensfällen und Betriebsstörungen* ergeben sich aus § 8. Demnach muß die Anlage unverzüglich außer Betrieb genommen werden, wenn nicht auf andere Weise eine Gefährdung oder Schädigung eines Gewässers nicht verhindert oder unterbunden werden kann, ggf. ist sie zu entleeren.

Auskunft über *erforderliche Kennzeichnungspflichten und Merkblätter* gibt § 9. Alle Anlagen sind mit deutlich lesbaren, dauerhaften Kennzeichnungen zu versehen, aus denen sich ergibt, mit welchen Stoffen und unter welchen

Tabelle 8. Gefährdungsstufen in Abhängigkeit von Volumen der Anlage und WGK

Volumen in m³ bzw. Masse in Mg	WGK 0	WGK 1	WGK 2	WGK 3
≤ 0,1	Stufe A	Stufe A	Stufe A	Stufe A
> 0,1 ≤ 1,0	Stufe A	Stufe A	Stufe A	Stufe D
> 1 ≤ 10	Stufe A	Stufe A	Stufe B	Stufe D
> 10 ≤ 100	Stufe A	Stufe A	Stufe C	Stufe D
> 100 ≤ 1000	Stufe A	Stufe B	Stufe D	Stufe D
> 1000	Stufe A	Stufe C	Stufe D	Stufe D

Bei gasförmigen Stoffen: Umrechnung von m³ in Mg,
bei Stoffen, deren Gefährdungsklasse nicht bekannt ist: Ermittlung nach WGK 3.

Betriebsdrucken in den Anlagen umgegangen werden darf (Abs. 1). Zudem haben Betreiber von Anlagen die amtlich bekanntgemachten Merkblätter „Betriebs- und Verhaltensvorschriften beim Umgang mit wassergefährdenden Stoffen" an gut sichtbarer Stelle in der Nähe der Anlage dauerhaft anzubringen und eine Unterweisung über deren Inhalt gegenüber dem Bedienungspersonal zu führen (Abs. 2).

In § 11 der Verordnung sind die *Voraussetzung für das Führen eines Anlagenkatasters* aufgeführt. Nach Abs. 1 hat der Anlagenbetreiber immer für die Anlagen ein Anlagenkataster zu erstellen, die in der *Gefährdungsklasse D* gemäß § 6 eingestuft sind. Das Anlagenkataster muß mindestens folgende Angaben haben (Abs. 2):

- eine Beschreibung der Anlage, ihrer wesentlichen Merkmale sowie der wassergefährdenden Stoffe nach Art und Volumen, die beim bestimmungsgemäßen Betrieb in der Anlage vorhanden sein können,
- eine Beschreibung der für den Gewässerschutz bedeutsamen Gefahrenquellen in der Anlage und der Vorkehrungen und Maßnahmen zur Vermeidung von Gewässerschäden bei Betriebsstörungen der Anlage.

Das Anlagenkataster ist fortzuschreiben, ständig gesichert aufzubewahren und ggf. auf Verlangen der Behörde dieser vorzulegen (Abs. 3, 4).

Anlagen einfacher oder herkömmlicher Art werden in den §§ 13 und 14 als Konkretisierung von § 19 h WHG beschrieben. Nach § 13 sind *Anlagen zum Lagern, Abfüllen und Umschlagen flüssiger Stoffe dann einfach oder herkömmlich,* wenn sie entweder der *Gefährdungsstufe A* gemäß § 6 entsprechen (Abs. 1) oder
hinsichtlich ihres technischen Aufbaus, wenn

- die Lagerbehälter doppelwandig sind oder als oberirdische einwandige Behälter in einem Auffangraum stehen und
- Undichtigkeiten der Behälterwände durch ein Leckanzeigegerät selbsttätig angezeigt werden, ausgenommen bei oberirdischen Behältern im Auffangraum und
- Auffangräume für oberirdische einwandige Behälter so bemessen sind, daß entweder das Volumen eines Behälters oder bei mehreren oberirdischen Behältern das Volumen des größten Behälters, mindestens jedoch 10 % des Gesamtvolumens der Anlage zurückgehalten werden kann; kommunizierende Behälter gelten als ein Behälter,

hinsichtlich ihrer Einzelteile, wenn

- diese technischen Vorschriften oder Baubestimmungen entsprechen, die für die Beurteilung „einfach oder herkömmlich" eingeführt sind.

Anlagen zum Lagern fester Stoffe sind gemäß § 14 einfach oder herkömmlich, wenn

- die Anlagen gegen die gelagerten Stoffe unter allen Betriebs- und Witterungsbedingungen eine beständige und undurchlässige Bodenfläche haben und

– die Stoffe in dauernd dicht verschlossenen, gegenüber Beschädigung geschützten und gegenüber Witterungseinflüsse und dem Lagergut beständigen Behältern bzw. Verpackungen oder
– die Stoffe in geschlossenen Lagerräumen gelagert werden. Geschlossenen Lagerräumen sind überdachte Lagerräume gleichzusetzen, wenn ein Austreten des Lagergutes aufgrund von Witterungseinflüssen durch Überdachung und seitlichen Abschluß verhindert wird.

Anlagen sind nicht einfach oder herkömmlich, wenn sie eine Eignungsfeststellung oder Bauartzulassung bedürfen.

Die Vorschriften für den *Befüllvorgang* sind im § 20 ersichtlich. Nach Abs. 1 dürfen Behälter > 1000 L in Anlagen zum Lagern und Abfüllen wassergefährdender Stoffe nur mit festen Leitungsanschlüssen und nur unter Verwendung einer Überfallsicherung (selbsttätige Unterbrechung oder akustisches Warnsignal) befüllt werden. Behälter in Anlagen zum Lagern von u. a. Heizöl Extra Leicht (EL) dürfen aus Straßentankwagen und Aufsetztanks nur unter Verwendung einer selbsttätig schließenden Abfüllsicherung befüllt werden (Abs. 2). Grundsätzlich sind abtropfende Flüssigkeiten aufzufangen.

Die *Überprüfung von Anlagen* wird in § 23 in Verbindung mit § 22 (Sachverständige) als Konkretisierung des § 19 i WHG geregelt.

Demnach sind bezogen auf das Unternehmen Hettich Umformtechnik grundsätzlich

– Anlagen der Gefährdungsklassen C–D gemäß § 6,
– Anlagen, für welche Prüfungen in einer Eignungsfeststellung oder Bauartzulassung vorgeschrieben sind

von *Sachverständigen* überprüfen zu lassen.

§ 28 regelt die *Gültigkeit dieser Verordnung für bestehende Anlagen*. Danach müssen die Anforderungen nach den §§ 3 (speziell: Faß und Gebindelager), 9, 11, 20 innerhalb von 2 Jahren nach Inkrafttreten dieser Verordnung (am 07. 03. 1995 inkraftgetreten) erfüllt werden (Abs. 1). Der Betreiber hat bestehende Anlagen, die aufgrund des § 23 erstmalig einer Prüfung bedürfen, spätestens bis zum 31. 12. 1998 überprüfen zu lassen.

Verordnungen über die Genehmigungspflicht für das Einleiten gefährlicher Stoffgruppen in öffentliche Abwasseranlagen und ihre Überwachung (VGS)

Nach § 1 dieser Verordnung darf Abwasser mit gefährlichen Stoffen im Sinne § 7 a WHG aus den in Anhang 1 genannten *Herkunftsbereichen* (hier: Metallbearbeitung und -verarbeitung) nur mit *Genehmigung der Wasserbehörde* in die öffentliche Kanalisation geleitet werden. In der Genehmigung sind dem SdT entsprechende Anforderungen an die Indirekteinleitung festzulegen (Abs. 4).

Zudem besteht nach § 2 die *Pflicht zur Abwasseruntersuchung*, d. h. monatlich sind Abwasserproben zu ziehen und diese sind nach den Allgemeinen Verwaltungsvorschriften auf die betreffenden Stoffe untersuchen zu lassen. Die

Untersuchungsergebnisse sind innerhalb von vier Wochen nach Probenahme der Wasserbehörde in dreifacher Ausführung zukommen zu lassen.

6.1.2.2 Abwassersatzung zum BWG

Allgemeine Bedingungen für die Entwässerung für Berlin (ABE)

§ 4 bestimmt *zustimmungspflichtige und verbotene Einleitungen.* So bedarf es nach Abs. 1 b der Zustimmung der Berliner Wasser Betriebe (BWB); wenn nicht häusliches Schmutzwasser in die öffentlichen Entwässerungsanlagen eingeleitet wird. Nach Abs. 2 dürfen u. a. solche Abwässer nicht eingeleitet werden,

- die in der Anlage zur ABE aufgeführten Konzentrationswerte überschreiten, sofern nicht zuvor eine Ausnahme erteilt worden ist,
- die flüssige und feste Stoffe enthalten, die die Entwässerungsanlagen verstopfen oder deren Reinigung erschweren können,
- die feuergefährliche, explosive, giftige oder radioaktive Stoffe beinhalten,
- deren Temperatur > 35 °C beträgt, in die Schmutzkanäle,
- deren Temperatur > 30 °C beträgt, in die Regenwasserkanäle,
- deren pH-Wert nicht zwischen 6,5 und 10 liegt,
- die die Beschaffenheit der Gewässer beeinträchtigen.

Mitteilungs-, Auskunfts- und Vorsorgepflichten legt § 6 fest. Nach Abs. 1 hat der Grundstückseigentümer bzw. sein Bevollmächtigter den BWB unverzüglich mitzuteilen, wenn

- gefährliche oder schädliche Stoffe nach § 4 Abs. 2 unbeabsichtigt in die öffentlichen Entwässerungsanlagen gelangen oder zu gelangen drohen; unabhängig von dieser Meldepflicht hat er unverzüglich geeignete Maßnahmen zu ergreifen, um die drohende Gefährdung abzuwenden (§ 23 a des BWG),
- sich Art und Menge desjenigen Wassers ändert, dessen Einleitung in das Entwässerungsnetz der Zustimmung der BWB bedarf (§ 4 Abs. 1),
- der Anschlußkanal oder die Sonderentwässerungseinrichtung schadhaft oder betriebsunfähig sind oder sich nicht in Betrieb befinden.

Abs. 2 verpflichtet den Grundstückseigentümer, alle für die Überprüfung der Entwässerungsverhältnisse und die Berechnung der Entgelte erforderlichen Auskünfte zu erteilen.

Verhältnis der Genehmigung der Indirekteinleitung (VGS)
zu kommunalrechtlichen Regelungen

Die nach Kommunalrecht in Satzungen oder Verträgen geregelten Einleitungsverbote, -beschränkungen und Überwachungsregelungen sind weiterhin zu beachten. Diese Regelungen dienen vorrangig dem Schutz von Bestand und Betrieb der öffentlichen Abwasseranlagen sowie dem Schutz der an diesen Anlagen arbeitenden Menschen. Sie sind weiterhin sinnvoll und notwendig. Sofern allerdings nach Kommunalrecht Grenzwerte für die nach der VGS genehmigungspflichtigen Schadstoffe festgelegt sind, die höher sind als die Grenzwerte in der Genehmigung nach der VGS, müssen die schärferen Werte der

Genehmigung eingehalten werden. *Zusammenfassend: Grundsätzlich müssen jeweils die schärferen Grenzwerte eingehalten werden, unabhängig davon, ob sie aus der Genehmigung nach der VGS oder aus den kommunalen Regelungen resultieren.*

6.2 Soll-Ist-Abgleich Wasser/Abwasser

6.2.1 Allgemeines

Das Unternehmen Hettich Umformtechnik ist an die Trennkanalisation für Niederschlagswasser und sonstiges Abwasser des Verwaltungsbezirks Tempelhof angeschlossen. Als betriebliches Abwasser wird

- sanitäres, also häusliches Abwasser, hauptsächlich aus dem Verwaltungsbereich der Bauabschnitte I und Oni[a],
- gewerbliches Abwasser der Härterei des Bauabschnittes III und
- gewerbliches Abwasser der Endreinigungsstufe der Galvanik des Bauabschnitts Oni abgeführt.

Das zuletzt aufgeführte Abwasser der Endreinigungsstufe der Galvanik setzt sich zusammen aus den Prozeßabwässern der Galvanik (Bauabschnitt Oni) sowie der Pulverei und Erodiererei der Bauabschnitte IV bzw. V.

Der Frischwasserbedarf des Unternehmens wird ausschließlich über das städtische Versorgungsnetz gedeckt.

Die Frischwasser- und Abwassermengen des Jahres 1994 sind aus der folgenden Bilanz (Tabelle 9) ersichtlich; die Graphiken stellen Wassermengenbedarf

Tabelle 9. Wasserbilanz 1994 des Unternehmens Hettich Umformtechnik

Bauabschnitt	Wasserbezug (m^3)	Abwasser (m^3)
I–III	13337	Annahme BWB: 13337
davon: Härterei	10038	10038
ONI	14169	10227
davon: Galvanik	13912	9970
IV–VI	2215	Annahme BWB: 2215
davon: Erodiererei,	90	?
Pulverbeschichtung	1084	?
ONI-Verwaltung & Sprinkleranlage	317	Annahme BWB: 317
Gesamtmenge	30038	26096

[a] Name eines ehemaligen Unternehmens, vom Unternehmen Hettich Umformtechnik 1980 übernommen.

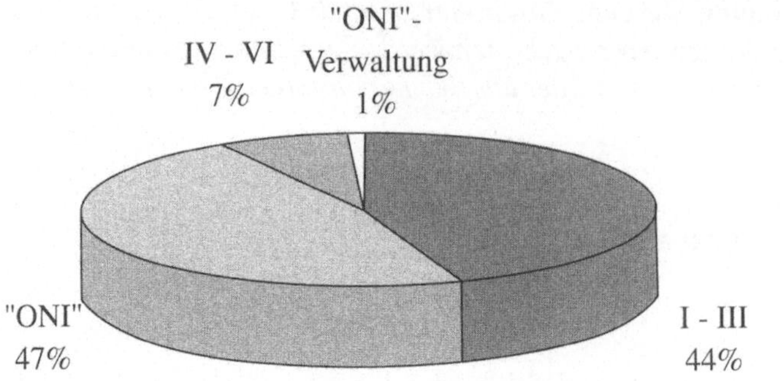

Abb. 26. Prozentuale Verteilung des Wasserbezugs 1994, vgl. Tabelle 9

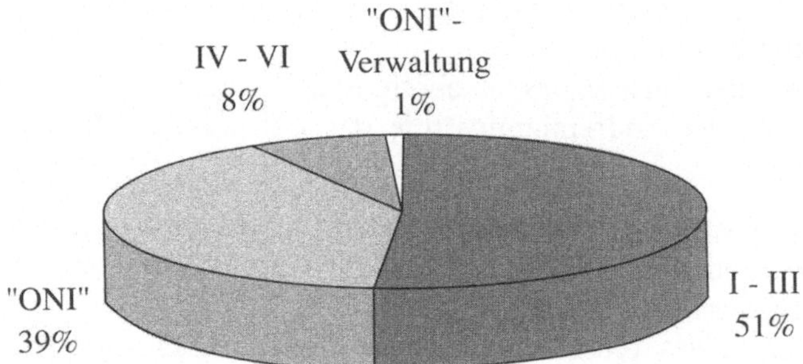

Abb. 27. Prozentuale Verteilung des Abwasseranfalls 1994, vgl. Tabelle 9

bzw. Abwassermengenaufkommen in Abhängigkeit des innerbetrieblichen Bezugs- bzw. Anfallortes prozentual dar (Abb. 26, 27). Die Angaben wurden aus den monatlichen/jährlichen Wasserrechnungen der Berliner Wasser Betriebe (BWB), aus den jeweiligen Betriebstagebüchern sowie aus den betriebsinternen Ablesungen der Wasseruhrenstände (z. B. Erodiererei) gewonnen. Die Differenz innerhalb der Gesamtmengen ist auf die (berücksichtigten) Verdunstungsverluste der Galvanik (ca. 4000 m³) zurückzuführen.

6.2.2 Abwasseranfall/-ableitung, Wasserbedarf

6.2.2.1 Niederschlagswasser

Ist-Zustand

Das von den befestigten Flächen des Betriebsgeländes anfallende Niederschlagswasser wird in die Regenwasserkanalisation abgeleitet. Grundsätzlich kann der Verschmutzungsgrad als gering eingestuft werden.

Um eine Einleitung an wassergefährdenden Stoffen zu vermeiden, sind an Umschlags- und Verladepunkten mit erhöhtem Havarierisiko, wie z.B. im Bereich zwischen Bauabschnitt IV und V, VI, im Bereich der Verladerampe, in der Durchfahrt zwischen den Bauabschnitten I und Oni sowie im Bereich des Schrottbereitstellungsplatzes Leichtstoffabscheider installiert.

Hinsichtlich der Anforderungen an den Gewässerschutz ist der Zustand des Schrottbereitstellungssplatzes als problematisch anzusehen. Die ölbeständige Fläche ist augenscheinlich zu klein für die Absetzkipper, Schwellen um den Flächenrand fehlen (s. Abb. 18). Aufgrund dessen besteht bei Starkregenfällen die Gefahr, daß die am Schrott anhaftenden wassergefährdenden Stoffe (Öle, Kühlschmierstoffe) abgewaschen und außerhalb der ölbeständigen Fläche in Gullys ohne Leichtstoffabscheider eingeleitet werden.

Soll-Zustand

Es gilt:

- § 1 a Abs. 2 WHG (s. Kap. 6.1.1): „Gewässerverschmutzung".

Maßnahmen

- Im Zuge der Neukonzeption des Schrottbereitstellungsplatzes ist dieser zu überdachen (s. a. Kap. 3.2: „Umweltziele"); die ölbeständige Fläche ist mit einem Auslaufschutz (Schwelle) zu versehen.

6.2.2.2 Häusliches Abwasser

Ist-Zustand

Das häusliche Abwasser stammt aus den sanitären Einrichtungen und aus der betriebsinternen Kantine. WC's und Duschen sind mit Druckventilen ausgerüstet, die definierte, einzustellende Volumenströme freigeben.

Meines Erachtens sind die „Laufzeiten" bei den Duschen zu lang. Pro Betätigung des Druckventils werden bei einer Laufzeit von $t = 70$ s und $Q = 0{,}43$ L/s ein Volumen von $V = 30{,}1$ L freigesetzt.

Soll-Zustand

Es gilt:

- § 1 a Abs. 2 WHG (s. Kap. 6.1.1): „sparsame Verwendung".

Maßnahmen

- Die Laufzeit der Duschen sollte auf max. $t = 30$ s begrenzt werden.

6.2.2.3 Gewerbliches Abwasser: Abwasser der Härterei (Bauabschnitt III)

Ist-Zustand

Das kontinuierlich anfallende Abwasser stammt aus den nachgeschalteten Spülbädern der Salzbäder der Anlagen 1 und 2. Es ist stark salzbelastet,

$[NO_3^-]$ = 3200 mg/L (!) (unabhängige Abwasserprobe vom 20.4.1995) wird aber ohne Nachbehandlung in die Schmutzwasserkanalisation eingeleitet.

Soll-Zustand

Es gilt:

- § 1 a Abs. 2 WHG (s. Kap. 6.1.1): „sparsame Verwendung".
- § 4 Abs. 1 b, 2 Allgemeine Bedingungen für die Entwässerung in Berlin (ABE) (s. Kap. 6.1.2.2): „zustimmungspflichtige und verbotene Einleitungen".

Maßnahmen

- Umstellung der bisherigen Wasserführung auf Kreislaufführung mit integrierter Härtesalzrückgewinnung (z. B. über vorhandenen Vakuum-Verdampfer). Folge: hohes (Kosten-) Einsparungspotential hinsichtlich des Wasser- und Härtelsalzverbrauchs (s. a. Kap. 3.2: „Umweltziele").
- Das Unternehmen sollte den Ist-Zustand im Hinblick der Zulassungsbedürftigkeit/Rechtsmäßigkeit der Einleitung (Salzfracht!) mit den Berliner Wasser Betrieben abklären.

6.2.2.4 Gewerbliches Abwasser: Abwasser der Galvanik (Bauabschnitt Oni)

Ist-Zustand

Die wasserbehördliche Genehmigung zur Einleitung des betrieblichen Abwassers aus dem Bereich der Galvanik in die öffentliche Abwasseranlage (*Indirekteinleitung*), datiert vom 10.8.94 liegt vor. Der Pflicht zur monatlichen Abwasseruntersuchung wird nachgekommen. Die Grenzwerte der von der Behörde Senatsverwaltung für Stadtentwicklung und Umweltschutz festgelegten Untersuchungsparameter werden grundsätzlich bis auf AOX (adsorbierbare organische Halogene) eingehalten.

Soll-Zustand

Es gilt:

- § 7 a WHG (s. Kap. 6.1.1): „Anforderungen an das Einleiten von Abwasser" in Verbindung mit
- Rahmen-AbwasserVwV in Verbindung mit Anhang 40 (s. Kap. 6.1.1.2).
- § 1, 2 VGS (s. Kap. 6.1.2.1): „Indirekteinleiterverordnung".

Maßnahmen

Da der Konzentrationgrenzwert [AOX] $\leq$ 1 mg als eingehalten gilt, wenn die im Anhang 40 genannten Bedingungen hinsichtlich AOX (s. Kap. 6.1.1.2) erfüllt werden, sollte eine „Entgiftung" der Cyanide ohne den Einsatz von NaClO (Chlorbleichlauge) durchgeführt werden. Dies könnte erreicht werden durch

- den Austausch der bisherigen 2 Cu-/CN-Elektrolysesyteme durch leistungsstärkere bzw. Verdopplung auf 4 Systeme an der Anlage 3 (Anodenvorgang:
$CN^- + 6\,OH^- - 10\,e^- \Rightarrow 2\,CO_2 + N_2 + 2\,H_2O + H^+$),

– Ausrüstung der der bestehenden Cu/Ni-Anlage 1 mit diesen Systemen,
– ggf. Einsatz von UV-Oxidationsanlagen zur Nachbehandlung von Rest-Cyaniden im Abwasser

6.2.2.5 Wasserbedarf der Erodiererei (Bauabschnitt IV)

Ist-Zustand

Um das für die zwei Schneiderosionsanlagen benötigte Dielektrikum zu erhalten muß vollentsalztes VE-Wasser bereitgestellt werden. Dies erfolgt innerhalb der Abteilung durch die Aufbereitung von Leitungswasser mittels Ionenaustauscher.

Soll-Zustand

Es gilt:

– § 1a Abs. 2 WHG (s. Kap. 6.1.1): „sparsame Verwendung".

Maßnahmen

– Es ist zu überprüfen, ob die Kapazität der Vollentsalzungsanlage für die benötigte Bereitstellung von VE-Wasser für die Entfettungsanlage der Pulverbeschichtung ausreicht, um ggf. VE-Wasser für die Erodiererei über ein noch zu errichtendes Leitungsystem zur Verfügung stellen zu können.

6.2.3 Anlagen zum Herstellen, Behandeln oder Verwenden wassergefährdender Stoffe

6.2.3.1 Galvanik (Bauabschnitt Oni)

Ist-Zustand

Der Bereich der Galvanik unterteilt sich in

– Anlage I: Kupfer-Nickel-Trommelautomat; $V = 15 \ m^3$,
– Anlage II: Zink-Trommelautomat; $V = 16 \ m^3$,
– Anlage III: Kupfer-Nickel-Automat $V = 40 \ m^3$,
– Anlage IV: Entnickelung $V = 7 \ m^3$,
– Abwasserbehandlungsanlage, die sog. Endreinigungsstufe.

Sämtliche Anlagen/Anlagenteile sind innerhalb von säurefesten Bodenflächen, die mit einem betonierten Auslaufschutz versehen sind, aufgestellt. Bei Leckagen bei den cyanidhaltigen Kupferbädern der IV kann der Inhalt separat aufgefangen werden. Zusätzlich sind im Bereich der Anlage III und im Bereich der erweiterten Abwasserbehandlungsanlage Auffangschächte eingelassen. Der bisherige Teil der Abwasserbehandlungsanlage befindet sich in einem separaten Raum, der quasi als Auffangraum dient.

   Ausnahmen:

– Die Aufstellungsfläche des Dünnschlammvorlagebehälters und der Kammerfilterpresse ist nicht mit einem Auslaufschutz versehen (Abb. 28).

Abb. 28. Fehlender Auslaufschutz

- Der Zugang zur Säure/Lauge-Anlieferungsstelle ist ebenfalls nicht mit einem Auslaufschutz versehen (Abb. 29).
- Die gemauerte Umrandung der Bodenfläche, auf die der Schlammvorratsbehälter aufgestellt ist, ist durch Staplerbetrieb teilweise zerstört (Abb. 30).

Hinsichtlich des Gefährdungspotentials sind die Anlagen I, III und IV aufgrund ihres Volumens (s. o.) und der Tatsache, daß wassergefährdende Stoffe bis zu der WGK 3 eingesetzt werden, der Gefährdungsstufe D zuzuordnen. Die Anlage II ist in die Gefährdungsstufe C einzustufen, da Stoffe bis zu der WGK 2 eingesetzt werden.

Mängel sind im organisatorischen Bereich festzustellen. Die Anforderungen hinsichtlich

- der Erstellung und Einhaltung von detaillierten Betriebsanweisungen gemäß § 3 Abs. 3,
- der Kennzeichnungspflicht und der amtlich bekanntgemachten Merkblätter gemäß § 9,
- der Erstellung eines Anlagenkatasters gemäß § 11 und
- der Überprüfung von Anlagen gemäß § 23 werden z. Z. nicht erfüllt.

Ein Rohrleitungsplan ist vorhanden, die Rohrleitungen selbst sind aber nur unzureichend gekennzeichnet (Abb. 31).

Abb. 29. Fehlender Auslaufschutz

Abb. 30. Teilweise Zerstörung der gemauerten Umrandung

Abb. 31. Unzureichende Kennzeichnung der Rohrleitungen

Soll-Zustand

Es gilt:

- §§ 3: „Grundsatzanforderungen", 6: „Gefährdungspotential", 9: „Kennzeichnungspflicht, Merkblatt", 11: „Anlagenkataster", 23: „Überprüfung von Anlagen", 28: „Bestehende Anlagen" VAwS (s. Kap. 6.1.2.2).

Maßnahmen

- Errichten eines Auslaufschutzes für die Aufstellungsfläche der Dünnschlamm-vorlagebehälter und der Kammerfilterpresse sowie für die Säure/Lauge-Anlieferungsstelle.
- Wiederherstellung des Auslaufschutzes beim Schlammvorratsbehälter gemäß § 4 Tab. 2.1 VAwS, Sicherung der Auslaufkante mittels „Leitplanken".
- Die organisatorischen Mängel gemäß der §§ 3 Abs. 3; 9, 11 sind laut VAwS bis zum 6.3.1997 abzustellen, die des § 23 bis zum 31.12.1998.
- Kennzeichnung der Rohrleitungen im Sinne der DIN 2403.

6.2.3.2 Entfettungs-Phosphatierungsanlage und Entlackungsanlage im Bereich Pulverbeschichtung (Bauabschnitt V)

Ist-Zustand

Der Bereich der Entfettungs-Phosphatierungsanlage unterteilt sich in

- VE-Anlage,
- Rohwasser-Vorratsbehälter,
- VE-Wasser-Vorratsbehälter,
- Entfettungsmittel-Vorlagebehälter,
- Entfettungs-Phosphatierungsbad; $V = 10\ m^3$,
- Spülbad (Stadtwasser); $V = 5\ m^3$,

Abb. 32. Versiegelte Bodenfläche mit Auslaufschutz

- Spülbad (VE-Wasser) ; V = 5 m³,
- Zentrifuge zur Eisen-(III)-phoshat-Separation,
- Abwasserbehälter mit Ölskimmer; V = 2 m³,
- Pufferbehälter für aufbereiteten Entfettungsbad-Inhalt; V = 11 m³, davon benutzt: V = 4 m³,
- Abwasserbecken (zur chargenweisen Weiterleitung des verworfenen Entfettungsbad-Inhalts und/oder Regenerats der VE-Anlage in die Abwasserbehandlung der Galvanik); V = 10 m³.

Sämtliche Anlagenteile sind innerhalb von versiegelten Bodenflächen, die mit einem betonierten Auslaufschutz versehen sind, aufgestellt (Abb. 32). Innerhalb der abgeschlossenen Fläche ist ein Ablauf eingelassen, der über ein Leitungssystem dem Zwischenspeicher (V = 1,5 m³) zuleitet. Der Inhalt des Speichers wird chargenweise zur Abwasserbehandlung der Galvanik gepumpt. Die Gefahr eines Überlaufens der abgeschlossenen Fläche bei einer evtl. Leckage wird mittels einer akustisch wirkenden Überfüllsicherung minimiert.

Ausnahme:

- Die Aufstellungsfläche des o. a. Pufferbehälters und Abwasserbeckens sind nicht mit einem Auslaufschutz versehen, Pumpen sind jedoch innerhalb von Auffangwannen aufgestellt (Abb. 33).

Der Bereich Entlackungsanlage gliedert sich auf in

- Entlackungsbad für Warenträger ; V = 1,3 m³,
- Entlackungsbadstraße zur Entlackung der Aufhängehaken der Warenträger; V = 4 m³.

Abb. 33. Fehlender Auslaufschutz

Sämtliche Anlagen sind innerhalb von Aufangwannen aufgestellt (Abb. 34). Mögliche Leckagen der Entfettungsbäder werden über akustische Signalgebung erkannt:

– Überlaufsicherung der Auffangwanne beim Entlackungsbad für Warenträger bzw.
– Niveauregelung bei der Entlackungsbadstraße.

Hinsichtlich des Gefährdungspotentials ist die Entfettungs-/Phosphatierungs-anlage aufgrund ihres Volumens ($V > 10\,m^3 \leq 100\,m^3$) und der Tatsache, daß wassergefährdende Stoffe bis zu der WGK 2 eingesetzt werden, der Gefährdungs-stufe C zuzuordnen. Die Entlackungsanlage ist vermutlich in die Gefähr-dungsklasse A einzustufen, da $V > 1\,m^3 \leq 10\,m^3$ und Stoffe der WGK 1 (Selbst-einschätzung!) eingesetzt werden.

Mängel sind im organisatorischen Bereich festzustellen. Die Anforderungen hinsichtlich

– der Erstellung und Einhaltung von detaillierten Betriebsanweisungen gemäß § 3 Abs. 3,
– der Kennzeichnungspflicht und der amtlich bekanntgemachten Merkblätter gemäß § 9,
– der Überprüfung von Anlagen gemäß § 23, hier beschränkt auf die Entfet-tungs-/Phoshatierungsanlage werden z. Z. nicht erfüllt.

Abb. 34. Entlackungsbadstraße mit Auffangwanne

Soll-Zustand

Es gilt:

- §§ 3: „Grundsatzanforderungen", 6: „Gefährdungspotential", 9: „Kennzeichnungspflicht, Merkblatt", 23: „Überprüfung von Anlagen", 28: „Bestehende Anlagen" VAwS (s. Kap. 6.1.2.2).

Maßnahmen

- Errichten eines Auslaufschutzes für die Aufstellungsfläche des Pufferbehälters und Abwasserbeckens.
- Über die WGK der Entlackungsmittelkomponenten sind aussagekräftige Informationen vom Hersteller einzuholen, um Gewißheit über das tatsächliche Gefährdungspotential der Entlackungsanlage zu erhalten.
- Die organisatorischen Mängel gemäß der §§ 3 Abs. 3; 9 sind laut VAwS bis zum 6.3.1997 abzustellen, die des § 23 bis zum 31.12.1998.

6.2.3.3 „Müller"-Entfettungsanlage (Bauabschnitt III)

Ist-Zustand

Die Anlage gliedert sich auf in

- Vorlagebehälter für die Waschlauge; $V = 1\,m^3$,
- Vorlagebehälter für das Spülwasser; $V = 1\,m^3$,

Abb. 35. Beispielhafter Auslaufschutz für Fässer

– Zentrifugen, je zweifach,
– Aufgabe-/Entnahmebereich.

Der gesamte Anlagenbereich ist nicht als Auffangraum ausgebaut (Abb. 35), d.h.
Leckagen können sich ungehindert ausbreiten unter der Gefahr, daß Waschlauge
über den in unmittelbarer Nähe vorhandenen Ausgang auch ins Erdreich ver-
sickern könnte: Gewässergefährdung!

Hinsichtlich des Gefährdungspotentials ist die „Müller"-Entfettungsanlage
aufgrund ihres Volumens $V > 1\,m^3 \leq 10\,m^3$ und der Tatsache, daß das Entfettungsmittel ein wassergefährdende Stoff der WGK 1 ist, der Gefährdungsstufe A
zuzuordnen.

Mängel sind im organisatorischen Bereich festzustellen. Die Anforderungen
hinsichtlich

– der Erstellung und Einhaltung von detaillierten Betriebsanweisungen gemäß
  § 3 Abs. 3,
– der Kennzeichnungspflicht und der amtlich bekanntgemachten Merkblätter
  gemäß § 9 werden z.Z. nicht erfüllt.

Soll-Zustand

Es gilt:

– § 1a Abs. 2 WHG (s. Kap. 6.1.1): „Gewässerverschmutzung".
– §§ 3: „Grundsatzanforderungen", 9: „Kennzeichnungspflicht, Merkblatt", 11: „Anlagenkataster", 28: „Bestehende Anlagen" VAwS (s. Kap. 6.1.2.2).

Maßnahmen

- Sofortige Stillegung des sich in unmittelbarer Nähe befindlichen Abwasserschachtes.
- Nachweisführung der Stillegung der „Müller"-Anlage.
- Ggf. Ausbau des Aufstellungsbereichs als Auffangwanne.
- Die organisatorischen Mängel gemäß der §§ 3 Abs. 3; 9 sind ggf. laut VAwS bis zum 6.3.1997 abzustellen.

6.2.4 Anlagen zum Lagern wassergefährdender Stoffe/brennbarer Flüssigkeiten

6.2.4.1 Säure-/Laugenlager Galvanik (Bauabschnitt Oni)

Ist-Zustand

Der Lagerraum ist ein bauartzugelassener Regalcontainer, beschichtet mit säurebeständiger Farbe (Abb. 36). Die zulässige Lagerkapazität beträgt 4×2 m³, die beim bestimmungsmäßigen Betrieb (s. Auflistung der in der Galvanik eingesetzten Chemikalien) eingelagerte Menge entspricht $V < 7$ m³. Somit ist der Lagerraum ausreichend bemessen.

Teil des Lagerguts ist Wasserstoffperoxid (H_2O_2), dessen Lagermenge z.Z. m = 380 kg ist. Da H_2O_2 als brandfördernder Stoff eingestuft ist und die Lagermenge 200 kg übersteigt, kommt die TRGS 515 zur Anwendung.

Soll-Zustand

Es gilt:

- §§ 3: „Grundsatzanforderungen", 4: „Anforderungen an bestimmte Anlagen", 9: „Kennzeichnungspflicht, Merkblatt", 13: „Anlagen zum Lagern, Abfüllen und Umschlagen flüssiger Stoffe", 23: „Überprüfung von Anlagen", 28: „Bestehende Anlagen" VAwS (s. Kapitel 6.1.2.2).

Abb. 36. Bauartzugelassener Regalcontainer

- TRGS 515 (s. Kap. 5.1.2.2): „Lagern brandfördernder Stoffe in Verpackungen und ortsbeweglichen Behältern".

Hinsichtlich des Gefährdungspotentials ist der bauartzugelassene Regalcontainer aufgrund seiner zulässigen Lagerkapazität $V > 1\,m^3 \leq 10\,m^3$ und der Tatsache, daß wassergefährdende Stoffe bis zur WGK 2 eingelagert werden, der Gefährdungsstufe B zuzuordnen.

Mängel sind im organisatorischen Bereich festzustellen. Die Anforderungen hinsichtlich

- der Erstellung und Einhaltung von detaillierten Betriebsanweisungen gemäß § 3 Abs. 3,
- der Kennzeichnungspflicht und der amtlich bekanntgemachten Merkblätter gemäß § 9 werden z. Z. nicht erfüllt.

Maßnahmen

- Die organisatorischen Mängel gemäß der §§ 3 Abs. 3; 9 sind laut VAwS bis zum 6.3.1997 abzustellen.
- Die Lagermenge von Wasserstoffperoxid ist auf maximal 200 kg zu begrenzen, um nicht in den Geltungsbereich der TRGS 515 zu fallen.

6.2.4.2 Gefahrstofflager (Bauabschnitt Oni*)

Ist-Zustand

Der Lagerraum ist ausgestattet mit einem gefliesten Boden; ein integrierter Auffangraum ist nicht vorhanden. Maximal werden ein Volumen von $V = 4\,m^3$ an flüssigen wassergefährdenden Stoffen eingelagert. Das Gesamtvolumen an eingelagerten wassergefährdenden Stoffen beträgt $V = 12\,m^3$.

Hinsichtlich des Gefährdungspotentials ist das Gefahrstofflager aufgrund des eingelagerten Volumens $V > 10\,m^3 \leq 100\,m^3$ und der Tatsache, daß wassergefährdende Stoffe bis zur WGK 3 eingelagert werden, der Gefährdungsstufe D zuzuordnen.

Mängel sind im organisatorischen Bereich festzustellen. Die Anforderungen hinsichtlich

- der Erstellung und Einhaltung von detaillierten Betriebsanweisungen gemäß § 3 Abs. 3,
- der Kennzeichnungspflicht und der amtlich bekanntgemachten Merkblätter gemäß § 9,
- der Erstellung eines Anlagenkatasters gemäß § 11 und
- der Überprüfung von Anlagen gemäß § 23 werden z. Z. nicht erfüllt.

---

* Name eines ehemaligen Unternehmens, vom Unternehmen Hettich Umformtechnik 1980 übernommen.

Soll-Zustand

Es gilt:

- §§ 3: „Grundsatzanforderungen", 4: „Anforderungen an bestimmte Anlagen",
  6: „Gefährdungspotential", 9: „Kennzeichnungspflicht, Merkblatt", 11: „Anlagenkataster", 13: „Anlagen zum Lagern, Abfüllen und Umschlagen flüssiger
  Stoffe", 14: „Anlagen zum Lagern fester Stoffe", 23: „Überprüfung von Anlagen", 28: „Bestehende Anlagen" VAwS (s. Kap. 6.1.2.2).

Maßnahmen

- Die organisatorischen Mängel gemäß der §§ 3 Abs. 3; 9, 11 sind laut VAwS bis
  zum 6.3.1997 abzustellen, die des § 23 bis zum 31.12.1998.
- Die Anforderungen an oberirdische Lageranlagen sind vollständig zu erfüllen:
  $F_2 + R_2 + I_0$.
- Es ist eine Auffangmöglichkeit einzurichten, die den Anforderungen nach § 4
  VAwS genügen.

6.2.4.3 Öllager (Bauabschnitt Oni)

Ist-Zustand

Der Lagerraum ist ausgestattet mit einem gefliesten, zur Mitte geneigten Boden
und einem in der Mitte befindlichen Auffangschacht (Abb. 37). Das Aufnahme-
volumen beträgt $V = 1,7\ m^3$. Der Lagerraum enthält Lagergestelle für 52 Metallfässer á $0,2\ m^3$; die Lagerkapazität entspricht somit $V = 10,4\ m^3$.

Hinsichtlich des Gefährdungspotentials ist das Öllager aufgrund des
eingelagerten Volumens $V > 10\ m^3 \leq 100\ m^3$ und der Tatsache, daß wassergefährdende Stoffe bis zur WGK 2 eingelagert werden, der Gefährdungsstufe C zuzu-

Abb. 37. Öllager (Bauabschnitt Oni)

ordnen. Zudem gehören 2 Fässer á 0,24 m³ der Gefahrklasse A III (brennbare Stoffe) an.

Mängel sind im organisatorischen Bereich festzustellen. Die Anforderungen hinsichtlich

- der Erstellung und Einhaltung von detaillierten Betriebsanweisungen gemäß § 3 Abs. 3,
- der Kennzeichnungspflicht und der amtlich bekanntgemachten Merkblätter gemäß § 9,
- der Überprüfung von Anlagen gemäß § 23 werden z. Z. nicht erfüllt.

Soll-Zustand

Es gilt:

- §§ 3: „Grundsatzanforderungen", 4: „Anforderungen an bestimmte Anlagen", 9: „Kennzeichnungspflicht, Merkblatt", 13: „Anlagen zum Lagern, Abfüllen und Umschlagen flüssiger Stoffe", 23: „Überprüfung von Anlagen", 28: „Bestehende Anlagen" VAwS (s. Kap. 6.1.2.2).
- Anhang II zu § 4 VbF (s. Kap. 6.2.1.1).

Maßnahmen

- Die organisatorischen Mängel gemäß der §§ 3 Abs. 3; 9 sind laut VAwS bis zum 6. 3. 1997 abzustellen, die des § 23 bis zum 31. 12. 1998.
- Die Anforderungen an oberirdische Lageranlagen sind vollständig zu erfüllen: $F_1 + R_1 + I_2$ oder $F_2 + R_1 + I_1$.
- Die Erfüllung der Anforderungen hinsichtlich des Brandschutzes sind zu überprüfen.

6.2.4.4 Öllager (Bauabschnitt I)

Ist-Zustand

Der Lagerraum macht einen unaufgeräumten Eindruck. Ein integrierter Auffangraum ist nicht vorhanden (Abb. 38). Somit herrscht ein eklatanter Mangel an mobilen Auffangwannen.

Hinsichtlich des Gefährdungspotentials ist das Öllager aufgrund des eingelagerten Volumens $V > 1$ m³ ≤ 10 m³ und der Tatsache, daß wassergefährdende Stoffe bis zur WGK 2 eingelagert werden, der Gefährdungsstufe B zuzuordnen. Stoffe mit einem Gesamtvolumen $V = 1$ m³ gehören der Gefahrklasse A III (brennbare Stoffe) an.

Mängel sind im organisatorischen Bereich festzustellen. Die Anforderungen hinsichtlich

- der Erstellung und Einhaltung von detaillierten Betriebsanweisungen gemäß § 3 Abs. 3,
- der Kennzeichnungspflicht und der amtlich bekanntgemachten Merkblätter gemäß § 9 werden z. Z. nicht erfüllt.

Abb. 38. Öllager (Bauabschnitt I)

Soll-Zustand

Es gilt:

- §§ 3: „Grundsatzanforderungen", 4: „Anforderungen an bestimmte Anlagen",
  9: „Kennzeichnungspflicht, Merkblatt", 13: „Anlagen zum Lagern, Abfüllen
  und Umschlagen flüssiger Stoffe" VAwS (s. Kap. 6.1.2.2).
- Anhang II zu § 4 VbF (s. Kap. 6.2.1.1).

Maßnahmen

- Die organisatorischen Mängel gemäß der §§ 3 Abs. 3; 9 sind laut VAwS bis zum
  6.3.1997 abzustellen.
- Die Anforderungen an oberirdische Lageranlagen sind zu erfüllen: $F_1 + R_1 + I_1$.
- Es sind mobile Auffangwannen (z.B. Fa. Hoffmann) in ausreichender Anzahl
  bereitzustellen.
- Die Erfüllung der Anforderungen hinsichtlich des Brandschutzes sind zu
  überprüfen.

6.2.4.5 Lager bei Entfettungs-Phosphatierungsanlage (Bauabschnitt V)

Ist-Zustand

Der Lagerbereich hat keinen Auffangraum (Abb. 39). Es werden z.Z. ca. $1,3 \text{ m}^3$
wassergefährdende Stoffe bis zur WGK 2 gelagert. Dies entspricht einer Gefährdungsstufe B ($V > 1\,\text{m}^3 \leq 10\,\text{m}^3$).

Mängel sind im organisatorischen Bereich festzustellen. Die Anforderungen
hinsichtlich

- der Erstellung und Einhaltung von detaillierten Betriebsanweisungen gemäß
  § 3 Abs. 3,

Abb. 39. Fehlender Auffangraum

- der Kennzeichnungspflicht und der amtlich bekanntgemachten Merkblätter
  gemäß § 9 werden z. Z. nicht erfüllt.

Soll-Zustand

Es gilt:

- §§ 3: „Grundsatzanforderungen", 4: „Anforderungen an bestimmte Anlagen",
  9: „Kennzeichnungspflicht, Merkblatt", 13: „Anlagen zum Lagern, Abfüllen und Umschlagen flüssiger Stoffe", 28: „Bestehende Anlagen" VAwS
  (s. Kap. 6.1.2.2).

Maßnahmen

- Die Anforderungen an oberirdische Lageranlagen sind zu erfüllen: $F_1 + R_1 + I_1$.
- Ein ausreichend dimensionierter Auffangraum ist zu schaffen oder mobile
  Auffangwannen (z.B. Fa. Hoffmann) in ausreichender Menge sind auf-
  zustellen.
- Die organisatorischen Mängel gemäß der §§ 3 Abs. 3; 9 sind laut VAwS bis zum
  6.3.1997 abzustellen.

6.2.4.6 Methanol-Tank (Außenbereich)

Ist-Zustand

Der Methanol-Tank (Abb. 40) hat ein Fassungsvermögen von $V = 7\,m^3$. Me-
thanol (CH_3OH) ist als wassergefährdender Stoff in die WGK 1 eingestuft. Aus
Volumen und WGK resultiert eine Gefährdungsstufe A. Methanol gehört der
Gefahrklasse B an.

Abb. 40. Methanol-Tank

Mängel sind ausschließlich im organisatorischen Bereich festzustellen. Die Anforderungen hinsichtlich

- der Erstellung und Einhaltung von detaillierten Betriebsanweisungen gemäß § 3 Abs. 3,
- der Kennzeichnungspflicht und der amtlich bekanntgemachten Merkblätter gemäß § 9,
- des Auffangen von abtropfenden Flüssigkeiten gemäß § 20 werden z. Z. nicht erfüllt.

Soll-Zustand

Es gilt:

- §§ 3: „Grundsatzanforderungen", 4: „Anforderungen an bestimmte Anlagen", 9: „Kennzeichnungspflicht, Merkblatt", 13: „Anlagen zum Lagern, Abfüllen und Umschlagen flüssiger Stoffe", 20: „Befüllvorgang" VAwS (s. Kap. 6.1.2.2).
- Anhang II zu § 4 VbF (s. Kap. 6.2.1.1).
- § 19 k WHG (s. Kap. 6.1.1): „Besondere Pflichten des Betreibers".

Maßnahmen

- Die organisatorischen Mängel gemäß der §§ 3 Abs. 3; 9, 20 sind laut VAwS bis zum 6.3.1997 abzustellen.
- Die Erfüllung der Anforderungen hinsichtlich des Brandschutzes sind zu überprüfen.
- Der Befüllvorgang ist zu überwachen.

6.2.4.7 Heizöl-EL-Tanks (Bauabschnitt Oni)

Ist-Zustand

Die zwei Heizöl-EL-Tanks haben ein Fassungsvermögen von $V = 41\,m^3$ bzw. $V = 58\,m^3$. Heizöl-EL ist als wassergefährdender Stoff in die WGK 2 eingestuft. Aus Volumen und WGK resultiert eine jeweilige Gefährdungsstufe C. Heizöl-EL gehört der Gefahrklasse A III an. Eine akustisch wie auch visuell wirkende Leckwarnung ist vorhanden (Abb. 41).

Mängel sind ausschließlich im organisatorischen Bereich festzustellen. Die Anforderungen hinsichtlich

- der Erstellung und Einhaltung von detaillierten Betriebsanweisungen gemäß § 3 Abs. 3,
- der Kennzeichnungspflicht und der amtlich bekanntgemachten Merkblätter gemäß § 9,
- des Auffangen von abtropfenden Flüssigkeiten gemäß § 20,
- des Überprüfung von Anlagen gemäß § 23 werden z.Z. nicht erfüllt.

Soll-Zustand

Es gilt:

- §§ 3: „Grundsatzanforderungen", 4: „Anforderungen an bestimmte Anlagen", 9: „Kennzeichnungspflicht, Merkblatt", 13: „Anlagen zum Lagern, Abfüllen und Umschlagen flüssiger Stoffe", 20: „Befüllvorgang", 23: „Überprüfung von Anlagen" (s. Kap. 6.1.2.2).
- Anhang II zu § 4 VbF (s. Kap. 6.2.1.1).
- § 19 k WHG (s. Kap. 6.1.1): „Besondere Pflichten des Betreibers".

Maßnahmen

- Die organisatorischen Mängel gemäß der §§ 3 Abs. 3; 9, 20, 23 sind laut VAwS bis zum 6.3.1997 abzustellen.

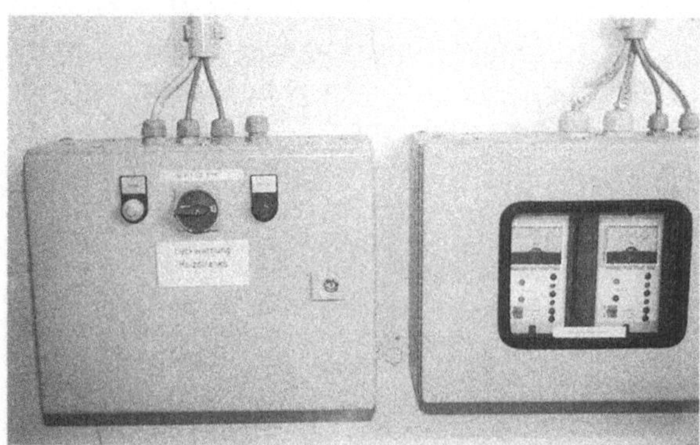

Abb. 41. Leckwarngerät Heizöl-Tanks

– Die Erfüllung der Anforderungen hinsichtlich des Brandschutzes sind zu überprüfen.
– Der Befüllvorgang ist zu überwachen.

7 Immissionsschutz

7.1 Wesentliche immissionsschutzrechtliche Grundlagen [10]

7.1.1 Gesetz zum Schutz vor schädlichen Umwelteinwirkungen durch Luftverunreinigungen, Geräusche, Erschütterungen und ähnlichen Vorgängen (Bundes-Immissionsschutzgesetz – BImSchG)

Das Unternehmen Hettich Umformtechnik *verfügt über keine (s. aber Kap. 7.2.1) genehmigungsbedürftigen Anlagen* im Sinne der Verordnung über genehmigungsbedürftige Anlagen – 4. BImSchV. Die im folgenden aufgeführten Textpassagen beziehen sich deshalb ausschließlich auf *nicht genehmigungsbedürftige Anlagen*.

Zweck dieses Gesetzes ist es laut § 1, Menschen, Tiere und Pflanzen, den Boden, das Wasser, die Atmosphäre sowie Kultur- und sonstige Sachgüter vor schädlichen Umwelteinwirkungen (…) zu schützen und dem Entstehen schädlicher Umwelteinwirkungen vorzubeugen. Die Vorschriften dieses Gesetzes gelten u. a. für die Errichtung und Betrieb von Anlagen (§ 2).

In § 3 sind die *grundlegenden Begriffe* dieses Gesetzes definiert:

– *Schädliche Umwelteinwirkungen* sind Immissionen, die nach Art, Ausmaß oder Dauer geeignet sind, Gefahren, erhebliche Nachteile oder erhebliche Belästigungen für die Allgemeinheit oder die Nachbarschaft hervorzurufen.
– *Immissionen* sind auf Menschen, Tiere und Pflanzen, den Boden, das Wasser, die Atmosphäre sowie Kultur- und sonstige Sachgüter einwirkende Luftverunreinigungen, Geräusche, Erschütterungen, Licht, Wärme, Strahlen und ähnliche Umwelteinwirkungen.
– *Emissionen* sind die von einer Anlage ausgehenden Luftverunreinigungen, Geräusche, Erschütterungen, Licht, Wärme, Strahlen und ähnliche Erscheinungen.
– *Luftverunreinigungen* sind Veränderungen der natürlichen Zusammensetzung der Luft, insbesondere durch Ruß, Staub, Gase, Aerosole, Dämpfe oder Geruchsstoffe.
– *Anlagen* sind
  - Betriebsstätten und sonstige ortsfeste Einrichtungen,
  - Maschinen, Geräte und sonstige ortsveränderliche technische Einrichtungen sowie Fahrzeuge (keine Kraftfahrzeuge im Sinne des § 38) und
  - Grundstücke, auf denen Stoffe gelagert oder abgelagert oder Arbeiten durchgeführt werden, die Emissionen verursachen können, ausgenommen öffentliche Verkehrswege.

Die *Pflichten des Betreibers nicht genehmigungsbedürftiger Anlagen* werden in
§ 22 geregelt. Danach sind nicht genehmigungsbedürftige Anlagen so zu errichten und zu betreiben, daß

- schädliche Umwelteinwirkungen verhindert werden, die nach dem SdT (Stand
  der Technik) vermeidbar sind,
- nach dem SdT unvermeidbare schädliche Umwelteinwirkungen auf ein Mindestmaß beschränkt werden und
- die beim Betrieb der Anlagen entstehenden Abfälle ordnungsgemäß beseitigt
  werden können.

In § 23 werden als Folge des § 22 *Anforderungen an die Errichtung, die Beschaffenheit und den Betrieb nicht genehmigungsbedürftiger Anlagen* zum Schutz der
Allgemeinheit und der Nachbarschaft vor schädlichen Umwelteinwirkungen
bzw. zu ihrer Vorsorge durch Rechtsverordnung gestellt. Insbesondere

- müssen die Anlagen *bestimmten technischen Anforderungen* genügen,
- dürfen die von Anlagen ausgehenden Emissionen *bestimmte Grenzwerte* nicht
  überschreiten,
- haben die Betreiber von Anlagen *Messungen von Emissionen und Immissionen*
  nach in der Rechtsverordnung näher bestimmten Verfahren vorzunehmen
  oder vornehmen lassen zu müssen,
- haben die Betreiber bestimmter Anlagen der zuständigen Behörde unverzüglich
  die *Inbetriebnahme* oder eine *wesentliche Änderung* der Anlage *anzuzeigen* und
- dürfen bestimmte Anlagen nur betrieben werden, nachdem die *Bescheinigung*
  eines von der zuständigen obersten Landesbehörde bekanntgegebenen *Sachverständigen* vorgelegt worden ist, daß die Anlage den Anforderungen der
  Rechtsverordnung oder einer Bauartzulassung nach § 33 entspricht.

Von den aufgrund § 23 bisher erlassenen Rechtsverordnungen, die für das Unternehmen Hettich Umformtechnik in Frage kommen könnten, wie die

- Verordnung über Kleinfeuerungsanlagen – 1. BImSchV,
- Verordnung zur Emissionsbegrenzung von leicht flüchtigen Kohlenwasser-
  stoffen – 2. BImSchV,
- Rasenmäherlärm-Verordnung – 8. BImSchV,

kommt z. Z. nur die Verordnung über Kleinfeuerungsanlagen – 1. BImSchV (s. u.)
zur Anwendung.

Nach § 26 kann die zuständige Behörde auch für *nicht genehmigungsbedürf-
tige Anlagen Emissionsmessungen* an der Anlage sowie *Immissionsmessungen* im
Einwirkungsbereich der Anlage anordnen, wenn zu befürchten ist, daß durch die
Anlage schädliche Umwelteinwirkungen hervorgerufen werden.

Die aufgrund des § 48 erlassenen Verwaltungsvorschriften

- TA (Technische Anleitung) Luft,
- TA Lärm

gelten nur für genehmigungsbedürftige Anlagen!

7.1.1.1 Verordnung zum BImSchG

Verordnung über Kleinfeuerungsanlagen – 1. BImSchV, ab 1.10.1988 inkraftgetreten

Der *Anwendungsbereich dieser Verordnung* erstreckt sich nach § 1 auf die Errichtung, die Beschaffenheit und den Betrieb von Feuerungsanlagen, die keiner Genehmigung nach § 4 BImSchG (genehmigungsbedürftige Anlagen) bedürfen. Dazu gehören u.a. Ölfeuerungsanlagen mit einer Feuerungsleistung (FWL) < 5 MW und Gasfeuerungsanlagen mit FWL < 10 MW.

Öl- und Gasfeuerstätten, die nach Inkrafttreten dieser Verordnung errichtet oder durch Austausch eines Kessels geändert werden, müssen nach den *allgemeinen Anforderungen* des § 7 so beschaffen sein, daß die Emissionen an Stickstoffoxiden durch feuerungstechnische Maßnahmen nach dem SdT begrenzt werden.

§ 8 legt die *Anforderungen an Ölfeuerungsanlagen mit Verdampfungsbrenner* fest. Derartige Anlagen sind so zu errichten und zu betreiben, daß

- die nach dem Verfahren der Anlage III Nr. 3.2 dieser Verordnung ermittelte Schwärzung durch die staubförmigen Emissionen im Abgas die Rußzahl 2 nicht überschreitet (Ausnahme: Bei Anlagen mit einer Nennwärmeleistung ≤ 11 kW darf die Rußzahl 3 nicht überschritten werden),
- die Abgase nach der nach dem Verfahren der Anlage III Nr. 3.3 vorgenommene Prüfung frei von Ölderivaten sind und
- die Grenzwerte für die Abgasverluste nach § 11 eingehalten werden.

Dagegen sind *Ölfeuerungsanlagen mit Zerstäubungsbrenner* nach § 9 so zu errichten und zu betreiben, daß

- die nach dem Verfahren der Anlage III Nr. 3.2 dieser Verordnung ermittelte Schwärzung durch die staubförmigen Emissionen im Abgas die Rußzahl 1 nicht überschreitet (Ausnahme: Sind die Anlagen zum Zeitpunkt des Inkrafttretens dieser Verordnung bereits errichtet, darf die Rußzahl 2 nicht überschritten werden, außer die Anlagen werden wesentlich geändert),
- die Abgase nach der nach dem Verfahren der Anlage III Nr. 3.3 vorgenommene Prüfung frei von Ölderivaten sind und
- die Grenzwerte für die Abgasverluste nach § 11 eingehalten werden.

Gasfeuerungsanlagen sind nach § 10 so zu errichten und zu betreiben, daß die Grenzwerte nach § 11 eingehalten werden.

§ 11 regelt die *Begrenzung der Abgasverluste*. Abgasverlust ist die Differenz zwischen Wärmeinhalt des Abgases und der Verbrennungsluft, bezogen auf den Heizwert des eingesetzten Brennstoffs. Bei Öl- und Gasfeuerungsanlagen dürfen die nach dem Verfahren der Anlage III Nr. 3.4 ermittelten Abgasverluste die in Tabelle 10 aufgeführten %-Sätze nicht überschreiten:

Ausnahmen:

- Öl- und Gasfeuerungsanlagen, bei denen die o.a. Grenzwerte aufgrund ihrer bestimmungsgemäßen Funktion nicht eingehalten werden können, sind so zu

Tabelle 10. Grenzwerte für Abgasverluste für Öl- und Gasfeuerungsanlagen

Nennwärmeleistung in kW	Öl- und Gasfeuerungsanlagen; Angaben in %		
	Bis 31.12.1982 errichtet:	Ab 1.1.1983 errichtet:	Ab Inkrafttreten dieser Verordnung errichtet oder wesentlich geändert:
> 4 ≤ 25	15	14	12
> 25 ≤ 50	14	13	11
> 50	13	12	10

errichten und zu betreiben, daß sie dem SdT des jeweiligen Prozesses oder der jeweiligen Bauart entsprechen und

– die o.a. Grenzwerte gelten nicht für Feuerungsanlagen, die bei einer Nennwärmeleistung
  - ≤ 11 kW der Beheizung eines Einzelraumes dienen oder
  - ≤ 28 kW ausschließlich der Brauchwassererwärmung dienen.

Der Betreiber einer Feuerungsanlage, für die nach §§ 14, 15 Messungen durch den zuständigen Bezirksschornsteinfegermeister vorgeschrieben sind, hat nach § 12 eine *Meßöffnung* herzustellen oder herstellen zu lassen, die den Anforderungen nach Anlage II entspricht. Hat eine Feuerungsanlage mehrere Verbindungsstücke, ist in jedem Verbindungsstück eine Meßöffnung einzurichten. In anderen Fällen ist der Anweisung der zuständigen Behörde Folge zu leisten.

Die *Anforderungen an die Überwachung neuer und wesentlich geänderter Feuerungsanlagen* werden in § 14 erläutert. Demnach hat der Betreiber einer nach Inkrafttreten dieser Verordnung errichteten oder wesentlich geänderten Feuerungsanlage mit einer Nennwärmeleistung > 4 kW die in den §§ 8 – 11 festgelegten Anforderungen innerhalb von 4 Wochen nach Inbetriebnahme durch Messungen vom zuständigen Bezirksschornsteinfegermeister feststellen zu lassen.

Über das Ergebnis der Messungen hat der Bezirksschornsteinfegermeister dem Betreiber der Feuerungsanlage eine Bescheinigung der Anlage III dieser Verordnung auszustellen. Sollten die Anforderungen nicht erfüllt werden, so hat der Betreiber innerhalb von 6 Wochen eine Wiederholungsmessung durchführen zu lassen.

§ 15 regelt die *wiederkehrende Überwachung*. Demnach hat der Betreiber einer Öl- oder Gasfeuerungsanlage mit einer Nennwärmeleistung von > 11 kW die Einhaltungen der Anforderungen nach §§ 8 – 11 einmal in jedem Kalenderjahr vom zuständigen Bezirksschornsteinfegermeister durch *wiederkehrende Messungen* in regelmäßigen Abständen feststellen zu lassen.

Die *Ableitbedingungen für Abgase* werden in § 18 definiert. Bei Feuerungsanlagen mit einer Feuerungsleistung > 1 MW hat die Höhe der Austrittsöffnungen für die Abgase

– die höchste Kante des Dachfirstes um > 3 m zu überragen und
– > 10 m über Flur

zu betragen. Bei einer Dachneigung mit $\alpha < 20°$ ist die Höhe der Austrittsöffnungen auf einen fiktiven Dachfirst zu beziehen, dessen Höhe unter Zugrundelegen einer Dachneigung von $\alpha = 20°$ zu berechnen ist und zwar nach der mathematischen Gleichung:

- x = tan $\alpha \times$ 0,5 $\times$ a; mit
  x: Höhe des fiktiven Dachfirsts,
  $\alpha = 20°$: zugrundeliegende Dachneigung,
  a: die längere Seite des Grundrisses.

7.1.1.2 VDI 2058, Blatt 3: Beurteilung von Lärm am Arbeitsplatz unter Berücksichtigung unterschiedlicher Tätigkeiten

Tätigkeiten an Arbeitsplätzen mit Beurteilungspegeln ≤ 55 dB (A)

Der *Beurteilungspegel am Arbeitsplatz* darf auch unter Berücksichtigung der von außen einwirkenden Geräusche höchstens betragen:

- *bei überwiegend geistiger Tätigkeit ≤ 55 dB (A).*

Hierunter sind solche Tätigkeiten zu verstehen, bei denen

- eine hohe Konzentration erforderlich ist und/oder
- schöpferisches Denken gefordert ist (Kreativität),
- Entscheidungen mit besonderer Tragweite zu schaffen sind.

Damit können verbunden sein:

- ständig hoher Konzentrationsbedarf bei ununterbrochener langanhaltender Zuwendung zu einem zu beobachtenden Arbeitsgegenstand oder -ablauf,
- rasches Überlegen, Entscheiden und Handeln mit meist weitreichenden Folgen für Menschen und/oder bedeutende Sachwerte,
- ständige Kontrolle des eigenen Verhaltens bei bewußter und langanhaltender Zuwendung zur Umgebung und zu erforderlichem raschen zielsicheren Reagieren.

Tätigkeiten an Arbeitsplätzen mit Beurteilungspegeln ≤ 70 dB (A)

Der *Beurteilungspegel am Arbeitsplatz* darf auch unter Berücksichtigung der von außen einwirkenden Geräusche höchstens betragen:

- *bei einfachen oder überwiegend mechanisierten Bürotätigkeiten und vergleichbaren Tätigkeiten ≤ 70 dB (A).*

Hierunter fallen

- einfache und überwiegend mechanisierte Bürotätigkeiten und vergleichbare Tätigkeiten in der Produktion, Überwachungs-, Steuerungs- und vergleichbare Tätigkeiten,
- sich wiederholende geistige Tätigkeiten, bei denen eine fortwährende einwandfreie Sprachverständigung notwendig ist.

Damit können verbunden sein:

- zeitweiser oder ständiger Zwang zur Konzentration, um zahlreiche verschiedene und/oder gleichartige Informationen richtig aufzunehmen, zu verarbeiten und ohne Beeinträchtigung durch äußere Störreize in Reaktionen umzusetzen,
- besondere Verantwortung infolge möglicher folgenschwerer Auswirkungen von Fehlleistungen,
- ständige Aufmerksamkeit bei vorhersehbaren Ereignissen, bei denen der Zeitpunkt des Eintretens unbekannt ist und Notwendigkeit zu raschem eigenen Eingreifen besteht.

Tätigkeiten an Arbeitsplätzen mit Beurteilungspegeln $\leq$ 85 dB (A)

Der *Beurteilungspegel am Arbeitsplatz* darf auch unter Berücksichtigung der von außen einwirkenden Geräusche höchstens betragen:

- *bei allen sonstigen Tätigkeiten $\leq$ 85 dB (A)*; soweit dieser Beurteilungspegel nach der betrieblich möglichen Lärmminderung zumutbarerweise nicht einzuhalten ist, darf er bis zu 5 dB (A) überschritten werden.

Hierunter sind alle die Tätigkeiten zu verstehen, die sich eindeutig von den schon beschriebenen unterscheiden, wie

- einfache handwerkliche Arbeiten (Anfertigen, Instandsetzen),
- Arbeiten an Fertigungsmaschinen, Vorrichtungen, Geräten,
- Warten, Instandsetzen und Reinigen technischer Einrichtungen und deren unmittelbare Beaufsichtigung.

Damit können verbunden sein:

- kurzzeitiger oder geringer Konzentrationsbedarf bei vorwiegenden Routinearbeiten,
- mangelnde sprachliche Verständigung, ungenügendes Signalerkennen, das möglicherweise zum Auslösen von Fehlhandlungen und zu erhöhter Unfallgefahr führt.

Wird der *Beurteilungspegel von 85 dB (A) überschritten*, so hat der Arbeitgeber persönliche Schallschutzmittel zur Verfügung zu stellen. Wird ein *Beurteilungspegel von 90 dB (A) erreicht oder überschritten*, so müssen die Arbeitnehmer diese Schallschutzmittel benutzen. Darüber hinaus hat der Arbeitgeber solche Arbeitsbereiche als Lärmbereiche auszuweisen und die dort tätigen Arbeitnehmer durch Vorsorgeuntersuchungen überwachen zu lassen.

7.1.1.3 Anforderungen zur Lärmverminderung [11]

- Die *Lärmabstrahlung von Anlagen* (Maschinen, Ventilatoren usw.) ist entsprechend dem *SdT* durch schalldämmende Maßnahmen (z.B. Auswuchten, Kapselung, Einsatz von Schalldämpfern) *so gering wie möglich* zu halten.

– *Lärmerzeugende Anlagenteile* müssen dem *Stand der Lärmschutz- und Schwingungsisoliertechnik* entsprechend errichtet, betrieben und gewartet werden (z.B. körperschall- und schwingungsisolierte Aufstellung von Maschinen, d.h. Vermeidung starrer Verbindungen zwischen körperschallerzeugenden Maschinen, Maschinenfundamenten und Hallenelementen).
– *Kühlanlagen,* die *Luftansaug- und Auspufföffnungen im Kompressorenraum* sowie *sonstige lärmrelevante Zu- und Abluftöffnungen* sind schallgedämpft auszuführen bzw. mit ausreichend dimensionierten Schalldämpfern zu versehen.

7.1.2 Gesetz über technische Arbeitsmittel (Gerätesicherheitsgesetz – GSG) [12]

Nach § 2 Abs. 2a sind *überwachungsbedürftige Anlagen* im Sinne dieses Gesetzes u.a. Dampfkesselanlagen.

7.1.2.1 Verordnung zum § 11 GSG

Verordnung über Dampfkesselanlagen (Dampfkesselverordnung – DampfkV)

Diese Verordnung gilt für die *Errichtung und den Betrieb von Dampfkesselanlagen* (§ 1 Abs. 1).

Die *Bestandteile der Dampfkesselanlage* werden in § 2 Abs. 2, 4 definiert: *Dampfkessel* sind nach Abs. 2 Behälter- oder Rohranordnungen, in denen

– Wasserdampf von höherem als atmosphärischem Druck zur Verwendung außerhalb dieser Anlage erzeugt wird (Dampferzeuger) oder
– Heißwasser von einer höheren Temperatur als der dem atmosphärischen Druck entsprechenden Siedetemperatur zur Verwendung des Heißwassers außerhalb dieser Anordnungen erzeugt wird (Heißwassererzeuger).

Die *Einteilung der Dampfkessel* erfolgt in § 4. Die im Unternehmen Hettich Umformtechnik eingesetzten Dampfkessel gehören der Gruppe II an, d.h. der Wasserinhalt ist jeweils > 10 L und die zulässige Vorlauftemperatur ≤ 120 °C (Heißwassererzeuger).

§ 6 legt die *allgemeinen Anforderungen an Dampfkesselanlagen* fest. Demnach müssen die Anlagen im Sinne dieser Verordnung nach den *Vorschriften des Anhanges zu dieser Verordnung* und im übrigen nach den *allgemein anerkannten Regeln der Technik (aaRdT)* errichtet und betrieben werden. Im Einzelfall können von der zuständigen Behörde *weitergehende Anforderungen gemäß § 7* stellen.

Nach § 10 ist die *Errichtung und der Betrieb einer Dampfkesselanlage erlaubnispflichtig.* Der Antrag ist schriftlich unter Beifügung der in Abs. 2 aufgelisteten Unterlagen, die zuvor von Sachverständigen im Sinne des § 24 dieser Verordnung auf Richtigkeit zu prüfen sind, bei der Erlaubnisbehörde zu stellen. Eine *wesentliche Änderung* einer Dampfkesselanlage ist nach § 13 ebenfalls erlaubnispflichtig.

Nach § 15 Abs. 1 muß eine Dampfkesselanlage nach ihrer Errichtung oder einer wesentlichen Änderung von einem *Sachverständigen geprüft* werden,

- bevor sie *in Betrieb* genommen werden oder
- bevor sie nach einer *wesentlichen Änderung* wieder in Betrieb genommen werden (§ 15 Abs. 1),
- bevor sie nach einer *Außerbetriebnahme* von länger als zwei Jahren wieder in Betrieb genommen werden (§ 18 Abs. 2),
- nach *Schadensfällen* (§ 19).

Die in § 16 aufgeführten Anlagen müssen darüber hinaus gemäß den *Prüffristen* nach § 17 grundsätzlich *wiederkehrend* geprüft werden.Über das *Ergebnis der Prüfung* hat der Sachverständige nach § 22 Abs. 1 eine *Bescheinigung* zu erteilen, die vom Betreiber der Anlage aufzubewahren ist (Abs. 2).

Die *Anforderungen an den Betrieb der Anlagen* im Sinne dieser Verordnung sind im § 25 festgelegt. Nach Abs. 1 hat der Anlagenbetreiber die Anlagen

- im ordnungsgemäßen Zustand zu erhalten,
- ordnungsgemäß zu betreiben,
- wenn die Notwendigkeit besteht, unverzüglich instandzuhalten und instandzusetzen,

immer unter der Beachtung der den Umständen nach zu treffenden notwendigen Sicherheitsmaßnahmen.

Eingesetzte *Kesselsteinlöse- und Kesselsteingegenmittel* müssen gemäß § 27 vor ihrem Einsatz von der zuständigen Behörde *zugelassen* sein.

7.2 Soll-Ist-Abgleich Immissionsschutz

7.2.1 Genehmigungsbedürftige Anlagen nach BImSchG

Ist-Zustand

Die der Galvanik nachgeschaltete Endreinigungsstufe hat neben der Einhaltung der Indirekteinleiterverordnung (s. Kap. 6.2.2.4: „gewerbliches Abwasser: Abwasser der Galvanik (Bauabschnitt Oni *") den Zweck, Nickelschlamm zur Verwertung als auch Galvanikschlamm zur chemisch-physikalischen, biologischen-(CBP)-Behandlung bereitzustellen.

---

* Name eines ehemaligen Unternehmens, vom Unternehmen Hettich Umformtechnik 1980 übernommen.

Soll-Zustand

Es gilt:

- § 2 Spalte 1 Nr. 8.6 der 4. BImschV (Verordnung über genehmigungsbedürftige Anlagen): „Zuordnung zu den Genehmigungsverfahrensarten" in Verbindung mit
- § 10 BImSchG: „Genehmigungsverfahren".

Spalte 1 Nr. 8.6 beschreibt Anlagen zur chemischen Aufbereitung von cyanidhaltigen Konzentraten, Nitriten, Nitraten oder Säuren, soweit hierdurch eine Verwertung als Reststoff oder eine Entsorgung als Abfall ermöglicht werden soll.

Maßnahme

- Es ist mit der zuständigen Behörde dringend abzuklären, ob die Endreinigungsstufe den Tatbestand einer genehmigungsbedürftigen Anlage entspricht.

7.2.2 Nicht genehmigungsbedürftige Anlage nach BImSchG: Dampfkesselanlage

Die im Unternehmen Hettich Umformtechnik betriebene Dampfkesselanlage (Bauabschnitt Oni) besteht aus drei Heißwassererzeugern (Abb. 42) (s. a. Kap. 7.1.2.1) inklusive zugehörigen Feuerungsanlagen (s. Kap. 7.2.3).

Die letztmalige wesentliche Änderung der Dampfkesselanlage (Umrüstung von Flüssiggasbetrieb auf wahlweisen Betrieb mit Erdgas oder Heizöl EL) wurde am 31.8.1994 beantragt, die Erlaubnis dafür ist am 3.2.1995 von der zuständigen Behörde, dem Landesamt für Arbeitsschutz und technische Sicherheit (LAfA), erfolgt.

Die Prüfung durch Sachverständige ist am (8.3.1995) vom Unternehmen Hettich Umformtechnik anberaumt worden, die Prüfungsunterlagen befinden sich z.Z. noch beim TÜV Berlin-Brandenburg. Eine Bescheinigung über das Prüfungsergebnis liegt demzufolge noch nicht vor. Nach erfolgter, vorheriger Abspache zwischen dem Unternehmen Hettich Umformtechnik, TÜV und LAfA, ist die Dampfkesselanlage aufgrund betriebsinterner Notwendigkeit bereits in Betrieb.

Wiederkehrende Prüfungen sind nicht erforderlich, da das Gesamtvolumen der drei Kessel $V_{ist} = 1550$ L $\leq V_{erf.} = 2000$ L beträgt.

Hinsichtlich der Pflichten des Betreibers besteht zwischen dem Unternehmen Hettich Umformtechnik und dem Hersteller der Feuerungsanlagen ein Wartungsvertrag, der zweimal jährlich erfüllt wird. Die Eigenkontrolle wird durch den betriebsinternen Hausmeister in Zusammenarbeit mit der Fachkraft für Arbeitssicherheit täglich durchgeführt.

Kesselsteinlöse- bzw. Kesselsteingegenmittel werden nicht eingesetzt.

Abb. 42. Heißwassererzeuger der Dampfkesselanlage

Soll-Zustand

Es gilt:

- § 13 DampfkV (s. Kap. 7.1.2): „Wesentliche Änderung" in Verbindung mit
- § 10 DampfkV (s. Kap. 7.1.2): „Erlaubnis zur Errichtung und zum Betrieb".
- § 15 DampfkV (s. Kap. 7.1.2): „Prüfung vor Inbetriebnahme".
- § 16 DampfkV (s. Kap. 7.1.2): „Wiederkehrende Prüfungen".
- § 22 DampfkV (s. Kap. 7.1.2): „Prüfbescheinigungen".
- § 25 DampfkV (s. Kap. 7.1.2): „Anforderungen an den Betrieb der Anlagen".
- § 27 DampfkV (s. Kap. 7.1.2): „Kesselsteinlöse- bzw. Kesselsteingegenmittel".

Maßnahmen

Da der Ist-Zustand dem Soll-Zustand entspricht, sind keine Maßnahmen zu treffen.

7.2.3 Kleinfeuerungsanlagen

7.2.3.1 Feuerungsanlagen der Dampfkesselanlage (Bauabschnitt Oni)

Ist-Zustand

Es sind insgesamt drei Zweistoff-Brenner (Feuerungstechnik: Ölzerstäubungs-brenner mit Stauscheibenmischsystem) vorhanden, die wahlweise mit Erdgas oder Heizöl-EL betrieben werden können. Die Leistungsdaten für die jeweiligen Feuerungsanlagen sind in Tabelle 11 angegeben.

Die Gesamtfeuerungsleistung beträgt 2,1 MW und somit liegt der Wert unter-halb der Bemessungsgrenze zur Genehmigungsbedürftigkeit nach der 4. BImSchV (s. Kap. 7.1.1.1).

Die wiederkehrende Messung ist am 16. 2. 1995 für die Feuerung mit Heizöl EL über den zuständigen Bezirksschornsteinfegermeister erfolgt.

Die Grenzwerte hinsichtlich Rußzahl, Ölderivate und Abgasverluste sind jeweils eingehalten worden und in den zulässigen Bescheinigungen dokumentiert. Allerdings fehlt die diesjährige wiederkehrende Messung für die Feuerung mit Erdgas.

Die Höhe des dreizügigen Schornsteins entspricht mit 14,1 m den Anforderungen (Abb. 43).

Tabelle 11. Leistungsdaten der Feuerungsanlagen Dampfkesselanlage

Leistungsdaten	Brenner 1	Brenner 2	Brenner 3
Feuerungswärmeleistung (FWL) (MW)	0,315	0,734	1,087
Nennwärmeleistung (NWL) (kW)	53	140	140

Abb. 43. Schornstein der Feuerungsanlagen der Dampfkesselanlage

Soll-Zustand

Es gilt:

- § 9 1. BImSchV (s. Kap. 7.1.1.1): „Anforderungen an Ölfeuerungsanlagen mit Zerstäubungsbrennern".
- § 10 1. BImSchV (s. Kap. 7.1.1.1): „Anforderungen an Gasfeuerungsanlagen".
- § 11 1. BImSchV (s. Kap. 7.1.1.1): „Begrenzung der Abgasverluste".
- § 15 1. BImSchV (s. Kap. 7.1.1.1): „Wiederkehrende Überwachung".
- § 18 1. BImSchV (s. Kap. 7.1.1.1): „Ableitbedingungen für Abgase".

Maßnahme

- Die wiederkehrende Messung ist für den Feuerungsbetrieb mit Erdgas durchführen zu lassen.

7.2.3.2 Feuerungsanlagen im Bereich Pulverbeschichtung (Bauabschnitt V)

Ist-Zustand

Innerhalb der Pulverbeschichtung sind zwei Feuerungsanlagen im Einsatz, die mit Erdgas betrieben werden, die zum einen der Beheizung des „Haftwassertrockners" (Abtrocknen der Fertigungsteile nach dem kombinierten Eisen-Phosphatierungs/Entfettungsprozesses bei 100–120 °C) und zum anderen der Beheizung des „Pulvertrockners" (Aufschmelzen „Sintern" des Pulverlackes auf die Oberfläche der Fertigungsteile bei Temperaturen um 180 °C) dienen.

Die Leistungsdaten für die jeweiligen Feuerungsanlagen sind in Tabelle 12 angegeben.

Die wiederkehrende Messung ist am 16.2.1995 für die Feuerung mit Erdgas über den zuständigen Bezirksschornsteinfegermeister erfolgt. Die Grenzwerte hinsichtlich Abgasverluste sind jeweils eingehalten worden und mittels vorgeschriebenen Bescheinigungen dokumentiert.

Die Errichtung des Schornsteins erfolgte gemäß VDI 2280; die Höhe beträgt demnach 5 m über Flachdach.

Soll-Zustand

Es gilt:

- § 10 1. BImSchV (s. Kap. 7.1.1.1): „Anforderungen an Gasfeuerungsanlagen".
- § 11 1. BImSchV (s. Kap. 7.1.1.1): „Begrenzung der Abgasverluste".
- § 15 1. BImSchV (s. Kap. 7.1.1.1): „Wiederkehrende Überwachung".

Tabelle 12. Leistungsdaten der Feuerungsanlagen Pulverbeschichtung

Leistungsdaten	Trockner „Wasser"	Trockner „Pulver"
Feuerungswärmeleistung (FWL) (MW)	131	360
Nennwärmeleistung (NWL) (kW)	122	382

- § 18 1. BImSchV (s. Kap. 7.1.1.1): „Ableitbedingungen für Abgase".
- VDI 2280: „Bestimmung der Schornsteinhöhe für Lösemittelemittierende Betriebe".

Maßnahme

Da der Ist-Zustand dem Soll-Zustand entspricht, sind keine Maßnahmen zu treffen.

7.2.3.3 Feuerungsanlage im Bereich Härterei (Bauabschnitt III)

Ist-Zustand

Die in der Anlage 2 eingesetzte, ebenfalls mit Erdgas betriebene Feuerungsanlage dient zur indirekten Beheizung des Austragebandes (Abb. 44) zwecks Trocknung der Fertigungsteile. Die Leistungsdaten für die Feuerungsanlage ist in Tabelle 13 angegeben.

Die wiederkehrende Messung ist am 16.2.1995 für die Feuerung mit Erdgas über den zuständigen Bezirksschornsteinfegermeister erfolgt. Der Grenzwert hinsichtlich des Abgasverlustes ist eingehalten worden und mittels vorgeschriebener Bescheinigung dokumentiert.

Abb. 44. Gehäuse der Feuerungsanlage mit Abgasableitung

Tabelle 13. Leistungsdaten der Feuerungsanlage Härterei

Leistungsdaten	Trockner „Wasser"
Feuerungswärmeleistung (FWL) (MW)	25,5
Nennwärmeleistung (NWL) (kW)	42

Abb. 45. Schornstein der Feuerungsanlage
der Härte-Anlage 2

Der Schornstein entspricht nicht den Anforderungen, da ein ungestörter Abtransport mit der freien Luftströmung aufgrund der (Regen-)Abdeckung nicht gegeben ist (Abb. 45). Die Höhe beträgt ca. 0,9 m.

Soll-Zustand

Es gilt:

- § 10 1. BImSchV (s. Kap. 7.1.1.1): „Anforderungen an Gasfeuerungsanlagen".
- § 11 1. BImSchV (s. Kap. 7.1.1.1): „Begrenzung der Abgasverluste".
- § 15 1. BImSchV (s. Kap. 7.1.1.1): „Wiederkehrende Überwachung".
- § 18 1. BImSchV (s. Kap. 7.1.1.1): „Ableitbedingungen für Abgase".
- VDI 3781: „Bestimmung der Schornsteinhöhe für kleinere Feuerungsanlagen".

Maßnahme

- Es ist ein Schornstein gemäß den Anforderungen nach § 18 1. BImSchV bzw. nach VDI 3781 zu errichten.

7.2.4 Weitere Emissionsquellen

7.2.4.1 Schweißplätze

Ist-Zustand

Innerhalb des Unternehmens Hettich Umformtechnik existieren mehrere Schweißplätze und zwar in den Bereichen Schlosserei und Werkzeugbau-„Insel" (Bauabschnitt I) sowie im Bereich Stanzerei (Bauabschnitt IV).

Abb. 46. Absauganlage der Schweißplätze im Bereich Schlosserei

Absauganlagen (Abb. 46) sind jeweils vorhanden. Ausnahme: Für den Schneidbrenner in der Schlosserei existiert keine Absauganlage; eine „technische Lüftung" über Ventilator ist vorhanden.

Soll-Zustand

Es gilt:

- TRGS 402: „Ermittlung und Beurteilung der Konzentration gefährlicher Stoffe in der Luft in Arbeitsbereichen" sowie
- TRGS 900: „Grenzwerte in der Luft am Arbeitsplatz (MAK- und TRK-Werte)" und
- TRGS 903: „Biologische Arbeitsplatztoleranzwerte (BAT-Werte)" als Grundlagen für:
- Anforderungen des Berufsgenossenschaftlichen Institutes für Arbeitssicherheit (BIA).
- § 4 Unfallverhütungsvorschrift 26.0: „Anforderungen an Lüftungseinrichtungen".

Maßnahmen

- Es ist zu überprüfen, inwiefern die Absauganlagen den Anforderungen des BIA genügen und ob zusätzlich Abgasreinigungsanlagen zu installieren sind.
- Für den Schneidbrenner in der Schlosserei ist zusätzlich eine Absauganlage einzurichten, da teilweise hochlegierte Stähle (Chrom- und Nickellegierungen; [Cr/Ni] ≥ 5 Gew.-%) bearbeitet werden.

7.2.4.2 Abluftableitung Gefahrstofflager (Bauabschnitt Oni)

Ist-Zustand

Die (cyanidhaltige) Abluft wird über Dach abgeführt, allerdings kann ein ungestörter Abtransport mit der freien Luftströmung nicht vorausgesetzt werden (s. Abb. 47).

Abb. 47. Abluftableitung des Gefahrstofflagers

Soll-Zustand

Es gilt:

- § 22 BImSchG (s. Kap. 7.1.1): „Pflichten der Betreiber nicht genehmigungsbedürftiger Anlagen".
- TA Luft 2.4.1: „Allgemeines zur Ableitung von Abgasen".

Maßnahme:

- Die Abluftableitung sollte so ausgerichtet sein, daß ein ungestörter Abtransport mit der freien Luftströmung ermöglicht wird.

7.2.4.3 Abluftableitung der elektrostatischen (Öl-)Filter am Beispiel des Bereichs Härterei (Bauabschnitt III)

Ist-Zustand

Die Abluft wird über Dach abgeführt, allerdings kann ein ungestörter Abtransport mit der freien Luftströmung aufgrund des 90°-Bogens nicht vorausgesetzt
werden (s. Abb. 48).

Soll-Zustand

Es gilt:

- § 22 BImSchG (s. Kap. 7.1.1): „Pflichten der Betreiber nicht genehmigungsbedürftiger Anlagen".
- TA Luft 2.4.1: „Allgemeines zur Ableitung von Abgasen".

Abb. 48. Abluftableitung des elektrostatischen Filters der Härte-Anlage 3

Maßnahme:

– Die Abluftableitung sollte so ausgerichtet sein, daß ein ungestörter Abtransport mit der freien Luftströmung ermöglicht wird.

7.2.4.4 Abgasableitung der Härte-Öfen der Anlagen 1–3 im Bereich Härterei (Bauabschnitt III)

Ist-Zustand

Die Abgase der jeweiligen Härte-Öfen (s. Abb. 49) werden durch Kamine über Dach abgeführt, allerdings ist ein ungestörter Abtransport mit der freien Luftströmung aufgrund der verwendeten (Regen-)Abdeckung nicht gegeben (s. Abb. 50).

Abb. 49. Härte-Öfen der Anlage 3 mit Abgasableitung

Abb. 50. Kamine zur Abgasableitung der Härte-Öfen

Soll-Zustand

Es gilt:

- § 22 BImSchG (s. Kap. 7.1.1): „Pflichten der Betreiber nicht genehmigungs-bedürftiger Anlagen".
- TA Luft 2.4.1: „Allgemeines zur Ableitung von Abgasen".

Maßnahme:

- Die Abluftableitung sollte so ausgerichtet sein, daß ein ungestörter Abtransport mit der freien Luftströmung ermöglicht wird.

7.2.4.5 Fotokopierer, Laserdrucker

Ist-Zustand

Beim Betrieb von Fotokopierer und Laserdrucker (älteren Typs) wird verfahrensbedingt Ozon (O_3) freigesetzt. Ozon reizt Schleimhäute der Atemwege und Augen.

Fotokopierer (Fa. Minolta) sind eingesetzt

- in der Verwaltung (Bauabschnitt I). Die zwei eingesetzten Kopierer sind mit dem Gütezeichen „Blauer Engel" des Umweltbundesamtes (UBA) ausgezeichnet,
- im Meisterbüro Werkzeugbau (Bauabschnitt IV). Der Kopierer ist im Nebenraum mit einer Fläche von ca. 1 m² aufgestellt (s. Abb. 51). Eine ausreichende Belüftung ist somit nicht gegeben. Der Kopierer trägt nicht das Gütezeichen des UBA,
- innerhalb des Fotokopierraums der Konstruktion (Bauabschnitt IV). Der Raum wird technisch belüftet. Der Kopierer trägt nicht das Gütezeichen des UBA,

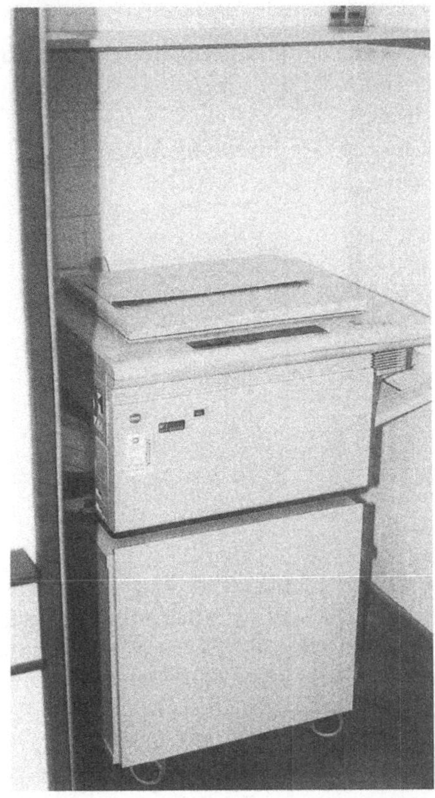

Abb. 51. Nebenraum mit Fotokopierer

- innerhalb des Meisterbüros der FR-Montage. Eine Belüftung über Fenster ist gegeben. Der Kopierer ist nicht mit dem Gütezeichen des UBA versehen,
- in der Warenannahme (Bauabschnitt III). Eine Belüftung über Fenster ist gegeben. Der Kopierer ist nicht mit dem Gütezeichen des UBA versehen.

Ein Laserdrucker (Fa. Xerox) wird in der Verwaltung eingesetzt. Er ist nicht mit dem Gütezeichen des UBA versehen; das vorliegende Sicherheitsdatenblatt weist jedoch aus, das der MAK-Wert (Maximale Arbeitsplatzkonzentration) für Ozon eingehalten wird. Ein weiterer Laserdrucker (Fa. Hewlett Packard) ist im Sekretariat der Geschäftsführung im Einsatz. Dieser entspricht lt. Benutzerhandbuch den Normen für Ozon der US-amerikanischen Überwachungskommission „Underwriters Laboratory" (UL) und emittiert daher kein Ozon.

Soll-Zustand

Es gilt:

- MAK-Wert für Ozon: 0,2 mg/m³

Maßnahmen

- Grundsätzlich ist, besonders für die „Altgeräte" ohne Gütezeichen des UBA für
  eine ausreichende Belüftung zu sorgen. Der Kopierer im Meisterbüro Werkzeugbau ist aus dem Nebenraum zu entfernen.
- Bei einer Neuanschaffung sollten die Kopiergeräte mit dem „Blauen Engel"-
  Gütezeichen ausgezeichnet sein. Damit wird garantiert:

- max. Ozonkonzentration [0,04 mg/m³],
- max. Staubkonzentration [0,25 mg/m³],
- für den Einsatz von Recycling-Papier (DIN 19308) geeignet,
- Rückname und Aufarbeitung von den Selen-(Se)-Halbleitertrommeln,
- Mehrwegtonerpatronen,
- keine gefährlichen und krebserzeugende Substanzen im Toner.

7.2.5 Lärmemissionen

Ist-Zustand

Innerhalb des Unternehmens Hettich Umformtechnik sind insgesamt acht
Lärmbereiche aufgrund vorangegangener Ermittlungen der Beurteilungspegel
(Meßergebnisse liegen vor) eingerichtet worden. Obwohl die Einrichtung von
Lärmbereichen erst ab einem Beurteilungspegel $\geq$ 90 dB (A) erforderlich ist, ist
freiwillig der Grenzwert zur Einrichtung von Lärmbereichen auf einen Beurtei-
lungspegel von $\geq$ 80 dB (A) erniedrigt worden.

Die ausgewiesenen Lärmbereiche sind:

- Galvanikanlage (Bauabschnitt Oni),
- Schrauben- und Nietenfertigung (Bauabschnitte II, III),
- Stanzerei (Bauabschnitte I, II, IV),
- Montage und Verpackung innerhalb der Pulverbeschichtung (Bauabschnitte
  V, VI).

Sämtliche Stanzautomaten sind auf Schwingungsisolierelementen aufgestellt
(s. Abb. 52); darüber hinaus sind sie zur Minderung der Lärmabstrahlung
gekapselt (s. Abb. 53). Die Kopfpressen der Nieten- und Schraubenfertigung
sowie Schraubenwalzen sind ebenfalls gekapselt (s. Abb. 21, 22). Nach Auskunft
des Umweltkoordinators sind Einhausungen für den Bereich der Montage aufgrund der Verfahrensabläufe nicht machbar, dies gilt ebenso für die Galvanikanlage.

Die jeweiligen Meister der ausgewiesenen Lärmbereiche sind aufgrund ihrer
übertragenen Fürsorgepflicht gegenüber den in ihrem Zuständigkeitsbereich
arbeitenden Arbeitnehmern verpflichtet, diese darauf hinzuweisen, daß sie in
Lärmbereichen die bereitgestellten persönlichen Schallschutzmittel (z. B. Ohr-
stöpsel) benutzen müssen. Die Unterweisungen werden mündlich erteilt, eine
schriftliche Gegenzeichnung seitens der Arbeitnehmer erfolgt bis auf den
Bereich Stanzerei nicht.

Abb. 52. Schwingungselemente für Stanz-automaten

Abb. 53. Eingekapselte Stanzautomaten

Soll-Zustand

Es gilt:

- VDI 2058 Blatt 3 (s. Kap. 7.1.1.2): „Beurteilung von Lärm am Arbeitsplatz unter Berücksichtigung unterschiedlicher Tätigkeiten".
- Anforderungen zur Lärmverminderung (s. Kap. 7.1.1.3).

Maßnahme

– Arbeitnehmer sollten grundsätzlich Unterweisungen schriftlich quittieren.

8 Energie

8.1 Wichtige energieeinsparungsrechtliche Grundlagen

8.1.1 Gesetz zur Einsparung von Energie in Gebäuden (Energieeinsparungsgesetz – EnEG) [nach 13]

§ 1 dieses Gesetzes – *energiesparender Wärmeschutz bei zu errichteten Gebäuden* – ist für das Unternehmen Hettich Umformtechnik ausschließlich für die Bauabschnitte III – VI relevant, da die übrigen Bauabschnitte bereits vor dem Verabschieden des EnEG im Jahre 1976 errichtet worden waren.

§ 4 dagegen legt *Sonderregelungen und Anforderungen an bestehenden Gebäude* fest, welche durch Rechtsverordnungen konkretisiert werden.

§ 2 bestimmt die *Anforderungen an den Einbau bzw. die Aufstellung von heizungs- und raumlufttechnischen Anlagen sowie Brauchwasseranlagen in Gebäuden.* So hat der Anlagenbetreiber bei Entwurf, Auswahl oder Ausführung dieser Anlagen und Einrichtungen darauf zu achten, daß nicht mehr Energie verbraucht wird, als zur bestimmungsmäßigen Nutzung notwendig ist. Die Anforderungen, konkretisiert durch Rechtsverordnungen, können sich beziehen auf

– den Wirkungsgrad, die Auslegung und die Leistungsaufteilung der Wärmeerzeuger,
– die Ausbildung interner Verteilungsnetze,
– die Begrenzung der Brauchwassertemperatur,
– die Regelungs- und Steuerungseinrichtungen der Wärmeversorgungssysteme,
– den Einsatz von Wärmerückgewinnungsanlagen,
– die meßtechnische Ausstattung zur Verbrauchserfassung,
– weitere Eigenschaften der Anlagen und Einrichtungen, soweit dies hinsichtlich der Reduzierung des Energieverbrauchs aufgrund der technischen Entwicklung erforderlich ist.

Die *Anforderungen an den Betrieb heizungs- und raumlufttechnischer Anlagen sowie von Brauchwasseranlagen* wird in § 3 geregelt. Danach haben Betreiber von diesbezüglichen Anlagen in Gebäuden dafür zu sorgen, daß diese so instandgehalten und betrieben werden, daß der Energieverbrauch auf das Notwendige beschränkt bleibt.

§ 5 stellt die *gemeinsamen Voraussetzungen für Rechtsverordnungen* fest. Grundsätzlich müssen die gestellten Anforderungen nach dem SdT erfüllbar und für Gebäude gleicher Art und Nutzung wirtschaftlich vertretbar sein. Anforderungen gelten als wirtschaftlich vertretbar, wenn generell

– die erforderlichen Aufwendungen innerhalb der üblichen Nutzungsdauer bzw. bei bestehenden Gebäuden der noch zu erwartende Nutzungsdauer durch die eintretenden Einsparungen erwirtschaftet werden können.

8.1.1.1 Verordnungen zum EnEG [nach 14]

Verordnung über einen energiesparenden Wärmeschutz bei Gebäuden (Wärmeschutzverordnung – WSchV), inkraftgetreten am 1.1.1995

Für das Unternehmen Hettich Umformtechnik von Bedeutung ist der *dritte Abschnitt über bauliche Änderungen bestehender Gebäude.* Die *Anforderungen an die Begrenzung des Heizwärmebedarfs* wird in § 8 dieser Verordnung festgelegt. Nach Abs. 1 sind bei der baulichen Erweiterung um mindestens einen beheizten Raum oder der Erweiterung der Nutzfläche in bestehenden Gebäuden um > 10 m² zusammenhängende beheizte Nutzfläche für die neuen beheizten Räume bei *Gebäuden mit normalen Innentemperaturen ($\geq$ 19 °C)* die Anforderungen nach §§ 3, 4 und bei *Gebäuden mit niedrigen Innentemperaturen (> 12 °C < 19 °C)* die Anforderungen nach §§ 6, 7 einzuhalten. Werden nach Abs. 2 bei beheizten Räumen bei den beschriebenen Gebäudearten Bauteile, wie

– Außenwände,
– außenliegende Fenstern, Fenstertüren sowie Dachfenster,
– Decken unter nicht ausgebauten Dachräumen oder Decken einschließlich Dachschrägen, die die Räume nach oben oder unten gegen die Außenluft abgrenzen,
– Kellerdecken oder
– Wände oder Decken gegen unbeheizte Räume

erstmalig eingebaut, ersetzt (wärmetechnisch nachgerüstet) oder erneuert werden, sind die in Anlage 3 genannten Anforderungen einzuhalten. Dies gilt auch bei Maßnahmen zur wärmeschutztechnischen Verbesserungen der Bauteile.
Ausnahmen der o. a. Anforderungen:

– Anforderungen nach §§ 3, 4 bzw. §§ 6, 7 werden bereits erfüllt,
– die Ersatz- oder Erneuerungsmaßnahme beschränkt sich auf $\leq$ 20 % der Gesamtfläche der jeweiligen Bauteile.

Bei *Gebäuden mit gemischter Nutzung,* d. h. mit normalen als auch niedrigen Innentemperaturen, gelten für die entsprechenden Gebäudeteile die jeweiligen Vorschriften (§ 9).

§ 11 bestimmt die *Ausnahmen von der Gültigkeit dieser Verordnung.* Danach gilt nach Abs. 1 u. a. für *Werkstätten, Werkhallen und Lagerhallen,* soweit sie aufgrund ihres üblichen Verwendungszwecks flächig und lang offengehalten werden müssen, diese Verordnung nicht.

Anforderungen nach § 3 (Begrenzung des Jahres-Heizwärmebedarfs):

– Der *Jahres-Heizwärmebedarf* ist nach Anlage 1 Ziffer 1 und 6 bzw. für kleine Wohngebäude nach Ziffer 7 zu begrenzen. Werden *mechanisch betriebene Lüf-*

tungsanlagen eingesetzt, können diese bei der Ermittlung des Jahres-Heizwärmebedarfs nach Ziffer 1.6.3 und 2 berücksichtigt werden.

- Bei *Flächenheizungen* in Bauteilen, die beheizte Räume gegen die Außenluft, das Erdreich oder gegen Gebäudeteile mit wesentlich niedrigeren Innentemperaturen abgrenzen, ist der *Wärmedurchgang* nach Anlage 1 Ziffer 3 zu begrenzen.
- Der *Wäremedurchgangskoeffizient für Außenwände* im Bereich von Heizkörpern darf den Wert der nichttransparenten Außenwände des Gebäudes nicht überschreiten.
- Werden *Heizkörper vor außenliegenden Fensterflächen* angeordnet, sind zur Verringerung der Wärmeverluste geeignete nicht demontierbare oder integrierte Abdeckungen an der Körperrückseite vorzusehen. Der Wärmedurchgangskoeffizient (k-Wert) der Abdeckung muß $k \leq 0{,}9$ W/(m² · K) betragen. Der *Wärmedurchgang durch die Fensterflächen* ist nach Anlage 1 Ziffer 4 zu begrenzen.
- Soweit Gebäude mit Einrichtungen ausgestattet werden, durch die die *Raumluft mittels Energie gekühlt* wird, ist der *Energiedurchgang von außenliegenden Fenstern und -türen* nach Anlage 1 Ziffer 5 zu begrenzen.
- *Fenster und -türen in wärmetauschenden Flächen* müssen mindestens mit einer *Doppelverglasung* versehen werden.

Anforderung nach § 4 (Anforderungen an die Dichtheit):

- Soweit die *wärmeübertragende Umfassungsfläche* durch Verschalungen oder gestoßene, überlappende sowie plattenartige Bauteile gebildet wird, ist eine luftundurchlässige Schicht über die gesamte Fläche einzubauen, falls nicht auf andere Weise eine entsprechende Dichtheit sichergestellt werden kann.
- Die *Fugendurchlaßkoeffizienten* der außenliegenden Fenster und -türen dürfen die in Anlage 4 Tabelle 1 genannten Werte, die *Fugendurchlaßkoeffizienten der Außentüren* den in Anlage 4 Tabelle 1 Zeile 1 aufgeführten Wert nicht überschreiten.
  • *Sonstige Fugen* in der wärmeübertragenden Umfassungsfläche müssen entsprechend dem *Stand der Technik* dauerhaft luftundurchlässig abgedichtet sein.

Anforderungen nach § 6 (Begrenzung des Jahres-Transmissionswärmebedarf):

- Der *Jahres-Transmissionswärmebedarf* ist nach Anlage 2 Ziffer 1 zu begrenzen.
- Soweit die Gebäude mit Einrichtungen ausgestattet werden, bei denen *Luft unter Einsatz von Energie gekühlt, be- oder entfeuchtet* wird, ist mindestens *Isolier- oder Doppelverglasung* vorzusehen.
- Wird die *Luft unter Energieeinsatz gekühlt*, ist der *Energiedurchgang* nach Anlage 1 Ziffer 5 zu begrenzen.
- Für die *Begrenzung des Jahres-Transmissionswärmebedarfs* bei Flächenheizungen in Außenbauteilen, Außenwänden im Bereich von Heizkörpern und Heizkörpern im Bereich von Fensterflächen gilt § 3 entsprechend.
- Wird für *außenliegende Fenster, Fenstertüren und Außentüren in beheizten Räumen Einfachverglasung* vorgesehen, so ist der *Wärmedurchgangskoef-*

fizient für diese Bauteile bei der Berechnung nach Anlage 2 Ziffer 2 mit $k \geq 5{,}2$ W/(m² · K) anzusetzen.

Anforderungen nach § 7 (Anforderungen an die Dichtheit):

– Die *Fugendurchlaßkoeffizienten* der außenliegenden Fenster und -türen von beheizten Räumen dürfen den in der Anlage 4 Tabelle 1 Zeile 1 genannten Wert nicht überschreiten. Im übrigen ist § 4 anzuwenden.

Verordnung über energiesparende Anforderungen an heizungstechnische Anlagen und Brauchwasseranlagen (Heizungsanlagen-Verordnung – HeizAnlV), inkraftgetreten am 1.6.1994

Nach § 1 gilt diese *Verordnung für heizungstechnische sowie der Versorgung mit Brauchwasser dienenden Anlagen und Einrichtungen mit einer Nennwärmeleistung* (d.h. die höchste von der Wärmeerzeugungsanlage im Dauerbetrieb abgegebene Wärmemenge je Zeiteinheit) *von ≥ 4 kW*, wenn die Anlage

– in Gebäuden zum dauernden Verbleib eingebaut oder aufgestellt werden oder
– in Gebäuden zum dauernden Verbleib eingebaut oder aufgestellt sind, soweit
– sie ersetzt, erweitert oder umgerüstet werden oder
– für sie nachträgliche Anforderungen nach § 4 Abs. 4 gestellt sind oder
– sie mit Einrichtungen zur Begrenzung von Betriebsbereitschaftsverlusten nach § 5 Abs. 2 nachzurüsten sind oder
– sie mit Steuerungs- und Regelungseinrichtungen nach § 7 Abs. 3 oder § 8 Abs. 6 nachzurüsten sind oder
– Anforderungen an ihren Betrieb nach § 9 gestellt sind.

§ 4 legt *Anforderungen an Einbau und Aufstellung von Wärmeerzeugern* fest. Nach Abs. 3 müssen *Zentralheizungen mit einer Nennwärmeleistung > 70 kW* mit Einrichtungen für eine *mehrstufige oder stufenlos verstellbare Feuerungsleistung oder mit mehreren Wärmeerzeugern* (Einheit von Wärmeaustauscher und Feuerungseinrichtung) ausgestattet sein. Die *Umsetzung der Anforderung* sind nach Abs. 4 bei Zentralheizungen mit einer Nennwärmeleistung

– > 70 kW ≤ 400 kW, die
  • vor dem 1. Januar 1973 errichtet worden sind, bis zum 31. Dezember 1994,
  • in der Zeit vom 1. Januar 1973 bis zum 30. September 1978 errichtet worden sind, bis zum 31. Dezember 1996;
– > 400 kW, die
  • vor dem 1. Januar 1973 errichtet worden sind, bis zum 31. Dezember 1995,
  • in der Zeit vom 1. Januar bis zum 30. September 1978 errichtet worden sind, bis zum 31. Dezember 1997

nachträglich zu erfüllen.

§ 5 regelt die *Begrenzung von Betriebsbereitschaftsverlusten.* Zentralheizungen mit mehreren Wärmeerzeugern sind nach Abs. 1 mit wasserseitig wirkenden Einrichtungen zu versehen, die Verluste durch nicht in Betriebsbereitschaft befindliche Wärmeerzeuger selbsttätig verhindert. Vor dem 1. Oktober 1978 ein-

Tabelle 14. Wärmedämmung von Wärmeverteilungsanlagen

Zeile	Nennweite (DN) der Rohrleitungen/ Armaturen in mm	Mindestdicke der Dämmschicht, bezogen auf eine Wärmeleitfähigkeit von $\lambda = 0{,}035$ W/(m · K) in mm
1	≤ DN 20	20
2	> DN 22 ≤ DN 35	30
3	> DN 40 ≤ DN 100	gleich DN
4	> DN 100	100
5	Rohrleitungen und Armaturen nach den Zeilen 1 bis 4 in Wand- und Deckendurchbrüchen, im Kreuzungsbereich von Rohrleitungen, an Rohrleitungsverbindungen, bei zentralen Rohrnetzverteilern, Heizkörperanschlußleitungen von nicht mehr als 8 m Länge als Summe von Vor- und Rückleitungen	0,5 · Mindestdicke der Zeilen 1 bis 4

gebaute Zentralheizungen mit mehreren Wärmeerzeugern sind bis zum 31.12.1995 mit Einrichtungen nach Abs. 1 nachzurüsten. Die Wärmeerzeuger dürfen nur dann eingebaut oder aufgestellt werden, wenn sie nach den aaRdT gegen Wärmeverluste gedämmt sind.

Die *Wärmedämmung von Wärmeverteilungsanlagen* wird in § 6 festgelegt. Nach Abs. 1 sind Rohrleitungen und Armaturen gemäß Tabelle 14 gegen Wärmeverluste zu dämmen.

Bei *Rohrleitungen, deren Nennweite nicht durch Normung festgelegt* ist, ist anstelle der Nennweite der Außendurchmesser einzusetzen. Bei *Materialien mit anderen Wärmeleitfähigkeiten* als in der Tabelle angegeben sind die Dämmschichtdicken umzurechnen.

Die *Anforderungen nach* Abs. 1 *gelten nicht für Rohrleitungen von Zentralheizungen* in

– Räumen, die zum dauernden Aufenthalt von Menschen bestimmt sind,
– Bauteilen, die solche Räume verbinden,

wenn ihre *Wärmeabgabe vom jeweiligen Nutzer über Absperreinrichtungen beeinflußt* werden kann (Abs. 2).

Anforderungen hinsichtlich der Steuerungs- und Regelungseinrichtungen erfolgt im § 7. Danach sind Zentralheizungen mit zentralen selbsttätig wirkenden Einrichtungen zur Verringerung und Abschaltung der Wärmezufuhr sowie zur Ein- und Ausschaltung der elektrischen Antriebe in Abhängigkeit von

– der Außentemperatur oder einer anderen geeigneten Führungsgröße und
– der Zeit

auszustatten (Abs. 1).

Heizungstechnische Anlagen allgemein sind mit selbsttätig wirkenden Einrichtungen zur raumweisen Temperaturregelung zu versehen. Für Raumgruppen gleicher Art und Nutzung ist Gruppenregelung zulässig (Abs. 2).

Tabelle 15. Nachrüstbedingungen für Zentralheizungen

Zentralheizungen	eingebaut oder aufgestellt vor dem 1.10.78
mit NT-Kessel in sämtlichen beheizten Gebäuden	nachzurüsten bis 31. Dezember 1997

Zentralheizungen sind nach Abs. 3, wie in Tabelle 15 ersichtlich, nachzurüsten.

Nach Abs. 4 sind die *Umwälzpumpen in Zentralheizungsanlagen* nach den technischen Regeln zu dimensionieren. *Nach dem 1. Januar 1996 eingebaute Umwälzpumpen müssen ab Kesselleistungen ab 50 kW so beschaffen sein, daß die* elektrische Leistungsaufnahme dem betriebsbedingten Förderbedarf automatisch in mindestens drei Stufen angepaßt wird, soweit sicherheitstechnische Belange des Wärmeerzeugers nicht entgegenstehen.

Die *Anforderungen an Brauchwasseranlagen* werden in § 8 definiert:

- Die Anforderungen der §§ 5 und 6 Abs. 1, 3 gelten entsprechend.
- Die *Brauchwassertemperatur* im Rohrnetz ist durch selbsttätig wirkende Einrichtungen oder andere Maßnahmen auf $\leq 60\,°C$ zu begrenzen. *Ausnahme:* Brauchwasseranlagen für die Bereitstellung zwingend höherer Temperaturen.
- *Brauchwasseranlagen* sind mit selbsttätig wirkenden Einrichtungen zur Ein- und Ausschaltung der Zirkulationspumpen in Abhängigkeit von der Zeit auszustatten.
- *Elektrische Begleitheizungen* sind mit selbsttätig wirkenden Einrichtungen zur Anpassung der elektrischen Leistungsaufnahme in Abhängigkeit von der Brauchwassertemperatur und der Zeit zu versehen.
- Die *Wärmedämmung von Einrichtungen,* in denen Heiz- oder Brauchwasser gespeichert wird, hat nach den aaRdT zu erfolgen.

Die *Pflichten des Betreibers* sind in § 9 festgelegt. Die *Pflichten beziehen sich auf die Bedienung, Wartung und Instandsetzung der Anlagen > 11 kW.* Dabei darf die *Bedienung nur von fachkundigen oder eingewiesenen, die Wartung und Instandhaltung nur von fachkundigen Personen durchgeführt werden.* Fachkundiger ist, wer die zur Wartung und Instandhaltung notwendigen Fachkenntnisse und Fertigkeiten besitzt, Eingewiesener ist, wer von einem Fachkundigen über Bedienungsvorgänge unterrichtet worden ist.

Die *Bedienung von Anlagen > 50 kW* hat während der Betriebszeit *mindestens halbjährlich* zu erfolgen. Sie hat mindestens

- die Funktionskontrolle und die Durchführung von Schalt- und Stellvorgängen (insbesondere An- und Abstellen, Überprüfen und ggf. Anpassen der Sollwerteinstellung von Temperaturen, Einstellen von Zeitprogrammen) an den zentralen regelungstechnischen Einrichtungen

zu umfassen.

Die *Wartung der Anlagen* hat mindestens folgendes zu beinhalten:

- Einstellung der Feuerungseinrichtungen,
- Überprüfen der zentralen steuerungs- und regelungstechnischen Einrichtungen und
- Reinigung der Kesselheizflächen, die auch von eingewiesenen Personen durchgeführt werden kann. *Auf die Anforderungen des § 27 DampfkV an Kesselsteinlöse- und Kesselsteingegenmittel sei hier ausdrücklich hingewiesen.*

Die *Instandhaltung der Anlagen* hat mindestens die

- die Aufrechterhaltung des technisch einwandfreien Betriebszustandes zur weitestgehenden Nutzung der eingesetzten Energie

zu gewährleisten.

8.2 Soll-Ist-Abgleich Energie

8.2.1 Gebäudebestand des Unternehmens Hettich Umformtechnik GmbH & Co. KG

Ist-Zustand

Der Gebäudebestand untergliedert sich in 7 Gebäudeabschnitte, intern bezeichnet mit Gebäudeabschnitte I–VI und Oni[a]. Urbestand waren die Gebäudeabschnitte I und Oni (errichtet 1968/69), es folgten der Anbau II 1973, III 1977, IV 1984/85. 1988/89 wurden die Bauabschnitte V/VI erbaut. Die Einhaltung der Bestimmungen der damals gültigen Wärmeschutzverordnung von 1982 ist für den Bauabschnitt V/VI ist durch die Schlußabnahmen der Bauaufsicht Berlins bestätigt worden.

Beim Bau des Bauabschnitts IV sowie die Dachsanierung der Produktionshalle des Bauabschnitts Oni (1990/91) ist die Auslegung der Wärmedämmung für das Dach nach Aussagen der Fa. „Sarnafil" (Dachabdichtungssysteme) ebenfalls nach Maßgabe der gültigen Wärmeschutzverordnung durchgeführt worden.

Soll-Zustand

Es gilt:

- § 1 EnEG (s. Kapitel 8.1.1): „Energiesparender Wärmeschutz bei zu errichtenden Gebäuden" in Verbindung mit
- den jeweils zum Zeitpunkt der Errichtung der betreffenden Bauabschnitte gültigen WärmeschutzV.

---

[a] Name eines ehemaligen Unternehmens, vom Unternehmen Hettich Umformtechnik 1980 übernommen.

- § 4 EnEG (s. Kapitel 8.1.1): „Sonderregelungen und Anforderungen an bestehende Gebäude" in Verbindung mit
- dem Dritten Abschnitt „Bauliche Veränderungen bestehender Gebäude" § 8
WärmeschutzV (s. Kapitel 8.1.1.1): „Anforderungen an die Begrenzung des
Heizwärmebedarfs".

Maßnahmen

- Bei Neubauten, baulichen Erweiterungen sowie den weiteren Bestimmungen
von § 8 WärmeschutzV sind die jeweiligen Anforderungen der WärmeschutzV
einzuhalten.

8.2.1.1 Auftretende Wärmeverluste am Gebäudebestand

Grundsätzlich bietet heutzutage die Thermografie die beste Möglichkeit, Quellen
auftretender Wärmeverluste zu erkennen. Die Anwendung beschränkt sich nicht
nur auf die Wärmeanalyse von Gebäudeaußenteilen, sondern u.a. auch von
energieintensiven Anlagen und Prozessen sowie auf die Fehlerinspektion von
elektrischen Anlagen [15]. Nichtsdestotrotz konnten bei der Begehung des
Gebäudebestands offensichtlich auftretende Wärmeverluste erkannt werden:

Ist-Zustand

- Fenster: Sämtliche in beheizten Gebäudeteilen eingebaute Fenster sind mit
einer Doppelverglasung versehen. Problematisch sind die Aluminiumrahmen.
Aluminium verfügt im Gegensatz zu Kunststoff oder Holz über eine hohe Wär-
meleitfähigkeit (s. Abb. 54), was dem Grundsatz Wärmeschutz widerspricht.

Abb. 54. Kondenswasserbildung am „Alu"-
Fensterrahmen

Abb. 55. Pendeltorsystem „einfach" mit Wärmevorhang

– Pendeltür-/Rolltorsysteme: Die Pendeltürsysteme mit Kontakt zu Außenbereichen der Bauabschnitte Oni, I–III sind einfach (s. Abb. 55), die Pendeltorsysteme des Bauabschnitts IV und V sind doppelt als Schleuse konzipiert. Das Rolltorsystem des Gebäudeabschnitts VI ist wiederum einfach aufgebaut, ist aber z. Z. ständig geschlossen, da dieser Durchfahrtbereich als Lagerfläche genutzt wird. Der Eintritt kälterer Außenluft (in den Wintermonaten) soll bei allen Systemen (mit oder ohne Schleuse) über sogenannte Wärmevorhänge verhindert werden. Der Wärmevorhang wird durch Wärmetauscher Warmwasser/Luft erzeugt, für das zusätzlich thermische Energie bereitgestellt werden muß.
Ausnahmen sind die Wärmevorhänge bei der Ausfahrt der Durchfahrt Richtung Rampe und bei dem Pendeltorsystem Übergang Durchfahrt/Lager (Bauabschnitt Oni), die durch die Abwärme der Motorenkühlung für die Kompressoren 1, 3 und 4 erzeugt werden.

Soll-Zustand

Es gilt:

– Gebot nach Energieeinsparung aus ökologischen wie ökonomischen Gründen.

Maßnahmen

– Langfristig sollten Fenster und Pendeltürsysteme, die zum Außenbereich führen, gegen wärmetechnisch höherwertige ausgetauscht werden, d. h. Fenster mit mind. Wärmeschutzverglasung und Kunststoffrahmen bzw. Pendeltürsysteme in Schleusenform mit der Möglichkeit, Wärmevorhänge überflüssig zu machen (Energieeinsparungspotential).
– Eine Wärmeverlustanalyse über Thermografie ist empfehlenswert.

Tabelle 16. Brennstoffspezifische Emissionen thermischer Energieträger

Energieträger	SO_2 (mg/kWh)	NO_x (mg/kWh)	Staub (mg/kWh)	CH (mg/kWh)	CO (mg/kWh)	CO_2 (mg/kWh)
Heizöl EL	234,0	162,0	3,60	18,0	126	270,0
Erdgas	3,6	126,0	0,36	3,6	108	198,0
Öl/Gas	65,0	1,3	10,00	5,0	1,2	1,4

8.2.2 Bilanzierung der eingesetzen Energiearten

Ist-Zustand

Im Unternehmen Hettich Umformtechnik werden folgende Energiearten verwendet.

- *Elektroenergie:* unterteilt in Kraft- und Lichtstrom sowie Wärmestrom,
- *Thermische Energie:* Erdgas und Heizöl EL.

Eine Bilanzierung des Energieverbrauchs wird von der Abteilung „Energineering/Technische Dienste" durchgeführt. Grundlage der Bilanzierung ist letztendlich die Abrechnungen der BEWAG (Berliner Kraft- und Licht AG), der GASAG (Berliner Gaswerke AG) und der Fa. E. Jeschke & Co. (Heizöl EL).

Vergleich der brennstoffspezifischen Emissionen bezogen auf den Energieinhalt thermischer Energieträger unter Annahme SdT 1995 nach [16] siehe Tabelle 16.

Aus der Tabelle folgt, daß aufgrund der geringeren Umweltbelastungen der Brennstoff Erdgas dem Brennstoff Heizöl EL vorzuziehen ist.

Bilanzierung Erdgas

Eine monatliche Auflistung der Erdgasverbräuche ist nicht möglich, da die Daten zu unterschiedlichen Zeitpunkten seitens der GASAG erfaßt werden. Aufgrund dessen kann die Jahresbilanzierung nur ungenau ausfallen. Die Bilanzierung über einen bestimmten Zeitraum und Verbraucher könnte differenzierter über die hauseigenen Gaszähler erfolgen, die täglich zur gleichen Zeit vom Hausmeister abgelesen werden. Um jedoch die einzelnen abgelesenen Gasverbräuche untereinander vergleichen zu können, müssen die einzelnen Volumina im Betriebszustand auf Volumina im Normzustand umgerechnet werden, was nur durch sog. Zustandsmengenumwerter praktisch umsetzbar ist. Die gemessenen Volumenströme (Betriebszustand) im einzelnen:

- Zähler Übergabestation vom Versorgungsnetz GASAG zum Versorgungsnetz Hettich,
- Zähler Pulverei (Bauabschnitt V), Zuleitung zu den zwei Gasbrennern für Haftwassertrockner und Sinterofen,
- Zähler Kesselhaus (Bauabschnitt Oni), Zuleitung zu den drei Zweistoffbrennern (wahlweise Erdgas und Heizöl-EL).

Ein Zähler für den Gasbrenner für die Härteanlage 2 existiert nicht.

- Bilanzierungsparameter:
  Jahr (Zeitraum):   GASAG-Abrechnung,
  Normvolumen V_N: GASAG-Abrechnung, „gemessener Verbrauch" des Zählers Nr. 1304097 bzw. „zu berechnender Verbrauch" des Zählers Nr. 299796 dividiert durch 1,039 (Umrechnungsfaktor),
  Brennwert H_O: Auskunft GASAG, 11,07 kWh/m³,
  CO_2-Emission: [17], 0,215 kg/kWh$_{Erdgas}$ (Tabelle 17).

Bilanzierung Heizöl EL
Da die drei Feuerungsanlagen der Heizungsanlage sogenannte Zweistoffbrenner sind, kann wahlweise Erdgas oder Heizöl EL als Primärenergie eingesetzt werden. Der Verbrauch an Heizöl EL kann direkt über die tatsächlich gelieferten Mengen ermittelt werden unter der realistischen Annahme (Rücksprache mit dem Leiter Einkauf und Zulieferer), daß die beiden Heizöltanks mit einem Fassungsvermögen von $V_{gesamt} = 80\,600$ L voll befüllt werden. Ein monatlicher Verbrauch kann damit allerdings nicht ermittelt werden und auch nicht über die monatlichen handschriftlichen Aufzeichnungen des Hausmeisters über die Füllstände der Tanks, da diese Aufzeichnungen die Zuliefermengen nicht getrennt berücksichtigen.

- Bilanzierungsparameter
  Jahr (Zeitraum):   Abrechnungen Heizöl-Lieferant Fa. E. Jeschke & Co,
  Brennwert H_O: Auskunft Fa. E. Jeschke & CO.: 10,0 kWh/kg oder 8,47 kWh/L bei einer Dichte $\delta = 0,85$ kg/L (T = 15 °C),
  CO_2-Emission: [17], 0,292 kg/kWh$_{Erdgas}$ (Tabelle 18).

Tabelle 17. Jahres-CO_2-Emissionen (kg) als Funktion des Erdgasverbrauchs (m³)

Jahr (Zeitraum)	1994 (18.11.93–24.10.94)	1995 (24.10.94–1.11.95)
Erdgasverbrauch (m³)	502486	460888
Energieinhalt (kWh)	5562321	5102030
CO_2-Emission (kg)	1195899	1096936

Tabelle 18. Jahres-CO_2-Emissionen (kg) als Funktion des Verbrauchs an Heizöl EL (L)

Jahr (Zeitraum)	1994 (Nov. 93–24.10.94)	1995 (24.10.94–1.11.95
Verbrauch Heizöl EL (L)	103809	130814
Energieinhalt (kWh)	879262	1107995
CO_2-Emission (kg)	256746	323936

Bilanzierung Kraft- und Lichtstrom und Wärmestrom
Hierbei ist eine monatliche Auflistung des Stromverbrauchs quasi möglich, da die monatlichen Abrechnungen der BEWAG sich jeweils auf einen Zeitraum vom ca. 20. eines Monats bis zum ca. 20. des darauf folgenden Monats erstrecken. Die Jahresbilanzierung ist dementsprechend exakter als bei Gas und Heizöl. Die Abrechnung unterscheidet u. a. nach Kraft- und Lichtstrom sowie Wärmestrom und nach Strombezügen, die unter den Hoch-(Tag)-Tarif (HT) und Niedrig-(Nacht)-Tarif (NT) fallen. Innerhalb des Unternehmens Hettich Umformtechnik wurden und werden sporadisch einzelne Verbrauchsmessungen an Großverbrauchern für Kostenkalkulationszwecke durchgeführt.

– Bilanzierungsparameter
  Zeitraum: Abrechnungen BEWAG,
  Gesamtstrom: Abrechnungen BEWAG $\sum$ ZW 1 und ZW 2, Spalte 8,
  Wärmestrom: Abrechnungen BEWAG $\sum$ ZW 1 und ZW 2, Spalte 9,
  Kraft- und Lichtstrom: Abrechnungen BEWAG $\sum$ ZW 1 und ZW 2, Spalte 11,
  CO_2-Emission: [17], 0592 kg/kWh Strom (Mixwert) (Tabellen 19, 20 und 21).

Die Differenz zwischen der gesamten CO_2-Emissionen ist hauptsächlich auf die leicht angestiegene Produktivität im Jahre 1995 zurückzuführen.

Im Vergleich mit der *Gesamtmenge* an CO_2-Emissionen der Bundesrepublik Deutschland aus dem Jahre 1993 [UBA: Umweltdaten Deutschland 1995] liegt der Anteil des Unternehmen Hettich Umformtechnik bei rund 0,0007 %.

Soll-Zustand

Es gilt:

– Gebot der Enegieeinsparung, damit verbundene Emissionsvermeidung,
– Forderung nach monatlichen Bilanzierungszeiträumen, um Unterschiede im Verbrauch ermitteln zu können,

Tabelle 19. Jahres-CO_2-Emissionen (kg) als Funktion des Stromverbrauchs 1994 (kWh)

Zeitraum 1994	Kraft- und Lichtstrom	Wärmestrom	Gesamtstrom
20.12.93–20.01.	376065	188585	564650
20.01.–22.02.	506025	239675	745700
22.02.–22.03.	481605	195995	677600
22.03.–21.04.	471780	187320	659100
21.04.–24.05.	498955	215995	714950
24.05.–21.06.	470520	190080	660600
21.06.–20.07.	490230	210670	700900
20.07.–22.08.	449890	173660	623550
22.08.–21.09.	471015	219535	690550
21.09.–21.10.	459320	214280	673600
21.10.–22.11.	501695	223355	725050
22.11.–21.12.	484545	218505	703050
Summe	5661645	2477655	8139300
CO_2-Emission (kg)	2351694	1466772	4821466

Tabelle 20. Jahres-CO_2-Emissionen (kg) als Funktion des Stromverbrauchs 1995 (kWh)

Zeitraum 1995	Kraft- und Lichtstrom	Wärmestrom	Gesamtstrom
21.12.94–19.01.	378735	168165	546900
19.01.–21.02.	545715	227485	773200
21.02.–21.03	487195	236655	723850
22.03.–20.04.	487690	213960	701650
20.04.–19.05.	498300	226550	724850
19.05.–20.06.	490040	245810	735850
20.06.–20.07.	520100	239000	759100
20.07.–22.08.	496475	254425	750900
22.08.–20.09.	430570	195280	625850
20.09.–19.10.	407395	223155	630550
20.10.–21.11.	468915	252735	721650
22.11.–21.12.	442510	200540	643050
Summe	5653640	2683760	8337400
CO_2-Emission (kg)	3346955	1588786	4935741

Tabelle 21. Gesamte Jahres-CO_2-Emissionen (kg) als Summe der einzelnen Jahreswerte (kg)

Jahr	1994	1995
CO_2-Emission Erdgas	1195899	1096936
CO_2-Emission Heizöl EL	256746	323936
CO_2-Emission Strom (Mixwert)	4821466	4935741
Σ CO_2-Emission (kg)	6274111	6356613

– Forderung nach Differenzierung der Energieverbräuche nach Wärmebedarf
(Prozeß- bzw. Heizungswärme) sowie Bedarf an Licht- bzw. Kraft- und Wärmestrom zur Ermittlung von produktionsabhängigen (z.B. als Funktion der
Stückzahl) bzw. produktionsunabhängigen Energiekennzahlen zur Analyse
der Energieverbräuche mit gleichzeitiger Bereitstellung von Kenndaten für
den möglichen Einsatz eines BHKW.

Maßnahmen

– Erdgas: Vorhandene Gaszähler sind durch Zustandsmengenumwerter zu
ersetzen bzw. neu auszurüsten (Gasbrenner für Härteanlage 2),
– Heizöl: Die Zuleitungen zu den Zweistoffbrennern sind mit Durchflußzählern
auszurüsten,
– Grundsätzlich ist der Brennstoff Erdgas dem Brennstoff Heizöl-EL aus Emissionsaspekten vorzuziehen,
– Erstellung eines Energiekatasters zur Ermittlung von Einsparungspotentialen,
– Bei Investitionen ist auf den Stromverbrauch (Anhaltswert: Nennleistung) zu
achten.

8.2.3 Optimierung der Energienutzung

Eine optimale Optimierung der Energienutzung ist nach Literaturangaben nur über *Wärmeintegrationsverfahren* zu ermitteln, bei denen die *Pitch-Point-Methode* die bekannteste ist. Nach [18] stellt diese Methode das einzige leistungsfähige Verfahren dar, nach der das energetische Optimum eines Prozesses, Verfahrens oder ganzes Betriebes ermittelt werden kann und gleichfalls thermodynamisch begründet ist. Da außerdem alle betriebswirtschaftlichen Faktoren, wie laufende Kosten, Investitionsvorgaben, Flexibilität zur Änderung der Prozeß- und Produktionsabläufe oder Vorgaben zur Amortisationszeit berücksichtigt werden, bleibt bei den getroffenen Maßnahmen immer die Wirtschaftlichkeit des Gesamtbetriebs die maßgebende Optimierungsgröße. Als *umfassende Maßnahme* sehr empfehlenswert.

8.2.3.1 Energiewandlung

Ist-Zustand

Wärmeerzeuger der Dampfkesselanlage (Bauabschnitt Oni)
Es sind insgesamt drei Zweistoff-Brenner der Fa. Weishaupt (Feuerungstechnik: Ölzerstäubungsbrenner mit Staubscheibenmischsystem bzw. Gasgebläsebrenner) vorhanden, die wahlweise mit Erdgas oder Heizöl-EL betrieben werden können. Die Regelung erfolgt gleitend zweistufig.

Die Daten für die jeweiligen Feuerungsanlagen mit den zugehörigen Heizkesseln (s. Abb. 42, S. 362) der Fa. Buderus sind in Tabelle 22 angegeben.

Die Wärmeerzeuger sind nicht überdimensioniert, da bei Außentemperaturen unter dem Gefrierpunkt während der Heizperiode Wartungsarbeiten nur bei einem Wärmeerzeuger prozeßbedingt nicht mehr möglich sind. Die Kessel geben die Heizleistung an einen gemeinsamen Verteiler für Brauchwasser, Heizungskörper, Hallenheizung sowie Prozeßwasser für die Galvanik (Bauabschnitt Oni) und Eisen/Phosphatierungs- und Entfettungsbad (Bauabschnitt 5) ab. Die

Tabelle 22. Daten der Wärmeerzeuger Dampfkesselanlage

Daten	Brenner 1	Brenner 2	Brenner 3
Typ	GL 3/1-E	GL 7/1-D	GL 5/1-O
Baujahr	1993	1993	1993
Feuerungswärmeleistung (FWL) (kW)	315	1087	734

Daten	Kessel 1	Kessel 2	Kessel 3
Typ	Portacal 10	Lollar PG 55 W	Portacal 10
Baujahr	1984	1988	1984
Wirkungsgrad[a] gesamt η (%)	91,3	91,6	92,9
zul. Nennwärmeleistung (kW)	290	1000	675

[a] bezogen auf den Abgasverlust q_A.

erforderliche Leistungsanpassung erfolgt über eine Kesselfolgeschaltung. Die über Kesselthermostate eingestellte maximale Vorlauftemperatur beträgt 90 °C; bei einer üblichen Vorlauftemperatur von 85 °C beträgt die Rücklauftemperatur ca. 80 °C. Bei nicht Betriebsbereitschaft einzelner Kessel wird selbständig, elektrisch gesteuert, auf Kesselkreislauf umgeschaltet, um wasserseitig wirkende Wärmeverluste zu minimieren. Ein- und Ausschaltung der elektrischen Antriebe geschieht in Abhängigkeit von der Zeit (Nachtabsenkung); die Außentemperatur hat keinen Einfluß, da die erforderliche Prozeßtemperatur (80 °C) ausschlaggebender Faktor ist. Nach Aussagen mit dem Abt.-Leiter Elektroabteilung sind die Umwälzpumpen über Differenzdruckregelung und damit nach den aaRdT gesteuert.

Die Pflichten des Betreibers von Zentralheizungen oder Brauchwasseranlagen werden bei dem Unternehmen Hettich Umformtechnik wie folgt erfüllt: Die Fa. Weishaupt führt die Aufgaben der Bedienung, der Wartung sowie die Instandhaltung der Brenner inklusive Steuerung und Regelung halbjährlich durch; die Kesselreinigung erfolgt bei Bedarf (Umstellung von Öl nach Gas) über einen eingewiesenen Mitarbeiter der Abteilung Schlosserei. Die Wartung und Bedienung der Steuerungs- und Regeltechnik hinsichtlich Kesselfolge und übrigem Wärmeverteilungssystem wurde letztmalig im Jahr 1993 durchgeführt; die Instandsetzung erfolgt über Mitarbeiter der Abteilung Elektrowerkstatt.

„Trocknungsanlagen" im Bereich Pulverbeschichtung (Bauabschnitt V)

Innerhalb der Pulverbeschichtung sind zwei mit Erdgas betriebene Feuerungsanlagen der Fa. Weishaupt im Einsatz, die zur Direktbeheizung des „Pulvertrockners" (Aufschmelzen „Sintern" des Pulverlackes auf die Oberfläche der Fertigungsteile bei Temperaturen um 180 °C) bzw. des „Haftwassertrockners" der Fa. Lewag (Abtrocknen der Fertigungsteile nach dem kombinierten Eisen/Phosphatierungs- bzw. Entfettungsprozesses bei 100–120 °C) dienen.

Die Daten für die jeweiligen Feuerungsanlagen mit zugehörigen „Trocknern" sind in Tabelle 23 angegeben.

Tabelle 23. Daten der Feuerungsanlagen mit zugehörigen Trocknern Pulverbeschichtung

Daten	Brenner „Wasser"	Brenner „Pulver"
Typ	WG 30 F/1-A	G 3/1-E
Baujahr	1993	1993
Feuerungswärmeleistung (FWL) (kW)	131	360

Daten	Trockner „Wasser"	Trockner „Pulver"
Typ	keine Angabe	keine Angabe
Baujahr	1988	1989
Wirkungsgrad[a] gesamt η (%)	94	94
zul. Nennwärmeleistung (kW)	122	382

[a] bezogen auf den Abgasverlust q_A.

Tabelle 24. Daten des Wärmeerzeugers Härterei

Daten	Brenner
Typ	WG 10 N/1-A
Baujahr	1993
Feuerungswärmeleistung (FWL) (kW)	25,5
Nennwärmeleistung (NWL (kW)	42

Wärmeerzeuger im Bereich Härterei (Bauabschnitt III)

Die in der Anlage 2 eingesetzte, ebenfalls mit Erdgas betriebene Feuerungsanlage der Fa. Weishaupt (s. Abb. 44, S. 365) dient zur indirekten Beheizung des Austragebandes zwecks Trocknung der Fertigungsteile. Die Daten für den Brenner sind in Tabelle 24 angegeben.

Soll-Zustand

Es gilt:

- Gebot der Energieeinsparung,
- § 5 HeizAnlV (s. Kapitel 8.1.11): „Begrenzung von Betriebsbereitschaftsverlusten",
- § 7 Abs. 1, 4 HeizAnlV (s. Kapitel 8.1.11): „Einrichtungen zur Steuerung und Regelung",
- § 9 HeizAnlV (s. Kapitel 8.1.11): „Pflichten des Betreibers".

Maßnahmen

- Die Wartung und Bedienung der Steuerungs- und Regeltechnik hinsichtlich Kesselfolge und übrigem Wärmeverteilungssystem sind regelmäßig durchzuführen.
- Bei Investitionen bezüglich Wärmeerzeuger und Umwälzpumpen ist grundsätzlich der SdT zu berücksichtigen bzw. sind die rechtlichen Vorgaben zu beachten.
- Eine erneute Wirtschaftlichkeitsprüfung eines BHKW-Einsatzes ist durchzuführen (s. a. Kapitel 8.2.2).

8.2.3.2 Wärmeverteilungsnetze

Aus der Sicht der Energieeinsparung ist positiv anzumerken, daß Wärmesenken, die niedrige Wassertemperaturen benötigen wie Hallenheizung und Brauchwasser, über 3-Wege-Mischventile mit der Hauptverteilung verbunden sind und somit solange im Kreislauf fahren, bis der eingestellte Temperatursollwert unterschritten ist. Zusätzlich sind an die Brauchwasserversorgung insgesamt drei wärmegedämmte Warmwasserspeicherbehälter à 1000 L (s. Abb. 56) angeschlossen, wobei derjenige im Bauabschnitt Oni autark, d.h. elektrisch beheizt wird. Die maximale Brauchwasservorlauftemperatur beträgt 60 °C. Die Zirkulationspumpen der Brauchwasseranlagen sind auf Dauerbetrieb eingestellt.

Abb. 56. Warmwasserspeicherbehälter (Bauabschnitt I)

Das Rohrverteilungsnetz für Warmwasser ist überwiegend gegen Wärmeverluste gedämmt. Bei Wärmedämmarbeiten, die nach dem 1. 6. 1982 (Inkrafttreten der '82er HeizAnlV) durchgeführt worden sind, ist davon auszugehen, daß die Bestimmungen der z. Z. gültigen HeizAnlV eingehalten worden sind. Ausgenommen davon sind vor allem Armaturen aber auch die Ausgleichsbehälter der Dampfkesselanlage (s. Abb.57).

Sämtliche Heizungskörper sind mit Thermostatventilen ausgerüstet. Da diese für die Vorlauftemperaturen der Dampfkesselanlage ausgelegt wurden, entsprechen sie nicht dem heutigen SdT.

Soll-Zustand

Es gilt:

- Gebot der Energieeinsparung,
- § 5 HeizAnlV (s. Kapitel 8.1.11): „Begrenzung von Betriebsbereitschaftsverlusten",
- § 6 HeizAnlV (s. Kapitel 8.1.11): „Wärmedämmung von Wärmeverteilungsanlagen",
- § 8 Abs. 2, 3, 5 HeizAnlV (s. Kapitel 8.1.11): „Anforderungen an Brauchwasseranlagen".

Maßnahmen

- Die Wärmedämmung der Wärmeverteilungsanlagen sind nach Maßgabe der Anforderungen des § 6 HeizAnlV durchzuführen bzw. zu vervollständigen,

Abb. 57. Nicht wärmegedämmte Ausgleichsbehäler

– Es ist zu überprüfen, inwieweit die Heizungskörper mit niedrigeren Temperaturen gefahren werden können.
– Die Regelung der Zirkulationspumpen muß auf automatisches Ein- bzw. Ausschalten in Abhängigkeit von der Zeit umgestellt werden.

8.2.3.3 Druckluftanlagen

Die Erzeugung von Druckluft erfolgt beim Unternehmen Hettich Umformtechnik über insgesamt vier Kompressoren (Schraubenverdichter) an verschiedenen Standorten und zwar Kompressor 1 (Anschlußleistung 71 kW; Bauabschnitt I; s. Abb. 58, Kompressor 2 (Anschlußleistung 45 kW; Bauabschnitt Oni) und Kompressoren 3 und 4 (Anschlußleistung jeweils 55 kW; Durchfahrt).

Die Druckluftversorgung umfaßt das gesamte Verteilungsnetz, somit findet eine abteilungs- bzw. produktionsbezogene Versorgung nicht statt. Immerhin erfolgt die Bereitstellung an Druckluft in Abhängigkeit von der Zeit sowie eingestellten kompressorspezifischen Differenzdruckbereich: Während der Kompressor 2 werktags über Zeitschaltuhr während der Spätschicht, Samstags bis 14.00 Uhr in Betrieb ist, wird Kompressor 1 ($Q = 10$ m³/min) manuell montags zu Beginn der Frühschicht ein- und samstags gegen 14 Uhr manuell ausgeschaltet. Somit wird über die Druckdifferenzeinstellung gewährleistet, daß die Druckluftversorgung nachts auch dann gesichert ist, wenn die Druckluftleistung des Kompressors 2 ($Q = 5$ min³/min) nicht mehr ausreicht.

Die Kompressoren 3 und 4 ($Q = 2 \cdot 7$ m³/min) sind werktags über Zeitschaltuhr zwischen dem Beginn der Frühschicht und dem Ende der Spätschicht

Abb. 58. Kompressor 1

in Betrieb. Sie übernehmen die Hauptversorgung an Druckluft. Über Druckdifferenzeinstellung ist gewährleistet, daß die Zuschaltung der einzelnen Kompressoren bedarfsbezogen erfolgt. Reicht die Druckluftversorgung des Kompressors 4 aus, so schaltet Kompressor 3 auf „Nichtförderung" (Motorleistung geht zurück); hält der Zustand „Nichtförderung" länger an, schaltet nach ca. 5 Minuten der Kompressor aus. Reicht die Druckluftversorgung der Kompressoren 3 und 4 aus, so schaltet Kompressor 1 auf „Nichtförderung" um; dieser Zustand muß allerdings 20 Minuten (um Stromlastspitzen aufgrund zu häufigem Anfahren zu vermeiden) anhalten, bevor der Kompressor abschaltet.

Unregelmäßig, ca. vierteljährlich, werden Hauptleitungen und -anschlüsse auf Leckagen kontrolliert.

Soll-Zustand

– Gebot der Energieeinsparung.

Maßnahmen

– Um unnötige (Energie-)Verluste über Leckagen innerhalb des Versorgungsnetzes zu minimieren, sollte zukünftig die Versorgung bereichsbezogen (nicht benötigte Teilnetze absperren) erfolgen.
– Die Kontrolle auf Leckagen sollte wöchentlich, vorzugsweise samstags, erfolgen.
– Bei Investitionen bezüglich Kompressoren ist grundsätzlich der SdT zu berücksichtigen (z.B. leistungsbezogene Regelung der Motoren).

8.2.3.4 Beleuchtung

Ist-Zustand

Innerhalb des Unternehmens Hettich Umformtechnik werden generell Leuchtstofflampen, für den Außenbereich ausschließlich Quecksilberhochdrucklampen verwendet. Als Vorschaltgeräte werden in den Bauabschnitten V, VI (Neubau) energieeffiziente elektronische Vorschaltgeräte (EVG) verwendet, in den übrigen Bereichen verlustarme Vorschaltgeräte (VVG). Die VVG machen zusätzlich Starter (Glimmzünder) erforderlich, die radioaktive Stoffe enthalten und damit entsorgungsproblematisch sind.

Eine Anpassung der Lichtintensität an die Außenlichtverhältnisse findet im Bauabschnitt 1 dreistufig über Zu- bzw. Abschaltung einzelner Beleuchtungssegmente statt. Die Außenbeleuchtung wird in Abhängigkeit von der Zeit und den Außenlichtverhältnissen zweistufig eingeschaltet. Die übrigen Produktions- und Verwaltungsbereiche werden arbeitsplatzbezogen beleuchtet. Für den Lagerbereich Galvanik (Bauabschnitt Oni) ist eine gleitende Lichtintensitätsregelung vorgesehen.

Soll-Zustand

– Gebot der Energieeinsparung.

Maßnahmen

– Bei Investitionen im Beleuchtungsbereich sind generell EVG als Adapter zu verwenden,
– Durchführen von Lichtintensitätsmessung am Arbeitsplatz zwecks Optimierung der Beleuchtungsverhältnisse (Energieeinsparungspotential).

8.2.3.5 Abwärmenutzung

Ist-Zustand

Innerhalb des Unternehmens Hettich Umformtechnik fallen an folgenden Stellen (mit Abwärmenutzungspotentialen) Abwärme an:

– zentral erfaßte Abluft der eingekapselten Kopfpressen und Schraubenwalzen der Nieten- und Schraubenfertigung,
– Abgasableitungen der jeweiligen Härte-Öfen der Anlagen 1–3 der Härterei,
– Verbrennungsluft und/oder Abgasableitungen des „Wasser-" und „Pulvertrockners" im Bereich Pulverbeschichtung (Bauabschnitt V),
– Abgasableitung der Dampfkesselanlage (Bauabschnitt Oni),
– Spülwasser aus den Salzbädern nachgeschalteten Spülbädern (s. Abb. 59) der Härteanlagen 1, 2 im Bereich Härterei (Bauabschnitt III),
– Kühlwasser für die Propan-Sonden (Öfen der Anlagen 1 und 3), die Turbinen (Öfen der Anlagen 1 und 3), den Kanal für den Rücklauf des Trägerbandes (Öfen der Anlagen 1, 2 und 3) und die Ölbadkühlung der Anlage 3 im Bereich Härterei (Bauabschnitt III)
– Abluft der Kompressoren 1–4.

Abb. 59. Spülbad der Härteanlage 1

Abb. 60. Wärmevorhang als Möglichkeit für eine Abwärmenutzung

Zur Zeit wird anfallende Abwärme, beschränkt auf die Heizperiode, folgendermaßen genutzt:

- Kompressoren: Die Abwärme der Kompressoren 1, 3 und 4 wird als Wärmevorhang (s. Abb. 60), die Abwärme des Kompressors 2 wird für die Vorwärmung der Außenluft für die Lüftungsanlage genutzt.
- Kühlkreislauf der Härteanlage 3: Die Abwärme wird zur Beheizung der Hallenabschnitt „QS" und der „Bihler"-Pressen (Bauabschnitt II) verwendet (in der Umsetzungsphase).

Soll-Zustand

Es gilt:

- Gebot der Energieeinsparung.

Maßnahme

– Ziel ist es, Abwärmequellen möglichst über das ganze Jahr z. B. mit Hilfe von Wärmepumpen nutzbar zu machen. Allerdings sind bei Abgasableitungen (Dampfkesselanlage, Trockenöfen) immissionsschutzrechtliche Vorgaben zu beachten!)

8.2.3.6 Einsatz von regenerativen Energieformen

Ist-Zustand

Zur Zeit werden keine regenerativen Energieformen eingesetzt; die vorhandenen Flachdachflächen sollten Ansporn genug sein, um über den Einsatz von Sonnenkollektoren zur Unterstützung der Brauchwassererwärmung nachzudenken.

Soll-Zustand

Es gilt:

– Gebot der Energieeinsparung.

Maßnahme

– Überprüfung des möglichen Einsatzes von Solarenergie zur Brauchwassererwärmung.

9 Maßnahmenkatalog

Der Maßnahmenkatalog (Tabelle 25), beinhaltet die Zusammenfassung sämtlicher aus den Soll-/Ist-Abgleichen der Kap. 4.2, 5.2, 6.2, 7.2 und 8.2 resultierenden Maßnahmen in knapper Form. In der Spalte „Priorität" sind die Dringlichkeitsstufen aufgeführt, nach denen die einzelnen Maßnahmen umgesetzt werden sollten:

Tabelle 25. Maßnahmenkatalog

Kapitel	Prüfbereich	Maßnahmen	Priorität
4.2	Soll-/Ist-Abgleich Abfall		
4.2.1	„Besondersüberwachungspflichtige Abfälle"		
4.2.1.1	Abfallanfall, Entsorgungswege	– Einholung der Kopien der Sammelentsorgungsnachweise	①
		– Einholung einer schriftlichen Erklärung über den Verbleib einer Fraktion im Falle der Rücknahme durch den Zuliefer/Hersteller	①
4.2.1.2	Nachweispflicht – *Entsorgungsnachweis*	– Getrennte Entsorgung bestimmter Abfallfraktionen nach Abfallschlüsselnummer	②
		– Erfüllung der Nachweispflicht	②

Tabelle 25 (Fortsetzung)

Kapitel	Prüfbereich	Maßnahmen	Priorität
4.2.1.3	Abfallvermeidungs-potential	– Ausschöpfen der Vermeidungs-potentiale	③
4.2.1.4	Abfallsammlung	– Kennzeichnung der Gebinde für Emulsionen und Öl-Wassergemische	①
4.2.1.5	Abfallbetriebsbeauf-tragter	– Anhörung des Beauftragten vor Investitionsentscheidungen	①
4.2.1.6	Gefährliche Güter	– Beschaffung fehlender rechtlicher Unterlagen	①
		– Schriftliche Bestellung eines Gefahr-gutbeauftragten	① (!)
		– Einsetzung von „beauftragten Personen"	① (!)
		– Kennzeichnung der besonders überwachungsbedürftigen Abfälle gemäß TRGS 201	②
4.2.2	Abfallwirtschaftskonzept	– Vervollständigung des Abfallwirtschaftskonzepts	②
4.2.3	„Nicht besonders überwachungsbedürftige Abfälle"		
4.2.3.2	Abfallvermeidungs-potential	– Ausschöpfen der Vermeidungspotentiale	②
4.2.3.3	Abfallsammlung	– Optimierung der Getrenntsammlung in den Verwaltungsbereichen	②
		– Einführung kleinerer Gebinde für die Sammlung von gewerbeähnlichem Hausmüll	②
		– Optimierung der Getrenntsammlung in den Produktionsbereichen	②
		– Schulung der Mitarbeiter hinsichtlich Getrenntsammlung	②
4.2.3.4	Umweltverträgliche Büromaterialien	– Konsequenter Einsatz von umweltverträglichen Büromaterialien	②
5.2	Soll-/Ist-Abgleich Gefahrstoffe		
5.2.1	Gefährliche Güter	– Beschaffung fehlender rechtlicher Unterlagen	①
		– Erstellung eines Katasters „Gefährliche Güter"	②
		– Einsetzung von „beauftragten Personen"	① (!)
5.2.2	Anforderungen der Gefahrstoffverordnung – GefStoffV		
5.2.2.1	Ermittlungspflicht	– Erfüllung der Ermittlungspflicht inkl. begleitender Dokumentation Erstellung eines Gefahrstoffkatasters	①
		– Beschaffung von 91/155/EWG-Sicherheitsdatenblättern	①

Tabelle 25 (Fortsetzung)

Kapitel	Prüfbereich	Maßnahmen	Priorität
5.2.2.3	Rangfolge der Schutz-maßnahmen		
	– *Einsatz von Kühl-schmierstoffen (KSS)*	– Klärung: Erfüllung der Anforde-rungen der TRGS 611 an wasser-mischbare KSS im Anlieferungs-zustand	①
		– Übernahme der Schutz- und Über-wachungsmaßnahmen für wasser-gemischte KSS	①
	– *Auftreten von Aerosolen*	– Durchführen von MAK-Messungen für Nickel und Chrom-VI	③
5.2.2.4	Betriebsanweisungen	– Klärung: Erfüllung der Anforde-rungen des § 20 GefStoffV	①
		– Überprüfung, inwieweit Betriebs-anweisungen in den einzelnen Pro-duktionsbereichen vorhanden sind	①
5.2.2.5	Aufbewahrung und Lage-rung von Gefahrstoffen	– Neukonzeption des Gefahrstoff-lagers gemäß TRGS 514	③
6.2	**Soll-/Ist-Abgleich Wasser/Abwasser**		
6.2.2	**Abwasseranfall-/ableitung, Wasserbedarf**		
6.2.2.1	Niederschlagswasser	– Überdachung des Schrottbereit-stellungsplatzes	③
		– Errichtung eines Auslaufschutzes um die ölbeständige Fläche	③
6.2.2.2	Häusliches Abwasser	– Begrenzung der Laufzeit der Duschen	②
6.2.2.3	Gewerbliches Abwasser: Abwasser der Härterei	– Umstellung auf Kreislaufführung mit integrierter Härtesalzrückgewinnung	③
6.2.2.4	Gewerbliches Abwasser: Abwasser der Galvanik	– „Entgiftung" der Cyanide ohne den Einsatz von NaClO	③
6.2.2.5	Wasserbedarf der Erodiererei	– Klärung: Möglichkeit der Anbindung an die VE-Anlage der Vor-behandlung im Bereich Pulver-beschichtung	①
6.2.3	**Anlagen zum Herstellen, Behandeln oder Verwenden wassergefährdender Stoffe**		
6.2.3.1	Galvanik	– Errichtung eines Auslaufschutzes für die Aufstellungsfläche des Dünn-schlammvorlagebehälters und der Kammerfilterpresse sowie für die Säure/Lauge-Anlieferung	③
		– Wiederherstellung des Auslauf-schutzes für den Schlammvorrats-behälter gemäß § 4 VAwS, Siche-rung durch „Leitplanken"	③
		– Behebung der organistorischen Mängel bis zum 6.3.1997	③

Tabelle 25 (Fortsetzung)

Kapitel	Prüfbereich	Maßnahmen	Priorität
6.2.3.2	Entfettungs-Phospha-tierungs- und Entlackungsanlage	– Errichtung eines Auslaufschutzes für den Pufferbehälter und Abwasser-becken	③
		– Ermittlung der WGK der Entlackungs-mittelkomponenten zwecks Bestim-mung des Gefährdungspotentials der Entlackungsanlage	①
		– Behebung der organisatorischen Mängel bis zum 6.3.1997	②
6.2.3.3	„Müller"-Entfettungsanlage	– Sofortige Stillegung des Abwasser-schachtes	①
		– Nachweis der Stillegung der Anlage	③
		– Ggf. Ausbau der Aufstellungsfläche als Auffangwanne	③
		– Ggf. Behebung der organisatori-schen Mängel bis zum 6.3.1997	②
6.2.4	**Anlagen zum Lagern wassergefährdender Stoffe/brennbarer Flüssigkeiten**		
6.2.4.1	Säure-/Laugenlager	– Behebung der organisatorischen Mängel bis zum 6.3.1997	②
		– Begrenzung der Lagermenge von Wasserstoffperoxid auf maximal 200 kg	① (!)
6.2.4.2	Gefahrstofflager	– Vollständige Erfüllung der Anfor-derungen an oberirdische Lager-anlagen	②
		– Errichtung einer Auffangmöglichkeit gemäß § 4 VAwS	②
		– Behebung der organisatorischen Mängel bis zum 6.3.1997	②
6.2.4.3	Öllager (Bauabschnitt Oni)	– Vollständige Erfüllung der Anfor-derungen an oberirdische Lageran-lagen	①
		– Überprüfung, inwieweit die Brand-schutzanforderungen erfüllt sind	①
		– Behebung der organisatorischen Mängel bis zum 6.3.1997	②
6.2.4.4	Öllager (Bauabschnitt I)	– Erfüllung der Anforderungen an oberirdische Lageranlagen	①
		– Bereitstellung mobiler Auffang-wannen in ausreichender Anzahl	②
		– Überprüfung, inwieweit die Brand-schutzanforderungen erfüllt sind	①
		– Behebung der organisatorischen Mängel bis zum 6.3.1997	②
6.2.4.5	Lager bei Entfettungs-Phosphatierungsanlage	– Erfüllung der Anforderungen an oberirdische Lageranlagen	②
		– Errichtung eines Auffangraums oder Bereitstellung von mobilen Auffang-wannen in ausreichender Anzahl	②
		– Behebung der organisatorischen Mängel bis zum 6.3.1997	②

Tabelle 25 (Fortsetzung)

Kapitel	Prüfbereich	Maßnahmen	Priorität
6.2.4.6	Methanol-Tank	– Überprüfung, inwieweit die Brand-schutzanforderungen erfüllt sind	①
		– Überwachung des Befüllvorgangs	①
		– Behebung der organisatorischen Mängel bis zum 6.3.1997	②
6.2.4.7	Heizöl-EL-Tank	– Überprüfung, inwieweit die Brand-schutzanforderungen erfüllt sind	①
		– Überwachung des Befüllvorgangs	①
		– Behebung der organisatorischen Mängel bis zum 6.3.1997	②
7.2	**Soll-/Ist-Abgleich Immissionsschutz**		
7.2.1	Genehmigungsbedürftige Anlagen	– Klärung: Erfüllung des Tatbestandes der Genehmigungsbedürftigkeit nach BImSchG bei der Endreini-gungsstufe Galvanik	① (!)
7.2.3	**Kleinfeuerungsanalgen**		
7.2.3.1	Feuerungsanlagen der Dampfkesselanlage	– Durchführung der wiederkehrenden Messung beim Feuerungsbetrieb mit Erdgas	①
7.2.3.2	Feuerungsanlage im Bereich Pulver-beschichtung	– Durchführung der Kontrollmessung; Beantragung der Schlußabnahme	① (!)
7.2.3.3	Feuerungsanlage im Bereich Härterei	– Errichtung des Schornsteins gemäß § 18 1. BImSchV bzw. VDI 3781	②
7.2.4	**Weitere Emissionsquellen**		
7.2.4.1	Schweißplätze	– Überprüfung, inwieweit Absaug-anlagen den Anforderungen des BIA genügen und ob Abgasreinigungs-anlagen erforderlich sind	①
		– Einrichtung einer Absaugeinrichtung für den Schneidbrenner	②
7.2.4.2	Abluftableitung Gefahr-stofflager	– Erfüllung des ungehinderten Abtransportes mit der freien Luft-strömung	②
7.2.4.3	Abluftableitung der elektrostatischen (Öl-) Filter	– Erfüllung des ungehinderten Ab-transportes mit der freien Luft-strömung	②
7.2.4.4	Abgasableitung der Härteöfen	– Erfüllung des umgehinderten Abtransportes mit der freien Luftströ-mung	②

Tabelle 25 (Fortsetzung)

Kapitel	Prüfbereich	Maßnahmen	Priorität
7.2.4.5	Fotokopierer, Laserdrucker	– Gewährleistung einer ausreichenden Belüftung für die „Altgeräte"; Entfernung der Kopierers aus dem Nebenraum im Meisterbüro Werkzeugbau – Bei Neuanschaffung nur Kopierer mit „Blauer Engel"-Gütezeichen	① ①
7.2.5	Lärmemissionen	– Schriftliche Quittierung der Unterweisungen hinsichtlich der Benutzung „persönlicher Schallschutzmittel"	② ①
8.2	**Soll-Ist-Abgleich Energie**		
8.2.1	Gebäudebestand	– Anforderungen der jeweils gültigen WärmeschutzV bezüglich § 8 WärmeschutzV sind einzuhalten	① (!)
8.2.1.1	Auftretende Wärmeverluste	– Durchführung einer Wärmeverlustanalyse (Themografie) – Austausch der bisherigen Fenster und Pendeltürsysteme gegen wärmetechnisch höherwertige	③ ③
8.2.2	Bilanzierung der eingesetzen Energiearten	– Einbau von Zustandsmengenumwerter anstelle von Gaszählern – Ausrüstung der Zuleitungen zu den Zweistoffbrennern mit Durchflußzählern – Einsatz von Erdgas hat Priorität vor Heizöl – Erstellung eines Energiekatasters – Beachtung des Stromverbrauchs bei Investitionen	② ② ③ ② ①
8.2.3	Optimierung der Energienutzung	– Klärung der Möglichkeit für die Durchführung eines Wärmeintegrationsverfahrens	①
8.2.3.1	Energiewandlung	– Regelmäßige Durchführung der Wartung, Bedienung der Steuerungs- und Regeltechnik hinsichtlich Kesselfolge und übrigem Wärmeverteilungssystem – Berücksichtigung des SdT bei Investitionen bezüglich Wärmeerzeuger und Umwälzpumpen – Konzeption eines BHKW	① (!) ① ②
8.2.3.2	Wärmeverteilungsnetze	– Durchführung und Vervollständigung der Wärmedämmung Überprüfung, inwieweit Heizungskörper bei niedrigeren Temperaturen gefahren werden können – Umstellung der Regelung der Zirkulationspumpen auf automatisches Ein- bzw. Ausschalten in Abhängigkeit von der Zeit	① (!) ① ① (!)

Tabelle 25 (Fortsetzung)

Kapitel	Prüfbereich	Maßnahmen	Priorität
8.2.3.3	Druckluftanlagen	– Umstellung auf bereichsbezogene Druckluftversorgung	②
		– Wöchentliche Kontrolle auf Leckagen	①
		– Berücksichtigung des SdT bei Investitionen bezüglich Kompressoren	①
8.2.3.4	Beleuchtung	– Verwendung von EVG bei Investitionen im Beleuchtungsbereich	①
		– Durchführung von Lichtintensitätsmessungen am Arbeitsplatz	②
8.2.3.5	Abwärmenutzung	– Überprüfung der Möglichkeiten, anfallende Abwärme das ganze Jahr über zu nutzen	②
8.2.3.6	Regenerative Energie	– Überprüfung des möglichen Einsatzes von Solarenergie zur Brauchwassererwärmung	②

① kurzfristig durchzuführende Maßnahme, da entweder meist wenig zeit- und kostenintensiv oder aber zwingend erforderlich (!),

② mittelfristig durchzuführende Maßnahme, da mit gewissem Zeit- und/oder Kostenaufwand verbunden,

③ langfristig durchzuführende Maßnahme, da mit hohem Zeit- und/oder Kostenaufwand verbunden.

10 Abkürzungsverzeichnis

aaRdT	allgemein anerkannte Regeln der Technik
ABE	Allgemeine Bedingungen für die Entwässerung für Berlin
AbfBestV	Abfallbestimmungsverordnung
AbfBetrbV	Verordnung über Betriebsbeauftragte für Abfall
AbfG	Abfallgesetz
AbfRestÜberwV	Abfall- und Reststoffüberwachungsverordnung
Abb.	Abbildung
Abs.	Absatz
AltölV	Altölverordnung
AOX	(an Aktivkohle) adsorbierbare organische Halogene
ASN	Abfallschlüsselnummer
BAT	Biologische Arbeitsplatzkonzentration
BGB	Bürgerliches Gesetzbuch
BGH	Bundesgerichtshof
BHKW	Blockheizkraftwerk

                                         H. J. Geschke

BIA	Berufsgenossenschaftliches Institut für Arbeitssicherheit
BImSchG	Bundes-Immissionsschutzgesetz
BImSchV	Bundes-Immissionsschutzverordnung
BME	Bundesverband Materialwirtschaft, Einkauf und Logistik e. V.
BWG	Berliner Wassergesetz
ChemG	Chemikaliengesetz
CKW	Chlorierte Kohlenwasserstoffe
CPB	chemisch/physikalische und biologische Behandlung
DampfkV	Dampfkesselverordnung
DSD	Duales System Deutschland
EN	Entsorgungsnachweis
FWL	Feuerungswärmeleistung
GefStoffV	Gefahrstoffverordnung
GGAV	Gefahrgutausnahmeverordnung
GGVS	Gefahrgutverordnung Straße
GOK	Geländeoberkante
GSG	Gerätesicherheitsgesetz
GvB	Gefahrgutbeauftragtenverordnung
GW	Grundwasser
HMV	Hausmüllverbrennung
IHK	Industrie- und Handelskammer
KTC	kubische Tank-Kontainer
KrW-/AbfG	Kreislaufwirtschafts- und Abfallgesetz
LAbfG	Landesabfallgesetz
LAfA	Landesamt für Arbeitsschutz und technische Sicherheit
LAGA	Länderarbeitsgemeinschaft Abfall
LG	Landgericht
LHKW	Leichtflüchtige Halogenkohlenwasserstoffe
MAK	Maximale Arbeitsplatzkonzentration
NWL	Nennwärmeleistung
PCB	Polychlorierte Biphenyle
PE	Polyethylen
PVC	Polyvinylchlorid
RestBestV	Reststoffbestimmungsverordnung

Rn.	Randnummer
RSN	Reststoffschlüsselnummer
SAD	Sonderabfalldeponie
SAV	Sonderabfallverbrennung
SdT	Stand der Technik
SEN	Sammelentsorgungsnachweis
SV	Stoffliche Verwertung
TA	Technische Anleitung
Tab.	Tabelle
TASI	Technische Anleitung Siedlungsabfall
TRGS	Technische Regeln für Gefahrstoffe
TRK	Technische Richtkonzentration
UBA	Umweltbundesamt
UL	Underwriters Laboratory
VAwS	Verordnung über Anlagen zum Umgang mit wassergefährdenden Stoffen
VbF	Verordnung über brennbare Flüssigkeiten
VDI	Verein Deutscher Ingenieure
VE-Wasser	Vollentsalztes Wasser
VGS	Verordnung über die Genehmigungspflicht für das Einleiten gefährlicher Stoffgruppen in öffentliche Abwasseranlagen und ihre Überwachung
VwV	Verwaltungsvorschrift
WGK	Wassergefährdungsklasse
WHG	Wasserhaushaltsgesetz

Literatur

1. Verordnung (EWG) Nr. 1836/93 des Rates der Europäischen Gemeinschaft über die freiwillige Beteiligung an einem Gemeinschaftssystem für das Umweltmanagementsystem und die Umweltbetriebsprüfung. ABIEG Nr. L 168 vom 10. Juli 1993
2. Sietz M (1995) Überarbeitete Privatmitteilung, Universität-Gesamthochschule Paderborn, Abteilung Höxter
3. IHK Saarland (Hrsg) (1994) Wegweiser zum Öko-Audit (1. Aufl). Saarbrücken
4. Geo-Infometrik (1994) Abschätzung des GW-Verunreinigungsrisikos durch CKW für das Betriebsgelände der Paul Hettich GmbH & Co., Werk Berlin. Detmold
5. Birn, Jung (1985) Abfallbeseitigungsrecht für die betriebliche Praxis. Augsburg: WEKA Fachverlag für technische Führungskräfte GmbH
6. Weizbacher U (1987) Neue Datenblätter für gefährliche Arbeitsstoffe nach der Gefahrstoffverordnung. WEKA Fachverlag für technische Führungskräfte GmbH

7. Senatsverwaltung für Stadtentwicklung und Umweltschutz (Hrsg) (1995) Leitfaden Betriebliches Abfallwirtschaftskonzept (allgemein) ohne Bauabfälle (2. Aufl). Verwaltungsdruckerei, Berlin

8. Obladen H-P, Palmer M (1993) Umweltverträgliche Büromaterialien. BME-Schriftenreihe „wissen und beraten". Frankfurt am Main: Bundesverband Materialwirtschaft, Einkauf und Logistik e. V. (Hrsg)

9. Das neue Wasserrecht für die betriebliche Praxis (1981). WEKA Fachverlag für technische Führungskräfte GmbH

10. Hansmann K (1993) Bundes-Immissionsschutzgesetz (12. Aufl mit Erläuterungen). Nomos, Baden-Baden

11. Ernstberger R, Lukas-Bartl M (1994) Kompendium für den technischen Umweltschutz (1. Aufl). Vogel, Würzburg

12. Beck'sche Textausgaben (1934) Gewerbeordnung mit Anmerkungen und Sachverzeichnis. Beck, München

13. Das Deutsche Bundesrecht 452. Lieferung: Energieeinsparungsgesetz, August 1980

14. Rathert P (1995) Wärmeschutzverordnung, Heizungsanlagenverordnung. Bundesanzeiger Verlagsges. mbH, Köln

15. Instandhaltung: Thermografie: Verräterische Schwachstellen im Brennpunkt, S. 40 ff, Ausgabe 2 März 1994. Verlag moderne Industrie, Landsberg

16. Glatzel W-D: Räumliche Energieversorgungskonzepte als Instrument einer vorsorgenden Umweltpolitik, S. 65, Berlin

17. VDEW, Abteilung Energiewirtschaft: Umrechnungsfaktoren, 21. 9. 1993. Frankfurt

18. Neumann JC (1988) Priorität für Energiespartechnik. In: Energiewirtschaftliche Tagesfragen, 39. Jg., Heft 12, S. 820

– Sietz M (Hrsg) (1994) Umweltbetriebsprüfung und Öko-Auditing (1. Aufl). Springer, Berlin Heidelberg New York

– Sietz M (Hrsg) (1995) Umwelthandbuch, Öko-Audit (1. Aufl). Blottner, Taunusstein

– Sietz M, von Saldern A (1993) Umweltschutz-Management und Öko-Auditing (1. Aufl). Springer, Berlin Heidelberg New York

Öko-Audit der Klaus Steilmann GmbH & Co. KG am Standort Bochum-Wattenscheid

W. D. Hartmann, D. Külker und K. Schmidt
mit einem Vorwort von Klaus Steilmann

Vorwort

Der dauerhafte Schutz und Erhalt unseres natürlichen Lebensraumes zählt zu den komplexesten Herausforderungen unserer Zeit. Eine Versöhnung von ökologischen, ökonomischen und sozialen Zielen ist hierfür Voraussetzung. Kurzfristige wirtschaftliche Erfolge werden leider noch viel zu oft auf dem Rücken der Natur bzw. der Menschen, ihrer Gesundheit, Arbeits- und Lebensfreude erzielt.

Eine lebensbedrohende Erkrankung meiner Tochter Conny infolge einer Medikamentenallergie hat mir vor vielen Jahren den letzten Anstoß gegeben, mich als Unternehmer viel stärker um die gesamten Folgen unseres wirtschaftlichen Handelns aus gesundheitlicher wie ökologischer Sicht zu kümmern.

Hierbei tauchten überraschend viele neue, bisher nicht oder nur unvollständig beantwortete Fragen auf. Sie begannen mit scheinbar so einfachen Fragen wie der biologischen Abbaubarkeit von Bekleidung und endeten bei schwierigen Antworten nach Ersatzstoffen für plötzlich bedenkliche Farbkomponenten, Textilausrüstungs- bzw. Hilfsmittel oder die wirkliche Reinheit von „reiner" Baumwolle, „reinem" Leinen und purer Wolle.

Offene Fragen und die Lösungssuche gingen rasch über unsere eigentlichen betrieblichen Aufgaben hinaus.

Deshalb gründeten wir 1991 das Klaus Steilmann Institut für Innovation und Umwelt.

Wir bemühen uns, weltweit ökologische Qualitätsstandards im Bereich der Humanökologie, aber auch in der Produktion und bei unseren wichtigsten in- und ausländischen Partnern durchzusetzen.

In den Bereichen der ökologischen Gestaltung und Durchforstung unserer Produkte und Verfahren, besonders im Bereich des Einkaufs und des betrieblichen Umweltschutzes durch Energieeinsparung, Abfall- und Verpackungsvermeidung hat sich seither viel getan.

Längst ist jedoch nicht alles erreicht, bei manchem stehen wir noch ganz am Anfang.

Der betriebliche Umweltschutz hat sich von einem „notwendigen Übel" – bei dem nur gesetzliche Grenzwerte eingehalten und/oder Schadensbegrenzung bei Störfällen betrieben wurde – zu einem wichtigen Element in meiner unternehmerischen Entscheidung entwickelt.

„Umweltschutz ist Chefsache"

wird folglich nicht nur proklamiert, sondern gelebt.

Unser Umweltmanagement im Unternehmen beweist, daß der Umweltschutz auch viele Einsparpotentiale offenbart und Anstöße für das Verbessern von althergebrachten Abläufen gibt.

Die Praxis zeigt, daß Unternehmen, die konsequent ihre Umweltziele verfolgen, auch andere Unternehmensziele, wie:

- Innovationsführerschaft,
- Qualitätsführerschaft,
- Flexibilitätsführerschaft,
- Preisführerschaft,
- positives Ansehen in der Öffentlichkeit

bei verschärftem Wettbewerb erreichen können.

Hierbei darf man sich auf dem einmal Erreichten nicht ausruhen.

Es stellen sich für ein Unternehmen zum Thema Umweltschutz und Umweltmanagement stets neue Fragestellungen:

- Wie überzeugt und motiviert man jeden Mitarbeiter, auch neu Eingestellte, zu mehr Umweltbewußtsein?
- Wie integriert man das Umweltmanagement in bestehende Organisationsformen, ohne neue Stabsstellen oder aufgeblähte Leitungshierarchien aufzubauen?
- Wie kann das Umweltmanagement selbst wirksamer arbeiten?
- Wodurch werden Neuerungen im Betrieb verhindert und durch was wird Umweltschutz im Betrieb gefördert?
- Wo liegen neue ökologische bzw. gesundheitliche Risikopotentiale im Unternehmen?
- Was muß heute verändert werden, obwohl es gestern noch ausreichend war?

Jedes Unternehmen, das den Umweltschutz als ein gewichtiges Unternehmensziel festlegt, wird zwangsläufig mit solchen Fragen konfrontiert.

Eine wirksame Methode, die auf das Umweltrisikopotential wirkenden Faktoren zu erfassen, bietet das Umwelt-Audit. Die EU-Kommission hat im Juni 1993 in der Verordnung 1836/93 einen Rahmen geschaffen, der die Überprüfung des Umweltrisikopotentials vereinheitlichen und erleichtern soll. Ziel der Verordnung ist eine stetige Verbesserung der Umweltschutzleistungen der Wirtschaft durch

- Entwicklung und Anwendung von Umweltmanagementsystemen,
- objektive Kontrolle und Überprüfung der Umweltleistungen,
- Transparenz der Umweltleistungen gegenüber der Öffentlichkeit.

Man mag mit dem damit gegebenen Gesetzesrahmen zufrieden oder auch unzufrieden sein. Einen Anstoß stellt er allemal dar. Unser Umwelt-Audit wurde in Anlehnung an die EG-Verordnung 1994 begonnen und gibt Aufschluß über die bisher eingeleiteten und durchgesetzten Maßnahmen, aber auch darüber, was noch zu tun bleibt.

Von insgesamt im Audit 1994 festgestellten rund 40 Schwachstellen bzw. notwendigen Maßnahmen wurden 23 bis Mitte 1995 abgestellt, an 16 arbeiten wir noch und eine wird ab September und in den Folgemonaten in Angriff genommen. Dieses Herangehen halte ich für richtig und nachahmenswert.

Mein Dank gilt den beteiligten Wissenschaftlern und den Mitarbeitern aus unserem Unternehmen, die an der praktischen Durchsetzung mitwirken.

Klaus Steilmann

1 Kurzbeschreibung des auditierten Unternehmens

1.1 Basisdaten zur Klaus Steilmann GmbH & Co. KG

Die Klaus Steilmann GmbH & Co. KG fertigt seit der Gründung 1958 Damenoberbekleidung (DOB) sowie Herren-, Sport- und Kinderkollektionen. Die in Bochum-Wattenscheid ansässige Klaus Steilmann GmbH & Co. KG – Zentrale umfaßt 14,6 ha Betriebsfläche. Im Unternehmen in Bochum-Wattenscheid sind ca. 1500 Mitarbeiter bzw. Mitarbeiterinnen beschäftigt. Insgesamt arbeiten in der Steilmann-Gruppe ca. 4800 Beschäftigte, die 1994 einen Gesamtumsatz von ca. 1,4 Mrd. DM erzielten.

Zusammen mit den Tochterunternehmen vertreibt die Steilmann-Gruppe ihre Waren weltweit, besonders aber in der europäischen Gemeinschaft, den USA, Kanada und Mexiko, Mittel- und Osteuropa, Fernost, aber auch Australien und Afrika. Die Steilmann-Unternehmensgruppe produziert rund 35 Millionen Bekleidungsstücke (Teile) pro Jahr.

Für die standortbezogene Prüfung zeigen die Abb. 1, 2 das Betriebsgelände der Klaus Steilmann GmbH & Co. KG – Zentrale am Standort Wattenscheid.

1.2 Bereich Verwaltung

Zum Bereich der Verwaltung zählen die gesamten Büroräume der einzelnen Abteilungen der Zentrale laut Organisation zum Zeitpunkt der Auditierung.

1.3 Bereiche Stofflager und Versand

Stofflager

Das Stofflager dient zur Kommissionierung und Zwischenlagerung der Produktionsware sowie der Lagerung von Mustercoupons. Zur Qualitätskontrolle werden von jeder Lieferung repräsentative Stoffproben (Ober-, Futter- bzw. Unterstoffe) entnommen und entsprechend der in Abschn. 4.2.3.2 beschriebenen Tests untersucht.

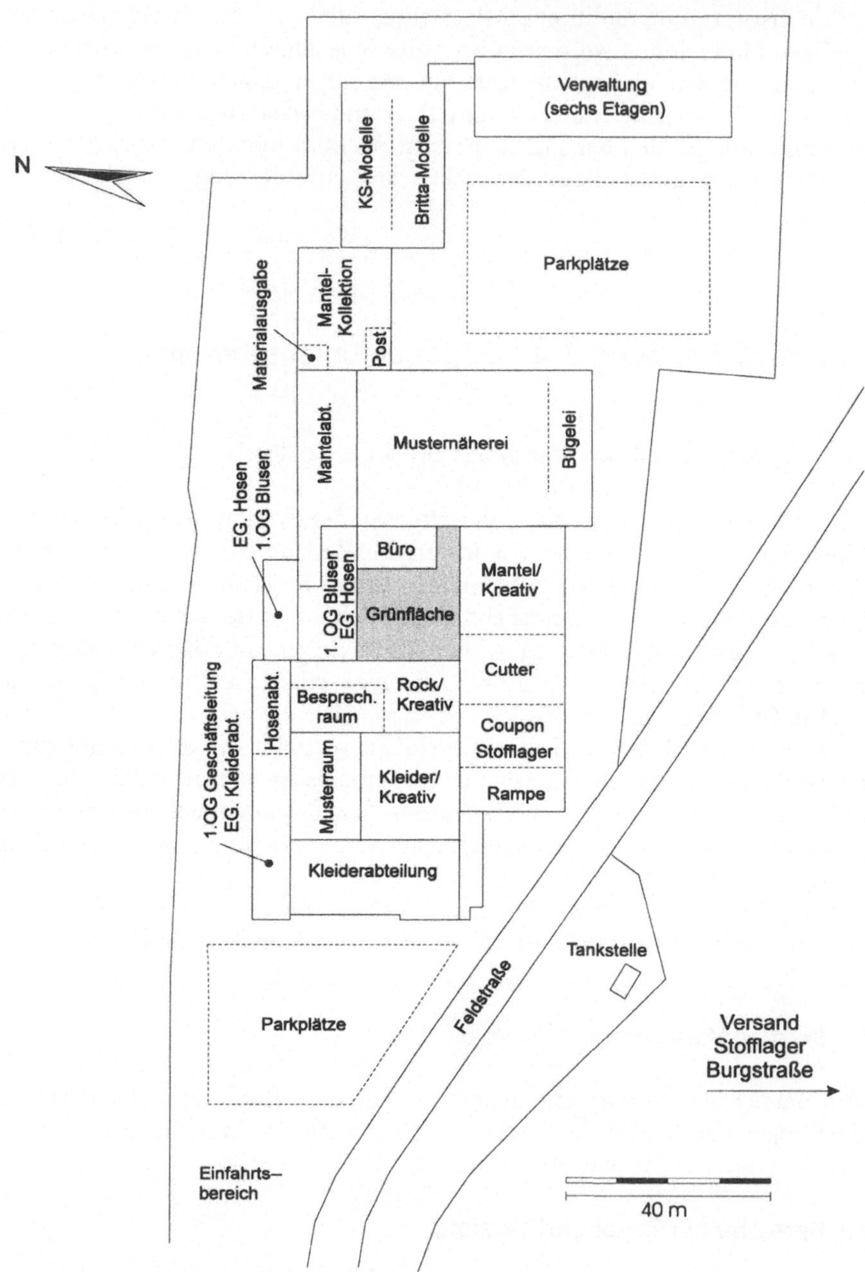

Abb. 1. Betriebsgelände der Klaus Steilmann GmbH & Co. KG, Bochum-Wattenscheid, Feldstr. 4

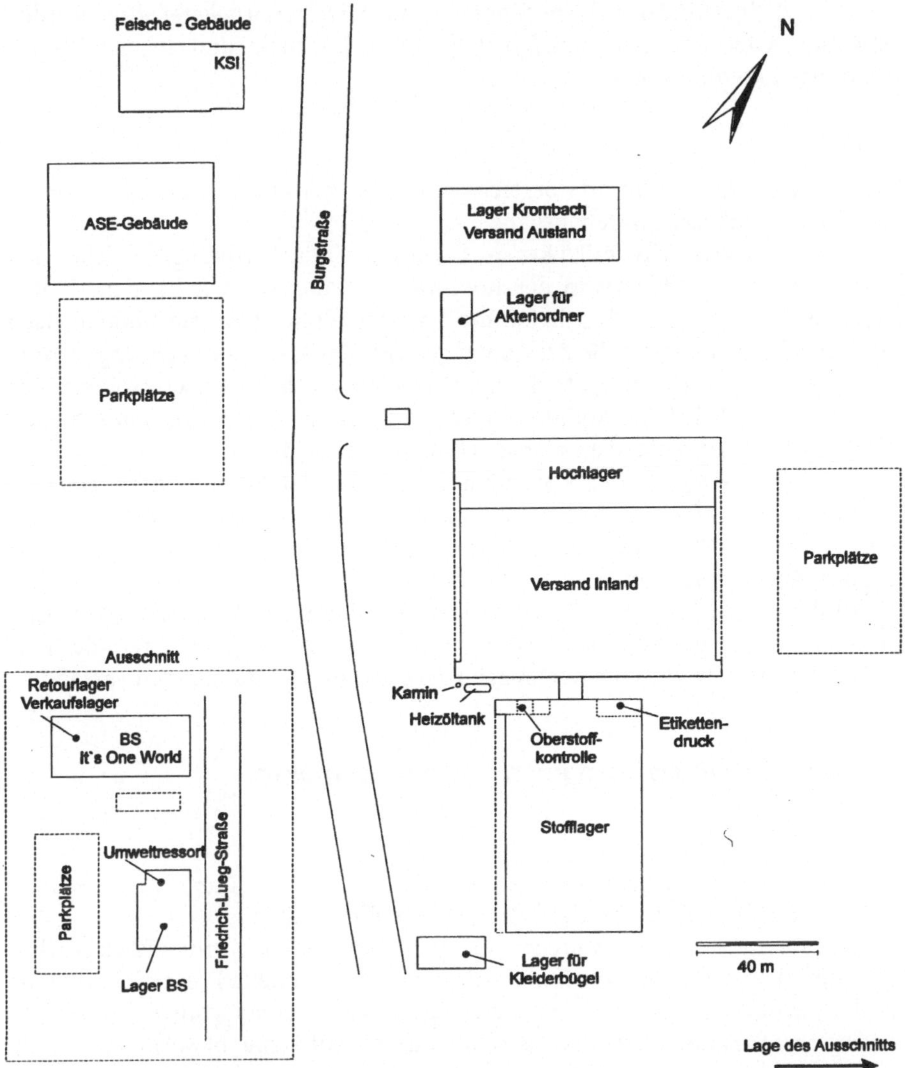

Abb. 2. Betriebsgelände der Klaus Steilmann GmbH & Co. KG, Bochum-Wattenscheid, Burgstraße und Friedrich-Lueg-Straße

Die Stoffe und die Zutaten wie Nähgarn, Schulterpolster, Reißverschlüsse, Knöpfe usw. werden entsprechend dem Auftrag zu einer Einheit zusammengestellt und per Lkw zu den entsprechenden Fertigungsbetrieben bzw. Nähereien transportiert.

Das Lager dient nur als Zwischenlager, in dem die Ware theoretisch maximal einen Tag lagern soll.

Zusätzlich befindet sich im Stofflager die Etikettendruckerei. Hier werden Etiketten nach verschiedenen Druckverfahren bedruckt und zu den Warensendungen kommissioniert.

Versand

Der Versand läßt sich in drei Bereiche gliedern: Fertigwareneingang, Kommissionierung und Fertigwarenausgang.

Die Fertigware wird mit Lkws aus den einzelnen Fertigungsbetrieben am Wareneingang angeliefert. In der Kommissionierung werden für den Hängeversand anhand der Lieferscheine die Warensendungen an die Kunden nach Artikeln, Farben und Größe zusammengestellt. Zur Qualitätssicherung werden die angelieferten Kleidungsstücke nochmals stichprobenartig kontrolliert. Am Warenausgang wird die kommissionierte, hängende Ware von Laufschienen direkt in die entsprechenden Transportfahrzeuge geladen.

Die Hauptsaison für den Warenumschlag ist für den Sommer der Lieferzeitraum von November bis April und für die Wintersaison der Zeitraum von Juni bis November. Während dieser Hauptsaisons werden zwischen 90 000 und 120 000 Teile pro Tag umgesetzt.

In der ersten Etage des Versands befindet sich die Paketabteilung für den sogenannten „Liegend-Versand". Hier wird die Ware für die Versenderkunden teilweise in kundenspezifische Kartonagen verpackt und an die Kunden versandt.

1.4 Bereiche Kreativ, Texographie, und Musternäherei

Kreativ

Zum Bereich Kreativ zählen der Entwurf, die Schnitterstellung, der Zuschnitt und die Nachbereitung von Kollektionen bzw. Einzelteilen.

Von einem computergestützten oder gezeichneten Modell eines Rockes, Kleides oder Blazers wird ein zweidimensionaler Schnitt erstellt. Dieser Schnitt wird in der Texographie auf die verschiedenen Größen rechnergestützt verkleinert oder vergrößert und liegt dann als Schnittmuster auf Papier bzw. Pappe oder als Computerdruck vor.

Im Zuschnitt werden die aus der Texographie stammenden Schnittmuster geplottet und auf die Stoffbahnen verteilt, so daß minimale Schnittabfälle anfallen. Anschließend werden die Einzelteile mit Hilfe von Cuttern oder per Hand aus den Stoffbahnen ausgeschnitten. Die Musterstücke werden entweder in der eigenen Musternäherei der Zentrale oder in auswärtigen Musternähereien konfektioniert.

Die Nachbereitung, z. B. Längenkorrektur oder Schnittveränderung bzw. Qualitätsprüfung der Musterstücke, findet in den einzelnen Abteilungen statt, die das Modell entwarfen.

Zum Forschungs- und Entwicklungsbereich zählt auch das KSI – Klaus Steilmann Institut für Innovation und Umwelt GmbH –, das ökologieorientierte Innovationen, Qualitätsstandards, Forschungsberichte, Schulungen und Beratungsleistungen sowie Publikationen gemeinsam mit dem Umweltbereich entwickelt.

Texographie

In der Texographie wird der Stoffverbrauch für die Kalkulation der verschiedenen Modelle ermittelt. Die Berechnung erfolgt für einen wachsenden Teil der Produktpalette computergestützt.

Bei manuellermitteltem Stoffverbrauch wird er anhand der Musterschnitte ermittelt. Hierzu werden die Schnitte im Maßstab 1:5 verkleinert. Diese aus PVC-Kunststoff mit einer heißen Nadel ausgeschnittenen Mikroschnitte werden auf einen Plantisch in der Breite einer Stoffbahn ausgelegt und anschließend belichtet. Das belichtete Papier wird durch einen Ammoniakentwickler gegeben. Die so gewonnene Vorlage dient als Kalkulationsgrundlage für die zu verarbeitende Stoffmenge in den Nähereien.

Musternäherei

In der Musternäherei werden die aus den Abteilungen angelieferten Einzelteile vernäht. Die Ware wird komplett mit den Zutaten den MitarbeiternInnen der Musternäherei zugeleitet und bis zum sogenannten „Bügelfinish" verarbeitet.

Die Nähmaschinen werden über Druckluft, die mit Hilfe von zwei Kompressoren erzeugt wird (Druck ca. 6 bar, auf 4 bar für die Maschinen gedrosselt), angetrieben.

Für die Bügelmaschinen wird Wasserdampf mit einem Druck von 4,5 bar und einer Temperatur von 147 °C (Sättigungszustand) benötigt. Erzeugt wird dieser Dampf in einem Druckkessel. Der Druck muß ca. 10 bar betragen, um eine ausreichende Dampfmenge für alle Bügelmaschinen vorzuhalten. Zur Druckminderung ist zwischen dem Kessel und den Bügelmaschinen ein Reduzierventil geschaltet. Der überschüssige Dampf wird über das Dach abgeleitet.

1.5 Bereich Hilfsstellen

Tankstelle

Auf dem Gelände der Klaus Steilmann GmbH & Co. KG befindet sich eine betriebseigene Tankstelle zum Betanken der Betriebs- und teilweise Privatfahrzeuge.

Kantinen

In der Zentrale der Klaus Steilmann GmbH & Co. KG in Wattenscheid sind zwei Kantinen vorhanden. Die Kantinen werden von der Steilmann-Zentrale betrieben. Die größere der beiden Kantinen befindet sich im Hauptgebäude an der Feldstraße, eine weitere Kantine in der ersten Etage des Versands an der Burgstraße.

2 Umweltmanagement-Audit

2.1 Unternehmensphilosophie bezüglich Umweltschutz

Die Steilmann-Gruppe zählt zu den Pionierunternehmen der Textil- und Konfektionsindustrie in Deutschland, Europa und sicher weltweit, die freiwillig den Gesundheits- und Umweltschutz bei der Herstellung und dem Vertrieb von Bekleidung zu einem zentralen Element der Unternehmensphilosophie machten.

Besonders zu Beginn der 90er Jahre stieß dieser ökologieorientierte Vorstoß zunächst im Handel auf Grund hoher Anteile an nicht kontrollierbaren Eigenimporten auf wenig Verständnis.

Auch im Rahmen der Steilmann-Gruppe gab es erhebliche Auseinandersetzungen um den Stellenwert des Umweltschutzes, besonders im Zeitraum von 1990 bis 1995. In einem keineswegs zu unterschätzenden Lern- und Überzeugungsprozeß gelang es in dieser Zeit unter großem persönlichen Einsatz des Unternehmensgründers Klaus Steilmann und seiner ältesten Tochter Britta Steilmann, die Unternehmensgrundsätze der Steilmann-Gruppe wesentlich zu entwickeln. Zu den Umweltgrundsätzen der Steilmann-Gruppe zählen:

1. Die Steilmann-Gruppe wird als Pionier der Umweltbewegung über die Einhaltung aller gesetzlichen Umweltvorschriften hinaus aktiv neue Maßstäbe setzen und zum Schutz der Verbraucher, der Arbeitnehmer, der Natur sowie aller Lebewesen beitragen.

2. Erklärtes Ziel des Umweltschutzes der Steilmann-Gruppe ist es, im Rahmen der betriebswirtschaftlichen Anforderungen zur Existenz- und Rentabilitätssicherung, die Umweltbelastungen in allen Stufen der textilen Kette sowie des Produktlebenszykluses ihrer Erzeugnisse zu vermindern oder ganz zu vermeiden.

3. Die umweltorientierte Unternehmensführung bezieht die Ideen und Vorschläge aller Mitarbeiterinnen und Mitarbeiter aktiv ein und soll negative Umwelteinwirkungen des Unternehmens minimieren. Dies betrifft insbesondere Abfälle, Energie- und Materialverbräuche, aber auch unnötige Transportbelastungen und Verpackungen.

4. Die Unternehmensstrategie zielt auf eine vorteilhafte Verbindung von Ökologie und Ökonomie, welche langfristig die Entwicklung des Unternehmens umweltverträglich und dauerhaft sichern soll.

5. Die Verantwortung des Unternehmens erstreckt sich global auf den Abbau des Wohlstandsgefälles zwischen Industrie- und Entwicklungsländern durch Anstreben von weltweit gleichen Sozial- und Umweltstandards für Produktion und Produkte sowie die Einbeziehung des Umweltschutzes in die GATT-Verhandlungen bzw. die Nachfolgeverhandlungen des WTO.

6. Die Steilmann-Gruppe verpflichtet sich, die betriebliche Umweltsituation in all ihren Einflußbereichen kontinuierlich zu verbessern. Sie nimmt freiwillig an Umweltaudits der EU teil und setzt sich für eine Neuordnung der Produktkennzeichnung auch aus Umweltsicht ein.

7. Die Steilmann-Gruppe arbeitet mit nationalen und internationalen Umweltorganisationen zusammen, fördert die Umweltforschung, die Aus- und Fortbildung im Umweltbereich und die Durchsetzung neuer ökologiegerechter Design- wie Produktbewertungsmaßstäbe.

Ausgehend hiervon wurden und werden konkrete

„Umweltziele"

formuliert – zu ihnen zählen seit 1990 besonders:

1. Die Einhaltung aller gesetzlichen Vorschriften und das freiwillige Setzen neuer Umweltmaßstäbe in der Produktion, dem Vertrieb und Gebrauch sowie der Entsorgung bis hin zur Schließung des Kreislaufs „von der Wiege bis zur Wiedergeburt".
2. Die Erfassung, Beurteilung und Verminderung der von den Produkten und von dem Unternehmen ausgehenden Umwelteinwirkungen insbesondere
   - des Verbrauchs von natürlichen Ressourcen,
   - der Luft-, Wasser- und Bodenverschmutzung bzw. -schädigung,
   - des Abfall- sowie Verpackungsaufkommen,
   - der Energieverbräuche,
   - der Lärmbelästigung einschließlich der Transporte,
   - der Auswirkungen auf Öko-Systeme und
   - der Verbindung von sozial, gesellschaftlich oder kulturell schädlichen Auswirkungen der Produktion.
3. Die Entwicklung und das Design neuer und verbesserter Produkte sowie Produktionsverfahren aus ökologischer Sicht unter Berücksichtigung des gesamten Produktlebenszyklusses, beispielsweise für Baumwoll- und Wollprodukte.
4. Die Verantwortung für Produkte von der Wiege bis zur Entsorgung bzw. Wiederverwertung unter Beachtung des Kreislaufprinzips.
5. Die ökologischen Verbesserungen in der textilen Kette und Produktion durch nationale und internationale Aktivitäten einschließlich Forschungsaufgaben sowie die Durchsetzung neuer ökologieorientierter internationaler Handelsbeziehungen.
6. Die Ressourcen- und Energieeinsparungen sowie die Verstärkung des Einsatzes nachwachsender Rohstoffe und regenerativer Energien.
7. Die Minimierung von Umweltbelastungen aus Abfällen und Verpackungen nach den Prinzipien: Vermeidung, Wiederverwertung, Verwertung, Rohstoffauswahl sowie Entsorgung.
8. Die Einbeziehung von ökologischen Kriterien in alle Entscheidungsprozesse, insbesondere des Beschaffungswesens, aber auch der Investitionen, der Produktion sowie des Marketing sowie nicht zuletzt des Bauens und Modernisierens von Altbauten.
9. Die Optimierung der gesamten Logistik in der Textil- und Bekleidungsindustrie, aus Umweltsicht aber auch der gesamten Vorstufen- und Handelsprozesse.

10. Die aktive Unterstützung der Einführung von weltweit gleichen Umwelt- und Sozialstandards durch politische Arbeit in Verbänden und Gremien und durch Eigeninitiative.

Diese Unternehmensphilosophie sowie die Umweltziele in Sachen Umweltschutz haben dem Unternehmen Steilmann eine breite ökologische Akzeptanz und sozusagen ein „dunkelgrünes Image" verschafft. Das bezieht sich nicht allein auf das Unternehmen, sondern besonders auf den Gründer Klaus Steilmann sowie seine älteste Tochter Britta Steilmann, aber auch die Familienmitglieder Ingrid Steilmann, Ehefrau des Unternehmers sowie die zweitälteste Tochter Ute Steilmann und die jüngste Tochter Cornelia Steilmann.

Darüber hinaus verpflichtet dieses Image selbstredend alle MitarbeiterInnen.

2.2 Bestehende Umweltorganisation

Das in Abb. 3 dargestellte Geschäftsführungsorganigramm der Steilmann GmbH & Co. KG aus Umweltsicht ließ zum Auditzeitpunkt auf Geschäftsführerebene erkennen, daß die Gesamtverantwortung für die Umweltaktivitäten bei Herrn Dr.-Ing. h.c. Klaus Steilmann und seiner Tochter Britta Steilmann liegt.

Gemäß der Philosophie eines familiengeführten Unternehmens ist damit die höchste leitungsmäßige Verantwortlichkeit gegeben.

Parallel dazu wurde 1991 das KSI für die wissenschaftliche Untersetzung des Umweltengagements gegründet.

Seit 1992 wird in der Steilmann-Gruppe eine Umweltbeauftragte eingesetzt, die dem Unternehmensgründer direkt unterstellt ist. Seit 1993 übernahm Frau Britta Steilmann die Gesamtverantwortung für den Bereich Kommunikation

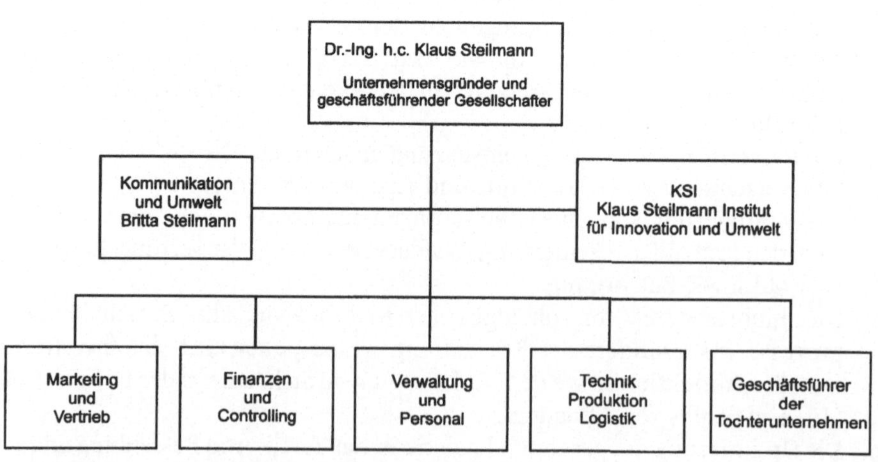

Abb. 3. Geschäftsführungsorganigramm der Klaus Steilmann GmbH & Co. KG aus Umweltsicht (Stand: Ende 1994)

und Umwelt, dem auch das Umweltressort unterstellt ist. Dies ist insoweit von Vorteil, als aus der Erfahrung heraus der betriebliche Umweltschutz nur dann erfolgreich funktioniert, wenn auch klare Verantwortungsstrukturen bis hinein in die Geschäftsführung vorhanden sind.

Die Aufgabenbereiche des Umweltressorts sowie des KSI sind nachfolgend in einer verkürzten Version zusammengefaßt:

- Fundierung und Absicherung der ökologieorientierten Innovation,
- Initiierung und Mitwirkung an Umweltschutzzielen und -programmen der Steilmann-Gruppe,
- Produktoptimierung und -prüfung aus Umweltsicht,
- Erarbeitung und Durchsetzung ökologischer Qualitätsstandards in der gesamten Kette, besonders bei Steilmann,
- Optimierung des Abfall- und Verpackungsbereichs der Steilmann-Gruppe,
- Vorbereitung und Durchsetzung von Ressourcen-, Energie- und Wassereinsparmaßnahmen,
- Betriebsbezogener Umwelt- und Arbeitsschutz einschl. ökologischer Modernisierungsmaßnahmen aller Art bis hin zum ökologischen Bauen,
- Vorbereitung und Durchführung von Umwelt-Audits in den Betrieben der Gruppe,
- Dokumentation umweltrelevanter Daten und Informationen,
- Kommunikation mit den Umweltbeauftragten der Betriebe und Tochterunternehmen sowie mit Verbänden, Instituten und Hochschulen in Umweltfragen,
- umweltorientierte Schulungsvorbereitungen und -durchführungen,
- Umweltpublikationen, Umweltberichte und Messemitwirkung,
- Umweltforschungen und Umweltstudien, z.B. zur Retrodistribution,
- projektorientierte Arbeiten, z.B. im Rahmen der QESNET (Steilmann-Quelle Öko-Projekte),
- Umweltschutzberatungen als Dienstleistungen für Dritte.

Über die Gesamtaufgabenstellungen hinausgehende Stellenbeschreibungen fehlten zum Auditzeitpunkt, da in der Steilmann-Gruppe insgesamt wenig Wert auf klassische Stellenbeschreibungen gelegt wird, sondern Teamwork und ressortübergreifendes Mitwirken Bestandteile der Unternehmensphilosophie sind.

Die Aufgaben der Umweltbeauftragten liegen z.B. schwerpunktmäßig im Bereich der ökologischen Optimierung und Überprüfung der Steilmann-Produkte.

Die Umweltbeauftragte hat darüber hinaus noch zentrale kommunikative Verantwortung als Bindeglied zwischen dem Stammhaus in Bochum-Wattenscheid und den Tochtergesellschaften. Hier wurde als kommunikatives Instrument der Arbeitskreis Ökologie vor einigen Jahren ins Leben gerufen. Die Aufgaben des Arbeitskreises Ökologie lassen sich wie folgt zusammenfassen: Vermittlung der Umweltinformationen vom Mutterhaus zu den Töchterunternehmen und Betriebsstätten sowie Regelung der Durchsetzung der im Mutterhaus beschlossenen Umwelt-„Spielregeln". Ferner die Regelung der Abfalltrennung und -erfassung und Sicherstellung der Umweltmotivation aller Steilmann-Mitarbeiter.

Die Mitglieder des Arbeitskreises Ökologie wirken gleichzeitig auch als die Umweltverantwortlichen der Töchterunternehmen bzw. Betriebsstätten.

Als Ergebnis des Umweltmanagement-Audits wurde die Einrichtung eines schlagkräftigen und funktionsfähigen Umweltausschusses, bestehend aus Entscheidungsträgern bzw. Entscheidungsträgerinnen des Mutterhauses und unter unbedingter Teilnahme von Geschäftsführern des Hauses, vorgeschlagen. Die Mitglieder des Arbeitskreises Ökologie sollten ebenfalls in den Umweltausschuß integriert werden.

In der Abb. 4 ist die Besetzung des Umweltausschusses und seine Aufgaben dargestellt.

Der Umweltausschuß wird seit seiner Installation ab Januar 1995 vom Leiter des Klaus Steilmann Instituts für Innovation und Umwelt geführt.

Im Rahmen der durchgeführten Mitarbeitergespräche während des Audits ergab sich darüber hinaus die Notwendigkeit, den Informationsfluß sowie die Weiterbildungsmaßnahmen unternehmensintern wie extern weiter zu verbessern.

Das bezieht sich auch auf eindeutige Regelungen zu Umweltschadensfällen bzw. notwendigen eventuellen dringlichen Presse- bzw. Medienerklärungen. Hierzu gilt, daß diese von den Familienmitgliedern abgegeben werden bzw. in deren Auftrag vom Leiter des Umweltausschusses, der Umweltbeauftragten oder speziell benannten Geschäftsführern der Gruppe.

2.3 Umweltberichtswesen/Umweltprogramme

Das Umweltberichtswesen wurde bei der Klaus Steilmann GmbH & Co. KG erst mit dem Erscheinen des 1. Umweltberichts für die Öffentlichkeit 1992 zugänglich.

Viele vorher eingeleitete Umweltinitiativen wurden leider nicht systematisch dokumentiert. Auch die zahlreichen, vom Verkaufserfolg her keineswegs alle erfolgreichen Versuche, neue umweltorientierte Kollektionen im Markt durchzusetzen, wurden im Tagesgeschäft nicht systematisch dokumentiert und ausgewertet.

Mit dem Erscheinen des zweiten Umweltberichts der Steilmann-Gruppe 1994 sowie der Herausgabe der von Britta Steilmann vorgelegten Publikation „It's one world" 1994 wurde hier eine neue Qualität erreicht, die das systematische Umweltberichtswesen ergänzt.

Die Presse- und Mediendokumentation wird durch die Pressestelle der Steilmann-Gruppe vorgenommen.

Darüber hinaus wurde im Ergebnis der während des Audits geführten Gespräche festgestellt, daß die Umweltziele und -programme stärker bereichsbezogen und mit klaren Verantwortlichkeiten untersetzt werden müssen.

Die persönliche Umweltverantwortung der Führungskräfte erstreckt sich nunmehr darauf, auch einen Umweltbericht an die Geschäftsführung der Klaus Steilmann GmbH & Co. KG zu erstellen. Die Umweltaktivitäten werden dazu in einem Umweltprogramm festgelegt. Das Umweltprogramm sagt aus, was, in

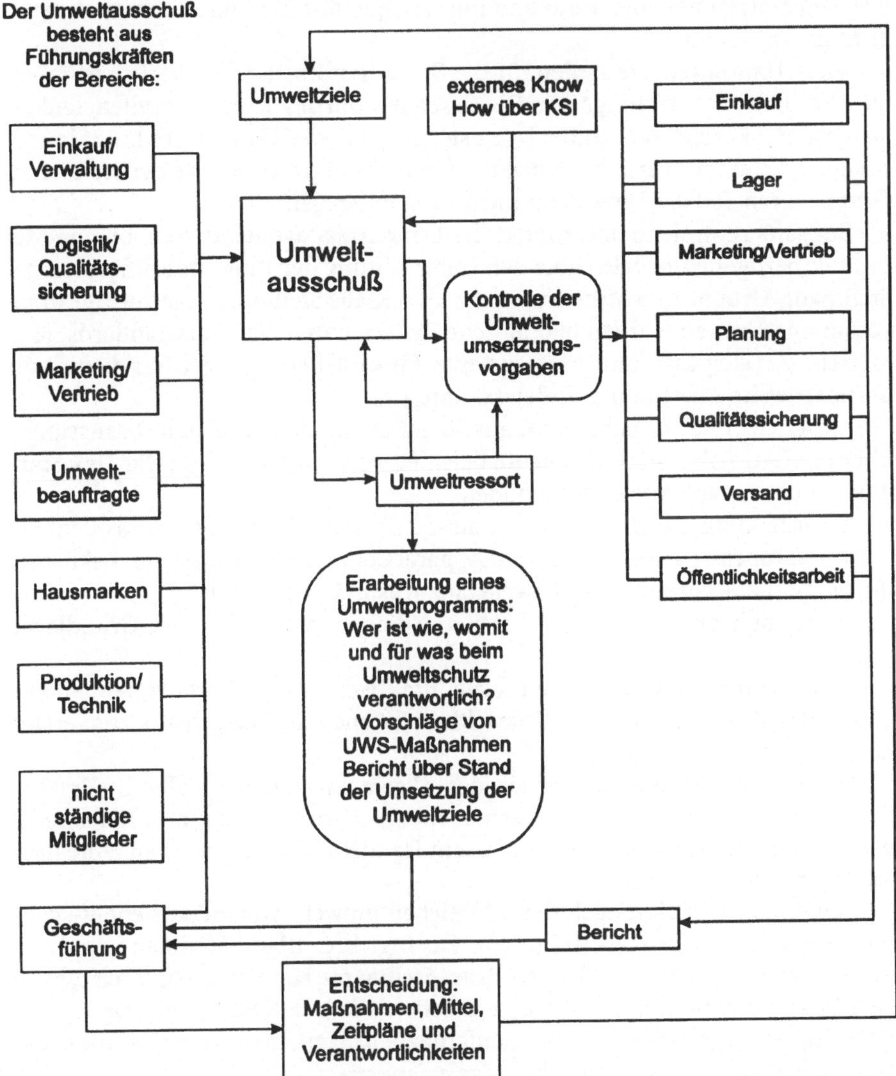

Abb. 4. Umweltausschuß der Klaus Steilmann GmbH & Co. KG nach einer Vorlage von Sietz

welchen Zeiträumen, bis wann und mit welchen Mitteln und mit wem zu erreichen ist.

Diese Umweltreports stellen für die Geschäftsführung die Möglichkeit eines aktiven Umweltcontrollings dar. Die Geschäftsführung kann eingreifen, lenken, steuern und korrigieren. Dabei ist zu sichern, daß der Umweltschutz auf immer breiteren Schultern verteilt werden muß und alle Führungskräfte der Steilmann-Gruppe ihren Teil der Umweltveranwortung mittragen.

Ein ganz zentraler Schwerpunkt des Umweltmanagements stellt bis 1993 der produktbezogene Umweltschutz dar. Unter Leitung der Umweltbeauftragten der Steilmann-Gruppe und Mitwirkung des KSI – Klaus Steilmann Instituts für Innovation und Umwelt wurden ökologische Kriterien und Qualitätsstandards, ökologische Artikelpässe und weitergefaßte Einkaufsbedingungen erarbeitet, die branchenweite Anwendung finden (s. Kap. 3.3).

Am Tisch des Unternehmers Klaus Steilmann fanden die ersten Diskussionen über ein Öko-Label statt, das heute beispielsweise in Form des „Öko-Tex Standards 100" vielfach Anwendung findet.

Unter Leitung von Dr.-Ing. h. c. Klaus Steilmann, als damaliger Präsident der ELTAC – European Largest Textile and Apparel Companies – wurde die Diskussion um einheitliche europäische Umweltstandards in Gang gesetzt.

Eine Arbeitsgruppe der ELTAC hat hierzu die vom KSI erarbeiteten Grundlagen übernommen.

Unternehmensintern wurden viele praktische Umweltschutzmaßnahmen eingeleitet, über die der zweite Umweltbericht auch die Fortschritte zum ersten dokumentiert.

Die Öffentlichkeitswirksamkeit des Umweltengagements der Steilmann-Gruppe wurde durch das 1994 erschienene Buch von Dr.-Ing. h. c. Klaus Steilmann „Vom Säulendenken zu vernetztem Handeln" (Berlin 1994) auf eine neue Stufe gehoben.

Bemerkenswert sind auch die zahlreichen umwelt- wie industriepolitischen Vorträge und Konferenzbeiträge von Dr.-Ing. h. c. Klaus Steilmann und seit 1993/94 verstärkt von seiner Tochter Britta Steilmann. Hierfür existiert seit 1993/94 eine Dokumentation, deren Pflege z. T. schon allein dadurch schwierig ist, daß teilweise von Diskussionsforen, Konferenzbeiträgen, Arbeitskonferenzen etc. keine schriftlichen Diskussionsbeiträge existieren.

Ziel bleibt jedoch, die Beiträge möglichst vollständig zu dokumentieren.

Im Rahmen der Mitwirkung von Klaus Steilmann als Club of Rome-Mitglied wurde das Umweltengagement der Steilmann-Gruppe weltweit bekannt.

So berichteten beispielsweise mehrere australische Rundfunk- und Fernsehsender über Steilmann-Umweltengagement und Ende 1994 wurden durch den Leiter des KSI und die Umweltbeauftragte der Steilmann-Gruppe Umweltschulungen in Hongkong, Taiwan, Korea und China durchgeführt. Die Erfahrungen fließen laufend in das Umweltprogramm ein.

So wurde auch die Erarbeitung von ökologischen Beschaffungsrichtlinien ständig präzisiert. Gerade der Einkaufsbereich ist ein wichtiger Umweltbereich, über den die Standards schnell weltweit über den Markt durchzusetzen sind.

Bezüglich des nicht bekleidungsproduktbezogenen Einkaufs werden im Umweltausschuß Festlegungen getroffen, z.B. zur Frage des Einsatzes kompostierbarer Kunststoffe, der Verpackungsproblematik etc. Hierzu wirkten bereits im Arbeitskreis Ökologie der Steilmann-Gruppe Arbeitsgruppen, die über den Umweltausschuß aufgabenmäßig erweitert arbeiten.

Im Ergebnis des Audits werden die projektorientierten Verantwortlichkeiten weiter präzisiert.

Hervorzuheben ist, daß es z.B. auch ohne einen „Umweltverantwortlichen" für das Baugeschehen der Steilmann-Gruppe gelang, durch Teamarbeit zwischen dem KSI, Umweltressort, der Steilmann-Cottbus-Betriebsleitung und der zentralen Bau- und Architektenleitung der Steilmann-Gruppe einen herausragenden ökologieorientierten Neubau zu planen, der im Juli 1995 in Betrieb genommen wurde.

2.4 Einbeziehung und Umweltmotivation der Mitarbeiter

Aus einigen Mitarbeiter/Mitarbeiterinnen-Gesprächen ergaben sich während der Umweltprüfung Hinweise, daß die Umweltkommunikation im Hause Steilmann durch vermehrte persönliche Ansprache verbessert werden kann. Plakataktionen, die Aktion Umweltbox sowie die Qualität der schriftlichen Umweltinformationen der Umweltbeauftragten, insbesondere im Bereich Abfallsammlung und Abfalltrennung wurden von den Mitarbeitern allgemein sehr begrüßt.

Ein weiteres Kommunikationsmittel ist die Betriebszeitung in der neben den firmenspezifischen Themen auch eine Umweltseite zur Vermittlung umweltrelevanter Informationen eingerichtet wurde.

Darüber hinaus wurde von einigen MitarbeiternInnen vorgetragen, daß sie sich wünschen, daß der Betriebsrat sich dem Thema Umweltschutz in verstärkter Weise öffnet.

Die fehlende organisationsformale Beschreibung der Umweltschutzaufgaben hat in der Vergangenheit im Bereich einiger Führungskräfte Freiräume geschaffen, die von diesen begrüßt wurden. Es gilt jetzt, diese Aktivitäten in Zukunft verstärkt in den Umweltausschuß zu integrieren. Ansätze in dieser Richtung zeigen sich z.B. bei der Erhöhung der Fahrzeugauslastung zur Entlastung der Umwelt, zur Nutzung und Belegung der Bahn, zum Einsatz von kompostierbaren Füllstoffen auf Stärkebasis (BIOTEC bzw. FARMFILL), auch für Kleiderbügel, daneben z.B. Kleiderschutzhüllen aus durchsichtigem Pergament etc.

Die Zusammensetzung des neu gebildeten Ausschusses soll über Feed-back-Effekte auch die Umweltmotivation der Beschäftigten erhöhen und damit die Qualität des betrieblichen Umweltschutzes der Klaus Steilmann GmbH & Co. KG erweitern.

Die Stärkung des Umweltschutzgedankens in der Geschäftsführung und auch beim Betriebsrat läßt eindeutig auch eine Steigerung der Umweltmotivation im Bereich der gesamten Belegschaft erwarten.

Mit den zwei Stoßrichtungen a) Verankerung des Umweltschutzes bei den Familiengesellschaftern und in der Geschäftsführung und b) Verstärkung der persönlichen Ansprache und Information werden parallel zwei wichtige Maßnahmen eingeleitet, die Umweltmotivation im Hause Steilmann nachhaltig zu steigern und somit auch die Identifikation der einzelnen Belegschaftsmitglieder mit dem Umweltschutzgedanken bei Steilmann zu erhöhen.

3 Produktbezogener Umweltschutz

3.1 Umweltwirkungen der Bekleidungsindustrie

Wenn von Umweltbelastungen durch Bekleidung die Rede ist, stehen möglicher Schadstoffgehalt und Verbraucherschutz im Vordergrund. Mindestens genauso wichtig, wenn nicht sogar wichtiger, ist die Betrachtung der Produktionsprozesse bis zur Herstellung eines fertigen Kleidungsstückes sowie die Distribution, die Pflege und Reinigung der Bekleidung, die Verpackung und die Entsorgung bzw. das Recycling. Analog zu Rückständen von Veredlungschemikalien in Textilien, können Umweltbelastungen aus Abwasser, Abluft und Reststoffen dem Verbraucher schaden. Ernsthaftes ökologisches Engagement im Textil- und Bekleidungsbereich muß daher alle Stufen des Produktlebenszyklusses von Bekleidung betreffen:

Fasererzeugung (Anbau, Synthese)

⇓

Flächenerzeugung (Spinnen, Weben, Wirken)

⇓

Veredlung (Vorbehandeln, Färben, Ausrüsten)

⇓

Bekleidungsherstellung (Fertigung, Design)

⇓

Vertrieb/Verpackung

⇓

Gebrauch/Pflege

⇓

Recycling/Entsorgung

Einige wesentliche Umweltprobleme der textilen Kette sind:

- Pestizideinsatz bei der Primärproduktion von Naturfasern insbesondere, Baumwolle,
- Wasser- und Chemikalienverbrauch in der Textilveredlung,
- Umweltbelastungen durch Transporte zwischen und innerhalb der einzelnen Stufen der textilen Kette durch ihre weltweite Verflechtung,
- Wasser- und Chemikalienverbrauch in der Textilpflege.

Viele dieser Umweltprobleme haben mit den Tätigkeiten, die in den Fertigungsstätten von Steilmann durchgeführt werden, wenig zu tun. Sie beinhalten im wesentlichen die kreative Montage von Halbfertigerzeugnissen wie Oberstoffen, Futterstoffen, Knöpfen und anderen Zutaten zu modischer Bekleidung.

Wesentliche Umweltbelastungen in der textilen Kette erfolgen in den der Konfektion vorgelagerten Produktionsstufen der textilen Kette. Das läßt sich auch durch einige Zahlen illustrieren. Im statistischen Jahrbuch 1993 wurden die Energiekosten der Textilindustrie mit 2,9 % des Bruttoproduktionswertes, die der Bekleidungsindustrie mit 0,7 % angegeben. Auch die Abfallzahlen zeigen ähnliches: Während in der Textilindustrie 21,4 t Abfall pro Million Bruttoproduktionswert anfielen, waren es in der Bekleidungsindustrie nur 7,5 t. Der Wasserbedarf der Bekleidungsindustrie beschränkt sich im allgemeinen auf sanitäre Nutzungen und Reinigungszwecke. Die durch die Bekleidungsindustrie selbst verursachten Energieverbräuche und die produzierten Abfall- und Abwassermengen sind also verhältnismäßig gering gegenüber denjenigen der Textilindustrie und der Herstellung textiler Rohstoffe bzw. ihrer laufenden Pflege im Haushalt.

Was heißt das für die Umweltpolitik der Steilmann-Gruppe?

Wichtigstes Ziel muß die Herstellung gesundheits- und umweltverträglicher Bekleidung aus umweltfreundlich hergestellten Vorprodukten sein. Damit bekommt das Produktdesign und die Beschaffung umweltverträglich produzierter Stoffe und Zutaten die höchste Priorität des Umweltschutzes. Die ökologische gesteuerte Marktmacht im Einkauf kann die größten Umweltentlastungen bewirken. Dies natürlich nur, wenn der Kunde Bekleidungsstücke aus entsprechenden Stoffen abnimmt und diese angemessen bezahlt. Daneben ist die Optimierung der Transportlogistik, die in den Einflußsphären des Unternehmens liegt, von großer Bedeutung sowie die Arbeit an geschlossenen Stoffkreisläufen unter Beachtung des gerade im Bekleidungsbereich sehr sensitiven Pflege- und Reinigungsbedarfs.

3.2 Bilanzierung

Der Überblick über die von der Firma Steilmann ausgehenden Umwelteinwirkungen wird auf der Basis einer Stoff- und Energiebilanz gegeben. Die Erstellung einer vollständigen Input-Output-Bilanz ist dabei bei einem Unternehmen von der Größe der Steilmann-Gruppe ein sehr aufwendiger Prozeß. Dies gilt um so mehr, als in diesem Prozeß nicht nur einige Stellen der zentralen Buchhaltung, sondern 46 Standorte von Steilmann und seinen Tochterfirmen in Deutschland sowie viele hundert Zulieferer eingebunden sind. Um von vornherein die aufwendige Erfassung der Daten mit Fortschritten im Hinblick auf eine Verbesserung der Umweltverträglichkeit von Produkten und Produktionsprozessen zu verbinden, wird diese generell an konkreten Optimierungsmöglichkeiten und deren praktischer Umsetzung orientiert.

Einzelne Bereiche werden sorgfältig und nacheinander bearbeitet. Dabei beginnt die Datenerfassung bei den ökologisch besonders wichtigen Bereichen

Tabelle 1. Stoff- und Energieströme der Steilmann-Gruppe

Input	Bestand	Output

Oberstoffe
Gewebe und Gewirke
  aus natürlichen und
  synthetischen Fasern
		Produkte
		  Mäntel, Kleider, Kostüme
		  Blusen, Röcke, Hosen
		  Jacken, Blazer, Sakkos
		  Anzüge, Strick, Wäsche

Zutaten
  Futterstoffe, Einlagen
  Poster, Watte, Bänder
  Reißverschlüsse
  Knöpfe u.a. Verschlußmittel
  Garne und sonstige Zutaten		

Fertigteile		

Hilfsstoffe
  Papier, Pappe,
  Folien, Schablonen
		Abfälle
		  Verwertung
		  Deponie bzw.
		  Verbrennung

Betriebsstoffe Schmiermittel, Lösungsmittel		

Verpackungsmaterial
  Kleiderbügel, Folien,
  Kartonagen, Papier, Etiketten		

Büromaterial		
Wasser		Abwasser
Luft		Abluft

Energie
  Gas, Strom, Öl
		Energie
		  Abwärme, Lärm

Transporte
  Zulieferungen
  Zwischenwerksverkehr
  Auslieferungen
  Personenverkehr		

Maschinen und Anlagen	Maschinen und Anlagen	Maschinen und Anlagen
Gebäude	Gebäude	Gebäude
Grundstücke	Grundstücke	Grundstücke

des Wareneinsatzes und damit auch den Produkten. Bei dem Wareneinsatz von Ober- und Futterstoffen wurde mit der systematischen und vollständigen Erfassung bei der Sommerkollektion 1994 begonnen. Ausgewertet wurden Mengen, Faserarten und eine Reihe von ökologisch relevanten Daten. Gleichzeitig wurde bei der Erfassung und Bewertung weiterer Zutaten mit der Arbeit begonnen. Da im Rahmen der Tätigkeiten von Steilmann keine stoffliche Veränderung des Wareneinsatzes erfolgt, wird hiermit gleichzeitig die Produktseite erfaßt.

Daneben stehen auch im Bereich des produktionsbezogenen Umweltschutzes wie Energieverbräuche, Abfallaufkommen, Transporte, Verpackungs- und Büromaterialien bereits quantitative und qualitative Daten zur Verfügung.

Die zeitliche Bilanzabgrenzung ist folgende: Bei Wareneinsatz und Produkten orientiert sich die Bilanzierung an saisonalen Daten, in einem Jahresumweltbericht wird also jeweils eine Sommer- und eine Wintersaison dokumentiert werden. Bei anderen Bereichen der Bilanz ist diese Abgrenzung weder praktikabel noch durchführbar. Energieverbräuche werden jährlich abgerechnet und sind sinnvollerweise für volle Kalenderjahre zu erfassen.

Auch die Anlagenbuchhaltung wird mit der Inventur zum Jahresende hin abgegrenzt. Die zeitliche Abgrenzung der Daten ist also unterschiedlich:

- Wareneinsatz und Produkte werden nach Saisondaten abgegrenzt,
- alle anderen Daten beziehen sich auf Kalenderjahre.

Eine räumliche Abgrenzung findet für die Bereiche Wareneinsatz von Oberstoffen und Zutaten sowie Produkten nicht statt. Die Erfassung und Bewertung der Daten erfolgte für die gesamte Gruppe. Bei nahezu allen anderen Bereichen fanden quantitative Erfassungen zunächst für die deutschen Standorte statt.

Tabelle 1 gibt einen zusammenfassenden Überblick über die Stoff- und Energieströme, die für das Umweltmanagement der Steilmann-Gruppe relevant sind.

3.3 Wareneinsätze und Produkte

Ökologisch optimierte Kollektionsentwicklung

Mit dem Ziel der Entwicklung einer biologisch abbaubaren Kollektion begann vor über sieben Jahren das verstärkte ökologisch orientierte Produktengagement in der Steilmann-Gruppe. Diese Vision des Unternehmensgründers Klaus Steilmann initiierte intensive theoretische und praktische Arbeit in allen Stufen der textilen Kette und insbesondere im eigenen Unternehmen, aber auch der Chemieindustrie und bei Forschungsaktivitäten.

Die vielfältigen Erfahrungen auf diesem nicht immer einfachen Weg mündeten in der Entwicklung der nachhaltig umweltverträglichen Kollektion „Britta Steilmann It's one world". Die Kollektion besteht aus Jeanswear für Damen, Herren und Kinder sowie aktiver Sportswear, Strick, Wäsche, Bademänteln und Handtüchern. Grundlegendes Prinzip ist ein ganzheitlicher ökologischer Ansatz über alle Stufen der textilen Kette. Im Mittelpunkt stand zunächst die Naturfaser Baumwolle.

Neben der Markenkollektion „Britta Steilmann It's one world" wurden in der Vergangenheit für spezielle Kunden ökologisch optimierte Produkte entwickelt. „Britta Steilmann It's one world" ist die ökologische Spitzenkollektion der Steilmann-Gruppe. Sie ist damit Vorbild für jede neue Kollektionsentwicklung. Positive Erkenntnisse fließen kontinuierlich in die Produktpolitik der Gruppe und hatten durch die Formulierung von ökologischen Qualitätsstandards bereits ihre Auswirkungen auf die allgemeinen Einkaufsbedingungen. Ende 1993 lag der Umsatzanteil der Kollektion mit 200 Verkaufspunkten in Deutschland noch unter 1 % des Gruppenumsatzes. Eine Ausweitung durch einen separaten Vertriebszweig ist im Aufbau.

Zur Verbesserung und Sicherung der Umweltverträglichkeit aller Produkte wurden ökologische Beschaffungsrichtlinien im Rahmen der allgemeinen Qualitätssicherung gruppenweit implementiert. Diese teilen sich auf in vorgeschriebene Mindestanforderungen und Zusatzanforderungen.

Die Zusatzanforderungen müssen, falls es qualitativ und wirtschaftlich vertretbar ist, in den Entscheidungsprozeß der Beschaffung miteinbezogen werden. Bei gleichem Preis und ausreichender Qualität stellen die ökologischen Zusatzanforderungen die Auswahlkriterien der Beschaffung dar.

Als Schnittstelle zu den Vorlieferanten mit der Möglichkeit zur Kommunikation dient der Steilmann-Artikelpaß. Der Steilmann-Artikelpaß wurde in Abstimmung mit dem Öko-Info des Dialog Textil-Bekleidung (DTB) entwickelt. Er fragt sowohl qualitative als auch ökologische Eigenschaften ab und wurde in der Saison Frühjahr/Sommer 1994 erstmals für alle Ober- und Futterstoffeinkäufe der Gruppe eingesetzt.

Schon nach der ersten Saison lagen bereits durch seinen Einsatz zu 48 % der gelieferten Metragen Informationen vor, die über die üblichen rein qualitative Angaben hinausgehen.

Die derzeit noch sehr aufwendige Auswertung der gesammelten Artikelpässe ist ein ideales Controlling-Instrument intern sowie zur Lieferantenbewertung nicht nur aus ökologischer Sicht und dient damit zur Schwachstellenanalyse der Beschaffung.

Als Ergebnis der Auswertung wurde Anweisung gegeben, künftig keine Waren ohne Artikelpaß mehr in die Kollektion aufzunehmen, d.h. der Artikelpaß (Abb. 5) muß bereits bei der Erstellung von Mustern angefordert werden.

Neben „humanökologischen" Aspekten, wie beispielsweise Formaldehydgehalt, pH-Wert oder Schwermetallgehalt, die auch Bestandteil des Öko-Info des DTB und diverser Schadstofflabel im textilen Bereich sind, wurden insbesondere Fragen zur Färbung und Ausrüstung sowie zur Bleiche und Abwasserreinigung gestellt.

Abbildung 6 zeigt die Auswertung zu der Frage:
Wird die Ware gebleicht, und wenn ja, chlorfrei oder mit Chlor?

Die Abwasserproblematik der Chlorbleiche ist aus dem Papiersektor hinreichend bekannt und kann nahezu identisch auf den textilen Bereich übertragen werden. Die Auswertung zeigt, daß über drei Viertel der zur Auswertung herangezogenen Metragen chlorfrei oder überhaupt nicht gebleicht wurden.

In Anbetracht der allgemeinen Abwasserproblematik in der Textilindustrie ist auch die Frage nach der Existenz von Kläranlagen bei unseren Vorlieferanten interessant (Abb. 7):

Anhand dieser beiden Beispiele soll die Möglichkeit des Einsatzes des Artikelpasses gezeigt werden, auch Informationen über ökologische Auswirkungen vorgelagerter Produktionsprozesse zu erhalten. Das Werkzeug Artikelpaß wird dabei bald durch eine ökologische Lieferantenauditierung und -bewertung ergänzt werden.

Aspekte der Produktionsökologie sollen in Zukunft im Rahmen der Beschaffungspolitik eine wichtige Rolle bei der Auswahl von Oberstoffen und Lieferan-

Veredlung

Färbeverfahren: ....

Farbstoffklasse: ....

Fixierausbeute/Baderschöpfung: ....

Ausrüstungen: ....

Permanente Plissierfähigkeit?   O ja   O nein

Spray rating: mindestens ISO 2?   O ja   O nein

(AATCC, nur bei imprägnierter Ware)

Ökologie

1) Formaldehydgehalt:	O > 500 ppm	O ≤ 500 ppm	O ≤ 300 ppm
Acetyacetonmethode gemäß Japan Law 112	O ≤ 75 ppm	O ≤ 50 ppm	O ≤ 20 ppm

2) Hautneutralität:	pH-Wert: 4,8 - 7,5	O ja	O nein
DIN 54276 (für Wolle	pH-Wert: 4,0 - 7,5	O ja	O nein)

3) Schwermetalle: Extraktion nach DIN 54020, Prüflösung II

Gesamtchrom:	O > 2 ppm	O ≤ 2 ppm	O ≤ 1 ppm
Chrom (VI):	O eingesetzt:	O nachweisbar	O nicht nachweisbar
	O nicht eingesetzt		
Kupfer:	O > 50 ppm	O ≤ 50 ppm	O ≤ 20 ppm O ≤ 5 ppm
Nickel:	O > 4 ppm	O ≤ 4 ppm	O ≤ 1 ppm
Kobalt:	O > 4 ppm	O ≤ 4 ppm	O ≤ 1 ppm

Sonstige?:

....

4) Pestizidrückstände (total):	O > 1 ppm	O ≤ 1 ppm
	O ≤ 0,5 ppm	O ≤ 0,05 ppm
Chlorphenole:	O > 1 ppm	O ≤ 1 ppm
	O ≤ 0,5 ppm	O ≤ 0,05 ppm

5) Ist die Ware frei von kanzerogenen, teratogenen und mutagenen Stoffen und frei von toxischen und allergiesierenden Chemikalien?   O ja   O nein   O nicht getestet

6) Azofarbstoffe, die aromatische Amine der Gruppe   O eingesetzt

III A1 oder III A2 der MAK-Liste freisetzen können: O nicht eingesetzt

(Benzidin; 4-Chlor-o-toluidin; 2-Naphthylamin; 3,3´-Dimethoxybenzidin; 3,3´-Dimethylbenzidin; o-Toluidin; o-Aminoazotoluol; 2-Amino-4-nitrotoluol; 2,4 Toluylendiamin, 3,3'-Dichlorbenzidin; p-Aminoazobenzol, o-Anisidin;)

7) Einsatz von Färbebeschleunigern (carrier)?   O ja   O nein

- auf Basis von halogenierten Aromaten?   O ja   O nein

8) Wird die Ware gebleicht?   O ja: O chlorfrei   O Chlorbleiche   O nein

9) Werden die Produktionsabwässer in eine mechanisch-biologische Kläranlage eingeleitet?   O ja   O nein

10) Erfüllt der Stoff alle Kriterien zum Erhalt des Labels "schadstoffgeprüft nach Öko-Tex Standard 100"?   O ja   O nein

Falls ja <u>und</u> eine Übergabe des Zertifikats erfolgt, dann kann auf das Ausfüllen der Fragen 2-7 verzichtet werden

Abb. 5. Steilmann-Artikelpaß

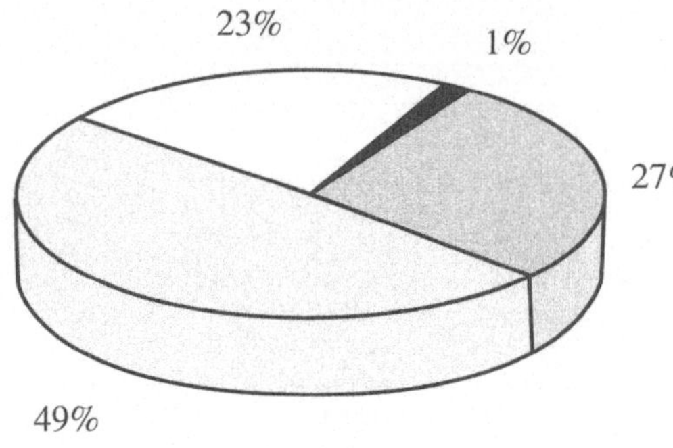

Abb. 6. Bleichverfahren (Angaben in Prozent beziehen sich auf 48% der Gesamtmetrage); ■ Chlorbleiche, ▨ chlorfrei gebleicht, ☐ nicht gebleicht, ☐ keine Nennung

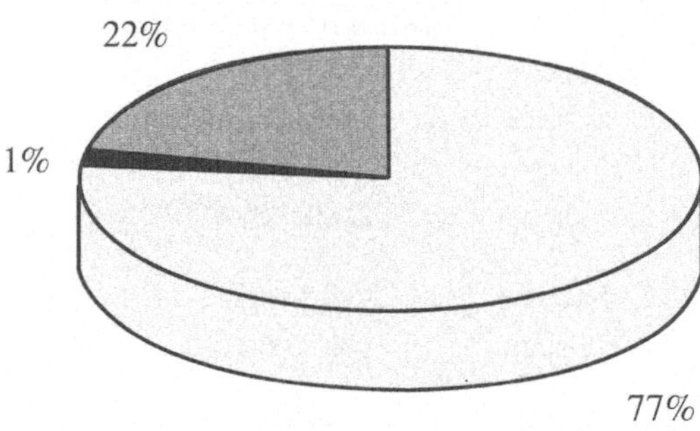

Abb. 7. Einsatz von mechanisch-biologischen Kläranlagen bei den Vorlieferanten (Angaben in Prozent beziehen sich auf 48% der Gesamtmetrage, ▨ vorhanden, ■ nicht vorhanden, ▨ keine Nennung

ten spielen. Folgende Zusatzanforderungen werden dabei an die Lieferanten formuliert:

- Prüfung der Notwendigkeit der Stoffbleiche und Verzicht auf den Einsatz von Chlorbleiche,
- Vorhandensein einer mechanisch-biologischen Kläranlage,
- der generelle Verzicht auf die problematischen Färbebeschleuniger,
- die Nichtverwendung von Chrom (VI) in der Färberei und Ausrüstung von Textilien sowie bei der Ledergerbung,
- weitere Verringerung des Schwermetalleinsatzes in Farbstoffen.

Zur Festlegung von Schwerpunkten für Optimierungsstrategien sind die exakten Mengen der eingesetzten Faserarten interessant. Eine Auswertung der Faserarten der Saison Frühjahr/Sommer 94 für die gesamte Gruppe zeigt Abb. 8.

Diese Informationen sind nicht nur bedeutend, um Unterschiede zwischen Sommer- und Wintersaison zu verfolgen, die auf der Verarbeitung unterschiedlicher, jahreszeit- und trendabhängiger Materialien beruhen. Sie sind vor allem unerläßlich, um ein innovatives, ökologisches Qualitätssicherungssystem aufzubauen, das schon an der Wiege eines Kleidungsstücks ansetzt und es bis zur Bahre bzw. Wiedergeburt begleitet.

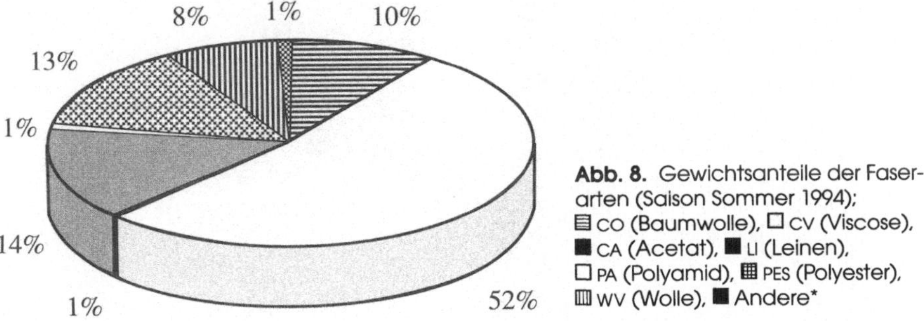

Abb. 8. Gewichtsanteile der Faser-
arten (Saison Sommer 1994);
☰ CO (Baumwolle), ☐ CV (Viscose),
■ CA (Acetat), ■ LI (Leinen),
☐ PA (Polyamid), ▦ PES (Polyester),
▥ WV (Wolle), ■ Andere*

Mit 52 % nahm die Viskose in der vergangenen Saison (Frühjahr/Sommer 94)
den größten Anteil an dem Faserverbrauch der Gruppe ein.

Das Ausgangsmaterial der Zellulosefaser Viskose ist genau wie bei der
Papierherstellung Zellstoff, der meist aus Holz gewonnen wird. Aus der Zellulose
werden die Fasern nach dem Viskoseverfahren hergestellt. Die zellulosischen
Fasern (neben Viskose auch Modal, Acetat und Triacetat) sind aufgrund des
nachwachsenden, natürlichen Rohstoffs in ihren Eigenschaften der Baumwolle
ähnlich.

Ökologische Probleme der Herstellung von Geweben aus Viskose treten vor
allem bei der Zellstoffgewinnung insbesondere durch das Bleichen des Zellstoffs
auf. Außerdem ist das Viskoseverfahren durch den Einsatz von teilweise problematischen Chemikalien gekennzeichnet. Zellulosefasern bieten aber durch die
Möglichkeit der Erzeugung aus Baumwollresten als Rohstoff eine Chance zum
Aufbau von geschlossenen Faserkreisläufen in der Textil- und Bekleidungsindustrie. Zusammen mit unseren Vorlieferanten und den Viskoseherstellern ist ein
Ziel, die Viskoseherstellung weiter unter ökologischen Gesichtspunkten zu opti-
mieren. Insbesondere zu prüfen sind:

– Herkunft der Zellulose aus bewirtschafteten und wiederaufgeforsteten Baum-
  beständen oder Baumwollresten,
– Vollständige Substitution von chlorhaltigen Chemikalien zur Bleiche von
  Zellulose, Viskosefasern oder -geweben,
– Geschlossene Kreisläufe im Viskoseverfahren,
– die Ausrüstung und Hochveredlung von Viskosegeweben.

Unter dem Aspekt der Verwertung von Alttextilien und Zuschnittabfällen ist
daneben der Produktionsanteil der reinen Materialien bzw. der Anteil der Misch-
gewebe interessant. Eine entsprechende Auswertung der Saison Frühjahr/Som-
mer 1994 zeigt Abb. 9.

In Anlehnung an DIN 60 001 zur Einteilung der Faserarten wurde hierfür ein
sogenannter Stoffökokontenrahmen entwickelt. Er umfaßt knapp 50 Konten, von
denen in Tabelle 2 nur auf die wichtigsten Konten eingegangen wurde. Ihre
Bedeutung wird nachstehend näher erläutert. Faseranteile, die einen geringeren
Anteil als 5 % am Gewebe ausmachen, wurden in der Betrachtung vernachlässigt.

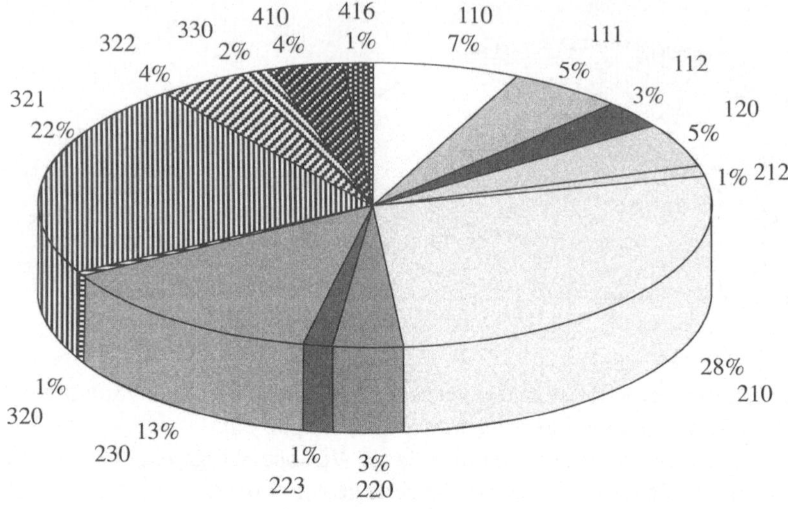

Abb. 9. Gewichtsanteil der Stoff-Öko-Konten (vgl. Tabelle 2)

Tabelle 2. Aufstellung der wichtigsten Stoff-Öko-Konten

Stoff-Öko-Konto	Materialzusammensetzung	Stoff-Öko-Konto	Materialzusammensetzung
110	100% Baumwolle	230	Viskose/Polyester
111	100% Leinen	320	Leinen/Polyester
112	Baumwolle/Leinen	321	Leinen/Viskose
120	100% Wolle	322	Leinen/Viskose/sonst.
210	100% Viskose	330	Baumwolle/Leinen/Viskose
212	Viskose/sonstige	410	Wolle/Polyester
220	100% Polyester	416	Wolle/Viskose
223	Polyester/Polyamid/sonstige		

Ziel ist es, das Abfallaufkommen schwierig zu entsorgender Stoffgruppen zu minimieren und somit vom End-of-pipe-Denken auf präventives Handeln umzusteigen. Welche Stoffgruppen besonders schwierig zu entsorgen sind, muß in Zukunft näher analysiert werden. Sicher ist, daß reine Materialien leichter wiederzuverwerten sind als Mischmaterialien.

Nicht vergessen darf man bei dieser Betrachtung, daß zu einem modischen Kleidungsstück mehr als etwa 1,5 m Oberstoff gehören. Als Zutaten oder Zubehör bezeichnet man in der Bekleidungsindustrie alle weiteren Bestandteile, wie Knöpfe, Schnallen, Reißverschlüsse, Gürtel, Nieten, Ösen, Gummibänder, Einlagen, Nähgarn, Schulterpolster und einiges mehr. Für viele Zutaten läßt sich die erarbeitete Systematik der ökologischen Mindest- und Zusatzanforderungen aus dem Bereich der Ober- und Futterstoffe übertragen und wird bereits angewendet.

Betrachtet man die Faserarten und Stoffökokonten, die Vielzahl der textilen Ausrüstungsarten und Farbstoffe sowie alle Zutaten, begreift man, mit welcher

Stoffvielfalt ein Konfektionär es täglich zu tun hat. Wesentliche Einflußmöglichkeiten aus ökologischer Sicht liegen zum einen in der verstärkten Berücksichtigung von ökologischen Kriterien in der Beschaffungspolitik und zum anderen in der systematischen Erarbeitung und Formulierung von Vorgaben an ein umweltgerechtes Design von Produkten.

In der Konfektion ist das Design die Schnittstelle der Umsetzung von neuen ökologischen Erkenntnissen sowie eigenen und gesetzlichen Vorgaben. Neben dem Erkennen und Umsetzen von modischen Trends muß eine stärkere Optimierung der erzeugten Produkte durch eine vorausschauende Materialauswahl erfolgen. Schon beim Entwurf der Modelle müssen spätere Verwertungsmöglichkeiten berücksichtigt werden durch

- Reduzierung der Materialvielfalt bzw. Abstimmung der Zutaten auf den eingesetzten Oberstoff mit dem Ziel einer weitgehenden Sortenreinheit der verwendeten Materialien (Homogenität),
- Sicherstellung einer einfachen Trennmöglichkeit von nicht zu homogenisierenden Komponenten eines Kleidungsstücks.

4 Technisches Audit: Soll/Ist-Abgleich

Im Rahmen des technischen Audits (erste Umweltprüfung) stehen die mit den operativen, verfahrenstechnischen und organisatorischen Abläufen am jeweiligen Standort verbundenen ökologischen Ein- und Auswirkungen einschließlich der Arbeits- und Lebensbedingungen im Mittelpunkt. Prüfgrundlage sind einerseits die seitens des Gesetzgebers vorgeschriebenen Regelungen, wie z.B. zur Lagerung von Gefahrstoffen, andererseits die real angetroffenen Zustände im Unternehmen.

Das technische Umweltaudit kann einfach ausgedrückt mit einer „Großreinemachaktion" verglichen werden, bei der man sich von manchem „Müll" trennt. In der Steilmann-Gruppe stehen technologisch bedingt Prüfungen bzgl. Abfall, Gefahrstoffe, Wasser/Abwasser, Emissionen/Immissionen und Energie im Vordergrund.

4.1 Abfall

Der wichtigste Schritt zu einem integrierten Abfallkonzept sind Überlegungen zur Vermeidung von Abfall- und Reststoffen.

4.1.1 Maßgebende Gesetze und Verordnungen

Im Bereich der Abfallwirtschaft sind bei der Firma Steilmann die nachfolgenden Gesetze und Verordnungen zu beachten:

- AbfG – Abfallgesetz (Gesetz über die Vermeidung und Entsorgung von Abfällen vom 27.8.1986, zuletzt geändert am 22.4.1993).

- KrW-/AbfG – Kreislaufwirtschafts- und Abfallgesetz (Gesetz zur Förderung der Kreislaufwirtschaft und Sicherung der umweltverträglichen Beseitigung von Abfällen vom 27.9.1994, ab 6.10.1996 in Kraft).
- AbfBestV – Abfallbestimmungsverordnung.
- RestBestV – Reststoffbestimmungsverordnung.
- AbfRestÜberwV – Abfall- und Reststoffüberwachungsverordnung.
- AbfBetrbV – Abfallbetriebsbeauftragtenverordnung (Verordnung über Betriebsbeauftragte für Abfall).
- AltölV – Altölverordnung.
- VerpackV – Verpackungsverordnung (Verordnung über die Vermeidung von Verpackungsabfällen).
- TA-Abfall (Zweite allgemeine Verwaltungsvorschrift zum Abfallgesetz Teil 1: Technische Anleitung zur Lagerung, chemisch-, physikalischen und biologischen Behandlung und Verbrennung von besonders überwachungsbedürftigen Abfällen).
- LAbfG – Landesabfallgesetz (Abfallgesetz für das Land Nordrhein-Westfalen).
- AbfS – Abfallsatzung (Satzung über die Abfallentsorgung in der Stadt Bochum vom 23.6.1993).

4.1.2 Soll-Zustand

4.1.2.1 Allgemeines

Gemäß des § 1a AbfG sind Abfälle grundsätzlich zu vermeiden (Absatz 1) bzw. zu verwerten (Absatz 2). In § 3 Abs. 2 Satz 3 AbfG ist der Abfallverwertung Vorrang vor der Entsorgung eingeräumt. Voraussetzung ist, daß dieses technisch möglich ist, die hierbei entstehenden Mehrkosten zumutbar sind und für die gewonnenen Stoffe ein Markt vorhanden ist oder durch Dritte geschaffen werden kann. Dieses sind die gesetzlichen Grundlagen für die Verwertung der Reststoffe.

Auch das Landesabfallgesetz beschreibt konform zum Abfallgesetz im § 1 Abs. 1 LAbfG, daß Abfälle und Schadstoffe in Abfällen soweit wie möglich zu vermeiden oder zu verringern sind.

In der Abfallsatzung der Stadt Bochum ist im § 1 Abs. 2 AbfS ebenfalls das Gebot, Abfälle soweit wie möglich zu vermeiden oder zu verringern, enthalten.

Ein weiterer wichtiger Punkt ist die gesetzliche Verpflichtung zur Getrenntsammlung von Abfällen. Dieses Gebot ergibt sich aus dem § 3 Abs. 2 Satz 4 AbfG, in dem die Einsammlung der Abfälle unter Berücksichtigung der Möglichkeit zur Abfallverwertung gefordert wird.

Handelt es sich um Erzeugnisse, die zu schädlichen Stoffen in Abfällen führen, gilt der § 14 Abs. 1 AbfG. Die Bundesregierung ist darin ermächtigt, zur Vermeidung oder Verringerung von schädlichen Stoffen in Abfällen die Kennzeichnung, getrennte Entsorgung sowie die Rücknahme oder Pfandpflicht für Abfälle vorzuschreiben.

Voraussetzung für die Rückführung in den Wirtschaftskreislauf ist die sachgemäße Trennung der einzelnen Fraktionen. Nach § 3 Abs. 2 Satz 3 AbfG hat die

Abfallverwertung Vorrang vor der sonstigen Entsorgung. Satz 4 dieses Gesetzes besagt, daß „Abfälle so einzusammeln, zu befördern, zu behandeln und zu lagern sind, daß die Möglichkeit zur Abfallverwertung genutzt werden kann."

Die Verpackungsverordnung zielt auf eine Vermeidung der Verpackungsabfälle ab. In § 4 VerpackV wird der Hersteller oder Vertreiber von Transportverpackungen verpflichtet, diese nach Gebrauch zurückzunehmen.

Die in Vorbereitung befindliche Elektronikschrott-Verordnung sieht eine Rücknahme der Altgeräte durch den Hersteller vor.

Gemäß § 11a Abs. 1 AbfG und der AbfBetrbV muß die Firma Steilmann keinen Betriebsbeauftragten für Abfall stellen. Dieses geschieht also auf freiwilliger Basis.

Am 7. Oktober 1996 wird das jetzige Abfallgesetz durch das neue Kreislaufwirtschafts- und Abfallgesetz (KrW-/AbfG) abgelöst. Die Regierung gibt in der künftigen Abfallwirtschaftspolitik der Verwertung von Sekundärrohstoffen gesetzlichen Vorrang gegenüber der Abfallentsorgung. Eine der wichtigsten Änderungen in diesem Gesetz ist die Aufnahme der Produktverantwortung in §§ 22–26 KrW-/AbfG. Dies soll zu einer umweltgerechten Produktherstellung führen.

4.1.2.2 Abfallwirtschaftskonzept

Die Firma Klaus Steilmann GmbH & Co. KG hat gemäß § 5b LAbfG NRW ein betriebliches Abfallwirtschaftskonzept zu erstellen, da jährlich insgesamt mehr als 500 kg besonders überwachungsbedürftige Abfälle anfallen.

Das betriebliche Abfallwirtschaftskonzept muß nach § 5b Abs. 2 LAbfG mindestens folgende Angaben beinhalten:

a) Art, Menge und Verbleib der zu entsorgenden Abfälle,
b) Darstellung der getroffenen und geplanten Abfallvermeidungs- und Verwertungsmaßnahmen,
c) Nachweis einer fünfjährigen Entsorgungssicherheit,
d) Ausführungen zur umweltverträglichen Entsorgbarkeit der erzeugten Produkte nach dem Wegfall der Nutzung.

4.1.2.3 Sonderabfälle

Bei Abfällen gemäß § 2 Abs. 2 AbfG handelt es sich um Abfälle „aus gewerblichen [...] Unternehmen [...], die nach Art, Beschaffenheit oder Menge in besonderem Maße gesundheits-, luft- oder wassergefährdend, explosibel oder brennbar [...] sind", auch als besonders überwachungsbedürftige Abfälle (Sonderabfälle) bezeichnet. Für diese Abfälle gelten besondere gesetzliche Bestimmungen.

Ein weiterer Sonderabfallbegriff erklärt sich aus dem § 3 Abs. 3 AbfG. Danach ist die entsorgungspflichtige Körperschaft mit Zustimmung der Behörde ermächtigt, Abfälle von der Entsorgung auszuschließen, sofern diese nicht mit den Haushaltsabfällen entsorgt werden können. Diese, von der Entsorgung ausgeschlossenen Abfälle sind i.d.R. in der Abfallsatzung der jeweiligen Behörde aufgelistet.

Den Abfallarten werden gemäß der „Verordnung zur Bestimmung von Abfällen nach § 2 Abs. 2 des Abfallgesetzes" (Abfallbestimmungsverordnung) fünfstellige Abfallschlüsselnummern zugeordnet. Die Entsorgung ist in der „Verordnung über das Einsammeln und Befördern, sowie über die Überwachung von Abfällen und Reststoffen", kurz Abfall- und Reststoffüberwachungs-Verordnung, geregelt. Für die besonders überwachungsbedürftigen Abfälle ist hier ein Entsorgungsnachweis gemäß § 11 Abs. 2 und Abs. 3 AbfG (Anzeigepflicht und Überwachung) in Verbindung mit § 8 Abs. 1 AbfRestÜberwV (Entsorgungsnachweis) gefordert.

Vor der Entsorgung steht die Pflicht des Abfallerzeugers, die Verwertbarkeit des Abfalls zu prüfen. Fällt die Prüfung nach TA Abfall Nr. 4.3 negativ aus, kann die Entsorgung gemäß § 9 AbfRestÜberwV (Handhabung des Entsorgungsnachweises) erfolgen.

Der Entsorgungsnachweis beinhaltet die verantwortliche Erklärung des Abfallerzeugers und die Annahmeerklärung des Entsorgers. Die beiden Erklärungen werden der zuständigen Behörde zugesandt, welche die Zulässigkeit des Vorhabens prüft und bestätigt.

Gemäß § 9 AbfRestÜberwV verbleibt das Original des bestätigten Entsorgungsnachweises beim Abfallerzeuger. Laut § 17 Abs. 1 AbfRestÜberwV (Einrichtung und Führung der Nachweisbücher) ist er zusammen mit den dazugehörigen Begleitscheinen (Nachweis über durchgeführten Transport und Entsorgung, § 14 AbfRestÜberwV) in einem Abfallnachweisbuch abzuheften. Das Nachweisbuch ist drei Jahre nach dem Datum des letzten Beleges (§ 20 AbfRestÜberwV, Aufbewahrungspflichten) aufzubewahren und auf Verlangen der zuständigen Behörde vorzulegen.

Das Begleitscheinverfahren ist eingeführt worden, um den Weg des Abfalls vom Erzeuger bis zum Entsorger nachvollziehen zu können.

Wichtig ist hierbei, daß der Abfallerzeuger den 1. Beleg (weiß) vom Abfallbeförderer und den Beleg Nr. 5 (altgold) vom Abfallentsorger erhält, um den Abfallstrom überwachen zu können. Die Begleitscheine sind in zeitlicher Reihenfolge zu den Entsorgungsnachweisen in das Abfallnachweisbuch abzuheften. Beim Ausfüllen dieser Scheine wird auf die Kontrolle der eingetragenen Abfallart, Unterschriften und Stempel verwiesen.

Unter bestimmten Voraussetzungen ist zur Vereinfachung des Nachweisverfahrens der Sammelentsorgungsnachweis (§§ 10 und 11 AbfRestÜberwV, Sammelentsorgungs-nachweis und Handhabung des Sammelentsorgungsnachweises) vorgesehen. Der Abfallbeförderer füllt dabei anstelle mehrerer Abfallerzeuger einen Sammelentsorgungsnachweis aus. Voraussetzung ist, daß die einzusammelnden Abfälle der gleichen Abfallschlüsselnummer zuzuordnen sind und die Abfälle den gleichen Entsorgungsweg haben. Der Sammlentsorgungsnachweis ist wie der Entsorgungsnachweis zu handhaben. Zum Nachweis der ordnungsgemäßen Entsorgung erhält der Abfallerzeuger einen Übernahmeschein (§ 23 AbfRestÜberwV, Handhabung der Übernahmescheine). Dieser ist zusammen mit den Sammelentsorgungsnachweisen in das Abfallnachweisbuch einzuheften.

Für die Öl- und Benzinabscheiderinhalte (Abfallschlüsselnummer 54702) sowie Sandfangrückstände (AS: 54701) gilt die oben beschriebene Abwicklung der Entsorgung von Sonderabfällen nur teilweise.

Die Abfälle fallen unter den § 5a des Abfallgesetzes (Altöle) und den § 2 Abs. 1 AbfRestÜberwV (Ausnahmen).

Werden die Rückstände einer Verwertung zugeführt, entfällt die Erstellung eines Entsorgungsnachweises. Unter Anwendung der Altölverordnung wird gemäß § 6 Abs. 1 AltölV (ergänzende Erklärung zur Nachweisführung) die in Anlage 2 enthaltene „Erklärung über die Entsorgung von Altölen" gefordert. Die durchgeführte Entsorgung ist mittels Begleitscheinverfahren nachzuweisen. Erfolgt die Entsorgung mittels Sammelentsorgungsnachweis entsprechend § 10 AbfRestÜberwV, reicht die Nachweisführung mit Hilfe des Übernahmescheins der Anlage 7 AbfRestÜberwV aus.

Ist die Prüfung der Verwertung negativ, hat eine Entsorgung in einer Sonderabfallverbrennungsanlage oder einer chemischen, physikalischen oder biologischen Behandlungsanlage zu erfolgen.

4.1.3 Soll-/Ist-Abgleich

4.1.3.1 Allgemeines

Ist-Zustand

Für die Steilmann-Gruppe wurde erstmals 1992 ein betriebliches Abfallwirtschaftskonzept erstellt, welches jährlich fortgeschrieben wird. Es beinhaltet neben den Gesamtangaben über die angefallenen Abfallmengen, die Auflistung der einzelnen Abfallstoffe getrennt nach Verwaltung und Produktionsstätten für die Steilmann-Gruppe. Zudem ist eine Darstellung der getroffenen und geplanten Vermeidungs- und Verwertungsstrategien angeführt.

Ein Nachweis über eine fünfjährige Entsorgungssicherheit liegt zwar in den meisten Fällen vor, fehlt aber teilweise im Abfallwirtschaftskonzept. Die Ausführungen zur umweltverträglichen Entsorgbarkeit der erzeugten Produkte wurden in dem Umweltbericht der Steilmann-Gruppe angesprochen. Insbesondere für die Britta-Steilmann-Kollektion „It's One World" können Aussagen über eine umweltverträgliche Entsorgung getroffen werden.

Maßnahmen

Zur besseren Überschaubarkeit und leichteren Kontrolle der Abfallströme ist nachfolgend ein Vorschlag zur Modifizierung des Abfallwirtschaftskonzeptes (in Anlehnung an den Leitfaden zum betrieblichen Abfallwirtschaftskonzept der IHK Bielefeld und Detmold, 1992) aufgeführt. Die Auflistungen erfolgen in Tabellenform.

Das Abfallwirtschaftskonzept für das Jahr 1994 wurde entsprechend der nachstehenden Auflistung erstellt und die Punkte c) und d) erweitert.

Tabelle 3. Vorschlag zur Modifizierung des Abfallwirtschaftskonzeptes

a) Angaben über Art, Menge und Verbleib der zu entsorgenden Abfälle

lfd. Nr.	Bezeichnung des Abfalls	Abfallschlüssel- nummer	Abteilungen, in denen der Abfall anfällt	Menge in kg	Entsorgungs-/ Verwertungsart	Transporteur	Entsorger/ Verwerter

b) Darstellung der getroffenen und geplanten Abfallvermeidungs- und Verwertungsmaßnahmen

Abfallart	AS	getroffene Maßnahme	geplante Maßnahme	zeitliche Festlegung

c) Nachweis einer fünfjährigen Entsorgungssicherheit

Abfallart	AS	Entsorgungsanlage	Entsorgungsaufträge Nr. des vEN, EN, SEN[a]	gültig bis

d) Ausführungen zur umweltverträglichen Entsorgbarkeit der erzeugten Produkte nach dem Wegfall der Nutzung

  – Schriftliche Ausführung zur umweltverträglichen Entsorgbarkeit der erzeugten Produkte nach dem Wegfall der Nutzung

[a] vEn: vereinfachter Entsorgungsnachweis; EN: Entsorgungsnachweis; SEN: Sammelentsorgungsnachweis.

Ist-Zustand

In der Abteilung Umweltressort ist eine Betriebsbeauftragte für Abfall benannt. Zu den Aufgaben zählen u. a. die Erfassung der Abfallströme der Zentrale in Wattenscheid sowie der Tochterunternehmen in ganz Deutschland.

Maßnahmen

Bezüglich der Aufgabenstellung der Betriebsbeauftragten wurde eine detaillierte Stellenausschreibung formuliert.

Ist-Zustand

Für die einzelnen Standorte und die Tochterunternehmen ist ein detailliertes Abfall- und Reststoffkataster, in dem alle Stoffarten getrennt erfaßt werden, vorhanden.

Die mengenmäßige Erfassung der Abfall- und Reststoffströme erfolgt mittels Abfallerfassungsbögen (Abb. 10), die an die einzelnen Standorte des Unternehmens verteilt und monatlich ausgewertet werden. Der Erfassungsbogen enthält Angaben über die Abfallart und die angefallene Menge, die Art des Sammelbehälters sowie die Verwertungs- oder Entsorgungsart.

In Abb. 11 und Tabelle 4 sind die Abfall- und Reststoffmengen der Steilmann-Zentrale für das Jahr 1994 dargestellt. Mit einer Jahresmenge von 179 Mg ist Altpapier die mengenmäßig größte Fraktion. Hier ist sicherlich ein Vermeidungspotential vorhanden.

Die Fraktion Glas fällt nicht mehr an, da der Getränke-Ein- und Verkauf unterdessen von Einwegglasflaschen auf Mehrwegglasflaschen umgestellt wurde.

Aus Tabelle 4 und Abb. 12 sind die Anfallmengen und die Entsorgungswege der Abfall- und Reststoffe ersichtlich.

Von welchen Entsorgern Verwertungsgarantien für eine 5jährige Entsorgungssicherheit vorliegen, ist aus der Tabelle 4 ersichtlich.

Für die Sonderabfälle liegen nur teilweise Sammelentsorgungsnachweise vor. So fehlt z.B. der Sammelentsorgungsnachweis für die Entsorgung der Leuchtstoffröhren. Ein Abfallnachweisbuch entsprechend den gesetzlichen Anforderungen existierte zur Zeit der Prüfung noch nicht, wurde jedoch bereits während der Audit-Prüfung erstellt.

Maßnahmen

Die fehlenden Sammelentsorgungsnachweise wurden vom Abfallentsorger angefordert und im Abfallnachweisbuch abgeheftet. Auf den Übernahmescheinen werden die Abfallarten, die entsorgten Mengen sowie die Unterschriften und Stempel kontrolliert und mit den Sammelentsorgungsnachweisen sowie den Rechnungen zu vergleichen.

Um Deponiegebühren einzusparen sollen die Garten- und Parkabfälle zukünftig durch Eigenkompostierung verwertet werden.

Der Eigentransport von Abfällen wird aus ökonomischen und ökologischen Gesichtspunkten überdacht werden. Im Rahmen einer Neuausschreibung der Entsorgung könnte der Eigentransport wegfallen. Dieses wurde bereits durch das Umweltressort geprüft und teilweise umgesetzt.

Monatliche Abfall - Erfassung

Betrieb: ____________________

Betriebsnummer: ____________________

Verantwortlich: ____________________

Tel.-Durchwahl: ____________________   Datum: ____________

Erfassungszeitraum: ____________________________________

	Abfallart	Mehrweg	Verwertung	Deponie	Kosten für Miete	Kosten für Entsorgung
Stoff	Oberstoff/Futter/Einlage		kg	kg	DM	DM
Kunst-	Kleiderbügel	kg	kg	kg	DM	DM
stoff	Folien, rein		kg	kg	DM	DM
	Folien, unrein		kg	kg	DM	DM
	"Grüner Punkt"		kg	kg	DM	DM
	Garnhülsen, Kunststoff	kg	kg	kg	DM	DM
Pappe/	Papier/Pappe		kg	kg	DM	DM
Papier	Kartonagen	kg	kg	kg	DM	DM
Hausmüll	Hausmüll			kg	DM	DM
	Kompost		kg	kg	DM	DM
	Sanitär			kg	DM	DM
Rohstoffe	Weißglas		kg	kg	DM	DM
	Buntglas		kg	kg	DM	DM
	Aluminium		kg	kg	DM	DM
	Weißblech		kg	kg	DM	DM
	Holz	kg	kg	kg	DM	DM
Problem-	Leuchtstoffröhren		Stck		DM	DM
Abfälle	Starter f. LS-Röhren		Stck		DM	DM
	Altöl		l		DM	DM
	Lösungsmittel		l		DM	DM
	Farbbänder	Stck	Stck		DM	DM
	Toner-Kartuschen	Stck	Stck		DM	DM
	Batterien	Stck	Stck		DM	DM
	Elektronikschrott		kg	kg	DM	DM
Sonstiges	Sonstiges		kg	kg	DM	DM

Abb. 10. Abfallerfassungsbogen der Steilmann-Gruppe

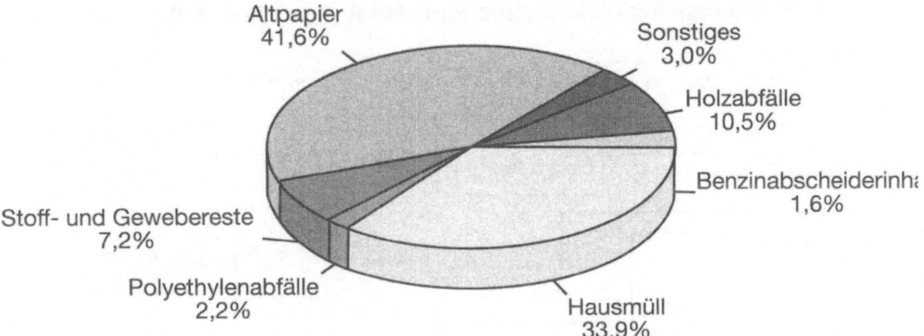

Abb. 11. Abfall- und Reststoffmengen der Steilmann-Zentrale 1994

Tabelle 4. Abfall- und Reststoffmengen und deren Entsorgungsart

Abfall/Reststoffart	Menge in Mg 1994	Entsorgungsart	Verwertungs-garantie
DSD-Reststoffe		Verwertung	Nicht notwendig
Restabfall Bioabfall	3,10	Deponierung	
Papier, Pappe, Kartonagen	179,03	Verwertung	ja
Kunststoff	9,45	Verwertung	ja
PVC	0,30	Verwertung	ja
Kleiderbügel	0,91	Verwertung	ja
Stoffe (Oberstoffe, Futter, Einlagen)	31,05	Verwertung	ja
Sanitär	4,25	Hausmüllverbrennung	ja
Aluminium	0,05	Verwertung	
Holzabfälle	45,14	Verwertung	ja
Öl- und Benzin-abscheiderinhalte, Sandfangrückstände	6,76	Chemisch-Physikalische Behandlung Sonderabfallverbrennung	ja
Leuchtstoffröhren	0,45	Verwertung	ja
Trockenbatterien	0,01		
Elektronikschrott		Verwertung/ Deponierung	

Um die kritischen Abfälle zu sichern soll eine zentrale Bereitstellungsfläche bzw. ein Bereitstellungsraum geschaffen werden. Zu den kritischen Abfällen zählen die Sonderabfälle sowie der zu entsorgende Elektronik- und Elektroschrott. Bei der Erstellung des Lagers sind die notwendigen Sicherungsmaßnahmen zu beachten. Dazu zählen die Be- und Entlüftung des Raumes, eine Auslaufschwelle an der Tür, die Abdichtung des Bodens und der Sockelleiste und evtl. die Schaffung eines Explosionsschutzes. Die Maßnahmen sind auch auf die

Entsorgungswege der anfallenden Abfall- und Reststoffe

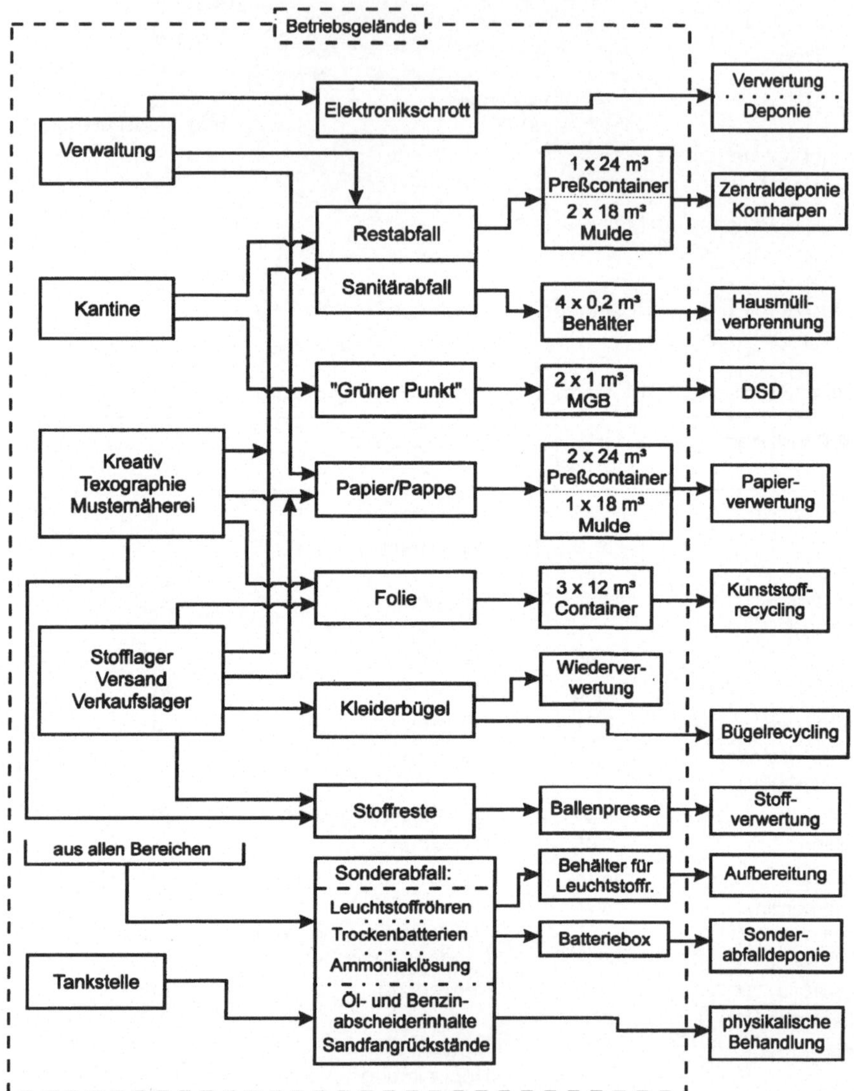

Abb. 12. Entsorgungswege der anfallenden Abfall- und Reststoffe

in der Zukunft einzulagernden Abfälle abzustimmen. Der Bereitstellungsraum sollte verschließbar sein und die Kontrolle dem Hausmeister obliegen. Die nachfolgenden Gesetze und Verordnungen sind u. a. bei der Errichtung eines Bereitstellungsraumes zu beachten:

– Abfallgesetz,
– Gefahrstoffverordnung,

- Verordnung über Anlagen zum Umgang mit wassergefährdenden Stoffen (VAwS),
- Verordnung über brennbare Flüssigkeiten (VbF),
- Technische Regeln für brennbare Flüssigkeiten (TRbF),
- Baurecht,
- Gewerberecht.

Anzumerken ist, daß der Bereitstellungsraum *keiner* abfallrechtlichen bzw. immissionsschutzrechtlichen Genehmigung bedarf.

4.1.3.2 Bereich Verwaltung

Ist-Zustand

Bei den in der Verwaltung anfallenden Abfällen wird zwischen wiederverwertbarem Abfall, Restabfall und Sonderabfall unterschieden.

Die Abfälle werden in Restmüll und Altpapier getrennt. In jedem Büro ist ein Restabfallbehälter (Kippbehälter) für Restabfall aufgestellt. Zusätzlich befindet sich an allen Schreibtischen ein geflochtener Abfallkorb für Altpapier und Kartonagen. Zur Verminderung von Fehlwürfen sind an den Eingangstüren zu den Büroräumen Informationsschriften angebracht. Hier sind die einzelnen Abfallarten mit den dazugehörigen Sammelstellen aufgeschlüsselt.

Bei stichprobenartigen Kontrollen der Sammelbehälter wurden allerdings partiell Fehlwürfe festgestellt.

Die Abfallbehälter werden vom Reinigungspersonal entleert. Das Papier wird in durchsichtigen Kunststofftüten und der Restmüll in grauen Tüten gesammelt und an die Ausgänge gestellt. Der Hausmeister sammelt die Tüten ein und gibt sie in die entsprechenden Container. Die Restabfälle werden in den Preßcontainer hinter der Musternäherei gegeben, die Papierabfälle in den Preßcontainer an der Rampe oder vor der Verwaltung.

Zur Verwertung vertraulicher Akten wird einmal pro Jahr ein Aktenvernichter bestellt. Das Papier wird anschließend einer Verwertung zugeführt.

Maßnahmen

Um die Getrenntsammlung in den Büroräumen zu verbessern, wurde an jedem Schreibtisch zusätzlich zu dem Altpapierbehälter ein Restabfallbehälter aufgestellt. Diese Behälter sind beschriftet und unterscheiden sich farblich von den Altpapierkörben. Die Farben der einzelnen Behälter entsprechen denen der in der Stadt Bochum verwendeten Sammelbehältern. Dieses kann Fehlwürfe vermeiden, da die Farben der Behälter aus dem „Privatbereich" bekannt sind.

Zur Getrenntsammlung von DSD-Abfällen wurden in den Küchen jeder Abteilung gelbe Sammelbehälter aufgestellt.

Ist-Zustand

Defekte Leuchtstoffröhren werden zentral in zwei vorschriftsmäßigen Aluminiumboxen im Stofflager gesammelt. Die Röhren werden von einer Entsorgungsfirma abgeholt und recycelt. Zur Rückgewinnung der Rohstoffe Glas,

Metall und Quecksilber werden die Leuchtstoffröhren nach dem Kapp-Trennverfahren mit nachfolgender Destillation aufbereitet.

Die Entleerung der Behälter unterliegt keinem festen Rhythmus, sondern erfolgt nach Verfüllung. Problematisch sind die Zuständigkeiten für die Kontrolle und die Beauftragung der Abholung.

Die zur Zeit noch anfallenden Trockenbatterien (AS: 35325) werden in der Materialausgabe in einer grünen Box gesammelt und an den Lieferanten zurückgegeben.

Maßnahme

Die Zuständigkeiten für die Kontrolle der Sammelbehälter wurde auf die Mitarbeiter übertragen. Diese benachrichtigen das Umweltressort bzw. die Abfallbeauftragte, die dann den Entsorger bestellen.

Fehlende Übernahmescheine werden von der Entsorgungsfirma angefordert und im Abfallnachweisbuch abgeheftet.

Die Trockenbatterien werden vollständig gegen wiederaufladbare Batterien ausgetauscht.

Ist-Zustand

Der Einkauf der Bürobedarfsartikel wird zentral von der Organisationsabteilung durchgeführt. In Anlehnung an die Studie „Ökologisches Büro in der Steilmann-Gruppe" wird auf die Beschaffung umweltfreundlicher Produkte, die recycelbar sind, Wert gelegt.

Für die Papierbeschaffung sind Richtlinien erlassen worden. Es wird am Standort Wattenscheid nur chlorfreigebleichtes Primärpapier zum Kopieren eingesetzt. Ausnahmen sind die Abteilungen KSI, Britta Steilmann und Umweltressort, in denen auf recyceltem Papier gedruckt wird. Auch für die anderen Bereiche (z.B. beim Plotten) wurden Einkaufsvorschriften erlassen.

Maßnahmen

In der Tabelle 5 sind einige Maßnahmen aufgeführt, die aus ökologischer Sicht empfehlenswert sind. Ein Großteil dieser Maßnahmen wird im Unternehmen bereits durchgeführt.

Um die Maßnahme durchzusetzen, werden in Anlehnung an die Studie „Ökologisches Büro" die schriftlichen Beschaffungsrichtlinien erweitert.

Ist-Zustand

Der am Standort anfallende Elektronik- und Elektroschrott wird zentral in der EDV-Abteilung gesammelt. Veraltete Computer und Faxgeräte werden von einem Elektronikschrottentsorger abgeholt, die funktionstüchtigen Teile ausgebaut und wiederverwendet.

Ein Teil der Altgeräte wird in den Fluren der EDV-Abteilung gesammelt.

Maßnahmen

Beim Einkauf von Neugeräten wird auf recyclingfähige Materialien geachtet, um der anstehenden Elektronikschrottverordnung gerecht zu werden.

Tabelle 5. Maßnahmen zur umweltfreundlichen Büromaterialbeschaffung

Produkt	Maßnahmen
Klebemittel	– lösemittelfrei und nachfüllbar – Einsatz von Klebeband auf Papierbasis
Korrekturmittel	– Tipp-Ex lösemittelfrei – Korrekturabroller
Kopierpapier	– Einsatz von Recyclingpapier nach DIN 19309 in allen Bereichen. Es kann auch glattes, weißes Recyclingpapier eingekauft werden. – doppelseitiges Kopieren – Benutzung von einseitig bedrucktem Papier als Notizzettel – Verkleinerung von Kopien um Papier einzusparen
sonstiges Papier	– Prüfung, ob der Einsatz von Recyclingpapier möglich ist (z.B. im Plotterbereich)
Schreibgeräte	– Beschaffung von nachfüllbaren Schreibgeräten, Trockentextmarkern
Ordnungsmittel	– aus Sekundärrohstoffen (z.B. recyceltem Karton) – Verzicht auf Plastikordner und Klarsichtfolie

Die Altgeräte sollten ebenfalls in einem Bereitstellungsraum zentral erfaßt werden.

4.1.3.3 Bereiche Stofflager und Versand

Stofflager

Ist-Zustand

Im Stofflager fallen vorwiegend Reststoffe wie Pappe und Folie an. Folienabfälle von den Oberstoffverpackungen werden in Kartons gesammelt und das Volumen in einer Presse im Versand reduziert. Die Zutaten werden in Verpackungskartons angeliefert und im Stofflager zu den entsprechenden Oberstoffen kommissioniert. Die dabei anfallende Pappe wird auf Holzpaletten gesammelt, vom Hausmeister abgeholt und einer Verwertung zugeführt. Dieses Material wird sehr gut getrennt und hat somit eine hohe Qualität.

In der Etikettendruckerei fallen Druckfolien an. Diese schwarzen Folien werden in zwei Gitterboxen erfaßt, vom Lieferanten zurückgenommen und in einer MVA verbrannt, da keine Verwertungsmöglichkeit vorhanden ist.

Die Textilwickelhülsen bestehen aus Pappe und werden nach Möglichkeit mehrmals benutzt. Im Stofflager selbst erfolgt die Wiederverwertung der anfallende Hüllen bei der Kommissionierung der Oberstoffe. Beschädigte Hüllen werden mit den Kartonabfällen verwertet.

Für die Getrenntsammlung von Papier, Folie und Restmüll befindet sich an jedem Arbeitsplatz ein separater Behälter. Die Behälter sind fahrbar, so daß jeder Arbeitnehmer die Abfälle direkt an seinem Arbeitsort trennen kann. Für die ordnungsgemäße Erfassung ist jeder Mitarbeiter selbst verantwortlich.

Drahtverschlüsse der Oberstoffverpackungen fallen ebenfalls als Restmüll an. Da diese kunststoffbeschichtet sind, ist ein Recycling nicht möglich. Teilweise

Abb. 13. Gepreßter Restabfall im Stofflager

werden die Folienverpackungen an den Enden verschweißt. Bei dieser Methode fallen keine zusätzlichen Abfälle an. Werden Oberstoffverpackungen mit Drahtverschlüssen angeliefert, wird dem Lieferanten eine festgelegte Belastung pro Stoffballen angerechnet.

Der Restabfall wird zur Volumenreduzierung hydraulisch gepreßt. Auffällig bei den Restabfallballen war der hohe Wertstoffanteil in Form von Pappe und Folien (Abb. 13).

Vor dem Versand und dem Bügellager befindet sich eine Holzpalettensammlung. Die Paletten werden von einem Holzverwerter abgeholt.

Maßnahmen

Zum Problem der Einwegtextilwickelhülsen wurde im November 1993 im Auftrag des Klaus Steilmann-Unternehmens eine Studie zum Einsatz eines Mehrwegsystems für Textilwickelhülsen von Studenten der Ruhr-Universität Bochum erstellt. Als zentrale Maßnahme dieser Studie ist die Einführung einer PE-HD Wickelhülse vorgeschlagen worden. Die Einführung dieses Mehrwegsystems ist eine Aufgabe des Umweltausschusses (vgl. Kap. 2.2.) in Zusammenarbeit mit den Lieferanten.

Im Rahmen des Inkrafttretens der Verpackungsverordnung 1991 wurden Arbeitskreise zu folgenden Themen gegründet:

- Oberstoffe,
- Garne,
- Zutaten (Knöpfe, Gürtel, Reißverschlüsse usw.),
- Kleiderbügel.

Die Arbeitsgruppen setzen sich aus den Lieferanten und Vertretern der Unternehmensgruppe Steilmann zusammen. Auf die konsequente Umsetzung der Ergebnisse dieser Arbeitskreise (z.B. Einsatz von Mehrwegverpackungen für Zutaten usw.) wird mit Hilfe des Umweltausschusses hingearbeitet.

Zur Verminderung des Wertstoffanteils des zu pressenden Restabfalls, wurde an der Presse ein farbiges Hinweisschild angebracht. Zusätzlich sind neben der Presse Behälter für die Wertstofffraktionen Papier/Pappe und Folie aufgestellt worden.

In erneuten Gesprächen mit den Lieferanten wird die Vorgehensweise zur Rücknahme von Transportverpackungen verhandelt. Gemäß der Verpackungsverordnung hat sich der Lieferant an den Entsorgungskosten für die Verpackungen zu beteiligen.

Um die Holzabfälle zu vermeiden, sollen vermehrt pfandpflichtige Europaletten eingesetzt werden.

Ist-Zustand

Aufgrund der verschiedenen spezifischen Kundenwünsche ist ein großes Sortiment an Kleiderbügeln notwendig. Diese Vielfalt und die logistische Rücknahme erschwert die Einführung der Mehrfachnutzung von Bügeln. Zur Standardisierung der Bügel wurde von der Firma Steilmann eine Bügelliste zusammengestellt, die für die Steilmann-Gruppe und somit für den kompletten Standardbereich gelten soll. In diese Liste wurden sechs Bügelsorten mit unterschiedlichen Größen aufgenommen. Die vollständige Umsetzung ist bisher noch nicht erfolgt. Auch an der Rückführung der Bügel zur Mehrfachnutzung wird gearbeitet.

Die unbrauchbaren Kleiderbügel werden im Bügellager gesammelt und von einer Verwertungsfirma abgeholt, zerkleinert und zu neuen Kleiderbügeln verarbeitet.

Maßnahmen

Die Umsetzung der Idee des Kleiderbügels aus kompostierbarem Material und der Bügelliste wird mit Hilfe des Umweltausschusses forciert. In weiteren Verhandlungen mit den Kunden werden diese Vorschläge diskutiert.

Versand

Ist-Zustand

Beim Kommissionieren der Ware wird von einem Teil der Kleidungsstücke die PE-Schutzfolie entfernt und in Griffeinheiten von z.B. 10er Lots mit einer Folie zusammengepackt. Dieses geschieht auf Druck einiger Großabnehmer, die für die Entsorgung jeder Einzelfolienverpackung dem Anlieferer eine Belastung anrechnen.

Andere Abnehmer fordern die Anlieferung der Ware ohne Kleiderschutzhüllen. Dies ist realisierbar, wenn die gesamte Fracht eines Lkws zu einem Bestimmungsort transportiert wird und nicht zwischengelagert werden muß. Nachteilig ist der Reibeffekt der Ware untereinander bei unterschiedlichen Stoffarten, welcher zur Qualitätsminderung führen kann.

Für die Sammlung stehen keine gesonderten Behälter bereit. Die Folien werden in Kleiderschutzhüllen gesammelt und das Volumen in einer Hydraulikpresse verringert. Da die Lieferanten unterschiedliche maschinelle Verpackungssysteme verwenden, besteht die Kleiderschutzfolie aus PE-HD- und PE-LD-Kunststoffen.

Die Schlauchfolien für die Verpackung der Fertigteile wird auf Mehrwegwickelhülsen geliefert. Auf die Hülsen wird von dem Folienhersteller ein Pfand von 2,– DM je Wickelhülse erhoben. Nach Gebrauch werden die leeren Hülsen vom Folienhersteller abgeholt.

In der Paketabteilung wird die Ware ohne Bügel und teilweise ohne Folie für den Versenderkunden abgepackt. Gesammelt wird die Folie in Kartons und zusammen mit den Folien aus dem Hängend-Versand entsorgt. Auch hier stehen keine gesonderten Behälter zur Getrenntsammlung bereit. Die Kleiderbügel werden der Größe nach geordnet in Kartons erfaßt und zur Wiederverwertung an die verschiedenen Betriebe verschickt. Nicht mehr gebrauchsfähige Bügel werden separat gesammelt.

Zur Sammlung des Restabfalls stehen mehrere Kartons bereit. In diesen Kartons wurden Wertstoffe (Folie, Papier/Pappe) gefunden.

Restmüll wird im Restabfallcontainer vor dem Versand gesammelt. An dem Container ist ein Hinweisschild angebracht. Eine Kontrolle ergab, wie in Abb. 14 ersichtlich, einen hohen Wertstoffanteil im Restabfall. In diesem Container wird

Abb. 14. Inhalt des Restabfallcontainers

ebenfalls der Restmüll aus dem Stofflager erfaßt. Durch die verbesserte Trennleistung der Fraktionen im Versand und im Stofflager kann der Wertstoffanteil verringert werden.

Maßnahmen

In Zusammenarbeit mit den Lieferanten und den Kunden wird ein Konzept zu Vermeidung der Einwegkleiderhüllen erarbeitet. Dieses Thema ist schon seit längerem im Hause Steilmann aktuell. Nachfolgend sind einige Lösungsvorschläge aufgeführt, die in Zusammenarbeit mit den oben genannten Gruppen diskutiert werden:

- Mehrwegkunststoffhüllen mit Klettverschlüssen und Pfandsystem,
- Kleiderschutzhüllen aus Pergamentpapier,
- Kommissionierung der Ware in den Fertigungsbetrieben und Verpackung nach Bestellung im Großverbund,
- Auskleidung des Lkw mit Folie oder ähnlichem zum Schutz der Kleidungsstücke und Verzicht auf die Einzelhüllen.

Bei dem zur Zeit bestehenden System kann die Qualität des zu recycelnden Kunststoffs durch eine einheitliche Folienverpackung (PE-HD oder PE-LD) verbessert werden. Dies hat voraussichtlich eine Senkung der Entsorgungskosten zur Folge.

Im gesamten Versand werden farblich gekennzeichnete Sammelbehälter aufgestellt.

Der Restabfall-Container wurde mit einem farbigen Hinweisschild gekennzeichnet. Zur Verringerung der Fehlwürfe soll ein zweiter Container für Wertstoffe, in diesem Fall Papier und Pappe, aufgestellt werden.

4.1.3.4 Bereiche Kreativ, Texographie und Musternäherei

Kreativ

Ist-Zustand

Im Bereich des Zuschnitts fallen an den Cuttern folgende Reststoffe an: Folie, Papier und Stoffreste. Der Cutter schneidet mehrere Schichten gleichzeitig. Die erste Schicht ist ein perforiertes Papier. Darüber wird der Stoff gelegt und anschließend das Schnittmuster. Um den Stoff besser schneiden zu können, wird ein Vakuum erzeugt. Damit das Vakuum aufrecht erhalten bleibt, wird über den Stoff eine Kunststoffolie gelegt. Am Ende des Cutters werden die einzelnen Bestandteile getrennt. Für Papier, Kunststoff und Stoffreste stehen Behälter bereit. Es wurden hier keine Fehlwürfe festgestellt. Das gelochte Papier ist augenscheinlich aus Recyclingmaterial hergestellt – im Gegensatz zum Plotterpapier. Hier wird hochweißes Papier eingesetzt.

Stoffreste werden zentral an der Rampe erfaßt. Hier befindet sich eine Hydraulikpresse, mit der die Stoffreste zu Ballen gepreßt werden. Die Stoffe werden laut Verwertungsnachweis des Entsorgers je nach Materialbeschaffenheit in der Automobil-, der Dämmstoff- oder in der Papierindustrie weiterverarbeitet.

In den einzelnen Abteilungen (Entwurf, Nachbereitung) stehen wie auch in der Verwaltung, geflochtene Körbe für Altpapier an jedem Arbeitsplatz und ein Restmüllbehälter in jedem Raum sowie je nach Bedarf Kunststofftüten für Folienreste zur Verfügung.

Maßnahmen

Im Bereich des Cutters ist der Einsatz von Recyclingfolie sinnvoll. In Gesprächen mit dem Hersteller wird die Möglichkeit der Folienrücknahme und der Lieferung von Recyclingfolie verhandelt.

Im Kreativ-Bereich wurde die Behälterdichte für die Restabfallsammlung erhöht.

Zur Vermeidung des weißen Papiers und zur Förderung des Altpapiereinsatzes, wird geprüft, ob Recyclingpapier zum Plotten eingesetzt werden kann.

Texographie

Ist-Zustand

In der Texographie fallen vorwiegend PVC-Kunststoffreste aus der Mikroschnittherstellung an. Dieser Reststoff wird in einer Gitterbox vor der Texographie gesammelt. Anzumerken ist, daß bei der PVC-Produktion Probleme für die Umwelt auftreten.

Das Ammoniak wird bei Bedarf durch eine Entsorgungsfirma entsorgt.

Maßnahmen

Ein Ersatz des PVC's ist laut Auskunft der Herstellerfirma zur Zeit nicht möglich.

Die beste Möglichkeit den Kunststoffabfall zu vermeiden, ist die komplette Umstellung auf EDV-Betrieb, wie dies bereits in einigen Abteilungen durchgeführt wurde. Die Umstellung wird voraussichtlich bis Anfang 1996 vollzogen sein.

Das unter dem Punkt Gefahrstoffe aufgeführte Problem mit der Ammoniaklösung sowie die kostenintensive Entsorgung der Ammoniakreste wird dann ebenfalls wegfallen.

Musternäherei

Ist-Zustand

Bei der Getrenntsammlung von Wertstoffen besteht in der Musternäherei ein Defizit. Die Kontrolle der Restabfallbehälter zeigt ein erhebliches Einsparungspotential durch Abtrennung der Wertstofffraktionen. „Grüner-Punkt"-Reststoffe werden nicht gesammelt und gelangen ebenfalls in den Restabfall.

Die anfallenden Stoffreste werden nicht getrennt erfaßt, sondern mit dem Restmüll entsorgt. Gründe hierfür sind zum einen die geringe Menge, zum anderen der Verschmutzungsgrad.

Abb. 15. Restabfall-Preßcontainer hinter der Musternäherei

Die gesammelten Fraktionen werden in den entsprechenden Preßcontainern erfaßt. Auffällig ist der hohe Wertstoffanteil im Restabfall-Preßcontainer (Abb. 15). Auf keinem der Container befindet sich ein Hinweisschild, da der Container eigentlich nur durch den Hausmeister befüllt werden soll.

Um eine Kondensation der Druckluft für die Nähmaschinen in den Rohrleitungen und eine Verstopfung der Ventile zu vermeiden, wird die Luft getrocknet und über einen Aktivkohlefilter geleitet. Aus dem Kondensat wird das Öl abgeschieden und das Wasser der öffentlichen Kanalisation zugeführt. Das aus dem Ölabscheider aufgefangene Öl wird zusammen mit dem Inhalt des Ölabscheiders der Tankstelle entsorgt.

Maßnahmen

In jeder Nähstraße wurden vier farblich gekennzeichnete Behälter sowie ein gelber Behälter für DSD-Reststoffe aufgestellt. Die Preßcontainer wurden mit farbigen Hinweisschildern ausgestattet.

4.1.3.5 Bereich Hilfsstellen

Kantine

Ist-Zustand

In den Kantinen fallen Essensreste, Folienabfälle, Alubehältnisse sowie Restmüll an. Der Papieranteil ist sehr gering und wird nicht separat gesammelt.

Beim Frühstück wird größtenteils auf Einzelportionen verzichtet. Marmelade, Butter, Kondensmilch und Aufschnitt werden in Großportionen eingekauft.

Die Tagesmenüs werden portioniert in Mehrwegkunststoffdosen angeliefert und zur Ausgabe auf Teller gegeben. Als Beilage zum Tagesmenü gibt es in PS-Behältnisse verpackten Salat. Die tiefgefrorenen Fertigmenüs werden in Alu-Behältnissen angeliefert. Die Alu-Schachteln werden gespült, in Kunststoffsäcken gesammelt und dem Anlieferer zurückgegeben (einmal pro Monat).

An der Selbstbedienungstheke werden Salate und Desserts teilweise in PS-Schalen mit Deckel und Joghurt in Kunststoffbechern angeboten.

Für die in der Kantine anfallenden „Grüner Punkt"-Abfälle ist ein Sammelbehälter aufgestellt. Dieser wird bei Bedarf entleert und zentral in einem DSD-Müllgroßbehälter erfaßt.

Für die Versorgung der Mitarbeiter stehen drei Automaten mit Kaltgetränken und drei Automaten mit Heißgetränken bereit. Es wird an dieser Stelle nur Mehrweggeschirr angeboten. Andere Erfrischungsgetränke sind in Pfandflaschen abgefüllt. Die einzige Ausnahme ist die Kunststoff-Einwegverpackung (mit Kennzeichnung „Grüner Punkt") für Milchgetränke. Gesammelt werden die leeren Verpackungen im Behälter für „Grüne Punkt"-Abfälle.

Die im Kompostsammelbehälter erfaßten Essensreste werden von einer Privatperson abgeholt und als Tierfutter verwertet.

Maßnahmen

Für die Kantinen wurde eine ökologische Studie zur Abfallvermeidung ausgearbeitet. Ein Teil der Vorschläge wurde bereits umgesetzt.

Um die Einwegverpackungen im Bereich der Milchgetränke zu vermeiden, wird die Anschaffung eines Milchautomaten („Stählerne Kuh") geprüft. Dieses System hat sich mittlerweile in vielen Kantinen bewährt.

Zur Vermeidung der PS-Abfälle wurde eine Salatbar eingerichtet.

Die Essensreste sollen zusammen mit den Resten aus den anderen Kantinen und den saisonal anfallenden Gartenabfällen kompostiert werden.

Tankstelle

Ist-Zustand

Beim Betrieb der Tankstelle fallen Öl- und Benzinabscheiderinhalte sowie Sandfangrückstände an. Der Abscheider und der Sandfang soll laut Vertrag mit der Entsorgungsfirma zweimal pro Jahr gesäubert werden. Im Jahre 1994 erfolgte die erste Säuberung im Januar und die zweite im Dezember.

Für beide Stoffe sind Sammelentsorgungsnachweise vorhanden. Entsorgt werden die Abfallstoffe in einer physikalischen Behandlungsanlage eines Altölentsorgers. Die Verwertungsprüfung gemäß TA-Abfall ist negativ, da keine Bestandteile in verwertbaren Konzentrationen enthalten sind.

Maßnahmen

Die halbjährliche Säuberung des Abscheiders und des Sandfangs durch die Firma Müntefering wird durch das Umweltressort kontrolliert. Nur durch eine regelmäßige Reinigung ist eine Verstopfung und somit eine Verunreinigung des Bodens zu verhindern.

4.2 Gefahrstoffe

4.2.1 Maßgebende Gesetze und Verordnungen

Zunächst werden kurz die wesentlichen Gesetze und Verordnungen für Gefahrstoffe aufgelistet, die im Unternehmen von Bedeutung sind.

- GefStoffV   Gefahrstoffverordnung – Verordnung zum Schutz vor gefährlichen Stoffen,
- VAwS   Verordnung über Anlagen zum Umgang mit wassergefährdenden Stoffen und über Fachbetriebe vom 12. 8. 1994,
- VV-VAwS   Verwaltungsvorschrift zum Vollzug der Verordnung über Anlagen zum Umgang mit wassergefährdenden Stoffen und über Fachbetriebe vom 28. 11. 1994,
- VbF   Verordnung über brennbare Flüssigkeiten,
- TRGS 102   [Technische Richtkonzentrationen (TRK) für gefährliche Stoffe],
- TRGS 402   (Ermittlung und Beurteilung der Konzentrationen gefährlicher Stoffe in der Luft in Arbeitsbereichen),
- TRGS 517   (Herstellen und Verwenden von Asbest),
- TRGS 519   (Asbest – Abbruch-, Sanierungs- oder Instandhaltungsarbeiten),
- TRGS 555   (Betriebsanweisung und Unterweisung nach § 20 GefStoffV),
- TRGS 900   (Grenzwerte),
- ArbstättV   Arbeitsstättenverordnung.

4.2.2 Soll-Zustand

Die Gefahrstoffverordnung liefert die Grundlage zum Schutz der Arbeitnehmer vor einer Gefährdung der Gesundheit. Der Arbeitgeber hat gemäß §§ 16 bis 18 der GefStoffV beim Umgang mit Gefahrstoffen eine Ermittlungs-, allgemeine Schutz- und Überwachungspflicht.

Die Ermittlungspflicht (§ 16 GefStoffV) verlangt u. a. die Überprüfung, ob es sich beim Umgang mit den entsprechenden Stoffen um Gefahrstoffe handelt. Gemäß § 16 Abs. 2 GefStoffV „muß der Arbeitgeber prüfen, ob Stoffe, Zubereitungen oder Erzeugnisse mit einem geringeren gesundheitlichen Risiko als die von ihm in Aussicht genommenen erhältlich sind".

Läßt sich ein Auftreten von Gefahrstoffen am Arbeitsplatz nicht vermeiden, ist durch die Überwachungspflicht sicherzustellen (§ 18 GefStoffV), daß Aussagen über die Einhaltung der gesetzlichen Grenzwerte gemacht werden können.

Zur Beurteilung der Schadstoffbelastung der Luft am Arbeitsplatz werden die gesetzlich festgelegten Luftgrenzwerte aus der TRGS 900 (Grenzwerte) herangezogen.

Die praktische Umsetzung der Überwachungspflicht zur Grenzwerteinhaltung erfolgt mit Hilfe der TRGS 402 (Ermittlung und Beurteilung der Konzentrationen gefährlicher Stoffe in der Luft in Arbeitsbereichen). In dieser Richtlinie wird im wesentlichen die Durchführung einer Arbeitsbereichsanalyse und die

Aufstellung eines Kontrollmeßplans beschrieben. Aus den ermittelten Meßwerten können erforderliche Schutzmaßnahmen gemäß § 19 GefStoffV abgeleitet werden.

Im § 14 GefStoffV ist die Übermittlung von Sicherheitsdatenblättern für gefährliche Stoffe durch den Hersteller an den Abnehmer gefordert. Das Sicherheitsdatenblatt ist in deutscher Sprache, mit Datum versehen und kostenlos dem Abnehmer zu übermitteln.

Gemäß § 20 Abs. 1 GefStoffV hat der Arbeitgeber eine arbeitsbereichs- und stoffbezogene Betriebsanweisung zu erstellen. In der Betriebsanweisung muß auf die beim Umgang mit Gefahrstoffen verbundenen Gefahren für Mensch und Umwelt sowie auf die erforderlichen Schutzmaßnahmen und Verhaltensregeln hingewiesen werden. Zusätzlich obliegt dem Arbeitgeber die Pflicht, den Arbeitnehmer anhand der Betriebsanweisung über die auftretenden Gefahren sowie die Schutzmaßnahmen zu unterweisen (§ 20 Abs. 2 GefStoffV). Als Arbeitshilfe kann die TRGS 555 (Betriebsanweisungen und Unterweisungen nach § 20 GefStoffV) herangezogen werden. Die Betriebsanweisungen sollten gemäß dieser TRGS folgende Punkte enthalten:

- Angaben über den Arbeitsbereich, den Arbeitsplatz und die Tätigkeit,
- Bezeichnung des Gefahrstoffs,
- Gefahren für Mensch und Umwelt,
- Schutzmaßnahmen und Verhaltensregeln,
- Verhalten im Gefahrfall,
- Maßnahmen zur Ersten Hilfe,
- Angaben für eine sachgerechte Entsorgung.

Aus der Gefahrstoffverordnung läßt sich weiterhin ein Herstellungs- und Verwendungsverbot für asbesthaltige Produkte und Asbestfeinstaub ableiten. Die Ermittlungs-, allgemeine Schutz- und Überwachungspflicht wird im Fall des Asbests durch die TRGS 517, in der der Umgang mit Asbest beschrieben wird, validiert. Die TRGS 519 beschäftigt sich mit den Abbruch-, Sanierungs- oder Instandhaltungsarbeiten.

Nach § 5 der ArbstättV muß in Arbeitsräumen [...] ausreichend gesundheitlich zuträgliche Atemluft vorhanden sein [...].

Die 2. BImSchV fordert eine Emissionsbegrenzung von leichtflüchtigen Halogenkohlenwasserstoffen. Gemäß § 2 Abs. 2 der 2. BImSchV ist die Verwendung von Tetrachlorethylen und Dichlormethan seit dem 1.1.1993 in offenen Einrichtungen verboten. Aus § 4 Abs. 5 dieser Verordnung geht hervor, daß in den Betriebsräumen keine leichtflüchtigen Halogenkohlenwasserstoffe eingesetzt werden dürfen.

Wassergefährdende Stoffe laut § 19 WHG sind gemäß der VAwS und der VV-VAwS so zu lagern, daß keine Stoffe austreten können. Die Anforderungen an die Auffangwannen sind entsprechend der VV-VAwS zu beachten.

4.2.3 Soll-/Ist-Abgleich

4.2.3.1 Bereich Verwaltung

Ist-Zustand

Bei der Benutzung von Kopierern oder Laserdruckern entstehen Ozonemissionen. Ozon ist seit den letzten Sommern hinlänglich bekannt. Bei einer längeren Einwirkung auf den menschlichen Organismus können Reizungen der oberen Atemwege auftreten. Für Ozon wurde in der TRGS 900 ein MAK-Wert von 0,1 ppm (Schichtmittelwert, 8 h) bzw. 0,2 ppm (Kurzzeitwert, 5 min, max. 8 mal pro Stunde) festgelegt. Diese Grenzwerte können im Extremfall während des Dauerbetriebs in schlecht belüfteten, kleinen Räumen überschritten werden. Anzumerken bleibt, daß sich Ozon relativ schnell, d.h. nach ca. einer Viertelstunde abbaut [GA 44, 1994].

Maßnahmen

Beim Kauf von Neugeräten wird weiterhin auf die Kennzeichnung mit dem Umweltzeichen „Blauer Engel" geachtet. Geräte mit diesem Zeichen dürfen die Raumluft mit max. 0,02 ppm Ozon belasten.

Um eine Gefährdung vollständig auszuschließen, soll während des Druck- oder Kopiervorgangs auf eine gute Durchlüftung des Raumes geachtet werden.

4.2.3.2 Bereiche Stofflager und Versand

Stofflager

Ist-Zustand

Für die Oberstoffe erfolgt nach der Anlieferung eine stichprobenartige Kontrolle (Oberstoffkontrolle). Die Häufigkeit der Überprüfung richtet sich nach dem Lieferanten, nach dem Lieferumfang und der Art des Stoffes. Kontrolliert werden die Stoffe im betriebseigenen Labor. Vom Laborpersonal werden die nachfolgend aufgelisteten Versuche nach den DIN-Vorschriften bzw. nach Maßgabe des Kunden durchgeführt:

- Länge, Breite der Stoffbahnen,
- Gewicht des Stoffes, gemessen in g/m^2,
- Griff (Härte) des Stoffes,
- Reißfestigkeit,
- Nahtschiebefestigkeit,
- Knitterwinkel,
- Lichtechtheit,
- Einlaufverhalten unter bestimmten Bedingungen,
- Chemische Prüfung:
  - Farb-, Wasserechtheit bei 37 °C,
  - Schweißechtheit (alkalisch und sauer),
  - Waschtest bei 60 °C,
  - Einlauf (shirkage warp, shirkage weft).

Tabelle 6. Chemikalien für die Oberstoffkontrolle

Stoff	Verwendungszweck	Gefahrstoffhinweis
Natriumcarbonat, wasserfrei	Waschechtheit	Xi, WGK 1
Natriumperborat-Trihydrat, rein		Xn, WGK 1
Tetrachlorethylen (Per), reinst	Fleckenentfernung	–
Dichlormethan	Fleckenentfernung	Xn, WGK 2
Natronlauge, min. 32 %	Schweißechtheit, Halbwollanalyse	C, WGK 1
Testfarbstoffgemische (lipophil), gelöst in Dichlormethan		Xn, WGK 2
L-Histidinmonohydrochlorid	Schweißechtheit	–
Natriumdihydrogenphosphat-Dihydrat	Schweißechtheit	WGK 1
di-Natriumdihydrogenphosphat-Dihydrat	Schweißechtheit	WGK 1

Für die chemische Prüfung werden neben den handelsüblichen Waschmitteln für die Schweißechtheit eine Reihe von Substanzen verwandt, die in Tabelle 6 aufgelistet sind.

Für die oben aufgeführten Stoffe sind keine Sicherheitsdatenblätter und Betriebsanweisungen vorhanden. Anzumerken ist, daß ein Teil der Substanzen (z. B. Dichlormethan und Tetrachlorethlyen) nicht mehr eingesetzt wurden.

Aufgrund der geringen Lagermengen und der Gefahrklassen ist der Lagerraum gemäß § 8 VbF anzeige- und erlaubnisfrei.

Maßnahmen

Die nicht mehr benötigten Stoffe, insbesondere Dichlormethan und Tetrachlorethylen, wurden einer ordnungsgemäßen Sonderabfallentsorgung zugeführt. Für die übrigen Stoffe sind Sicherheitsdatenblätter angefordert und die geforderten Betriebsanweisungen erstellt worden.

Ist-Zustand

In der Etikettendruckerei werden die Etiketten u. a. mit dem Thermotransfer-Druckverfahren hergestellt. Dabei wird die auf Druckfolien anhaftende Druckfarbe unter Wärmezufuhr auf die Etiketten übertragen. Die Etiketten bestehen aus einem beschichteten Spezialpapier, welches vor dem Druckvorgang in einem belüfteten Lagerraum über einen bestimmten Zeitraum gelagert wird. Nach Aussagen einiger Mitarbeiter werden beim Druckvorgang unangenehme Gerüche gebildet. Die Druckfolie ist aufgrund dieser Aussagen untersucht worden. In Tabelle 7 sind die Substanzen, die in der Probe in erhöhter Konzentration festgestellt wurden, aufgelistet.

Der Siedepunkt von Toluol liegt bei ca. 110 °C. Dies bedeutet, daß beim Druckvorgang unter Umständen die in der Folie befindlichen Bestandteile freiwerden können.

Tabelle 7. Substanzen der Druckfolie

Substanz	MAK-Wert in ppm
Toluol	100
Cyclohexan	50
Aceton	1000

Aus den Untersuchungsergebnissen konnte abgeleitet werden, daß die Konzentration am Arbeitsplatz weit unter den MAK-Werten liegen und somit keine Gesundheitsgefährdung für die Mitarbeiter besteht.

Die Druckmaschinen werden täglich mit Druckluft gereinigt. Bei diesem Arbeitsvorgang können Ruß-Staub-Emissionen entstehen.

Maßnahmen

Als Maßnahmen wird geprüft, ob die eingesetzten Materialien ausgetauscht oder eine Absaugung installiert werden sollte.

Treten erneut Probleme auf, könnte eine Raumluftmessung (Arbeitsbereichsanalyse gemäß TRGS 402) unter Einbeziehung der Untersuchungsergebnisse der Druckfolien durchgeführt werden.

Die vom Umweltressort vorgeschlagenen Schutzmaßnahmen sind unbedingt einzuhalten (gute Lüftung des Arbeitsraumes, Lagerung der Folie außerhalb der Arbeitsräume etc.).

Zur Erfassung der Ruß-Staub-Emissionen bei den Reinigungsarbeiten könnte ein fahrbare Absaugung, die mit einem entsprechenden Filter ausgerüstet ist, dienen. Da die Etikettendruckerei und die Druckmaschinen im Lauf dieses Jahres umgestellt wird, ist die Anschaffung einer Absaugung zur Zeit nicht notwendig.

4.2.3.3 Bereiche Kreativ, Texographie und Musternäherei

Texographie

Ist-Zustand

Mit Hilfe eines 25 % igen Ammoniakentwicklers werden Schnittmustervorlagen erstellt. Für die Entwicklung werden zwei Behälter benötigt. In dem einen Behälter befindet sich das frische Ammoniak, in dem anderen das gebrauchte. Die Lösung wird mehrmals verwandt. Beim Wechseln der Behälter bestehen keine Schutzvorrichtungen. Für Ammoniak ist das Sicherheitsdatenblatt vorhanden.

Ammoniak ist ein farbloses, stechend riechendes, giftiges und reizendes Gas. In der TRGS 900 ist für Ammoniak ein MAK-Wert von 50 ppm bzw. 35 mg/m^3 aufgeführt. Der MAK-Wert wird bei der kurzzeitigen Öffnung des Behälters zum Umstecken der Schlauchverbindung nicht überschritten. Eine Arbeitsbereichsanalyse gemäß TRGS 402 ist somit nicht notwendig.

Maßnahmen

Zum Schutz der Beschäftigten wurden Schutzhandschuhe und eine Schutzbrille angeschafft und die entsprechende Betriebsanweisung angefertigt. Die in der Gefahrstoffverordnung und dem Sicherheitsdatenblatt aufgelisteten R- und S-Sätze für Ammoniak werden somit eingehalten.

Im Zuge der schrittweisen Einführung von computergestützten Design und modernen Informations- bzw. Kommunikationstechniken wird die derzeitige Technik vollständig substituiert.

Musternäherei

Ist-Zustand

In der Musternäherei wird für die Beseitigung von Flecken ein Druckdetachurmittel auf Basis von isoparafinischen Kohlenwasserstoffen eingesetzt. Für diese Arbeit wurde ein Fleckenentfernungsplatz mit entsprechender Absaugung eingerichtet. Eine Betriebsanweisung liegt am Arbeitsplatz aus.

In der Musternäherei werden verschiedene Sorten Sublimier-Schneiderkreide verwandt. Die Kreide enthält in unterschiedlichen Konzentrationen Benzoesäure (80–89 % Benzoesäure, rein). Für die unterschiedlichen Kreidetypen liegen Sicherheitsdatenblätter vor, nach denen Stäube und Dämpfe nicht eingeatmet werden dürfen. Die Kreidereste werden in der Originalverpackung an den Lieferanten zurückgeschickt.

Maßnahmen

Um eine Gefährdung der Mitarbeiter auszuschließen, werden die Beschäftigten auf den sachgemäßen Gebrauch der Sublimier-Kreide und die technischen Schutzmaßnahmen hingewiesen. Weiterhin wird geprüft, ob die Sublimier-Kreide durch eine Kreide ohne bzw. mit einem geringeren Benzoesäure-Gehalt substituiert werden kann.

Ist-Zustand

Die in der Bügelei eingesetzten Universalbügelmaschinen sind teilweise sehr lange im Einsatz. Durch eine Anfrage bei der Herstellerfirma konnte die Vermutung bestätigt werden, daß in den alten Bügelmaschinen fest gebundenes Asbest zur Isolierung in Form von Asbeststreifen verarbeitet wurde.

Asbest ist ein krebserzeugender Gefahrstoff. In Abhängigkeit von dem Massengehalt im Gefahrstoff kann von einer unterschiedlichen Gefährdung ausgegangen werden (Tabelle 8). Tabelle 8 verdeutlicht, daß die Einstufung als gefährdender Stoff schon ab einem sehr geringen Massengehalt erfolgt. Im vorliegenden Fall ist eine Einstufung in eine der drei Gruppen nicht möglich.

Die Gefährdung ist von der Bindungsstärke des Asbests abhängig. Im Fall schwachgebundener Asbest-Produkte ist die Gefahr der Faserfreisetzung wesentlich größer als bei starkgebundenen Produkten. Bei den Bügelmaschinen kann davon ausgegangen werden, daß das Asbest in einer starken Bindung vorliegt.

Tabelle 8. Gefahrstoffgruppen von Asbest (TRGS 517)

Gefährdung	Gruppe		
	I (sehr stark gefährdend)	II (stark gefährdend)	III (gefährdend)
Massengehalte im Gefahrstoff in %	≥ 2	< 2 – 0,2	< 0,2 – 0,02

Maßnahmen

Die asbesthaltigen Dichtungen in den drei kontaminierten Bügelmaschinen wurden ausgetauscht und fachgerecht entsorgt.

Ist-Zustand

Bei der Dampferzeugung für die Bügelmaschinen kommt es beim Abkühlen der Luft zur Kondensatbildung. Das Kondensat wird in einem Kondensatabscheider aufgefangen. Um eine Korrosion der Rohre durch das Kondensat zu vermeiden, wird das Frischwasser enthärtet und ein Korrosionsinhibitor zugegeben. Das Mittel ist mit dem Gefahrstoffsymbol „reizend" gekennzeichnet. Ein Sicherheitsdatenblatt liegt dem Umweltressort vor. Die beiden Fässer stehen nicht in Auffangwannen.

Das Kondenswasser wird im Kreislauf geführt und nur bei Bedarf wird Frischwasser zugegeben. Um dennoch Korrosionen zu vermeiden, wird das Kondensat mindestens alle zwei Tage auf seine Wasserhärte, Leitfähigkeit und den pH-Wert untersucht.

Bei der Drucklufterzeugung für die Nähmaschinen fallen geringe Mengen Ölabscheiderinhalte an, welche in einem Kunststoffaß aufgefangen werden. In diesem Raum befindet sich außerdem ein 200 l Ölfaß, welches ca. bis zur Hälfte gefüllt ist. Dieses Faß hat ebenfalls keine Auffangwanne (Abb. 16).

Abb. 16. Ölfaß ohne Auffangwanne

Maßnahmen

Für den Korrosionsinhibitor und das Öl werden Auffangwannen aufgestellt.

4.2.3.4 Prüfbereich Hilfsstellen

Tankstelle

Ist-Zustand

Die Problematik der Tankstelle im Heilquellenschutzgebiet wird im Kap. 4.3.3.4 erläutert.

4.3 Wasser/Abwasser

Wasser wird in der Steilmann-Zentrale vorwiegend im Bereich der Sanitär-anlagen und Kantinen sowie zu Reinigungszwecken verbraucht. Das gesamte Abwasser wird der öffentlichen Kanalisation zugeleitet. Der jährliche Wasser-verbrauch der einzelnen Gebäude ist aus der Tabelle 9 zu entnehmen.

Tabelle 9. Wasserverbrauch an den verschiedenen Anfallorten

Ort	6. 1991 bis 6. 1992	6. 1992 bis 6. 1993
Zentrale	7308 m^3	5916 m^3
Feische-Gebäude	573 m^3	532 m^3
ASE-Gebäude	208 m^3	303 m^3
Versand/Stofflager	1836 m^3	1826 m^3
Gebäude Friedrich-Lueg Str.	485 m^3	481 m^3
Gesamt	10410 m^3	9058 m^3

Durch einen verminderten Wasserverbrauch lassen sich die Wasserkosten und die Abwassergebühren senken. In Anbetracht der Tatsache, daß die Kosten für Wasser und Abwasser voraussichtlich weiter steigen werden, ergibt sich hier ein Kosteneinsparungspotential. Ferner trägt die Wassereinsparung zum Schutz der Umwelt bei, da das Wasser aufwendig aufbereitet und das Abwas-ser u. U. durch den Einsatz von Chemikalien gereinigt werden muß.

4.3.1 Maßgebende Gesetze und Verordnungen

- WHG – Wasserhauhaltsgesetz (Gesetz zur Ordnung des Wasserhaushalts in der Fassung vom 23.9.1986),
- PHöchstMengV – Phosphathöchstmengenverordnung (Verordnung über Höchstmengen für Phosphate in Wasch- und Reinigungsmitteln vom 4.6.1980),

- VAwS – Anlagenverordnung (Verordnung über Anlagen zum Umgang mit wassergefährdenden Stoffen und über Fachbetriebe vom 12.8.1993),
- VV-VAwS – Verwaltungsvorschrift zum Vollzug der Verordnung über Anlagen zum Umgang mit wassergefährdenden Stoffen und über Fachbetriebe vom 28.11.1994,
- Richtlinien für Heilquellenschutzgebiete vom 20.10.1980.

4.3.2 Soll-Zustand

Laut § 1a WHG ist das Gewässers vor schädlichen Umwelteinwirkungen zu schützen. Im § 1a Abs. 2 WHG wird auf die Verpflichtung verwiesen, daß jedermann mit Wasser sparsam umzugehen hat.

Die VAwS regelt den Betrieb von Anlagen zum Umgang mit wassergefährdenden Stoffen. Nach § 3 Abs. 2 VAwS müssen die Anlagen so beschaffen sein, daß wassergefährdende Stoffe nicht austreten können. In § 9 VAwS ist die Kennzeichnungspflicht angeführt. Tankanlagen dürfen laut § 10 Abs. 2 VAwS in der weiteren Zone von Schutzgebieten nur errichtet werden, wenn der Gesamtrauminhalt der unterirdischen Anlagenteile 40 000 l nicht überschreitet. Nach Absatz 3 müssen diese Anlagen doppelwandig und mit einem Leckanzeigegerät ausgerüstet sein. Gemäß Absatz 4 hat der Anlagenbetreiber eine Betriebsanweisung zu erstellen.

Die Anforderungen an die Befestigung und Abdichtung der Bodenfläche sind der VV-VAwS Nr. 4.2. zu entnehmen.

Die Phosphathöchstmengenverordnung sieht eine Reduzierung der Phosphatmenge und kein Verbot von Phosphaten in Wasch- und Reinigungsmitteln vor. Ein Verbot wäre heute indessen technisch zu realisieren [Katalyse, 1993].

4.3.3 Soll-/Ist-Abgleich

4.3.3.1 Bereich Verwaltung

Ist-Zustand

Im Neubau der Verwaltung wird Regenwasser für die Toilettenspülungen aufgefangen. Der Behälter faßt ca. 6000 l Regenwasser. Die Toilettenspülkästen sind mit „Spar"- oder „Stop"-Tasten ausgerüstet. In den älteren Gebäuden sind diese Einrichtung nur teilweise vorhanden.

Maßnahmen

Der Verbrauch des Toilettenspülwassers soll durch die Einrichtung von „Spar"- oder „Stop"-Tasten, respektive durch das Einlegen eines Ziegelsteins sowie einer gefüllten Wasserflasche reduziert werden. Eine weitere Maßnahme ist die Umstellung der Toilettenspülung von Trinkwasser auf Regenwasser, wie sie bereit in dem Neubau realisiert wurde. Bei bestehenden Gebäuden ist dies sehr aufwendig, da neue Rohrleitungen gelegt werden müssen und ein Sammelbecken benötigt wird. Diese Möglichkeit wird nur bei Umbau- oder Neubaumaßnahmen in Betracht gezogen.

Eine weitere Wassereinsparung soll durch den Einsatz von Durchflußminderern an den Waschbecken erzielt werden. Dieser senkt den Wasserverbrauch pro Minute von 12–15 l auf 6 l oder weniger (Commerzbank 1993).

4.3.3.2 Bereiche Stofflager und Versand

Stofflager/Versand

Ist-Zustand

Vor dem Versand und dem Stofflager sind die Abflußkanäle verstopft. Das Reinigungspersonal entsorgt das Reinigungswasser in diesen Kanälen. Ein Teil des Wassers versickert dabei im Boden.

Maßnahmen

Die Kanäle werden seit der Audit-Prüfung regelmäßig vom Hausmeister kontrolliert und gereinigt.

4.3.3.3 Bereiche Kreativ, Texographie und Musternäherei

Musternäherei

Ist-Zustand

Das Wasser für die Dampfbügelmaschinen wird durch die Zugabe von Salztabletten und eines Korrosionsinhibitors aufbereitet.

Maßnahmen

Die Behälter mit dem Korrosionsinhibitor werden in Auffangwannen entsprechend der VV-VAwS gestellt.

4.3.3.4 Bereich Hilfsstellen

Kantine

Ist-Zustand

Für die Spülmaschine in der Zentrale wird ein phosphatarmes Spülmittel eingesetzt. Bei diesem Mittel wird anstelle des Akivchlors Aktivsauerstoff verwandt. Zusätzlich wird ein Klarspüler des gleichen Herstellers benutzt.

In der Kantine im Versand wird als Reinigungsmittel für die Spülmaschine ein Universalreiniger (Reiniger P 30) mit folgenden Inhaltsstoffen eingesetzt: Phosphat, Carbonat, Silikat, org. Chlor, Hilfsstoffe.

Das Phosphat in Wasch- und Reinigungsmitteln ist u. a. an der Eutrophierung von Gewässern beteiligt. Zwar ist für mittlere und größere Kläranlagen ein Grenzwert für Phosphor vorgesehen, aber gerade kleinere Anlagen können solch niedrige Werte nicht immer einhalten. Weiterhin ist für die Phosphat-Eliminierung oftmals eine dritte Reinigungsstufe erforderlich, welche den Chemikalieneinsatz erhöht und kostenintensiv ist.

Maßnahmen

Die phosphathaltigen Reinigungsmittel wurden gegen phosphat- und chlorfreie Mittel ausgetauscht. Als Phosphatersatzstoffe können z. B. Zeolith A und Citrate dienen.

Tankstelle

Ist-Zustand

Die Tankstelle sowie die Zentrale, der Versand und das Verkaufslager befinden sich auf einem Gelände, daß bis ca. 1993 als Heilquellenschutzgebiet ausgewiesen war. Laut Aussage der unteren Wasserbehörde der Stadt Bochum ist die Ausweisung erneut in Vorbereitung.

Das Gebiet war und wird voraussichtlich wieder als Schutzzone C III ausgewiesen. Mit den Buchstaben A – C wird die Tiefe beschrieben, in der eine Tätigkeit noch stattfinden darf. Der Buchstabe C bedeutet, daß bis zu einer Tiefe von 10 bis 20 m ein Eingriff in den Boden erlaubt ist. Die Ziffern I – IV beschreiben die horizontale Entfernung zum Entnahmepunkt [Hölting 1989].

Die Tankstelle besteht seit 1987, d. h. von der Stadt Bochum wurde die Genehmigung für den Bau der Tankstelle im Heilquellenschutzgebiet erteilt.

Die in der Tankstelle gelagerten Mineralölprodukte sind gemäß § 19 g WHG als wassergefährdende Stoffe einzustufen. Gelagert werden die Stoffe in doppelwandigen, unterirdischen Tanks, die mit einer Leckkontrollanzeige ausgerüstet sind.

Maßnahmen

Wird das Heilquellenschutzgebiet neu ausgeschrieben, können Probleme mit der Größe der Lagertanks auftreten. Die Tanks haben zusammen einen Rauminhalt von 50 000 l, erlaubt sind aber nur 40 000 l. Verfüllt man den nicht mehr benötigten 20 000 l Super-Benzin-Tank, wäre eine Einhaltung der Bestimmungen gemäß der VAwS gegeben.

Die Tankanlage wurde mit einer Kennzeichnung versehen, aus der hervorgeht, mit welchen Stoffen umgegangen wird. Desweiteren wurde eine Betriebsanweisung sowie ein Überwachungs-, Instandhaltungs- und Alarmplan aufgestellt.

Die Bodenfläche wird entsprechend der gesetzlichen Vorgaben auf Dichtigkeit untersucht.

4.4 Emissionen und Immissionen

4.4.1 Maßgebende Gesetze und Verordnungen

- BImSchG – Bundes-Immissionsschutzgesetz (Gesetz zum Schutz vor schädlichen Umwelteinwirkungen durch Luftverunreinigungen, Geräusche, Erschütterungen und ähnliche Vorgänge),
- 1. BImSchV (Verordnung über Kleinfeuerungsanlagen)
- 20. BImSchV (Verordnung zur Begrenzung der Kohlenwasserstoffemissionen beim Umfüllen und Lagern von Ottokraftstoffen),
- 21. BImSchV (Verordnung zur Begrenzung der Kohlenwasserstoffemissionen bei der Betankung von Kraftfahrzeugen),
- TA Lärm (Technische Anleitung zum Schutz gegen Lärm),
- VBG 121 (Unfallverhütungsvorschrift der Berufsgenossenschaft).

4.4.2 Soll-Zustand

Gemäß der 20. BImSchV sind Anlagen, aus denen bei der Befüllung Kraftstoffdämpfe verdrängt werden, so zu errichten und zu betreiben, daß die verdrängten Dämpfe nach dem Stand der Technik mittels eines Gaspendelsystems erfaßt und der abfüllenden Anlage zugeleitet werden. Ausnahmen gelten nach § 3 Abs. 4 der 20. BImSchV für ortsfeste Anlagen mit einem Rauminhalt von weniger als $1\,m^3$ oder einer jährlichen Abgabemenge an Ottokraftstoffen von unter $100\,m^3$. Für die bestehende Tankanlage treffen die Ausnahmen nicht zu, da zum einen der Rauminhalt der Tanks größer ist und die Abgabemenge über $100\,m^3$ liegt (Hansemann 1993).

Nach der 21. BImSchV sind die Kohlenwasserstoffemissionen beim Betanken von Kraftfahrzeugen mittels eines Gasrückführungssystems zu erfassen und dem Lagertank zurückzuführen. Dieses gilt nicht für Tankstellen, die eine jährliche Abgabemenge an Ottokraftstoffen von $1000\,m^3$ unterschreiten. Da die betriebseigene Tankstelle eine Jahresabgabemenge von ca. $630\,m^3$ hat, ist die Einführung einer Gasrückführung nicht vorgeschrieben (Hansemann 1993).

In der Unfallverhütungsvorschrift VBG 121 sind zulässige Schalldruckpegel und Wirkzeiten aufgelistet. Nach dieser Vorschrift sind die Lärmemissionen zuerst an der Entstehungsquelle (also am Gerät) zu vermindern.

4.4.3 Soll-/Ist-Abgleich

Emissionen werden vorwiegend durch die Öl- und Gasheizungen erzeugt. Da die Heizungsanlagen alle neueren Baujahres sind (s. Tabelle 11, Kap. 4.5.), kann man davon ausgehen, daß die Emissionsgrenzwerte der 1. BImSchV ohne Probleme eingehalten werden können.

4.4.3.1 Bereiche Stofflager und Versand

Stofflager

Ist-Zustand

Sind in der Etikettendruck-Abteilung des Stofflagers alle Druckmaschinen in Betrieb, entstehen unangenehme Lärmemissionen. Dieses führte zu Beschwerden seitens der Mitarbeiter, da die Maschinen nicht extra gekapselt sind.

Maßnahmen

Zur Ermittlung der Lärmbelastung sind Lärmemissionsmessungen notwendig. Eine erste richtungsweisende Messung wurde bereits durchgeführt. Anhand der Meßergebnisse konnte festgestellt werden, daß die Grenzwerte in der VBG 121 voraussichtlich nicht überschritten werden. Um die Mitarbeiter jedoch zu entlasten, ist eine Kapselungen (Lärm-Dämmung) der Geräte sinnvoll. Diese Maßnahme wird im Zuge der Neugestaltung der Etikettendruckerei durchgeführt.

4.4.3.2 Bereich Hilfsstellen

Tankstelle

Ist-Zustand

Die Firma Steilmann führt eine betriebseigene Tankstelle, zu der ein 20 000 l Tank für Super, ein 10 000 l Tank für bleifreies Benzin und ein 20 000 l Tank für Diesel gehört. Der 20 000 l Tank für Super wird derzeit nicht benötigt, da nur bleifreies Benzin ausgegeben wird. Im Jahr 1993 wurden ca. 630 m³ Ottokraftstoff (bleifreies Benzin) abgegeben. 1994 wird eine ähnlich hohe Abgabemenge erwartet (bis 3.11.1994: 530 m³).

Maßnahmen

Die Tankanlage wurde mit einem Gaspendelsystem ausgestattet. Es ist darauf zu achten, daß zur Befüllung der Tanks ein Tankfahrzeug mit Gaspendelsystem angefordert wird, da ältere Tankwagen dieses System häufig noch nicht besitzen.

Die Einführung einer Gasrückführung beim Betanken von Kraftfahrzeugen ist gemäß der 21. BImSchV nicht zwingend vorgeschrieben. Dennoch wurde eine Umrüstung zum Schutz des Tankpersonals und der Umwelt vorgenommen.

4.5 Energie

4.5.1 Maßgebende Gesetze und Verordnungen

- EnEG – Energieeinsparungsgesetz (Gesetz zur Einsparung von Energie in Gebäuden),

– WärmeschutzV – Wärmeschutzverordnung (Verordnung über einen energiesparenden Wärmeschutz bei Gebäuden, in Kraft ab 1.12.1994).

4.5.2 Soll-Zustand

Gemäß § 1 Abs. 1 EnEG sind vermeidbare Energieverluste beim Heizen und
Kühlen in Gebäuden zu unterbinden.

In der Wärmeschutzverordnung wird insbesondere bei der Errichtung von
Gebäuden auf einen energiesparenden Wärmeschutz verwiesen.

4.5.3 Soll-/Ist-Abgleich

4.5.3.1 Standort Wattenscheid

Mit dem Thema Energie respektive Energieeinsparung befaßt sich das Unternehmen Klaus Steilmann, insbesondere das Umweltressort, seit längerem. Ab
1989 werden sämtliche Energiedaten der Zentrale und der Tochterunternehmen
erfaßt und ausgewertet. Des weiteren wurde ein Energiesparwettbewerb für die
Steilmann-Gruppe ausgeschrieben.

Zur Zeit läuft ein Projekt, bei dem mit Hilfe von Energiechecklisten und
einem entsprechenden Maßnahmenkatalog Energie eingespart werden soll. Die
Ergebnisse werden Mitte 1995 erwartet. In Tabelle 10 sind einige Maßnahmen aus
der Energiecheckliste aufgeführt:

Tabelle 10. Ausschnitt aus dem Maßnahmenkatalog zur Energieeinsparung

Bereich	Maßnahmen
Beleuchtung	– Wartung und Reinigung der Beleuchtungsanlage zweimal pro Jahr – Automatische Steuerung der Beleuchtungsanlage durch Zeit-schaltuhren und Bewegungssensoren – Installation einer Hochfrequenzstromerzeugung für die Beleuchtung mit Leuchtstoffröhren – Installation von Stromvorschaltgeräten
Maschinen	– Installation einer Blindstromkompensation prüfen
Leistungsspitzen	– Maschinen und Beleuchtung zeitversetzt einschalten, um Leistungs-spitzen zu verringern – Installation einer Maximumüberwachungsanlage prüfen
Druckluft- und Vakuumsystem	– Druckluftspeicherbehälter mit Magnetventil versehen, um den Speicherbehälter bei Betriebsende vom Gesamtsystem abzutrennen – Wärmerückgewinnung aus der Abluftwärme der Vakuumpumpe – Installation eines Niederdruck-Blassystems für die Bügeltische prüfen
Dampferzeugung / Heizung	– Über Wärmetauscher zurücklaufendes Kondensat zur Vorwärmung des Kesselwassers verwenden – Trennung der Systeme zur Dampferzeugung und Raumheizung – Installation einer Turbine zur Drosselung des Dampfdrucks prüfen

Tabelle 11. Heizungsanlagen

Ort	Energieträger	Max. Nennleistung	Baujahr	Tankinhalt in l
Altbau	Heizöl EL	2 × 430 kW	1987	1 × 24000 1 × 20000
Neubau	Erdgas	430 kW	1991	–
Feische – Gebäude	Erdgas	230 kW	1985	–
ASE – Gebäude	Erdgas	2 × 83,8 kW	1984	–
Musternäherei	Heizöl EL	535 kW	1981	28000
Versand Ausland	Erdgas	335 kW	1988	–
Versand Inland	Heizöl EL	1 × 750 kW 1 × 640000 kcal/h	1985	40000
Retourenlager/ Verkaufslager	Heizöl EL	233 kW	1983	16000

Ist-Zustand

Die Art der Wärmeenergieerzeugung und die Leistung der jeweiligen Heizungsanlagen sind aus Tabelle 11 ersichtlich.

Bis auf die Heizungsanlage im Feische-Gebäude sind alle Brenner zweistufig
und die Anlagen mit selbstschließenden Abgasklappen ausgerüstet.

Maßnahmen

Alle Brenner sind Baujahr 1981 oder jünger. Man kann davon ausgehen, daß die
geforderten Grenzwerte ohne weiteres eingehalten werden.

Der Einsatz von Blockheizkraftwerken für die Zentrale und den Versand
soll konkretisiert werden. Die Vorteile eines Blockheizkraftwerkes liegen in
erster Linie in seinem hohen Wirkungsgrad. Es werden ca. 85 % der eingesetzten Primärenergie genutzt (30–35 % als Strom, 50–55 % als Wärme)
(Katalyse 1993). Zu dieser Maßnahme sind bereits konkrete Vorschläge erarbeitet worden.

Ist-Zustand

Die Einsparung von Energie besonders im Winter ist durch eine gute Wärme-
isolierung der Räume zu erzielen. Hierzu gehört auch eine möglichst geringe
Wärmeabgabe durch die Fenster. Nach Aussage des Architekten sind ca. 30–35 %
aller Fenster noch mit Einfachverglasung versehen.

Maßnahmen

Durch den Austausch der Fenster durch Zwei-Scheiben-Isolierglas läßt sich der
Wärmedurchgangskoeffizient und damit der Wärmedurchgang halbieren. Wird
ein Zwei-Scheiben-Wärmeschutzglas eingesetzt, ist eine Reduzierung des Wär-
medurchgangs von bis zu 75 % zu erzielen (Katalyse 1993). Die zunächst hohen

Kosten amortisieren sich durch die Einsparung von Heizöl bzw. Gas. Zieht man die Möglichkeit einer administrativen CO_2-Steuer in Betracht, verkürzt sich die Amortisationszeit weiter.

Der Ersatz der Fenster mit Einfachverglasung wird sukzessive durchgeführt.

Ist-Zustand

Das Licht in den Treppenhäusern und Toiletten wird i. d. R. durch den Hausmeister oder durch die Personen, die als letztes das Gebäude verlassen, ausgeschaltet. Dies bedeutet, daß das Licht oftmals unnütz brennt und so Energie verschwendet wird.

Maßnahmen

Durch den sukzessiven Ersatz von Glühlampen durch Energiesparlampen lassen sich erhebliche Mengen an elektrischer Energie einsparen. So verbraucht eine Energiesparlampe i. d. R. 80% weniger Energie als eine Glühlampen. Nachteilig sind die höheren Anschaffungskosten, die sich aber durch die längere Lebensdauer und die Energieeinsparung amortisieren.

In den Fluren und Toiletten sollen Bewegungssensoren oder Zeitschalter eingesetzt werden. Dies ist im Neubau des Verwaltungsgebäudes bereits durchgeführt worden.

5 Maßnahmenkatalog

Im Maßnahmenkatalog (Tabelle 12) werden der Ist-Zustand und die aus dem Soll-Zustand resultierenden Maßnahmen aufgelistet. Die ausführlichen Beschreibungen des Soll-Zustandes und der Maßnahmen sind in den Kap. 4.1.3, 4.2.3, 4.3.3, 4.4.3 und 4.5.3 (Soll-/Ist-Abgleich) aufgeführt.

Tabelle 12. Maßnahmenkatalog

Prüfbereich	Ist-Zustand	Maßnahmen	Priorität	Stand
Abfall (Kapitel 4.1.)				
Allgemeines	unvollständiges Abfallwirtschaftskonzept	Erweiterung des Konzeptes um die Punkte Entsorgungssicherheit und umweltverträgliche Entsorgbarkeit der Produkte	①	erledigt
	fehlende Stellenbeschreibung für die Betriebsbeauftragte für Abfall	Formulierung einer detaillierten Stellenbeschreibung	①	erledigt

Tabelle 12 (Fortsetzung)

Prüfbereich	Ist-Zustand	Maßnahmen	Priorität	Stand
	fehlende Sammel-entsorgungsnach-weise	die Entsorgungsnach-weise und Begleitscheine sind vollständig anzufor-dern und in das Abfall-nachweisbuch abzuhef-ten	①	erledigt
	Eigentransport von Abfällen	Überprüfung aus ökonomischer und ökolo-gischer Sicht, Neuaus-schreibung der gesamten Entsorgung zur Kosten-senkung	②	läuft
	dezentrale Abfall-sammlung	Schaffung eines zentra-len Bereitstellungsraumes für kritische Abfälle	②	
Verwaltung	keine optimale Trennquote, häufig Fehlwürfe	Kennzeichnung der Sam-melstellen, Optimierung der Behälterdichte, Verbesserung der Mit-arbeitermotivation, (gilt für den gesamten Standort)	②	erledigt
	DSD-Reststoffe werden mit dem Restabfall entsorgt	Sammlung von DSD-Rest-stoffen in jeder Abtei-lung/Büro	①	erledigt
	Einsatz von chlorfrei gebleichtem Papier	Einsatz von Recyclingpa-pier in allen Abteilungen	①	läuft
Stofflager/ Versand	Abfallansammlun-gen auf dem Gelände vor dem Stofflager/Versand	regelmäßige Beseitigung dieser Abfälle, Zuständigkeit sind festzu-legen	②	erledigt
	Einwegsystem im Bereich Textil-wickelhülsen, Klei-derschutzfolien	Umsetzung der Studie zu den Mehrwegtextil-wickelhülsen, Umsetzung der Vorschlä-ge aus den Arbeits-gruppen	②	läuft
	Entsorgung von Transportver-packungen	Rücknahmeverpflichtung des Lieferanten klären	②	läuft
	Einwegholzpalet-ten	Vermehrten Einsatz von Europaletten prüfen	②	läuft
Versand	fehlende Sammel-behälter	Anschaffung von farblich gekennzeichneten Sam-melbehältern	①	erledigt

Tabelle 12 (Fortsetzung)

Prüfbereich	Ist-Zustand	Maßnahmen	Priorität	Stand
	unterschiedliche Folien für die Kleiderschutzhüllen	auf die Verwendung einheitlicher Folien hinwirken	②	läuft
Stofflager/ Versand	Restabfallcontainer beinhaltet Wertstofffraktionen	zusätzliche Aufstellung von Wertstoffbehältern und farbliche Kennzeichnung	①	erledigt
Kreativ	Cutter und Plotterpapier aus hochweißem Material	Prüfung, ob der Einsatz von Recyclingpapier möglich ist	②	erledigt
Texographie	Verwendung von PVC-Kunststoff zur Mikroschnittherstellung	Substitution des PVC durch z. B. PE-Kunststoff	②	entfällt
Musternäherei	unsaubere Trennung der einzelnen Fraktionen (Restabfall-Wertstoffe)	Erhöhung der Behälterdichte, farbliche Kennzeichnung der Sammelstelle	①	erledigt
	hoher Wertstoffanteil im Preßcontainer	deutliche Kennzeichnung des Containers	①	erledigt
Kantine	Einwegverpackungen im Bereich Milch, Joghurt und teilweise Fertiggerichten	Verwendung von Mehrwegverpackungen, Einführung der „Stählernen Kuh" und einer Salatbar	②	erledigt
Tankstelle	unregelmäßige Säuberung des Ölabscheiders und des Sandfangs	Überwachung der regelmäßigen Säuberung (zweimal pro Jahr)	①	erledigt
Gefahrstoffe (Kapitel 4.2)				
Stofflager	Chemikalien ohne Sicherheitsdatenblätter	Sicherheitsdatenblätter beim Hersteller anfordern (gilt auch für die Gefahrstoffe aus den anderen Bereichen)	②	erledigt
	Emissionen beim Druckvorgang in der Etikettendruckerei	Austausch der Druckfolien, evtl. Arbeitsbereichsanalyse	①	läuft
	Emissionen beim Reinigen der Druckmaschinen	Druckvorgang wird umgestellt	② K	läuft

Tabelle 12 (Fortsetzung)

Prüfbereich	Ist-Zustand	Maßnahmen	Priorität	Stand
Texographie	Verwendung von Ammoniak ohne persönliche Schutzkleidung	Anschaffung geeigneter Schutzkleidung	①	erledigt
Musternäherei	Verwendung von benzoesäurehaltiger SublimierKreide	Substitution der Kreide, Aufklärung der Mitarbeiter über den Umgang mit der Kreide	②	läuft, erledigt
	Asbest in den Bügelmaschinen	Austausch der Asbestdichtungen und fachgerechte Entsorgung	②	erledigt
	unsachgemäße Lagerung von Öl und Korrosionsinhibitor	die Flüssigkeiten sollten in einer Auffangwanne stehen	①	erledigt
Wasser (Kapitel 4.3)				
Verwaltung	es sind nur teilweise Wasserspar128einrichtungen vorhanden	Einrichtung von „Spar"- oder „Stop"-Tasten an den Toilettenspülkästen, Einsatz von Durchflußminderern	②	läuft
Stofflager/ Versand	Verstopfte Kanalisation	die Kanäle sind regelmäßig zu kontrollieren und zu reinigen	②	erledigt
Kantine	Einsatz phosphat- und chlorhaltiger Reinigungsmittel	es sollten nur noch phosphat- und chlorfreie Mittel eingesetzt werden	②	erledigt
Tankstelle	die Tankstelle befand und befindet sich voraussichtlich wieder in einem Heilquellenschutzgebiet	Maßnahmen gemäß VAwS erfüllen	② K	erledigt
Emissionen und Immissionen (Kapitel 4.4)				
Stofflager	Lärmbelästigung der Mitarbeiter durch die Druckmaschinen	Ermittlung der Lärmbelastung, Kapselung der Druckmaschinen (Druckerei wird umgestellt)	②	läuft
Tankstelle	Emissionen durch Ottokraftstoffe	Ausstattung der Tankstelle mit einem Gaspendelsystem,	①	erledigt
		fakultative Ausrüstung mit einem Gasrückführungssystems	② K	erledigt

Tabelle 12 (Fortsetzung)

Prüfbereich	Ist-Zustand	Maßnahmen	Priorität	Stand
Energie (Kapitel 4.5)				
Allgemeines	Ermittlung der Energieeinsparungspotentiale mit Hilfe von Checklisten	konsequente Umsetzung der Einsparungsmöglichkeiten	②	läuft
	30–35% der Fenster besitzen Einfachverglasung	Austausch gegen Zwei-Scheiben-Verglasung	②	läuft

① dringend durchzuführende Maßnahme.
② mittelfristige Maßnahme, die eine gewisse Vorbereitung erfordert.
K: kostenintensive Maßnahme.

In der letzten Spalte der Tabelle ist der aktuelle Stand (Juni 1995) der Umsetzung der Maßnahmen des 1. Öko-Audits angeführt.

Literatur

Bilitewski B, Härdtle G, Marek K (1990) Abfallwirtschaft, Eine Einführung. Springer, Berlin Heidelberg New York Tokyo
Commerzbank (1993) Umweltschutz – Checklisten. Mittelstandsreihe Nr. 8
Enquete-Kommission (1994) Die Industriegesellschaft gestalten. Enquete-Kommission „Schutz des Menschen und der Umwelt" des Deutschen Bundestages (Hrsg). Economica, Bonn
Günther K (1994) Erfolg durch Umweltmanagement. Luchterhand, Hamburg
Hansmann K (1993) Bundes-Immissionsschutzgesetz. Das Deutsche Bundesrecht, erläuterte Ausgabe. Nomos, Baden-Baden
Hölting (1989) Hydrogeologie (3. Aufl)
Hopfenbeck W (1990) Umweltorientiertes Management und Marketing. Moderne Industrie, Landsberg
Hopfenbeck W, Roth P (1994) Öko-Kommunikation. Moderne Industrie, Landsberg
IHK (1992) Leitfaden „Betriebliches Abfallwirtschaftskonzept und Abfallbilanz gemäß LAbfG NRW". IHK Ostwestfalen zu Bielefeld und Lippe zu Detmold
Katalyse (1991) Kommt gar nicht in die Tüte. Katalyse e. V.
Katalyse (1993) Das Umweltlexikon. Katalyse e. V.
Meffert H, Kirchgeorg M (1993) Marktorientiertes Umweltmanagement. Schäffer-Poeschel, Stuttgart
Mortimer C E (1986) Chemie. Thieme Stuttgart
Pahl M H (1992) Lagern und Entsorgen flüssiger Einsatzstoffe. Praktischer Umweltschutz, Universität – GH Paderborn
Rudolph K-U, Hartmann W D (1994) Umweltprüflisten nach den Richtlinien der Europäischen Union. Schriftenreihe Umwelttechnik und Umweltmanagement, (Band 9)
Schianetz K (1994) Umweltmanagement in der Textilindustrie. Sächsisches Staatsministerium für Umwelt und Landesentwicklung (Hrsg)
Schmidt-Bleek F (1994) Wieviel Umwelt braucht der Mensch? Birkhäuser, Berlin
Schulz E, Schulz W (1994) Ökomanagement, Beck-Wirtschaftsberater. dtv, München

Sietz M (1994) Umweltbetriebsprüfung und Öko-Auditing. Springer, Berlin Heidelberg New York Tokyo
Sietz M, von Saldern A (1993) Umweltschutzmanagement und Öko-Auditing. Springer, Berlin Heidelberg New York Tokyo
Sietz M, Sondermann W (1990) Umwelt-Audit und Umwelthaftung. Blottner, Taunustein
Steger U (1993) Umweltmanagement. Gabler Wiesbaden
TRGS 517 (1992) Herstellen und Verwenden von Asbest. TRGS 517 (Ausgabe Februar 1992)
TRGS 519 (1991) Asbest – Abbruch-, Sanierungs- oder Instandhaltungsarbeiten. TRGS 519 (Ausgabe September 1991)
TRGS 900 (1993) Grenzwerte. Bundesarbeitsblatt 2/1993
Umweltbericht (1994) Umweltbericht der Steilmann-Gruppe, Umweltressort der Steilmann-Gruppe und Klaus Steilmann Institut für Innovation und Umwelt GmbH
Storm P-C (1994) Umweltrecht. Beck, München

Sachverzeichnis

Springer-Verlag und Umwelt